Das Geographische Seminar

Herausgegeben von:
Prof. Dr. Rainer Duttmann
Prof. Dr. Rainer Glawion
Prof. Dr. Herbert Popp
Prof. Dr. Rita Schneider-Sliwa
Prof. Dr. Alexander Siegmund

Rainer Glawion, Rüdiger Glaser,
Helmut Saurer, Michael Gaede und
Markus Weiler

Physische Geographie

westermann

Umschlagbild:
Satellitenaufnahme von der Erde/Indien
NASA/GSFC (Image by Reto Stöckli and Robert Simmon), 2002

Mit Beiträgen von:
Prof. Dr. Gaby Zollinger (Mitarbeit beim Kapitel „Geomorphologie")
Anja Hinterberger (Mitarbeit beim Kapitel „Geomorphologie")
Mattias Rupp (Mitarbeit bei den Übungsaufgaben zum Kapitel „Biogeographie").

© 2009 Bildungshaus Schulbuchverlage
Westermann Schroedel Diesterweg Schöningh Winklers GmbH, Braunschweig
www.westermann.de

2., stark überarbeitete Auflage
Druck B² / Jahr 2013

Lektorat: Kristin Blechschmidt, Susann Dorenberg, Katrin Götz
Umschlaggestaltung: Thomas Schröder
Layout und Herstellung: Yvonne Behnke
Druck und Bindung: westermann druck GmbH, Braunschweig

ISBN 978-3-14-**160354**-5

Vorwort

Die Einführung der Bachelorstudiengänge an den Hochschulen Deutschlands machte in den letzten Jahren eine Reform der Lehrpläne und eine tiefgreifende Umstrukturierung der klassischen Lehrveranstaltungskonzepte erforderlich. Dies bedeutete nicht nur eine Straffung der Lehrinhalte, sondern auch eine verstärkte Berücksichtigung didaktischer Aspekte in der Lehre. Auf diese didaktisch-methodischen Veränderungen im Lehrbetrieb der Bachelorausbildung und der modularisierten Lehramtsausbildung ist das vorliegende Buch mit seinem übungsgeleiteten Lehrbuchkonzept zugeschnitten. In die verständliche, wissenschaftlich fundierte Darstellung ist eine Vielzahl von Übungsaufgaben eingeflochten. Diese bieten sowohl Repetition wie auch Erweiterung der Inhalte zu den Grundlagen der Geomorphologie, Klimatologie, Biogeographie, Bodengeographie und Hydrologie. Zusätzlich sind in allen Kapiteln Exkurse zu Problemstellungen der Angewandten Physischen Geographie eingebunden.

Die Übungsfragen mit ihren ausführlichen Antworten nehmen bis zu 20 Prozent des jeweiligen Kapitelumfangs ein. Sie sind elementarer Bestandteil der Lehreinheit und dienen teilweise der Wiederholung, teilweise der Vertiefung des behandelten Stoffes. Darüber hinaus dienen sie auch der Vorbereitung auf Modulabschlussklausuren. Für Aspekte, die mit traditionellen Lehrformen schwierig zu vermitteln sind, wird zusätzlich auf die interaktiven Lernmodule auf www.webgeo.de verwiesen.

Das Buch basiert auf einem mehrjährig erprobten und erfolgreichen Lehrkonzept in der Grundausbildung am Institut für Physische Geographie und am Institut für Hydrologie der Universität Freiburg.

Der vorliegende Band vermittelt das notwendige Basiswissen und ist im besonderen Maße zur Ergänzung und Nacharbeitung von einführenden Vorlesungen zur Allgemeinen Physischen Geographie in den modularisierten Bachelor- und Lehramtsstudiengängen und verwandter Umweltwissenschaften geeignet.

Die Übungsaufgaben und Lösungen des vorliegenden Buches sind aus Tutorien entwickelt worden, die am Institut für Physische Geographie in Freiburg parallel zu den Vorlesungen seit vielen Jahren erfolgreich durchgeführt werden. Somit kommt die Lehrerfahrung aus diesem dualen Konzept unmittelbar den Lesern des vorliegenden Buches zu Gute.

Die vorliegende Neubearbeitung wurde gegenüber der 1. Auflage um ein zusätzlichen Kapitel zur Bodengeographie und ein stark ausgebautes Kapitel zur Biogeographie erweitert. Damit liegt ein umfassendes, aktualisiertes Lehr- und Übungsbuch zur Physischen Geographie als zuverlässiger und moderner Begleiter durch das Studium vor.

Die Verfasser danken Prof. Dr. Gaby Zollinger, Frau Anja Hinterberger und Herrn Mattias Rupp für die Mitarbeit bei verschiedenen Kapiteln dieses Buches.

Freiburg, 15. Mai 2012

Rainer Glawion, Rüdiger Glaser, Helmut Saurer, Markus Weiler, Michael Gaede

Prof. Dr. Rainer Glawion
geb. 1953 in Krefeld; 1972–1979 **Studium** der Geographie, Biologie, Mathematik und Physik an den Universitäten Bochum und Düsseldorf, 1979 Erstes Staatsexamen, 1984 **Promotion** (summa cum laude), 1988 **Habilitation; Beruflicher Werdegang**: 1980–1989 Wiss. Mitarbeiter und Hochschulassistent, 1989–1991 Hochschuldozent am Geographischen Institut der Ruhr-Universität Bochum, 1989 Vertretung des Lehrstuhls für Physische Geographie (vorm. Prof. Dr. W. Weischet) an der Universität Freiburg, seit 1991 Universitätsprofessor für Physische Geographie an der Universität Freiburg; seit 1993 Mitherausgeber des „Geographischen Seminars" beim Westermann Verlag; **Arbeitsschwerpunkte**: Biogeographie, Landschaftsökologie, Umweltbewertung, Landschaftsinterpretation, Südliches Afrika, Nordamerika, Subarktis.
Institut für Physische Geographie - Universität Freiburg – 79085 Freiburg i.Br.
www.geographie.uni-freiburg.de/ipg/team/glawion_rainer

Prof. Dr. Rüdiger Glaser
geb. 1959 in Ettlingen; 1981–1986 **Studium** der Geographie mit den Nebenfächern Botanik und Verwaltungsrecht an der Julius-Maximilians-Universität in Würzburg, 1986 Diplom; **Beruflicher Werdegang**: 1986–1987 Wissenschaftlicher Mitarbeiter im PaläoKlimaprogramm des BMFT, 1987–1988 Promotionsstipendium der Bayerischen Staatsregierung, 1989 **Promotion**, ausgezeichnet mit dem Preis der unterfränkischen Gedenkjahrstiftung. 1989–2001 Wiss. Assistent und Akad. Rat am Geographischen Institut der Universität Würzburg; 1997 **Habilitation**; seit 1998 Aufsichtsrat bei der Geoinform AG; 2001–2004 C3-Professor für Physische Geographie in Heidelberg, seit 2004 C4-Professor für Physische Geographie und Direktor des Instituts in Freiburg; 2004 Wahl zum ordentlichen Mitglied der Deutschen Akademie für Landeskunde (DAL); seit 2001 **Mitherausgeber** der Geo-Öko (vorm. Geoökodynamik), seit 2006 Mitherausgeber der „Berichte zur deutschen Landeskunde"; über 100 Fachpublikationen.
Institut für Physische Geographie – Universität Freiburg – 79085 Freiburg i. Br.
www.geographie.uni-freiburg.de/ipg/team/glaser_ruediger

Dr. Helmut Saurer
geb. 1960, 1979–1985 **Studium** der Fächer Physik und Geographie an den Universitäten Karlsruhe und Freiburg, 1986–1990 Wissenschaftlicher Angestellter an den Universitäten Karlsruhe und Würzburg; 1989 **Promotion** zum Dr. rer. nat. an der Universität Würzburg, Thema der Dissertation „Rasterorientierte Informationssysteme in der Geographie – Konzepte und Erfahrungen bei der Realisierung eines GIS für die Waldschadensforschung" ; seit 1990 Wissenschaftlicher Angestellter an der Universität Freiburg mit den Arbeitsschwerpunkten Klimatologie und eLearning.
Institut für Physische Geographie - Universität Freiburg – 79085 Freiburg i.Br.
www.geographie.uni-freiburg.de/ipg/team/saurer_helmut

Prof. Dr. Markus Weiler
geb. 1971 in Tuttlingen, **Studium** der Hydrologie (Universität Freiburg), **Promotion** an der ETH Zürich zum Thema Bodenhydrologie und Stofftransport, zweijähriger Postdoc an der Oregon State University (USA) im Bereich Hanghydrologie und Abflussprozesse, 2004 Übernahme des FRBC Chair of Forest Hydrology an der University of British Columbia in Vancouver, Kanada. Dort Entwicklung innovativer Laborinstrumente und Tracermethoden und Verknüpfung mit sogenannten wireless sensor networks im Einzugsgebiet. Seit 2008 Direktor des Instituts für Hydrologie (IHF), Leiter des M.Sc. Studienganges Hydrologie und Leiter der Graduiertenschule „Environment, Society and Global Change" an der Universität Freiburg. **Forschungsziele**: die raum-zeitliche Dynamik der Prozesse der Wasserflüsse und des Stofftransportes von der Pedon – über die Standort- bis zur Einzugsgebietsskala besser zu verstehen sowie neue Modellansätze zu ihrer Beschreibung und zu entwickeln.
Institut für Hydrologie – Universität Freiburg – 79085 Freiburg i.Br.
www.hydro.uni-freiburg.de/mitarbeiter/weiler

Michael H. Gaede
geb. 1958 in Braunschweig; **Diplomstudium** Geowissenschaften (Universität Stuttgart) und **Bodenkunde** (Universität Hohenheim). 1990-1997 Planungsbüro Prof. Dr. Bruns (Universität Kassel), seit 1997 Mitinhaber des Ingenieurbüros für Umweltplanung Gaede + Gilcher Partnerschaft, Freiburg. Bearbeitung von Projekten im In- und Ausland (u. a. Indien, Usbekistan, Mauretanien, Namibia). Arbeitsschwerpunkte: Planungsmethodik, Entscheidungs-/Werttheorie, Ökosystemtheorie und UVP/SUP/UP. 2000-2005 **Dozent** an der Universität Basel (MGU) im Bereich E-Learning und Nachhaltigkeitsforschung. Seit 1994 Lehrbeauftragter an der Universität Koblenz/Landau (ZFUW) im Bereich Angewandte Umweltwissenschaften/Umweltrecht, **seit 1996** an der Fakultät für Forst- und Umweltwissenschaften der **Albert-Ludwigs-Universität Freiburg** im Bereich Umweltplanung, Bewertungsmethodik und Ressourcenmanagement. Mitglied der Deutschen Bodenkundlichen Gesellschaft und der UVP-Gesellschaft. Gaede + Gilcher Partnerschaft, Schillerstr. 42, 79102 Freiburg

Abb. 1/1 *Automatische Wetterstation am Perito-Moreno-Gletscher, Argentinien* (SAURER, H.)

1 Klimatologie

Wetter und Klima sind für viele Menschen der Teil der natürlichen Umwelt, der sie im täglichen Leben am meisten betrifft. Im Alltag interessiert die Wetterprognose, weil unsere geplanten Aktivitäten davon beeinflusst werden. In der Urlaubsplanung spielt neben kulturellen oder landschaftlichen Besonderheiten die Frage nach der im Urlaubsgebiet zu erwartenden Temperatur, den Sonnenscheinstunden und den Niederschlägen eine große Rolle. Trotz teilweiser Unabhängigkeit von Wetter und Klima – wir können ganzjährig holländische Treibhaustomaten kaufen oder in Spaßbädern in Mitteleuropa im Winter tropisches Flair nachbilden – bleiben in anderen Bereichen viele Aktivitäten von den natürlichen Umweltbedingungen abhängig. Dies gilt in besonderem Maß im Hinblick auf die kurzfristigen und langfristigen Eigenschaften und Vorgänge in der Atmosphäre, also im Hinblick auf Wetter und Klima.

Darüber hinaus sind Klimaschwankungen in aller Munde. Das Thema wird von den Medien – glücklicherweise – bewusst gemacht, manchmal aber auch überstrapaziert. Doch wer versteht alles, was geschrieben wird? Wer kann gar beurteilen, welche Aussage richtig, wahrscheinlich, unwahrscheinlich oder gar falsch ist? Planer, Architekten, Geographielehrer, um nur einige Berufe zu nennen, sind in ihrer Arbeit mit dem Klima und dessen Schwankungen konfrontiert. Aber wie können sie zum Thema Klimaschwankungen Stellung nehmen, wenn sie nicht wissen, was das Klima ausmacht; wenn sie nicht verstehen, wie die Klimate der Erde zustande kommen; welche Prinzipien dahinter stehen?

In der Klimatologie werden die **mittel-** und **langfristigen Zustände** und Mechanismen der Atmosphäre sowie die sie steuernden Einflüsse angesprochen. Das Verständnis der kurzfristigen Abläufe, der meteorologischen Prozesse, wird in dieser Einführung jedoch nur in Ansätzen behandelt, erfordert es doch weit mehr physikalische Kenntnisse, als in einem Grundkurs Klimatologie von Studierenden vieler Umweltwissenschaften erwartet werden kann. „Klima verstehen" erfordert lediglich ein Grundverständnis für die Abläufe in der Atmosphäre.

Exkurs: „Klima ist der langfristige Aspekt des Wetters"

Die oben genannte Aussage „Klima ist der langfristige Aspekt des Wetters" ist eine kurze, häufig zu findende Definition. Damit ist umrissen, womit sich die Klimatologie beschäftigt. Was ist jedoch Wetter und was ist langfristig? Ist das wirklich alles, was Klimatologie charakterisiert? Eine Beschreibung, was Klima und Klimatologie ausmachen, ist mit der kurzen Definition unvollständig und sollte einige weitere Überlegungen umfassen.

Nach H. KRAUS (2000) ist Wetter „der Zustand der Atmosphäre über einem bestimmten Ort und zu einer bestimmten Zeit". Der Zustand der Atmosphäre wird durch messbare Größen – die Klimaelemente – wie Lufttemperatur, Niederschlag, Strahlung und Windrichtung beschrieben. Zur Festlegung von „Langfristigkeit" können wir die Definition der **W**orld **M**eteorological **O**rganisation (WMO) zugrunde legen. Demnach ist eine ausreichend lange Periode zu betrachten, um statistisch abgesicherte Angaben (z. B. Mittelwert, Häufigkeit, Extreme) der Klimaelemente angeben zu können. Üblicherweise ist dabei von einem Zeitraum von 30 Jahren auszugehen. Man spricht dabei von Normalperioden. Allerdings ist das Klima nicht konstant. Es unterliegt Schwankungen und Änderungen. Nach IPCC (2001) ist eine interannuelle, dekadische oder langzeitliche Variabilität des Klimas typisch. Wenn statistisch signifikante Abweichungen von Verhältnissen der vorangehenden Normalperiode über Zeiträume von Dekaden anhalten, spricht man von Klimaschwankungen.

Die bisherige Betrachtung beschreibt die Klimatologie und ihren Forschungsgegenstand weitgehend aus meteorologischer Sicht. In der Geographie wurde Klimatologie jedoch weiter interpretiert. Einerseits befasst sie sich, neben den langfristigen Aspekten des Wetters, mit Abhängigkeiten zwischen den atmosphärischen Bedingungen und der Anthroposphäre, also dem Menschen, seiner Gesundheit, seinen wirtschaftlichen und kulturellen Aktivitäten, andererseits mit der Biosphäre, Hydrosphäre, Kryosphäre und Pedosphäre. Diese Sichtweise hat sich unter dem Eindruck des Klimawandels in den letzten zehn bis zwanzig Jahren auch in anderen Disziplinen durchgesetzt. Aufgrund der vielen Abhängigkeiten zwischen den Sphären sowie der zeitlichen und räumlichen Variabilität der klimatischen Bedingungen umfasst die moderne Vorstellung der Klimatologie das Konzept des Klimasystems als zentrales Element.

1.1 Die Sonnenenergie – der Motor des Klimasystems

Die Sonne ist die **Energiequelle**, die Leben auf der Erde ermöglicht. Sie stellt die Energie bereit, die Primärproduzenten (grüne Pflanzen, Algen) zum Aufbau von Biomasse nutzen. Sie treibt die **Energietransporte** in Atmosphäre und Ozeanen an.

Ziele des Kapitels

Nach Bearbeitung der Aufgaben sollten Sie in der Lage sein, die folgenden Kernfragen zu beantworten:
• Wie viel Sonnenenergie kommt auf der Erde an?
• Wie viel Energie wird an der Erde umgesetzt?
• Wo wird die Energie umgesetzt?
• Welche Energieformen spielen eine Rolle?

1.1.1 Globale Betrachtung

Die mittleren Energieverhältnisse an der Erdoberfläche, in der Atmosphäre und an deren Obergrenze sind in Abb. 1.1.1/1. dargestellt. Es wird deutlich,
• dass die Erde (mit der Atmosphäre) Energie von der Sonne erhält,

• dass ein Teil der Sonnenenergie offenbar direkt in den Weltraum zurückgestrahlt wird, aber auch,
• dass die Erde Energie an den Weltraum abgibt.

Die Abbildung zeigt weiterhin, dass „von unten", d.h. aus dem Erdinneren, kein Energiefluss besteht, der von Bedeutung für das Klimasystem ist. Der geothermische Energiefluss (ca. 0,5 W/m^2), der durch den Zerfall radioaktiver Elemente vom Erdinneren zur Erdoberfläche besteht, kann also bei meteorologischen und klimatologischen Betrachtungen vernachlässigt werden.

Wir werden uns zunächst im ersten Aufgabenblock nur mit der solaren Einstrahlung beschäftigen, alle weiteren Energieströme werden wir erst später betrachten. Anhand der folgenden Aufgaben sollen Sie die Bedeutung des Zahlenwertes 342 W/m^2 besser verstehen, die Größenordnung der Energiefreisetzung der Sonne einschätzen und damit beispielsweise Grundlagen zur Beurteilung der Anwendungsmöglichkeiten dezentraler Energieversorgung schaffen.

Aufgaben

1. In zahlreichen Quellen findet man den Wert der Solarkonstanten mit 1 368 W/m² (oder ähnlichen Werten) angegeben. Weshalb werden in Abb. 1.1.1/1 nur 342 W/m², also lediglich ein Viertel des oben aufgeführten Wertes angegeben?

   Hinweis: Überlegen Sie, wie groß die Oberfläche einer Kugel im Vergleich zu einer Scheibe ist.

2. Machen Sie sich anhand eines Vergleichs mit dem Primärenergiebedarf in Deutschland bewusst, wie groß das solare Energieangebot ist. Im Jahr 2005 lag der Primärenergiebedarf pro Person in Deutschland bei durchschnittlich ca. 45 700 kWh.

   a) Wie groß ist die Fläche, die bei einem global gemittelten, solaren Energieangebot diesen Energiebedarf decken würde? Berechnen Sie die Werte für eine Person und für alle Einwohner von Deutschland (ca. 80 Mio).

   Hinweis: 1 kW Leistung entspricht einer Energie (Arbeit) von 8760 kWh/a.

   b) Setzen Sie den Flächenbedarf in Relation zur Gesamtfläche von Deutschland (357 000 km²)!

3. Der Weltenergiebedarf lag nach Angaben der International Energy Agency im Jahr 2005 bei ca. 133 PWh (Petawattstunden) = $133 \cdot 10^{12}$ kWh. Setzen Sie diese Zahl in Relation zur Sonnenenergie, die der Erde in einem Jahr zugestrahlt wird. Rechnen Sie mit einer Größe der Erdoberfläche von rund $5,1 \cdot 10^8$ km².

4. Bei geschickter Ausrichtung eines Solarkollektors und klarer Luft kann auf 1 m² Kollektorfläche ohne Weiteres eine solare Einstrahlung von 75 % der Solarkonstanten erfolgen. Wie lange dauert es, einen Liter Wasser mit einer Temperatur von 20 °C zum Kochen zu bringen? Beachten Sie dabei den Wirkungsgrad von Kollektoren (ca. 70 %) und die spezifische Wärme von Wasser von ca. 4,2 J/(g · grd) = Ws/(g · grd).

   Hinweis: Die Dichte von Wasser kann mit 1 g/cm³ angenähert werden.

5. Welcher Anteil der solaren Strahlung wird von der Atmosphäre oder der Erdoberfläche absorbiert und damit im Klimasystem umgesetzt?

6. Welcher Anteil der solaren Strahlung wird von der Atmosphäre oder der Erdoberfläche direkt reflektiert?

Bei der Absorption der Sonnenenergie wird **Strahlung** in **Wärme** umgewandelt. Abb. 1.1.1/1 zeigt, dass an der Erdoberfläche etwa 2,5-mal so viel Sonnenenergie absorbiert wird wie in der Atmosphäre. Man kann daher sagen, dass die Erdoberfläche die wichtigste **Heizfläche** für die Atmosphäre ist. Durch die ungleiche Erwärmung werden zum Ausgleich weitere Energieströme angestoßen. Diese sind:

- der fühlbare Wärmestrom,
- der latente Wärmestrom und
- langwellige Strahlungsströme.

Der **fühlbare Wärmestrom** ist die Wärme, die von der Erdoberfläche durch Turbulenz und Diffusion in die Atmosphäre geführt wird. Dies ist vergleichbar mit den Vorgängen in einem Kochtopf auf dem Herd. Beim **latenten Wärmestrom** handelt es sich um Energie, die für das Verdunsten von Wasser benötigt wird und daher nicht unmittelbar als Bewegungsenergie der Moleküle – als Wärme – in die Atmosphäre gebracht wird. Erst bei der Kondensation des Wasserdampfs in der Atmosphäre wird die für das Verdunsten aufgewendete Energie wieder als Wärme frei. Dies erklärt die Bezeichnung „latente" Wärme. Neben latentem und fühlbarem Wärmestrom fallen in der Abbildung auch sehr große Strahlungsströme auf, die Folge der von Erde und Atmosphäre ausgesendeten **Wärmestrahlung** sind. Die Entstehung dieser Strahlung werden wir später behandeln.

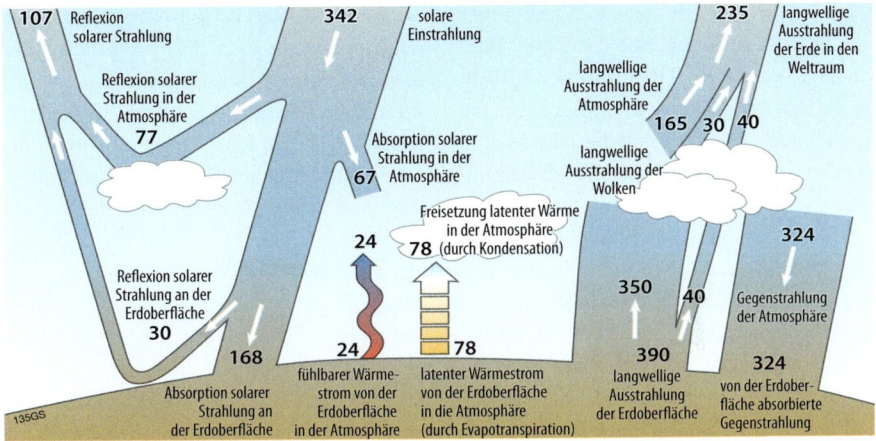

Rund die Hälfte der einfallenden Sonnenenergie wird an der Erdoberfläche absorbiert. Diese Energie wird in Form von fühlbarer Wärme, latenter Wärme und terrestrischer Wärmestrahlung in die Atmosphäre und den Weltraum abgegeben (alle Zahlenangaben in W/m²).   (nach IPCC 2007A ; KIEHL, J. T & K. E. TRENBERTH 1997)

Abb. 1.1.1/1 Abschätzung der mittleren globalen Energiebilanz der Erde

Die bisherigen Betrachtungen haben sich nur auf globale Mittelwerte bezogen. Diese Mittelwerte sind für viele globale Fragestellungen von Bedeutung, wie etwa für die Abschätzung der Mitteltemperatur der Erde und deren Veränderung oder zur Beurteilung der Nutzungspotenziale der Sonnenenergie.

Aufgaben

7. Wie groß sind die von der Erdoberfläche weg gerichteten Energieströme im Verhältnis zur eingestrahlten Sonnenenergie?

8. Weshalb können die beiden von und zur Erdoberfläche gerichteten langwelligen Strahlungsströme so groß sein? Welcher Effekt ist damit verbunden?

9. Vergleichen Sie den Betrag der Strahlungsenergie, die das System Erde Richtung Weltraum verlässt, mit der eingestrahlten Sonnenenergie! Was können Sie daraus im Hinblick auf die Temperaturentwicklung der Erde folgern?

1.1.2 Differenzierung nach Breitenkreisen

Die klimatischen Bedingungen an einem bestimmten Ort werden jedoch von weiteren Faktoren bestimmt, die sich in unterschiedlichen Skalen auswirken. Auf der globalen Skala sind die (angenäherte) Kugelform der Erde und die Schiefe der Ekliptik zu nennen. Die Kugelform der Erde bewirkt, dass die einfallende Strahlung in verschiedenen geographischen Breiten auf unterschiedlich große Flächen trifft. Bei flachem Einfall wird die Energie auf eine größere Fläche verteilt, die Energiestromdichte wird entsprechend geringer (Abb. 1.1.2/1). Somit kann auf eine Flächeneinheit bezogen auch weniger Strahlungsenergie in Wärme umgesetzt werden. Die grundsätzlichen Klimaunterschiede zwischen den Tropen und den Polargebieten sind damit erklärt.

Die Erde läuft auf einer leicht elliptischen Bahn im Jahresverlauf um die Sonne.

(Abb. 1.1.2/2). Die Erdachse ist gegenüber der Bahnebene Sonne-Erde („Ekliptik") um ca. 23,5° geneigt. Die Richtung der Erdachse ändert sich bei einem Umlauf um die Sonne nicht, wodurch sich die Jahreszeiten ergeben. Als Folge profitiert die Südhalbkugel im Zeitraum vom 23.9. bis 21.3., also an 179 Tagen, von größeren Sonnenhöhen und längeren Tagen, die Nordhalbkugel hingegen im restlichen Jahr (186 Tage). Die unterschiedliche Länge der Halbjahre ist bedingt durch die Position der Sonne in einem Brennpunkt und nicht im Mittelpunkt der Ellipse. Nimmt man die Wirkungen aller angeführten Einflüsse zusammen, ergibt sich, dass die solare Einstrahlung in den verschiedenen geographischen Breiten starken jahreszeitlichen Schwankungen unterliegt und auf der Erde sehr ungleich verteilt ist (Abb. 1.1.2/3). Die ungleiche Verteilung der solaren Einstrahlung einerseits und die zum Ausgleich der Unterschiede erforderlichen Energietransporte in der Atmosphäre mit ihren daraus folgenden typischen

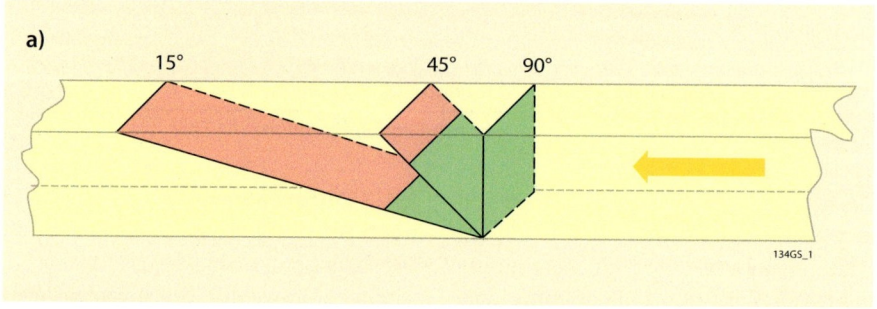

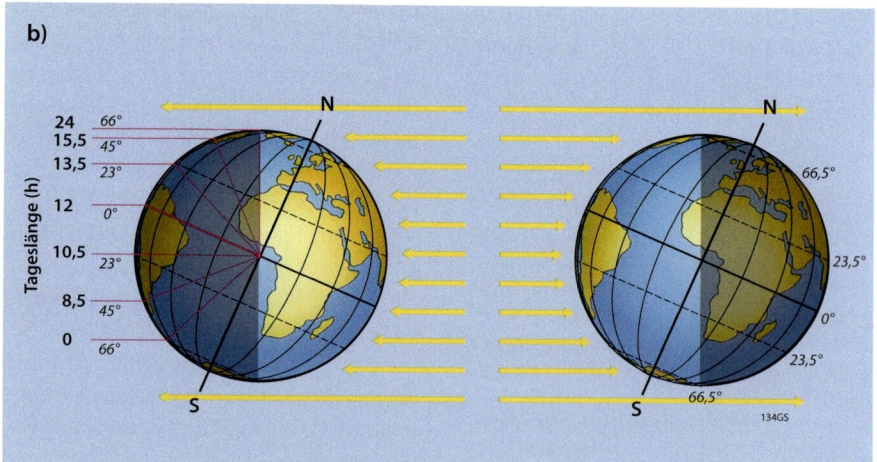

Die bestrahlte Fläche in Abhängigkeit von der Sonnenhöhe (a) und die Beleuchtungssituation der Erde zur Sonnenwende am 21.6. und am 21.12 (b).

Abb. 1.1.2/1 *Strahlungsintensität und Sonnenhöhe* (eigener Entwurf)

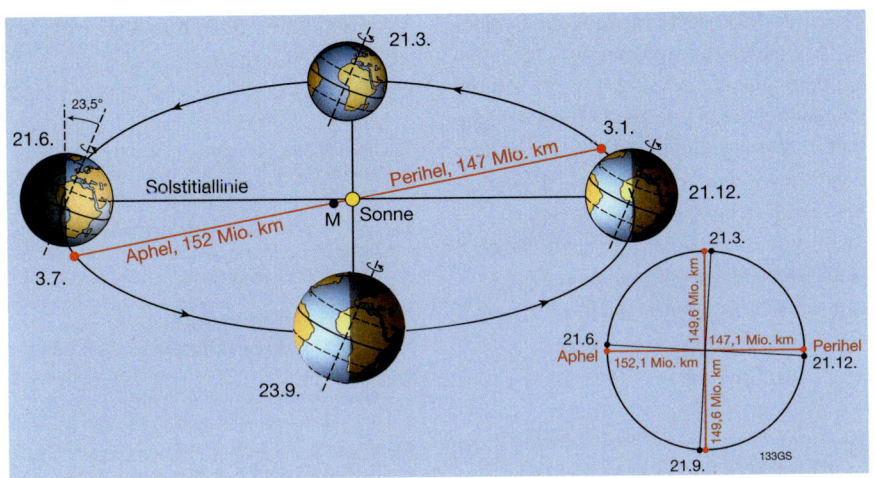

Die Sonne (S) befindet sich in einem der beiden Brennpunkte der Ellipse etwas abseits vom Mittelpunkt (M). Die Solstitiallinie verbindet die Bahnpunkte, an denen (Nord-) Winter- und Sommeranfang (21.12. und 21.6.) liegen. Die Termine der Äquinoktien, die Tage, an denen jeder Punkt der Erde eine Tageslänge von 12 Stunden hat, sind der 21.3. und der 23.9.. Die Bahn weicht nur minimal von der Ellipse ab. Die tatsächlichen Bahnverhältnisse sind dem rechten Bild zu entnehmen. Aufgrund des Maßstabs können die in der Mitte eng benachbart liegenden Brennpunkte und der Mittelpunkt der Ellipse nicht mehr getrennt gezeichnet werden.

Abb. 1.1.2/2 Der Umlauf der Erde um die Sonne auf einer elliptischen Bahn in perspektivischer Darstellung

(eigener Entwurf)

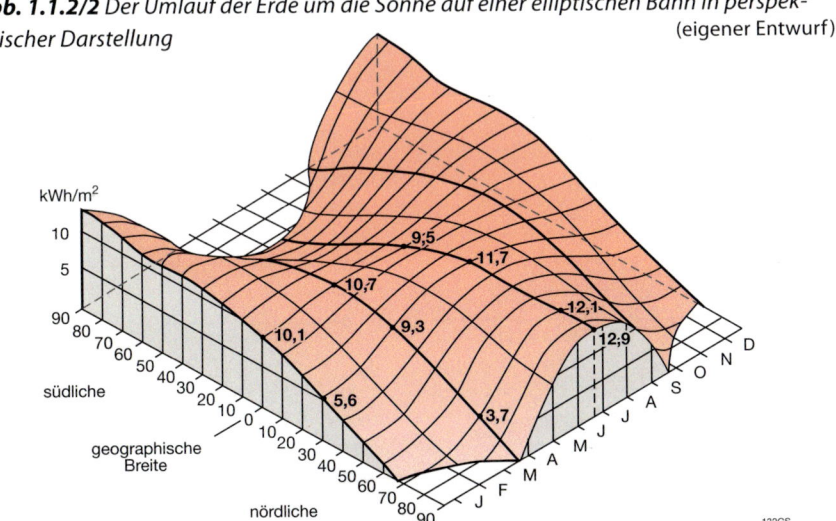

Abb. 1.1.2/3 Jahresverlauf der Tagessummen der solaren Einstrahlung (ohne Atmosphäreneinfluss) in verschiedenen geographischen Breiten (Angaben in kWh/m²)

(nach HÄCKEL, H. 1999; ROBINSON, N. 1966)

Luft- und Meeresströmungen andererseits kennzeichnen die weltweit verschiedenen Klimate. Die solare Strahlung ist sowohl Charakteristikum wie auch **Motor des globalen Klimasystems**.

Tipp: 🖥 www.webgeo.de

Module „Erde, Erdbahn, astronomische Jahreszeiten", „Sonnenhöchststände, Tageslängen, Beleuchtungsklimazonen", „Tagessumme der Energiezustrahlung"

Aufgaben

10. Die Veränderung der bestrahlten Flächengröße in Abhängigkeit von der Sonnenhöhe h kann auch mit einer einfachen mathematischen Beziehung ausgedrückt werden: Die Länge L der bestrahlten Fläche wird beschrieben durch $L = L_0 / \sin h$, wobei L_0 die Seitenlänge einer Einheitsfläche bei senkrechtem Einfall der Strahlung ist. Berechnen Sie das Verhältnis der Energiestromdichte bei senkrechtem Sonneneinfall und bei einer Sonnenhöhe von 45°.

11. Betrachten Sie die angegebenen Tageslängen in Abb. 1.1.2/1. Welchen Schluss ziehen Sie daraus im Hinblick auf die breitenkreisabhängige Tageslängenschwankung im Jahresverlauf?

12. Bestimmen Sie in Abb. 1.1.2/1 die Mittagssonnenhöhe in 0°, 23,5° n. Br. und 66,5° n. Br. für die beiden dargestellten Jahreszeiten.

13. Der Vergleich der Tagessummen der solaren Energiezustrahlung zu Beginn des Nordsommers in den geographischen Breiten 0°, 30°, 70° und 90° Nord zeigt, ein Maximum bei 90° Nord (Abb. 1.1.2/3). Wie ist das bei dem niedrigen Sonnenstand von nur 23,5° erklärbar, während sich am nördlichen Wendekreis mit einer Mittagssonnenhöhe von 90° ein deutlich geringerer Wert ergibt?

14. In welchen geographischen Breiten sind die jahreszeitlichen Schwankungen der Einstrahlung am geringsten? Wie wirkt sich die geringe Schwankung auf die Temperaturen aus?

15. Weshalb sind die Tagessummen der Energiezustrahlung am Äquator mit 10,7 W/m² zum Zeitpunkt der Äquinoktien am größten?

16. Ordnen Sie den Kurven (Abb. A 1.1.2/1) mit Tagessummen solarer Einstrahlung die richtige geographische Breite zu. Wählen Sie die vier richtigen Antworten: Äquator, Nordpol, Südpol, 30° N, 30° S, 60° N, 60° S.

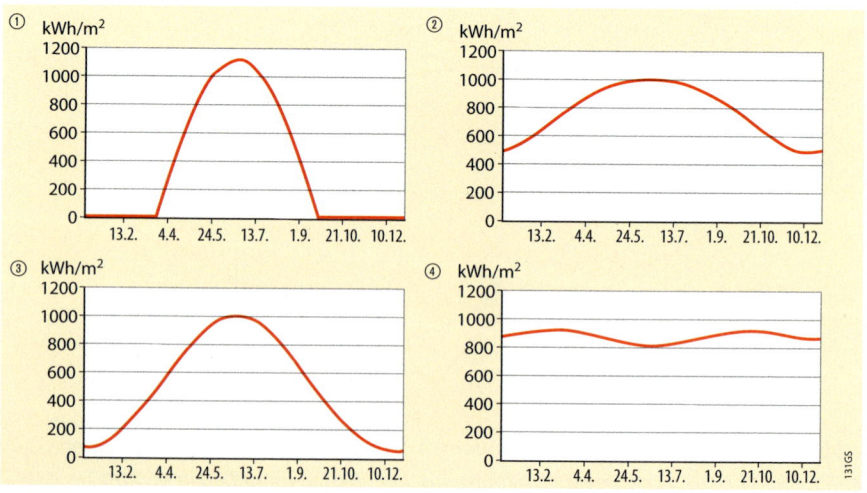

Abb. A 1.1.2/1 (zu Aufgabe 16)

(www.webgeo.de)

1.2 Die solare Strahlung in der Atmosphäre

Im ersten Kapitel wurde deutlich, dass im langfristigen globalen Mittel der größte Teil der solaren Strahlung bis zur Erdoberfläche gelangt. Diesen Vorgang, bei dem sich Strahlung unbeeinflusst durch ein Medium ausbreitet, nennt man Transmission. Ein Beispiel aus dem Alltag ist die Transmission von sichtbarem Licht durch Glas. Die Atmosphäre hat jedoch auch Einfluss auf die Sonnenstrahlung durch:

• Reflexion,
• Absorption und
• Streuung.

Diese Vorgänge führen zu einer Schwächung der Sonnenstrahlung, die als Folge der wechselnden atmosphärischen Bedingungen zeitlich und räumlich sehr variabel ist.

Ziele des Kapitels

Die Bearbeitung dieses Kapitels soll Ihnen die Einflüsse der Atmosphäre auf die Sonnenstrahlung aufzeigen. Sie verstehen insbesondere:

• welche Ursachen die Absorption hat,
• was Wärme ist,
• wie einzelne Abschnitte des Sonnenlichts bezeichnet werden,
• weshalb der Himmel an klaren Tagen blau erscheint und
• warum Wolken in der Regel weiß sind.

1.2.1 Reflexion

Reflexion ist der Vorgang des Zurückwerfens eines einfallenden Signals ohne Änderung der Eigenschaften des reflektierenden Objektes oder des Signals. Einzig die Ausbreitungsrichtung verändert sich. Aus der Akustik ist ein Echo als Beispiel für die Reflexion bekannt. In der Optik wäre ein Spiegel ein passendes Beispiel. Bei einem Spiegel wird das einfallende Licht direkt wieder zurückgeworfen. Auch eine weisse Fläche reflektiert nahezu das gesamte einfallende sichtbare Licht, aufgrund der Oberflächenstruktur jedoch nicht in eine Richtung, sondern in viele unterschiedliche Richtungen. Das Licht wird diffus reflektiert. In der Atmosphäre ist die **diffuse Reflexion** der Normalfall. Sind in der Atmosphäre mächtige Wolken vorhanden, überwiegt die Reflexion als Vorgang gegenüber der **Transmission**. Ist die Atmosphäre dagegen klar, dominiert die Transmission. Die weißen Bereiche in Abb. 1.2.1/1 zeigen die Wolken, die das einfallende Sonnenlicht zum großen Teil reflektieren. Wo keine Wolken sind, ist die Atmosphäre nahezu durchsichtig. Ein großer Teil der Sonnenstrahlung dringt zur Erdoberfläche durch und wird dort in Abhängigkeit von den Oberflächeneigenschaften unterschiedlich stark reflektiert, wodurch Strukturen an der Erdoberfläche unterscheidbar sind. Die Erdoberfläche reflektiert nur einen kleinen Teil der einfallenden Strahlung. Sie ist daher durchweg dunkler als die Wolken. Der größte Teil der an der Erdoberfläche einfallenden Sonnenstrahlung wird dort absorbiert, wie wir aus Abb 1.1.1/1 schon wissen.

Das einfallende Sonnenlicht wird von den Wolken stark reflektiert. Land- und Wasseroberflächen erscheinen dunkler. Deren Albedo, die den reflektierten Anteil des eingestrahlten Lichts beschreibt, ist geringer als die von Wolken. Zudem ist sie abhängig von der Wellenlänge. Dadurch kommen die unterschiedlichen Farben der Landflächen zustande. Die besonders gut an den Wolken erkennbare, nach Norden hin abnehmende Bildhelligkeit ist Folge der geringeren Strahlungsintensität der höheren Breiten.   (©RSGB, University of Bern and NOAA 2008)

Abb. 1.2.1/1 Teile Nordafrikas, Europas und des Nordatlantiks in einem NOAA-Satelliten-bild vom 31.10.2008 (NOAA = National Oceanic and Atmospheric Administration)

1.2.2 Absorption

Absorptionsvorgänge sind jedoch nicht auf die Erdoberfläche beschränkt. Sie treten in weit geringerem Maße auch in der Atmosphäre auf und haben eine große klimatologische Bedeutung (vgl. Kap. 1.4). Elektromagnetische Strahlung wird dann absorbiert, wenn im bestrahlten Material Elektronen in einen angeregten Zustand gehoben werden oder wenn Molekülschwingungen ausgelöst oder verstärkt werden. Aufgrund der Quantenstruktur von Materie und Strahlung kann das absorbierende Material die Energie nur dann aufnehmen, wenn die Energie der Strahlung genau einem angeregten Zustand entspricht. Sind die Energieniveaus verschieden, kommt es zur Transmission, Reflexion oder Streuung der Strahlung. In einem Festkörper oder auch in Flüssigkeiten sind durch Molekülverbände viele Anregungszustände und damit viele Energieniveaus möglich. Damit können auch große Bereiche der einfallenden Strahlung absorbiert werden. Dabei gilt die Grundregel, dass die Energie der Strahlung umso höher ist, je kürzer die Wellenlängen sind. Je nach Stoff sind die Bereiche, in denen Strahlung absorbiert wird, unterschiedlich. Dadurch nehmen wir verschiedene Materialien in unterschiedlichen **Farben** wahr (Abb. 1.2.2/1).

Betrachten wir im Sonnenlicht etwa eine rote Rose, entsteht die Farbwirkung dadurch, dass der rote Spektralanteil des weißen Sonnenlichtes reflektiert wird, während in den restlichen Spektralbereichen das Licht weitgehend absorbiert wird. Dieser Mechanismus erklärt auch die Tatsache, dass dunkle Gegenstände, die der Sonne ausgesetzt werden, viel wärmer werden als helle Gegenstände. Sie absorbieren mehr Licht, das im wesentlichen in Schwingungen der Atome und Moleküle umgesetzt wird. Je mehr Strahlung absorbiert wird, desto mehr und schneller bewegen sich die Moleküle. Diese Bewegung können wir mit unseren Sinnen wahrnehmen: Es ist **Wärme**.

Gase haben im Gegensatz zu Festkörpern und Flüssigkeiten weniger Anregungszustände. Als Folge davon können Gase in der Regel nicht in breiten Bereichen des Spektrums, sondern nur in einzelnen Abschnitten davon absorbieren (Abb. 1.2.3/1). Wie so oft, gibt es jedoch auch Ausnahmen von der Regel. Einige Gase können in wenigen Teilen des Spektrums auch in breiteren Bändern absorbieren. Beispiele hierfür sind Wasserdampf, CO_2 und Methan, die damit als Treibhausgase wirken. Dieses Thema werden wir in Kapitel. 1.4 wieder aufgreifen.

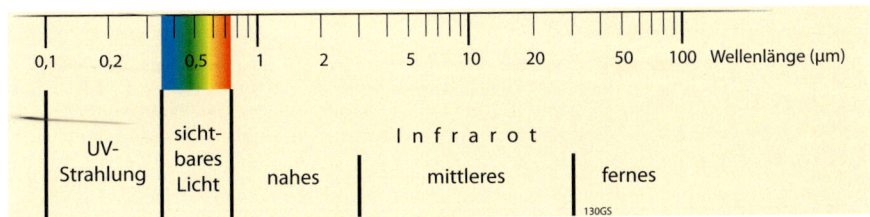

Abb. 1.2.2/1 *Das Spektrum der Wärmestrahlung mit den in der Klimatologie üblichen Bezeichnungen einzelner Bereiche* (www.webgeo.de)

1.2.3 Streuung

Die Aussage, dass Gase das einfallende Sonnenlicht nur bei bestimmten Wellenlängen absorbieren, scheint durch Abb. 1.2.3/1 teilweise widerlegt. Die Sonnenstrahlung wird bei allen gezeigten Wellenlängen geschwächt. Hierfür ist im Wesentlichen der dritte, eingangs genannte, Prozess, die Streuung, verantwortlich. Gasmoleküle wie auch kleinste Partikel in der Atmosphäre (Aerosole, vgl. Kap. 1.4.2 und 1.4.3) lenken einfallende Strahlung ab. Dabei wird lediglich die Ausbreitungsrichtung geändert. Durch Mehrfachstreuung wird ein Teil der solaren Strahlung so umgelenkt, dass sie wieder in den Weltraum zurückgestrahlt wird. Damit wird die Strahlung geschwächt (Abb. 1.2.3/2). Eine Folge der Streuung ist die Rotfärbung der tief

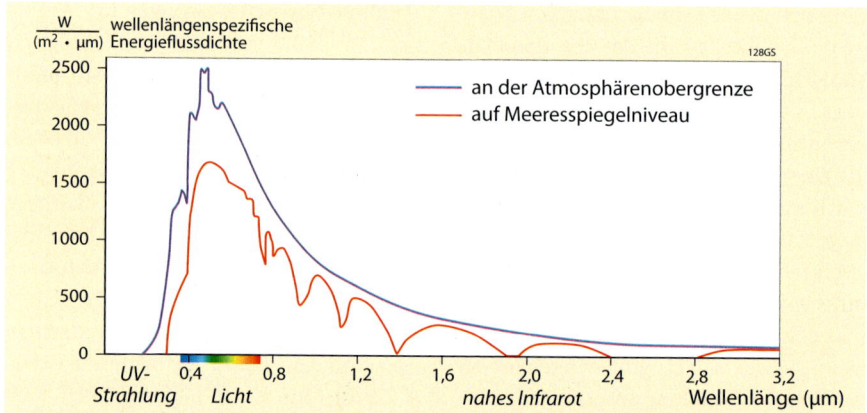

(a) *Energieflussdichteverteilung der Sonnenstrahlung außerhalb der Atmosphäre (obere Kurve) und im Meeresspiegelniveau bei wolkenfreien Bedingungen (untere Kurve). Deutlich erkennbar ist die hohe Strahlungsdichte der Sonnenstrahlung im sichtbaren Licht (0,4 bis 0,7 µm). Bei kleineren und größeren Wellenlängen nimmt die zugestrahlte Energiestromdichte rasch ab. Die Schwächung der Strahlung durch die Atmosphäre ist in allen Wellenlängen zu erkennen. Bei einzelnen Wellenlängen ergibt sich durch die selektive Absorption der Gase in der Atmosphäre eine stärkere Reduktion der Intensität.*

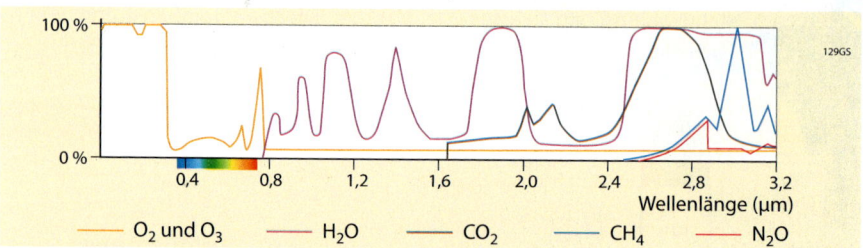

(b) *Absorptionsvermögen einiger wichtiger Atmosphärengase, gezeigt ist der Anteil des absorbierten Sonnenlichts. Gerade im sichtbaren Spektralbereich ist die Atmosphäre nahezu vollständig durchlässig.*

Abb. 1.2.3/1 *Sonnenstrahlung und Absorptionsvermögen von Gasen*

(nach www.webgeo.de; Kraus, H. 2004)

stehenden Sonne in klarer Luft. Bei einem entsprechend flachen Einfallswinkel ist der Weg der Sonnenstrahlen durch die Atmosphäre länger als bei hoch stehender Sonne. Dementsprechend wirken sich Streuvorgänge mehr aus. Eine weitere Folge der Streuung ist, dass der Himmel nicht schwarz ist, sondern bei klarer Atmosphäre blau und bei aereosolreicher Atmosphäre milchig-weiß erscheint. Dies liegt an zwei verschiedenen Streuprozessen. An Atomen und Molekülen erfolgt eine Streuung, die Licht in Abhängigkeit von der Wellenlänge stärker oder schwächer streut (Rayleigh-Streuung). An größeren Aerosolen, Partikeln mit Durchmessern von etwa 0,1 bis 100 µm, erfolgt die Streuung dagegen weitgehend unabhängig von der Wellenlänge der einfallenden Sonnenstrahlung (Mie-Streuung).

Tipp: Bearbeiten Sie zur Wiederholung und Vertiefung:

🖥 www.webgeo.de

Module „Solare Strahlung", „Einfluss der Atmosphäre auf die solare Strahlung", „Streuung der solaren Strahlung in der Atmosphäre" und „Absorption solarer Strahlung in der Atmosphäre"

Aufgaben

1. Welches Gas ist vor allem für die Absorption der UV-Strahlung verantwortlich? Welche Konsequenzen hat ein Abbau dieses Gases in höheren Bereichen der Atmosphäre?

2. Die Stärke der Streuung an Atomen und Molekülen ist abhängig von der Wellenlänge der Strahlung. Überlegen Sie, welche Farbe des sichtbaren Lichts am stärksten, welche am schwächsten gestreut wird. Formulieren Sie eine allgemeine Regel aus Ihrem Ergebnis!

   Hinweis: Lesen Sie die Beispiele im voranstehenden Text noch einmal und betrachten Sie Abb. 1.2.3/2 genau.

3. Wolken erscheinen nur in der Aufsicht und in der Seitenansicht weiss. Befindet man sich unter einer Wolke, sieht sie oft grau aus. Erklären Sie diese Beobachtung.

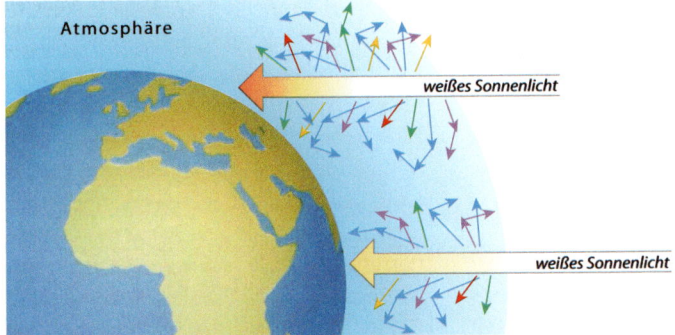

Die Mächtigkeit der Atmosphäre ist extrem übertrieben. Tatsächlich bildet die Atmosphäre nur eine dünne Haut um die Erde, die im dargestellten Maßstab nicht erkennbar wäre.

Abb. 1.2.3/2 *Streuung des Sonnenlichts an den Gasmolekülen der Atmosphäre (Rayleigh-Streuung)* (nach McKnight, T. L & D. Hess 2008, verändert)

1.3 Energie- und Massenflüsse zwischen Erdoberfläche und Atmosphäre

In den beiden vorangegangenen Abschnitten haben wir vor allem die Größenordnung der Energieströme im Gesamtsystem Erde (Erde und Atmosphäre) betrachtet. Wir haben auch Charakter und Entstehung von fühlbarer und latenter Wärme sowie den Mechanismus der Absorption von Strahlung erklärt. Wie aber kommt die Strahlung zustande? Bei der Sonne können wir Strahlung in Form von Licht sehen. Was ist aber mit den langwelligen Strahlungstermen gemeint, die von Erde und Atmosphäre ausgehen? Bisher haben wir auch die latenten und fühlbaren Wärmeströme noch nicht näher betrachtet.

Ziele des Kapitels

Mit dem folgenden Text und den Aufgaben sollen Sie verstehen,
- wie Strahlung entsteht,
- dass auch die Erde Strahlung aussendet;
- dass die Sonnenstrahlung in manchen Bereichen des Spektrums viel intensiver ist als die Strahlung der Erde und
- dass es auch Bereiche gibt, in denen die terrestrische Strahlung dominiert.

Sie werden auch nachvollziehen können,
- dass manche Energieströme an Massentransporte gebunden sind.

Für jegliche Materie gilt, dass sich Atome und Moleküle bewegen, wenn die Temperatur über dem absoluten Nullpunkt (0 K = −273,15 °C) liegt. Auch Kolloide und kleine Partikel, die im Lichtmikroskop erkennbar sind, verhalten sich in Gasen und Flüssigkeiten entsprechend. Der schottische Botaniker ROBERT BROWN hat diese unregelmäßige Bewegung bei der Untersuchung von Pollen beschrieben. Daher spricht man von BROWN‘scher Molekularbewegung. In Festkörpern bewegen sich die Moleküle nicht frei. Dafür schwingen sie einzeln und in Gruppen im Kristallgitter oder in amorphen Festkörpern. Grundsätzlich erfolgt die Bewegung umso schneller, je höher die Temperatur ist.

Jedes Atom ist aus positiven und negativen Ladungen aufgebaut. Die Wärmebewegung hat zur Folge, dass diese Ladungen sich schnell bewegen und durch Stöße oder Schwingungen im Festkörper permanent abgebremst und wieder beschleunigt werden.

Ein für unsere hochtechnisierte Welt wichtiges physikalisches Grundprinzip ist, dass beschleunigte elektrische Ladungen elektromagnetische Wechselfelder – elektromagnetische Strahlung – produzieren. Dieses Grundprinzip wird in jedem Sender und in jeder Antenne, egal ob Radio, Mobiltelefon oder GPS-Empfänger, ausgenutzt. Das Prinzip ist damit die Grundlage für unsere mobile Telekommunikationsgesellschaft. Es ist aber auch die Ursache dafür, dass jegliche Materie Strahlung aussendet.

Eine höhere Temperatur entspricht einer höheren Energie und konsequenterweise kann heiße Materie energiereichere Strahlung aussenden als kalte Materie. Bei einer bestimmten Temperatur bewegen sich allerdings nicht alle Partikel gleich schnell. Es gibt Moleküle, die sich schnell hin und her bewegen, andere dagegen vergleichsweise langsam. Dementsprechend wird Strahlung unterschiedlicher Energie und Wellenlänge ausgestrahlt (Abb. 1.3.1/1).

1.3.1 Schwarze Strahler

Ein schwarzer Strahler ist eine Modellvorstellung im Zusammenhang mit elektromagnetischer Strahlung. Sie besagt, dass auftreffende elektromagnetische Strahlung vollständig absorbiert wird. Dieses Modell entspricht der Alltagserfahrung. Eine schwarze Fläche wie z. B. ein Fahrradsattel in der Sommersonne absorbiert auftreffendes Sonnenlicht nahezu vollständig und wird daher heiss. Eine weisse Fläche reflektiert das Licht dagegen nahezu komplett und bleibt kühler. An dem Beispiel wird deutlich, dass Materie in Abhängigkeit von der chemischen Zusammensetzung (und auch vom Phasenzustand) ein von dem Modell mehr oder weniger stark abweichendes Verhalten zeigt. Dennoch ist das Modell wichtig und für unsere weiteren Überlegungen hilfreich. Nehmen wir an, das schwarze Material wäre Holzkohle, die wir auf einer Grillstelle anzünden. Nach einer Weile hat sich die Farbe der Kohle verändert. Sie ist rot (glühend) geworden. Das liegt nun aber nicht daran, dass die heiße Kohle die roten Spektralanteile des Sonnenlichtes reflektiert, sondern daran, dass sie selbst in merklichem Maße elektromagnetische Strahlung im roten Spektralabschnitt aussendet.

MAX PLANCK hat sich an der Wende des 19./20. Jh. in seinen Forschungsarbeiten mit schwarzen Strahlern beschäftigt und eine Beziehung abgeleitet, die die wellenlängenspezifische Emission eines schwarzen Strahlers beschreibt (**PLANCK'sches Strahlungsgesetz**). Die grafische Darstellung der entsprechenden Gleichung findet sich in Abb. 1.3.1/1. Wir erkennen dort, dass die 700 K-Kurve fast in das sichtbare rote Licht hineinreicht und damit die Alltagserfahrung der rot glühenden Kohle aus dem oben stehenden Beispiel physikalisch erklärt. In der Verallgemeinerung dieses Beispiels können wir schliessen, dass ein schwarzer Strahler, der die ganze einfallende elektromagnetische Strahlung absorbiert, entsprechend seiner Temperatur elektromagnetische Strahlung emittiert, deren Wellenlängenspektrum durch das PLANCK'sche Strahlungsgesetz beschrieben wird. Die gesamte, in Form von Strahlung ausgesendete Energie eines schwarzen Strahlers ist dabei in hohem Maße von der Temperatur abhängig. Der Zusammenhang von Leistung und Temperatur wird durch das nach den beiden Physikern JOSEF STEFAN und LUDWIG BOLTZMANN benannte **STEFAN-BOLTZMANN-Gesetz** beschrieben:

(Glg. 1.3.1/1) $$E = \sigma \cdot A \cdot T^4$$

Die Größe σ ($5{,}6704 \cdot 10^{-8}$ W/(m²K⁴)) ist eine Konstante, A ist die Flächengröße der emittierenden Oberfläche. Die Größe der Konstanten spielt für uns in der Folge keine Rolle. Ebenso können wir alle Überlegungen auf die Einheitsfläche $A = 1\,m^2$ beziehen, sodass die folgende Proportionalität entscheidend ist:

(Glg. 1.3.1/2) $$E \sim T^4$$

Die Temperatur T wird dabei als absolute Temperatur, also in der Kelvin-Skala, angegeben.

Das abweichende Verhalten realer Materie von einem schwarzen Strahler äußert sich bei der Emission so, dass in bestimmten Wellenlängen oder auch größeren Spektralbereichen nicht die maximal mögliche Energie, sondern nur ein gewisser Anteil davon

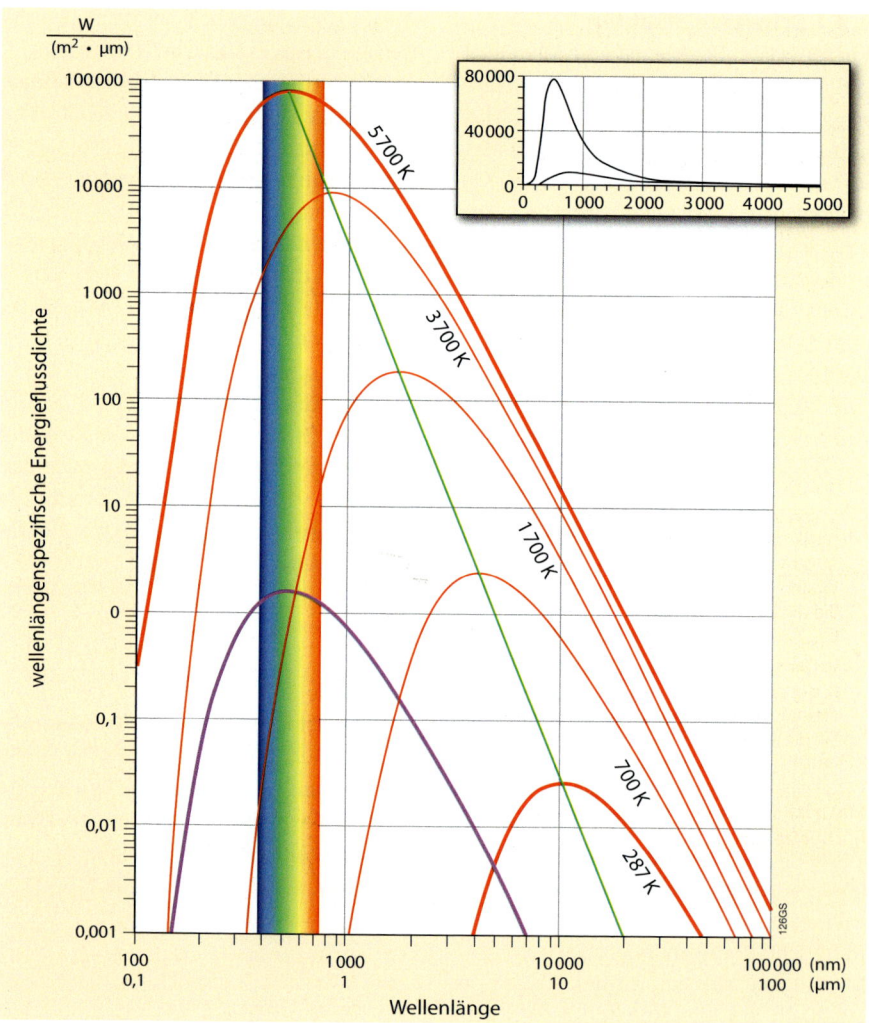

Im Hauptteil der Grafik werden logarithmische Skalen verwendet. Die beiden dicken roten Linien entsprechen der Verteilung für einen schwarzen Strahler mit der Temperatur der Sonnen- bzw. der Erdoberfläche. Die in violett gezeichnete Kurve entspricht der um den Faktor 50 000 reduzierten solaren Verteilungskurve. Weitere Erläuterungen hierzu wie auch zu der grünen Linie finden sich im Text oder bei den Aufgaben. Die insgesamt ausgesendete Energie steigt mit der vierten Potenz der Temperatur. Der Kurvenverlauf für 5 700 K und für 3 700 K bei linear unterteilten Achsen ist in der Einblendung gezeigt. Die Kurve, die einem schwarzen Strahler mit der Temperatur der Erdoberfläche entspricht, kann dort nicht mehr dargestellt werden.

Abb. 1.3.1/1 *Die wellenlängenspezifische Energieflussdichte von schwarzen Strahlern verschiedener Temperatur*   (nach Gossmann, H. 1988, verändert)

ausgesendet werden kann. Dies liegt daran, dass reale Materie nur bestimmte Energieniveaus aufweist (vgl. Kap. 1.2.2).

Tipp: 🖥 www.webgeo.de
Modul „Physik der Wärmestrahlung"

┌─────────────────────┐
│ *Aufgaben* │
└─────────────────────┘

1. Überlegen Sie, wie stark die Leistung eines schwarzen Strahlers zunimmt, wenn sich die Temperatur verdoppelt.

2. Betrachten Sie die Lage der Kurven in Abb. 1.3.1/1 zueinander und versuchen Sie den folgenden Satz zu ergänzen: „Die Emission von schwarzen Strahlern höherer Temperatur liegt in allen Wellenlängenbereichen immer ..."

3. Lesen Sie in Abb. 1.3.1/1 für den Schnittpunkt der grünen Linie mit der Kurve 3 700 K an der Abszisse („X-Achse") die Wellenlänge (in µm) ab und multiplizieren Sie die Werte miteinander. So ergibt sich: $C_{3700} = 0{,}79 \cdot 3\,700 = 2923\ [\mu m \cdot K]$
Verfahren Sie analog für zwei weitere, beliebige Schnittpunkte der grünen Linie mit einer der Emissionskurven und vergleichen Sie die erhaltenen Werte!

Hinweis: *a) Beachten Sie, dass es sich um logarithmische Skalen handelt. Die Werte können nur ungefähr abgelesen werden.*
b) Bitte verwenden Sie für die Wellenlänge die Zahlenwerte in µm!

4. Die Sonne hat einen Radius von rund $R_S = 690\,000$ km. Der Abstand der Erde von der Sonne beträgt rund $R_E = 150$ Mio. km. Daraus ergibt sich für das Verhältnis von Kugeloberflächen mit entsprechenden Radien ein Wert von $4 \cdot \pi \cdot (R_E^2/R_S^2) \approx 50\,000$. Überlegen Sie sich, welche Bedeutung dieses Verhältnis für die Intensität der an der Erde ankommenden Sonnenstrahlung hat und erklären Sie damit die violett gefärbte Kurve in Abb. 1.3.1/1.

1.3.2 Die terrestrische Strahlung

Was haben schwarze Strahler mit der Erdoberfläche und mit Wolken zu tun? Wir wissen doch, dass natürliche Oberflächen mehr oder weniger deutlich von schwarzen Strahlern abweichen und daher in unterschiedlichen Farben erscheinen. Diese Abweichungen werden dadurch berücksichtigt, dass die nach

Material oder Oberflächenbedeckung	Albedo (= 1-ε) im Bereich der solaren Strahlung	Emissionskoeffizient ε im Bereich der terrestrischen Strahlung
Boden	0,05 – 0,40	0,90 – 0,98
Ackerkulturen	0,15 – 0,25	0,92 – 0,96
Wiese	0,20	0,95
Laubwald	0,15 – 0,20	0,98
Nadelwald	0,05 – 0,15	0,98
Wasser (hoch stehende Sonne)	0,03 – 0,10	0,92 – 0,97
Wasser (tief stehende Sonne)	0,1 – 1,00	
Neuschnee	0,95	0,99
Altschnee	0,40	0,85
Gletscher	0,20 – 0,40	0,92 – 0,99
Wolken	0,37 – 0,77	siehe Wasser
Asphalt	0,05 – 0,20	0,95
Baumaterial (Beton, Ziegel)	0,10 – 0,40	0,88 – 0,97

Tab. 1.3.2/1 *Albedo und Emissionskoeffizienten verschiedener Materialien*

(nach verschiedenen Quellen)

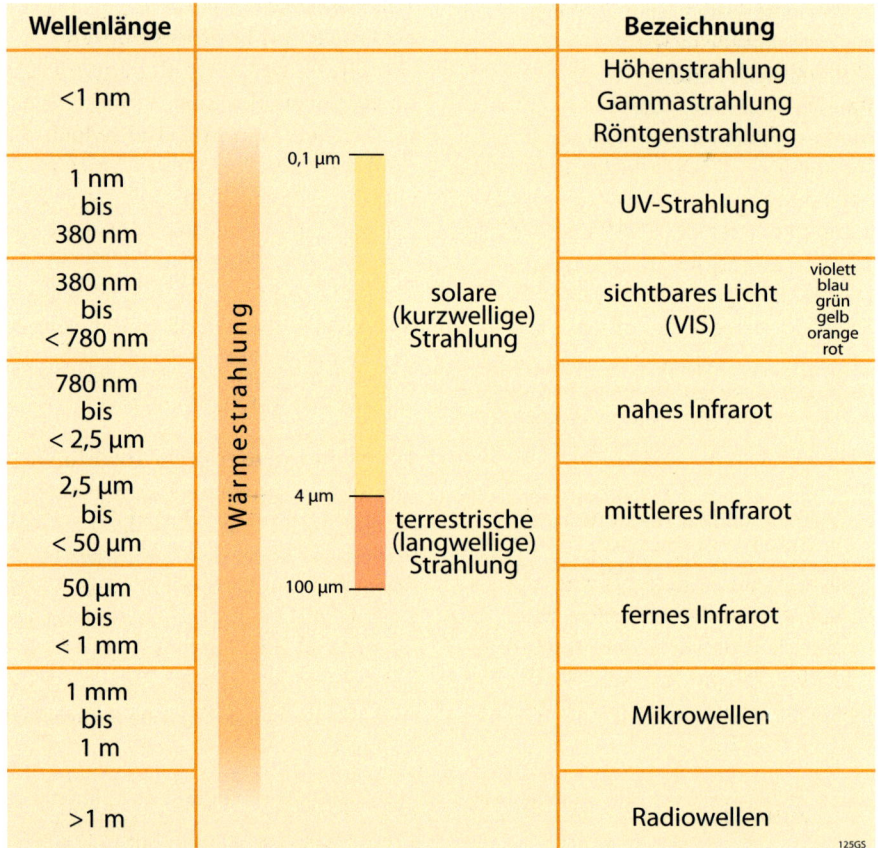

Wellenlänge			Bezeichnung	
<1 nm			Höhenstrahlung Gammastrahlung Röntgenstrahlung	
1 nm bis 380 nm			UV-Strahlung	
380 nm bis < 780 nm	Wärmestrahlung	solare (kurzwellige) Strahlung	sichtbares Licht (VIS)	violett blau grün gelb orange rot
780 nm bis < 2,5 µm			nahes Infrarot	
2,5 µm bis < 50 µm		terrestrische (langwellige) Strahlung	mittleres Infrarot	
50 µm bis < 1 mm			fernes Infrarot	
1 mm bis 1 m			Mikrowellen	
>1 m			Radiowellen	

(Skala: 0,1 µm, 4 µm, 100 µm)

Tab. 1.3.2/2 *Das elektromagnetische Spektrum mit den in Meteorologie und Klimatologie üblichen Bezeichnungen* (eigene Darstellung)

dem PLANCK'schen Strahlungsgesetz für jede Wellenlänge ermittelte Ausstrahlung noch mit einem Faktor $\varepsilon(\lambda)$, dem sogenannten Emissionskoeffizienten, multipliziert wird. Dabei ist $0 \leq \varepsilon \leq 1$. Der Emissionskoeffizient hat übrigens den gleichen Wert wie der Absorptionskoeffizient (KIRCHHOFF'sches Gesetz). Diesen Sachverhalt hatten wir in Abschnitt 1.3.1 mit dem Beispiel der glühenden Kohle bereits abgeleitet.

Die Schreibweise $\varepsilon(\lambda)$ deutet an, dass ε wellenlängenabhängig ist. So weichen natürliche Oberflächen im Bereich des sichtbaren Lichts häufig stark vom Modell des schwarzen Strahlers ab. Betrachtet man jedoch größere Wellenlängen, wie z. B. das mittlere und ferne Infrarot (Tab. 1.3.2/1 und Tab. 1.3.2/2) ist die Abweichung vernachlässigbar. Die meisten natürlichen Landoberflächen, selbst Schnee und Eis, verhalten sich in diesen

Spektralabschnitten näherungsweise wie schwarze Strahler (Tab. 1.3.2/1).

Wir betrachten daher in Abb. 1.3.1/1 die um den Faktor 1/50 000 reduzierten Emissionskurve eines schwarzen Strahlers mit 5 700 K (Oberflächentemperatur der Sonne) und mit 287 K (= mittlere Temperatur der Erdoberfläche und der unteren Atmosphäre). Es fällt auf, dass bei Wellenlängen unter etwa 4 – 5 μm die Strahlungsanteile dominieren, die von der Sonne stammen. Bei größeren Wellenlängen dagegen überwiegen aufgrund der Reduktion der solaren Energieflussdichte durch die Distanz zwischen Sonne und Erde die Strahlungsanteile eines Strahlers mit 287 K (dazu Aufgabe 4). Es dominieren also die Anteile, die von Erdoberfläche und Wolken (sowie teilweise von einigen Luftbestandteilen) stammen. Man spricht daher in der Meteorologie und Klimatologie einerseits von solarer und andererseits von terrestrischer Strahlung (Tab. 1.3.2/2).

Aufgaben

5. Betrachten Sie in Tab. 1.3.2/1 die angegebenen Albedowerte für Ackerkulturen. Welche Wertespanne haben Absorptions- und Emissionskoeffizient für Strahlung im solaren Bereich?

6. Erklären Sie die paradox erscheinende Aussage, dass „sich Schnee wie ein schwarzer Strahler verhält".

1.3.3 Massentransporte als Folge von Energieströmen

Die Strahlungsterme dominieren die Energiebilanz der Erde. In ihrer klimatologischen Wirkung sind jedoch die fühlbaren und latenten Wärmeströme von erheblicher Bedeutung. Windsysteme und Meeresströme transportieren beispielsweise Wärme von den niederen in die hohen Breiten. Diese Thematik werden wir jedoch erst später aufgreifen. Zunächst konzentrieren wir uns auf eine eindimensionale, vertikale Betrachtung.

Zwei Mechanismen sind für den Wärmetransport verantwortlich. Bei der **Wärmeleitung** wird die Bewegungsenergie direkt zwischen Atomen und Molekülen übertragen und geht entsprechend langsam vonstatten. Die Wärmeleitfähigkeit ist materialspezifisch. Es gibt gute und schlechte Wärmeleiter (Tab. 1.3.3/1). Bedeutender ist der Wärmetransport durch **Turbulenz**. In Gasen oder Flüssigkeiten wird die aufgenommene Energie mit der Strömung verfrachtet. Dieser Transportmechanismus kann viel schneller als die Wärmeleitung erfolgen. Daher sorgt die Turbulenz für den größten Teil des fühlbaren Wärmetransports von der Erdoberfläche in die Luft. Der latente Wärmetransport ist nur über eine Strömung möglich und daher an einen turbulenten Austausch gebunden. Eine Strömung bedeutet gleichzeitig auch, dass Materie transportiert wird. Daher sind fühlbarer und latenter Wärmestrom zwischen Erdoberfläche und Atmosphäre im Gegensatz zu Energietransporten in Form von Strahlung immer auch mit **Massenflüssen** verbunden. Eine

Material	Wärmeleitfähigkeit [W/(m · K)]
Styropor	0,03
Ziegelstein	0,70
Glas	0,80
Beton	1,8 – 2,3
Metalle Eisen Kupfer	40 – 420 80 390

Material	Wärmeleitfähigkeit [W/(m · K)]
Luft, unbewegt	0,025
Holz	0,06 – 0,2
Wasser, unbewegt	0,6
Neuschnee	0,08 – 0,2
Altschnee	1,2 – 2,0
Eis	2,3
Lehm, nass	0,8 – 2,0
Lehm, trocken	0,08 – 0,6
Sand, nass	0,4 – 1,2
Sand, trocken	0,1 – 0,3
Gestein	1,5 – 4,0

Tab. 1.3.3/1 Wärmeleitvermögen verschiedener Materialien
(nach Häckel, H. 1999; Stöcker, H. 1994)

Folge eines vertikalen Massenflusses ist z. B. das Aufsteigen warmer feuchter Luft, die beim Aufstieg abkühlt. Deshalb kondensiert der Wasserdampf in der Höhe und es bilden sich Wolken.

1.3.4 Die Energiebilanz der Erdoberfläche

Ausgehend von Abb. 1.1.1/1 haben wir bisher globale und zeitliche Mittelwerte betrachtet. Lediglich in Kapitel 1.1.2 ist in Ansätzen eine sehr großräumige Differenzierung erfolgt. Um die klimatische Situation unterschiedlicher Orte beschreiben und verstehen zu können, müssen wir eine sowohl zeitlich als auch räumlich höher aufgelöste, also detailliertere Betrachtung vornehmen. Wir beginnen mit der zeitlichen Auflösung. Die regionale Differenzierung wird in Kapitel 1.9 angesprochen.
Aus Abb. 1.1.1/1 können wir folgern, dass im Jahresmittel

- der größte Teil der Sonnenenergie an der Erdoberfläche absorbiert wird;
- die größte Energieabgabe an den Weltraum über die Atmosphäre erfolgt;
- dass aufgrund der beiden oben stehenden Befunde die Erdoberfläche als Heizplatte der Atmosphäre angesehen werden kann;
- dass ein Energiefluss aus oder in den Untergrund (Boden, Gestein) bedeutungslos ist.

Im tageszeitlichen und jahreszeitlichen Wandel kann jedoch sowohl ein Wärmeeintrag in den Untergrund als auch aus dem Untergrund zur Erdoberfläche hin erfolgen (Abb. 1.3.4/1 und 1.3.4/2). Ebenso gibt es Situationen, bei denen ein Energiefluss aus der Atmosphäre zur Erdoberfläche erfolgt. Zur Verdeutlichung stellen wir uns dazu einen sonnigen Sommertag in Mitteleuropa vor. Am Tage wird durch die Sonnenstrahlung die Erdoberfläche erwärmt. Es entsteht ein Temperaturunterschied zwischen der

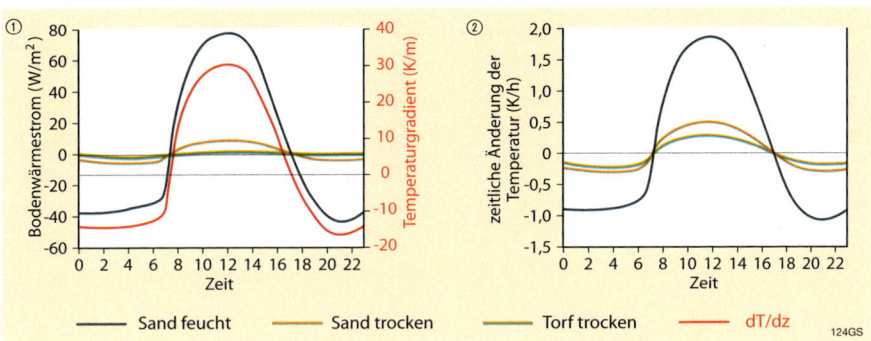

Der Temperaturgradient ist zwischen Erdoberfläche und 1 m Tiefe angegeben. Der tatsächliche Temperaturunterschied zwischen Erdoberfläche und der Bodentemperatur in 5 cm Tiefe ist daher deutlich geringer.

Abb. 1.3.4/1 *Typischer Tagesgang des Bodenwärmestroms und des Temperaturgradienten* ① *sowie der Temperaturänderung in 5 cm Tiefe* ②   (nach BENDIX, J. 2004)

Erdoberfläche und der darüber liegenden Luft und tieferen Bodenschichten. Aufgrund des Temperaturunterschieds entsteht ein Wärmefluss in den Boden und in die Luft. Während des ganzen Tages gibt die Erdoberfläche entsprechend

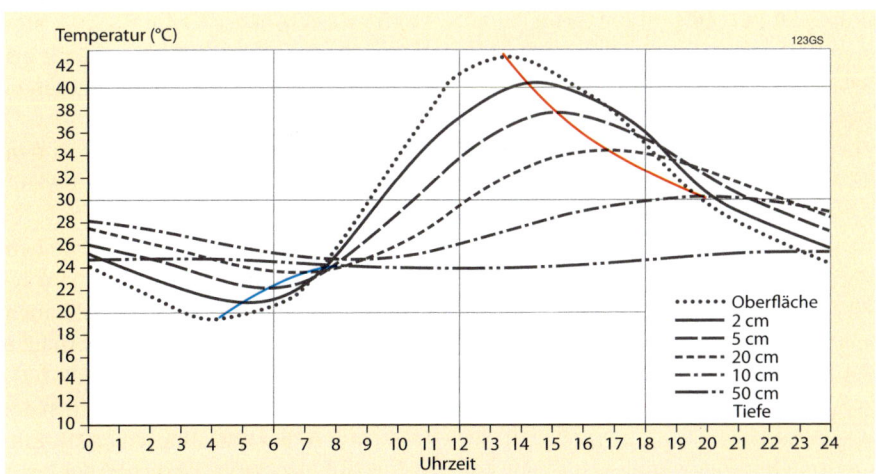

Deutlich fällt der zeitliche Versatz der Minima und Maxima (farbige Linien) auf. Die größte Tagesschwankung der Temperatur stellt sich direkt an der Oberfläche ein. In etwa 50 cm Tiefe ist die Temperatur ganztägig nahezu ausgeglichen.

Abb. 1.3.4/2 *Tagesgang der Bodentemperaturen in einem sandigen Lehmboden am 27.7.1983*   (nach HÄCKEL, H. 1999)

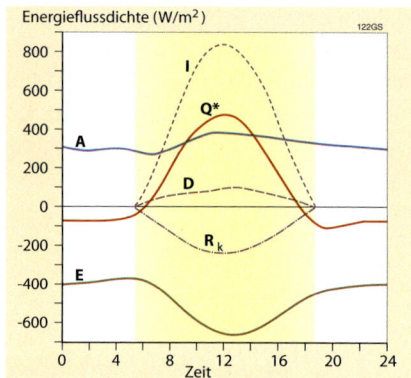

Energieflussdichte (W/m²)

Zur Erdoberfläche gerichtete Strahlungsströme sind mit positiven Werten angegeben. Der Zeitraum von Sonnenaufgang bis Sonnenuntergang ist gelb unterlegt.

(nach GOSSMANN, H. 1988, verändert)

Abb. 1.3.4/3 *Idealisierter Tagesgang der Strahlungsbilanzterme an einem wolkenfreien Spätsommertag in den Mittelbreiten*

ihrer Temperatur Strahlungsenergie ab. Nachts läuft diese Strahlungsabgabe weiter, während die Sonneneinstrahlung fehlt. Die Folge davon ist eine Abkühlung der Erdoberfläche. Nach einer gewissen Zeit ist die Erdoberfläche kühler als die darüber liegende Luft und auch kühler als tiefere Bodenschichten. Folge ist ein Wärmestrom von der Luft und aus dem Boden zur Erdoberfläche hin (Abb. 1.3.4/4). Im jahreszeitlichen Wandel ist, zumindest was den Boden betrifft, die Situation zwischen Sommer und Winter ähnlich wie zwischen Tag und Nacht: im Sommer wird der Boden erwärmt, im Winter kühlt er aus. Entsprechende Wärmeflüsse sind die Folge. Da in einem Festkörper keine turbulente Strömung existieren kann, erfolgt der Wärmetransport einzig und allein durch Wärmeleitung. Der resultierende Wärmestrom ist

daher viel kleiner als die Wärmeströme zwischen Erdoberfläche und Luft. Nach diesen Überlegungen können wir nun die Energiebilanzgleichung für die Erdoberfläche aufstellen. Wir stellen dazu alle bisher betrachteten Strahlungs- und Wärmeströme zusammen und bezeichnen Sie zur übersichtlicheren Darstellung mit Buchstaben. Die **Strahlungsbilanzgleichung** lautet:

(Glg. 1.3.3/1)

$$Q^* = I + D - R_k - E + A - R_l$$

Q^*: Strahlungsbilanz
I: direkte Sonnenstrahlung
D: diffuse Himmelsstrahlung
R_k: kurzwellige Reflexstrahlung
E: langwellige Ausstrahlung der Erdoberfläche
A: atmosphärische Gegenstrahlung
R_l: langwellige Reflexstrahlung
Globalstrahlung G: $I + D$
effektive Ausstrahlung: $A - E$

Die Vorzeichen geben an, ob der Strahlungsterm zur Erdoberfläche hin- (+) oder weggerichtet (–) ist. Die kurzwelligen, solaren Terme der Strahlungsbilanz sind I, D und R_k. Die langwelligen Beiträge sind E, A und R_l. Die an der Erdoberfläche ankommende, solare Strahlung wird als Globalstrahlung bezeichnet. Der effektive Strahlungsverlust der Erdoberfläche ergibt sich als A – E. Die langwellige Reflexstrahlung R_l ist der an der Erdoberfläche reflektierte Anteil der atmosphärischen Gegenstrahlung. Dieser Wert ist in der Regel sehr klein und messtechnisch nicht von der Eigenemission der Erdoberfläche zu trennen. Der Term wird daher in manchen Lehrbüchern nicht angegeben. Die entsprechende Gleichung lautet dann:

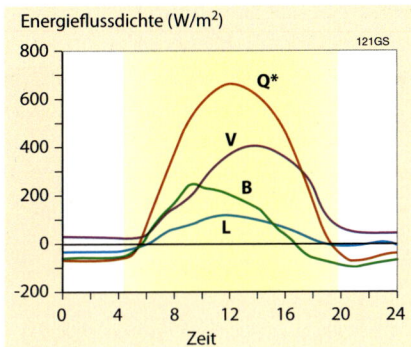

Energieflussdichte (W/m²)

Fühlbare und latente Wärmeströme (B, L und V) in den Boden oder in die Luft sind mit positiven Werten angegeben. (nach BENDIX, J. 2004, verändert)

Abb. 1.3.4/4 *Tagesgang der Energie-bilanzterme an einem wolkenfreien Frühsommertag in den Mittelbreiten für einen vegetationsfreien, feuchten Boden*

(Glg. 1.3.3/2)

$$Q^* = I + D - R_k - E + A$$

Einen typischen Tagesgang der Strahlungsbilanz zeigt Abb. 1.3.4/4. Für die gesamte **Energiebilanz**, die sich aus Strahlungs- und Wärmeflüssen zusammensetzt, ergibt sich

(Glg. 1.3.3/3)

$$Q^* + B + L + V = 0$$

Q*: Strahlungsbilanz

B: Bodenwärmestrom

L: (turbulenter) Strom fühlbarer Wärme

V: (turbulenter) Strom latenter Wärme

Glg. 1.3.3/3 beschreibt die **Energiebilanz** einer Fläche. Da eine Fläche kein Volumen und damit keine Materie besitzt, kann sie keine Wärme aufnehmen. Entweder leitet sie die Energie in den Untergrund oder in die Luft weiter. Daher muss sich als Bilanz aller Terme der Wert Null ergeben. Wenn die Strahlungbilanz Q* der Erdoberfläche positiv ist, müssen die anderen Terme den Überschuss der Erdoberfläche abführen.

Aufgaben

7. Lesen Sie in Abb. 1.3.4/1 ① die Werte des Bodenwärmestroms für trockenen und nassen Sand um 12 Uhr ab. In welche Richtung erfolgt der Wärmefluss? Erklären Sie den Unterschied zwischen trockenem und nassem Sand! Formulieren Sie die Konsequenz daraus im Hinblick auf den Temperaturverlauf des Bodens in 5 cm Tiefe!

   Hinweis: Nehmen Sie gegebenenfalls Tab. 1.3.3/1 zu Hilfe.

8. In Wetterprognosen hören Sie den Satz „in der Nacht kühlen die Lufttemperaturen auf −5 bis −10 Grad ab. Über Schnee können −20 Grad erreicht werden." Erklären Sie die starke Abkühlung der Luft über Schnee.

   Hinweis: Beachten Sie, dass das Wärmeleitvermögen von Schnee aufgrund der eingeschlossenen Luft gering ist. Der Schnee ist damit gegenüber einem möglicherweise wärmeren Untergrund gut „wärmeisoliert".

9. Erklären Sie den zeitlichen Versatz der Temperaturmaxima in verschiedenen Bodentiefen (Abb. 1.3.4/2)!

10. Erklären Sie, wie es in klaren Nächten zur Bildung von Tau an Grashalmen oder auf Fahrzeugen kommen kann.

    Hinweis: Warme Luft kann viel mehr Wasserdampf aufnehmen als kalte Luft.

11. Vergegenwärtigen Sie sich die Größenordnung der Strahlungsbilanzterme in Abb. 1.3.4/3. Achten Sie vor allem auf die Tag-Nacht–Differenzierung und die Größenordnung der terrestrischen Strahlungsanteile.

12. Beschreiben Sie die auffallendsten Merkmale im Tagesgang der Energiebilanz.

13. Bei Wind wird eine bestimmte Lufttemperatur als geringer empfunden als sie tatsächlich ist. Der Wind-Chill-Faktor ist eine vor allem in Nordamerika verwendete Größe, die diese kombinierte Wirkung von geringen Temperaturen und Wind auf den menschlichen Körper (speziell das unbedeckte Gesicht) beschreibt. Aufgrund experimenteller Untersuchungen wird bei dem Ansatz eine Temperatur errechnet (Tab. A 1.3.4/1), bei der sich (ohne Wind) ein ähnliches Temperaturempfinden ergeben würde. Beachten Sie den großen Einfluss, den der Wind auf das Temperaturempfinden hat. Erklären Sie, welche Wärmetransportprozesse die Kältewirkung verursachen!

T_{Luft} / V_{10}	5	0	-5	-10	-20	-30	-40	-50
5	4	-2	-7	-13	-24	-36	-47	-58
10	3	-3	-9	-15	-27	-39	-51	-63
20	1	-5	-12	-18	-30	-43	-56	-68
30	0	-6	-13	-20	-33	-46	-59	-72
40	-1	-7	-14	-21	-34	-48	-61	-74
50	-1	-8	-15	-22	-35	-49	-63	-76
60	-2	-9	-16	-23	-36	-50	-64	-78
70	-2	-9	-16	-23	-37	-51	-65	-80
80	-3	-10	-17	-24	-38	-52	-67	-81

Geringes Erfrierungsrisiko

Erfrierungen nach 10–30-minütiger Exposition

Erfrierungen nach 5–10-minütiger Exposition

Erfrierungen nach 2–5-minütiger Exposition

Erfrierungen bei kurzzeitiger Exposition

mit T_{Luft} = Lufttemperatur in °C und V_{10} = Windgeschwindigkeit in 10 m Höhe in km/h
(nach www.msc-smc.ec.gc.ca/education/windchill/charts_tables_e.cfm, Stand 11.11.2008)

Tab. A 1.3.4/1 (zu Aufgabe 13)

1.4 Die Atmosphäre

Im vorangehenden Kapitel haben wir festgestellt, dass natürliche Landoberflächen das Sonnenlicht nur zum Teil absorbieren. Im Gegensatz dazu ist das Verhalten der Erdoberfläche im terrestrischen Spektralabschnitt und damit die Eigenemission einem schwarzen Strahler nahezu vergleichbar. Ähnliches gilt für die (wolkenlose) Atmosphäre. Die atmosphärischen Gase absorbieren das Sonnenlicht praktisch nicht und lassen die solare Strahlung weitgehend ungeschwächt bis zur Erdoberfläche durch. Die von der Erdoberfläche ausgehende Wärmestrahlung wird dagegen von einigen Gasen in hohem Maße absorbiert, womit die Treibhauswirkung erklärt wird. Die Atmosphäre ist aber nicht nur Wärmeisolator gegenüber dem Weltraum. Sie ist beispielsweise auch

- Schutzschicht gegen UV-Strahlung,
- Kohlendioxid- und Sauerstoffreservoir für Pflanzen, Menschen und Tiere,
- Umsetzungsraum für Wasser in flüssiger und fester Form sowie für Wasserdampf und damit zentrales Element im Wasserkreislauf,
- das Medium, das Wetterabläufe und Klimabedingungen bestimmt.

Nach der Betrachtung der durch Sonne und Erdbahn vorgegebenen energetischen Verhältnisse wenden wir uns, der zentralen Rolle der Atmosphäre im Klimasystem entsprechend, in mehreren Kapiteln (1.4 bis 1.8) den unterschiedlichen Aspekten der Atmosphäre zu.

Ziele des Kapitels

Dieses Kapitel referiert Aufbau und Zusammensetzung der Atmosphäre. Sie sollen dadurch:
- die Struktur und Zusammensetzung übersehen,
- die für Wetter und Klima relevanten Teile kennen,
- die Bedeutung der atmosphärischen Komponenten einschätzen und
- die Treibhauswirkung verstehen können.

1.4.1 Zusammensetzung

Die Atmosphäre ist die **Gashülle der Erde**. Durch Wind und thermischen Auftrieb können in dieser Gashülle jedoch auch **flüssige** und **feste Partikel** über längere Zeit in der Schwebe gehalten werden. Wir unterscheiden daher drei Gruppen von Stoffen:
- permanente Gase,
- weitere Gase und
- Aerosole.

Die **permanenten Gase** bilden die „trockene, reine Luft", die zu weit über 99 % aus lediglich drei Bestandteilen – Stickstoff, Sauerstoff und Argon – zusammengesetzt ist (Tab. 1.4.1/1). Daneben treten noch in geringen Anteilen Spurengase auf.

Stoff		Volumenanteil bzw. Konzentration
Stickstoff (N$_2$)	permanente Gase	78,084 %
Sauerstoff (O$_2$)		20,946 %
Argon (Ar)		0,0093 %
Neon (Ne)		0,00182 %
Helium (He)		0,00052 %
Krypton (Kr)		0,00011 %
Wasserstoff (H$_2$)		0,00005 %
Wasserdampf (H$_2$O)	variable Gase	0 – 4 %
Kohlendioxid (CO$_2$)		derzeit 377 – 387 ppm relativer Anstieg derzeit ca. 0,4 % jährlich
Kohlenmonoxid (CO)		< 100 ppm
Methan (CH$_4$)		derzeit ca. 1,9 ppm relativer Anstieg derzeit 1 – 2 % jährlich
Schwefeldioxid (SO$_2$)		< 1 ppm
Lachgas (N$_2$O)		< 0,4 ppm
troposphärisches Ozon (O$_3$)		< 0,5 ppm
Stickstoffdioxid (NO$_2$)		< 0,2 ppm

(Werte nach McKnight, T. L. & D. Hess 2008; LfUBW, 2008 sowie IPCC 2007)

Tab. 1.4.1/1 Anteile gasförmiger Bestandteile der Luft

In tages- und jahreszeitlich sowie räumlich wechselnden Anteilen finden sich **variable Gase** in der Atmosphäre. Dabei ist zu unterscheiden zwischen natürlichen Gasen und einer Vielzahl von Stoffen, die durch den Menschen in die Atmosphäre eingebracht werden. Diese Stoffe können wir in der Gesamtheit als Verschmutzung der Atmosphäre ansprechen, auch wenn viele Stoffe unschädlich für Organismen sind.

Die **Aerosole** als dritte Gruppe umfassen Partikel, die ebenfalls natürlichen Ursprungs sein können, wie Pollen oder Mineralstaub. Durch den Menschen werden zusätzliche Aerosole, etwa Ruß, in die Atmosphäre gebracht. Die gasförmigen Bestandteile der Luft sind unsichtbar. Erst durch Aerosole wird die Sichtweite eingeschränkt. Der Himmel erscheint dadurch milchig-grau statt strahlend-blau wie es in aerosolfreier Atmosphäre. Die Größe der Aerosole liegt bei 0,5 nm bis 100 μm.

1.4.2 Wirkung von Gasen in der Atmosphäre

Die Wirkungen atmosphärischer Gase sind vielfältig. Die chemische Umsetzung und Wirkung von Luftschadstoffen auf Organismen sind ein eigenes interdisziplinäres Forschungsfeld zwischen Chemie, Medizin, Biologie und Meteorologie. Sie können in diesem Zusammenhang nicht betrachtet werden. Wir beschränken unsere Betrachtung daher auf Einflüsse einiger Gase auf den Energiehaushalt und die zugrunde liegenden Wirkungsmechanismen.

Wasserdampf ist ein unsichtbares Gas. Das heißt, dass Wasserdampf solare Strahlung im sichtbaren Spektrum nicht absorbiert. Erst durch Kondensation bilden sich Tröpfchen oder Eiskristalle, die sichtbar sind. Der Wasserdampfgehalt der Atmosphäre ist zeitlich und räumlich sehr variabel und damit für viele Wettererscheinungen mitverantwortlich. Aufgrund der großen Bedeutung in Meteorologie und Klimatologie ist für das in der Atmosphäre in allen Phasenzuständen auftretende Wasser ein eigenes Kapitel vorgesehen. Dennoch ist an dieser Stelle schon anzuführen, dass Wasserdampf ein **natürliches** und gleichzeitig das wichtigste **Treibhausgas** der Atmosphäre ist (Tab. 1.4.2/1). Zur Illustration der Treibhauswirkung der Atmosphäre stellen wir uns vor, dass die Atmosphäre keinen Einfluss

Stoff	Anteil am Treibhauseffekt	
	natürlich (vorindustriell)	anthropogen
Wasserdampf (H_2O)	65 %	–
Kohlendioxid (CO_2)	20 %	55 %
Methan (CH_4)	5 %	16 %
Lachgas (N_2O)		5 %
FCKW	–	11 %
troposphärisches Ozon (O_3)	7 %	11 %

Werte des natürlichen Treibhauseffekts auf Grundlage von KIEHL, J. T. & K. E. TRENBERTH 1997; Werte des anthropogenen Treibhauseffekts berechnet auf Basis der jeweiligen Anteile an der Summe aller positiven Beiträge zum radiative forcing (Strahlungsantrieb = Veränderung der Strahlungsbilanz seit 1750) (nach IPCC 2007)

Mit Ausnahme der Fluorchlorkohlenwasserstoffe (FCKW) leisten alle aufgeführten Stoffe aufgrund ihres natürlichen Anteils an der Atmosphäre einen Beitrag zum natürlichen Treibhauseffekt

Tab. 1.4.2/1 *Anteile verschiedener Stoffe am Treibhauseffekt*

auf die langwellige Ausstrahlung hätte. Wir wissen, dass von der Sonnenstrahlung im Mittel 235 W/m² an Strahlungsenergie absorbiert werden (Abb. 1.1.1/1). Diese Sonnenstrahlung führt zur Erwärmung der Erde (Erdoberfläche und Atmosphäre) und zur Abgabe langwelliger Strahlung in den Weltraum. Nach dem STEFAN-BOLTZMANN-Gesetz (Glg. 1.3.1/1) gibt ein annähernd schwarzer Strahler wie die Erde ($\varepsilon = 0,95$) bei einer mittleren Temperatur von 258 K, das sind $-15\,°C$, die gleiche Energiemenge ab, wie er von der Sonne erhält. Tatsächlich ist die Mitteltemperatur der Erde jedoch 288 K (15 °C). Ursache dafür ist die Absorption langwelliger Strahlungsflüsse in der Atmosphäre und die daraus resultierende Gegenstrahlung, die zu einer Temperaturerhöhung der Erdoberfläche und der Atmosphäre führen. Durch die höhere Temperatur der Erdoberfläche verstärkt sich deren Ausstrahlung, sodass sich ein Gleichgewicht zwischen solarer Einstrahlung und terrestrischer Ausstrahlung einstellt. Die beschriebene Wirkung kann anhand der Absorptionsspektren gut nachvollzogen werden (Abb. 1.2.3/1). Neben Wasserdampf tragen Kohlendioxid, Ozon und Methan ebenfalls signifikant zur natürlichen Treibhauswirkung der Atmosphäre bei. Vor allem Kohlendioxid und Methan sind heute in bedeutend höheren Anteilen in der Atmosphäre enthalten als vor Beginn der Industrialisierung. Der vorindustrielle Wert von Kohlendioxid lag bei etwa 280 ppm, heute bereits bei 390 ppm. Der Anteil von Methan hat sich seit 1750 mehr als verdoppelt. Eine Vielzahl weiterer, durch das menschliche Wirtschaften emittierter Stoffe trägt ebenfalls zur Treibhauswirkung bei. Man spricht daher in Zusammenhang mit diesen Stoffen vom **anthropogenen Treibhauseffekt**. Die Wirkung dieser Stoffe schwankt beträchtlich. Beispielsweise haben **F**luor**c**hlor**k**ohlen**w**asserstoffe (FCKW) eine fast 15 000-fach stärkere Treibhauswirkung als Kohlendioxid. Sie tragen damit trotz ihrer geringen Konzentration erheblich zum anthropogenen Treibhauseffekt bei (Tab. 1.4.2/1).

Aufgaben

1. Überlegen Sie, welches Treibhausgas die größte räumliche und zeitliche Variabilität zeigt. Begründen Sie Ihre Aussage!
   Hinweis: Nehmen Sie bei Bedarf Tab 1.4.1/1 zu Hilfe.

2. Die nachstehende Kurve zeigt die Entwicklung des CO_2-Gehalts der Atmosphäre am Mauna Loa auf Hawaii (KEELING-Kurve). Deutlich ist der Anstieg der Konzentration in den letzten 50 Jahren zu erkennen. Überlegen Sie, wie die jahreszeitliche Schwankung zustande kommt.

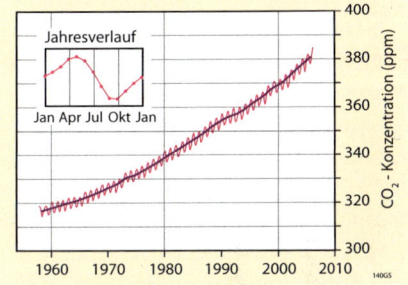

(nach http://commons.wikimedia.org, verändert)

Abb. A 1.4.2/1 Entwicklung des CO_2-Gehalts der Atmosphäre (zu Aufgabe 2)

1.4.3 Wirkung von Aerosolen in der Atmosphäre

Aerosole sind für die Trübung der Atmosphäre verantwortlich. In einer trüben Atmosphäre werden größere Strahlungsanteile absorbiert oder reflektiert. Damit greifen Aerosole in den Energiehaushalt der Atmosphäre ein. Ihre Wirkung erstreckt sich sowohl auf den solaren Strahlungsanteil, was wir an der Trübung wahrnehmen können, wie auch auf die von der Erde ausgehenden Strahlungsströme. Insgesamt überwiegen die Einflüsse auf die solare Strahlung. Eine Erhöhung des Aerosolgehalts, wie

Exkurs: „Emissionshandel"

Zur Reduzierung der Gefahren eines Klimawandels haben sich 1997 viele Staaten in Kyoto auf eine Reduzierung der Treibhausgasemissionen verständigt („Kyoto-Protokoll") und sich 2005 völkerrechtlich dazu verpflichtet. In der EU ist im Zeitraum 2008 bis 2012 eine Reduktion von 8 % gegenüber dem Niveau von 1990 zu erreichen. Deutschland hat sich sogar zu einer Minderung um 21 % verpflichtet. Die EU hat, um diese hochgesteckten Ziele zu erreichen, den sogenannten Emissionshandel eingeführt. Damit soll Betreibern von Kraftwerken und energieintensiven Industrieanlagen ein Mittel an die Hand gegeben werden, um verminderte Emissionen und ökonomische Effizienz zu verbinden.

Auf Basis des **T**reibhausgas-**E**missions**h**andels**g**esetzes (TEHG) wird den im Zeitraum 2008–2012 in Deutschland betroffenen 1665 Anlagen der Ausstoß einer individuellen Menge von Treibhausgasen zugestanden und dafür sogenannte CO_2-Emissionszertifikate ausgestellt. Gibt eine Anlage im Bezugszeitraum mehr CO_2 ab, als zugestanden wurde, muss der Betreiber für die zusätzliche Menge Emissionszertifikate von einem Unternehmen kaufen, das seine Anlage modernisiert und so den CO_2- Ausstoß reduziert hat. Der Preis richtet sich dabei nach Angebot und Nachfrage. Die Unternehmen müssen daher die Entscheidung treffen, ob es sich lohnt, zusätzliche Emissionszertifikate zu kaufen, oder ob es günstiger ist, die Anlage mit emissionsreduzierender Technik zu modernisieren und die dann eingesparten Emissionszertifikate zu verkaufen.

Damit die Reduktionsziele erreicht werden können, wird die festgelegte Menge an Emissionen kontinuierlich verringert. Durch diesen Rahmen liegt die Entscheidung zur Durchführung von Maßnahmen bei den einzelnen Betrieben, die ohne starre gesetzliche Vorgaben technische Bedingungen und wirtschaftliche Überlegungen einbeziehen können.

(nach 🔴 www.bmu.de)

---

sie für Vulkanausbrüche typisch ist, sorgt daher für eine deutlich geringere solare Einstrahlung und damit für eine Abkühlung der Erdatmosphäre. Durch menschliche Aktivitäten werden in erheblichem Maße Aerosole freigesetzt, die für eine verminderte Einstrahlung sorgen. Man spricht daher in Zusammenhang mit dem Klimawandel von einem **negativen Strahlungsantrieb** (*radia-tive forcing*) der Aerosole. Der **positive Strahlungsantrieb** des anthropogenen Klimawandels durch die Treibhausgase ist jedoch größer, sodass sich durch den Einfluss des Menschen insgesamt eine Erwärmung ergibt.

Eine weitere klimatologisch entscheidende Bedeutung kommt Aerosolen zu, weil sie als **Kondensationskerne** für die Bildung von Wassertröpfchen und

Eiskristallen notwendig sind. Wenn die initiale Bildung eines Tröpfchens erfolgt ist, kondensieren bei entsprechender Luftfeuchtigkeit weitere Wassermoleküle daran. Die Tropfen wachsen und fallen ab einer bestimmten Größe als Regen aus den Wolken aus. Der Vorgang bei der Bildung von Schnee aus kleinen Eiskristallen ist entsprechend.

Als dritte wesentliche Wirkung von Aerosolen ist deren Einfluss auf die **menschliche Gesundheit** zu nennen. Bis zu einer bestimmten Größe werden die Aerosole eingeatmet und haben je nach chemischer Zusammensetzung negative Auswirkungen auf den Organismus (Tab. 1.4.3/1).

Aufgaben

3. Warum kann sich aus einer Dunstschicht während der Nacht Nebel bilden?
4. Überlegen Sie, aus welchen Quellen die in Tab. 1.4.3/1 genannten Aerosole stammen und ordnen Sie sie den Kategorien „natürlich", „überwiegend natürlich", „gemischte Herkunft" sowie „überwiegend anthropogen" zu!

1.4.4 Die Vertikalstruktur der Atmosphäre

Die vertikale Temperaturschichtung der Atmosphäre bestimmt deren Zirkulation in erheblichem Maße mit. Dadurch, dass die Temperatur in den untersten 10–16 km Höhe im Normalfall mit der Höhe abnimmt, können konvektive Vorgänge, die durch aufsteigende warme und absinkende kalte Luft charakterisiert werden, die Dynamik und das Wettergeschehen bestimmen. Die unterste atmosphärische Schicht, die Troposphäre,

Bezeichnung	
a) Dämpfe	b) Salzkristalle
c) Staub	d) Vulkanasche
e) Ruß	f) Mikroorganismen
g) Sporen und Pollen	h) VOC[1]

Größen		
< 0,1 µm	PM 2,5	ultrafeine Partikel
0,1-2,5 µm		feine Partikel
> 2,5 µm bis ca. 100 µm	PM 10	grobe Partikel

Als PM 10[2] werden Aerosole bezeichnet, die kleiner als 10 µm sind. Sie können vom Menschen eingeatmet werden. Es wurde ein Zusammenhang zwischen der PM-10-Konzentration der Luft und der Sterberate festgestellt. Luftreinhaltungskonzepte und -gesetzgebungen sehen daher Grenzwerte für den PM-Gehalt vor. PM 2,5 sind Aerosole < 2,5 µm. Sie können bis in die feinsten Atemwege eindringen und daher besonders gesundheitsschädlich wirken. In einer verbesserten Luftreinhaltungsgesetzgebung ist ein Grenzwert für die PM-2,5-Partikelanzahl bzw. Partikelmasse anzustreben.

[1] VOC volatile organic compounds – flüchtige organische Bestandteile
[2] PM steht für den englischsprachigen Begriff „Particulate Matter"

Tab. 1.4.3/1 Natürliche und anthropogen freigesetzte Aerosole und deren Bedeutung in der Luftreinhaltung (eigener Entwurf)

wird durch eine permanente **Inversion** (Temperaturumkehr) im Bereich der **Tropopause** nach oben begrenzt (Abb. 1.4.4/1). Die Inversion verhindert einen weiteren Aufstieg von Luft. Dadurch findet zwischen Troposphäre und darüber liegender Stratosphäre nur ein geringer Massenaustausch statt.

Betrachtet man die gesamte Luftmasse und deren Verteilung, fällt auf, dass sich

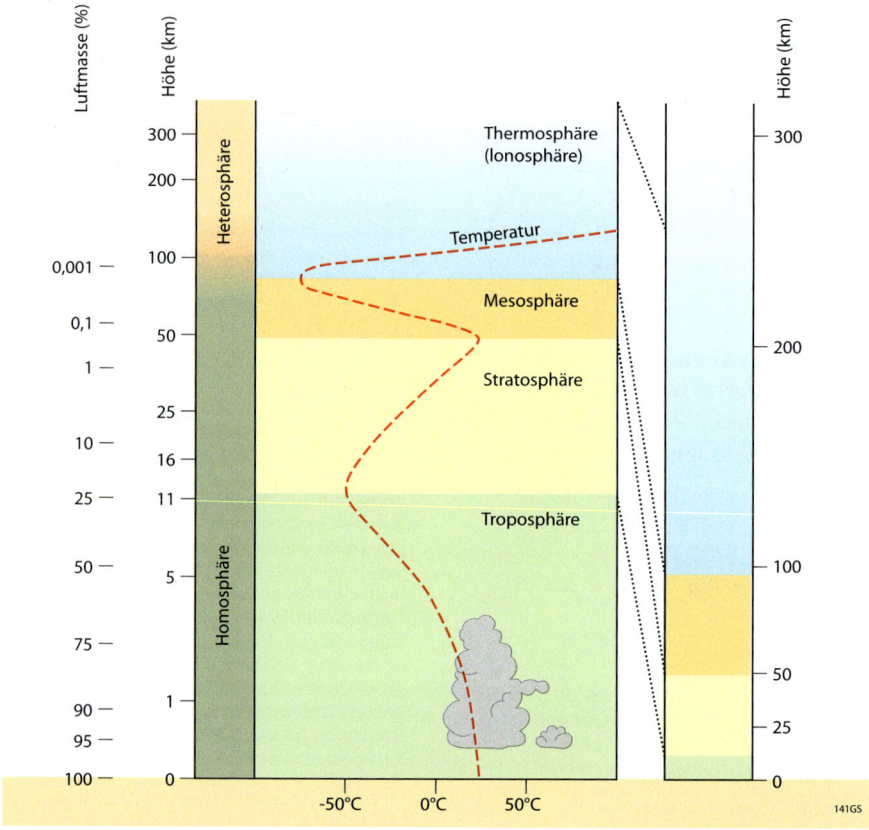

Die Gliederung und Abgrenzung der einzelnen Sphären folgt dem Temperaturverlauf in der Atmosphäre. Eine alternative Strukturierungsmöglichkeit in Homosphäre und Heterosphäre basiert auf
der chemischen Zusammensetzung (links). Dem Hauptteil der Abbildung ist eine logarithmische
Höhenskala in Kilometern zugrunde gelegt. Sie entspricht der Masseverteilung der Atmosphäre. An der
Achsenbeschriftung links ist zusätzlich jeweils der Prozentsatz der Luftmasse angegeben, der oberhalb
der Markierung liegt. Zum Vergleich ist im rechten Bildteil eine lineare Skalierung gewählt worden.

Abb. 1.4.4/1 Die Vertikalstruktur der Atmosphäre   (eigener Entwurf)

etwa 75 % der gesamten Luftmasse in
den untersten 11–12 km der Atmosphäre befinden. Beide Sachverhalte – Inversion und Masseverteilung – bewirken,
dass nahezu alle für Wetter und Klima
wichtigen Strömungen und Energieum-
setzungsprozesse in der **Troposphäre** ab-

laufen. Sie ist daher die „**Wetterschicht**"
der Atmosphäre. Charakteristisch für sie
ist, dass sie

• in der Regel durch eine Temperaturabnahme mit der Höhe gekennzeichnet ist;
• fast den gesamten atmosphärischen
Wasserdampf enthält;

- nahezu alle Wolken beinhaltet;
- zonal unterschiedliche jahreszeitliche Änderungen der Eigenschaften zeigt;
- in eine untere Reibungsschicht (Grundschicht) und eine obere, von der Reibung unbeeinflusste Schicht, unterteilt werden kann;
- zwischen 8 – 16 km mächtig ist und
- je nach Mächtigkeit etwa 65 – 85 %, im Schnitt etwa 75 %, der gesamten Luftmasse enthält.

Eine weitere Möglichkeit zur vertikalen Gliederung der Atmosphäre basiert auf der Zusammensetzung der Gasanteile (Abb. 1.4.4/1). In der etwa 80 km mächtigen Homosphäre ist die Atmosphäre chemisch durchgängig etwa so zusammengesetzt wie in Tab. 1.4.1/1 aufgeführt. In der Heterosphäre finden sich zunächst noch Stickstoff, Sauerstoff, Helium und Wasserstoff, in größeren Höhen nur noch Wasserstoff. Die schwereren Gase fehlen aufgrund der größeren Sinkgeschwindigkeit infolge der Erdanziehung. Jedoch ist auch die Heterosphäre chemisch nicht völlig einheitlich zusammengesetzt. Die Wasserdampfanteile schwanken in erheblichem Maße und auch der Ozongehalt ist in verschiedenen Höhen unterschiedlich. In Höhen von etwa 10 – 50 km wird unter dem Einfluss der energiereichen solaren UV-Strahlung Ozon gebildet. Die Ozonkonzentration ist in diesem Höhenbereich maximal. Unter Mitwirkung von Fluorchlorkohlenwasserstoffen (FCKW) wird das stratosphärische Ozon zerstört und der UV-Schutzschild der Atmosphäre geschwächt. Besonders intensiv ist der Ozonabbau am Ende des polaren Winters („**Ozonloch**"), wenn sich auf-

Exkurs: „Bodennahes Ozon"

Im Gegensatz zur Stratosphäre ergeben sich bodennah Probleme mit einem zu hohen Ozongehalt in der Luft. Aus verschiedenen Vorläuferstoffen wie Stickoxiden und flüchtigen organischen Verbindungen (VOC) entsteht unter Einfluss der Sonnenstrahlung Ozon. Man spricht daher von Fotosmog. Zusammen mit dem zweiatomigen Sauerstoff wird Ozon bei der Atmung aufgenommen und führt aufgrund seiner hohen Reaktivität zu Schädigungen der Zellmembranen bei Menschen, Tieren und Pflanzen. Gebiete mit hoher Verkehrsbelastung oder großer Industriedichte sind allerdings nicht am stärksten von der Ozonproblematik betroffen. Da sich dort viele Schadstoffe in der Luft befinden, reagiert das Ozon mit einigen dieser Stoffe und wird rasch wieder abgebaut. Wird allerdings Luft aus solchen Gebieten durch Wind in andere Räume mit weniger Schadstoffen verfrachtet, akkumuliert sich das durch die Wirkung der Sonnenstrahlung aufgebaute Ozon und führt dort zu höheren Konzentrationen. So liegen typische Jahresmittelwerte der Ozon-Konzentration in Basel, Karlsruhe oder Ludwigshafen bei 40 µg/m³ oder knapp darunter. In den Hochlagen des Schwarzwalds und der Vogesen erreicht die mittlere Konzentration dagegen Werte von 80 bis 85 µg/m³.
(alle Angaben nach ⊙ www.atmorhinsuperieur.net)

grund der niedrigen Temperaturen reaktive Chlorverbindungen aufgebaut haben und im Frühjahr die Sonnenstrahlung die Polargebiete wieder erreicht.

Ein dritter Ansatz zur Vertikalgliederung basiert auf der elektrischen Ladung. Diese Unterteilung hat klimatologisch nur eine untergeordnete Bedeutung, sodass wir für unsere Zwecke auf eine Diskussion dieses Aspektes verzichten.

1.5 Klimaelemente und Klimafaktoren

Wetter und Klima werden mit messbaren Größen beschrieben. Diese Variablen werden als Klimaelemente oder meteorologische Elemente bezeichnet.

Ziele des Kapitels

Mit der Übersicht über die Klimaelemente werden Sie
- exemplarisch die Bedeutung einzelner Elemente nachvollziehen können,
- typische Größenordnungen und Schwankungen der jeweiligen Werte kennen lernen,
- die Grundlagen zur Vergleichbarkeit von Messwerten verstehen und
- die Größen, die die Werte beeinflussen, überblicken.

1.5.1 Steuergrößen der Klimaelemente

Lufttemperatur, Niederschlag und weitere Messgrößen werden als **Klimaelemente** bezeichnet (Tab. 1.5.1/1). Oberflächen- und Bodentemperatur werden in Lehrbüchern oft nicht bei den Klimaelemen-

ten aufgeführt. In der Geländeklimatologie werden diese Variablen jedoch zur Berechnung von Energiebilanzen benötigt. Sie werden deshalb in Tab. 1.5.1/1 berücksichtigt.

Die Werte der Klimaelemente und damit die klimatischen Bedingungen schwan-

Tab. 1.5.1/1 *Klimaelemente und Klimafaktoren* (eigener Entwurf)

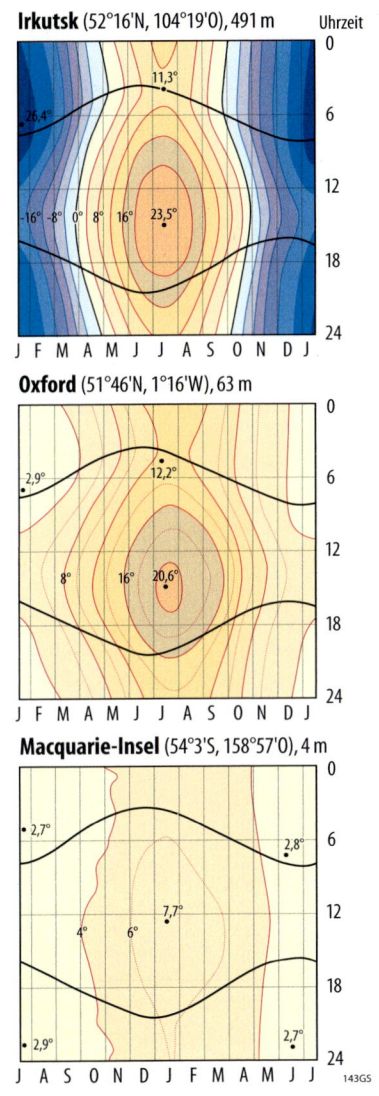

Die geschwungenen von rechts nach links laufenden Linien geben Sonnenauf- und Sonnenuntergangszeiten an. (nach BLÜTHGEN, J. & W. WEISCHET 1980)

Abb. 1.5.1/1 *Thermoisoplethendiagramme verschiedener Orte der Mittelbreiten*

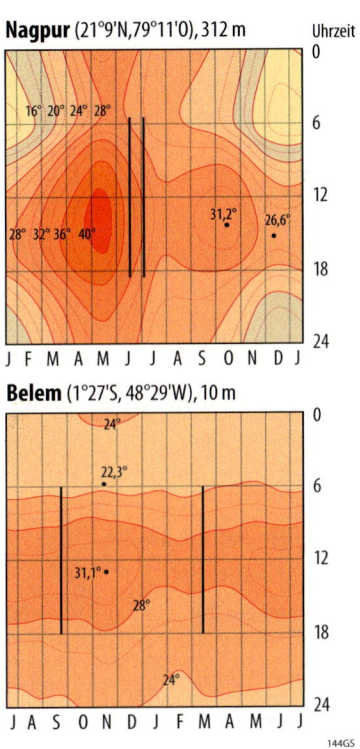

Die senkrechten Linien kennzeichnen die Tage, an denen die Sonne mittags im Zenit steht.
(nach BLÜTHGEN, J. & W. WEISCHET 1980)

Abb. 1.5.1/2 *Thermoisoplethendiagramme von zwei tropischen Stationen*

ken global gesehen in weiten Bereichen (Abb. 1.5.1/1). Aber auch kleinräumig können sehr unterschiedliche Werte gemessen werden. Die Größen, die Einfluss auf Wetter und Klima eines Ortes nehmen, werden als **Klimafaktoren** bezeichnet (Tab. 1.5.1/1). Dabei gibt es Faktoren, die großräumig steuernd wirken und solche, die für eine regionale oder mikroskalige Variation der Werte sorgen.

Ort und Lage	Akureyri, Island 65°41' N 18°5'W	Salechard, W-Sibirien 66°32' N 66°40' O	Potsdam 52°23' N 13°4' O	Wladiwostok, Sibirien 43°7' N 131°56' O	Cherrapunji, NO-Indien 25°15' N 91°44' O	Assuan, Ägypten 23°58' N 32°47' O	Surigao, Phillipinen 9°47' N 125°30' O
Klimatyp	Dfc	Dfc	Cfb	Dfb	Cwa	BWh	Af
Lufttemperatur [°C]	3,2	-6.6	8,7	4,2	17,3	25,9	27,2
Schwankung der Monatsmitteltemperatur [K]	12,7	39,2	18,8	32,6	9,1	18,3	2,4
Niederschlag [mm]	488	441	585	788	11777	0	3085
Tage mit Niederschlag ≥ 1 mm	101	95	112	77	170	0	X
Wasserdampfdruck [hPa]	X	4,7	9,4	8,6	17,1	8,2	30,1
relative Feuchte [%]	80	X	X	X	81	26	84
Sonnenschein [h]	1046	1562	1692	2096	X	3863	X

Der Klimatyp ist nach der Klassifikation von KÖPPEN-GEIGER angegeben (vgl. Kapitel 1.13.3). Unbekannte Werte sind mit „X" gekennzeichnet. Die oben genannten Werte beziehen sich bis auf wenige Ausnahmen auf den Zeitraum 1961–1990.

Tab. 1.5.1/2 *Typische Werte ausgewählter Klimaelemente*
(nach SCHRÖDER, P. 2000 und Daten des Deutschen Wetterdienstes, www.dwd.de, 23.12.2008)

An zwei Beispielen wird der Einfluss der großräumig wirkenden Klimafaktoren auf die Werte der Klimaelemente deutlich (Abb. 1.5.1/1 und 1.5.1/2). Dazu sind die Tages- und Jahresgänge der Lufttemperatur verschiedener Stationen der Mittelbreiten und der Tropen in Form von **Thermoisoplethendiagrammen** graphisch aufbereitet. An der Abszisse ist jeweils der Jahresverlauf und an der Ordinate die Tageszeit aufgetragen. Typische Mittelwerte weiterer Klimaelemente sind außerdem in Tab. 1.5.1/2 enthalten. Aus der Betrachtung der Werte lassen sich einige grundlegende Sachverhalte bereits erkennen:

• Die Werte der Klimaelemente variieren nicht nur zwischen den unterschiedlichen geographischen Breiten sondern auch in einer Breitenlage erheblich. Beispiele sind die jährliche Schwankung der Monatsmitteltemperaturen von Akureyri und Salechard oder die Niederschlagsverhältnisse in Cherrapunji und in Assuan.

• Warme Luft kann mehr Wasserdampf aufnehmen. Das führt dazu, dass trotz eines vergleichbaren Jahresmittelwerts des Wasserdampfdrucks in Assuan im langjährigen Mittel keine Niederschläge fallen, in Potsdam oder Wladiwostok dagegen knapp 600 mm beziehungsweise 800 mm.

Exkurs: „Skalen"

Die meteorologischen Prozesse laufen typischerweise in unterschiedlich großen Räumen ab. Ein Tiefdruckgebiet hat einen Durchmesser von einigen 100 bis über 2000 km. Eine Gewitterzelle kann mehrere Zehner von Kilometern ausgedehnt sein. Die Einstrahlung im Gebirge wird sich je nach Exposition auf wenigen Metern ändern. Klimatologische Betrachtungen müssen daher in unterschiedlichen Maßstäben oder Skalen erfolgen, um alle relevanten Prozesse erfassen, beschreiben, verstehen und bei Bedarf modellieren zu können. Es versteht sich von selbst, dass Prozesse unterschiedlicher räumlicher Dimension auch verschieden lang wirken bzw. auftreten können. Ein Tiefdruckgebiet der Mittelbreiten „lebt" mehrere Tage bis Wochen, eine Schönwetterwolke nur wenige Stunden. Meteorologische Vorgänge haben neben der räumlichen auch eine zeitliche Größenordnung.

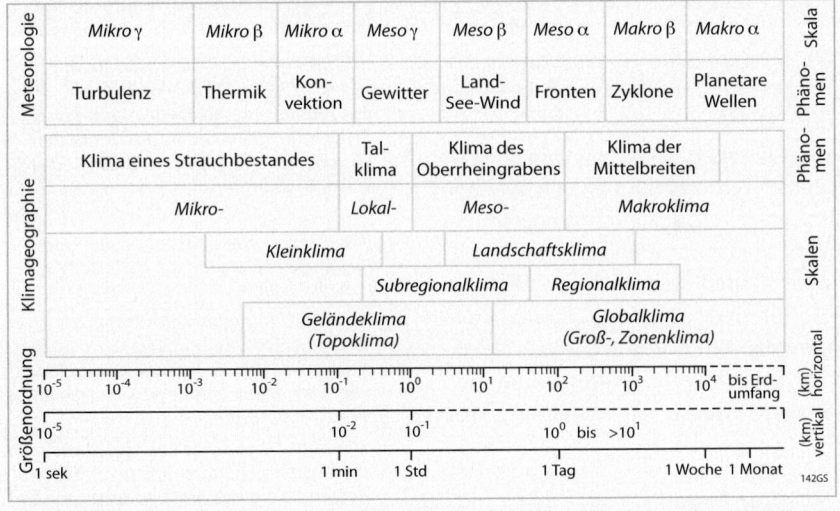

Abb. E 1.5.1/1 Typische Skalen in der Klimatologie   (nach Bendix, J. 2004, verändert)

- Die Niederschlagsintensität ist variabel. Potsdam hat bei einer geringeren Niederschlagssumme mehr Tage mit Niederschlag als Wladiwostok.

Diese Aufzählung wirft nur Schlaglichter auf die global anzutreffende Differenzierung. Wir werden in den folgenden Kapiteln (1.6–1.13) diese deskriptive Betrachtungsweise erweitern und weitere Fakten ansprechen. Darüber hinaus werden wir aber auch die Begründung der Differenzierung weiter vertiefen.

1.5.2 Messbedingungen

Meteorologische Messungen müssen als Grundlage für Wetterprognosen und Klimaanalysen mit standardisierten Geräten und Beobachtungsverfahren erfolgen. Die klassischen Geräte wie Quecksilber- oder Bimetallthermometer werden heute weitgehend von elektronischen Messgeräten abgelöst. Aufgrund der stetigen Weiterentwicklung von Messgeräten ist die Sicherstellung der Standards nach wie vor eine aktuelle Aufgabe. So kümmert sich bei der **W**orld **M**eteorological **O**rganization (WMO) mit der „Technical **C**ommission for **I**nstrument and **M**ethods of **O**bservation (CIMO)" eine eigene Abteilung um Standards bei der Messung und bei der Qualitätskontrolle.

Meteorologische Messungen zur Wetterprognose werden achtmal täglich an den Stationen des sogenannten **synoptischen Netzes** vorgenommen. Die Messzeitpunkte richten sich nach der Weltzeit (UTC, *Universal Time Coordinated*). Damit werden die Daten weltweit, gleichzeitig aber jeweils zu verschiedenen Ortszeiten erfasst. Für klimatologische Betrachtungen sind solche Daten nicht verwendbar. Dafür ist es erforderlich, die Messungen zu einheitlichen Ortszeiten vorzunehmen. Man unterscheidet daher zwischen dem synoptischen Messnetz für die Wetterprognose und dem **Klimamessnetz**. Die Zahl der erfassten Parameter ist bei Messungen für synoptische Zwecke deutlich umfangreicher als in Tab. 1.5.1/1 angegeben.

Aufgabe

1. Bestimmen Sie mit Abb. 1.5.1/1 die Temperatur, die im langjährigen Mittel am 1. Juli um 14 Uhr in Oxford zu erwarten ist.

2. Vergleichen Sie die Jahresgänge der mittäglichen Temperaturen an den drei Stationen aus Abb. 1.5.1/1. Wie groß ist jeweils die Schwankung? Versuchen Sie, Gründe für die Unterschiede zu finden.

   Hinweis: Nehmen Sie bei Bedarf einen Weltatlas zu Hilfe, um die Stationen zu lokalisieren. Begründen Sie die Unterschiede mit einem Klimafaktor.

3. Vergleichen Sie die Temperaturgänge von Oxford und von Belem. Versuchen Sie, den Hauptunterschied in einem Satz zu verdeutlichen und den Unterschied zu begründen.

   Hinweis: Bitte achten Sie nur auf die Muster, nicht auf die Temperaturwerte.

4. Haben Sie eine Idee, wie die Unterschiede in den Temperaturgängen der beiden Tropenstationen (Abb. 1.5.1/2) zustande kommen können?

   Hinweis: Nehmen Sie auch hier u. U. einen Weltatlas zu Hilfe. Achten Sie neben der Breitenlage auch auf die großräumige Reliefsituation.

5. Was für Daten könnten für die Wetterprognose von Bedeutung sein, die man zur Charakterisierung des Klimas jedoch nicht benötigt. Überlegen sie sich ein bis zwei Beispiele.

   Hinweis: Diese Frage können Sie nicht aus dem vorhergehenden Text beantworten. Lassen sie einfach Ihre Gedanken spielen! Falls Sie keine Idee haben sollten, ist das für das weitere Verständnis unproblematisch. Lesen Sie dann ausnahmsweise einfach in der Lösung nach.

1.6 Der Luftdruck

Druck ist die Kraft, die auf eine Fläche bestimmter Größe wirkt. Mit Ihrem Gewicht üben Sie demzufolge einen Druck auf die Unterlage aus, auf der Sie stehen. Im gleichen Sinne ist der Luftdruck das pro Flächeneinheit wirkende Gewicht der Luftsäule, die sich in der Atmosphäre oberhalb einer Bezugsfläche befindet. Mit zunehmender Höhe wird der Luftdruck deshalb geringer. Wie in allen Fluiden, das sind Flüssigkeiten und Gase, wirkt der Luftdruck im Unterschied zu festen Materialien allseitig und nicht nur auf die Unterlage. Dadurch sind horizontale Luftdruckunterschiede für die Wetterentwicklung und das Klima von zentraler Bedeutung: Sie sind die Ursache für Luftströmungen – für Wind.

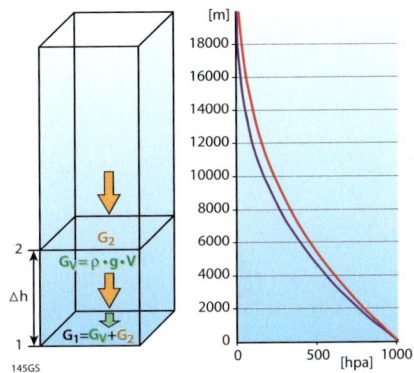

Auf zwei gleich großen Flächen in verschiedenen Höhen lasten unterschiedliche Gewichte. In Niveau 2 ist der Druck geringer als in Niveau 1. Das zwischen den beiden Niveaus eingeschlossene Luftvolumen ist das Produkt aus der Grundfläche multipliziert mit der Höhe Δh. Der in Niveau 1 zusätzlich wirkende Luftdruck ist damit Δp = ρ · g · Δh. Im rechten Teil der Abbildung ist die daraus resultierende exponentielle Abnahme des Luftdrucks in warmer (rot) und in kalter Luft (blau) gezeichnet.
(eigener Entwurf)

Abb. 1.6.1/1 *Der Luftdruck ist das Gewicht der Luftsäule, die sich über einer Fläche befindet (links)*

Ziele des Kapitels

Sie erfahren in diesem Kapitel
- in welcher Art und Weise der Luftdruck mit der Höhe abnimmt;
- welche Rolle die Temperatur bei der vertikalen Luftdruckänderung spielt;
- wie groß horizontale Luftdruckänderungen sind und
- wie Luftströmungen initiiert werden.

1.6.1 Vertikale Luftdruckänderungen

Nehmen wir an, Sie wollen an dem Ort, an dem Sie sich gerade befinden, den Luftdruckunterschied zwischen dem Boden und einer Tischfläche in einem Meter Höhe bestimmen. Dann ist der Unterschied genau das Gewicht der Luftsäule zwischen der Bodenoberfläche und der Tischfläche. Die gesamte Luftmasse darüber lastet sowohl auf dem Boden als auch auf der Tischfläche. Das Gewicht der eingeschlossenen Luftsäule wird bestimmt von der Luftdichte, der Erdanziehung (Erdbeschleunigung) und dem Volumen der Luftsäule (Abb. 1.6.1/1). Damit können wir die allgemeine Beziehung für den Druckunterschied in zwei Höhen beschreiben mit

(Glg 1.6.1/1)

$$\Delta p = -\rho \cdot g \cdot \Delta h$$

(Glg. 1.6.1/2)

$$\Delta p = -\rho_1 \cdot \frac{g}{R \cdot T} \cdot \Delta h$$

wobei ρ die Luftdichte und g die Erdbeschleunigung ist. Die Luftdichte kann mithilfe der allgemeinen Gasgleichung auch durch Druck, Gaskonstante und Temperatur [in K] ausgedrückt werden. Damit ist klar, dass die Luftdichte nicht konstant ist. Sie hängt vom Druckniveau – also der Höhenlage – und von der Temperatur ab. Die Berechnung der Luftdruckänderung mit der Höhe erfordert deshalb die Integration der oben stehenden Gleichung. Das Ergebnis ist die **barometrische Höhenformel**. Mit ihr kann man den Luftdruck einer Höhe h_2 aus einem gemessenen Luftdruck in der Höhe h_1 berechnen:

(Glg. 1.6.1/3)

$$p_2 = -p_1 \cdot e^{\frac{-g}{R \cdot T} \cdot (h_2 - h_1)}$$

Der Einfluss der Temperatur auf die höhenabhängige Luftdruckänderung ist klimatologisch bedeutsam. Zum Beispiel kann sich an zwei benachbarten Orten bei gleichem Luftdruck im Bodenbereich in der Höhe ein Luftdruckunterschied ergeben, wenn die beteiligten Luftmassen verschieden warm sind (Abb. 1.6.2/1). In diesem Kontext kann eine Näherung der barometrischen Höhenformel benutzt werden, um den Temperatureinfluss zu verdeutlichen:

(Glg. 1.6.1/4)

$$\Delta h = 18\,400 \cdot \left[1 + 0{,}004 \cdot \frac{(t_1 + t_2)}{2}\right] \cdot \log \frac{p_1}{p_2}$$

mit t_1, p_1 und t_2, p_2 Temperatur (in °C) und Luftdruck im unteren und im oberen Höhenniveau.

Aus dieser Form der Gleichung lässt sich direkt ableiten, dass sich die Schichtdicke um 0,004 = 4/1000 vergrößert, wenn die Mitteltemperatur der eingeschlossenen Luft um ein Grad steigt.

Aufgaben

1. Steigt Luft auf, kommt sie in eine Umgebung mit geringerem Luftdruck. Als Folge davon dehnt sie sich aus. Welche Auswirkung hat die Ausdehnung eines Gases auf die Temperatur? Was ist die Folge einer Kompression?

   Hinweis: Denken Sie an eine Sprühdose oder an eine Gaskartusche, die entleert wird. Wie fühlt sich der Auslass einer Fahrradpumpe an, nachdem Sie einen Reifen aufgepumpt haben?

2. Aus Glg. 1.6.1/4 lässt sich eine einfache Regel zur höhenabhängigen Luftdruckänderung berechnen. Nehmen Sie hierzu eine mittlere Temperatur von 0 °C und zwei Luftdruckwerte an, die sich um 1 % unterscheiden.

1.6.2 Horizontale Druckgradienten

Vertikale Druckänderungen ergeben sich durch das unterschiedliche Gewicht der darüber lastenden Luftsäule. Daraus allein resultiert noch keine Luftbewegung. Erst wenn die Luftsäule an der Basis erwärmt wird oder sich in höheren Bereichen abkühlt, kommt eine Vertikalbewegung zustande. Anders sieht es bei horizontalen Luftdruckgradienten aus. Besteht zwischen zwei gleich hoch gelegenen Orten ein Druckunterschied, entsteht Wind als direkte Konsequenz davon (Abb. 1.6.2/1). Die auftretenden Druckgradienten, d.h. die Druckunterschiede auf einer bestimmten Distanz, sind wesentlich kleiner als die vertikalen Druckgradienten. Die typische Größenordnung horizontaler Druckgradienten liegt im Meeresniveau bei 0 bis etwa 10 hPa auf 800 km. Im Extremfall (z.B. bei einem Hurrikan) können kurzfristig und kleinräumig 50 hPa Differenz auf etwa 100 km erreicht werden.

Als Konsequenz von Druckunterschieden in einer bestimmten Höhe können

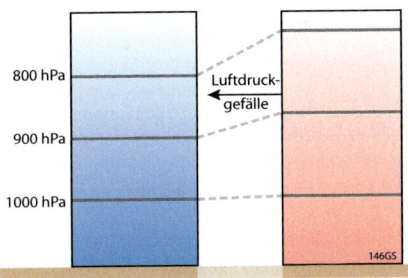

Abb. 1.6.2/1 *Der Abstand von zwei isobaren Flächen (= Flächen mit gleichem Luftdruck) ist von der Temperatur abhängig. Dadurch entstehen in verschiedenen Höhen Luftdruckunterschiede, die als Antrieb für Wind fungieren. Im gezeigten Beispiel besteht der Luftdruckunterschied zwischen kalter Luft (links) und warmer Luft (rechts) im oberen Bereich*

(eigener Entwurf)

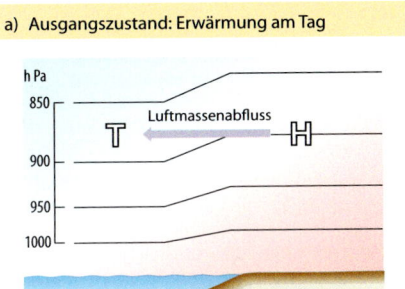

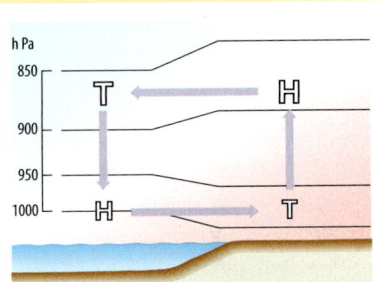

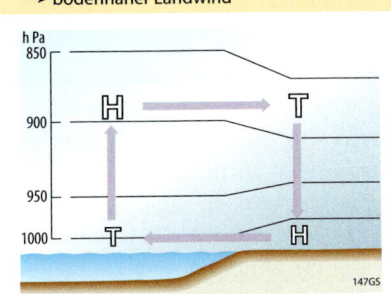

Abb. 1.6.2/2 *Land-See-Windsystem*

(eigener Entwurf)

sich auch in anderen Höhen Druckunterschiede aufbauen. Es entstehen dadurch kleinräumige Zirkulationssysteme wie ein Land-See-Windsystem (Abb. 1.6.2/2). Durch die Erwärmung der Luft am Tag vergrößert sich der Abstand der isobaren Flächen über Land. In der Höhe entsteht ein Druckunterschied. In der Folge fließt Luft zum tieferen Druck, wodurch an Land die Masse der auflastenden Luftsäule verringert wird. Es entsteht ein Bodentief. Über dem Wasser wird Masse zugeführt, woraus ein Bodenhoch resultiert. Insgesamt bildet sich nach einer bestimmten Zeit ein geschlossenes Strömungssystem aus. In der Nacht wird der Ausstrahlungsverlust nicht mehr durch die Sonneneinstrahlung kompensiert. Über dem Meer wird der Energieverlust durch Wärmezufuhr aus dem Wasser weitgehend ausgeglichen. Die feste Erdoberfläche kühlt dagegen ab und verringert dadurch auch die Temperatur der darüber liegenden Luft. Es bildet sich ein Strömungssystem aus, das der Tagsituation entgegengesetzt ist.

Aufgaben

3. Vergleichen Sie den angegebenen Normalwert des horizontalen mit dem vertikalen Druckgradienten. In welcher Größenordnung unterscheiden sich die Werte?

4. Druckgradienten führen zu einer Kraftwirkung auf die Luft, die diese beschleunigt. Wind ist damit die direkte Folge horizontaler Druckunterschiede. Bei einem Druckgradienten von 40 hPa auf 1 000 km resultiert eine Gradientkraft von 0,004 N = 0,004 kg · m/s² (zum Vergleich: die Gewichtskraft eines Menschen beträgt etwa 750 N). Berechnen Sie, wie groß die Windgeschwindigkeit ist, wenn die Kraft eine Stunde lang wirkt. Nehmen Sie dazu an, dass die Luftdichte 1 kg/m³ beträgt. Diese Bedingungen herrschen in etwa 1800 m Höhe. Die Reibungskräfte können vernachlässigt werden.

Hinweis: Die Geschwindigkeit ergibt sich, indem Sie die Beschleunigung mit der Zeit multiplizieren. Die Beschleunigung wiederum erhalten Sie einfach über die Beziehung: Beschleunigung = Kraft/Masse.

Hinweis: 🖥 www.webgeo.de
Modul „Druckgradient – Gradientkraft – Gradientbeschleunigung"

1.7 Das Wasser in der Atmosphäre

In der Atmosphäre befinden sich permanent etwa 13 000 km³ Wasser. Der größte Teil davon ist gasförmig. Kleinere Mengen liegen als Tröpfchen in flüssiger oder als Eiskristalle in fester Form vor. Die Wassermenge würde ausreichen, die gesamte Oberfläche der Erde mit einer etwa 25 mm dicken Schicht zu bedecken.

Das atmosphärische Wasser wirkt als Treibhausgas, Energieträger und Wolkenbildner. Es wird in kurzer Zeit umgesetzt. Die mittlere Verweildauer eines Wassermoleküls in der Atmosphäre beträgt nur etwa neun Tage. Das bedeutet, dass an der Erdoberfläche verdunstendes Wasser im Mittel nach neun Tagen als Niederschlag wieder an die Erdoberfläche gelangt. Diese hohe Umsatzrate hält den globalen Wasserkreislauf in Gang.

Ziele des Kapitels

Sie lernen in diesem Kapitel
- wie viel Wasserdampf die Luft aufnehmen kann,
- weshalb Wasserdampf Energie transportieren kann,
- mit welchen Maßen der atmosphärische Wassergehalt beschrieben wird und
- welche unterschiedlichen Wolkenformen existieren.

1.7.1 Der Sättigungsdampfdruck

Wassertropfen und Eiskristalle sind ab einer bestimmten Größe so schwer, dass sie als Regen, Graupel, Hagel oder Schnee aus der Atmosphäre ausgefällt werden. Reif und Tau sind weitere Niederschlagsformen. Sie entstehen direkt aus Wasserdampf. Die Menge dieser beiden über die Gasphase laufenden Niederschlagsformen ist global gesehen unbedeutend. Umgekehrt gilt für den Transport des Wassers in die Atmosphäre, dass dieser grundsätzlich über die

Gasphase erfolgt. Wie viel Wasserdampf die Atmosphäre aufnehmen kann, bevor sich Tropfen oder Eiskristalle in ihr bilden, wird mit dem **Sättigungsdampfdruck** beschrieben.

Dahinter steht die Vorstellung einer feuchten Erd-, einer Wasser- oder einer Eisoberfläche. Nahe der Oberfläche befinden sich im Wasser einzelne Moleküle, die sich aufgrund der BROWN'schen Molekularbewegung so schnell bewegen, dass sie die gegenseitigen Anziehungskräfte der Wasserdipole und damit die Oberflächenspannung überwinden und in die Atmosphäre gelangen. Sind in der Atmosphäre zunächst keine Wassermoleküle vorhanden, gibt es nur Moleküle, die aus der Wasseroberfläche austreten. Nach einer gewissen Zeit haben sich jedoch auch in der Luft Wassermoleküle angereichert, von denen sich einzelne in Richtung Wasseroberfläche bewegen und dort durch die Oberflächenspannung eingefangen werden. Treten gleich viele Moleküle aus dem flüssigen Wasser aus wie aus der Atmosphäre zurückkommen, ist die Luft wasserdampfgesättigt. Sie kann keinen Wasserdampf aufnehmen. Wird die Temperatur des Wassers erhöht, vergrößert sich die mittlere Bewegungsenergie der Moleküle mit der Folge, dass es mehr Moleküle gibt, die die Oberflächenspannung überwinden können als zuvor. Damit verdunsten wieder mehr Moleküle als aus der Luft an der Wasseroberfläche kondensieren. Das Gleichgewicht wird erst wieder erreicht, wenn in der Luft eine größere Zahl von Wassermolekülen enthalten ist. Mehr Moleküle bedeutet jedoch auch einen höheren Druck, den diese ausüben. Dieser Druck ist der **Wasserdampfpartialdruck** in der Luft, der – wie beschrieben – einen temperaturabhängigen Maximalwert – den Sättigungsdampfdruck – hat (Abb. 1.7.1/1).

Aufgaben

1. Bestimmen Sie aus der Steigung der Kurve in Abb 1.7.1/1, um wie viel der Sättigungsdampfdruck sinkt, wenn sich die Temperatur bei 25 °C/ bei 5 °C um 1 K reduziert. Welche Schlüsse hinsichtlich der Niederschlagsintensitäten in Sommer und Winter können Sie daraus ziehen?

2. In der Geomorphologie spielt bei häufigem Frostwechsel das nächtliche Wachstum von Kammeis eine Rolle beim flächenhaften Hangabtrag. Weshalb können Eisnadeln aus einem feuchten Boden „herauswachsen"?

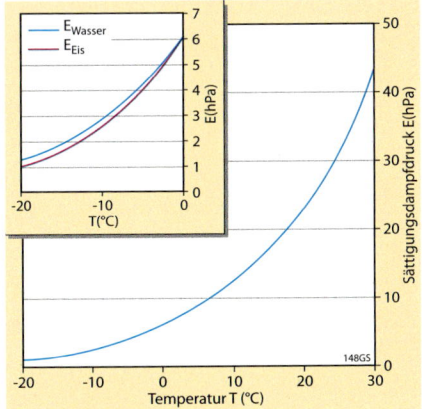

Aufgrund der stärkeren Bindung der Wassermoleküle im Eis ist der Sättigungsdampfdruck über Eis geringer als über Wasser (vgl. Einschub links oben).

Abb. 1.7.1/1 *Sättigungsdampfdruck für ebene Wasseroberflächen* (eigener Entwurf)

1.7.2 Die Phasenübergänge

Wasser kommt an der Erdoberfläche und in der Atmosphäre in allen drei Phasen vor und ändert vielfach den Phasenzustand. Flüssiges Wasser verdunstet von der Wasser- und Erdoberfläche wie auch durch biologische Aktivitäten (**Evapotranspiration**) und kondensiert in der Atmosphäre oder an kalten Oberflächen (**Kondensation**). Eis und Schnee können **schmelzen** oder **sublimieren**.

Bei all diesen Vorgängen wird Energie benötigt oder Energie frei. Wir illustrieren das erneut am Beispiel des Verdunstens von Wasser. Wie im vorangehenden Abschnitt beschrieben, können schnell bewegte, energiereiche Wassermoleküle die Oberflächenspannung einer Wasseroberfläche überwinden. Die Folge davon ist, dass dem Wasser energiereiche Moleküle fehlen. Die mittlere Bewegungsenergie (= Temperatur) sinkt. Das austretende Molekül verliert einen Teil seiner Bewegungsenergie, weil es bei der Bewegung durch die Wasseroberfläche abgebremst wird. Allerdings ist diese Energie latent vorhanden. Trifft es etwa in der Atmosphäre auf einen Wassertropfen, so wird es von der Oberflächenspannung des Tropfens angezogen und beschleunigt. Mit dieser höheren Geschwindigkeit dringt es dort ein und erhöht die mittlere Bewegungsenergie (Temperatur) des Wassertropfens. Auf diese Weise wird (latente) Wärme von der Erdoberfläche in die Atmosphäre transportiert (Abb. 1.1.1/1). Beim Eis ist die Bindung noch stärker. Dementsprechend mehr Energie ist nötig und es können weniger Moleküle die Anziehungskräfte überwinden. Der Sättigungsdampfdruck über Eis ist deshalb geringer als über Wasser. Die genauen Energiebeträge sind Abb. 1.7.2/1 zu entnehmen.

Tipp: 🖥 www.webgeo.de

Modul „Energieumsätze bei den Phasenübergängen des Wassers"

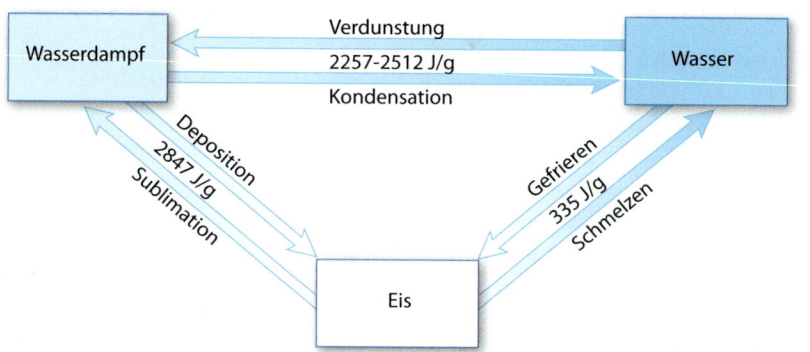

149GS

Bei den außen aufgeführten Prozessen wird die entsprechende Energie aus der inneren Energie benötigt. Bei den innen angeführten Prozessen wird die Energie wieder in Form von fühlbarer Wärme frei. Phasenübergänge spielen eine wichtige Rolle im Transport des Energieüberschusses von der Erdoberfläche in die Atmosphäre und von den niederen in die hohen Breiten. (eigener Entwurf)

Abb. 1.7.2/1 *Phasenübergänge des Wassers mit den entsprechenden Energiebeträgen*

1.7.3 Messgrößen

Die **relative Feuchte** ist das wohl am weitesten verbreitete Maß für den Wassergehalt der Atmosphäre. Sie gibt den tatsächlichen Anteil des Wasserdampfgehalts in Relation zum maximal möglichen Wert in Prozent an.

Das Wasser spielt eine wichtige Rolle bei meteorologischen Abläufen und muss daher in Wetterprognosen und Klimamodellen vielfach berücksichtigt werden. Außerdem basiert die Messung des Wasserdampfgehalts auf unterschiedlichen Prinzipien. Je nach Bedarf haben sich daher neben der relativen Feuchte weitere Maße zur Beschreibung des Wassergehalts der Atmosphäre als günstig erwiesen (Tab. 1.7.3/1)

Die Vielzahl unterschiedlicher Feuchtemaße ist zunächst verwirrend. Der Sinn erschließt sich jedoch, wenn man exemplarisch Vertikalbewegungen der Luft betrachtet (Tab. 1.7.3/2). Möchte man solche Vertikalbewegungen modellieren, wird der Rechenaufwand reduziert, wenn man geeignete Maße verwendet. Mit der Anhebung von Luft ist eine Druckabnahme verbunden. Bei ungesättigter Luft wird die spezifische Feuchte bei Ausdehnung erhalten, da sich das Wasser auf ein größeres Volumen verteilt. Die Größe muss daher nicht berechnet werden, wenn eine entsprechende Vertikalbewegung modelliert wird. Würde die absolute Feuchte verwendet werden, müsste der Wert dagegen laufend neu berechnet werden.

Tipp: 📖 www.webgeo.de
Modul „Kondensation und Feuchtemaße"

Bezeichnung		Beschreibung	Einheit
absolute Feuchte *Absolute Humidity*	a:	Masse des Wasserdampfes, der in einem Kubikmeter Luft enthalten ist	g/m^3
Wasserdampfdruck *Vapour Pressure*	e:	Partialdruck des Wasserdampfes, d.h. Anteil des Wasserdampfes am Gesamtdruck der Luft	hPa
Sättigungsdampfdruck *Saturation Vapour Pressure*	E:	maximal möglicher Dampfdruck bei vorgegebener Temperatur	hPa
Sättigungsdefizit		E − e	hPa
relative Feuchte *Relative Humidity*	RH:	das Verhältnis von tatsächlichem Dampfdruck zu maximal möglichem Dampfdruck e/E	%
Taupunktstemperatur *Dew Point Temperature*	Dt:	Temperatur, auf die ein Luftpaket abgekühlt werden muss, damit e = E ist	°C
Kondensationsniveau *Condensation Level*	kn:	Höhe, in der abkühlungsbedingt e = E ist	m
Mischungsverhältnis *Mass Mixing Ratio*	m:	Masse des Wasserdampfes, der in einem Kilogramm trockener Luft enthalten ist	g/kg
spezifische Feuchte *Specific Humidity*	q:	Masse des Wasserdampfes in einem Kilogramm feuchter Luft	g/kg

Tab. 1.7.3/1 *Der Wasserdampfgehalt der Atmosphäre und die Größen zu dessen Beschreibung* (eigener Entwurf)

Feuchtemaß	aktueller Wert	Sättigungswert
absolute Feuchte	ändert sich	nicht druckabhängig, bleibt erhalten
spezifische Feuchte	bleibt erhalten	druckabhängig, ändert sich
Mischungsverhältnis	bleibt erhalten	druckabhängig, ändert sich
Dampfdruck	ändert sich	nicht druckabhängig, bleibt erhalten

Tab. 1.7.3/2 *Veränderliche Größen und Erhaltungsgrößen bei Vertikalbewegungen der Luft*
(eigener Entwurf)

Greifen wir die Überlegungen aus Aufgabe 1 wieder auf, so ist der „**Precipitable Water Content** (PWC)" eine hilfreiche Größe. Darunter versteht man den gesamten Wassergehalt, der sich in einer Säule über einem Ort in der Atmosphäre befindet. Dabei werden alle Phasen (gasförmig, flüssig, fest) berücksichtigt und in eine entsprechende Flüssigwassermenge umgerechnet, die in Millimeter Wassersäule angegeben wird. Von diesem Wasser können im Schnitt zwar nur 10 % als Niederschlag ausfallen, während 90 % als Dampf in der Atmosphäre verbleiben (WEISCHET, W., 1995), dennoch ist es ein Maß, das sich sehr gut für die Abschätzung der globalen Verteilung des atmosphärischen Wassers, der Niederschläge und damit für die Betrachtung von Klimazonen eignet.

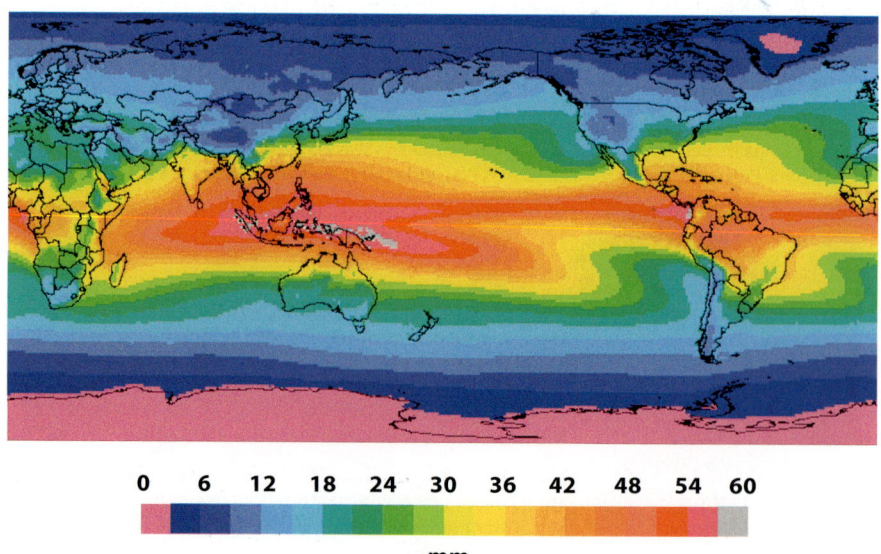

Bei den angegebenen Werten handelt es sich um die Mittelwerte des Zeitraums 1988 bis 1999, die aus Daten des NASA Water Vapor Project abgeleitet wurden.

Abb. 1.7.3/1 *Der Wassergehalt der Atmosphäre*   (VONDER HAAR, T., J. FORSYTHE & J. BYTHEWAY)

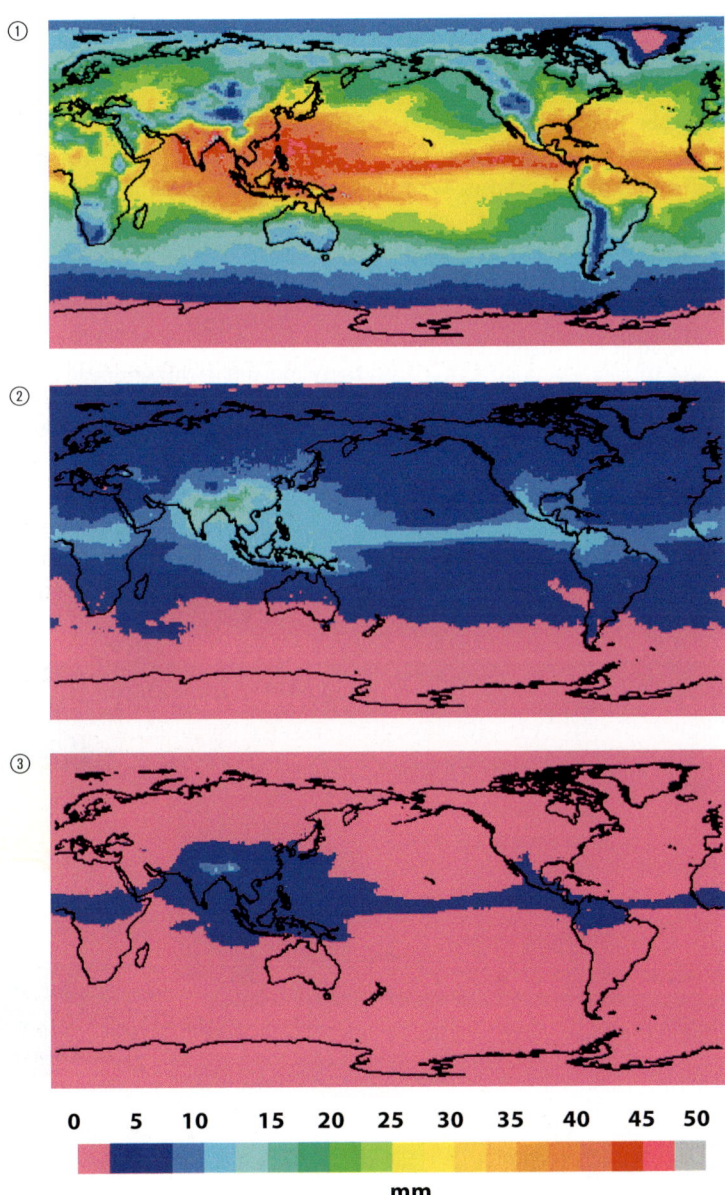

Abb. 1.7.3/2 *Der Wassergehalt der Atmosphäre in verschiedenen Höhenstockwerken*
① *Erdoberfläche bis 700 hPa-Niveau (ca. 2500 m Höhe),* ② *700 bis 500 hPa-Niveau (ca. 2 500–5500 m Höhe),* ③ *500–300 hPa-Niveau (ca. 5 500 – 8 500 m Höhe)* (VONDER HAAR, T., J. FORSYTHE & J. BYTHEWAY)

In den inneren Tropen ergibt sich im Mittel ein *PWC*-Wert von 40 bis 50 mm. Die Werte nehmen polwärts deutlich ab. In 50° nördlicher Breite sind nur noch 10–15 mm Wassersäule in der Atmosphäre enthalten (Abb. 1.7.3/1). Dieser Wert schwankt jahreszeitlich allerdings erheblich zwischen 5 bis 10 mm im Winter und 25 bis 30 mm im Sommer. Gut zu erkennen ist in der Abbildung auch der geringe atmosphärische Gehalt an Wasser über den randtropischen Wüstengebieten (Sahara, Kalahari, Atacama und – mit Einschränkungen – Zentralaustralien).

Vertikal ergibt sich mit der abnehmenden Temperatur in der Höhe ebenfalls eine deutliche Abnahme des Wasserdampfgehalts (Abb. 1.7.3/2). In den unteren 2 500 m der Atmosphäre sind etwa 75 % des gesamten Wasserdampfs enthalten (Abb. 1.7.3/2 ①), über die Hälfte sogar in den untersten 1 500 m. In einer Höhe von 2 500 m bis 5 500 m (Abb. 1.7.3/2 ②) finden sich weitere 20 % des Wassers. Die restlichen 5 % verteilen sich auf die mittlere und obere Troposphäre und die Stratosphäre (Abb. 1.7.3/2 ③).

Aufgabe

3. Warum tritt in Wüsten und in tropischen Hochgebirgen eine starke nächtliche Abkühlung auf, nicht aber im tropischen Tiefland?

1.7.4 Wolken

Wolken sind der sichtbare Teil des Wassers in der Atmosphäre. Sie unterscheiden sich in Form und Ausdehnung erheblich.

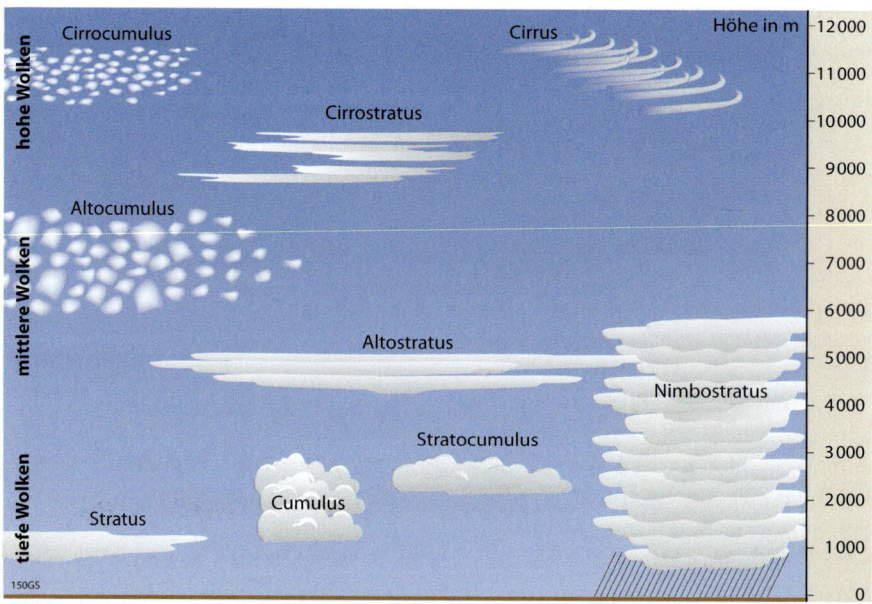

Abb. 1.7.4/1 *Schemazeichnung von neun der zehn wichtigsten Wolkentypen. Den zehnten Haupttyp (Cumulonimbus) zeigt Abb. 1.7.4/2 .* (eigener Entwurf)

Deutlich ist die große Vertikalerstreckung bis in die hohe Troposphäre zu erkennen. In Cumulonimben können sich durch starke Aufwinde große Tropfen ausbilden und eine Ladungstrennung erfolgen. Sie sind daher typisch für intensive Schauerniederschläge und Gewitter. Die oberen Bereiche der Wolken sind so kalt, dass überwiegend Eispartikel auftreten. Man spricht daher von einem Cirrenschirm. Das Foto zeigt, dass es Übergangs- und Mischformen der drei Wolkenklassen gibt.

Abb. 1.7.4/2 *Cumulonimbus über dem Mjösasee in Südnorwegen* (Saurer, H.)

In der Regel bilden sich Wolken durch die Abkühlung der Luft bei Hebungsvorgängen. Die Temperatur, bei der in der sich hebenden Luft Kondensation einsetzt, nennt man **Taupunktstemperatur**. Die zugehörige Höhenlage wird als **Kondensationsniveau** bezeichnet.

Eine Ausnahme von dieser Regel bildet der Nebel, der als Wolke, die auf der Erdoberfläche aufliegt, bezeichnet werden kann. Diese Wolkenform entsteht durch Abkühlung der Luft an der kalten Erdoberfläche infolge von Ausstrahlung (Strahlungsnebel) oder durch Anströmen wärmerer Luft über eine kalte Unterlage (Advektionsnebel). Eine weitere Ursache für die Entstehung von Nebel ist die Verdunstung an der Erdoberfläche bei fehlendem Luftaustausch. Eine Sonderform ist der orographische Nebel, der sich im Gebirge ergibt, wenn die Berge von unten in Wolken hinein ragen. Wolken (Abb. 1.7.4/1 und 1.7.4/2) werden nach der internationalen Wolkenklassifikation drei Klassen zugeordnet:

- *Quellwolken* (Cumuluswolken): durch lokale Vertikalbewegung in die Höhe quellende Wolken in unterschiedlichen Wolkenstockwerken,
- *Schichtwolken* (Stratuswolken): schichtförmige Wolken in verschiedenen Höhenstockwerken der Troposphäre,
- *Eiswolken* (Cirren): faserige Wolken mit einem hohen Anteil an Eiskristallen in der oberen Troposphäre.

1.8 Atmosphärische Schichtung

Wolken bilden sich überwiegend durch die Abkühlung der Luft bei Hebungsvorgängen. Trotz dieses prinzipiell immer gleichen Vorgangs entstehen als Folge des variablen vertikalen Temperaturverlaufs in der Atmosphäre unterschiedliche Wolkentypen. Darüber hinaus bestimmt der Schichtungszustand der Atmosphäre die Intensität der vertikalen Durchmischung und damit die Luftqualität.

Ziele des Kapitels

Sie lernen in diesem Kapitel
- die Ursachen für die Abkühlung der Luft bei der Hebung und
- die Bedingungen für die Ausbildung von Schicht- und Quellwolken kennen.

1.8.1 Adiabatische Prozesse

Ein vertikaler Luftmassenfluss kann verschiedene Ursachen haben. Beispiele sind die erzwungene Hebung an Gebirgen, die Zufuhr kalter Luft in der Höhe, die Erwärmung an der Basis durch die Absorption solarer Strahlung oder die Divergenz (Ausströmen) von Luft aus einem Hochdruckgebiet. Bei Auf- oder Abwärtsbewegungen von Luft ändert sich das Volumen einer bestimmten Gasmenge. Beim Anstieg kommt die Luft in eine Umgebung mit geringerem Druck und dehnt sich aus. Die Bewegungsenergie der Gaspartikel wird dadurch auf ein größeres Volumen verteilt, wodurch sich der Wärmeinhalt eines definierten Luftvolumens, z. B. 1 m³, reduziert. Da Luft ein schlechter Wärmeleiter ist, kann dieser Wärmeverlust nicht durch Energie aus der Umgebung kompensiert werden und die Temperatur der aufsteigenden Luft nimmt ab. Umgekehrt wird beim Absinken das Gas komprimiert und erwärmt sich.

Solche Volumenänderungen einer Gasmenge ohne Wärmetransport aus oder in die Umgebung werden als **adiaba-**

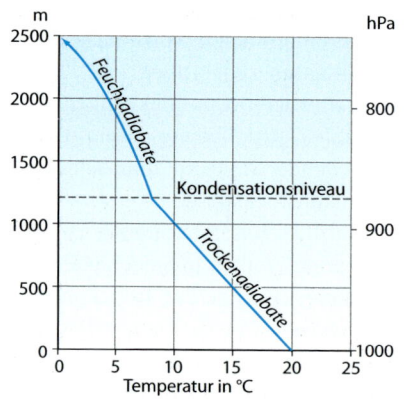

Abb. 1.8.1/1 *Die adiabatische Temperaturabnahme in der Atmosphäre* (eigener Entwurf)

tische Prozesse bezeichnet (griechischer Wortstamm a-dia-batisch: nicht-durchgehend).

Dabei sind beim vertikalen Massenfluss in der Atmosphäre zwei Varianten zu betrachten (Abb. 1.8.1/1). In nicht wasserdampfgesättigter Luft nimmt die Temperatur beim Aufstieg konstant um 1 K pro 100 m ab (genauer Wert 0,98 K/100 m). In einem Temperatur-Höhen-Diagramm wird die Änderung der Lufttemperatur durch eine Gerade beschrieben (**Trockenadiabate**, Abb. 1.8.1/1). Bei einem Aufstieg über das Kondensationsniveau hinaus wird latente Wärme frei. Diese führt bei weiterem Aufstieg zu einer geringeren Abnahme der Temperatur (**Feuchtadiabate**). Dabei nähert sich die Steigung der Feuchtadiabaten allmählich der Trockenadiabaten an, weil bei geringeren Temperaturen immer weniger Wasserdampf ausfallen kann und weniger latente Wärme frei wird (vgl. Kap 1.7.1). Im Gegensatz zum trockenadiabatischen Temperaturgradienten schwankt der feuchtadiabatische Gradient in Abhängigkeit vom Temperatur- und Druckniveau zwischen 0,3 und 0,98 K/100 m. Ein praktikabler Näherungswert für Vorgänge in der unteren Troposphäre ist 0,5 K/100 m.

Tipp: 🖥 www.webgeo.de
Modul „Adiabatische Prozesse"

Aufgabe

1. Nennen Sie großräumig auftretende Wettererscheinungen, die in der täglichen Wetterprognose („Wetterbericht") angesprochen werden und tendenziell eine auf- bzw. abwärts gerichtete Luftbewegungen aufweisen.

1.8.2 Stabilität und Labilität

Für die weiteren Überlegungen gehen wir von einem Luftquantum, z. B. 1 m³, aus und nennen es Luftpaket. Wie ein Würfel im Wasser „schwimmt" dieses Luftpaket in der Umgebungsluft. Je nachdem, wie schwer der Würfel ist, wird er absinken (Stein), schwimmen (Holz) oder schweben (Wasser). Prinzipiell verhält es sich ähnlich mit einem Luftpaket in der Umgebungsluft. Die Lufttemperatur bestimmt die Dichte der Luft mit. Ist ein Luftpaket kälter als die Umgebungsluft, so ist es schwerer und sinkt ab. Ist es wärmer, steigt es auf.

Die vertikale Temperaturänderung in der Atmosphäre, der Temperaturgradient, hängt von spezifischen Bedingungen wie der Strömungssituation oder der Einstrahlung ab. Er ist zeitlich und räumlich variabel. Wird an einem sonnigen Tag ein Luftpaket von der aufgeheizten Erdoberfläche erwärmt, steigt es auf (**Konvektion**). Wenn die darüber liegende Luft jedoch in der Höhe nur eine geringe Temperaturabnahme oder in einer bestimmten Höhe sogar eine Temperaturzunahme (**Inversion**) zeigt, ist das aufsteigende Luftpaket wegen der adiabatischen Temperaturabnahme schon nach kurzem Aufstieg nicht mehr wärmer als die Umgebungsluft. Der Aufstieg wird gestoppt. Es findet nur eine geringe vertikale Durchmischung der Atmosphäre statt. Wir stellen daher fest: Eine Luftsäule ist **stabil geschichtet**, wenn ein Luftpaket beim adiabatischen Aufstieg kälter wird als die Umgebungsluft (Abb. 1.8.2/1). Erfolgt der Aufstieg mit Kondensation (also in einer Wolke), spricht man von einer **feuchtstabilen Schichtung**.

Tipp: 🖥 www.webgeo.de
Modul „Schichtungszustände in der Atmosphäre"

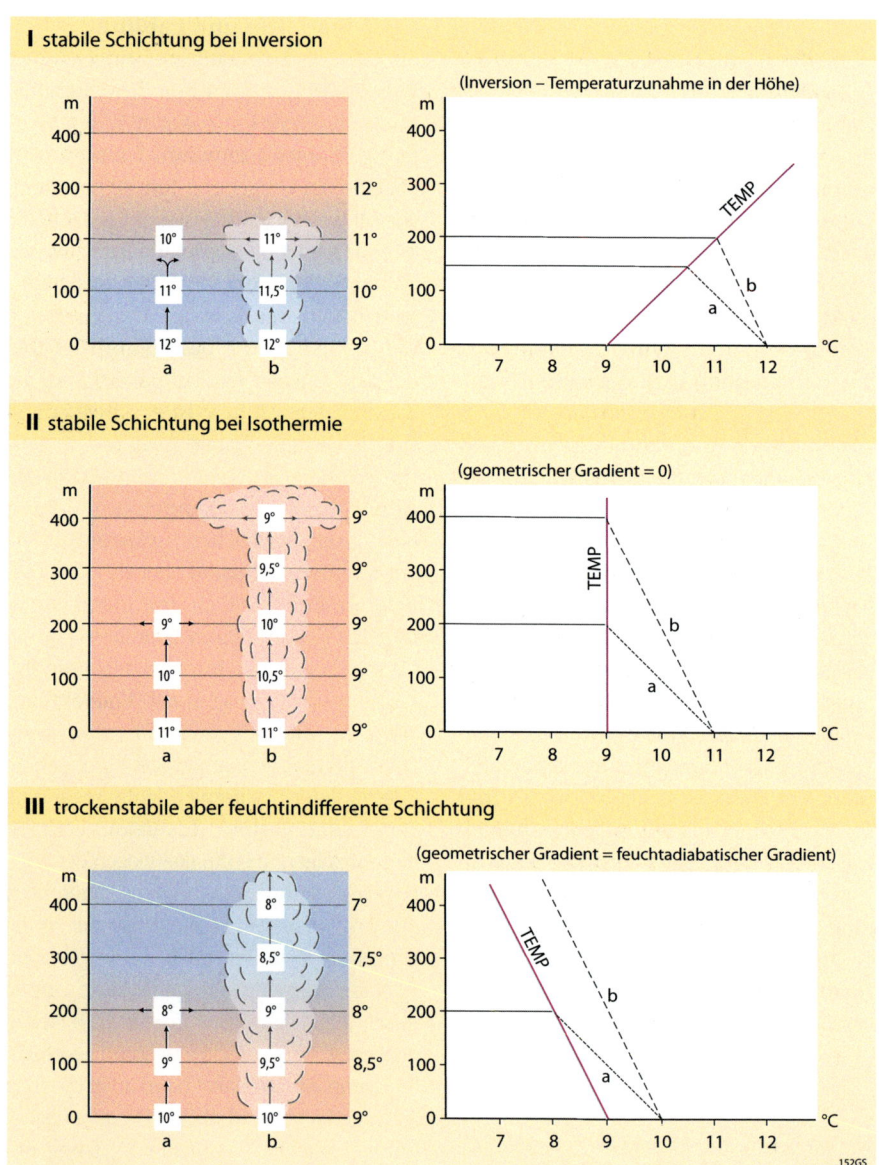

I stabile Schichtung bei Inversion

(Inversion – Temperaturzunahme in der Höhe)

II stabile Schichtung bei Isothermie

(geometrischer Gradient = 0)

III trockenstabile aber feuchtindifferente Schichtung

(geometrischer Gradient = feuchtadiabatischer Gradient)

152GS

Der Temperaturverlauf in der Luftsäule wird mit TEMP bezeichnet. Die Trockenadiabate (a) und die (vereinfachte) Feuchtadiabate (b) sind jeweils mit eingetragen. Im linken Teil der Abbildung wird durch Pfeile die Bewegungsrichtung der Luft verdeutlicht.

Abb.1.8.2/1 *Beispiele für Schichtungszustände in der Atmosphäre* (nach GOSSMANN, H. 1988)

Exkurs: Luftqualität und Smog

Nachdem London schon seit Ende des 19. Jh. unter *Smoke* und *Fog* (Smog) litt, traten extreme Luftverunreinigungen seit den 1960er-Jahren immer häufiger und weiter verbreitet auf. Angesichts der Gefährdungen durch die schadstoffbelastete Luft wurde die Luftqualität seit den 1970er-Jahren in der europäischen und der nationalen Gesetzgebung verankert. Aktuell bilden die „Richtlinie 2008/50/EG des europäischen Parlaments und des Rates vom 21. Mai 2008 über Luftqualität und saubere Luft für Europa" und das Bundesimmissionsschutzgesetz in der Fassung vom 26. September 2002 (letzte Änderung vom 23.10.2007) den rechtlichen Rahmen. Stark erhöhte Schadstoffkonzentrationen ergeben sich in industriellen Ballungsräumen sowie in Megastädten vor allem dann, wenn der Abtransport der Schadstoffe durch fehlenden Horizontal- und Vertikalaustausch in der Atmosphäre verhindert wird. Vor allem unter Hochdruckeinfluss, bei dem Luft großräumig absinkt, bildet sich häufig eine windschwache Wetterlage mit Inversion aus. In der stabil geschichteten Atmosphäre können sich die Emissionen anreichern. Beim London-Smog oder Wintersmog sind bei einer Inversionslage mit Nebel vor allem Ruß und Schwefeldioxid beteiligt. Beim Sommer- oder Los-Angeles-Smog sind dagegen die unter der Wirkung der starken Sonneneinstrahlung entstehenden und unter der Inversion angereicherten Photooxidantien problematisch.

Abb. E 1.8.2/1 Mit Schadstoffen angereicherte Luft über Santiago de Chile bei einer Inversionswetterlage (Saurer, H.)

Labilisierende Vorgänge		Stabilisierende Vorgänge	
1. Erzwungene Hebung an Gebirgen oder an Küsten	• Auslösung von Labilität in feuchter Luft, Schönwetterthermik, Gewitter	1. Kühlung der Luft von unten	• Bodeninversion • Inversion des Polarwinters
2. Aufheizung von Landoberflächen durch Einstrahlung	• sommerliche Schönwetterthermik • Hitzegewitter	2. Advektion von Warmluft	• über kühles Land/Meer • über kalter Luft (Aufgleitinversion)
3. Advektion von Kaltluft über warmer Luft und über warmem Wasser	• Kaltfrontgewitter • Tornados • geordnete Konvektion	3. großräumiges Absinken	• Föhn • Hochdruck
4. Konvergenz und großräumige Hebung	• Konvektion ITC • Auslösung latenter Labilität		

Tab. 1.8.2/1 *Vorgänge, die zur Labilisierung oder Stabilisierung der Atmosphäre führen mit exemplarischen Wettererscheinungen und Abläufen* (eigener Entwurf)

Eine besondere tropische Wettererscheinung, die in den Mittelbreiten in seltenen Fällen auch auftritt, ist die latente Labilität (Tab. 1.8.2/1). Dabei kann sich bei einer ruhigen Wetterlage aus einer extrem wasserdampfreichen, unter einer Inversion liegenden unteren Luftschicht aus einer Stratuswolkendecke in weniger als einer Stunde ein Cumulonimbus mit Starkregen und Gewitter entwickeln.

Aufgaben

2. Passen Sie die Aussagen der beiden letzten Sätze zur stabilen Schichtung (S. 57) so an, dass folgende Schichtungszustände sinngemäß beschrieben werden: labil, feuchtlabil, indifferent.

3. Skizzieren Sie den Temperaturgradienten einer Luftsäule in einem Temperatur-Höhen-Diagramm, wenn sich eine Hochnebeldecke (Stratuswolke) ausbildet.

Hinweis: Betrachten Sie die rechten Teile der Abb. 1.8.2/1, wenn Sie nicht sicher sind, wie ein Temperatur-Höhendiagramm aufgebaut ist.

Hinweis: www.webgeo.de Modul „Latente Labilität der Tropen"

1.9 Räumliche Grundmuster der globalen Energieverhältnisse

Mit der solaren Strahlung greifen wir Inhalte des Kapitels 1.1 wieder auf. Die Kenntnisse aus den Abschnitten 1.2 bis 1.8 erlauben uns eine räumlich differenzierte Betrachtung. Auf dieser Grundlage können wir uns nun dem räumlichen Muster der Klimate zuwenden.

Ziele des Kapitels

- Sie lernen in einem ersten Schritt das räumliche Muster des solaren Energieangebots an der Erdoberfläche sowie
- die zonale Verteilung der Energie in der Atmosphäre kennen.
- Sie verstehen den Antrieb der großen globalen Druck- und Windsysteme.

1.9.1 Die Verteilung der Globalstrahlung

Die Karte der Globalstrahlung (Abb. 1.9.1/1) zeigt, dass die niederen Breiten im Jahresmittel eine größere Energiezustrahlung von der Sonne erhalten als die höheren Breiten. Dies ist im wesentlichen Folge des breitenabhängigen Effekts der Sonnenhöhe und daher kein überraschendes Ergebnis. Allerdings liegen die Maximalwerte nicht in den inneren Tropen sondern in den Randtropen. Es fällt weiterhin auf, dass in der Breitenlage zwischen 25° Nord und 25° Süd die Isolinien teilweise Ost-West (zonal) und teilweise Nord-Süd (meridional) orientiert sind. Das Muster ist die Folge topographischer Einflüsse und der Land-Meer-Verteilung.

In der Breitenlage von 25° oder 30° bis 55° verlaufen die Isolinien der Globalstrahlung weitgehend breitenkreisparallel. Hier finden sich auch die weltweit stärksten Gradienten (die Werteunterschiede auf einer bestimmten Strecke) des solaren Energieangebots.

Aufgaben

1. Weshalb liegen die Maxima der Globalstrahlung in den Randtropen?

   Hinweis: Überlegen Sie, welche Wetterbedingungen typisch für die inneren Tropen und für die Randtropen sind.

2. Welcher Windgürtel liegt in den polwärtigen Bereichen der Zone mit den stärksten Gradienten (z. B. über Mitteleuropa)?

   Hinweis: Greifen Sie auf Ihr Vorwissen zurück.

3. Die Globalstrahlung ist zwar eine wichtige, aber nicht die dominante Strahlungsgröße, wenn wir die Anordnung der Klimazonen der Erde erklären wollen. Weshalb müssen wir dazu die Strahlungsbilanz heranziehen?

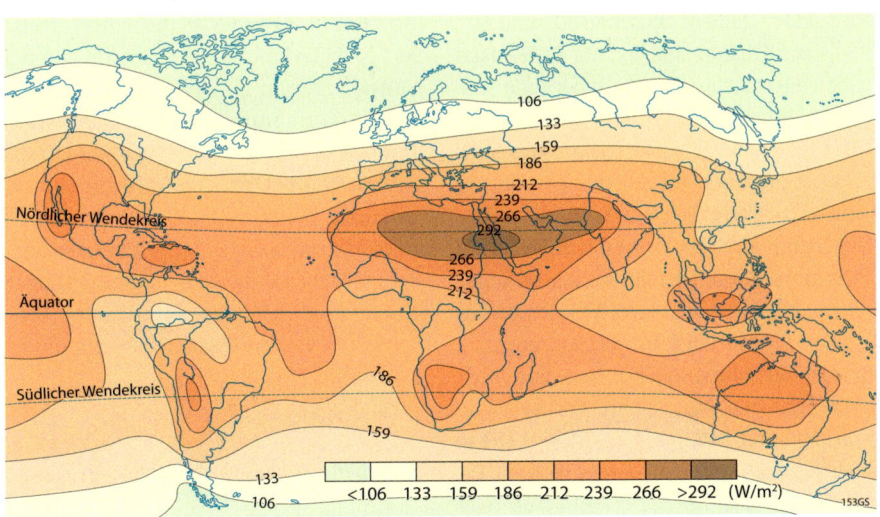

Abb. 1.9.1/1 *Die Jahreswerte der Globalstrahlung*
(nach WEISCHET, W. 1995; BUDYKO, M. J.1958; SELLERS, W. D. 1965)

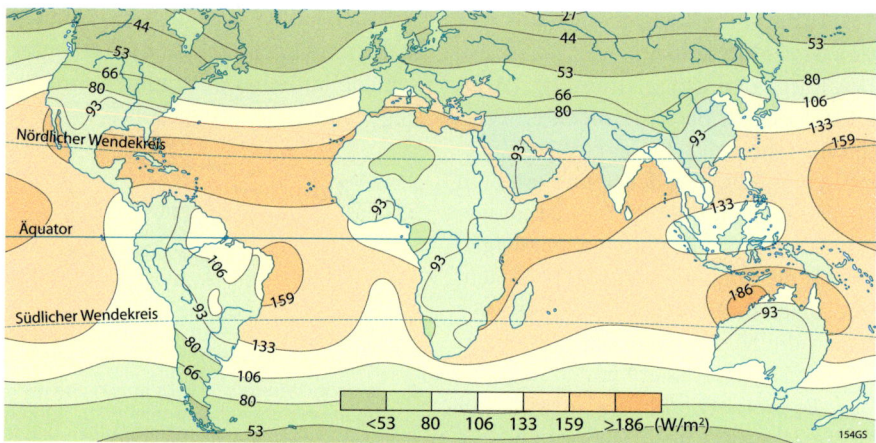

Abb. 1.9.2/1 *Jahresmittelwerte der Strahlungsbilanz*

(nach WEISCHET, W. 1995; K. Y. KONDRATYEW 1969)

1.9.2 Die Verteilung der Strahlungsbilanzwerte

An der Erdoberfläche ist die Strahlungsbilanz im Jahresdurchschnitt überall positiv. Ähnlich wie bei der Globalstrahlung tritt auch bei der Strahlungsbilanz (Abb. 1.9.2/1) ein starker Gradient zwischen 30° und 50° Breite auf. Unabhängig von der Breitenlage haben die Ozeane überall auf der Erde eine bessere Bilanz als die Kontinente gleicher Breite, obwohl die Globalstrahlung über den Landmassen wegen des geringeren Wasserdampfgehaltes der Luft größer ist.

Die Haupteinnahme der Energie aus dem Weltraum (Sonne) erfolgt an der Erdoberfläche, die Hauptausgabe aus der Atmosphäre. Zum Ausgleich der Differenzen in den Strahlungshaushalten von Erdoberfläche und Atmosphäre sind vertikale Massen- und Energieflüsse nötig. Diese Feststellung haben wir bereits in Kap. 1.1 getroffen. Abb. 1.9.2/2 erlaubt nun eine weitergehende Differenzierung der Aussagen als bisher. Die Strahlungsbilanz der

Atmosphäre ist nicht überall negativ. In den niederen Breiten hat auch die Atmosphäre einen Überschuss im Strahlungshaushalt. Im System Erde (Erdoberfläche und Atmosphäre) ergibt sich dadurch die Situation, dass die niederen Breiten vom Äquator bis etwa 35° S beziehungsweise 38° N dauerhaft mehr Strahlung von der Sonne erhalten als sie in Form langwelliger Ausstrahlung wieder an den Weltraum abgeben. Umgekehrt verlieren die hohen Breiten mehr Strahlung als sie erhalten. Wir können daraus schließen, dass es zum Ausgleich der Energieunterschiede einen dauerhaften, großräumigen Energietransport aus den niederen Breiten in die hohen Breiten geben muss.

Aufgabe

4. Überlegen Sie, welche Sachverhalte aus Kap. 1.3 zur Erklärung der im Vergleich zu Landflächen besseren Strahlungsbilanzwerte der Ozeane herangezogen werden können.

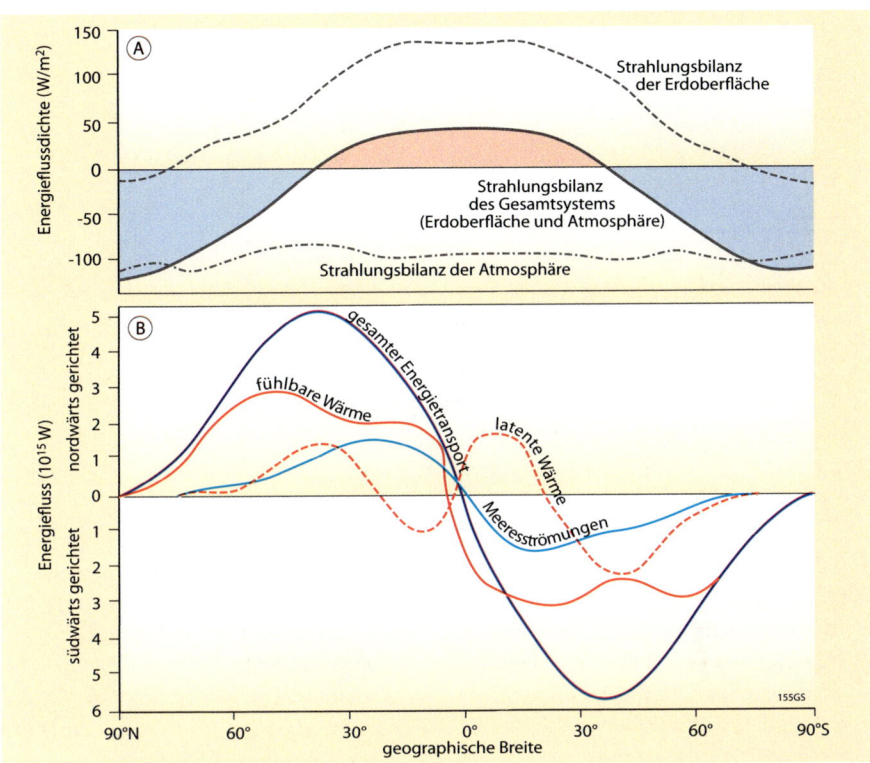

In Teil A der Abbildung sind die (farbigen) Flächenanteile mit positiven und negativen Werten nicht gleich groß, da die Darstellung die unterschiedlichen Anteile der verschiedenen Breitenkreiszonen an der Gesamtfläche der Erde nicht berücksichtigt.

Abb. 1.9.2/2 *Breitenkreismittel der Strahlungsbilanz mit den daraus resultierenden Energieströmen (fühlbarer Wärme in Atmosphäre und Ozeanen sowie der latenten Wärme in der Atmosphäre)* (nach BARRY, R. G. & R. J. CHORLEY 1998)

1.9.3 Grundzüge der globalen Zirkulation

Zum Ausgleich der Differenzen im Strahlungshaushalt der niederen und hohen Breiten sind horizontale Massenflüsse erforderlich, mit denen auch Energie transportiert wird. Somit treiben die großräumigen Unterschiede im globalen Energiehaushalt die atmosphärische Zirkulation an und sind für viele Wetterabläufe verantwortlich. Abb. 1.9.2/2 zeigt, dass der Transport der Energie über erwärmte Luft (fühlbare Wärme), Wasserdampf (latente Wärme) und warme Meeresströmungen erfolgt.

Mit der Betrachtung des räumlichen Musters von latentem und fühlbarem Wärmestrom in die Atmosphäre (Abb. 1.9.3/1), können wir die Quellgebiete der Energie erschließen:

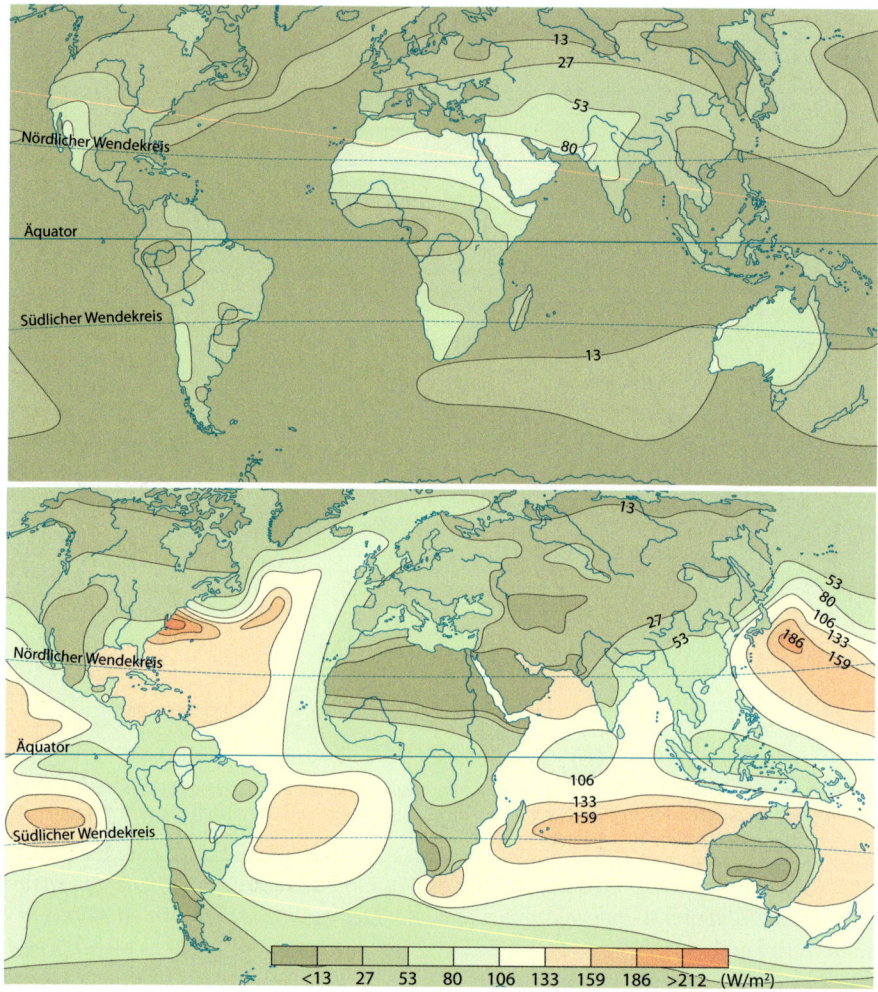

Abb. 1.9.3/1 *Globale Verteilung des fühlbaren (oben) und latenten Wärmestroms (unten) von der Erdoberfläche in die Atmosphäre* (nach BARRY, R.G. & R.J. CHORLEY 1998; M.J. BUDYKO et al. 1962)

- Fühlbare Wärme wird vor allem über den Kontinenten in die Atmosphäre transportiert.
- Die größten globalen Heizflächen sind die randtropischen Landmassen. Dort steht kaum Wasser zur Verfügung und der größte Teil des Strahlungsüberschusses wird in Form fühlbarer Wärme abtransportiert.
- Die Hauptquellgebiete der latenten Wärme und damit des atmosphärischen Wasserdampfes sind die randtropischen Ozeane.

- Erwärmte Luft und Wasserdampf werden in großer Menge aus den niederen Breiten in die hohen Breiten transportiert.

Es ist naheliegend, dass wegen der Massenerhaltung ein Rücktransport abgekühlter Luftmassen aus den hohen Breiten in die niederen Breiten notwendig ist.

Der größte Energiefluss mit einer Leistung von knapp $6 \cdot 10^{15}$ W erfolgt im Bereich der Breitenkreise 35° bis 40° (Abb. 1.9.2/2). Polwärts schließen sich die durch vorherrschende Westwinde gekennzeichneten Mittelbreiten mit ihren wechselnden Wetterlagen an (dazu Aufgabe 2, S. 61). Am Beispiel von Mitteleuropa, in dem sich häufig warme südliche bis südwestliche Strömungen mit kalten nördlichen bis nordwestlichen

Strömungen abwechseln, wird klar, dass sich in dieser Zone die energiereichen Luftmassen der niederen Breiten mit den energieärmeren Luftmassen der höheren Breiten besonders intensiv mischen und Energie austauschen.

Aufgabe

5. Ein weiteres wesentliches Element der globalen Zirkulation kann in Abb. 1.9.2/2 aus dem mehrfachen Richtungswechsel des latenten Energiestroms abgeleitet werden. Auf der Südhalbkugel ist der latente Wärmestrom zwischen 0° und 25° nach Norden gerichtet. Ab 25° S ist er nach Süden gerichtet. Auf der Nordhalbkugel gilt Entsprechendes. Ziehen Sie Schlüsse aus diesem Sachverhalt.

Hinweis: Bauen Sie auf Ihrem Vorwissen über tropische Zirkulationssysteme auf.

1.10 Luftströmungen

Im letzten Abschnitt wurde die Notwendigkeit von großräumigen horizontalen Massentransporten, für die wir als Synonyme Luftströmungen oder Windsysteme verwenden, abgeleitet. Gegenstand dieses Kapitels sind Grundregeln von Luftströmungen.

Ziele des Kapitels

Sie verstehen in diesem Kapitel
- die gekrümmte Bahn von Luftströmungen als Folge der Erdrotation,
- den vertikalen Aufbau von Luftströmungen und
- die Entstehung von Windböen.

1.10.1 Die Corioliskraft

Aufgrund horizontaler Luftdruckgradienten wirkt in der Atmosphäre auf ein Luftpaket eine resultierende Kraft, die das Luftpaket beschleunigt und damit Wind entstehen lässt (vgl. Kap. 1.6.2). Eine Luftströmung, die direkt vom hohen zum tiefen Luftdruck gerichtet ist, wird als **ageostrophischer Wind** bezeichnet. Dieser sorgt für einen Ausgleich der Druckunterschiede. Der Ausgleich funktioniert auf der Erde jedoch nur, wenn die Luftdruckunterschiede in der Mikro- oder Mesoskala (vgl. Exkurs „Skalen" in Kap. 1.5) auftreten. Für großräumige Druckunterschiede kann eine Ausgleichsströmung aufgrund der Erdrotation nicht direkt erfolgen. Da Beobachter auf der Erde von dieser Rotation nichts spüren, die Ablenkung jedoch feststellen können, erklärt man sich die Ablenkung mit der **Corioliskraft**, einer (Schein-) Kraft, die nach dem französischen Physiker G. DE CORIOLIS benannt ist.

(Glg. 1.10.1/1)

$$\vec{A} = 2 \cdot \vec{\omega} \cdot \vec{v} \cdot \sin \varphi$$

mit $\vec{A}$ Corioliskraft

$\vec{\omega}$ Winkelgeschwindigkeit der Erdrotation,

$\vec{v}$ Windgeschwindigkeit,

φ geographische Breite.

Die Stärke der Ablenkung hängt von der Windgeschwindigkeit und von der Breitenlage ab. Am Pol ist die Ablenkung am größten, während sich am Äquator keine Wirkung auf horizontale Strömungen ergibt. In Äquatornähe können Luftströmungen deshalb immer als ageostrophische Winde bezeichnet werden. Ursache für die Corioliskraft ist die Überlagerung von zwei Bewegungen:

• Eine Kreisbewegung als Folge der Rotation der Erde und

• eine geradlinige Bewegung als Folge der Druckunterschiede.

Wenn sich Luft großräumig geradlinig bewegt, ändert sich ihr Abstand zur Erdachse (Drehachse). Kommt sie beispielsweise aus niederen Breiten und bewegt sich in die hohen Breiten, bringt sie aus den niederen Breiten eine hohe Rotationsgeschwindigkeit mit. Ein Beobachter am Boden, der weiß, dass sich aus Süden wolkenreiche Luft auf ihn zu bewegt, stellt fest, dass die Luft nach einigen Stunden nicht bei ihm, sondern vor ihm ankommt. Es sieht für ihn daher so aus, als wäre die Luft – in Strömungsrichtung gesehen – nach rechts abgelenkt worden.

Wir können damit feststellen: Für Beobachter im rotierenden System scheint eine Kraft auf die Luft zu wirken, die für die Ablenkung verantwortlich ist. Als Folge der Rotation der Erde wird eine Luftströmung auf der Nordhalbkugel scheinbar nach rechts, auf der Südhalbkugel nach links abgelenkt.

Tipp: 🖥 www.webgeo.de

Die Module „Bezugssysteme und Corioliskraft", „Das Foucault'sche Pendel" sowie „Einfache Experimente zur Corioliskraft" erklären Ursache und Wirkung der Corioliskraft anschaulich.

1.10.2 Geostrophischer Wind und Reibungswind

Durch eine andauernde Wirkung der Gradientkraft wird Luft nach und nach beschleunigt. Als Folge davon wird die Corioliskraft ebenfalls größer (Abb. 1.10.2/1, Zeitpunkte t_1 bis t_3). Bei gleichbleibender Gradientkraft tritt nach einer gewissen Zeit die Situation ein, dass Gradientkraft und Corioliskraft gleich groß sind und sich gegenseitig aufheben (Abb. 1.10.2/1, Zeitpunkt t_4). Die Luft strömt in diesem Fall mit konstanter Geschwindigkeit parallel zu den Isobaren. Ein Druckausgleich erfolgt nicht. Eine Luftströmung, die sich in diesem Gleichgewichtszustand befindet, wird als **geostrophischer Wind** bezeichnet. Er tritt in Höhen ab 1 000 bis 2 000 m über Grund auf.

Das Erreichen des Gleichgewichtszustands ist in der unteren Schicht der Atmosphäre nicht möglich, da die Wind-

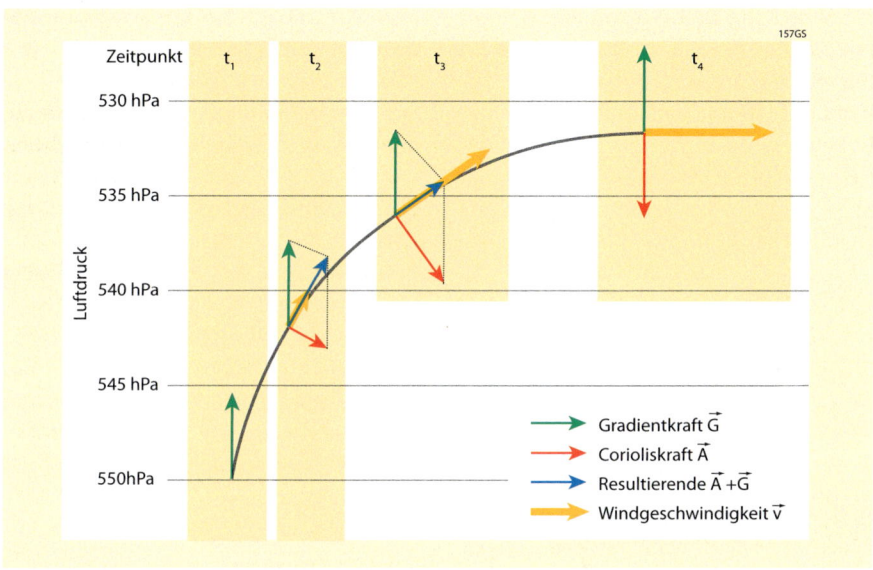

Abb. 1.10.2/1 *Ableitung des geostrophischen Windes*   (nach GOSSMANN, H. 1988)

geschwindigkeit durch Reibungskräfte an der Erdoberfläche nicht entsprechend groß werden kann. Eine derart beeinflusste Luftströmung heißt **Reibungswind** (Tab. 1.10.2/1 und Abb. 1.10.2/2).

Der Reibungswind weht schräg zu den Isobaren und hat daher immer eine ageostrophische Komponente, sodass Druckunterschiede abgebaut werden können.

Dimension/ Ort	Bewegung	Bezeichnung
kleinräumig oder großräumig in Äquatornähe	vom H zum T, senkrecht zu den Isobaren	ageostrophischer Wind
großräumig, bodennah	schräg zu den Isobaren mit Komponente vom H zum T	Reibungswind
großräumig, in der Höhe	parallel zu den Isobaren	geostrophischer Wind

Tab.1.10.2/1 *Auftreten und Richtung von Luftströmungen*   (eigener Entwurf)

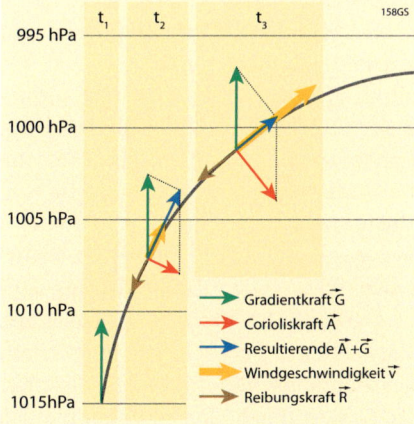

Abb. 1.10.2/2 *Der Reibungswind*
(nach GOSSMANN, H. 1988)

Je stärker die Reibung und je stabiler die Schichtung ist, desto stärker wird die ageostrophische Komponente des Reibungswindes. Vertikal dreht sich der Reibungswind daher mit zunehmender Höhe und abnehmendem Reibungseinfluss in die geostrophische Windrichtung (Abb. 1.10.2/3)

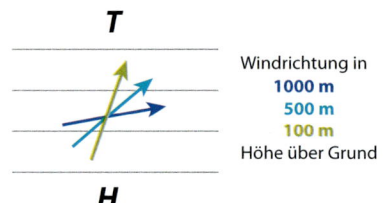

Abb. 1.10.2/3 *Das Eindrehen des Reibungswindes in die geostrophische Windrichtung. Bei Wetterlagen mit kleinen Wolkenfetzen in unterschiedlichen Höhen kann dies an deren Zugrichtung gut beobachtet werden.*

(eigener Entwurf)

Die Reibung hat neben dem Einfluss auf die Strömungsrichtung noch weitere Wirkungen. Die langsamere, untere Strömung wird von der schnelleren oberen Strömung überfahren. Es kommt zur Bildung von Strömungswalzen, die auf den jeweiligen Vorderseiten Luft höherer Strömungsgeschwindigkeit zum Erdboden führen und auf der Rückseite die langsamere bodennahe Luft anheben. Die horizontale Strömung wird dadurch von auf- und abwärts führenden Bewegungen durchsetzt. Dieser Vorgang wird als **dynamische Turbulenz** bezeichnet. Diese erklärt die veränderlichen Windgeschwindigkeiten am Boden. Bei starker Erwärmung bodennaher Luftmassen durch hohe Sonneneinstrahlung oder bei einer labilen Schichtung wird die untere Atmosphäre konvektiv durchmischt (**thermische Turbulenz**). Die thermische Turbulenz ist, bei entsprechenden Wetterlagen, stärker als die dynamische Turbulenz. Sie reicht in Höhen von bis zu 2 000 m über Grund. Kennzeichen einer starken Turbulenz ist die **Böigkeit des Windes**.

Besonders gut lässt sich der thermische Einfluss auf die Turbulenz bei wolkenarmem **Strahlungswetter** erkennen. Am Vormittag frischt der Wind mit der einsetzenden Konvektion bis zu einem Maximalwert am Nachmittag auf. In den frühen Abendstunden schläft der Wind wieder ein.

Aufgaben

1. Wählen Sie aus der nachstehenden Liste fünf Begriffe aus und ordnen Sie diese in der Abbildung zum Reibungswind an den nummerierten Stellen zu: Äquator, mittlere Breiten, Polargebiet, Corioliskraft, Land, Meer, Höhenströmung.

2. Erklären Sie die Zunahme der Geschwindigkeit im bodennahen Windfeld vor Beginn eines Gewitters!

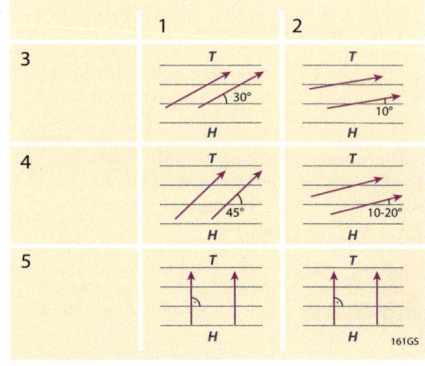

Die Pfeile geben die Windrichtung an.
Abb. A 1.10.2/1 (zu Aufgabe 1)
(eigener Entwurf)

1.10.3 Der Ryd-Scherhag-Effekt

Bei den Betrachtungen zum Reibungswind haben wir uns auf Vorgänge in der unteren Troposphäre bezogen. Nun wenden wir uns noch einmal der nahezu reibungsfreien **Höhenströmung** der mittleren und hohen Troposphäre zu. Beim geostrophischen Wind haben wir nur Situationen mit konstanten Druckgradienten betrachtet. Tatsächlich variieren diese jedoch räumlich und zeitlich stark. Der Normalfall ist in einer schematischen Skizze in Abb. 1.10.3/1 aufgezeigt. Ein Luftpaket kommt während seiner Bewegung in Bereiche mit stärker oder schwächer werdenden Druckunterschieden. Abschnitte mit einer Verengung des Isobarenabstands heißen **Konvergenz**, mit einer Ausweitung des Isobarenabstands **Divergenz**bereiche.

In eine Konvergenz strömt ein Luftpaket mit geringerer Geschwindigkeit, als es den stationären Druckbedingungen dort entspricht. Die zunehmende Gradientkraft führt zur Beschleunigung der Luft. Wegen der Massenträgheit dauert es jedoch eine gewisse Zeit, bis die Geschwindigkeit und damit die Corioliskraft zunimmt und ein neuer Gleichgewichtszustand

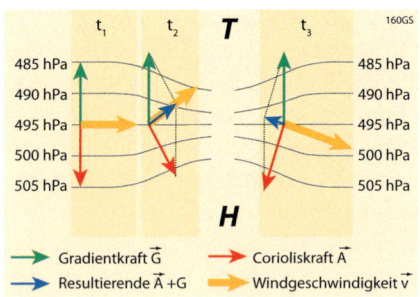

Abb. 1.10.3/1 *Änderung der Strömungsrichtung bei Verschärfung und Abschwächung des Luftdruckgegensatzes in der Höhenströmung* (nach WEISCHET, W. 1995)

(isobarenparallele, geostrophische Strömung) erreicht wird. Während der Beschleunigungsphase wird die Luft zum tiefen Druck hin verlagert. Bei einer Divergenz ist es genau umgekehrt. Dort wird die Luft entgegen dem Druckgefälle zum hohen Luftdruck verlagert. Solche durch die Massenträgheit verursachten, quer zu den Isobaren der Höhenströmung verlaufenden Lufttransporte werden als **Ryd-Scherhag-Effekt** bezeichnet. Dieser Effekt wird bei den Überlegungen zur Entstehung von Hoch- und Tiefdruckgebieten wieder eine Rolle spielen.

1.11 Hoch- und Tiefdruckgebiete

Die Wetterabläufe erfahren in vielen Bereichen der Erde durch den Einfluss von Hoch- und Tiefdruck einen häufigen Wechsel. Es gibt jedoch auch stabile Druckgebilde, deren Wirkung sich über Monate erstrecken kann.

Ziele des Kapitels

Sie lernen in diesem Kapitel
- einige Elemente von Wetterkarten,
- die Entstehung von Zyklonen und
- typische Wetterabläufe kennen sowie
- thermische und dynamische Drucksysteme zu unterscheiden.

1.11.1 Wetterkarten

Der Luftdruck im Meeresniveau beträgt im Mittel 1 013 hPa. Die Schwankungsbreite reicht typischerweise von etwa 990 bis 1 030 hPa. Die Variabilität des Luftdrucks ist für viele Wetterabläufe verantwortlich und charakterisiert beim Vorherrschen bestimmter Abläufe das Klima eines Raumes. Aufgrund der zentralen Bedeutung für die Wetterentwicklung ist der Luftdruck ein Hauptelement in Karten zur Wetterprognose oder in Wetterberichten. Die Verbindung aller Atmosphärenpunkte mit einem bestimmten Luftdruckwert führt zu einer (nicht ebenen) Fläche. Eine solche Fläche heißt **isobare Fläche**. Die Bodenwetterkarte zeigt die Schnittlinien der isobaren Flächen mit dem Meeresniveau. Zur Vergleichbarkeit sind in einer Wetterkarte alle gemessenen Luftdruckwerte auf das Meeresniveau reduziert bzw. umgerechnet (Abb. 1.11.1/1). Neben den Isobaren sind in Wetterkarten weitere Elemente

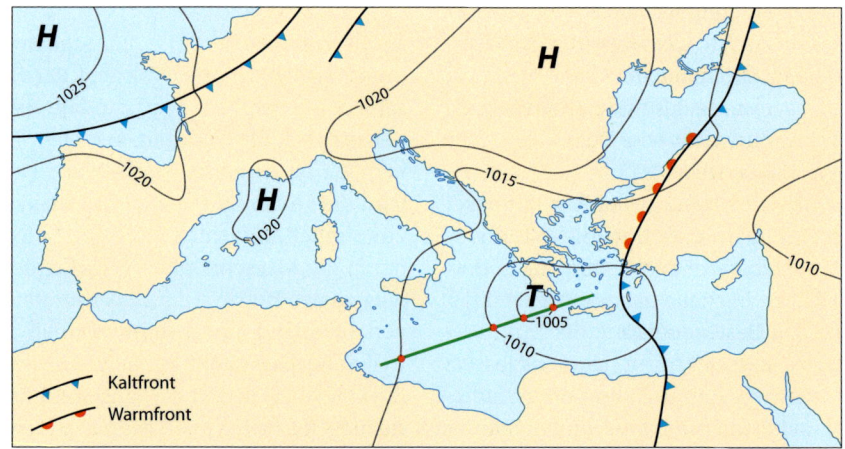

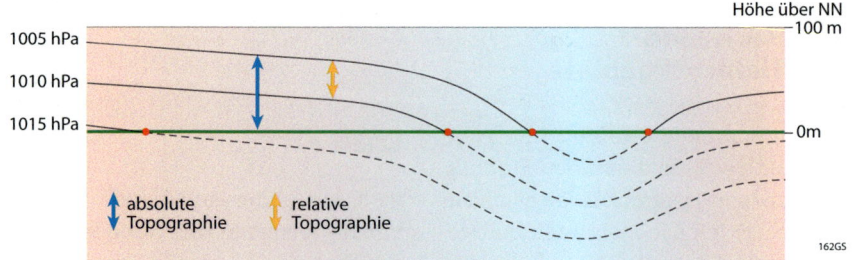

Der untere Teil der Abbildung zeigt den Verlauf der isobaren Flächen entlang der in der Wetterkarte grün gezeichneten Profillinie. Die Schnittlinien der isobaren Flächen mit dem Meeresniveau (rote Punkte) sind die Isobaren (isobare Linien der Wetterkarte).

Abb.1.11.1/1 *Wetterkarte und Isobaren*   (nach Gossmann, H. 1988)

angegeben. Die wichtigsten davon sind die Lage von Hoch- und Tiefdruckkernen sowie von Fronten mit der Position vorrückender Luftmassen (Kaltfront und Warmfront) auf Meeresniveau.

Im Unterschied zu **Bodenwetterkarten** enthalten **Höhenwetterkarten** keine Isobaren sondern Isohypsen. Sie geben die Höhenlage eines bestimmten Luftdruckwertes (**absolute Topographie**) oder den Abstand von zwei isobaren Flächen (**relative Topographie**) an. In Abb. 1.11.1/2 ist zu sehen, dass auch in über 9 000 m Höhe tiefer Luftdruck herrscht. Der tiefe Luftdruck erstreckt sich bei der gezeigten Situation (Abb. 1.11.1/1 und 2) also vom Meeresniveau bis in die obere Troposphäre. Die relative Topographie (Abb. 1.11.1/2 unten) zeigt zusätzlich an, dass sich in dem Bereich von Südgriechenland deutlich kältere Luft als in der Umgebung befindet. Der Abstand der isobaren Flächen ist entsprechend der Temperaturabhängigkeit des Luftdrucks (dazu Glg. 1.6.1/4) geringer als in der Umgebung. Die dargestellte Wettersituation zeigt somit einen weit nach Süden reichenden Kaltluftvorstoß.

1.11.2 Thermische Druckgebilde

Großräumig und kleinräumig wird die Erdoberfläche und die darüber liegende Luft aufgrund unterschiedlicher Einstrahlung und Oberflächeneigenschaften nicht gleichmäßig erwärmt. Die Folge davon sind Luftdruckunterschiede und Luftströmungen. In Kapitel 1.6.2 hatten wir als Beispiel für eine kleinräumige Erscheinung ein Land-See-Windsystem vorgestellt. Ein solches Windsystem bildet sich bei Strahlungswetterlagen aus. Durch die tagsüber

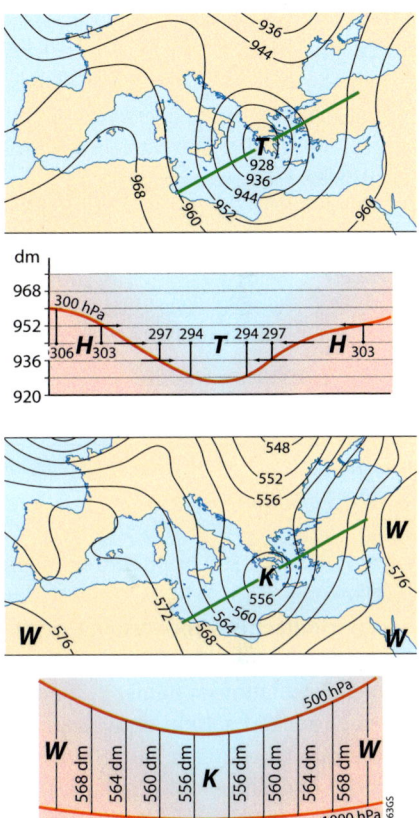

Absolute Topographie der 300 hPa-Fläche mit Profilschnitt (oben) und relative Topographie der 500/1000 hPa-Flächen mit Profilschnitt (unten). Die Lage der Profillinie ist jeweils mit einer grünen Linie markiert. Sämtliche Höhenangaben erfolgen in Dekametern. (nach GOSSMANN, H. 1988)

Abb. 1.11.1/2 *Beispiele für Höhenwetterkarten*

an der Landoberfläche und in der Nacht an der Wasseroberfläche höheren Temperaturen wechseln die Windrichtungen tagesperiodisch. Die vertikale Mächtigkeit eines tagesperiodischen Windsystems wird durch die dynamische und die thermische Turbulenz bestimmt und erreicht

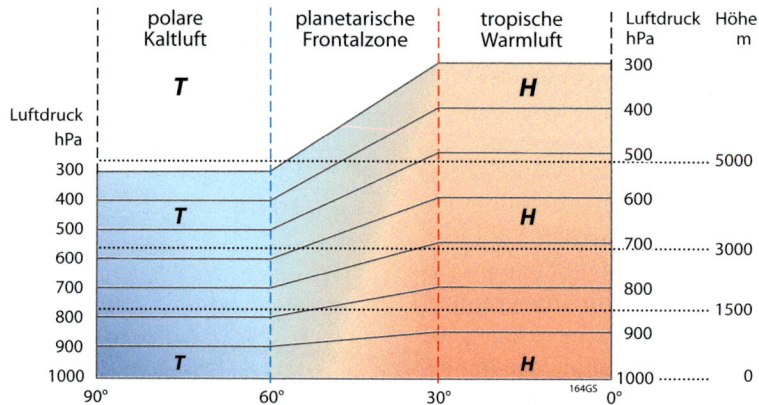

| | polare Kaltluft | planetarische Frontalzone | tropische Warmluft | Luftdruck hPa | Höhe m |

Der Luftdruckunterschied zwischen tropischer Warmluft und polarer Kaltluft nimmt mit der Höhe zu.

Abb. 1.11.2/1 *Schematischer Verlauf der isobaren Flächen in einem Profilschnitt vom Nordpol zum Äquator* (nach Jacobeit, J. 2007 & H. Flohn 1960)

daher 1 000 bis 1 500 m, in Extremfällen 2 000 m (vgl. Kap. 1.10.2). Typisch für **tagesperiodische Windsysteme** ist die Umkehr des Luftdruckgefälles im oberen Teil des Zirkulationssystems. Im bodennahen Druckfeld spricht man aufgrund der thermisch bedingten Entstehung von **Hitzetief** und **Kältehoch**. Im jahreszeitlichen Wechsel können auch in größeren Räumen thermische Druckgebilde entstehen. Beispiele hierfür sind das sommerliche Monsuntief über dem südlichen Zentralasien oder das Sibirische Kältehoch über Nordosteurasien im Winter. Allerdings sind bei einer großräumig wirksamen Konstellation von warmer und kalter Luft die Strömungsmuster komplizierter, da sich in der Strömung die Corioliskraft auswirkt und sich kein entsprechendes geschlossenes Zirkulationsmuster ausbilden kann. Für eine ganze Hemisphäre mit kalter polarer Luft und warmer tropischer Luft hat das zur Folge,

- dass der Luftdruckunterschied in der Troposphäre mit zunehmender Höhe größer wird (Abb. 1.11.2/1) und
- dass der Energieunterschied zwischen den niederen und hohen Breiten nicht ohne Weiteres ausgeglichen werden kann.

1.11.3 Dynamische Hoch- und Tiefdruckgebiete

In einem System, in dem der Einfluss der Erdrotation auf Luftströmungen und Windsysteme wirksam wird, erfolgt der Austausch von Energieunterschieden nicht durch geradlinig orientierte, sondern durch mäandrierende Strömungen und durch Verwirbelungen.

Ein Ausgangszustand könnte durch eine Situation mit verhältnismäßig geringen Energieunterschieden zwischen den niederen und hohen Breiten gegeben sein. Entsprechend der Überlegungen in Kapitel 1.10 und der vertikalen Luftdruckverteilung wäre in der mittleren und hohen

Troposphäre ein Luftmassenabfluss aus den niederen Breiten zu erwarten. Diese Strömung wird jedoch auf der Nordhalbkugel nach Osten abgelenkt, wodurch sich kein signifikanter Energieaustausch ergibt. Da die Strömung weitgehend breitenkreisparallel orientiert ist, spricht man von einer **Zonalzirkulation** (Abb. 1.11.3/1 ①). Folge ist eine Vergrößerung des Temperatur- und Luftmassengegensatzes mit entsprechender Erhöhung der Windgeschwindigkeiten und dadurch der Übergang zu einer turbulenten Strömung (Abb. 1.11.3/1 ②). Dabei wird durch die weit nach Süden vorstoßende Kaltluft auf der einen und die in hohe Breiten gelangende Warmluft auf der anderen Seite (**Meridionalzirkulation**) der bestehende Energieunterschied abgebaut (Abb. 1.11.3/1 ③). Die Dynamik der Strömung wird geringer und es erfolgt ein Übergang zu einer zonalen Strömung, wie sie für den Ausgangszustand charakteristisch ist. Die Mäander der Strömung werden dabei von der Strömung abgeschnitten und bleiben als isolierte Kalt- und Warmluftbereiche übrig (Abb. 1.11.3/1 ④). Die nach Süden vorgestoßene Kaltluft wird dort erwärmt. Die polwärts liegende Warmluft gibt ihre Energie ab und der Zyklus beginnt von Neuem.

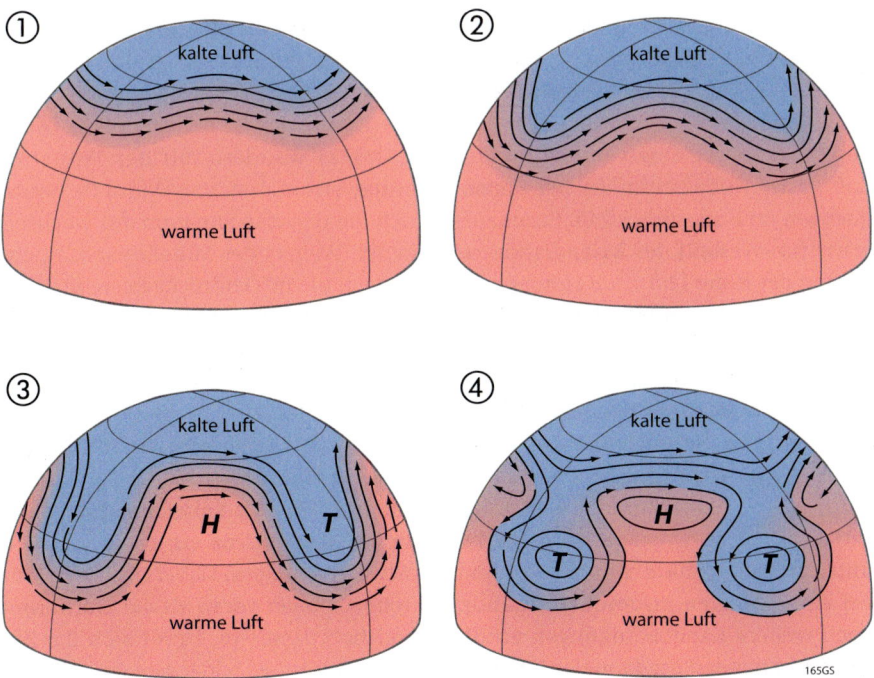

Abb. 1.11.3/1 *Verscheidene Ausprägungen des Höhenwestwindbandes auf der Nordhemisphäre* (nach Gossmann, H. 1988)

	thermisches Hoch- bzw. Tiefdruckgebiet	dynamisches Hoch- bzw. Tiefdruckgebiet
Antrieb	Temperaturdifferenzen zweier Luftmassen unmittelbar	Dynamik der Höhenströmung
Vertikalerstreckung	bei tagesperiodischen Systemen bis 1,5 km bei halbjährigen Systemen bis 3 km	vom Boden bis in die obere Troposphäre (Obergrenze 5–8, max. 11–12 km)
Druckverhältnisse in der Höhe	entgegengesetzter Druckgradient	gleichgerichteter Druckgradient bis in die obere Troposphäre
Beweglichkeit	stationär	Drift mit der Höhenströmung

Tab.1.11.3/1 *Charakteristika thermischer und dynamischer Druckgebilde*

(eigener Entwurf)

Wenn Luft am Südende eines Mäanderbogens der Höhenströmung in einen Bereich verschärfter Luftmassengegensätze gelangt, führt die Massenträgheit zu einer Verlagerung der Luftmassen (vgl. Kap. 1.10.3). Die Querverlagerung der Luft in der Höhenströmung hat Konsequenzen im Bodendruckfeld. Stromaufwärts (im Westen) des Mäanderbogens wird in der Höhe Luft nach Norden verlagert. Dadurch wird auf der Polseite in der mittleren und unteren Troposphäre der Luftdruck erhöht und äquatorseitig reduziert, womit sich der Druckgegensatz verringert. Stromabwärts, im **Delta der Höhenströmung** dagegen, wird in der Höhe Luft zum höheren Luftdruck verlagert und der Druckgegensatz in der unteren Troposphäre verschärft. Sind bei einer solchen Strömungssituation noch weitere Randbedingungen erfüllt („linksdrehender", zyklonaler Drehimpuls der Strömung, latente Wärme), entsteht im Delta der Höhenströmung polseitig ein vom Boden bis in die hohe Troposphäre reichendes **dynamisches Tiefdruckgebiet (Polarfrontzyklone)**. Auf der Äquatorseite ergibt sich ein **dynamisches Hochdruckgebiet**.

Die dynamischen Druckgebilde (Abb. 1.11.3/2) wandern mit der Weststömung stromabwärts. Dadurch ergibt sich die typische Situation des wechselhaften Wetters der Mittelbreiten. Hoch- und vor allem Tiefdruckgebiete machen während der Verdriftung eine charakteristische Entwicklung durch (Abb. 1.11.3/3). Bleiben die Bedingungen für die Entstehung von dynamischen Tiefdruckgebieten erhalten, entstehen **Zyklonenfamilien**. Das sind Zyklonen unterschiedlicher Entwicklungsstadien, die im Abstand von ein bis zwei Tagen ostwärts wandern. Dabei rückt die Kaltfront schneller voran als die Warmfront und holt diese ein, bevor sich die Zyklone auflöst. Es bildet sich eine **Okklusion,** bei der die ursprünglich vor und hinter dem Tiefdruckgebiet liegenden Kaltluftmassen in Kontakt kommen.

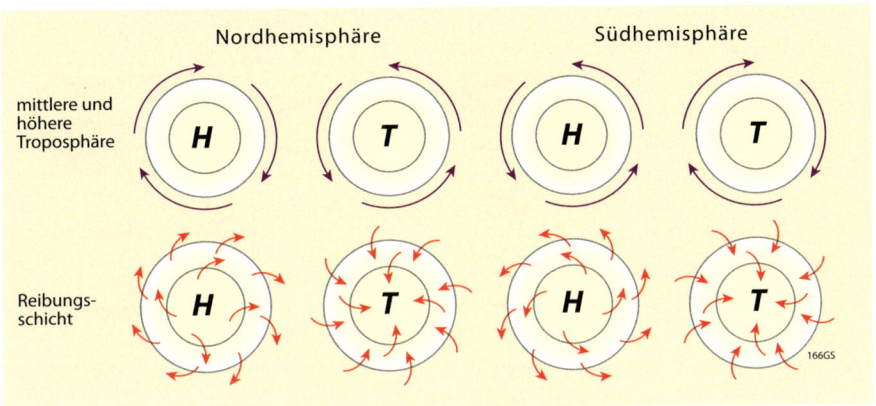

Mit dem Ausströmen aus Hochdruckgebieten ist eine absinkende Luftbewegung mit der Tendenz zur Wolkenauflösung verbunden. Bei Tiefdruckgebieten ist die Luftbewegung aufsteigend mit Wolkenbildung.

Abb. 1.11.3/2 *Strömungsmuster bei Hoch- und Tiefdruckgebieten*
(nach McKnight, L. L. & D. Hess 2008)

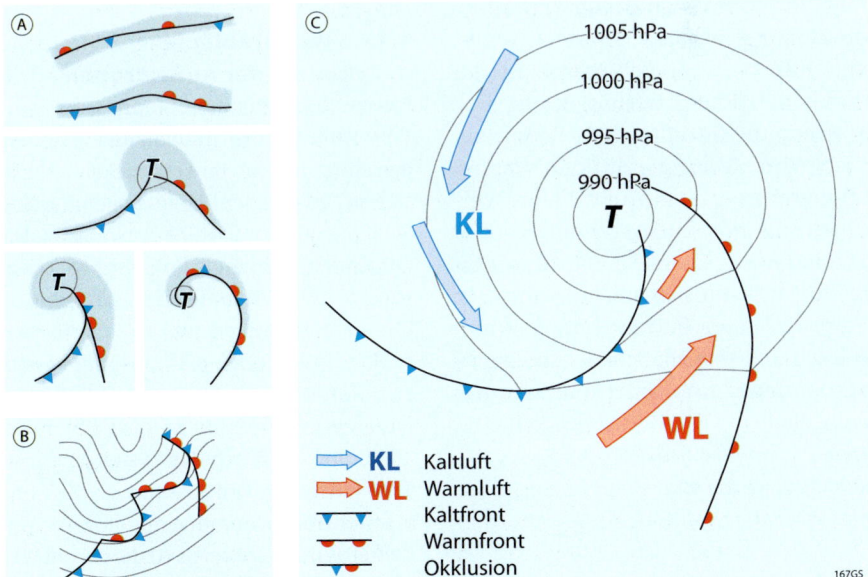

Abb. 1.11.3/3 *Dynamische Tiefdruckgebiete der Mittelbreiten a) fünf Entwicklungsstadien, b) Zyklonenfamilie, c) voll ausgebildete Zyklone („Idealzyklone")*
(nach Gossmann, H. 1988; Bjernkes H. & H. Solberg 1922)

Dadurch greift die Luft des Warmluftsektors nicht mehr bis zum Boden durch. Sie ist lediglich noch in der Höhe wirksam. Wenn die Rückseitenkaltluft kälter ist als die Vorderseitenkaltluft, ähneln die Wetterabläufe an einer Okklusion einer Kaltfront (**Kaltfrontokklusion**). Ist die Rückseitenkaltluft dagegen wärmer als die Vorderseitenkaltluft, dominieren Warmfronterscheinungen (**Warmfrontokklusion**).

Das Auftreten von dynamischen Tiefdruckgebieten ist nicht auf die Mittelbreiten begrenzt. Auch in den Tropen entstehen großflächige Tiefdruckgebiete, die allerdings – aufgrund der einheitlichen Luftmasse – keine Fronten aufweisen. Die Entstehung eines **tropischen Wirbelsturms** ist i.d.R. ebenfalls an eine wellenförmig verlaufende Höhenströmung (*Easterly Wave*, vgl. Kap. 1.12.2) gebunden, in der durch den Ryd-Scherhag-Effekt eine konvergente Strömung am Boden initiiert wird. Wenn durch hohe Wassertemperaturen eine große Meeresverdunstung mit entsprechend großer Zufuhr latenter Energie in die Atmosphäre auftritt, kann sich aus einer initialen Störung heraus ein mit hohen Windstärken und großem Schadenspotenzial verbundener tropischer Wirbelsturm entwickeln.

Tipp: 🖲 www.webgeo.de
Modul „Wirbelstürme"

Aufgaben

1. Betrachten Sie das mit der Nummer ③ versehene Teilbild in Abb. 1.11.3/1. Was können Sie im Hinblick auf den Temperaturgegensatz am südlichen Ende eines Mäanderbogens schließen?

2. Mit dem Ergebnis von Aufgabe 1 können Sie folgern, was mit der Luft in der Höhenströmung an der entsprechenden Stelle passiert!
   Hinweis: Arbeiten Sie gegebenenfalls noch einmal Kapitel 1.10.3 durch.

3. Begründen Sie die unterschiedliche Zuggeschwindigkeit von Kaltfront und Warmfront.
   Hinweis: Berücksichtigen Sie, dass die Luft an der Warmfront gehoben werden muss.

4. In den inneren Tropen treten keine Wirbelstürme auf. Denken Sie über die Ursache dafür nach!
   Hinweis: Wenn Sie keine Idee haben, hilft Ihnen Aufgabe 1 in Kapitel 1.10.

1.11.4 Wetterabläufe in Zyklonen der Außertropen

Im voll ausgebildeten Stadium hat eine Polarfrontzyklone unterschiedliche Niederschlagsgebiete. Im Tiefdruckkern ergibt sich in der von der Reibung beeinflussten Schicht eine großflächige Konvergenz. Die zusammenströmende Luft wird gehoben. Infolge der adiabatischen Abkühlung bilden sich Wolken und es fällt Niederschlag. In der oberen Troposphäre ergibt sich durch den Ryd-Scherhag-Effekt eine Divergenz. Die Luft wird in der Höhe abgeführt, wodurch das System mehrere Tage existieren kann. Wenn die Zyklone von der Höhenströmung nur langsam verdriftet wird, kann sich dadurch ein- bis zweitägiger Dauerregen einstellen. Weitere großflächige Niederschlagsgebiete ergeben sich im Vorfeld der Warmfront und an der Kaltfront (Abb. 1.11.4/1).

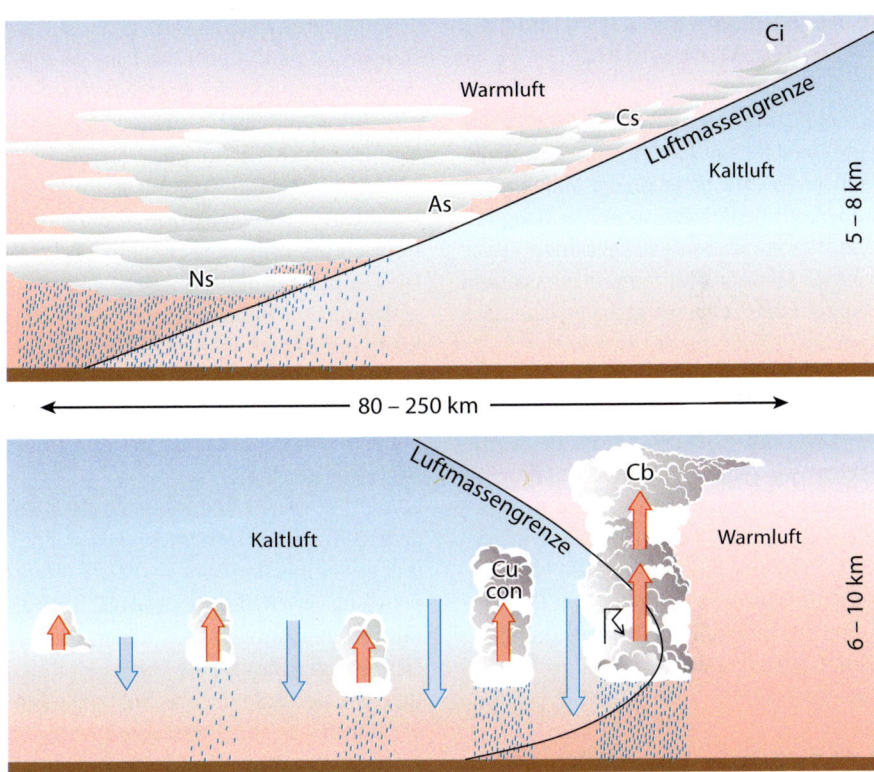

Abb. 1.11.4/1 *Schnitt durch Warm- und Kaltfront einer Idealzyklone* (nach GOSSMANN, H. 1988)

An der Warmfront gleitet die gegen die Kaltluft vorrückende Warmluft auf. Sie wird dabei gehoben, kühlt ab und es bilden sich Wolken. Erkennbar ist das Heranrücken der Front an einzelnen Cirren, die sich zu einem Cirrostratus verdichten. Die Wolkenmächtigkeit nimmt zu. Es folgen eine Altostratusdecke und schließlich ein Nimbostratus. Typischerweise setzt der Niederschlag langsam mit Nieselregen ein, wird nach und nach intensiver und hört nach einigen Stunden – nach Durchzug der Front am Boden – auf. Hinter der Warmfront folgt ein Temperatur- und Druckanstieg mit Aufklaren.

Mit dem Annähern der Kaltfront setzen die Niederschläge rasch und mit hoher Intensität ein. Vereinzelt treten Gewitter auf. Nach Durchzug der Kaltfront lässt die Schauertätigkeit nach. Im Bereich der Kaltluft schließlich ergibt sich kein zusammenhängendes Niederschlagsfeld mehr. Es können jedoch noch einzelne Schauer auftreten.

Aufgabe

5. Betrachten Sie in Abb. 1.11.4/1 die Wolken im Bereich der Warmfront und der Kaltfront und leiten Sie daraus die Schichtung der Atmosphäre ab.

1.12 Allgemeine Zirkulation der Atmosphäre

Die Allgemeine Zirkulation der Atmosphäre beschreibt die mittleren Druck- und Windverhältnisse. Die Situation der Mittelbreiten haben wir bereits in Zusammenhang mit den dynamischen Druckgebilden etwas vertieft. Wir konzentrieren uns in diesem Kapitel daher auf einen globalen Überblick und die Zirkulation der Tropen.

Ziele des Kapitels

Sie entwickeln ein Verständnis für
* das Bodendruckfeld der Erde und
* die globalen Windgürtel.
Weiterhin lernen Sie
* die Ursachen der klimatischen Differenzierung der inneren Tropen und
* die Grundlagen des El-Niño-Phänomens kennen.

1.12.1 Globaler Überblick

Im langjährigen Durchschnitt fallen im Bodenluftdruckfeld (Abb. 1.12.1/1) die markanten Hochdruckzellen der Randtropen auf. Dazwischen liegt eine Zone tieferen Luftdrucks, die durch die Lage der **innertropischen Konvergenzzone (ITCZ)** nachgezeichnet wird. Diese verlagert sich jahreszeitlich sehr stark und ist Ausdruck der erhöhten Temperaturen im Sommer der jeweiligen Halbkugel.

Das Westwindband der Mittelbreiten ist durch wandernde Hoch- und Tiefdruckgebiete gekennzeichnet. Aufgrund der jeweiligen Drehrichtung der Luft um die Zentren der dynamischen Druckgebilde scheren Hochdruckgebiete in Strömungsrichtung der Westwinde nach rechts, Tief-

druckgebiete nach links aus. Daraus ergibt sich im statistischen Mittel im Meeresniveau eine Luftdruckverminderung auf der polwärtigen Seite des Westwindbandes und eine Luftdruckerhöhung auf der äquatorwärtigen Seite. Das Ergebnis ist somit die **subpolare Tiefdruckrinne** und der **subtropisch-randtropische Hochdruckgürtel**. Die Gründe für die zelluläre Struktur der globalen Druckgürtel sind in der Land-Meer-Verteilung zu suchen. Dadurch liegen beispielsweise die im vorangehenden Kapitel behandelten Mäander der Westwindströmung bevorzugt in bestimmten Bereichen der Erde.

Es wird in der Abbildung auch deutlich, dass die Lage der Hochdruckzellen im Sommer gegenüber der Wintersituation jeweils polwärtig verschoben ist. Die ITCZ kann als **thermischer Äquator** interpretiert werden. Das bedeutet, dass sie die jeweils wärmsten Bereiche der Erde nachzeichnet. Die Entstehung des tiefen Luftdrucks ist thermisch bedingt. Durch die hohen Temperaturen kommt es zu einer Aufwölbung der Isobaren und zu einem Luftmassenabfluss in der oberen Troposphäre. Damit geht eine Verminderung des Bodenluftdrucks einher. Ein weiterer thermischer Effekt ergibt sich über den Polargebieten beider Hemisphären. Aufgrund der niedrigen Temperaturen wird dort in der Höhe Luft zugeführt und der Bodenluftdruck wird erhöht (**Polarhoch**, Abb. 1.12.1/2). Schematisch kann man für das Bodendruckfeld für jede Hemisphäre vier markante Druck- und Windgürtel (Abb. 1.12.1/2) annehmen. Das einfache Profil der Druckverhältnisse vom Äquator zum Pol (Abb. 1.11.2/1) muss daher im bodennahen Bereich modifiziert werden und es ergeben sich modellhaft

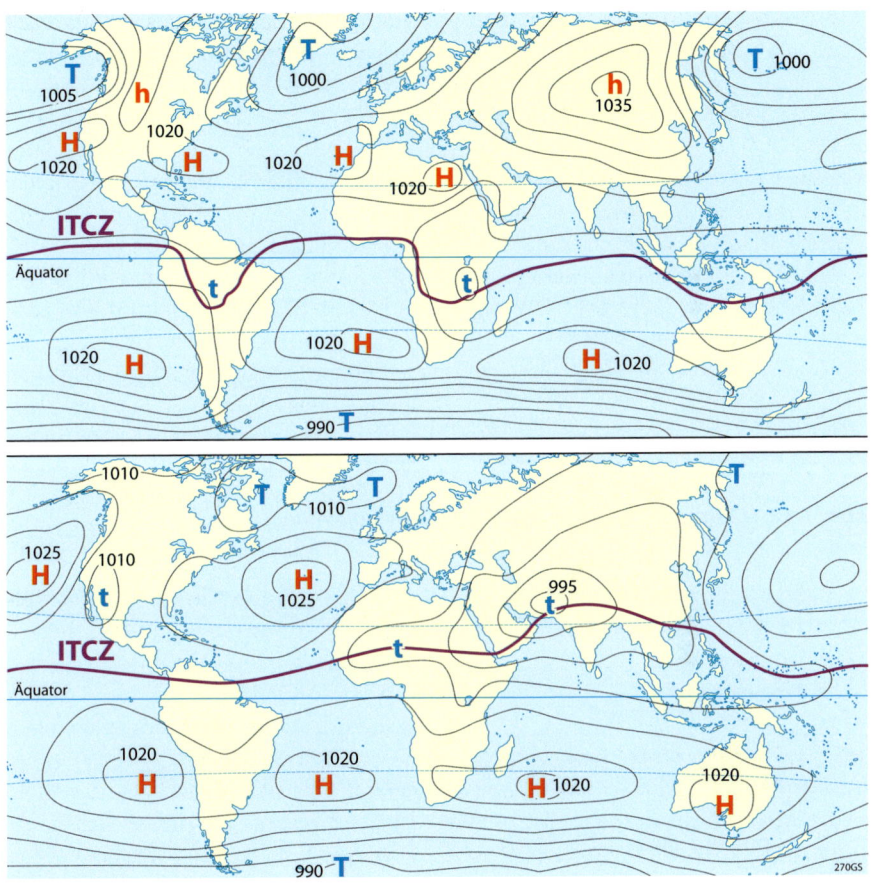

Großbuchstaben kennzeichnen dynamische Luftdruckzentren, Kleinbuchstaben lokalisieren thermische Druckzentren.

Abb. 1.12.1/1 *Mittlerer Bodenluftdruck in Januar (oben) und Juli (unten) mit Lage der innertropischen Konvergenzzone* (nach Jacobeit, J. 2007)

drei Zellen der Meridionalzirkulation je Hemisphäre (Abb. 1.12.1/3).

Die grafische Darstellung der drei Strömungszellen ist problematisch. Die meridionalen Strömungskomponenten werden damit überbetont. Es ist deshalb in Zusammenhang mit der in Abb. 1.12.1/3 dargestellten Situation zu beachten:

- Die zonalen Strömungskomponenten sind deutlich größer als die meridionalen Strömungen.
- Aufgrund der zellulären Struktur der Druckgürtel des Bodenluftdruckfeldes erfolgt die meridionale Verlagerung von Luftmassen nicht gleichmäßig sondern auf Bahnen zwischen den Druckzellen.

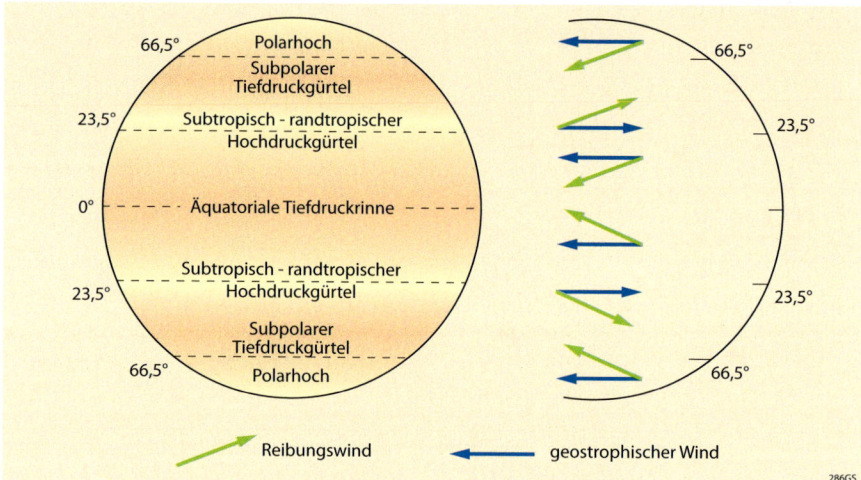

Abb. 1.12.1/2 *Druckgürtel und vorherrschende Windrichtungen*

(nach WEISCHET, W. 1995, ergänzt)

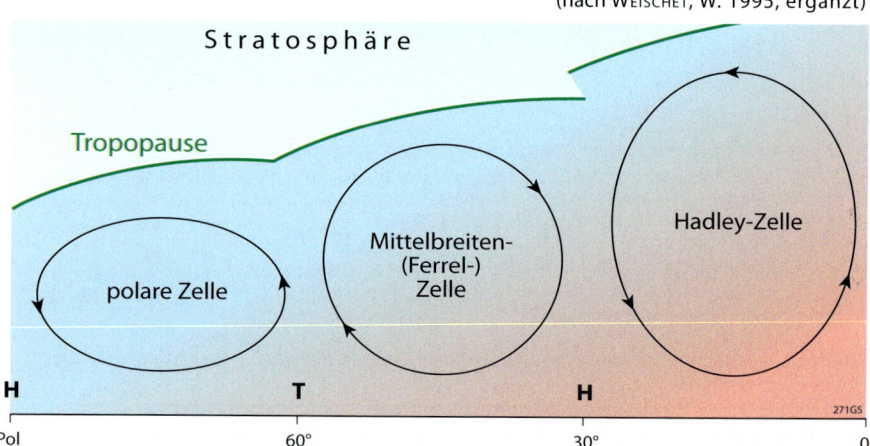

Abb. 1.12.1/3 *Schematisches Profil der Meridionalzirkulation zwischen Pol und Äquator*

(eigener Entwurf)

Aufgaben

1. Die ITCZ liegt im Juli vollständig auf der Nordhalbkugel. Im südasiatischen Raum springt sie sehr weit nach Norden. Können Sie eine jahreszeitlich auftretende Strömung damit assoziieren?

   Hinweis: Lösen Sie die Aufgabe aus Ihrem Vorwissen.

2. Im Januar liegt die ITCZ nur teilweise auf der Südhalbkugel. Haben Sie eine Erklärung dafür?

   Hinweis: Berücksichtigen Sie die Land-Meer-und Eisverteilung der Erde.

3. Ziehen Sie aus der Lage der ITCZ in Januar und Juli eine Folgerung hinsichtlich des ganzjährigen Durchschnitts.

1.12.2 Zirkulationsmuster der Randtropen und Tropen

In den Randtropen ergibt sich aufgrund der beschriebenen thermischen und dynamischen Effekte ein Hochdruckgürtel, der sich vertikal über die gesamte Troposphäre erstreckt. In der oberen Troposphäre reicht der hohe Luftdruck über den gesamten Bereich der Tropen und Randtropen, während sich in den inneren Tropen je nach Jahreszeit bis in die mittlere Troposphäre eine Tiefdruckrinne ausbildet. Das resultierende Strömungsmuster wird, stark vereinfacht, mit der schon eingeführten Hadleyzelle (Abb. 1.12.1/3) beschrieben. Für den oberen Ast der **Hadleyzelle** sind die Verhältnisse jedoch wesentlich komplizierter, als das Modell nahelegt. Der untere Zweig dieses tropischen Zirkulationssystems ist dagegen vor allem über dem Meer markant ausgeprägt. Es handelt sich dabei um die sehr persistenten **Passatströmungen** (*Trade Winds*, Abb. 1.12.2/1) beiderseits des Äquators (NO- und SO-Passat). Beim Ausströmen der Luft aus den randtropischen Hochdruckgebieten sinkt die Luft ab und erwärmt sich trockenadiabatisch. Dadurch kommt es zur Ausbildung der quasi-permanenten, deutlich ausgeprägten **Passatinversion**. Für Passatströmungen ist das Fehlen hoch reichender Konvektion deshalb typisch. Erst mit der Annäherung an die innertropische Konvergenzzone tritt aufgrund der konvergenten Strömung nach und nach eine stärkere Vertikalkomponente auf. Zusätzlich schwächt sich der Hochdruckeinfluss ab, die Inversion wird schwächer und liegt höher (Abb. 1.12.2/2). Dadurch können sich hoch reichende Konvektionszellen bilden. In der aufsteigenden Luft bilden sich Quellwolken, aus denen die typischen tropischen Starkniederschläge fallen. Über Landmassen ist aufgrund des anderen Wärmehaushaltes die Konvektion gegenüber dem Meer verstärkt und das Band der ITCZ ist wesentlich breiter. Oberhalb der Reibungsschicht dreht die Strömung als **Urpassat** in die geostrophische Windrichtung (Ostwind). Erst in der oberen Troposphäre setzt sich, dem einfachen Modell der Druckverhältnisse auf einer Hemisphäre (Abb. 1.11.2/1) entsprechend, eine westliche Grundströmung (**Antipassat**) durch.

Mit dem Urpassat werden große Konvektionszellen und Niederschlagsgebiete nach Westen verdriftet. Über dem wärmeren Wasser auf den Westseiten des Atlantiks und Pazifiks können sich aus solchen verdrifteten Konvektionszellen durch den Eintrag großer Mengen latenter Wärme tropische Wirbelstürme entwickeln. Diese können dann vor den Ostseiten der Kontinente polwärts geführt und – abgeschwächt – in die Zirkulation der Mittelbreiten eingegliedert werden. Dieses einfache Strömungsmuster der Passate wird durch den wechselnden Sonnenstand sowie den unterschiedlichen Wärmehaushalt von Land und Meer erheblich gestört. Eine meridionale Störung des Musters ergibt sich durch die jahreszeitliche Verschiebung des thermischen Äquators. Dadurch wandert die ITCZ mit dem Sonnenstand und springt über den im Sommer z.T. stark aufgeheizten Landmassen weit auf die Sommerhalbkugel über.

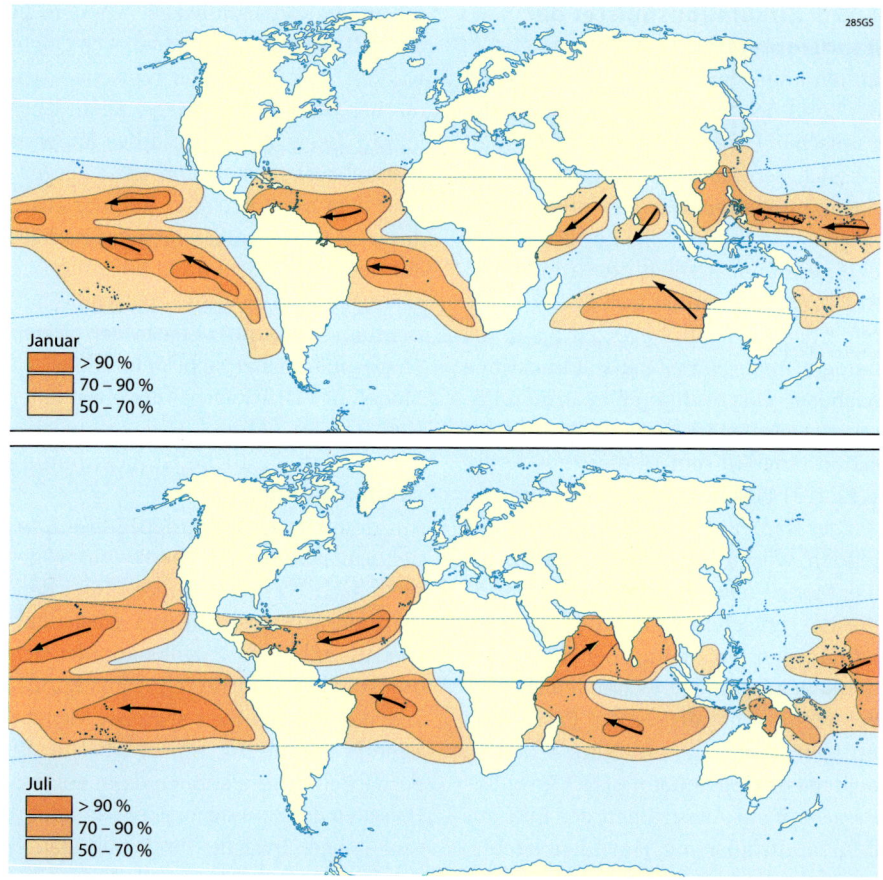

Die angegebenen Werte beschreiben den Anteil der jeweils eingezeichneten Windrichtung. Im südasiatischen Raum ist durch die wechselnden Windrichtungen das stark ausgeprägte Monsunsystem erkennbar.

Abb. 1.12.2/1 *Windrichtung in Passatregionen*   (nach McKnight, L. L. & D. Hess 2007)

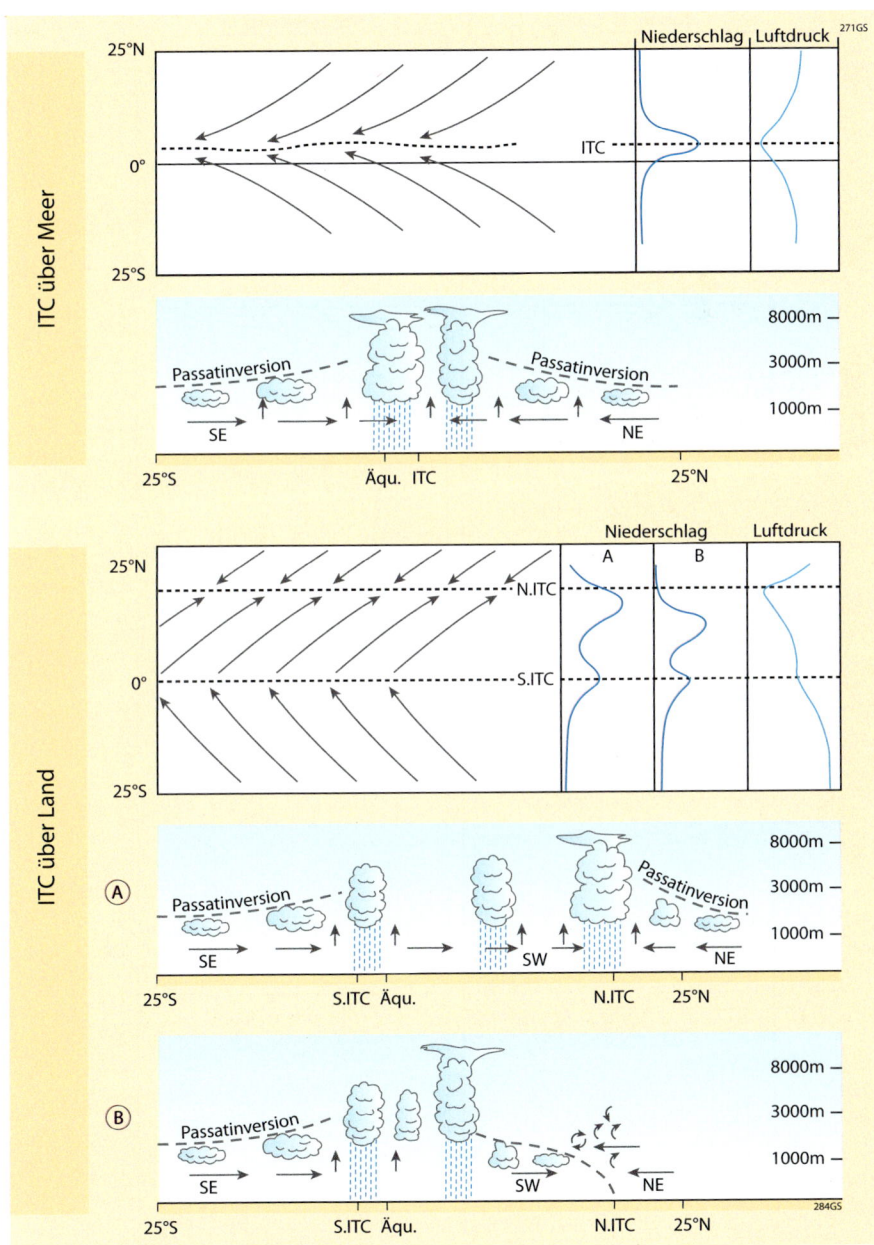

Abb. 1.12.2/2 *Ausprägungen der ITC*

(nach Gossmann, H. 1988; Flohn, H. 1960; Liljequist, G. & K. Cehak 1984)

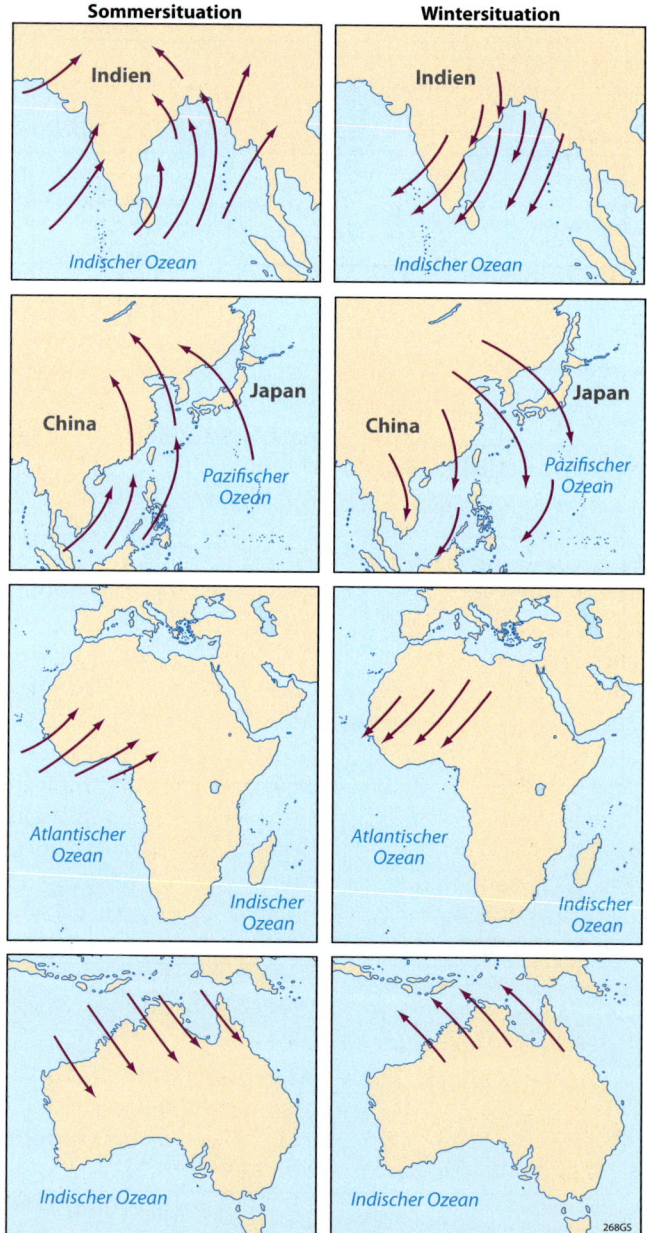

Abb. 1.12.2/3 *Die tropisch-randtropischen Monsunregionen der Erde* (nach McKnight, L. L. & D. Hess 2007)

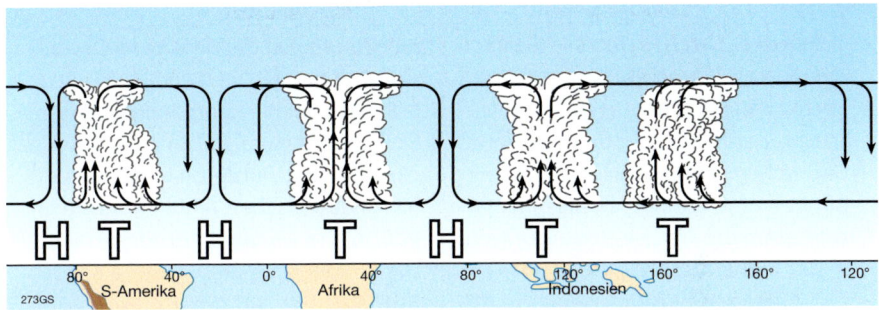

Abb. 1.12.2/4 *Die thermisch induzierten Walker-Zellen der Tropen*
(verändert nach Gossmann, H. 1988; Nieuwolt, S. 1977)

Mit zunehmendem Abstand vom Äquator steigt der Einfluss der Corioliskraft und die Strömungen werden in die Gegenrichtung abgelenkt. Aus dem NO-/SO-Wind wird dann eine NW-/SW-Strömung. Strömungen der Tropen und Randtropen, die halbjährig wechselnde Windrichtungen aufweisen, werden als **Monsun** bezeichnet (Abb. 1.12.2/3). Durch die kleiner werdenden Flächen (Konvergenz der Meridiane) besteht in monsunalen Strömungen eine verstärkte konvektive Tendenz. Besonders wenn die Strömung topographisch zu einer Vertikalbewegung veranlasst wird, ergeben sich dort hohe Niederschlagssummen wie beispielsweise in Teilen des indischen Subkontinents. In Ostbengalen treten dadurch im Bereich der Städte Mwasynram und Cherrapunji mit 11 bis 12 m Jahresniederschlag weltweit die höchsten Werte auf (12 000 mm, zum Vergleich dazu Aachen ca. 800 mm, Brocken ca. 1 600 mm, Berlin ca. 580 mm, Wien ca. 610 mm, Zürich ca. 1 090 mm).

Über Südamerika setzt sich im Sommer keine deutlich ausgeprägte Grundströmung durch. Vielmehr bildet sich vom Amazonastiefland bis weit nach Süden reichend eine breite Zone aus, in der konvektive Prozesse dominieren. Ebenso fehlt aufgrund der geringen Landmasse im Bereich der Randtropen Mittelamerikas ein monsunales Strömungsmuster.

Eine zweite Modifikation im Muster der Passatströmungen ergibt sich aufgrund der thermischen Differenzierung innerhalb der Tropen. Diese resultiert aus der Land-Meer-Verteilung einerseits und den unterschiedlichen Meerestemperaturen andererseits. Über den wärmsten Bereichen divergiert die Luft in der Höhe. Die daraus folgende Luftdruckerniedrigung in der unteren Troposphäre führt zu Konvektion und Wolkenbildung. Umgekehrt strömt über den kühleren Bereichen in der Höhe Luft zu und erhöht den Bodenluftdruck. Es bilden sich damit thermische Zirkulationssysteme aus, die breitenkreisparallel (zonal) ausgerichtet sind. Sie werden nach dem britischen Meteorologen Gilbert Walker als Walker-Zellen bezeichnet (Abb. 1.12.2/4). Die weltweit markanteste **Walker-Zelle** steuert das El-Niño-Phänomen im Pazifik.

Exkurs: Oszillationsindizes

Klima und Wetter werden durch ein hochkomplexes Zusammenwirken verschiedener Einflussgrößen bestimmt. Dadurch ergeben sich für jeden Zeitpunkt und jeden Ort jeweils einzigartige atmosphärische Bedingungen. In der Klimaforschung ist es notwendig, Aussagen beispielsweise zur Klimaentwicklung zu treffen oder Abhängigkeiten der Klimaentwicklung verschiedener Orte zu bestimmen. Dazu werden einfach zu berechnende Größen verwendet, um den Rechenaufwand zu minimieren und die Vergleichbarkeit zu gewährleisten. Eine naheliegende Grundlage solcher Größen ist die Betrachtung der Druckverhältnisse in bestimmten Räumen, die eine Schlüsselstellung im globalen Zirkulationssystem haben. Für den pazifischen Raum und über Abhängigkeiten der Wetterentwicklung zwischen weit auseinander liegenden Gebieten, den sogenannten **Telekon-** nektionen, hat der **Southern-Oscillation-Index (SOI)** weltweit eine zentrale Rolle in der Klimaforschung erhalten. Es handelt sich dabei um Abweichungen der mittleren Luftdruckverhältnisse zwischen Tahiti im zentralen Pazifik und Darwin in Nordaustralien. Die Betrachtung dieser Größe erlaubt Rückschlüsse auf die großräumigen Strömungsverhältnisse im gesamten tropisch-randtropischen Pazifik und im indo-malayischen Archipel. Mit dem Index können **El-Niño-** (negativer SOI) und **La-Niña-**Ereignisse (positiver SOI) gut identifiziert werden (Abb. E 1.12.2/1). An Stelle des SOI wird häufig auch der multivariate **ENSO-Index** verwendet. Für Europa hat die **Nordatlantische Oszillation**, die durch den **NAO-Index** beschrieben wird, eine ähnlich zentrale Bedeutung. Neben den genannten Indizes werden in der Klimaforschung je nach Region und Fragestellung eine Vielzahl weiterer Druckindizes verwendet.

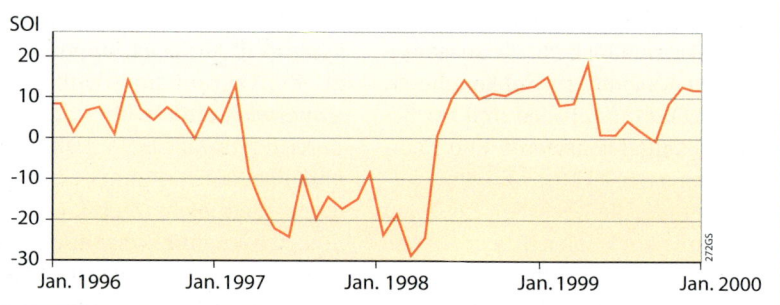

Abb. E1.12.2/1 SOI-Index der Jahre 1996 bis 1999 mit einem deutlich ausgeprägten El-Niño-Ereignis 1997 (nach Daten des Bureau of Meterology, Australia)

www.bom.gov.au/index.shtml, Stand 1.4.2009

Exkurs:
Die Sahelproblematik

Der südlich an die Sahara anschließende Sahel ist gekennzeichnet durch geringe Jahresniederschlagssummen und durch eine im mehrjährigen Zyklus hohe Variabilität der Niederschläge. Die Ursache für diese Situation ist in der besonderen Ausprägung des nordafrikanischen Monsunsystems zu sehen. In der Wintersituation dominiert der Nordostpassat, der durch absinkende Luftmassen und eine stabile Schichtung charakterisiert werden kann. In der Sommersituation strömen aus Südwesten warm-feuchte Luftmassen nach Norden, die aus dem Golf von Guinea stammen. Gleichzeitig gelangen aus Nordosten in den Bereich der ITCZ absinkende, trocken-heiße Luftmassen, die zu einer sehr starken Ausbildung der Passatinversion führen (Abb. 1.12.2/2 B). In manchen Jahren reicht die Konvektion in der unteren monsunalen Luftströmung nicht aus, um die Inversion regelmäßig zu durchbrechen. Es können kaum hoch reichende Wolken und Niederschläge entstehen. Folglich ist die Produktion an Biomasse gering und die Wasserversorgung schlecht. Die Tierherden der nomadisierenden Bevölkerung werden dezimiert und die Nahrungsgrundlage der Bevölkerung ist nicht ausreichend.

1.13 Klimazonen

Das Konzept der Klimazonen zielt darauf ab, die Vielfalt der individuellen Klimate zu reduzieren, um Vergleiche zwischen den Klimabedingungen verschiedener Orte zu ermöglichen. Damit liegen den Klimazonen Klassifikationsansätze zugrunde, nach denen die Klimabedingungen auf möglichst einfacher Basis typisiert und kartographisch dargestellt werden können.

Ziele des Kapitels

Sie erhalten eine Übersicht
- über die wesentlichen Parameter für eine Klimaklassifikation und
- über die international verwendete KÖPPEN-GEIGER-Klassifikation.

1.13.1 Klassifikationsansätze

Jede Klimaklassifikation ist eine Vereinfachung der Verhältnisse, um die Verteilung der Klimate auf der Erde verständlich zu machen. Die Vereinfachung kann sich an verschiedenen Kriterien orientieren. Es ist deshalb leicht nachvollziehbar, dass es eine Vielzahl von Klassifikationsansätzen gibt, die jeweils spezifische Vor- und Nachteile haben. Dabei können alle Klassifikationen zwei Gruppen zugeordnet werden. Als **genetische Klassifikationen** werden Ansätze bezeichnet, die sich an einem grundlegenden Verständnis der Entstehung von Klimaten orientieren. Das ist zwar didaktisch hilfreich, in der praktischen Anwendung jedoch wenig bedeutend, da nur eine grobe Einteilung erfolgen kann. Weiter verbreitet ist der

Typus der **effektiven Klassifikationen**. Diese orientieren sich an bestimmten Grenz- oder Andauerwerten der Klimaelemente. Da Temperatur und Niederschlag messtechnisch verhältnismäßig einfach zu erfassen sind, bilden diese beiden Klimaelemente die Grundlage der meisten effektiven Klassifikationsansätze.

Bei der Festlegung der Grenzwerte einzelner Klassen erfolgt in der Regel eine Orientierung an der Vegetation, weil die Vegetation als natürlicher Indikator und integrierende Größe für bestimmte Temperatur-, Feuchte- und Strahlungsverhältnisse angesehen werden kann.

1.13.2 Aridität und Humidität

Die Höhe des Niederschlags ist aus ökologischer Sicht weniger wichtig als die Verfügbarkeit von Wasser, die unter anderem vom Jahresgang der Niederschläge und der Höhe der Verdunstung bestimmt wird. Für eine an der Vegetation orientierte Klassifikation der Klimate spielen daher **Aridität** und **Humidität** eine größere Rolle als der absolute Wert der Niederschläge. Als arid wird eine Region bezeichnet, wenn die (potenzielle) Verdunstung größer ist als der Niederschlag. Umgekehrt gilt ein Standort als humid, wenn der Niederschlag die Verdunstung übersteigt. Die Bestimmung der Verdunstung ist jedoch sehr aufwendig. Daher sind auch bei der Festlegung der Trockengrenze Vereinfachungen nötig. Genau wie bei den Klassifikationen gibt es deswegen bei der Festlegung der Trockengrenze ebenfalls verschiedene Ansätze. Der Ansatz von W. Köppen (1923) ist sehr einfach und weit verbreitet. W. Köppen verwendet den Trockenheitsindex (I) und den Jahresniederschlag (r) in cm. Die Trockengrenze wird bestimmt mit

(Glg. 1.13.2/1) $\qquad I = r$

Allerdings ist die Trockengrenze temperaturabhängig, weil bei höheren Temperaturen (t) die Verdunstung in der Regel höher ist. Es gilt daher

(Glg. 1.13.2/2) $\qquad I = 2t + 14$
bei Regen zu allen Jahreszeiten

(Glg. 1.13.2/3) $\qquad I = 2t + 28$
bei vorwiegend Sommerregen

(Glg. 1.13.2/4) $\qquad I = 2t$
bei vorwiegend Winterregen.

Ist der Jahresniederschlag größer als der über die Temperatur ermittelte Wert von I, so ist die Station humid, ist er kleiner, so gilt der Ort als arid.

1.13.3 Die Klassifikation nach W. Köppen und R. Geiger

Nur wenige Klassifikationsansätze haben eine weite Verbreitung erfahren. Im deutschen Sprachraum sind dies die „Klimate der Erde" nach W. Köppen und R. Geiger (1928, 1961), die „Jahreszeitenklimate der Erde" von C. Troll und K. H. Paffen (1964) sowie in neuester Zeit die „ökophysiologische Klimaklassifikation" von W. Lauer und P. Frankenberg (u. a. 1988). Die Klassifikation von W. Köppen hat – in verschiedenen Modifikationen – eine weltweite Verbreitung erfahren. Die Klimate werden in der Klassifikation nach W. Köppen und R. Geiger durch eine **Klimaformel** beschrieben (Abb. 1.13.3/1). Das ist eine Buchstabenkombination aus drei, in einigen Fällen zwei Buchstaben.

Die Einteilung der großräumigen **Klimazonen** geschieht durch fünf Großbuchstaben. Die Zonen A, C, D, E werden thermisch, die Zone B hygrisch definiert (Tab. 1.13.3/1).

Durch Hinzufügen eines zweiten Buchstabens, der in den Zonen A, B, C und D die hygrischen und in E die thermischen Bedingungen näher kennzeichnet (Abb. 1.13.3/2), ergeben sich **Klimatypen**. Schließlich werden die Klimatypen anhand zusätzlicher thermischer Grenzwerte weiter differenziert.

Die B-Klimate zeichnen die Trockengebiete der Erde nach. Sie ziehen als Gürtel von den Dornstrauch- und Sukkulentensavannen (BSh) sowie den Wüsten (BWh) der Randtropen in die kontinentalen Steppen (BSk) und Wüsten (BWk) der Mittelbreiten. In Amerika ist die Ausdehnung dieser Klimate besonders stark durch die Lage der Gebirge bestimmt.

Die A-Klimate sind die tropischen Baum- und Waldklimate, in denen der kälteste Monat eine Durchschnittstemperatur von mindestens 18°C hat. Die Spanne der Pflanzenformationen reicht von den immerfeuchten tropischen Regenwäldern (Af) über die Feuchtsavanne bis zu den feuchteren Bereichen der Trockensavanne. Auf der Ostseite Südamerikas und Madagaskars reicht durch die auflandige Strömung am Rand der Hochdruckgebiete und das Relief ein schmaler Streifen immerfeuchten tropischen Regenwaldklimas bis zu den Wendekreisen. Auf der Nordhalbkugel fehlt eine Entsprechung, da die Hochdruckgebiete in etwas höheren Breiten liegen und der jahres-

A	**Tropisches Regenwaldklima ohne Winter** Die Mitteltemperatur bleibt in allen Monaten über 18° C.
B	**Trockenklima** Die Niederschläge bleiben unterhalb einer von Temperatur und Niederschlagsverteilung abhängigen Trockengrenze. Mit r = jährliche Niederschlagssumme in cm und t = Jahresmittel der Temperatur in °C errechnet sich die Grenze bei vorherrschendem Winterregen: r = 2 t bei gleichmäßiger Niederschlagsverteilung: r = 2t + 14 bei vorherrschendem Sommerregen: br = 2t + 28
C	**Warm-gemäßtes Klima** Die Temperatur des kältesten Monats liegt zwischen +18 und –3 °C.
D	**Boreales oder Schnee-Wald-Klima** Die Temperatur des kältesten Monats liegt unter –3 °C, die Temperatur des wärmsten bleibt über +10 °C
E	**Schneeklima** Die Mitteltemperatur des wärmsten Monats liegt unter +10°C

Tab. 1.13.3/1 *Klimazonen bei W. KÖPPEN und R. GEIGER*   (eigener Entwurf)

zeitliche Effekt (kältester Monat unter 18° C) zum Tragen kommt.

Die milden, ozeanischen C-Klimate der Mittelbreiten schließen sich auf den Westseiten der Kontinente polwärts an die Trockengebiete an. Auf den Ostseiten ist die Situation anders. Dort liegen diese weiter südlich und grenzen direkt an die

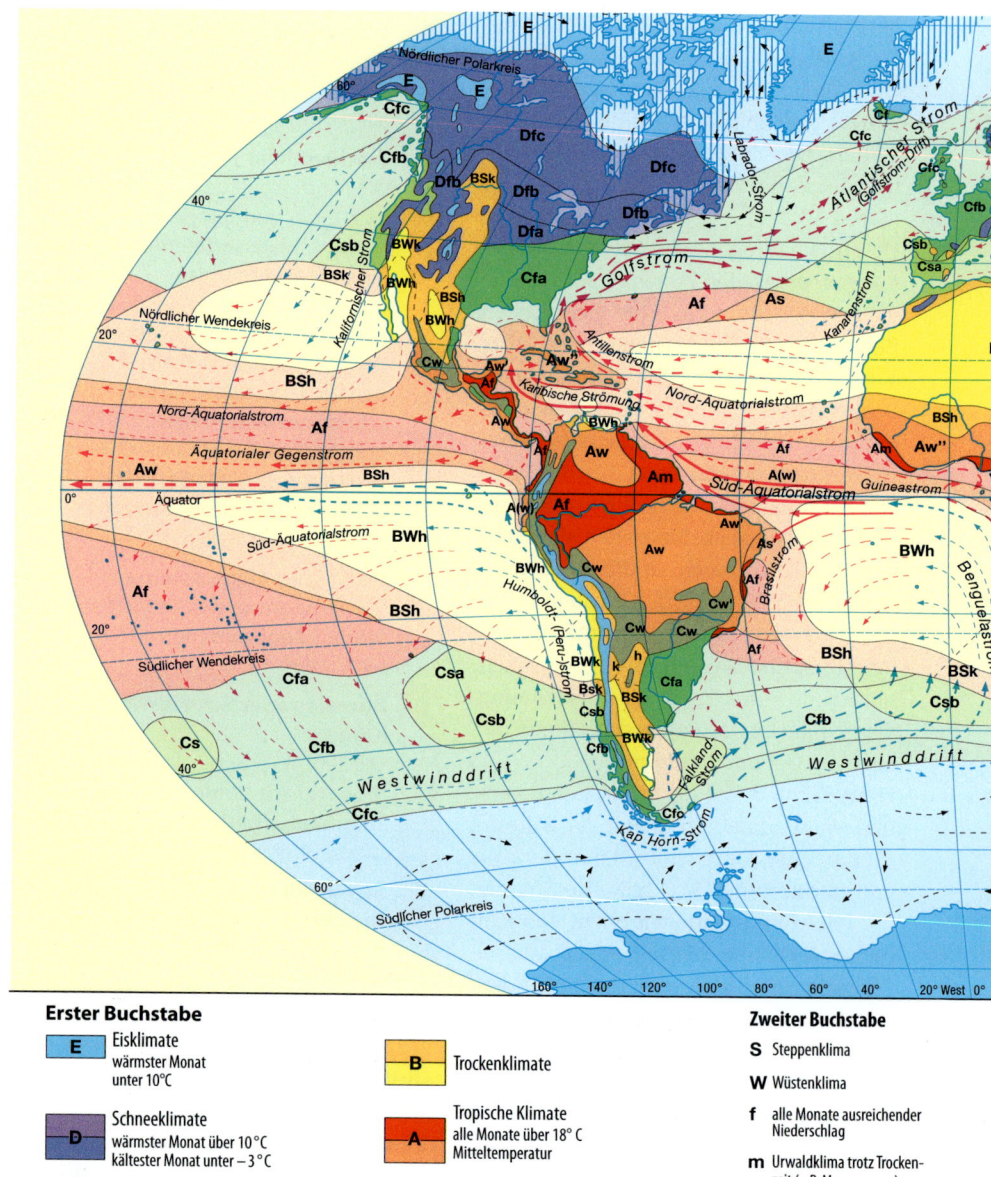

Erster Buchstabe

E	Eisklimate wärmster Monat unter 10°C
D	Schneeklimate wärmster Monat über 10°C kältester Monat unter − 3°C
C	warmgemäßigte Klimate kältester Monat 18°C bis − 3°C

B	Trockenklimate
A	Tropische Klimate alle Monate über 18°C Mitteltemperatur
A, C, D	genügend Wärme und Niederschlag für hochstämmigen Baumwuchs

Zweiter Buchstabe

S Steppenklima

W Wüstenklima

f alle Monate ausreichender
Niederschlag

m Urwaldklima trotz Trocken-
zeit (z. B. Monsunregen)

s Trockenzeit im Sommer
der betreffenden
Halbkugel

Abb. 1.13.3/1 *Die Klimate der Erde nach W. Köppen und R. Geiger*

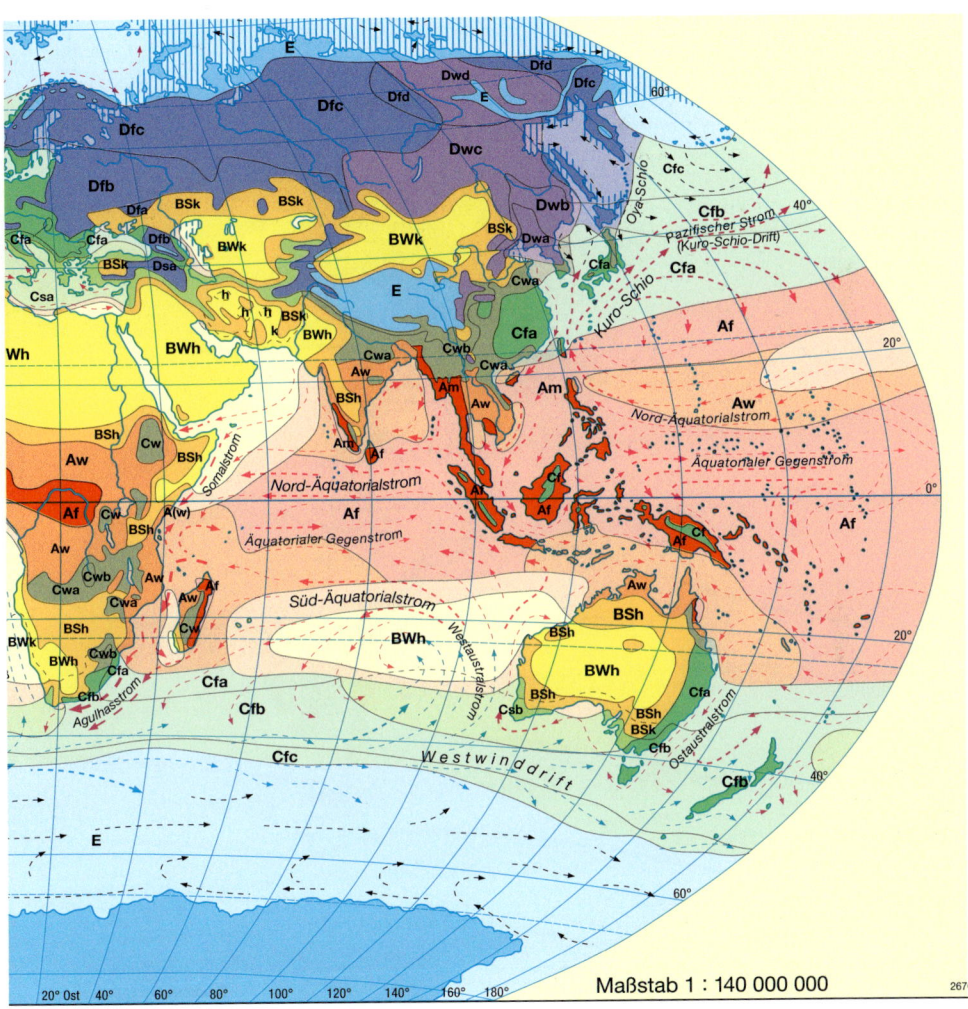

Dritter Buchstabe

w Trockenzeit im Winter
   der betreffenden
   Halbkugel

(w) desgleichen auf die
    andere Halbkugel
    übergreifend

s' einfache Regenzeit zum
w' Herbst verschoben

w'' große Trockenzeit im
    Winter, kleine im Sommer

a wärmster Monat über 22°C

b wärmster Monat unter 22°C
   mindestens 4 Monate über 10°C

c weniger als 4 Monate
   über 10°C

d desgleichen, kältester Monat
   unter −38°C

h trockenheiß, Jahrestemperatur
   über 18°C

k trockenkalt, Jahrestemperatur
   unter 18°C

Meeresströmungen im Nordwinter

Temperatur des Stromes

→ warme
→ kühle
→ kalte Strömungen

Beständigkeit des Stromes

→ 50 – 75
→ 25 – 50
→ unter 25 %

Geschwindigkeit des Stromes in 24 Stunden

→ über 24
→ 12 – 24
→ 6 – 12 Seemeilen (1 Seemeile = 1852 m)

||||||| Küsteneis im Winter

Maßstab 1 : 140 000 000

(aus DIERCKE WELTATLAS, Braunschweig 2008)

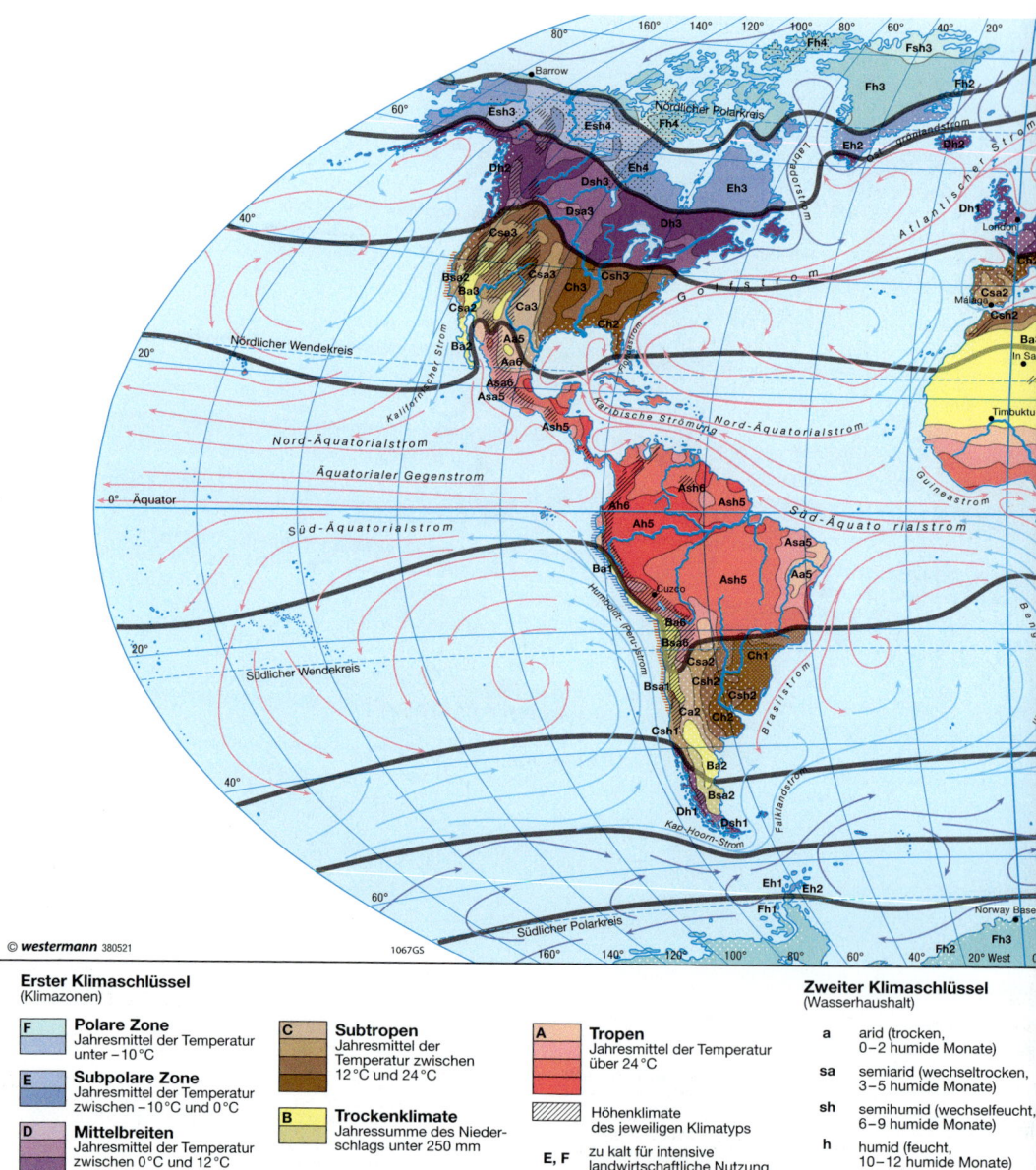

Erster Klimaschlüssel
(Klimazonen)

| F | **Polare Zone**
Jahresmittel der Temperatur
unter –10 °C |

| E | **Subpolare Zone**
Jahresmittel der Temperatur
zwischen –10 °C und 0 °C |

| D | **Mittelbreiten**
Jahresmittel der Temperatur
zwischen 0 °C und 12 °C |

| C | **Subtropen**
Jahresmittel der
Temperatur zwischen
12 °C und 24 °C |

| B | **Trockenklimate**
Jahressumme des Nieder-
schlags unter 250 mm |

| A | **Tropen**
Jahresmittel der Temperatur
über 24 °C |

Höhenklimate
des jeweiligen Klimatyps

E, F — zu kalt für intensive
landwirtschaftliche Nutzung

B — zu trocken für intensive
landwirtschaftliche Nutzung

Zweiter Klimaschlüssel
(Wasserhaushalt)

a — arid (trocken,
0–2 humide Monate)

sa — semiarid (wechseltrocken,
3–5 humide Monate)

sh — semihumid (wechselfeucht,
6–9 humide Monate)

h — humid (feucht,
10–12 humide Monate)

Abb. 1.13.3/2 *Klimakarte der Erde nach A. Siegmund und P. Frankenberg . Ausgangspunkt für sämtliche Klassifikationskriterien sind die drei Klimaelemente Temperatur,
Niederschlag und potenzielle Landschaftsverdunstung. Durch den konsequenten Bezug*

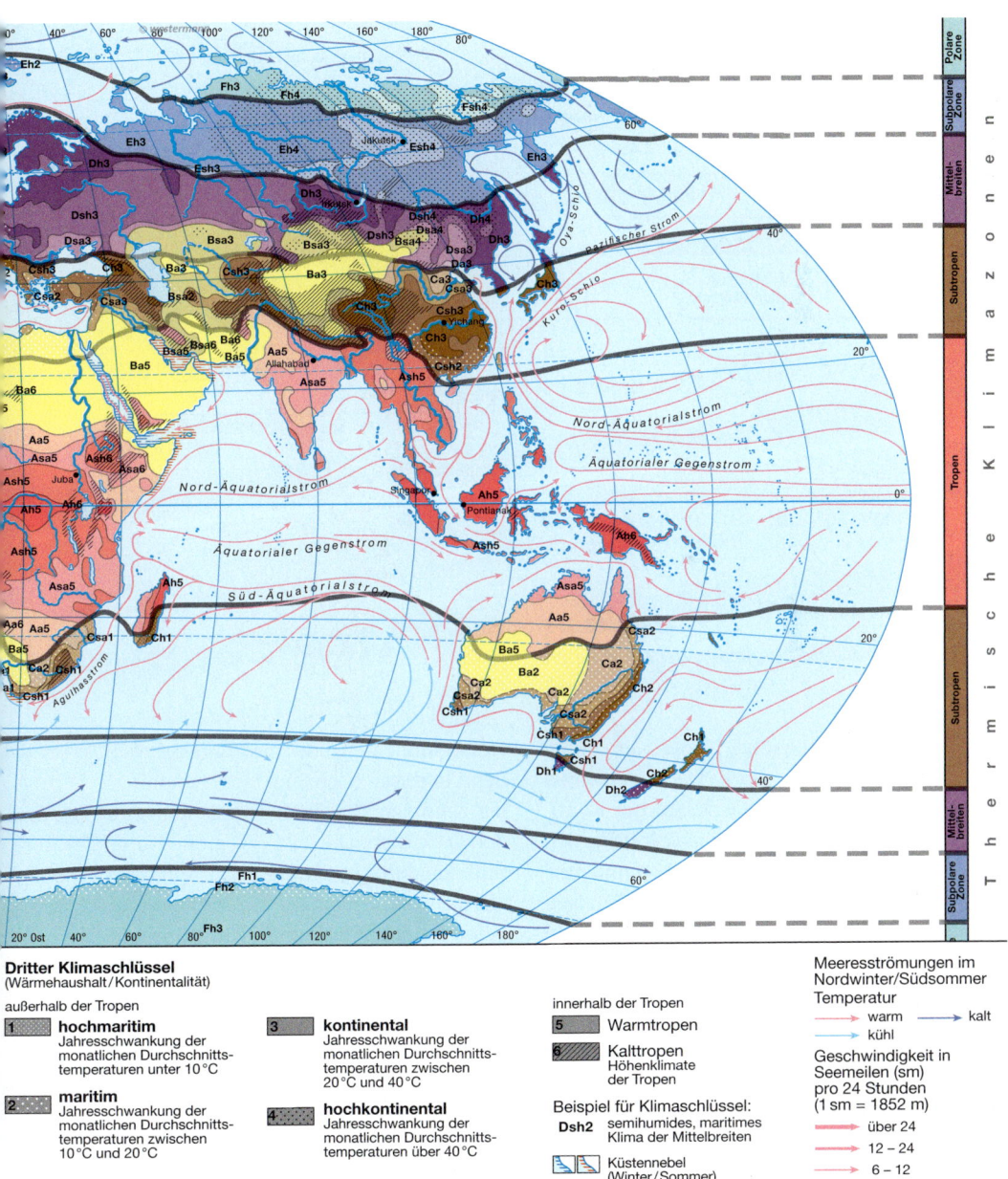

Dritter Klimaschlüssel
(Wärmehaushalt / Kontinentalität)

außerhalb der Tropen

| 1 | **hochmaritim**
Jahresschwankung der monatlichen Durchschnittstemperaturen unter 10 °C

| 2 | **maritim**
Jahresschwankung der monatlichen Durchschnittstemperaturen zwischen 10 °C und 20 °C

| 3 | **kontinental**
Jahresschwankung der monatlichen Durchschnittstemperaturen zwischen 20 °C und 40 °C

| 4 | **hochkontinental**
Jahresschwankung der monatlichen Durchschnittstemperaturen über 40 °C

innerhalb der Tropen

| 5 | Warmtropen

| 6 | Kalttropen
Höhenklimate der Tropen

Beispiel für Klimaschlüssel:
Dsh2 semihumides, maritimes Klima der Mittelbreiten

Küstennebel (Winter/Sommer)

Meeresströmungen im Nordwinter/Südsommer
Temperatur

→ warm   → kalt
→ kühl

Geschwindigkeit in Seemeilen (sm) pro 24 Stunden
(1 sm = 1852 m)

→ über 24
→ 12 – 24
→ 6 – 12

auf diese Klimaelemente lässt sich jedes Klima zweifelsfrei einer bestimmten Klimazone und einem spezifischen Klimatyp zuordnen.

(aus Diercke Weltatlas, Braunschweig 2008)

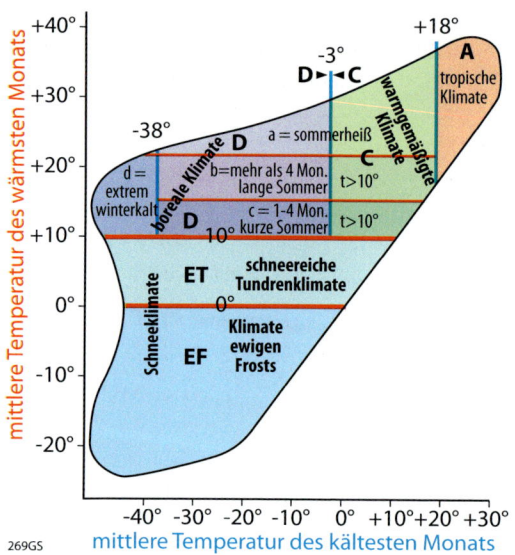

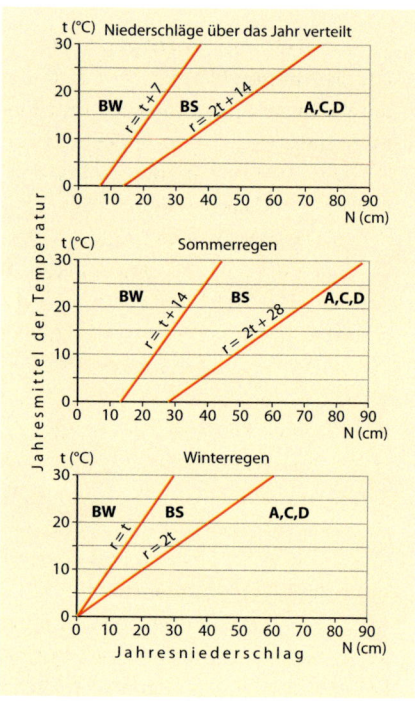

Abb.1.13.3/3
Schema zur Abgrenzung der Klimatypen
(nach Gossmann, H. 1995)

tropische Klimazone. In der Klimazone C ist ein weiterer markanter Unterschied auf den West- und Ostseiten der Kontinente erkennbar. Die äquatorwärtige Seite ist jeweils durch eine Feucht- und eine Trockenzeit bestimmt. Auf der Westseite der Kontinente ist die Trockenzeit im Sommer (Csa oder Csb), auf der Ostseite dagegen im Winter (Cwa oder Cwb).

Die Ursachen für die unterschiedliche Breitenlage der C-Klimate auf Ost- und Westseite sind die atmosphärischen und ozeanischen Strömungsmuster (z. B. Golfstrom), die vor allem im Winter viel Wärmeenergie weit in die Mittelbreiten führen. Die D-Klimate erstrecken sich von einem schmalen Band an den Westseiten der Nordkontinente, zunehmend breiter werdend und weit nach Süden reichend über die zentralen Kontinentalbereiche bis zu den Ostküsten. Die teilweise große Nord-Süd-Ausdehnung bringt eine entsprechend weite Spanne der Sommer- und Wintertemperaturen mit sich. Aufgrund der kontinentalen Prägung hat der kälteste Monat Mitteltemperaturen, die unter -3°C liegen. Dieses Kriterium grenzt die D-Klimate im Westen gegen die C-Klimate ab. In den hohen Breiten wird die Zone durch die 10°C-Isotherme des wärmsten Monats begrenzt. Sie fällt etwa mit der polaren Wald- und Baumgrenze zusammen. In der Südhemisphäre fehlen die D-Klimate, weil in der entsprechenden Breite größere Landmassen fehlen.

Exkurs: Klimadiagramme

Für die meisten ökologischen Betrachtungen ist der Ansatz von KÖPPEN zu allgemein gehalten. Er wurde deshalb von H. WALTER (1955) weiterentwickelt, in dem nicht die jährlichen Niederschläge sondern die Monatswerte betrachtet werden. Demnach werden humide und aride Monate über die Beziehung n = 2t mit mittlerem Monatsniederschlag n und mittlerer Monatstemperatur t bestimmt. Diese Beziehung ist auch Grundlage für die häufig verwendeten Klimadiagramme nach H. WALTER und H. LIETH (1967). In ihnen werden die Achsen für Temperatur und Niederschlag im Verhältnis 1 : 2 skaliert. Dadurch sind aride und humide Monate auf einen Blick erkennbar. Liegt die Temperaturkurve oberhalb der Niederschlagskurve, ist der Monat arid, liegt sie darunter, ist der Monat humid. Damit auch Standorte darstellbar sind, die sehr hohe Niederschlagswerte aufweisen, wird bei 100 mm Monatsniederschlag ein Skalenwechsel eingeführt. Monate mit entsprechend hohen Niederschlägen werden als perhumid bezeichnet. Das Klima eines Standortes wird nach der Zahl der humiden Monate charakterisiert als:

humid	10–12 humide Monate,
semi-humid	6– 9 humide Monate,
semi-arid	3–5 humide Monate,
arid	0–2 humide Monate

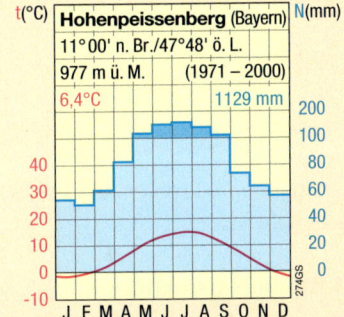

Abb. E.1.13.3/1 Klimadiagramm der Station Hohenpeissenberg. Es handelt sich um ein vollhumides Klima, da die Niederschlagskurve ganzjährig oberhalb der Temperaturkurve liegt. Im Klimadiagramm sind neben dem Stationsnamen auch die Höhenlage, der Messzeitraum, die Jahresdurchschnittstemperatur und die Jahressumme der Niederschläge angegeben

Polwärts anschließend an die D-Klimate folgen Tundren- (ET) und Eisklima (EF).

Die Klassifikation von KÖPPEN und GEIGER ist international weit verbreitet. Als Schwäche kann jedoch angesehen werden, dass die Abgrenzung der Zonen nicht durchgängig systematisch ist. Es gibt daher auch neuere Klassifikationsansätze, die systematischer Vorgehen. Ein gutes Beispiel hierfür ist die von SIEGMUND, A. und FRANKENBERG, P. entwickelte Klassifikation (Abb. 1.13.3/2).

Aufgaben

1. Sie haben im letzten Abschnitt eine weitere Definition der Tropen kennengelernt. Erinnern Sie sich an die beiden zuvor eingeführten Kriterien, anhand derer die Tropen bestimmt werden können.

2. Legen Sie fest, ob ein Ort mit folgenden Klimawerten als arid oder als humid bezeichnet werden muss: Jahresdurchschnittstemperatur 12° C, Jahresniederschlag r = 350 mm (a) überwiegend Winterregen und (b) ganzjähriger Regen.

3. Erklären Sie das Zustandekommen der Winterregen und der Sommertrockenheit in den Csa-Klimaten.
   Hinweis: Schauen Sie sich die Verbreitung dieses Klimatyps in der Karte genau an.

1.14 Klimaschwankungen und Klimawandel

Die Konstanz des Klimas ist der Wandel. Allein die Zeitskala eines Menschenlebens verführt zu einer anderen Einschätzung.

Ziele des Kapitels

- Sie entwickeln eine Vorstellung von den Schwankungen im Klimasystem und den zugehörigen Zeitskalen.
- Sie kennen Ursachen natürlicher und anthropogen verursachter Klimaänderungen.
- Sie verstehen die Problematik von Klimasimulationen.

1.14.1 Klimaentwicklung

Die Steuergrößen im Klimasystem sind vielfältig (Abb. 1.14.1/1). Jeder der in der Abbildung aufgeführten Bereiche umfasst ein ganzes Bündel einzelner Faktoren, die wiederum über direkte und indirekte Kopplungen und Rückkopplungen mit unterschiedlichen Reaktionszeiten und Wirkungsdauern (Abb. 1.14.1/2) aneinander gebunden sind. So können rasche Änderungen eines oder weniger Parameter Änderungen anderer Steuergrößen in anderen Zeitskalen hervorrufen. Entsprechend komplex sind die jeweiligen Änderungen in den Werten und dem Raummuster der globalen Klimate.

Die Analyse der Klimaentwicklung, die im Kontext der Klimadiskussion vor allem seit den 1970er-Jahren große Fortschritte gemacht hat, stützt sich für die letzten 200 Jahre – in Ausnahmefällen 300 Jahre – auf instrumentelle, d.h. auf standardisierte und exakte Daten (**Instrumentenmessperio-**

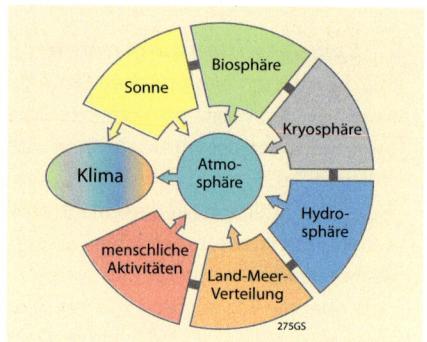

Abb.1.14.1/1 *Einflussgrößen im Klimasystem*   (eigener Entwurf)

de). Die Klimaforschung ist für die davor liegenden Zeiträume wegen des Fehlens von Messwerten auf **indirekte Klimazeiger** (**Proxydaten** oder kurz *Proxies*) angewiesen. Mithilfe geomorphologischer, geologischer, geophysikalischer, biologischer und chemischer Analyseverfahren sowie der Auswertung historischer Quellen können frühere Klimate in ihren Grundzügen und teilweise auch in regionaler Differenzierung erforscht werden (Abb. 1.14.1/3). Für den Zeitraum vor der instrumentellen Periode, für den vom Mensch verfasste Quellen vorliegen – in Mitteleuropa ab dem 8. Jh. –, spricht man von **historischer Klimatologie**, für den weiter zurückliegenden Bereich wird der Begriff **Paläoklima** verwendet.

Dabei gibt es Phasen, in denen die astronomischen Zyklen durch die Änderung der Erdbahnparameter (Exzentrizität, Schiefe der Ekliptik und Präzession der Erdachse) untergeordnet sind oder besonders markant auftreten. Letzteres wird bei der Betrachtung des Temperaturverlaufs der vergangenen 400 000 Jahre deutlich (Abb. 1.14.1/4). Die bekannten

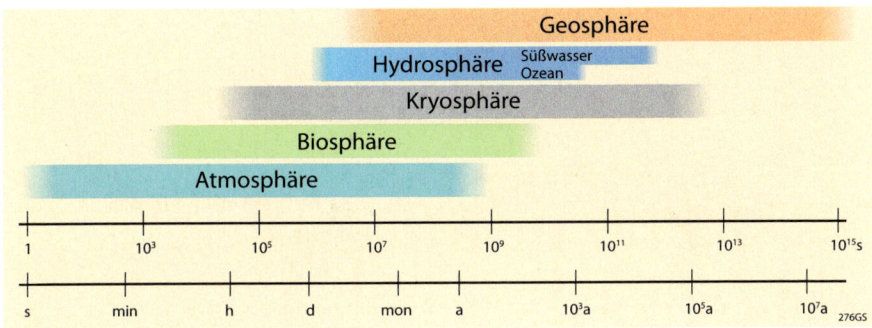

Abb. 1.14.1/2 *Zeitskalen im Klimasystem* (eigener Entwurf)

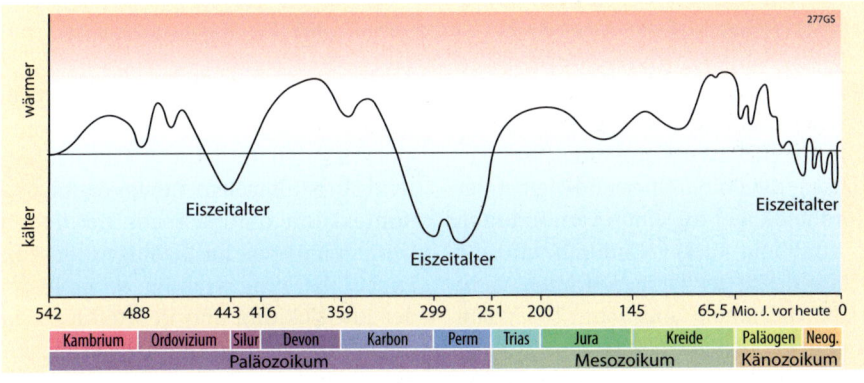

Abb.1.14.1/3 *Globale Temperaturen seit dem Paläozoikum*

(nach ENDLICHER, W. & F. W. GERSTENGARBE (Hrsg.) 2007)

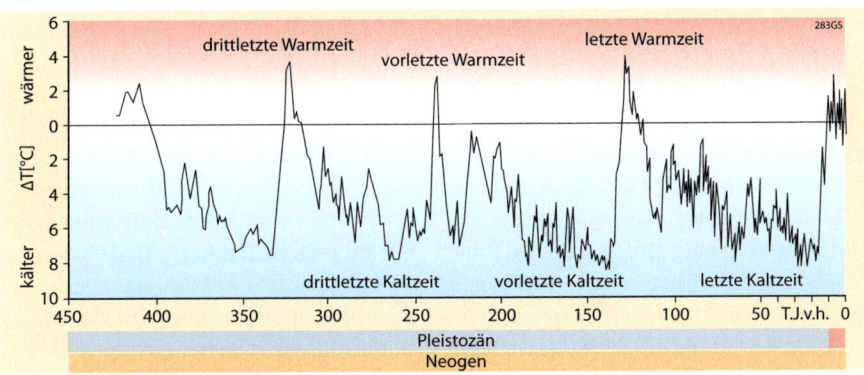

Die Abweichungen beziehen sich auf den heutigen Mittelwert.

Abb.1.14.1/4 *Rekonstruktion des Temperaturverlaufs der Antarktis aus dem Eisbohrkern Vostok* (nach ENDLICHER, W. & F. W. GERSTENGARBE (Hrsg.) 2007; PETIT, J.R et al. 1999)

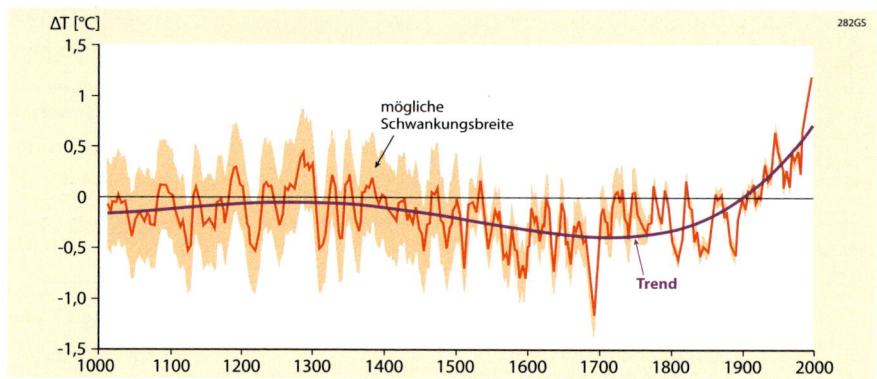

Der Trend (Polynom 5. Grades) ist an der durchgezogenen violetten Linie erkennbar. Der farbig unterlegte Bereich deutet die mögliche Schwankungsbreite an. (nach GLASER, R. & D. RIEMANN 2009)

Abb. 1.14.1/5 Rekonstruktion des Temperaturverlaufs der letzten 1 000 Jahre in Mitteleuropa

Vereisungsphasen korrelieren mit den Phasen, die im Sommer und Herbst der Nordhalbkugel zu einer verminderten Einstrahlung führen. Dadurch wird die Schneedecke des vorigen Winters nicht mehr vollständig abgebaut. Zusätzlich kommt es durch die höhere Albedo zu einer Selbstverstärkung des Prozesses.

In der klimageschichtlich kurzen Zeit der Instrumentenmessperiode hat sich der anthropogene Einfluss, insbesondere durch steigende Treibhausgaskonzentrationen, bereits bemerkbar gemacht. Im Hinblick auf die Bewertung der Wirkung von politischen und wirtschaftlichen Gegenmaßnahmen zum anthropogenen Klimawandel sowie die zu erwartenden Klimarisiken ist die Trennung der natürlichen Schwankungen von den anthropogen verursachten Schwankungen essenziell. Die Bewertung der Erfolgsaussichten von Maßnahmen zur Reduktion von Klimarisiken muss daher in die Vergangenheit reichende, klimahistorische Aspekte einbeziehen. Allerdings ist die

kurzfristige natürliche Variabilität wesentlicher Klimaelemente im regionalen Kontext mit naturwissenschaftlichen Verfahren derzeit nur bedingt auflösbar. Sie ist aber eine wichtige Variable bei der Entwicklung und Beurteilung von Gegenmaßnahmen und Bewältigungsstrategien des anthropogenen Anteils an Klimaänderungen.

Mit dem Klimawandel gehen Veränderungen in den Mittel- und Extremwerten der klimatischen Situation einher. Besonders die Extremsituationen führen zu veränderten Risiken, auf die sich der Mensch mit seinen Aktivitäten und Handlungen einstellen muss. Die direkten Risiken sind vor allem im Zusammenhang mit Hitze- und Trockenperioden, Sturmwirkungen und Überflutungen zu sehen. Indirekte Risiken sind primär in der Ernährungssicherung und der Gesundheitsvorsorge von Bedeutung. Extremsituationen sind deswegen nicht nur in den heutigen Medien präsent, sondern auch in historischen Aufzeichnungen berücksichtigt worden. Dieses Beispiel zeigt, dass naturwissenschaftlich abgeleitete Kenntnisse und Aussagen über die natürliche Veränderlichkeit des Klimasystems durch eine historische Quellenanalyse besonders gestützt und verbessert werden können.

Der Temperaturverlauf der letzten 1 000 Jahre (Abb. 1.14.1/5) belegt, dass der langfristige Temperaturtrend in Mitteleuropa derzeit noch im Rahmen der tausendjährigen Temperaturschwankungen liegt. Die dekadischen und vor allem die aktuell gemessenen Jahrestemperaturen übersteigen jedoch die Maximalwerte der letzten tausend Jahre schon deutlich. Die Kurve weist auch nach, dass es in den letzten Jahrzehnten eine beschleunigte Temperaturänderung gegeben hat, die historisch ohne Beispiel ist. Berücksichtigt man auch noch die Prognosen der Klimaentwicklung (vgl. Kap. 1.14.3) verlässt die Temperaturkurve die Schwankungsbreite der historischen belegbaren Temperaturvariabilität deutlich.

1.14.2 Klimamodelle

Für die Prognose werden Klimamodelle eingesetzt. Die Modelle erlauben unter Annahme von bestimmten Randbedingungen (**Szenarien**) die **Simulation** des künftigen Klimas. Dabei wird der Wetter-

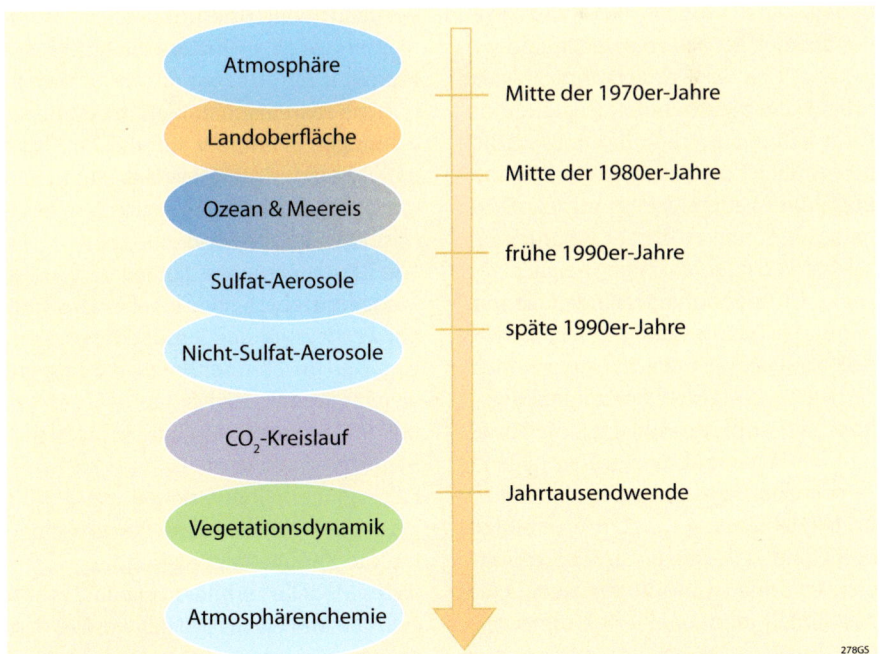

Abb. 1.14.2/1 *Modellkopplungen in der Klimaforschung. Seit Entwicklung der Atmosphärenmodelle wurden Klimasimulationen durch die Anbindung weiterer Modelle sukzessive verbessert*   (verändert nach IPCC 2001)

ablauf über lange Zeiträume simuliert und daraus die Klimabedingungen über Mittel- und Extremwerte abgeleitet.

Die Komplexität von Klimamodellen hängt stark von der zur Verfügung stehenden Computerleistung ab. Die ersten dreidimensionalen Modelle konnten in den 1970er-Jahren entwickelt werden. Sie waren allerdings noch reine Atmosphärenmodelle, in denen beispielsweise die Wärmespeicherung der Ozeane nicht erfasst wurde. Seit Mitte der 1980er-Jahre wurden komplexe Ozeanmodelle und weitere Modelle entwickelt, die nach und nach mit den (verbesserten) Klimamodellen gekoppelt wurden (Abb. 1.14.2/1).

Kopplung bedeutet, dass die Output-Größen des einen Modells die Input-Größen des anderen Modells darstellen und umgekehrt. Das Wetter oder, anders ausgedrückt, die wechselnden Zustände der Atmosphäre sind räumlich und zeitlich sehr variabel. Die physikalische Beschreibung des Wetters erfolgt mittels Differentialgleichungen, die zur Beschreibung solcher Veränderlichkeiten geeignet sind. Diese Differentialgleichungen können nur für bestimmte Punkte berechnet werden. Ein wichtiger Schritt ist deshalb die Festlegung geeigneter horizontaler, vertikaler und zeitlicher Auflösungen. Für die Erdoberfläche und die darüber liegende Atmosphäre wird dementsprechend ein dreidimensionales Gitterpunktsystem aufgebaut. Für jeden der Gitterpunkte werden dann in bestimmten zeitlichen Abständen die modellierten meteorologischen Werte ermittelt. Je feiner man diese Raster wählt, desto genauer wird die Simulation. Allerdings wächst auch der Anspruch an die Rechnerleistung

extrem. Wählt man das Raster zu grob, können viele Prozesse nicht mehr vom Modell erfasst werden.

Das Problem ist daher, dass kleinräumige und zeitlich kurzfristig ablaufende Prozesse nicht simuliert werden können. Die Lösung besteht in der **Parametrisierung** dieser Prozesse. Das heißt, dass eine statistische Beschreibung und Berücksichtigung der entsprechenden Parameter auf empirischer Basis erfolgt. Dabei ist die empirische Basis global gesehen sehr unterschiedlich. Es gibt einerseits Bereiche der Erde, die ein dichtes Beobachtungsnetz über längere Zeiträume haben, und andererseits solche, bei denen die Datengrundlage sehr dünn ist. Bei den Parametrisierungen ist daher immer infrage zu stellen, ob die Ergebnisse räumlich übertragbar sind und ob natürliche Extremsituationen in den Beobachtungen überhaupt auftauchen. Es ist naheliegend, dass diese Unsicherheiten die Qualität der Modellergebnisse beinträchtigen können und eine Fehlerquelle von Klimaprognosen darstellen. Weitere Modellunsicherheiten ergeben sich aus der Festlegung der Randbedingungen. Um die Unsicherheiten zu reduzieren, werden deshalb für Klimaprognosen immer viele Modellläufe unterschiedlicher Modelle verglichen.

Für regionale Simulationen werden die Ergebnisse globaler Modelle verwendet, um die Randbedingungen höher aufgelöster Modelle zu bilden. Die höher aufgelösten Modelle haben den Vorteil, dass weniger Parametrisierungen vorgenommen werden müssen und kleinräumige Prozesse nachgebildet werden können. Die Kopplung von Modellen unterschiedlicher Auflösung wird als *Nesting*, der Vorgang der Verknüpfung verschiedener räumlicher Skalen als *Upscaling* bzw. *Downscaling* bezeichnet.

1.14.3 Klimaszenarien

Zur Bestimmung des menschlichen Einflusses auf die Klimaentwicklung werden mit den Klimamodellen Simulationen der künftigen Entwicklung berechnet. Dabei werden verschiedene Szenarien der Wirtschafts- und Bevölkerungsentwicklung angenommen, um die Spannweite der möglichen Entwicklung prognostizieren zu können.

Die Hauptaufgabe des Intergovernmental Panel on Climate Change (IPCC) ist eine regelmäßige Bewertung der globalen Klimaentwicklung. Der vierte Bericht des IPCC wurde 2007 vorgelegt. Er enthält unter anderem Simulationen der Klimaentwicklung auf globaler Ebene bis zum Jahr 2100. Der nächste Bericht ist für 2014 vorgesehen.

Eine wichtige Grundlage zur Beurteilung der Güte von Simulationen ist die Modellierung der Vergangenheit. Wenn die Modellergebnisse mit den Beobachtungen übereinstimmen, kann davon ausgegangen werden, dass die Simula-

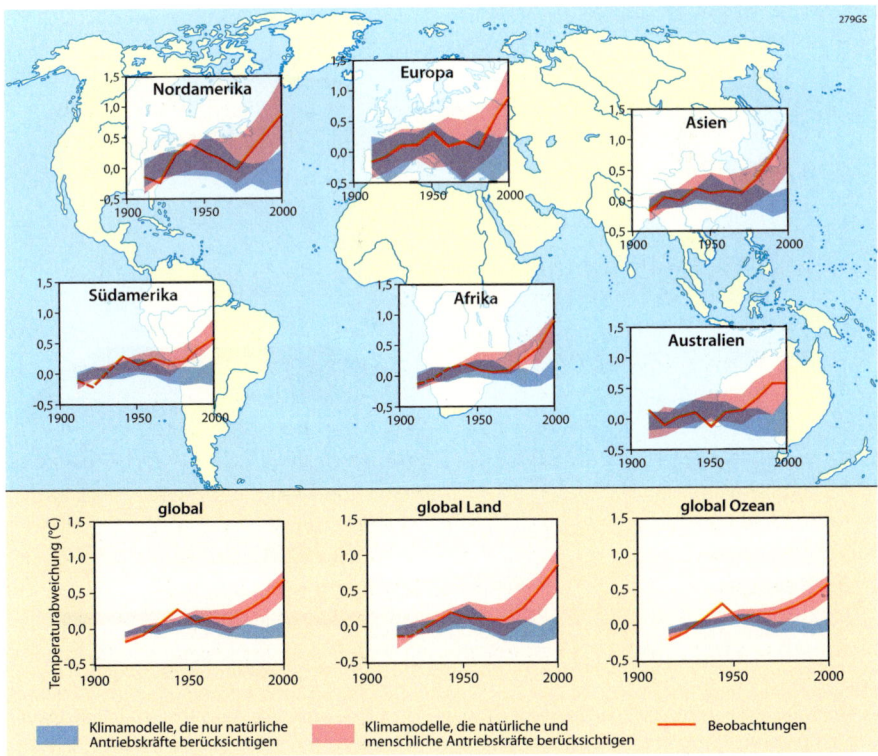

Abb. 1.14.3/1 *Vergleich der beobachteten Änderungen der Temperaturen an der Erdoberfläche mit den von Klimamodellen berechneten Resultaten* (nach IPCC 2007c)

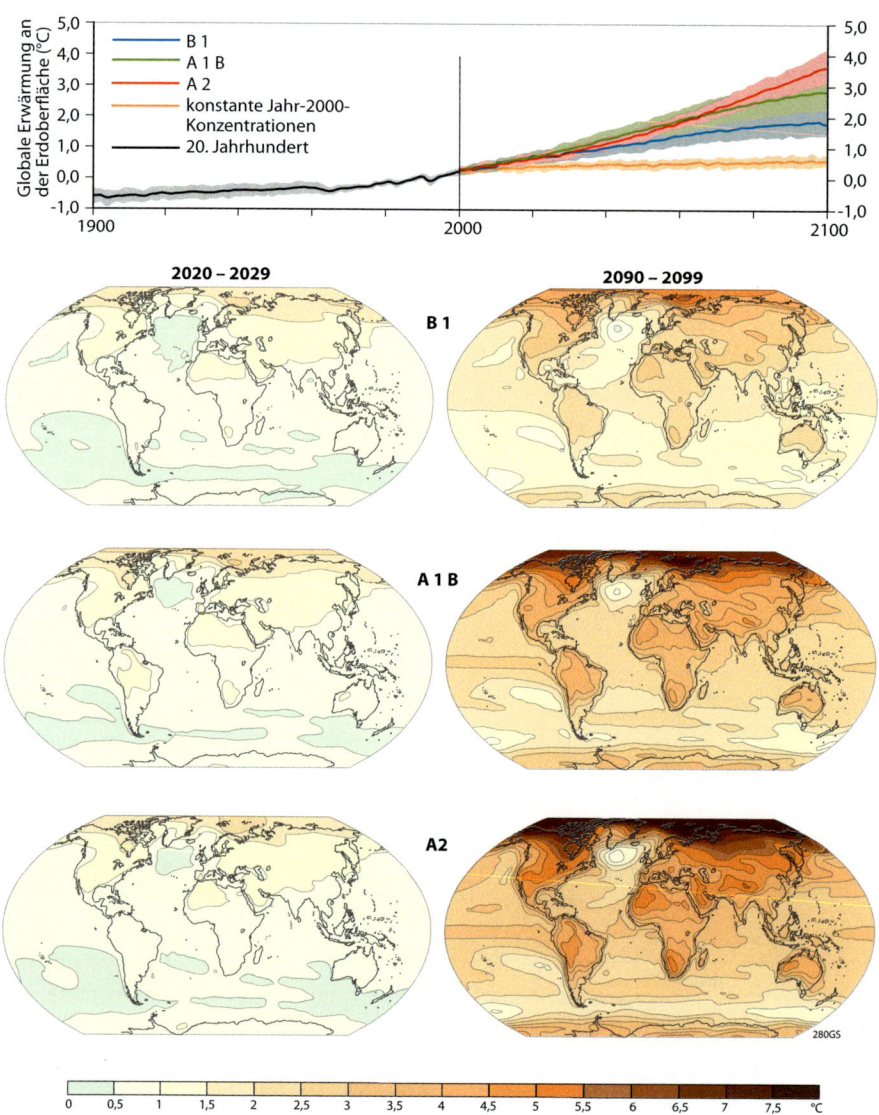

Die Simulation der Entwicklung von 2000 bis 2100 wurde für verschiedene Szenarien (B1, A1B, A2) vorgenommen (durchgezogene Linien). Die Schattierung kennzeichnet die Bandbreite von je einer Standardabweichung nach unten und oben der mit verschiedenen Modellen berechneten Jahresmittel der Temperatur. Als Nullwert fungiert die globale Mitteltemperatur des Zeitraums 1980 bis 1999. Die Erwärmung erfolgt vor allem in den mittleren und höheren Breiten.

Abb. 1.14.3/2 *Erdoberflächentemperaturen im Zeitraum 1900 bis 2100* (nach IPCC 2007b, 2007c)

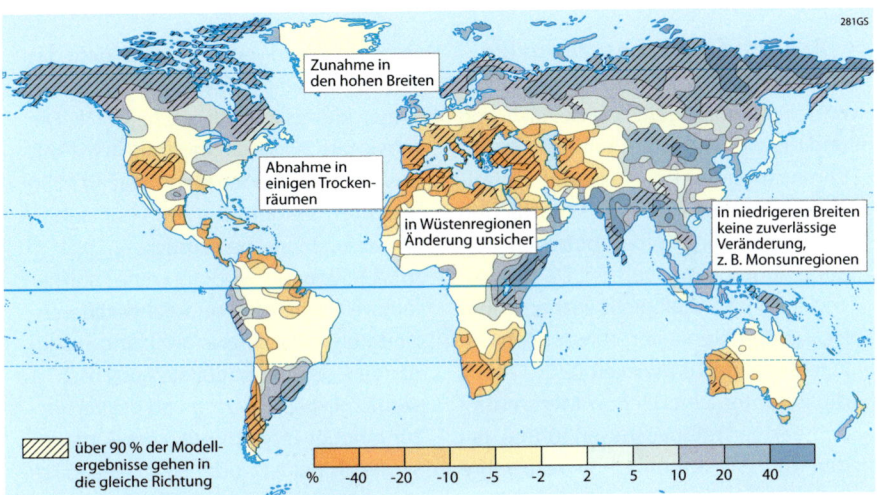

Das Ergebnis wurde aus zwölf verschiedenen Modellen für das Emissionsszenario A1B berechnet. Die Modelle liefern unterschiedliche Ergebnisse. Für die schwarz schraffierten Bereiche gehen über 90% der Modellergebnisse in die gleiche Richtung. Bei den hellen Flächen sind die Modellergebnisse widersprüchlich.

Abb. 1.14.3/3 *Simulierte Änderungen der Abflussmenge*   (nach IPCC 2007b)

tionen der künftigen Entwicklung mit den verwendeten Modellen auf einer korrekten Modellierung der Prozesse basieren. Der Vergleich zeigt, dass insgesamt eine gute Übereinstimmung besteht (Abb. 1.14.3/1). Die Güte der Modellierung ist jedoch nicht für alle Bereiche der Erde gleich. Beispielsweise werden die Temperaturen in Asien in den letzten 20 Jahren eher unter-, für Südamerika überschätzt. Es ist daher zu erwarten, dass die globalen Mittel in den Simulationen gut geschätzt werden

können. Die Voraussagen für bestimmte Regionen werden jedoch unter Umständen weniger genau sein. Für die gesamte Erde wird sich die Mitteltemperatur bis 2100 voraussichtlich um 2 bis 3,5 °C gegenüber der Referenzperiode 1980 bis 1999 erhöhen. Die Temperaturzunahme wird regional sehr unterschiedlich ausfallen (Abb. 1.14.3/2). Da sich auch die Strömungsmuster und Niederschläge verändern werden, wird sich in einigen Räumen der Erde die Wasserversorgung erheblich verschlechtern (Abb. 1.14.3/3).

Exkurs: Emissionsszenarien

Für die künftige Klimaentwicklung ist entscheidend, wie sich die Bevölkerung und die Weltwirtschaft entwickeln. Für Klimasimulationen müssen die künftigen Eckpunkte der wirtschaftlichen und bevölkerungsgeographischen Situation abgeschätzt werden. Da die Entwicklung im Detail nicht vorhersehbar ist, werden hierzu verschiedene, mögliche Szenarien entwickelt (IPCC, 2000), die zu unterschiedlichen Mengen an emittierten Treibhausgasen führen. Bei den Klimasimulationen bis zum Jahre 2100 werden drei dieser möglichen Szenarien zugrunde gelegt, um die Spannweite der zu erwartenden Klimaänderungen zu erhalten.

Das Szenario A1B geht davon aus, dass eine starke Marktorientierung besteht, technologische Errungenschaften rasch eingeführt und weltweit verbreitet werden. Es wird viel Wert auf Bildung gelegt. Die Energieversorgung wird über eine Mischung fossiler und regenerativer Energieträger sichergestellt. Durch die engen internationalen Verflechtungen geht das Wachstum der Bevölkerung auch in den Entwicklungsländern rasch zurück. Die maximale Bevölkerungszahl wird mit etwa neun Milliarden Menschen für 2050 erwartet. Sie geht bis 2100 auf sieben Milliarden Menschen zurück.

Im A2-Szenario wird von einer stärker kulturell bedingten und daher differenzierteren Wirtschaftsentwicklung ausgegangen. Der internationale Austausch ist verhältnismäßig gering und die Verbreitung neuer Technologien erfolgt langsamer als bei A1B oder B1. Die Bevölkerung steigt bis zum Ende des 21. Jh. kontinuierlich auf 15 Mrd. Menschen an. Die Emissionen von CO_2 und SO_2 entwickeln sich daher besonders problematisch.

Das Szenario B1 geht von einer ähnlichen Bevölkerungsentwicklung wie in A1B aus. Im Unterschied dazu ist die Gesellschaft jedoch stärker dienstleistungsorientiert und damit ressourcenschonender. Die Zunahme an Treibhausgasemissionen ist in diesem Szenario am geringsten.

1.15 Klimarisiken

Der letzte Absatz des vorangehenden Kapitels hat mit der Wasserversorgung eines der künftigen Klimarisiken bereits angedeutet. Es ist klar, dass Naturereignisse schon immer Begleiter des Menschen waren und Risiken darstellten. Der Wandel der klimatischen Bedingungen verschärft jedoch in vielen Regionen der Erde die Risiken, die mit Wettersituationen und klimatischen Entwicklungen verbunden sind. Es ist eine wichtige Aufgabe der Politik, die Gefahren zu minimieren. Von wissenschaftlicher Seite ist die Vorsorge durch die interdisziplinäre Risikoforschung zu stützen.

Ziele des Kapitels

Sie lernen in diesem Kapitel
- Konzepte und Begrifflichkeiten der Risikoforschung kennen und
- erhalten einen Ausblick auf die Vielfalt der Auswirkungen des Klimawandels.

Exkurs: Mitigation und Adaption in Forschungsprogrammen

Die Bundesrepublik Deutschland spielt international eine wichtige Rolle in der Klimaforschung. Förderprogramme des **B**undes**m**inisteriums für **B**ildung und **F**orschung (BMBF), die zu einem verbesserten Verständnis des Klimasystems führten, spielen hierbei eine wichtige Rolle.

Da Deutschland eine Vorreiterrolle im Klimaschutz anstrebt, wurden frühzeitig zwei Förderinitiativen gestartet, die vor dem Hintergrund des globalen Klimawandels dessen Auswirkungen reduzieren und gleichzeitig die Konkurrenzfähigkeit der deutschen Wirtschaft stärken sollen. Im Jahre 2004 wurde in dem Programm „Klimazwei – Forschung für den Klimaschutz und Schutz vor Klimawirkungen" der Fokus erstmals auf die Entwicklung praxisorientierter Handlungsstrategien gelegt. Die 2009 abgeschlossene Maßnahme förderte Vorhaben zur Minderung der Treibhausgasemissionen, während in einem zweiten Schwerpunkt die Entwicklung von Anpassungsstrategien an das veränderte Klima und an Wetterextreme unterstützt wurden.

Im 2008 gestarteten Förderprogramm „KLIMZUG" wird die Berücksichtigung der Änderungen im Klima und seiner extremen Wetterausprägungen in regionale Planungs- und Entwicklungsprozesse unterstützt. Nachhaltige Ansätze auf lokaler Ebene werden als Schlüssel für die Zukunftsfähigkeit der Regionen angesehen.

1.15.1 Konzepte und Begriffe der Risikoforschung

Zentrale Begriffe in der Risikoforschung sind **Verwundbarkeit** oder Verletzlichkeit (**Vulnerabilität**/*Vulnerability*) und Elastizität oder **Pufferungsfähigkeit** (*Resilience*). Damit ist einerseits das Schadensrisiko von Mensch-Umwelt-Systemen gemeint und andererseits die Fähigkeit dieser Systeme, ohne größere Störungen auf Schadereignisse zu reagieren.

Die Vulnerabilität ist zeitlich und vor allem räumlich variabel. Sie hängt neben der Disposition des Raumes im Wesentlichen von der Ausprägung des künftigen Wandels und von der Stabilität und Resilienz politischer, wirtschaftlicher und sozialer Systeme ab. Damit ist deutlich, dass die Beurteilung von Klimarisiken sowie die Entwicklung von Strategien und Gegenmaßnahmen nicht nur ein klimatologisches, sondern ein hochgradig interdisziplinäres Problem- und Forschungsfeld. Eine konservative Strategie zum Umgang mit Risiken ist deren **Vermeidung** (*Mitigation*). Damit sind in Zusammenhang mit dem anthropogenen Klimawandel primär technische Maßnahmen und Verfahren sowie Strategien zur Emissionsminderung von Treibhausgasen und Schadstoffen gemeint. Es wird in diesem Zusammenhang auch von Klimaschutzmaßnahmen gesprochen (Exkurs Emissionshandel in Kap. 1.4). Aufgrund der zeitlichen Verzögerung der Wirkung von **Klimaschutzmaßnahmen** und der Dynamik des anthropogenen Klimawandels ist Vermeidung als einziges Konzept im Umgang mit dem Risiko nicht tragfähig.

Es muss ergänzt werden mit Konzepten der **Anpassung** (*Adaptation*), um eine **Bewältigung** (*Coping*) der Gefahren und Risiken zu ermöglichen.

1.15.2 Risikobereiche

Mit welchen zusätzlichen Risiken ist zu rechnen? Direkte Gefährdungen durch Sturm, Hochwasser, Dürre und Hitze ziehen sich schon jetzt durch die Tagespresse. Beispiele der letzten Jahre sind Sturm Lothar 1999 in Südwestdeutschland, das Elbehochwasser 2002, der Hitzesommer 2003 in Europa, Hurrikan Katrina 2005 an der Golfküste der USA oder die verheerenden Waldbrände nach der langen Trockenzeit in Australien 2009.

Solche Extremsituationen werden aufgrund des höheren Energieumsatzes in der Troposphäre an Zahl und Intensität zunehmen.

Die Gefährdungen ergeben sich jedoch vor allem durch indirekte Wirkungen (Abb. 1.15.2/1). Eine ausführliche Diskussion ist hier nicht möglich. Wir beschränken uns daher auf eine stark verkürzte summarische Übersicht ausgewählter Aspekte. Im Bereich der Gesundheit wird die Belastung des Organismus durch vermehrte Hitze zunehmen. Tropische Krankheiten werden sich durch die besseren Überlebenschancen der Überträger auf die mittleren Breiten ausdehnen können.

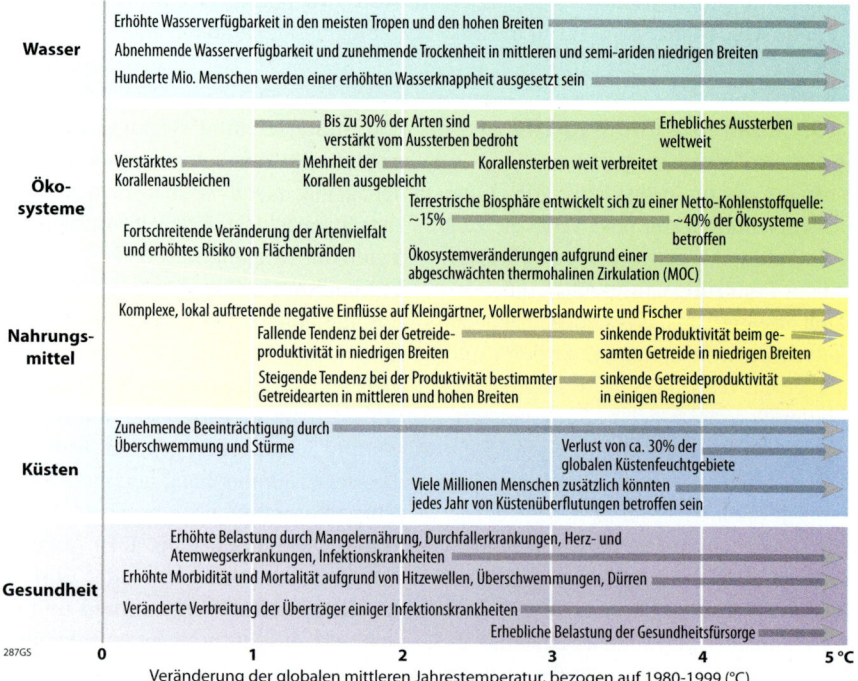

Abb. 1.15.2/1 *Beispiele für Auswirkungen des globalen Klimawandels*　　　　(IPCC, 2007d)

In der Landwirtschaft sind eingeführte Anbauprodukte und Bearbeitungstechniken eventuell nicht mehr tragfähig und es ist regional mit Ertragseinbußen und einer Gefährdung der Nahrungsmittelversorgung zu rechnen. Durch die zunehmende Variabilität steigt das Ertragsrisiko. Die Einwanderung und rasche Ausbreitung von Schädlingen ist wahrscheinlich.

Der Meeresspiegelanstieg wirkt sich in den meist dicht besiedelten Küstenbereichen der Erde aus. Er betrifft durch die Flächenverluste die Gesellschaft auf breiter Fläche: Wohnflächen, Arbeitsstätten, touristische Einrichtungen, die Fischerei (Aquakulturen) und die Verkehrsinfrastruktur sind betroffen. Für einzelne Staaten wie Bangladesch oder Vietnam ist der Lebensraum und die Nahrungsmittelversorgung der Bevölkerung aufgrund der großflächig geringen Meereshöhe massiv gefährdet. Einige Archipele drohen überflutet zu werden. Das Wachstum von Korallenriffen kann eventuell nicht Schritt halten mit dem Anstieg des Wasserspiegels.

Exkurs: Klima in der Raumplanung

Die klimatische Situation spielt in der Gesetzgebung meist eine untergeordnete Rolle. Einzig in der **T**echnischen **A**nleitung zur Reinhaltung der **Luft** (TA Luft) ist über die darin definierten Grenzwerte ein direkter, verbindlicher Bezug zu meteorologischen Prozessen und damit zu den klimatischen Bedingungen herstellbar.

Das Bundesnaturschutzgesetz spricht das Klima in § 2 (1) Nr. 6, §10 (1), Nr. 1 und in §14 (1) Nr. 4 an. Nach dem bundesweit gültigen **R**aum**o**rdnungs**g**esetz (ROG) ist Klima über den Grundsatz des Erhalts der ökologischen Funktion in §2 (2) und über die allgemeingültige Leitvorstellung der Nachhaltigkeit (§1) in Planungsprozessen zu berücksichtigen. Konkrete Vorgaben werden aber weder im ROG noch auf den nachgeordneten Planungsebenen der Länder und Regionen gemacht. Einzelne Städte haben zwischenzeitlich aber die prinzipielle Bedeutung von Aspekten des Klimaschutzes und der Vorsorge erkannt und auf der rechtlich verbindlichen Ebene der Bebauungspläne einfließen lassen. Es ist davon auszugehen, dass zur Adaptation oder aus Haftungsgründen klimatische Aspekte in der raumplanerischen Praxis und in der Gesetzgebung künftig eine größere Berücksichtigung finden werden.

Planungsebene	Planungsinstrumente	Raumbezug	Planungsträger
Landesplanung	Landesentwicklungsplan	Land Baden-Württemberg	Wirtschaftsministerium
Regionalplanung	Regionalplan	Gebiet der Regionalverbände	Regionalverbände
Kommunale Planung	Flächennutzungsplan Landschaftsrahmenplan	Gemarkungsfläche	Gemeindeverwaltung
	Bebauungsplan	Gemarkungsteile parzellenscharf	Gemeindeverwaltung

Tab. E 1.15.2/1 Planungsebenen in Deutschland am Beispiel von Baden-Württemberg (eigener Entwurf)

Der Temperaturanstieg wird im Bereich des Permafrosts zu einer Erhöhung der sommerlichen Auftauschicht und zu einer Verkleinerung der Permafrostbereiche führen. Dies führt zur Freisetzung zusätzlicher Mengen von Treibhausgasen. Subpolare Ökosysteme sind durch weitere Erschließungsmaßnahmen zur Sicherstellung der Versorgung mit fossilen Brennstoffen gefährdet.

Generell sind die Folgen für die Ökosysteme noch nicht näherungsweise abzusehen. Mit einem erheblich beschleunigten Artensterben ist zu rechnen, da ein Ausweichen in andere Lebensräume nicht schnell genug erfolgen kann oder wegen vorhandener natürlicher Barrieren gar nicht möglich ist. Aus wirtschaftlicher Sicht ist hervorzuheben, dass sich die Bedingungen sehr unterschiedlich ändern werden. In den Tropen und Subtropen, wo die Mehrzahl der Menschen lebt, werden sich diese Menschen verstärkten Klimarisiken und Belastungen ausgesetzt sehen. In größeren Bereichen der mittleren und hohen Breiten werden sich die klimatischen Gegebenheiten jedoch so ändern, dass sich Lebens- und Wirtschaftsgrundlagen im Vergleich zu bisher verbessern werden.

Klimatologie zum Einlesen

GLASER, R. et al. (2007): Klimageographie. – In: GEBHARDT, H., R. GLASER, U. RADTKE & P. REUBER [Hrsg.] : Geographie. Physische Geographie und Humangeographie. – Spektrum, Heidelberg, Berlin.

HÄCKEL, H. (2008): Meteorologie. – UTB, Stuttgart.

KRAUS, H. (2004): Die Atmosphäre der Erde. – Springer, Berlin.

WEISCHET, W. & W. Endlicher (2008): Einführung in die Allgemeine Klimatologie. – Teubner, Stuttgart.

Lösungen zu den Aufgaben im Kapitel Klimatologie

1.1 Die Sonnenenergie – der Motor des Klimasystems

1. Die Solarkonstante bezieht sich auf eine senkrecht zur Sonnenstrahlung stehende Fläche und entspricht der mittleren solaren Leistung pro Quadrat. Die Querschnittsfläche der Erde ist $FK = \pi \cdot R^2$ (= Fläche eines Kreises). Die Oberfläche der Erde beträgt jedoch $FO = 4 \cdot \pi \cdot R^2$ (= Oberfläche einer Kugel). Die gesamte von der Sonne zugestrahlte Energie wird daher auf eine 4-fach größere Fläche als die Querschnittsfläche verteilt, der mittlere Strahlungswert pro Quadratmeter entsprechend auf ein Viertel des Wertes der Solarkonstanten reduziert.

2. Wir gehen von der mittleren solaren Leistung von 342 W/m² aus.

a) pro Einwohner:

$$\frac{45700 \frac{kwh}{a}}{0{,}342 \cdot 8760 \frac{kwh}{a \cdot m^2}} = 15{,}25 \ m^2$$

Für die Gesamtbevölkerung (80 Mio.):

$$15{,}25 \frac{m^2}{Ew} \cdot 8 \cdot 10^7 \ Ew = 1{,}22 \cdot 10^9 \ m^2 = 1120 \ km^2$$

b)

$$\frac{1220 \ km^2}{357000 \ km^2} \approx 0{,}34 \ \%$$

Zum Vergleich: Der Anteil der Siedlungs- und Verkehrsflächen betrug im Jahre 2006 knapp 13 %.

Zusatzinformation: Bei der Nutzung von Solarenergie sind die atmosphärischen Einflüsse, das im Jahresverlauf schwankende solare Energieangebot und der Wirkungsgrad von Solarzellen und Kollektoren zu berücksichtigen. Die Rechnung kann daher nur als grober Überschlag für die Bestimmung der Nutzungspotenziale dienen.

3. Gesamtleistung der zugestrahlten Sonnenenergie:

$$0{,}342\ \frac{kW}{m^2}\cdot 5{,}1\cdot 10^{14}\ m^2 = 1{,}744\cdot 10^{14}\ kW$$

Jahressumme:

$$1{,}744\cdot 10^{14}\cdot 8760\ kWh = 1{,}528\cdot 10^{18}\ kWh$$
$$= 1{,}528\cdot 10^{6}\ PWh$$

Verhältnis: $1{,}528\cdot 10^{6}/133 \approx 11500$.
Die solare Energiezustrahlung beträgt demnach etwa das 11500-fache des globalen Primärenergieverbrauchs im Jahr 2005.

4. Die Wärmemenge (Arbeit), die benötigt wird, um 1 l Wasser von 20° C auf 100° C zu erwärmen ist:

$$A = 4{,}2\ \frac{J}{g\cdot grd}\cdot 80\ grd\cdot 1000\ g$$
$$= 336\,000\ J = 336\,000\ Ws$$

Damit ergibt sich für die Zeit:

$$t = \frac{33600\ Ws}{1368\ W\cdot 0{,}75\cdot 0{,}70} = 468\ s$$

5. Es werden $67 + 168 = 235$ W/m² der solaren Strahlung absorbiert. Das sind knapp 69 %.

6. Es werden $30+77=107$ W/m² direkt reflektiert. Das sind etwas mehr als 31%.

   Zusatzinformation: *Die Albedo ist das Verhältnis von einfallender zu reflektierter Strahlung. Die planetare (oder globale) Albedo hat demzufolge einen Wert von 0,31.*

7. Die langwelligen Strahlungsströme, die von der Erdoberfläche weggerichtet sind oder aus der Atmosphäre zur Erdoberfläche gehen, sind etwa doppelt so groß wie die an der Erdoberfläche absorbierte solare Strahlung.

8. Latenter und fühlbarer Wärmestrom sind zusammen mit der von der Erde weggerichteten langwelligen Strahlung etwa 2,5-mal so groß wie der Energiestrom, der von der Sonne zur Erdoberfläche gerichtet ist. Dies ist nur möglich, wenn die Energie mehrfach zwischen Erdoberfläche und Atmosphäre hin- und her transportiert wird, sonst würde sich die Erdoberfläche abkühlen. Der große Strahlungsterm aus der Atmosphäre zur Erdoberfläche hin zeigt die starke „Isolationswirkung" der Atmosphäre an. Die Atmosphäre lässt offensichtlich die Strahlungsenergie der Erdoberfläche nicht ungehindert passieren, genauso wie Glas verhindert, dass Wärmestrahlung ungehindert einen geschlossenen Raum verlässt. Der angesprochene Effekt ist die Glashauswirkung der Atmosphäre oder – anders formuliert – der Treibhauseffekt.

9. Bilanziert man alle drei Terme an der Obergrenze der Atmosphäre ergibt sich der Wert Null. Offensichtlich nimmt die Erde im Mittel von der Sonne soviel Energie auf wie sie an den Weltraum wieder abgibt. Die Erde als Ganzes (mit Atmosphäre) ist im energetischen Gleichgewicht.

   Zusatzinformation: *Die prognostizierte Erwärmung in Zusammenhang mit dem globalen Klimawandel ist auf die untere Atmosphäre beschränkt und nicht Folge einer Änderung dieser externen Bilanz. Sie ist Folge einer Änderung der internen Energiebilanzen. Der Betrag des aus der Atmosphäre zur Erdoberfläche hin gerichteten langwelligen Strahlungsterms steigt. Die Treibhauswirkung der Atmosphäre nimmt zu und führt u.a. zu einer Erhöhung der bodennahen Temperaturen.*

10. Bei einem Energiestrahl der Fläche F_0 von $1 \cdot 1$ m², der mit 45° auf eine Oberfläche trifft, verteilt sich die Energie auf die Fläche $F_1 = 1$ m $\cdot 1$ m $\cdot \sin 45° = 1{,}41$ m². Die bestrahlte Fläche ist also 41% größer als eine senkrecht im Strahlengang stehende Fläche. Die Energiestromdichte nimmt entsprechend um 41 % ab.

11. Die Tageslängenschwankung ändert sich in den niederen Breiten von Breitenkreis zu Breitenkreis nur wenig, in den hohen Mittelbreiten zwischen 45° und 66,5° ist dagegen eine starke Änderung der jährlichen Tageslängenschwankung pro Breitenkreis festzustellen.

12.

	21.6.	21.12.
0°	66,5°	66,5°
23,5° N	90°	43°
66,5° N	47°	0°

13. In der Summation der Strahlungswerte spielt die Sonnenhöhe eine wichtige Rolle. Die Tageslänge übt aber ebenfalls einen erheblichen Einfluss aus. Da die Tageslänge in den hohen Mittelbreiten im jeweiligen Sommer sehr groß ist, führt dies in Polargebieten trotz niedriger Sonnenhöhen zu großen Tagessummen der Energiezustrahlung. Am Pol steht während der Sommersonnenwende die Sonne 24 Stunden lang 23,5° über dem Horizont. Am Polarkreis ist die Tageslänge auch 24 Stunden. Die Sonnenhöhe schwankt jedoch zwischen 0° und 47°. Dies erklärt die etwas geringeren Werte gegenüber dem Pol.

Zusatzinformation: Es ist jedoch zu bedenken, dass die Einflüsse der Atmosphäre auf die Sonnenstrahlung in der Abbildung nicht berücksichtigt sind. Diese führen zu einer stärkeren Schwächung der Sonnenstrahlung in den hohen Breiten gegenüber den niederen Breiten. Das reale Maximum der Einstrahlung liegt daher nicht im Polargebiet. Dennoch bleibt die Grundaussage der Abbildung korrekt: Im Sommer der jeweiligen Halbkugel erhalten die Polargebiete hohe Tagessummen an solarer Energie.

14. Die Tropen weisen die geringsten jahreszeitlichen Schwankungen der solaren Einstrahlung auf. Dementsprechend schwanken die Temperaturen in den Tropen viel weniger als in anderen Breiten. Die Tropen haben keine thermischen Jahreszeiten.

15. Am Äquator gibt es keine Tageslängenschwankungen. Die Tageslänge beträgt während des ganzen Jahres 12 Stunden. Einzige Variable mit Einfluss auf die Tagessumme der solaren Energie ist – bei Vernachlässigung des Atmosphäreneinflusses – die Sonnenhöhe, die an den Äquinoktien den höchsten Wert (Mittagssonnenhöhe 90°) erreicht.

16. ① Nordpol, ② 30° N, ③ 60° N, ④ Äquator.

1.2 Die solare Strahlung in der Atmosphäre

1. Für die Absorption der kurzwelligen Strahlungsanteile im Sonnenlicht sind vor allem molekularer Sauerstoff (O_2) und Ozon (O_3) verantwortlich.

Zusatzinformation: In der Abbildung sind O_2 und O_3 nicht getrennt aufgeführt. Für die Absorption der gesundheitsschädlichen UV-Strahlung ist jedoch nahezu ausschliesslich Ozon verantwortlich. Vor allem die besonders kurzwelligen und energiereichen UV-C (0,28 – 0,10 µm) und UV-B-Strahlen (0,32 – 0,28 µm) werden durch Ozon effizient ausgefiltert. Ein Abbau dieses Gases in höheren Bereichen der Atmosphäre hat zur Folge, dass größere Anteile der UV-Strahlung zur Erdoberfläche gelangen und Organismen schädigen können. Aufgrund jahreszeitlich unterschiedlicher chemischer Bedingungen in der Atmosphäre sind besonders die Polargebiete vom Ozonabbau betroffen („Ozonloch").

2. Aus den Beispielen im Text kann man folgern: Wenn der Himmel blau erscheint, muss blaues Licht zuvor aus dem weissen Strahlenbündel des Sonnenlichts herausgestreut worden sein. Die aus dem Strahl herausgestreuten Anteile gelangen durch Mehrfachstreuung zur Erdoberfläche, wo wir sie als blauen Himmel wahrnehmen. Bei einem langen Weg der Strahlung durch die Atmosphäre bleibt also das rote Licht im Strahl, während große Teile des blauen Lichts herausgestreut werden. Die tiefstehende Sonne sieht in klarer Atmosphäre rot aus. Die allgemeine Regel lautet: kurzwelliges Licht wird stärker gestreut als langwelliges Licht.

Als *alternativer Lösungsweg* bietet sich die Betrachtung von Abb. 1.2.3/2 an: Es werden wesentlich mehr blaue Pfeile gezeigt als Pfeile anderer Farben. Die geringere Zahl von violetten Pfeilen ergibt sich dadurch, dass der violette Anteil des sichtbaren Lichts viel geringer ist, als der Blauanteil. Die allgemeine Regel lässt sich also auch aus der Abbildung ableiten.

Zusatzinformation: Die Intensität I der Rayleigh- Streuung ist umgekehrt proportional zur 4. Potenz der Wellenlänge λ:

$I \sim \lambda^4$. *Da das Verhältnis der Wellenlängen von rotem zu blauem Licht etwa den Wert 1,4 hat, wird rotes Licht um den Faktor $1,4^4 \approx 4$ schwächer gestreut als blaues Licht.*

3. Weisses Licht umfasst alle Wellenlängen des sichtbaren Lichts. Durch die Mie-Streuung an kleinen Wassertröpfchen sieht die Wolke von oben oder von der Seite betrachtet weiss aus. Befindet man sich unter einer Wolke, wird durch die zahlreichen Streuvorgänge in der Wolke nur noch ein geringer Anteil des Sonnenlichts zur Erdoberfläche kommen, der größte Teil des Lichts wird in die Atmosphäre oder in den Weltraum gestreut und damit reflektiert. Die Lichtintensität unter einer Wolke nimmt deutlich ab. Die Wolkenunterseite erscheint dunkler, also grau.

   Zusatzinformation: *Die Wirkungen der Mie-Streuung und der Reflexion sind bei Wolken nicht klar trennbar. Die Vielzahl der Wolkentröpfchen und damit der Streuzentren bewirkt eine hohe Rückstreuung. Makroskopisch scheinen Wolken das Licht daher zu reflektieren (vgl. Abschnitt 2.1).*

1.3 Energie- und Massenflüsse zwischen Erdoberfläche und Atmosphäre

1. Bei einer Verdoppelung der Temperatur gilt $E_1 \sim (T)^4$ und $E_2 \sim (2 \cdot T)^4 = 16 \cdot T$. Die Verdoppelung der Temperatur führt also zu einer 16-fach höheren Strahlungsleistung.

   Zusatzinformation: *Nehmen wir an, ein Kachelofen habe eine Oberflächentemperatur von 60 °C = 333 K und 3 m² Oberfläche. Er würde dann ca. 2 100 W Strahlungsleistung abgeben. 3 m² Sonnenoberfläche mit 5700 K geben dagegen eine Leistung von etwa 180 MW ab. Damit könnte man im Winter 18 000 Einfamilienhäuser beheizen.*

2. „Die Emission von schwarzen Strahlern höherer Temperatur liegt in allen Wellenlängenbereichen immer über der Emission schwarzer Strahler geringerer Temperatur."

   Hinweis: *Der Satz ist sinngemäß, nicht wörtlich zu ergänzen.*

3. Es ergeben sich:
   $C_{287} = 10 \cdot 287 = 2870$;
   $C_{700} = 4,1 \cdot 700 = 2870$;
   $C_{1700} = 1,7 \cdot 1700 = 2890$;
   $C_{5700} = 0,51 \cdot 5700 = 2907$.
   Alle Werte sind nahezu identisch.

   Zusatzinformation: *Mit der Analyse der Grafik haben Sie eine Regelmäßigkeit festgestellt. Offensichtlich ist die Wellenlänge am Maximum der Emissionskurve multipliziert mit der Temperatur (Angabe in K) eine Konstante. Der genaue Wert der Konstanten C ist 2889 [μm · K]. Diese Gesetzmäßigkeit wird nach dem Physiker Wilhelm Wien als* WIEN´*sches Verschiebungsgesetz beeichnet. Unabhängig vom konkreten Zahlenwert der Konstanten können wir daraus folgern, dass sich die Lage des Emissionsmaximums bei zunehmenden Temperaturen zu kleineren Wellenlängen verschiebt. Dieser Sachverhalt wird noch von Bedeutung sein, wenn wir im Abschnitt 1.3.2 die solaren und terrestrischen Strahlungterme betrachten.*

4. Das Verhältnis der Sonnenoberfläche zur Fläche einer Kugel mit Erdbahnradius beträgt etwa 1 : 50 000. Die gesamte Energie, die von der Sonnenoberfläche ausgestrahlt wird, verteilt sich daher im Abstand der Erde von der Sonne auf eine Fläche, die 50 000 mal größer ist als die Sonnenoberfläche. D. h. die Energie, die von 1 m² Sonnenoberfläche ausgestrahlt wird, verteilt sich auf der Erde auf eine 50 000 m² große (senkrecht zur Ausbreitungsrichtung stehende) Fläche. Die Intensität ist dementsprechend geringer und beträgt nur etwa 1/50 000 der Energieflußdichte an der Sonnenoberfläche. Die violett gezeichnete Kurve in Abbildung 1.3.1/1 ist genau die Emissionskurve eines schwarzen Strahlers mit 5 700 K Oberflächentemperatur (=Oberflächentemperatur der Sonne), die mit dem Faktor 1/50 000 multipliziert wurde. Sie entspricht daher der Energieflussdichte. der solaren Strahlung, die an der Erde ankommt.

5. Emissionskoeffizient und Absorptionskoeffizient sind identisch (KIRSCHHOFF´*sches Gesetz*). Bei nicht durchsichtigen Materialien ist die Summe aus Albedo, das ist der rückgestrahlte Anteil, und absorbiertem

Anteil einfallender Strahlung gleich der gesamten einfallenden Strahlung. Daher haben Absorptions-bzw. Emissionskoeffizient von Ackerkulturen im solaren Wellenlängenbereich Werte zwischen 0,75 und 0,85.

6. Im sichtbaren Licht verhält sich Schnee überhaupt nicht wie ein schwarzer Strahler. Er reflektiert das meiste Licht, bei Neuschnee laut Tab. 1.3.2/1 bis zu 95% des Sonnenlichts. Er absorbiert daher nur 5 % des Sonnenlichts. Der Emissionskoeffizient ε (=Absorptionskoeffizient) hat daher einen Wert von nur 0,05. Für die Wellenlängen im langwelligen, terrestrischen Spektralbereich ist der Wert von ε dagegen nahe 1. Das heißt, dass Schnee Strahlung dieser Wellenlänge sehr gut absorbieren und selbst auch wieder emittieren kann. Er ist daher in diesem Wellenlängenabschnitt nahezu (ein) schwarz(er Strahler).

7. Die Werte betragen knapp 80 [W/m²] für nassen Sand und weniger als 10 [W/m²] für trockenen Sand. Die beiden Wärmeflüsse sind unterschiedlich, weil in trockenem Sand der Porenraum zwischen den Sandkörnern mit Luft gefüllt ist. Luft ist laut Tab. 1.3.3/1 ein viel schlechterer Wärmeleiter als Sand. Bei einem geringeren Wärmeleitvermögen steigt die Temperatur in 5 cm Tiefe am Tag nur wenig an. Umgekehrt kann die Wärme in der Nacht nur schlecht nach oben abgeführt werden. Der trockene Sand kühlt nicht so stark ab. Diese Aussage kann auch aus Abb. 1.3.4/1 ② abgeleitet werden.

8. Da Schnee im Spektralabschnitt von 4 bis 100 μm in hohem Maße Strahlung aussendet, verliert er sehr viel Energie. Der Energieverlust wird nachts nicht durch solare Strahlung kompensiert und führt daher zur Abkühlung der Schneeoberfläche. Die darüber liegende Luft kann – als Gasgemisch – selbst kaum Strahlung aussenden. Sie bleibt daher zunächst noch wärmer. Allerdings gibt sie (fühlbare) Wärme an den Schnee ab und wird dabei auch kälter. Insgesamt wird sie nicht so kalt wie die Schneeoberfläche. Bei fortwährender Abkühlung des Schnees kann die Temperatur der untersten Luftschicht jedoch ebenfalls sehr stark absinken.

Zusatzinformation: Der beschriebene Vorgang ist nachts bei allen Landoberflächen feststellbar. Zum Teil wird die Abkühlung jedoch dadurch gemildert, dass aus dem Untergrund Wärme nachgeliefert wird. Bei Schnee ist dieser fühlbare Wärmetransport aus dem Untergrund aufgrund seiner geringen Wärmeleitfähigkeit jedoch nahezu unterbunden und die Abkühlung der Schneeoberfläche und der darüber liegenden Luft ist stärker als bei den meisten anderen Materialien.

9. Fühlbare Wärme wird von der Erdoberfläche nur langsam in den Boden abgeführt. Bis die Wärmeenergie tiefere Bodenschichten erreicht, dauert es entsprechend lang. Wenn die Oberfläche bei tiefstehender Sonne und nach Sonnenuntergang schon wieder abkühlt, kann es in einigen Zentimetern Tiefe noch wärmer sein als an der Oberfläche und als in größerer Tiefe. Damit wird Wärme aus mittleren Tiefen sowohl nach oben wie auch nach unten geführt. In den unteren Bodenschichten steigt die Temperatur daher weiterhin an und das Temperaturmaximum verschiebt sich im gezeigten Beispiel in 20 cm Tiefe in die Abendstunden. Ein entsprechender Zeitversatz ist auch für die Minima zu beobachten. Die geringste Temperatur wird in 20 cm Tiefe gegen 9 Uhr morgens erreicht, zu einer Zeit an der sich die Erdoberfläche schon wieder deutlich erwärmt hat.

10. In einer klaren Nacht ist die Strahlungsbilanz der Grashalme („Erdoberfläche") aufgrund der langwelligen Ausstrahlung negativ. Es kommt zu deren Abkühlung. Die Luft, die die Grashalme umgibt, gibt ihre Wärme teilweise an die Grashalme ab und wird auch kälter. Kalte Luft kann jedoch weniger Wasserdampf enthalten als wärmere Luft und an den kältesten Stellen, den Grashalmen, beginnt sich Wasserdampf niederzuschlagen. Es bildet sich Tau (bei entsprechend geringen Temperaturen Reif). Geht die Abkühlung weiter, beginnt auch in der Luft, die über der kalten Unterlage liegt, die Kondensation. Es bildet sich Bodennebel.

Zusatzinformation:

a) Bei anderen Oberflächen, die durch einen geringen Bodenwärmestrom gekennzeichnet sind, wie Autodächer oder Holzoberflächen, ist die Abkühlung ebenfalls sehr stark und die Taubildung setzt entsprechend schnell und intensiv ein. Grundsätzlich kann sich Tau jedoch an jeder Oberfläche bilden.

b) Bei der Taubildung wird durch Kondensation an der Oberfläche latente Wärme frei. In diesem Fall ist der latente Wärmestrom ausnahmsweise aus der Luft zur Erdoberfläche hin gerichtet.

c) Wir können aus den Überlegungen zu dieser Aufgabe folgende Merksätze ableiten: Ist die Luft wärmer als die Erdoberfläche, wird Wärme von der Luft zur Erdoberfläche transportiert! Ist die über der Erdoberfläche liegende Luft gesättigt (und wärmer als die Erdoberfläche), wird auch latente Wärme von der Luft zur Erdoberfläche transportiert! (→ Tau- oder Reifbildung)

11. Es fällt auf, dass am Tage wesentlich größere Energieflüsse bestehen. Nachts sind die Eigenemission der Erdoberfläche und die atmosphärische Gegenstrahlung die größten Ströme.

12. Auch bei der Betrachtung der gesamten Energiebilanz zeigt sich, dass nachts weniger Energie umgesetzt wird als am Tage. Am Tag tritt in diesem Fall ein großer latenter Wärmestrom auf, weil der Boden feucht ist. Die Summe der beiden in die Atmosphäre gerichteten Wärmeströme ist am Tag wegen des turbulenten Austauschs erwartungsgemäß deutlich größer als der Bodenwärmestrom.

13. Wind ist eine intensive Luftströmung. Der turbulente Wärmeaustausch ist daher besonders hoch. Von der Körperoberfläche wird Wärme wie auch Feuchtigkeit sehr effektiv abgeführt. Der latente und der fühlbare Wärmestrom von der Haut in die Luft sind sehr groß und die Körperoberfläche kühlt entsprechend schnell ab. Erfrierungen können die Folge sein.

1.4 Die Atmosphäre

1. Nach Tab. 1.4.1/1 schwankt der Wasserdampfgehalt der Atmosphäre zwischen 0 und 4 %. Kein anderes Treibhausgas zeigt solche Konzentrationsschwankungen. Die Alltagserfahrung zeigt darüber hinaus, dass in unterschiedlichen Gebieten wie den immerfeuchten Tieflandtropen oder den Wüstengebieten erhebliche Unterschiede in der Luftfeuchte bestehen. Ähnliche Schwankungen ergeben sich auch im Sommer Mitteleuropas mit extrem trocken-heissen und schwül-warmen Tagen.

2. Die Nordhalbkugel der Erde hat einen wesentlich größeren Landanteil als die Südhalbkugel. Im Sommer der Nordhalbkugel wird daher mehr Kohlenstoff durch die Vegetation gebunden als im Sommer der Südhalbkugel. Entsprechend schwankt der CO_2-Gehalt der Atmosphäre.

3. In der Nacht strahlen die Aerosole einer Dunstschicht aufgrund der Eigenstrahlung viel Energie in alle Richtungen ab. Wenn die Atmosphäre über der Dunstschicht klar ist, geht die Strahlung in den oberen Halbraum zum größten Teil direkt in den Weltraum. Eine Kompensation des Energieverlustes fehlt. Die Aerosolpartikel kühlen ab, die umgebende Luft in der Folge ebenfalls. Dadurch steigt die relative Feuchte und es kommt zu Kondensation und damit zur Nebelbildung.

4. Herkunft der Aerosole:

a) Überwiegend anthropogen als Folge industrieller Fertigungsprozesse.

b) Überwiegend natürlich durch die Gischt der Meeresbrandung und anschließende Verdunstung des Wasseranteils.

c) Gemischte Herkunft: In manchen Teilräumen dominieren natürliche Prozesse durch die Auswehung von erodiertem Gesteinsmehl und Bodenpartikeln. Der Mensch sorgt allerdings durch Landnutzungsänderungen (z. B. Ausdehnung der landwirtschaftlichen Nutzflächen durch Abholzung von Wäldern) für einen erhöhten Eintrag von Bodenpartikeln in die Atmosphäre. In Industrieländern und städtisch geprägten Räumen der Entwicklungsländer dominieren mit Industrie und Verkehr anthropogene Quellen.

d) Vulkanausbrüche sind ausschließlich natürliche Vorgänge.

e) Überwiegend anthropogen bedingt durch Verbrennungsprozesse; natürliche Waldbrände sorgen nur für einen geringen Anteil.

f), g) Natürliche Verteilung nach Aufwirbelung durch Wind.

h) Gemischte Herkunft, da bei allen Lebensvorgängen organische (kohlenstoffhaltige) Stoffe freigesetzt werden. Produktion und Verwendung von Lösungsmittel sowie der Verkehr sind die wichtigsten anthropogenen Quellen.

5. Ca. 70 %, 55 %, 40% und 33 %.

6. Gängige Vertikalgliederungen der Atmosphäre gehen vom Temperaturprofil, von der Zusammensetzung oder von den elektrischen Eigenschaften aus.

1.5 Klimaelemente und Klimafaktoren

1. Im langjährigen Mittel ist am 1. Juli um 14 Uhr in Oxford eine Temperatur von 19,5°C zu erwarten.

2. **Irkutsk:** Die mittägliche Temperatur schwankt zwischen −18 °C im Januar und +22 °C im Juli. Das entspricht einer Amplitude von 40 °C. Die Station liegt im östlichen Russland in der Nähe der Grenze zur Mongolei.

Oxford: Die mittägliche Temperatur schwankt zwischen +4,5°C im Januar und +19 °C im Juli. Das entspricht einer Amplitude von 14,5 °C. Die Station liegt im südlichen England, westlich von London.

Macquarie-Insel: Die mittägliche Temperatur schwankt zwischen +7 °C im Januar und +3 °C im Juli. Das entspricht einer Amplitude von 4 °C. Die Station liegt südlich von Neuseeland.

Die mittäglichen Temperaturen im Jahresverlauf sind bei den drei Stationen sehr unterschiedlich. Das lässt sich auch an der Anzahl der Thermoisoplethen in den Diagrammen erkennen. Viele vertikal orientierte Linien charakterisieren eine große Jahresamplitude. Viele waagerechte Linien stehen für einen sehr variablen tageszeitlichen Verlauf und dementsprechend für

eine große Tagesschwankung. Die unterschiedliche Schwankung der Mittagstemperaturen bei den drei Beispielen ist in der Entfernung von der Küste begründet. Das höhere Wärmespeichervermögen von Wasser gegenüber Landflächen führt zusammen mit der Mischung des Wassers zu einer ausgleichenden Wirkung auf die Oberflächentemperatur und damit auf die Lufttemperatur. Luftmassen, die durch den Wind große Strecken über das Meer verfrachtet werden, haben daher eine gedämpfte Temperaturschwankung. In Küstennähe herrscht ein Klima mit milden Wintern und warmen Sommern. An Land kommt es dagegen zu einer deutlichen Erwärmung im Sommer und zu starker Auskühlung im Winter. Die Jahresamplitude der Temperatur nimmt mit steigender Kontinentalität zu und die Jahreszeiten bilden sich deutlicher aus. Der steuernde Klimafaktor der starken Temperaturamplituden ist somit die Distanz bzw. die Abgeschlossenheit der Lage vom Meer. Irkutsk hat ein hochkontinentales Klima mit starken Tages- und Jahresschwankungen. Oxford liegt in etwa 100 km Entfernung zur Küste und hat ein ozeanisches Klima mit mittleren Amplituden. Die Macquarie-Insel ist durch die Insellage vollständig maritim geprägt und weist ein hochozeanisches Klima auf.

3. Der Hauptunterschied ist der Verlauf der Thermoisoplethen, bei Oxford sind diese eher vertikal und bei Belem eher horizontal orientiert. Das bedeutet, dass in Oxford eine jahreszeitliche und in Belem eine tageszeitliche Temperaturschwankung dominiert. Der Grund für diesen Unterschied ist die geographische Breitenlage. Mit zunehmender Entfernung vom Äquator variiert die Intensität der Einstrahlung über das Jahr immer mehr und die Ausprägung von Jahreszeiten wird dementsprechend stärker.

*Zusatzinfo: Aufgrund dieser Unterschiede bei den Schwankungen der Temperatur spricht man von Tageszeiten- und von Jahreszeitenklimaten. Dieser Unterschied ist auch die Grundlage für eine **Definition der Tropen**: Die Tropen sind dadurch gekennzeichnet, dass die mittlere Tagesschwankung der Lufttemperatur größer ist als die* mittlere Jahresschwankung. Mit dieser Definition ergeben sich natürlich Abweichungen der Tropengrenze gegenüber der geometrisch-astronomischen Tropendefinition, nach der die Sonne mindestens einmal im Jahr im Zenit (90° Sonnenhöhe) stehen muss. Die Tropengrenzen sind in diesem Fall durch die Wendekreise gegeben.

4. Belem liegt im tropischen Tiefland nahe der Nordostküste Brasiliens unweit des Äquators. Ausgeprägte thermische Jahreszeiten können sich daher nicht ergeben. Nagpur hingegen liegt in den Randtropen. Ein jahreszeitlicher Einfluss auf die Temperatur ist damit erklärbar. Außerdem ist die Lage küstenfern im Binnenland Indiens. Beide Faktoren, Breitenlage und Küstenferne, sorgen für einen stärker kontinental geprägten Temperaturverlauf .

Zusatzinfo: Es fällt auf, dass die Maximaltemperaturen vor dem jährlichen Sonnenhöchststand (erkennbar an den beiden senkrechten Linien) liegen. Die Hitzeperiode im Frühsommer wird beendet durch den Beginn des Monsuns. Dieser ist Folge der weit nach Norden reichenden Verschiebung der innertropischen Konvergenzzone (ITC). Damit ist ein höherer Bewölkungsgrad und eine geringere Einstrahlung verbunden. Die Tagesmaxima der Temperatur werden geringer. Auf die Monsunzirkulation werden wir in den Kapiteln 1.12 und 1.13 noch einmal eingehen.

5. Das Wetter wird durch die Druckunterschiede in der Umgebung und durch die Schichtung der Atmosphäre bestimmt. Für eine verlässliche Wetterprognose braucht man daher Angaben aus der gesamten Troposphäre wie Windrichtungen, Temperaturen, Wassergehalt der Atmosphäre in verschiedenen Höhen oder Wolkenformen uvm. Die erforderlichen Vertikalsondierungen der Atmosphäre werden an aerologischen Stationen vorgenommen. Dort werden regelmäßig Wetterballons mit entsprechenden Messgeräten gestartet. Die großräumige Windsituation wird durch Vergleich der aktuellen, weltweiten Luftdruckmessungen abgeleitet. Fernerkundungsverfahren wie Satellitenbilder, die die großräumigen Wolkenstrukturen zeigen oder Wetter-Radars für die Niederschlagsprognose sind weitere Datenquellen. Alle Daten werden in physikalischen Strömungsmodellen zusammengeführt, um die Wetterentwicklung vorherzuberechnen.

Zusatzinfo: Die nationalen Wetterdienste und private Unternehmen berechnen mit so genannten Regionalmodellen die räumlich differenzierte Wetterentwicklung (Mesoskala γ bis Mesoskala α). Große Rechenzentren wie das European Center for Medium-Range Weather Forecasts (http://www.ecmwf.int/) liefern dazu die Eingabegrößen, in dem sie in einer geringeren räumlichen Auflösung die Wetterprognose für Gebiete von kontinentalen Ausmaßen berechnen (Mesoskala γ bis Makroskala α).

1.6 Der Luftdruck

1. Bei der Ausdehnung eines Gases kühlt sich dieses ab (→ Sprühdose). Bei der Kompression erwärmt es sich (→ Fahrradpumpe).

Zusatzinfo: Die Abkühlung bei der Expansion ist folgendermaßen vorstellbar. Zwischen den Gasmolekülen bestehen Kräfte (Van-der-Waals-Kräfte), die die Moleküle schwach aneinander binden. Bei einer Expansion müssen diese Bindungen gelöst werden. Die dafür nötige Energie stammt aus der inneren Energie des Gases – wird also dem Wärmeinhalt entnommen. Es kommt zur Abkühlung. Bei der Kompression dagegen werden Gasmoleküle dichter gepackt. Die Moleküle werden durch die Van-der-Waals-Kräfte beschleunigt. Die Bewegungsenergie (=Wärme) wird größer.

2. Wenn sich die beiden Luftdruckwerte um 1 % unterscheiden (z. B. 1000/990 hPa oder 900/891 hPa) ergibt sich Δh = 80,3 m.

Verallgemeinerung („Faustregel"):
Der Luftdruck ändert sich bei einem Höhenunterschied von 80 m um etwa 1 % des Ausgangsluftdrucks.

3. 10 hPa Druckänderung auf 800 Kilometern entsprechen im Meeresniveau einer 1%-igen Druckänderung. Der horizontale Druckgradient macht damit nur 80/800 000 = 1/10 000 des vertikalen

Druckgradienten aus. Selbst im Extremfall (50 hPa auf 100 Kilometern) ergibt sich ein Wert von nur 1/250.

Verallgemeinerung („Faustregel"): *Horizontale Druckänderungen sind typischerweise etwa zehntausendmal kleiner als Druckunterschiede in der Vertikalen.*

Zusatzinfo: *Obwohl die horizontalen Druckunterschiede so klein sind, sind sie die Ursache von Luftströmungen (Wind).*

4. Beschleunigung:

$$b = \frac{Kraft}{Masse} = \frac{0{,}004\ N}{1\ kg}$$

Geschwindigkeit:

$$v = \frac{0{,}004\ N}{1\ kg} \cdot 3600\ s = 14{,}4\ \frac{m}{s} = 52\ \frac{km}{h}$$

Verallgemeinerung: *Selbst kleine Gradientkräfte führen bei einer entsprechend langen Wirkung zu großen Windgeschwindigkeiten. Die Windgeschwindigkeiten steigen durch Reibungsvorgänge nicht beliebig an.*

1.7 Das Wasser in der Atmosphäre

1. Die Sättigungsdampfdruck ändert sich bei 25 °C/5°C um etwa 2/0,6 hPa pro Grad. Sinkt die Lufttemperatur in einer wasserdampfgesättigten Luft, so kondensiert bei hohen Temperaturen viel mehr Wasserdampf als bei niedrigen Temperaturen. Sommerniederschläge sind daher im allgemeinen intensiver als Winterniederschläge.

2. Kammeis bildet sich nachts, wenn die Erdoberfläche abkühlt und die Temperatur unter 0 °C sinkt. Der feuchte Boden im Untergrund ist nicht gefroren. Bodenwasser, das in das Kapillarsystem des Bodens verdampft, kann sich darin Richtung Erdoberfläche bewegen, da dort aufgrund des geringeren Sättigungsdampfdrucks bei Eis an den Kapillarausgängen laufend neue Wasserdampfmoleküle an der Unterseite der Eisnadeln angelagert werden und diese anheben. Es erfolgt ein Transport von Wasserdampf vom wärmeren, feuchten Boden zur Erdoberfläche.

Zusatzinfo 1: *In Hanglagen werden in die Eisnadeln eingefrorene Bodenpartikel senkrecht zum Hang angehoben. Beim Abtauen fallen diese Partikel in Richtung*

der Erdanziehung nach unten. Es ergibt sich eine hangabwärtsgerichtete Verlagerung der Partikel.

Zusatzinfo 2: *Der beschriebene Wasserdampftransport wird technisch bei der Gefriertrocknung genutzt.*

3. Über Wüsten befindet sich nur wenig Wasserdampf in der Atmosphäre. Dadurch ist die atmosphärische Gegenstrahlung gering und es kommt zu einem hohen Strahlungsverlust mit entsprechender Abkühlung der Erdoberfläche und der darüber liegenden Luft. In den inneren Tropen ist wegen des hohen Wasserdampfgehalts der Luft die Absorption der von der Erdoberfläche ausgehenden langwelligen Ausstrahlung in der Atmosphäre hoch. Die Atmosphäre liefert einen großen Teil der Energie als Gegenstrahlung wieder zurück. Die effektive Ausstrahlung und damit die Abkühlung ist gering. Für tropische Hochgebirge gilt der beschriebene Mechanismus nicht, da der größte Teil des atmosphärischen Wasserdampfs in den untersten 2500 m. ü. d. M. enthalten ist.

1.8 Atmosphärische Schichtung

1. In Hochdruckgebieten sinkt die Luft ab und führt zur Wolkenauflösung. In Tiefdruckgebieten strömt die Luft in der unteren Troposphäre zusammen und weicht nach oben aus. Die Folge davon sind Wolkenbildung und Niederschläge.

2. Eine Luftsäule ist labil (feuchtlabil) geschichtet, wenn ein Luftpaket beim trockenadiabatischen (feuchtadiabatischen) Aufstieg in eine neue Umgebung wärmer wird als die dort vorhandene Luft. Erreicht das aufsteigende Luftpaket die gleiche Temperatur wie die Umgebungsluft, spricht man von indifferenter Schichtung.

3. Für die Aufgabe gibt es eine Vielzahl möglicher Lösungen. Unten sind nur zwei Beispiele für den Temperaturverlauf in der Atmosphäre gezeigt (grüne Linien). Wichtig ist, dass in Ihrer Lösung in einer bestimmten Höhe die Temperatur in der umgebenden Luftsäule größer ist als die Temperatur der adiabatisch aufsteigenden Luft. Besonders stabil ist die Schichtung bei einer Inversion (Temperaturumkehr, rechtes Bild).

Zusatzinfo: Aus der Aufgabe können Sie schließen, dass Schichtwolken an eine stabile Schichtung in der Atmosphäre gebunden sind.

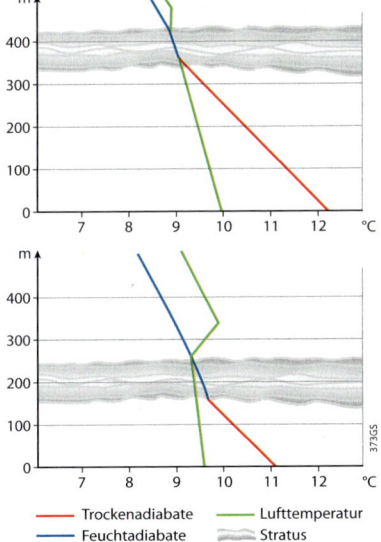

— Trockenadiabate   — Lufttemperatur
— Feuchtadiabate   ▒ Stratus

Abb. L 1.8/1 Zwei Beispiele für Lösungen von Aufgabe 3.   (eigener Entwurf)

1.9 Räumliche Grundmuster der globalen Energieverhältnisse

1. Die Verschiebung der Maxima der Globalstrahlung in die randtropischen Trockengebiete ist die Folge des dort geringeren Bewölkungsgrades. Die Sonneneinstrahlung kann ungehindert zur Erdoberfläche gelangen. Es wird deshalb ein kleinerer Strahlungsanteil gestreut und reflektiert als in den inneren Tropen. Die Lage der Maxima wird – neben der Sonnenhöhe

– durch die unterschiedliche Zusammensetzung der Atmosphäre (Wolken, Wasserdampf) bestimmt.

2. Auf der polwärtigen Seite der starken Globalstrahlungsgradienten befindet sich auf beiden Hemisphären die jeweilige Westwindzone mit ihrem typischen Wechsel der Wetterlagen, die von wandernden Hoch- und Tiefdruckgebieten bestimmt werden.

3. Die Globalstrahlung berücksichtigt zwar das solare Energieangebot, jedoch nicht die atmosphärische Gegenstrahlung. Zur klimatologisch relevanten Bewertung der strahlungsklimatischen Bedingungen muss daher die Strahlungsbilanz betrachtet werden.

4. Landflächen erwärmen sich bei Sonnenstrahlung (am Tage) stärker als Wasserflächen. Nach dem STEFAN-BOLTZMANN-Gesetz (Glg. 1.3.1/1 und 1.3.1/2) geben sie daher mehr Strahlungsenergie ab als Wasserflächen. Der höhere Verlust an langwelliger Strahlungsenergie am Tage kann nachts, wenn das Wasser wärmer ist als Landflächen, nicht kompensiert werden. Verantwortlich dafür ist die Proportionalität der Energieabgabe zur vierten Potenz der absoluten Temperatur. Dazu ein Beispiel (Temperaturen in °C, zur Berechnung der Energie nach Glg. 1.3.1/1 müssen Temperaturen in K eingesetzt werden, Strahlung in W/m^2):

	Tag	Nacht	Ø
Temperatur$_{Wasser}$	17	17	17
Temperatur$_{Land}$	27	7	17
Strahlung$_{Wasser}$	402	402	402
Strahlung$_{Land}$	460	349	405

5. Aus den Randtropen erfolgt ein Wasserdampftransport sowohl in Richtung innere Tropen als auch in die höheren Breiten. Der Transport in die inneren Tropen entspricht dem Passatsystem mit der innertropischen Konvergenzzone.

1.10 Luftströmungen

1. Die Corioliskraft ist für die Ablenkung des Windes verantwortlich. Sie ist daher keiner der freien Stellen zuzuordnen. Da es sich um eine Abbildung zum Reibungswind handelt, passt auch der Begriff Höhenströmung nicht. Die Lösung lautet Land (1), Meer (2) weil die Landoberflächen rauer sind als Meeresoberflächen und deshalb einen größeren Reibungseinfluss haben. Da der Einfluss der Corioliskraft mit der Breite zunimmt, lauten die weiteren Lösungen Polargebiet (3), mittlere Breiten (4) und Äquator (5).

2. Eine Gewittersituation ist durch eine hochreichend labile Schichtung der Atmosphäre gekennzeichnet. Dabei können auch Luftpakete aus der mittleren Troposphäre und somit mit sehr großen Windgeschwindigkeiten zur Erdoberfläche gelangen. Im Umfeld einer Gewitterzelle, in dem die Luft überwiegend absinkt, ist die Böigkeit des Windes demzufolge besonders groß. Deshalb frischt der Wind bereits auf, bevor Regen, Blitz und Donner auftreten.

1.11 Hoch- und Tiefdruckgebiete

1. Durch die weit nach Süden vorstoßende Kaltluft wird der Temperaturgradient vergrößert.

2. Die Vergrößerung des Temperaturgradienten geht einher mit einer Zunahme des Druckgradienten. Die Luft wird beschleunigt.

3. Für die Hebung der Luft an der Warmfront ist Energie erforderlich. Ein Teil der kinetischen Energie der Luft wird dabei in potenzielle Energie umgewandelt, mit der Folge, dass die Geschwindigkeit reduziert wird.

4. Da die Corioliskraft in den inneren Tropen keine Auswirkung auf die Strömungsrichtung hat, können Druckunterschiede rasch ausgeglichen werden. Der für einen Wirbelsturm erforderlicher tiefe Luftdruck kann sich nicht ausbilden.

5. Im Bereich der Warmfront herrschen Stratuswolken vor. Es handelt sich um eine stabile Schichtung der Atmosphäre. Die Ursache dafür ist eine Zunahme der Lufttemperatur in der Höhe. An der Kaltfront treten Quellwolken auf. Die Atmosphäre ist labil geschichtet und es findet eine intensive vertikale Durchmischung

(Konvektion) statt. Die vorrückende Kaltluft kommt oberhalb der Reibungsschicht schneller voran als in der unteren Troposphäre. Daher wird sie über wärmere Luft geführt und sinkt aufgrund der höheren Dichte ab. Zur Kompensation steigt Warmluft auf. Die Labilisierung wird durch den warmen Untergrund, über den die Kaltluft strömt, intensiviert.

1.12 Allgemeine Zirkulation der Atmosphäre

1. Die sommerliche Erwärmung im südasiatischen Raum verlagert den thermischen Äquator weit nach Norden. Es stellt sich großräumig eine etwa halbjährig anhaltende südwestliche Grundströmung ein, die als Monsun bezeichnet wird.

2. Die Antarktis wirkt durch ihre Eisbedeckung und die größere topographische Höhe als das Nordpolargebiet (keine Landmasse am Pol!) als globale Kältekammer. Zusammen mit dem im Vergleich zur Nordhalbkugel höheren Meeresanteil ergibt sich eine geringere Erwärmung im Sommerhalbjahr.

3. Die Antwort zu Frage 2 beinhaltet auch die Antwort zu Frage 3. Das Meer als Speicher für Wärme, die im Winter an die Atmosphäre abgegeben wird, kann den Einfluss der Antarktis nicht kompensieren.

1.13 Klimazonen

1. Wenn Sie nicht sicher sind, bearbeiten Sie ggf. noch einmal Aufgabe 3 in Kapitel 1.5.

2. Verwende Glg. 1.13.2/4 bzw. 1.13.2/2

   a) 35>24 (humid)

   b) 35<24+14 = 38 (arid)

3. Durch den Einfluss der subtropischen Hochdruckzellen ergibt sich im Sommer eine Dominanz stabiler Wetterbedingungen. Damit kann keine hochreichende Wolkenbildung einsetzen und Niederschläge bleiben aus. Im Winter verlagern sich die Hochdruckzellen etwas in Richtung Äquator. Dadurch können Zyklonen der Westwindzirkulation von Zeit zu Zeit in die entsprechenden Gebiete eindringen und Niederschläge mitbringen.

Abb. 2/1 *Vulkanlandschaft der Mandara-Berge im Norden Kameruns* (Hinterberger, A.)

2 Geomorphologie

Welche Formen lassen sich auf dem Bild (Abb. 2/1) erkennen? Durch welche Prozesse kam das Relief zustande? In welchen Zeitdimensionen ist diese Entwicklung abgelaufen?

Die **Geomorphologie** beschäftigt sich mit diesen Fragen. Sie ist die Wissenschaft von den Oberflächenformen der Erde und befasst sich mit der Bildung und Entwicklung der äußeren Form und dem inneren Bau des Georeliefs, d. h. sie analysiert das Relief in Raum und Zeit. Die Wortbestandteile stammen aus dem Griechischen und bedeuten **Geos** = Erde, Erdoberfläche; **Morphos** = Gestalt, Form und **Logos** = Lehre, Wort. Traditionell umfassen ihre Inhalte

die Beschreibung und Systematisierung der Formen (**Morphographie**), die Entwicklung (**Morphogenese**) sowie die Quantifizierung und Modellierung von Formen und Prozessen (**Morphometrie** und **Morphodynamik**). In komplexen Konzepten werden die für einen bestimmten Formenkreis allgemeingültigen Aspekte dargelegt.

Neuere Ansätze zielen auf **Risikopotenziale** ab, die sich u.a. aus Rutschungen ergeben. Oder es stehen Fragen nach der Altersbestimmung im Vordergrund wie bei der **Geochronologie**. Aus der Zusammenarbeit mit der Archäologie (**Geoarchäologie**) erwuchs die Einsicht, dass der Mensch in zunehmendem Maße

Exkurs: Relief digital

Das Relief spielt bei vielen angewandten Fragen in den Geowissenschaften eine große Rolle, etwa bei der Standortwahl von Sendemasten in der Telekommunikation oder von Windkraftanlagen, in der Geodäsie für die Geländeaufnahme und im Militärwesen bei der Navigierung von Marschflugkörpern. Das Relief wird seit Mitte der 1980er-Jahre in Form digitaler, numerischer Modelle der Geländehöhen und -formen als **Digitales Höhenmodell** (DHM) oder **Digitales Geländemodell** (DGM), englisch **Digital Terrain Model** (DTM) und **Digital Elevation Model** (DEM), abgebildet.

Diese werden entweder aus der Digitalisierung von Höheninformation aus topographischen Karten oder über moderne Erfassungsverfahren wie Laserscanntechniken gewonnen. Während der Shuttle Radar Topography Mission (SRTM) im Februar 2000 wurde ein nahezu globales Höhenmodell geschaffen, das frei verfügbar ist. Mit der Radar Tandem Mission ist bis 2014 eine globale Abbildung bei zehn Metern Auflösung geplant.

Einfluss auf die Reliefgestaltung nimmt, etwa durch die Entwaldung und dadurch ausgelöste Bodenerosion oder durch Abgrabungen und Aufschüttungen bei Landgewinnungsmaßnahmen.

Heute stehen Fragen des globalen Wandels im Vordergrund. Wie wird sich die Klimaänderung auf die Reliefentwicklung auswirken? Das Ausschmelzen des Permafrostes beispielsweise führt zur Labilisierung von Hängen. Die Geomorphologie spielt eine wichtige Rolle bei der Lösung vieler aktueller Fragestellungen.

Zusammenfasssend zeigt der „Schmetterling" (Abb. 2/2), welche Dimensionen das Relief prägen, womit sich die Geomorphologie in Raum und Zeit beschäftigt, auf welchen Maßstabsebenen oder Skalen und mit welchen Themen.

Im Folgenden werden einige Angaben zu wichtigen Fundstellen und Quellen gemacht. Sie stellen jeweils eine Auswahl dar:

Zeitschriften:
In Zeitschriften wie „Zeitschrift für Geomorphologie", „Eiszeitalter und Gegenwart", „Physical Geographie" oder „Geoöko" werden aktuelle Forschungsergebnisse vorgestellt.

Internet:
Geographie Online lernen – mit vielen Modulen zur Geomorphologie, in denen das in diesem Kapitel präsentierte Wissen ergänzt werden kann

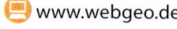 www.webgeo.de

Aufgabe

1. Stellen Sie sich ein Sandkorn auf einer der ostfriesischen Inseln vor. Welche Prozesse und welches Faktorengefüge haben zu seiner Entstehung beigetragen?

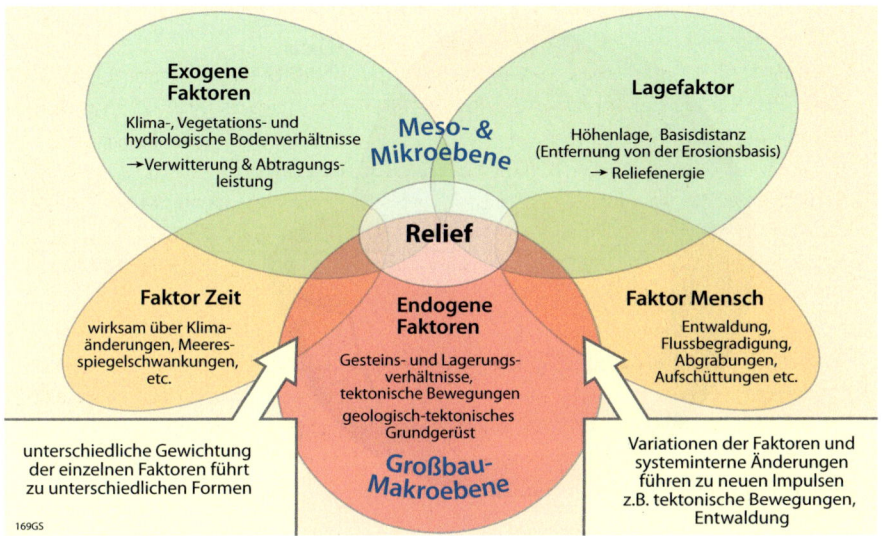

Abb. 2/2 *Faktoren der Reliefbildung*   (eigener Entwurf)

2.1 Geosphäre: Aufbau und Veränderung

Stellen wir uns unsere Erde als ein Bauwerk vor, dann kann man ähnlich wie bei einem Bauvorhaben in einen Tief- und in einen Hochbau unterscheiden. Geologisch-tektonische Prozesse stellen den endogenen Anteil dar. Sie bilden das Grundgerüst und prägen insbesondere die Land-Meerverteilung, die Lage der Kontinente, die Gebirgsbildung und andere Großformen.

Ziele des Kapitels

Wenn Sie diese Kapitel durchgearbeitet haben, sollen
• Sie den Aufbau der Erde erklären können,
• das Prinzip der Isostasie verstehen,
• wichtige Gesteinsklassen unterscheiden können und

• einen Überblick über die stratigraphische Einteilung der Erdgeschichte haben.

2.1.1 Aufbau der Erde

Die innere Struktur der Erde weist einen schalenförmigen Aufbau auf, der durch Differentiation entstanden ist (Abb. 2.1.1/1). Im Zentrum befindet sich ein dichter fester **Kern** aus Eisen, an der Oberfläche die starre **Kruste** aus leichterem Material und dazwischen der flüssige **Mantel**. Etwa 90 Vol-% der Erde bestehen aus nur vier Elementen: Eisen, Sauerstoff, Silicium und Magnesium. Da der Schmelzpunkt in der Regel mit steigendem Druck zunimmt, ist der innere Kern fest. Die genauere Struktur des Erdinnern wurde durch seismische Wellen analysiert.

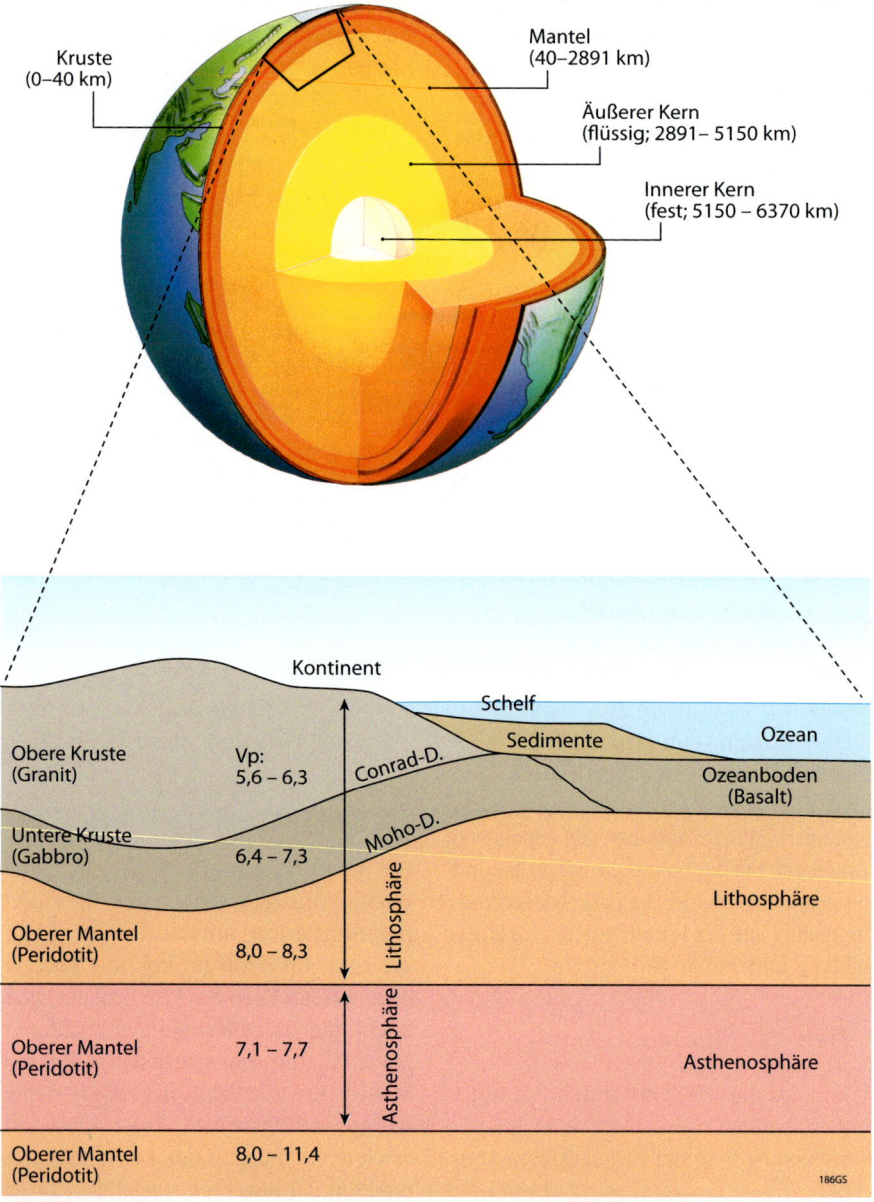

Abb. 2.1.1/1 *Der innere Aufbau der Erde: Die Ausbreitungsgeschwindigkeit v_p [km/sec] von seismischen Primärwellen ermöglicht es, den vertikalen Aufbau nachzuvollziehen.*

(nach GROTZINGER, J. et al. 2008; BAUER, J. et al. 2002)

Danach zeigt der Aufbau der Erde folgendes Bild: Die **Kontinentale Kruste** wird mit Teilen des **Oberen Mantels** als **Lithosphäre** bezeichnet. Diese dünne, starre Außenhaut schwimmt auf der zähplastischen **Asthenosphäre**, die als Gleitschicht bei tektonischen Bewegungsvorgängen wirkt. Es folgen in größerer Tiefe **Unterer Erdmantel** und **Kern**.

In der Litho- und Asthenosphäre spielen sich die wesentlichen Bewegungsvorgänge ab, die zu der heutigen Verteilung von Kontinenten und Ozeanen geführt haben: **Subduktion** entlang konvergierender, **Seafloor Spreading** mit Ozeanbodenbildung an divergierenden Plattengrenzen und **Transformstörungen** in unregelmäßigen Abständen mit einem seitlichen Versatz.

Krustenteile steigen auf oder sinken ab, bis sich ihre Masse im hydrostatischen Gleichgewicht befindet. Dieses Prinzip nennt man **Isostasie**. Die kontinentale Kruste taucht tief in den dichteren Mantel ein. Je nach ihrer Höhe besitzen daher Gebirge tiefer reichende Wurzeln.

Aufgaben

1. Skizzieren Sie den schalenförmigen Aufbau der Erde. Wie konnte dieser nachgewiesen werden?

2. Weshalb ist der eisenhaltige Erdkern trotz der hohen Temperaturen fest?

3. Überlegen Sie, ausgehend von der Theorie der Differentiation, wie Konvektionen im Erdinneren entstehen können.

4. In der Hypsometrischen Kurve (Abb. A 2.1.1/1) ist die auf der Erde vorhandene Höhenverteilung in Höhenschichten zusammengefasst. Beschreiben Sie die Verteilung der Reliefunterschiede. Was fällt Ihnen auf?

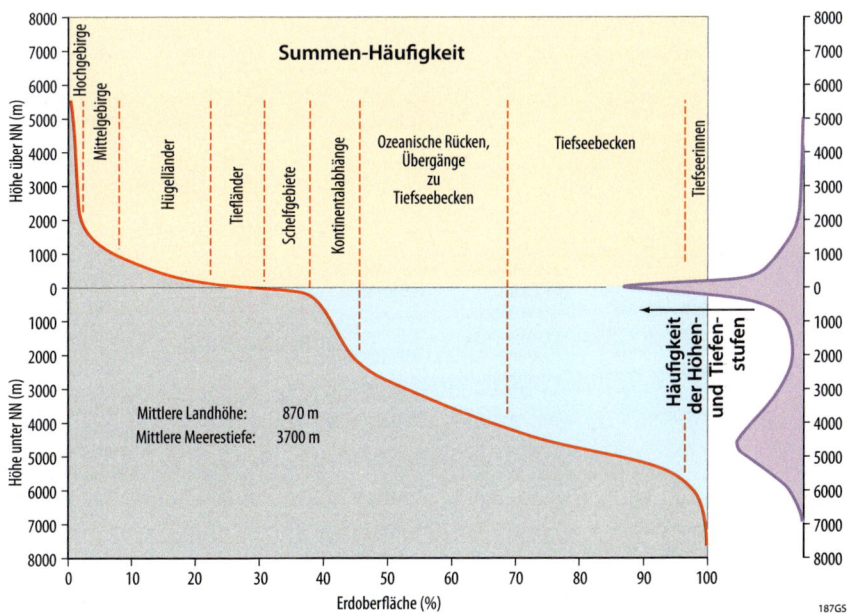

Abb. A 2.1.1/1 Hypsometrische Kurve (zu Aufgabe 4)   (nach Zepp, H. 2008)

5. Mithilfe einer einfachen Abschätzung kann die Eintauchtiefe der Kruste in den oberen Erdmantel berechnet werden. Hierbei gilt: $T_k = D_k \cdot S_k/S_m$ sowie $H_k = D_k - T_k$, (T_k: Eintauchtiefe der Kruste, S_k: spezifische Dichte der Kruste, S_m: spezifische Dichte des Mantels (3,3), D_k: Dicke der Kruste, H_k: Auftauchhöhe, um die die Krustenoberfläche aus dem Mantel emporragt).

a) Berechnen Sie Eintauchtiefe und Auftauchhöhe für die ozeanische und die kontinentale Kruste, wenn folgendes gilt:
ozean. Kruste: $S_k = 3{,}1$, $D_k = 6$ km
kontinent. Kruste: $S_k = 2{,}7$, $D_k = 30$ km

b) Vergleichen Sie die Ergebnisse mit Ihren Erkenntnissen aus Aufgabe 4.

6. Auch nach dem Abschmelzen von großen Eismassen, wie beispielsweise auf dem skandinavischen Schild, finden isostatische Ausgleichsbewegungen statt.
a) Warum liegen historische Häfen in Skandinavien heute mehrere (100) Meter über dem Meeresspiegel?
b) Erklären Sie das Prinzip der Glazialisostasie.

c) Weshalb stellt sich das isostatische Schwimmgleichgewicht nicht sofort bei Be- oder Entlastung ein?

Hinweis: *Über dem Bottnischen Meerbusen hebt sich das Land heute noch um jährlich neun Millimeter.*

2.1.2 Gesteinsklassen

Die Erdkruste besteht aus **Gesteinen**, die aus mono- oder polymineralischen Aggregaten von Mineralen und organischen Verbindungen aufgebaut sind. Fast 99 % werden aus acht Elementen aufgebaut: Sauerstoff (O), Silicium (Si), Aluminium (Al), Eisen (Fe), Calcium (Ca), Natrium (Na), Kalium (K) und Magnesium (Mg). Die Mineralgruppen Feldspat und Quarz bilden mit etwa 60 % bzw. 12 % den Großteil der Erdkruste. Minerale als stofflich homogene, anorganische Feststoffe können in helle (**leukokrate**, **felsische**)und dunkle (**me-**

Magmatite (→ „Primärgesteine")		Sedimentite		Metamorphite	
Entstehung an der Erdoberfläche	**Vulkanite** Laven und Pyroklastika (z. B. Basalt-Lava, Rhyolith-Tuff)	Entstehung an oder nahe der Erdoberfläche durch Verwitterung, Erosion, Transport, Ablagerung und Diagenese	**Klastische Sedimente** und Sedimentgesteine (z.B. Sand, Sandstein)	Entstehung in größeren Tiefen der Erdkruste (10 bis 20 km), in Ausnahmefällen bis in den Mantelbereich	**Para-Gesteine** aus Sedimenten entstanden (z.B. Paragneis, Glimmerschiefer, Marmor)
Entstehung meist relativ oberflächennah in Wurzelzonen der Vulkane	**Subvulkanische Gesteine,** meist Gänge und kleinräumige Intrusiva		**Biogene Sedimente** und Sedimentgesteine (z.B. Globigerinenschlamm, die meisten Kalksteine, Kohlen)		**Ortho-Gesteine** aus Magmatiten entstanden (z.B. Orthogneis, Ortho-Amphibolit)
Entstehung in einigen Kilometern Tiefe innerhalb der Erdkruste	**Plutonite** (z.B. Gabbro-Granit)		**Chemische Sedimente** (z.B. Salzgesteine (→ Evaporite), Tropfsteinkalk)		

Abb. 2.1.2/1 *Gesteine nach genetischen Klassen* (nach ROTHE, P. 2002)

lanokrate, **mafische**) untergliedert werden. Die hellen sind arm an oder frei von Fe/Mg, die dunklen enthalten Fe und/oder Mg. Nach ihrer Genese lassen sich alle Gesteine in drei Gesteinsklassen gliedern: **Magmatite**, **Sedimentite**, **Metamorphite** (Abb. 2.1.2/1). Die Bildung verschiedener magmatischer Gesteine wird durch Differentiation einer im Wesentlichen basaltischen Ausgangsschmelze erklärt. Im Laufe der Erdgeschichte ist der Anteil primärer vulkanogener Gesteine (Magmatite) stetig geringer geworden. Hingegen nehmen Sedimentgesteine während der Erdgeschichte ein immer größeres Volumen und einen wachsenden Differenzierungsgrad ein.

Zu berücksichtigen ist die Tatsache, dass Kalium, Calcium und Magnesium die Hauptnährelemente für Pflanzen sind und in unterschiedlichen Mengen in den jeweiligen Ausgangsgesteinen vorkommen, was sich letztlich in der Bodenfruchtbarkeit niederschlägt.

Exkurs: Geologische Zeittafel

Der Faktor Zeit spielt bei geomorphologischen Betrachtungen eine große Rolle. Die Skala reicht von geologischen Zeiträumen in der Größenordnung von Jahrmillionen bis zum „Augenblick" eines Regentropfeneindrucks. Zudem ist die Zuordnung von Sedimentbildungen und Prozessen häufig ebenfalls zeitgebunden. In der ICS (International Commission on Stratigraphy) werden weltweit geochronologische und stratigraphische Daten zusammengefasst und definiert. Die **Stratigraphie** ist die wichtigste Methode zur Korrelation und relativen Datierung von Sedimentgesteinen. In Kombination mit der **Geochronologie** wird eine recht genaue Altersbestimmung durch absolute Datierung der Gesteine und damit eine Rekonstruktion der Erdgeschichte ermöglicht. Daraus resultiert eine geologische Zeittafel (Abb. E 2.1.2/1), in der die Zeitintervalle identifiziert, als geochronologische Einheiten Ära, System oder Periode, Serie oder Epoche sowie Stufe oder Alter benannt wurden und datiert dargestellt sind.

Beispielhaft werden zwei Zeitabschnitte herausgegriffen, die verdeutlichen sollen, dass Dauer und Gliederung noch in Diskussion sind. Erst in der neueren Chronostratigraphie ist das **Anthropozän** ab 1800 n. Chr. als eigene Einheit ausgewiesen. Andere Autoren weiten diesen Begriff auf den prähistorischen Zeitraum aus. Es trägt dem Umstand Rechnung, dass der Mensch zumindest seit seiner Sesshaftwerdung in zunehmendem Maße als prägender Faktor in Erscheinung getreten ist. Das **Quartär** ist vom Wechsel der Glazial- (Kaltzeit) und Interglazial- (Warmzeit) Zyklen geprägt. Sein Beginn wird von 1,8 bis 2,5 Mio. Jahren immer noch unterschiedlich angegeben – was auf die nach wie vor existierenden Probleme mit Datierungen verweisen soll.

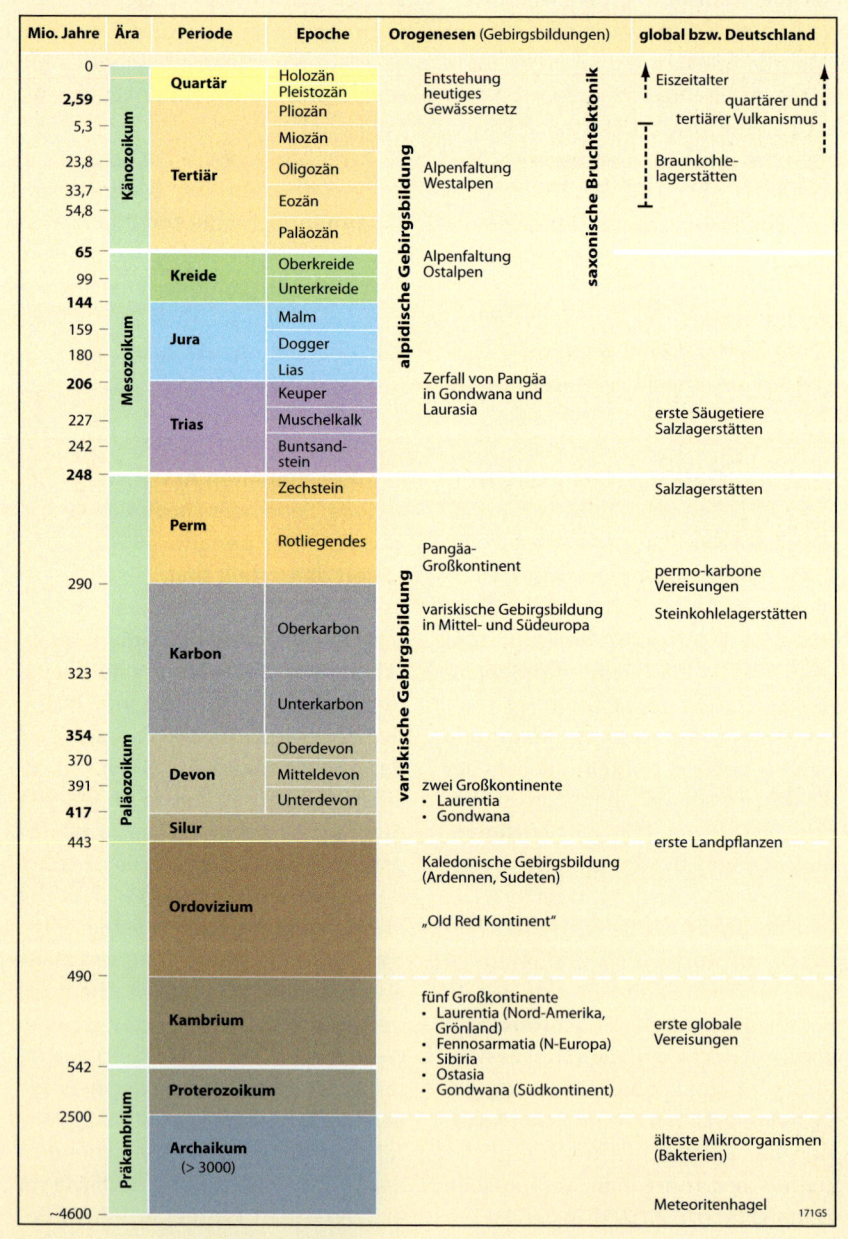

Mio. Jahre	Ära	Periode	Epoche	Orogenesen (Gebirgsbildungen)	global bzw. Deutschland
0	Känozoikum	Quartär	Holozän	Entstehung heutiges Gewässernetz; saxonische Bruchtektonik	Eiszeitalter
			Pleistozän		quartärer und tertiärer Vulkanismus
2,59		Tertiär	Pliozän	alpidische Gebirgsbildung	
5,3			Miozän		
23,8			Oligozän	Alpenfaltung Westalpen	Braunkohlelagerstätten
33,7			Eozän		
54,8			Paläozän		
65	Mesozoikum	Kreide	Oberkreide	Alpenfaltung Ostalpen	
99			Unterkreide		
144		Jura	Malm		
159			Dogger		
180			Lias		
206		Trias	Keuper	Zerfall von Pangäa in Gondwana und Laurasia	
227			Muschelkalk		erste Säugetiere Salzlagerstätten
242			Buntsandstein		
248	Paläozoikum	Perm	Zechstein	variskische Gebirgsbildung	Salzlagerstätten
			Rotliegendes	Pangäa-Großkontinent	
290		Karbon	Oberkarbon	variskische Gebirgsbildung in Mittel- und Südeuropa	permo-karbone Vereisungen; Steinkohlelagerstätten
323			Unterkarbon		
354		Devon	Oberdevon		
370			Mitteldevon		
391			Unterdevon	zwei Großkontinente • Laurentia • Gondwana	
417		Silur			
443		Ordovizium		Kaledonische Gebirgsbildung (Ardennen, Sudeten); „Old Red Kontinent“	erste Landpflanzen
490		Kambrium		fünf Großkontinente • Laurentia (Nord-Amerika, Grönland) • Fennosarmatia (N-Europa) • Sibiria • Ostasia • Gondwana (Südkontinent)	erste globale Vereisungen
542	Präkambrium	Proterozoikum			
2500		Archaikum (> 3000)			älteste Mikroorganismen (Bakterien); Meteoritenhagel
~4600					

171GS

Abb. E 2.1.2/1 Geologische Zeittafel (nach GEBHARDT, H. et al. 2007)

Abb. A 2.1.2/1 Vulkanite und Plutonite (zu Aufgabe 7)

Abb. A 2.1.2/2 Gesteinsklassen
(zu Aufgabe 8)

Aufgaben

7. Betrachten Sie Abb A 2.1.2/1 und beschreiben Sie, wie es zu der unterschiedlichen Textur der dargestellten Gesteine gekommen ist.

8. Ordnen Sie die Gesteine in Abb. A 2.1.2/2 den Klassen Magmatit, Sedimentit und Metamorphit zu!

2.2 Tektonik

Moving Facts – bewegende Tatsachen
Erdbeben zählen zu den großen Naturkatastrophen auf unserer Erde. Warum
werden immer die gleichen Regionen von
Erdbeben heimgesucht? In welche Prozessgefüge sind diese eingebettet?

Ziele des Kapitels

Nach Bearbeitung der Aufgaben in diesem Kapitel sollen Sie
• in der Lage sein, die Zusammenhänge zwischen Erdbebenhäufigkeit und
  räumlicher Verteilung zu erläutern,
• die Vorgänge der Plattentektonik verinnerlicht haben,

• den Gesteinskreislauf verstanden
  haben
• und wissen, wie Gebirge entstehen.

2.2.1 Gesteine und deren Veränderung

Selbst die härtesten Gesteine unterliegen –
wenn auch in sehr langen Zeitdimensionen – ständiger Veränderung. Die drei
großen Gesteinsgruppen Sedimentite,
Metamorphite und Magmatite stehen
über den **Kreislauf der Gesteine** (Abb.
2.2.1/1) miteinander in Beziehung. Motor dieses Kreislaufes sind plattentekoni-
sche Vorgänge.

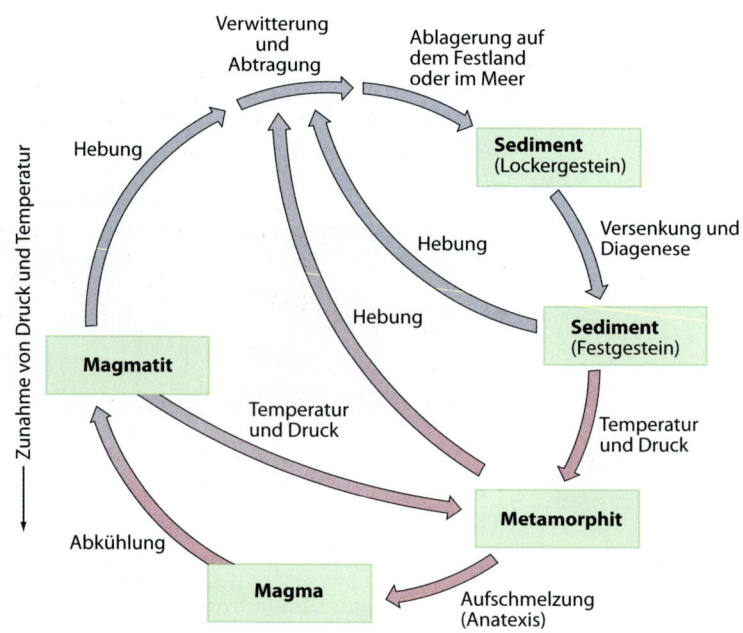

172GS

Abb. 2.2.1/1 *Kreislauf der Gesteine*   (nach PRESS, F. & R. SIEVER 2003)

2.2.2 Grundzüge der Plattentektonik

Alfred Wegener (1880–1930) leitete aus der Analyse der Kontinentumrisse, der Gesteinsentsprechungen, Fossilien und permokarbonen Vereisungsspuren die Theorie der Kontinentaldrift ab. Die kontinentale Kruste, die aus dem spezifisch leichten Sial (**Silizium**, **Aluminium**) aufgebaut ist, „schwimmt" auf dem darunterliegenden schwereren Sima (**Silizium**, **Magnesium**).

Meeresgeologische und geophysikalische Untersuchungen (vor allem Paläomagnetismus) des 20. Jh. zeigten, dass der Antrieb für die Drift der Kontinente im Rahmen der **Plattentektonik** (Abb. 2.2.2/1) zu suchen ist. **Konvektionsströme** im Erdinneren entlang der mittelozeanischen Rücken und an Manteldiapiren (*Mantle Plumes*) bilden die Basis des Bewegungsmusters. Heißes Mantelmaterial wandert an den aufsteigenden Ästen hoch. Das Abtauchen der erkalte-

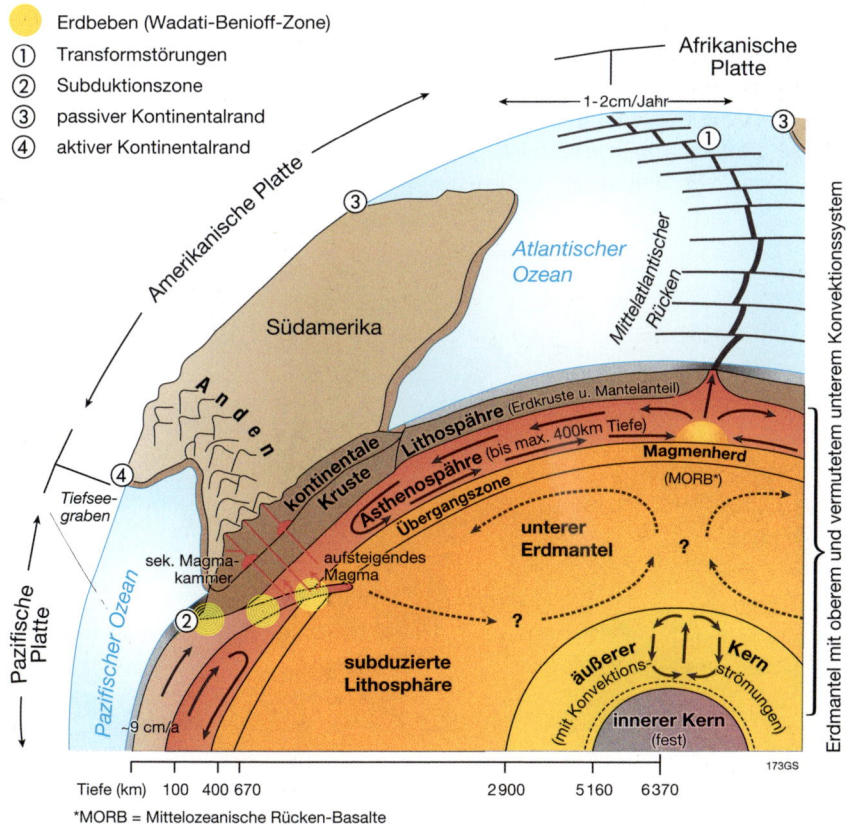

Abb. 2.2.2/1 *Plattentektonische Prozesse* (nach Gebhardt, H. et al. 2007)

ten und damit dichteren und spezifisch schwereren Ozeanböden findet in Subduktionszonen statt. Die Mantelkonvektion erfolgt nicht nur in diesen einfachen Walzen, sondern dürfte örtlich recht komplexe Strukturen aufweisen.

Im Laufe der Erdgeschichte haben sich Phasen des Zerfalls von Großkontinenten wie Gondwana und Pangäa und daraus resultierend Phasen der Kollision von Platten, der Aufschmelzung von Krustenteilen und der Bildung von Gebirgen mehrfach wiederholt. Konvektionsströme im Erdinneren bewirken eine Veränderung der Anordnung von Kontinenten und Meeren. Als Folge dieser Bewegung werden die Lithosphärenplatten beansprucht. Dabei werden durch die **Tektogenese** die Lagerungsverhältnisse und das Gefüge von Teilen der Erdkruste

verändert. Die wesentlichen Vorgänge sind Bruchbildung und Faltung. Führen die geodynamischen Vorgänge über die Änderung der Lagerungsverhältnisse hinaus auch zur Gebirgsbildung, spricht man von **Orogenese**.

> ### *Aufgaben*
>
> 1. Beschreiben Sie den Kreislauf der Gesteine in Abb. 2.2.1/1.
> 2. Betrachten Sie Abb. 2.2.2/2 und überlegen Sie, weshalb Erdbeben immer in den gleichen Regionen der Erde stattfinden. Können Sie ein Beispiel nennen? Machen Sie sich außerdem klar, welche plattentektonischen Prozesse in den typischen Erdbebenregionen ablaufen.
> 3. An den Mittelozeanischen Rücken wird ständig neues Krustenmaterial produziert. Müsste die Erde dadurch nicht ständig „wachsen"?

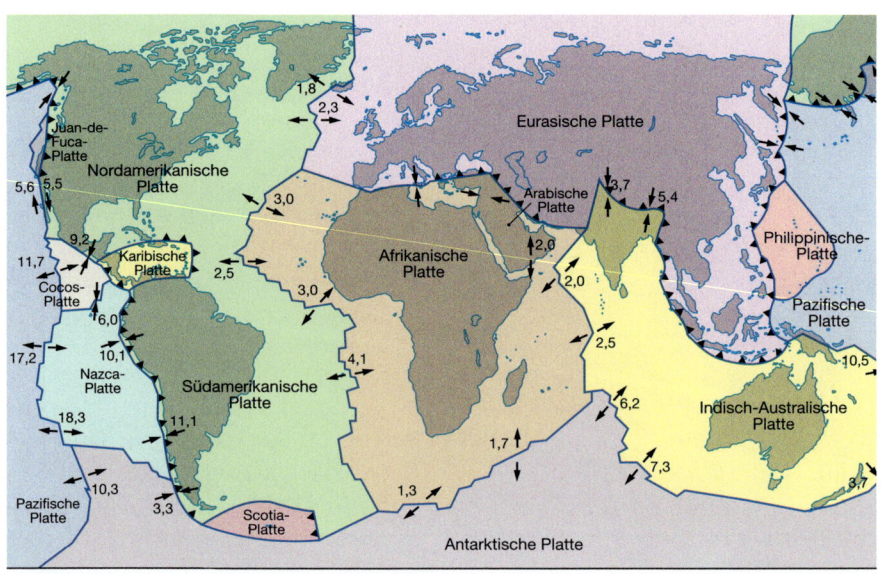

Abb. 2.2.2/2 *Plattentektonische Gliederung der Erde*   (nach GEBHARDT, H. et al. 2007)

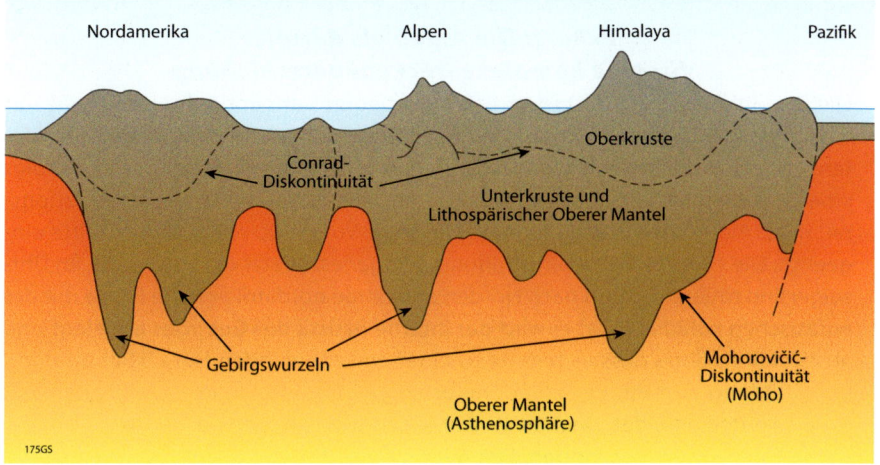

Abb. 2.2.3/1 *Stark überhöhtes West/Ost-Profil durch die Erdkruste entlang 45° nördl. Breite*   (nach RICHTER, M.1997)

2.2.3 Weitere tektonische Prozesse

Werden Krustenteile lediglich gehoben oder gesenkt, also die Lagerungsverhältnisse nicht wesentlich gestört, bezeichnet man dies als Krustenverbiegung oder **Epirogenese**. Sie kann die Folge von Strömungen im Erdmantel oder von **isostatischen Ausgleichsbewegungen** sein. Die Vorstellung der **Isostasie** spielt in der Theorie der **Orogenese** eine große Rolle (Abb. 2.2.3/1). So sinkt die Conrad-Diskontinuität (Grenze Sial-Sima) und die Moho-Diskontinuität (Grenze Sima-Mantel) unter den jungen Kettengebirgen ab. Sie haben also eine „Gebirgswurzel". Dieser Überschuss an leichtem Material wird durch die **Subduktion** bzw. **Kollision**, d. h. durch das Hinabpressen leichteren Materials, verursacht. Als Folge werden die Gebirge nach der Tektogenese isostatisch gehoben, bis ein Ausgleich erfolgt ist. Die Bewegung der Platten führt zur Beanspruchung der Lithosphäre, die sich in Form einer Einengung oder Ausweitung äußern kann (Abb. 2.2.3/2).

In Sonderfällen sind die resultierenden Kräfte entgegengerichtet, woraus eine **transversale Verschiebung** der Krustenteile resultiert (z. B. San Andreas-Verwerfung in Kalifornien; Übergang vom Oberrhein- in den Bresse-Graben). Bei konsolidierten (alten, starren) Krustenteilen führt die Beanspruchung zur **Bruchtektonik**. In jüngeren Krustenteilen resultiert aus starker Kompression eine **Faltung**.

Bei nicht so starker Beanspruchung in jungen, nicht konsolidierten Krustenbereichen, die im Wesentlichen zu einer Vertikalbewegung führt, kann auf kleiner Strecke eine Krustenverbiegung stattfinden, ohne dass der strukturelle Zusammenhang der Schichten verloren geht. Man spricht in diesem Fall von einer **Flexur**.

Exkurs: Die Alpen als Beispiel für eine komplexe Deckenüberschiebung

Die Genese dieses **alpinotypen** Gebirges beginnt am Ende der Kreidezeit mit einem langgestreckten, sich senkenden Krustenfeld von einigen hundert Kilometern Länge, das beiderseits von sich hebenden Vorländern eingefasst ist. Es folgt eine Einengung und Verformung des Raumes. Der ursprüngliche Sedimentationsraum der Alpen wird durch plattentektonische Vorgänge etwa auf die Hälfte eingeengt. Die eigentliche Gebirgsbildung (Orogenese) setzt ein, wobei die im Uhrzeigersinn rotierende und nach Norden strebende nordafrikanische Platte mit der eurasischen kollidiert. Dabei wird der interne Baustil des Gebirges angelegt und ausgestaltet, ohne dass es bereits zu einer entscheidenden Heraushebung und Reliefbildung kommt. Verschiedene orogene Vorgänge laufen gleichzeitig ab. Falten werden gebildet, **Decken** als wurzellose mesozoische Gesteinsmassen über große Distanzen überschoben. Erst gegen Ende der Gebirgsbildung erfährt der Raum eine orogene Hebung mit der Herausbildung eines Reliefs mit Hochgebirgsmorphologie.

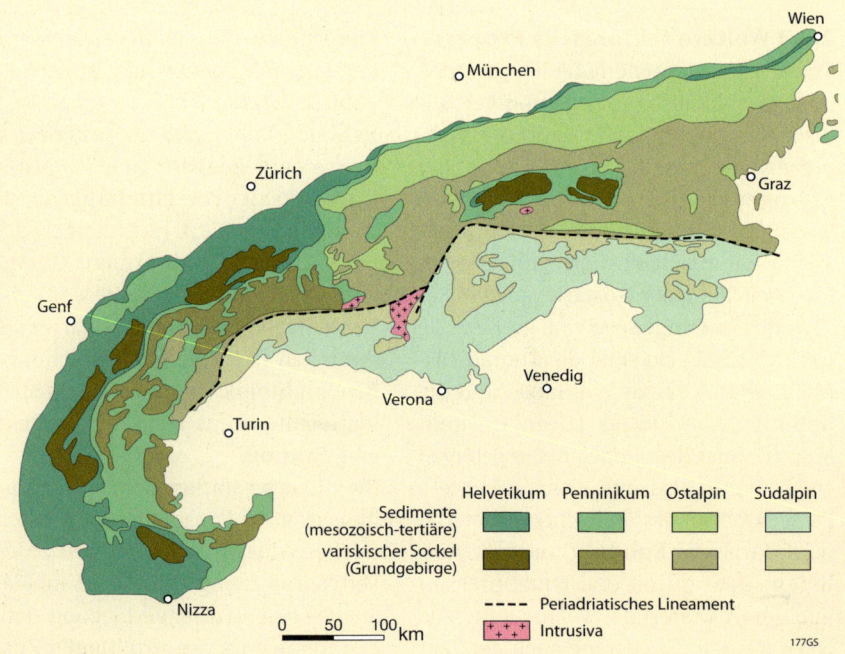

Abb. E 2.2.3/1 Tektonische Großgliederung der Alpen   (nach VEIT, H. 2002)

Wenn man den alpinen Deckenstapel gedanklich in seine ursprüngliche Position zurückschiebt, erhält man die drei Faziesbereiche, aus denen das Gebirge aufgebaut ist: das **Helvetikum**, das **Penninikum** und das **Ostalpin/Südalpin**. Die mesozoischen Sedimente des Helvetikums repräsentieren den europäischen Kontinentalrand. Ostalpin/Südalpin stellen das Pendant des afrikanischen (adriatischen) Kontinentalrandes dar. Beim Penninikum handelt es sich um Beckensedimente, die teilweise in echten ozeanischen Bereichen abgelagert wurden. Als Faustregel gilt: was heute im Deckenstapel tektonisch höher liegt, kommt von weiter intern gelegenen Bereichen. Die heutigen Alpen bestehen aus Teilen der Eurasischen Kontinentalplatte, aus Teilen eines während des Jura bis in die Unterkreide geöffneten, bis zu mehreren hundert Kilometern breiten Ozeans (Tethys) und der zwischen Eurasien und Afrika zusammengedrückten Adria-Platte.

Abb. E 2.2.3/2 Die Alpen als Decken- und Faltengebirge. Abgebildet ist der Südrand der Alpen auf der Höhe von Verona; die Blickrichtung ist West-Süd-West Richtung Turin (vgl. Abb. E 2.2.3/1) (GLASER, R.)

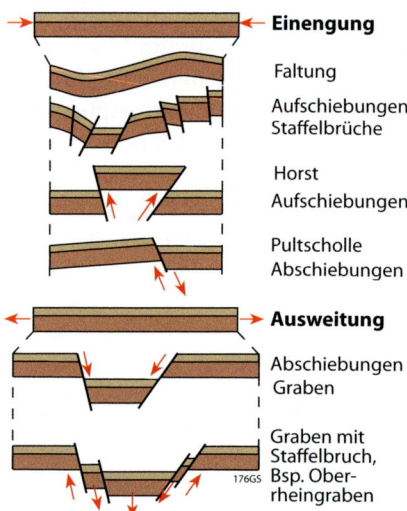

Einengung

Faltung

Aufschiebungen
Staffelbrüche

Horst
Aufschiebungen

Pultscholle
Abschiebungen

Ausweitung

Abschiebungen
Graben

Graben mit
Staffelbruch,
176GS Bsp. Ober-
rheingraben

Abb. 2.2.3/2 *Einengung und Dehnung der Erdkruste sowie deren Folgen*

(nach AHNERT, F. 2009)

Wenn der Schichtzusammenhang verloren geht, liegt eine **Verwerfung** vor. Der vertikale Versatz der Schichten wird als **Sprunghöhe** bezeichnet. Bei starker Kompression kommt es zur Faltung und teilweise zur Überschiebung.

Wichtig für das Verständnis tektonischer Bewegungen sind die Begriffe **konkordante Lagerung** und **Diskordanz**. Letztere trennt Hangend- von Liegendschichten. Die übereinanderliegenden, ungestörten und daher konkordant lagernden Sedimentpakete im Hangenden werden durch eine meist tektonische Störung (Diskordanz) verkippt. Die liegenden Gesteinsschichten können wieder konkordant geschichtet sein. **Streichen** und **Fallen** bezeichnet zwei wichtige Eigenschaften von herausgehobenen Sedimentgesteinen. Sie stehen senkrecht zueinander. Der spitze Winkel zwischen einer natürlichen Fläche im Gestein und einer gedachten horizontalen Fläche ist das Fallen oder **Einfallen**. Die Kompassrichtung der Schnittlinie zwischen der schrägen und der gedachten horizontalen Fläche ist das Streichen der Gesteinsfläche.

Es ist naheliegend, dass die beschriebenen tektonischen Vorgänge in vielen Fällen mit Erdbeben und Vulkanismus einhergehen. Tektonische Schwächezonen sind regelmäßig Erbeben gefährdete Gebiete. Auf globaler Ebene sind dies der „Ring of Fire", der den Pazifik umschließt oder die **MOR** (**M**ittel**o**zeanische **R**ücken). Ein Beispiel auf regionaler Ebene ist die transeuropäische Bruchzone (Mittelmeer-Nordsee-Zone), die durch den Rhône-, Bresse-, Oberrhein- und Nordsee-Graben nachgezeichnet wird.

Aufgaben

4. Wie ist die Aussage zu verstehen, dass die Aufwölbung von Orogenen nicht allein durch die Kollision von Platten bzw. das Überschieben von Gesteinspaketen verursacht wird, sondern zu einem großen Teil auch durch isostatische Ausgleichsbewegungen?

5. Erläutern Sie den Unterschied zwischen Flexur und Verwerfung.

2.3 Vulkanismus

Ziele des Kapitels

Am Ende des Kapitels können Sie folgende Fragen beantworten:
- Wo sind Regionen auf der Erde mit häufiger Vulkantätigkeit?
- Welche Arten von Vulkanismus gibt es?
- Welche geomorphologischen Formen werden durch den Vulkanismus geschaffen?

Warum werden immer die gleichen Regionen von Erdbeben heimgesucht? Die Frage aus dem letzten Kapitel bedarf noch einer weiteren Erklärung. Vulkane sind auf der ganzen Erde verbreitet, folgen aber einer gesetzmäßigen Anordnung:
1. entlang von konstruktiven Plattenrändern, den Mittelozeanischen Rücken;
2. an destruktiven Plattenrändern entlang von Subduktionszonen, wie dem „Ring of Fire" der den gesamten Pazifik umschließt;
3. mitten auf den Platten wie die Laacher Seevulkane im Rheinischen Schiefergebirge oder die Hawaii-Inselkette im pazifischen Ozeanbecken.

Vulkanausbrüche ereignen sich stets dann, wenn in aufsteigendem Magma der Druck der sich ausdehnenden Gase größer wird als der Gegendruck des darüber liegenden Gesteins. Nach dem Fördermechanismus werden **effusiv**, **intermediär** und **explosiv** unterschieden. Ihre charakteristischen Eigenschaften sind in Tab. 2.3/1 zusammengefasst.

Die Menge an gefördertem Magma ist entlang der MOR am größten. Hier existiert der größte Lithosphäre bildende Prozess. Die effusiv geförderten basaltischen Magmen erstarren am Ozeanboden beim Kontakt mit dem Wasser zu den charakteristischen **Kissenlaven**. Am MOR entstehen die größten submarinen Gebirge, deren Gipfelregion auf Island sichtbar wird. Entlang von Subduktionszonen dominiert ein intermediärer bis saurer Fördermechanismus mit zähflüssigem Magma und einem hohen Gasgehalt. Ihm verdanken wir die besonders spektakulären, aber auch risikoreichen Ausbrüche wie am 18. Mai 1980 am Mount Saint Helens (Abb. 2.3/1, Exkurs Seite 136).

Abb. 2.3/1 *Mount Saint Helens*   (Glaser, R.)

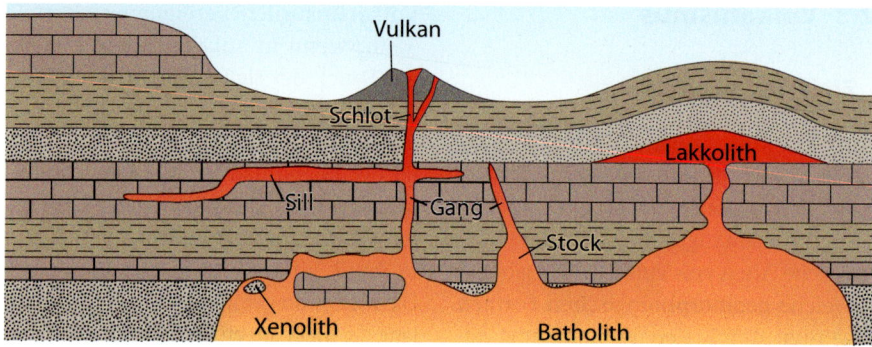

Abb. 2.3.1/1 Plutone   (nach BAHLBURG, H. & C. BREITKREUZ 2008)

2.3.1 Formen des Vulkanismus und Plutone

Schmelzen, die in höhere Stockwerke der Kruste dringen, aber nicht an die Oberfläche durchstoßen, erstarren im umgebenden Gestein und bilden **Plutone** (Abb. 2.3.1/1). Der Vorgang selbst wird als **Intrusion** bezeichnet. Je nach Form des Plutons entstehen unterschiedliche Typen. **Batholithe** verbreitern sich mit der Tiefe und sind breitkuppelförmige Schmelzmassen (wie beim Brocken im Harz). **Lakkolithe** sind pilzförmige Schmelzen, die durch das Eindringen von Magmen in flach lagernde Sedimentserien entstehen. Sie haben eine ebene Unterseite und eine nach oben gewölbte Dachfläche. Durch Abtragung der Deckschichten eines Lakkolithen werden **Härtlingsbuckel** gebildet.

Exkurs: Mount Saint Helens

„Vancouver! This is it!" – der über Radio verbreitete Ausruf des beim Ausbruch des Mount Saint Helens umgekommenen Vulkanologen David Johnston ist Zeitgeschichte. 57 Menschen fanden bei diesem Ausbruch den Tod. Der Ausbruch war einer der stärksten des 20. Jh. Aufdringendes Magma hatte zunächst eine markante Wölbung der nördlichen Bergflanke verursacht. Bei einem der zahllosen Erdbeben rutschte die gesamte Nordflanke lawinenartig ab. Die Folge war der Austritt eines pyroklastischen Stroms – ein Gemisch aus heißer Asche, Gasen und Gesteinsstücken. Die beim Ausbruch entstandene Druckwelle knickte die umgebenden Wälder wie Streichhölzer um oder zerriss Bäume. Durch das Schmelzen von Schnee und Eis kam es zu Schlammströmen, den Laharen, welche dem Relief folgend zu Tale rasten. Mit dem Ausbruch wurde eine plinianische Wolke aus Vulkanasche kilometerhoch in die Atmosphäre geschleudert. Der Fallout ging über elf amerikanischen Bundesstaaten nieder. In den nachfolgenden Jahren bildete sich in der entstandenen Caldera ein Sekundärkrater heraus, immer wieder begleitet von Exhalationen und kleineren Erdbeben.

	Basischer Vulkanismus	Intermediärer Vulkanismus	Saurer Vulkanismus
Bezeichnung	basisch = basaltisch	intermediär = andesitisch	sauer = rhyolithisch
wichtigste Mineralkomponenten	Basischer Plagioklas, Pyroxen, Erz (z. T. Olivin, Nephelin, Leuzit), Magnetit	Intermediärer Plagioklas, Amphibol, Pyroxen, Magnetit	Saurer Plagioklas, Orthoklas, Quarz, Glimmer
Chemismus	relativ geringe SiO_2-Gehalte (< 52 %), hohe Gehalte an Fe-, Mg-Verbindungen	Zwischenstellung, SiO_2-Gehalte (zwischen 52 % und 65 %)	SiO_2-Gehalte (> 65 %), geringe Gehalte an Fe-, Mg-Verbindungen
Viskosität	„flüssiges" Magma; geringe Viskosität, Gasanteil kann leicht abgegeben werden, Laven fließen schnell aus.	wesentlich höher als bei basischer Lava, Viskosität verzehnfacht sich bei Abkühlung um 50 K.	zähflüssiges Magma; sehr hohe Viskosität, der Gasanteil wird nur sehr schwer abgegeben, in der Regel sehr explosiv, Laven fließen nur langsam aus.
Lavatyp Förderprodukte	Pahoehoe (z.B. Fladenlava) submarin/subglazial: Pillow- (Kissen) Lava		AA (z.B. Blocklava) submarin, subglazial: Pillow- (Kissen)Lava
Vulkanismustyp	effusiv	explosiv/effusiv	explosiv
Schmelzpunkt	höherer Schmelzpunkt		niedriger Schmelzpunkt
Austrittstemperatur	ca. 1100°C	ca. 800-900°C	ca. 700°C
Ausbruchsmillieu	submarin	subglazial/subaerisch	subaerisch
Typ. Vulkanformen	Schildvulkan	Stratovulkan	Aschevulkan
Vorkommen	Mittelozeanische Rücken, Plattendivergenz, Hotspots	Subduktionszonen, Plattenkonvergenz	Subduktionszonen, Plattenkonvergenz
Vulkanit	**Basalt,** Melaphyr, Diabas	**Andesit,** Porphyrit, Phonolith, Trachyt	**Rhyolith** (= Liparit) Quarzporphyr
Subvulkanit	Basalt, Aplit, Pegmatit		Granophyr, Kersanit
Plutonit	**Gabbro,** Peridotit	**Diorit, Syenit,** Tonalit	**Granit,** Granophyr
Aussehen	dunkelfarbig, feinkörnig	(sehr) helle Färbung	

178GS_1

Tab. 2.3/1 *Gegenüberstellung der unterschiedlichen Vulkantypen*

(eigener Entwurf, nach mehreren Autoren)

2.3.2 Vulkantypen

Die Vulkanentwicklung zeigt ein differenziertes Bild, je nachdem, welche Schmelzen zur Ablagerung kommen. Zähflüssige, viskose und saure Laven bilden **Quell-** und **Stoßkuppen** (Abb. 2.3.2/1 ①, ②). Dünnflüssige, basaltische Lava neigt zu flächenhafter Ausbreitung in Decken oder **Trapps**. **Flutbasalte** stellen eine besondere Form des Vulkanismus dar, weil sie selten und dennoch für große Flächen landschaftsprägend sind. Sie sind aus dünnflüssiger, basaltischer Lava aufgebaut, die in ebenem Gelände mächtige **Tafeln** ③ erzeugen können wie das 160 000 km² ausgedehnte Columbia-River-Plateau (USA), die über 250 000 km² ausgedehnten Karoo-Basalte Südafrikas, das 500 000 km² große Dekkan-Plateau Indiens und das Paránabecken in Südamerika, das mit über einer Million Quadratkilometer das größte Lavaplateau bildet. Bei den **Schildvulkanen** ④ geht die dünnflüssige Lava von einem zentralen Schlot aus. Beim **Schichtvulkan** ⑤ wechseln Eruptionsphasen mit Asche- und Schlackeauswurf und Effusionsvorgänge mit Lavaausfluss miteinander ab, wobei mehrere Schlote ausgebildet sein können. Schicht- oder **Stratovulkane** sind also aus einer Wechselfolge von Lavaergüssen und pyroklastischen Lagen aufgebaut und stellen die häufigste Form der großen Vulkane dar.

Eine **Caldera** ⑥ entsteht, wenn ein Asche- oder Lavavulkan im oberen Schlotteil durch eine Explosion erweitert wird. In der Caldera kann sich ein neuer Vulkan aufbauen. Im Unterschied zu einem Krater mit einigen hundert Metern Durchmesser liegt die Dimension einer Caldera bei mehreren Kilometern. Nach Einsturz des Vulkandaches fällt der magmatische Druck hauptsächlich durch Entgasung ab. Oft sackt der Zentralbereich nach Magmaausbrüchen an den Flanken ein. Beim Ausbruch des Vesuv 79 n. Chr. wurde der mittlere Teil des seit vorgeschichtlicher Zeit nicht mehr aktiv gewesenen Vulkans weggesprengt. Die nach Westen und Südwesten offene Caldera blieb als halbmondförmiger Ringwall des bis 1 132 m ü. NN hohen Monte Somma erhalten. Es entstand ein neuer Zentralkegel in der Caldera, der die Nord- und Ostseite vor Lavaströmen schützt.

Der Vesuv ist weiterhin ein gutes Beispiel dafür, dass sich in der Regel Lava- und Aschenausbrüche miteinander abwechseln. Als Stratovulkan umschließen Lava und Aschenlagen daher ähnlich Zwiebelschalen den Zentralkrater.

Mit wenigen hundert Metern Durchmesser stellen die **Maare** ⑧ der Eifel sehr kleine Vulkanformen dar. Es sind trichterförmige Lockermaterialvulkane mit einem kegelförmigen Aufschüttungswall rings um ihren Förderkanal. Das größte Maar der Vulkaneifel, der Laacher See, wird heute als Caldera interpretiert. Sein Ausbruch fand vor 12 900 Jahren statt und wird heute in Sediment- und Pollenprofilen als Zeitmarker verwendet. Der Ausbruch war 50-mal so groß wie der des Mount Saint Helens 1980 im Nordwesten der USA (vgl. Exkurs, S. 136).

Zu den besonders attraktiven Formen und Bildungen zählen die postvulkanischen Erscheinungen wie z.B. Geysire, brodelnde Schlammlöcher, heiße

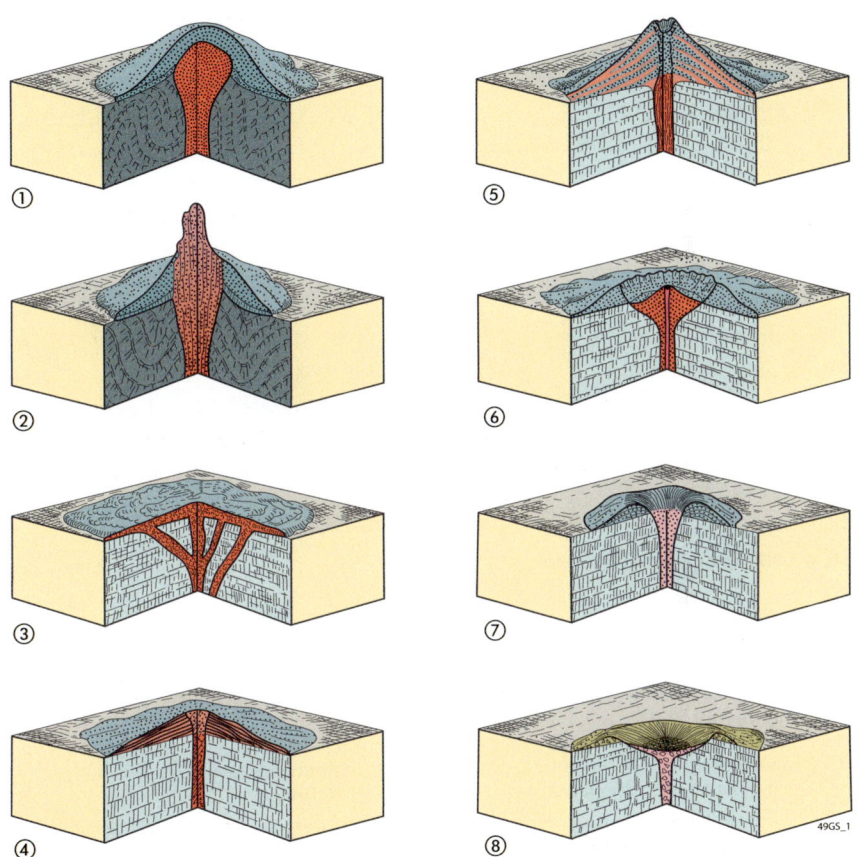

Abb. 2.3.2/1 *Vulkanformen (Bezeichnungen im nebenstehenden Text)*

(nach Leser, H. 2009)

Quellen mit farbenprächtigen und hoch spezialisierten Bakterienkolonien, Sinterbildungen oder Gasaushauchungen wie Mofetten. Ganz profan: Es zischt, brodelt, blubbert – und stinkt. So zu bewundern im Yellowstone Nationalpark, oder auch entlang des Oberrheingrabens. Dort bilden heiße, mineralreiche Quellen die Grundlage vieler Heilbäder.

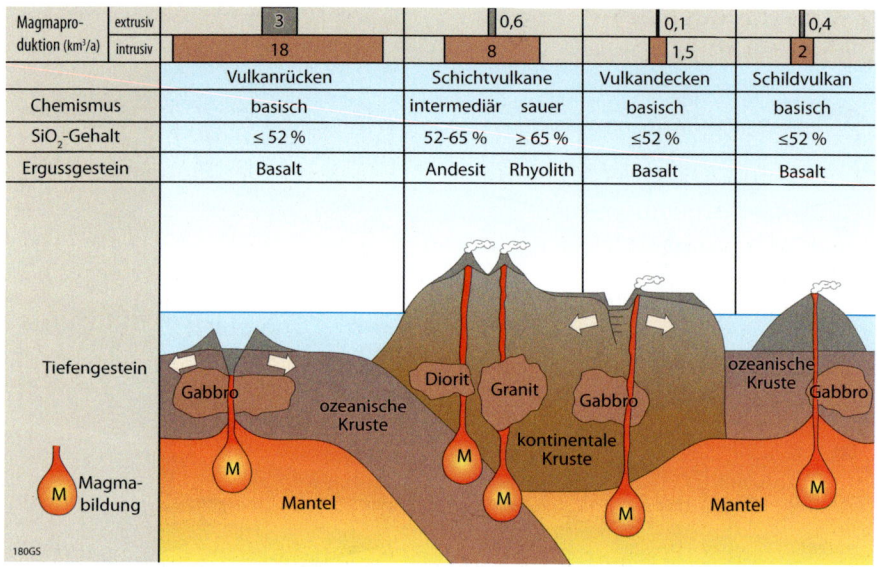

Magmapro-	extrusiv	3		0,6		0,1		0,4
duktion (km³/a)	intrusiv	18		8		1,5		2
		Vulkanrücken		Schichtvulkane		Vulkandecken		Schildvulkan
Chemismus		basisch		intermediär sauer		basisch		basisch
SiO₂-Gehalt		≤ 52 %		52-65 % ≥ 65 %		≤52 %		≤52 %
Ergussgestein		Basalt		Andesit Rhyolith		Basalt		Basalt

Abb. A 2.3.2/1 Vulkanarten (zu Aufgabe 2)   (nach Bauer, J. et al. 2002)

Aufgaben

1. Wo kann Vulkanismus überall auftreten?

2. Beschreiben Sie in Abb. A 2.3.2/1, wie es zu den verschiedenen Typen von Vulkanen kommt. Worin unterscheiden sie sich, welches sind ihre jeweiligen Charakteristika?

3. Wie ist Island entstanden?

4. Eine Caldera ist eine besondere Vulkanform. Erklären Sie ihre Entstehung.

5. Einige Inselgruppen der Erde liegen nicht an Plattengrenzen (z. B. Hawaii), sind aber dennoch vulkanischen Ursprungs. Erläutern Sie, wie es zu diesem Phänomen kommen konnte.

6. Der Kaiserstuhl ist ein längst erloschener Vulkan. Versetzen Sie sich in die Zeit zurück. Welche Prozesse haben zu seiner Entstehung beigetragen?

7. Legen Sie dar, welche Nutzen und welche Gefahren die Vulkantätigkeit den Menschen bringt.

8. Viele destruktive Plattenränder sind gekennzeichnet durch das Vorkommen von Vulkanketten (z. B. Anden). Nun ist es auffallend, dass einige der Gipfel sozusagen direkt aus dem Meer emporwachsen, andere sich aber erst deutlich weiter im Landesinneren erheben. Suchen Sie eine Erklärung hierfür.

2.4 Sedimentite und Metamorphite

Ziele des Kapitels

Nach Bearbeitung dieses Kapitels sind Sie in der Lage,
- unterschiedliche Sedimentgesteine zu unterscheiden,
- die Bildung von Erdöllagerstätten zu erklären und
- die wichtigsten Faktoren der Metamorphose zu erläutern.

Sedimente als Ausgangspunkte für die **Sedimentite** entstehen bei der Verwitterung und Abtragung von Vulkaniten, Metamorphiten und Sedimentgesteinen. Es sind Gesteinsbruchstücke, die auf dem Festland durch Wasser, Luft oder im Eis transportiert und abgelagert werden. Ausnahme bilden die am Ort verbliebenen Verwitterungsprodukte wie z.B. Kaolinlagerstätten oder Torfe. Letztere werden aufgrund ihres Gehaltes an organischer Substanz zu den Böden gezählt. Durch **Diagenese** können Sedimente verfestigt werden. Vor allem Druck und Temperatur führen zu einer Kompaktierung und Verfestigung.

2.4.1 Arten von Sedimentgesteinen

Klastische (Zertrümmerungs-) und **nichtklastische Sedimente** bilden die zwei Hauptgruppen (Abb. 2.4.1/1). Die erste Gruppe entsteht dabei direkt aus dem Ausgangsmaterial, die nichtklastischen Sedimente werden aus neu entstandener Mineralsubstanz aufgebaut und sind somit sekundäre Gesteine. Klas-

Abb. 2.4/1 *Die Schicht-Struktur des Navajo-Sandsteins ist im Antelope-Canyon bei Page/USA durch die Flussarbeit besonders eindrucksvoll herausmodelliert worden* (GLASER, R.)

tische Sedimente enthalten überwiegend silikatische Bestandteile, klastische Karbonatgesteine sind selten. Ein typisches Merkmal sedimentärer Gesteine (wie z.B. Sandstein) ist ihre Anordnung in Schichten. Sie entsteht durch Dichte- oder Größenunterschiede des abgelagerten Materials. Abb. 2.4.1/2 gibt eine Übersicht der siliklastischen Sedimente nach ihrer Korngröße.

Je nach Mineralart und Transportmedium haben die Sedimente eine charakteristische Korngrößenzusammensetzung.

Deutlich kann man äolischen Löss von fluvial transportiertem Sand an ihrer Summenkurve unterscheiden. Besteht Löss hauptsächlich aus Grobschluff (Grobsilt), so ist fluvial transportierter Sand gut sortiert und weist vorwiegend Mittelsand auf.

Klastische Sedimente können auch äolisch durch den Wind verfrachtet werden und je nach Transportweite als Düne (aus Sand) oder **Löss** (vorwiegend aus Schluff) abgelagert werden (Abb. 2.4.1/3). Löss stellt mit 10–20% ein sehr häufiges Sedimentgestein der Erde dar.

Staubstürme aus den zentralasiatischen Steppen haben in China feinkörnige Ablagerungen von bis zu 250 m angehäuft. In Europa bildete sich Lössgestein im eisfreien Gebiet des Periglazials, vor allem an Talrändern, Hangbereichen und in Beckenlandschaften. In Mitteleuropa werden Mächtigkeiten von mehreren Metern bis zu Zehnermetern nicht überschritten. Kennzeichnend sind die gute Sortierung, die hohe Porosität und der mittlere Kalkgehalt. Bestandteile sind vorwiegend Quarz, Karbonat, Feldspat, Glimmer und Tonminerale.

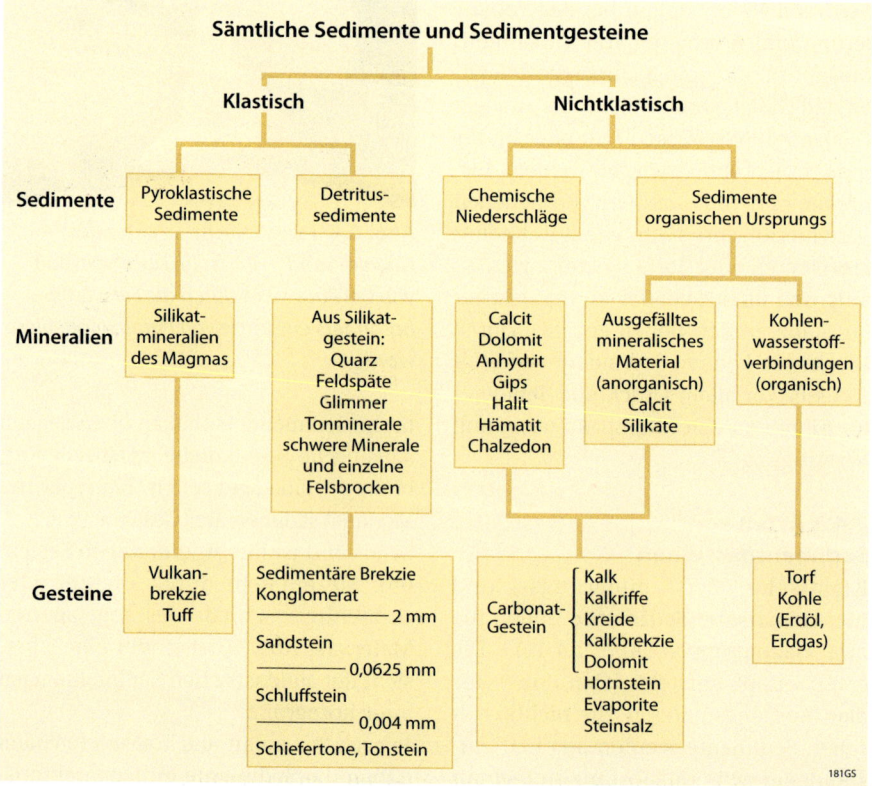

Abb. 2.4.1/1 *Klassifikation der Sedimentgesteine* (nach Strahler, A. & A. Strahler 2005)

Übersicht der klastischen Sedimente nach Korngrößen **(Bezeichungen für siliklastische Gesteine)**									
	PSEPHITE > 2 mm				**PSAMMITE 2 mm – 0,063mm**			**PELITE < 0,063mm**	
unverfestigte (Sedimente i.e.S.)	allg. Schutt, Geröll *Blockwerk/Steine* > 200 mm	*Kies* 200 -2 mm			*Sand* 2 mm - 0,063 mm			*Silt/Schluff* 0,063 mm - 0,002 mm	*Ton* < 0,002 mm
	gerundet: Schotter eckig: Schutt	Grob- kies 63 - 20	Mittel- kies 20 - 6,3	Fein- kies 6,3 - 2	Grob- sand 2 - 0,63	Mittel- sand 0,63 - 0,2	Fein- sand 0,2 - 0,063	Grobsilt Mittelsilt Feinsilt 0,063 - 0,02 - 0,006 - 0,02 0,006 0,002	
verfestigte (Sediment- gesteine i.e.S.)	eckige Komponenten: *Brekzie (Breccie)* gerundete Komponenten: *Konglomerat* eckige u. gerundete Komponenten, schlechte Sortierung, meist rote Farbe: *Fanglomerat* meist graue Farben: *Moräne*, *Tillit* (fossile, meist stark verfestigte Moräne)				*Sandstein* *Arkose* (> 25 % Feldspat) *Grauwacke* ("dreckiger" Sandstein mit Gesteinsbruchstücken, Feldspat und Tonmatrix)			*Siltstein/Schluffstein*	*Tonstein* *Shale* (plattig, spaltender Tonstein) *(Tonschiefer)*
engl. Begriff	gravel				sand			silt	clay
Bezeichnung bei **klastischen Karbonaten**	Rudite				Arenite			Mikrite	

Abb. 2.4.1/2 Übersicht der klastischen Sedimente nach Korngrößen (nach ROTHE, P. 2002)

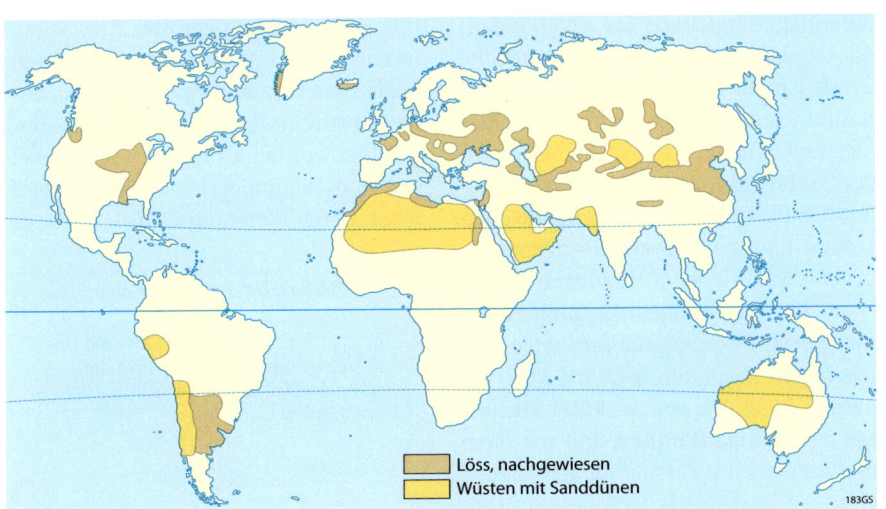

Abb. 2.4.1/3 Verbreitung von Löss und Sanddünen auf den Kontinenten

(nach ROTHE, P. 2002)

Aufgaben

1. Machen Sie sich anhand von Abb. 2.4.1/1 klar, welche Bedeutung Sedimentgesteine haben.
2. Weshalb sind Sedimentite sekundäre Gesteine?
3. Zeigen Sie Faktoren auf, die zu der oft auffälligen Schichtung von Sedimentgesteinen führen können.

2.4.2 Marine Sedimentgesteine

Eine weitere wichtige Gesteinsgruppe bilden die aus den Rückständen von marinen Lebewesen gebildeten **Karbonate**, die **Kalksteine**. Es sind meist biogene Bildungen, die überwiegend aus Globigerinschlamm (Schalen von Foraminiferen der Gattung Globigerina) bestehen. Kieselig biogene Ablagerungen aus Diatomeen (Kieselalgen) sind vor allem in Bereichen der Antarktis und Arktis anzutreffen, wo sie einen Großteil des Phytoplanktons bilden. Dort kommen auch die Ablagerungen von Eisbergen hinzu, die beim Abschmelzen ihre klastische Gesteinsfracht verlieren.

Radiolarienschlamm als rotes, toniges Meeressediment, in dem sich das Skelett der Strahlentiere befindet, ist im zentralen Pazifik (indischen und pazifischen Ozean) häufig verbreitet. Terrigene klastische Sedimente überwiegen in der Nähe der Küsten. Sie sind durch Flüsse transportiert worden und reichen in Deltagebieten besonders weit ins Meer hinaus, z. B. am Amazonas. **Roter Tiefseeton** und **Manganknollen** sind vor allem im Pazifik weit verbreitet. In den offenen Ozeanen sinken die kalkigen Schalen nach dem Absterben der Organismen nach unten. Dabei gelangen sie in kälteres Wasser, das zudem unter höherem hydrostatischem Druck steht und somit eine größere CO_2-Konzentration aufweist. Ab einer Tiefe von 3 000 – 4 000 m beginnen sich die kalkigen Schalen aufzulösen. Diese sog. **CCD** (**C**arbonate **C**omposition **D**epth) verursacht, dass die Sedimente des Roten Tiefseetons (nahezu) kalkfrei sind.

Biogene Sedimente ändern ihr C-H-O Verhältnis bei fortschreitender **Inkohlung**, wobei sich Kohlenstoff (C) relativ anreichert. In der Folge werden die Produkte immer dunkler, ihr Heizwert höher. Kieselige Sedimente aus Radiolarien, Diatomeen und Kieselschwämmen haben Skelette aus biogenem Opal (SiO_2). Entsprechende Sedimente kommen vor allem im Ozean vor, können sich aber auch im Süßwasser bilden. Für die Menschen der Steinzeit waren Feuersteine bedeutend, die sich vor allem in kreidezeitlichen Sedimenten durch Wanderung und Anreicherung gelöster Kieselsäure in Form von Feuersteinknollen finden. **Torfe** bestehen aus organischem Material und sind in Feuchtgebieten (Mooren) gebildet worden. Graphitlager entstehen aus Faulschlammgesteinen und Kohlenflözen durch Metamorphose.

Aufgabe

4. Betrachten Sie Abb. E 2.4.2/1 und beschreiben Sie mit eigenen Worten, wie diese Kohlenwasserstofflagerstätte entstanden ist.

Exkurs: Erdöllagerstätten

Erdöl und **Erdgas** können in aquatischen Sedimenten mit einen hohem Anteil bzw. einer hohen Anreicherung organischer Substanz entstehen. Ausgangsprodukt sind Faulschlämme. Durch Druck und Temperatur werden diese zu Öl und Gas umgewandelt und sammeln sich zu entsprechenden Lagerstätten in porösen Gesteinen. Abb. E 2.4.2/1 zeigt den Aufbau einer einfachen Kohlenwasserstofflagerstätte.

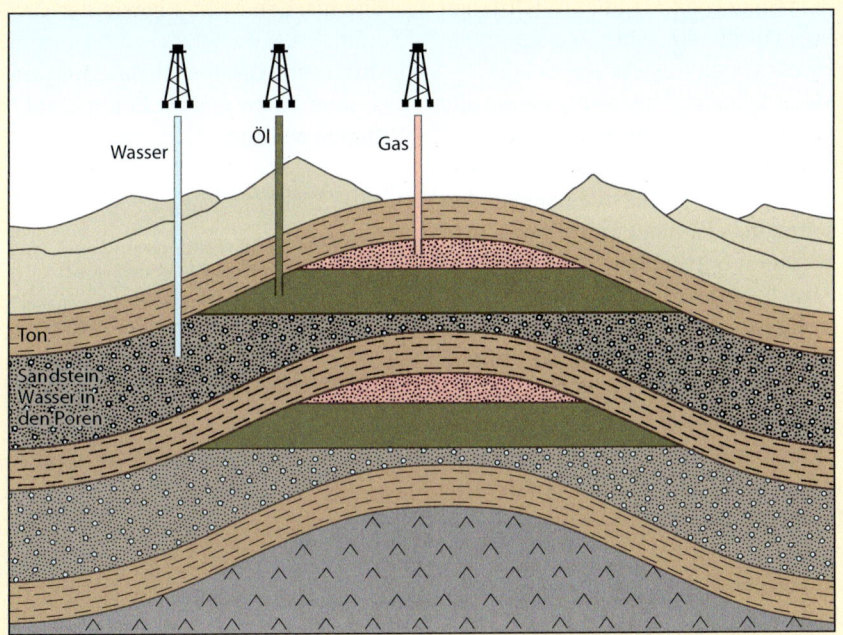

Abb. E 2.4.2/1 Schematische Darstellung einer einfach gebauten Kohlenwasserstofflagerstätte – Antiklinalstruktur (nach Rothe, P. 2002)

2.4.3 Metamorphe Gesteine

Metamorphite oder metamorphe Gesteine sind durch Veränderungen im mineralischen Bestand im Wesentlichen durch Druck und Temperatur entstanden. Ein wesentliches Merkmal ist das Gefüge, das während oder nach der Umkristallisation entsteht. Jedes der zahlreichen Gefüge gibt Auskunft über die Prozesse der Metamorphose, welche die betroffenen Gesteine durchlaufen haben. Durch Metamorphose kommt es in Sedimentgesteinen (z.B. Schiefertone) zur Bildung von **Schiefe**rungsflächen, die häufig senkrecht oder schräg zur ursprünglichen Schichtung orientiert sind. Nach dem Grad der Metamorphose kann man zwischen **Anchi-, Epi-, Meso-, Kata- und Ultrazone** unterscheiden. In ihnen entstehen jeweils unterschiedliche Gesteine. Metamorphite können nach dem Ursprungsstoff, dem Vorgang oder dem Erzeugnis gegliedert werden. Eine gängige Methode ist die Gliederung nach dem Ausgangsgestein (Edukt). Man trennt generell in metamorphe Sedimentite (Paragestein) und metamorphe Magmatite (Orthogestein). Für die einzelnen Metamorphite wird die Vorsilbe ‚Meta' verwendet.

- **Meta**- kennzeichnet also generell alle metamorphen Gesteine.
- **Ortho**- kennzeichnet metamorphe Gesteine mit magmatischen Edukten. Ein Orthogneis ist demzufolge aus einem Magmatit entstanden.
- **Para**- kennzeichnet metamorphe Gesteine mit sedimentären Edukten. Ein Paragneis ist demzufolge aus einem Sediment hervorgegangen.

Auch Kalkgesteine unterliegen der Metamorphose. Aus ihnen wird unter dem Einfluss von Druck und Temperatur Marmor. Die meisten gehören zu den Paragesteinen und sind aus Sedimentiten hervorgegangen. Grundsätzlich können alle Gesteine und Lagerstätten aus Kohle und Salz metamorphisiert werden.

Zusammenfassend kann festgestellt werden:

- Gesteine sind aufgrund ihrer unterschiedlichen Zusammensetzung gegenüber mechanischer und chemischer Zerstörung unterschiedlich widerstandsfähig. Art und Menge der Verwitterungsprodukte sowie deren Abtransport und Ablagerung hängen daher vom Gestein und den physikalisch-chemischen Bedingungen ab, denen das Gestein und dessen Verwitterungsprodukte ausgesetzt sind.

Damit hat das Gestein einen großen Einfluss auf die **geomorphologischen Formen**.

- Die Umwandlung und Mischung der Verwitterungsprodukte mit organischem Material hängt von der Gesteinszusammensetzung, dem physikalisch-chemischen Milieu sowie der Größe und Struktur der Verwitterungsprodukte ab. Damit hat das Ausgangsgestein einen großen Einfluss auf die **Bodenbildung**.

Aufgaben

5. Welche beiden Faktoren sind ausschlaggebend für eine Metamorphose?
6. Was bedeuten die Begriffe Diagenese, Kontaktmetamorphose und Anatexis in Abb. A 2.4.3/1?
7. Unter welchen Bedingungen entsteht Gneis?
8. Welches Gestein entsteht in zehn Kilometern Tiefe bei etwa 400 °C? Aus welchem Produkt?

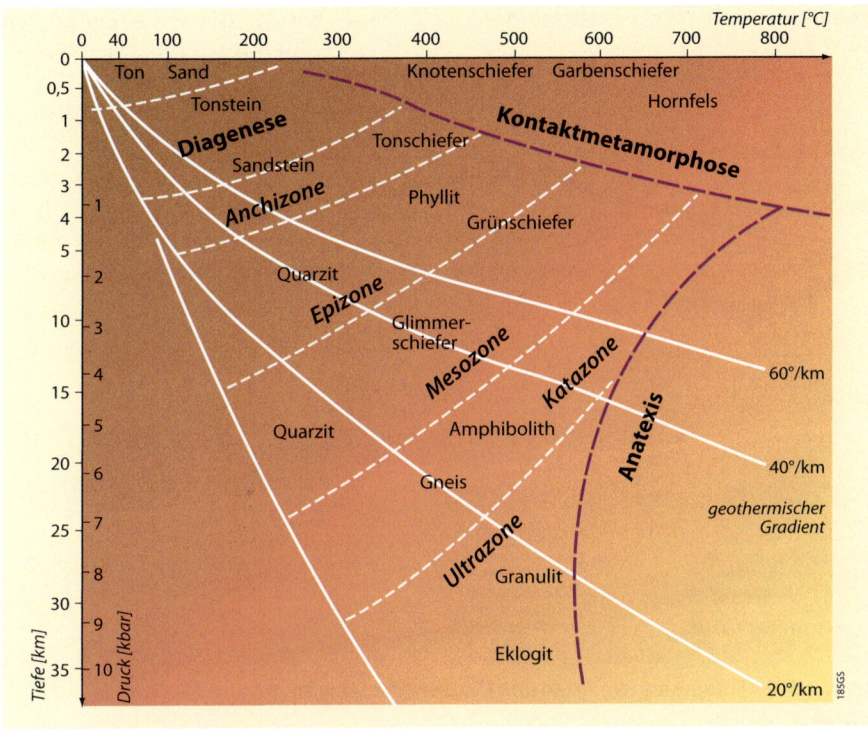

Abb. A 2.4.3./1 Metamorphose (zu Aufgabe 6)   (nach Zepp, H. 2008)

2.5 Verwitterung – steter Tropfen höhlt den Stein?

Der amerikanische Songwriter Bob Dylan stellt in seinem Song „Blowin´ in the Wind" die Frage: „How many years can a mountain exist before it is washed to the sea?" – jenseits der poetischen Intention eine zutiefst geomorphologische Frage.

Ziele des Kapitels

Nach Bearbeitung dieses Kapitels
• kennen Sie die Unterschiede der physikalischen und chemischen Verwitterung;

• sollen Sie in der Lage sein, die wichtigsten Merkmale der unterschiedlichen Verwitterungsarten zu erläutern und
• werden Sie einschätzen können, wo welche Verwitterungsarten besonders häufig auftreten.

Verwitterung und Abtragung sind notwendig, um die durch geologisch-tektonische Vorgänge geschaffenen Bildungen zu lockern, aufzubereiten und zu zerstören. Art und Intensität der Verwitterung

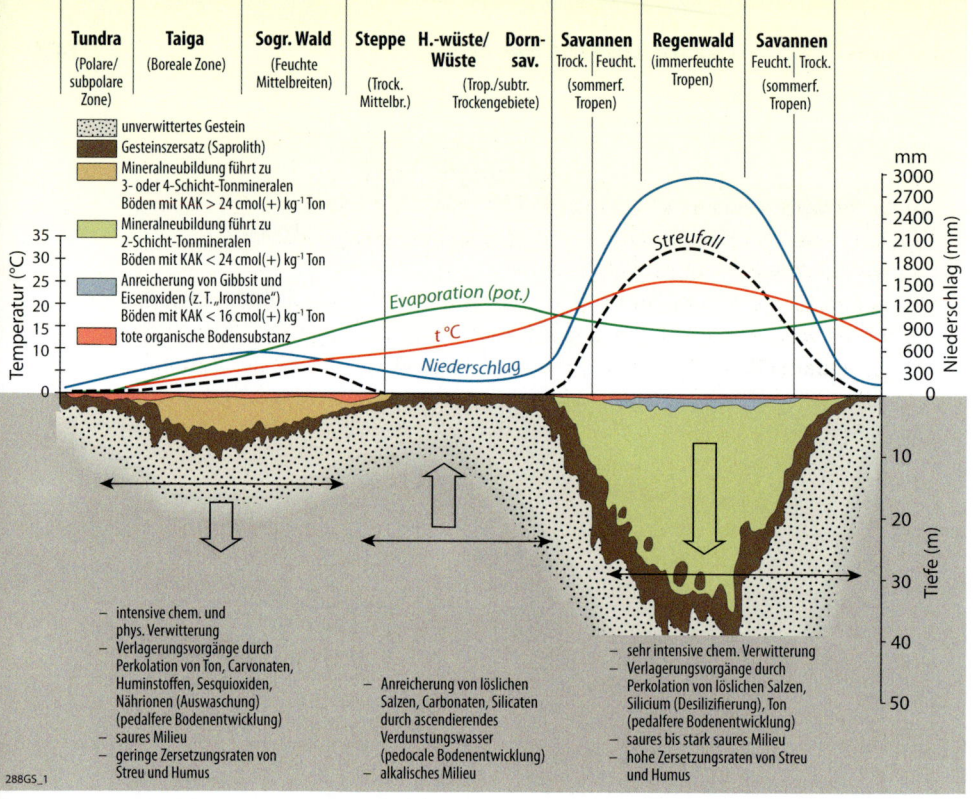

Abb. 2.5/1 *Klimagesteuerte Arten und Prozesse der Verwitterung und Bodenbildung in den verschiedenen Landschaftszonen* (verändert nach Schultz, J. 2002)

hängen dabei sowohl von den exogenen Faktoren wie dem Klima als auch von der Art und Beschaffenheit der jeweiligen Gesteine und Sedimente ab. Dabei unterscheidet man die **physikalische**, **chemische** sowie **biogene und anthropogene** Verwitterung. Bei den letztgenannten sind sowohl chemische als auch physikalische Komponenten beteiligt. Die Prozesse sind nicht immer klar von voneinander zu trennen, sondern stehen oft in enger Wechselwirkung. Verwitterungsvorgänge spielen sich überwiegend an der Erdoberfläche ab, greifen aber bis über 100 m in die Tiefe und werden durch Prozesse der **Tiefenverwitterung** vorbereitet.

Tab. 2.5.1/1 gibt einen tabellarischen Überblick über die einzelnen Prozesse, bevor auf die einzelnen Verwitterungsarten eingegangen wird.

Aufgaben

1. Überlegen Sie, was die Begriffe „physikalische und chemische Verwitterung" bedeuten können.

2. Bereits aus den zonalen Unterschieden der Klimaeinwirkung ergeben sich grundlegende Unterschiede der Verwitterungsarten und –intensitäten. Beschreiben Sie diese in Abb. 2.5/1. Welche Faktoren würden dieses Muster deutlich modifizieren?

Exkurs: Verwitterungsresistenz

Für die Verwitterung eines bestimmten Minerals ist der Typus seines Kristallgitters von Bedeutung. Je geringer seine Vernetzung, umso höher liegt im Allgemeinen die Verwitterungsanfälligkeit.

Für humide Gebiete mit mäßigen Temperaturen lässt sich eine Stabilitätsreihe aufstellen, wonach Minerale nach ihrer Verwitterungsresistenz geordnet werden können. **Quarz** (SiO_2; reiner Quarz, Bergkristall) gehört dabei mit den **Tonmineralen** (Illit < Montmorillonit < Kaolinit) zu den sehr stabilen Stoffen, **Anhydrit** ($CaSO_4$) und **Gips** ($CaSO_4 \cdot 2H_2O$) sowie **Kalkspat** ($CaCO_3$) und **Dolomit** ($CaMg(CO_3)_2$) zu den sehr instabilen Stoffen. Je nach Klimazone herrschen unterschiedliche Verwitterungsformen und Intensitäten vor.

2.5.1 Physikalische Verwitterung

Bei der **physikalischen Verwitterung** werden die Gesteine mechanisch zerkleinert, ohne dass es zu einer stofflichen Veränderung der Mineralbestandteile kommt. Sie führt zunächst zur Lockerung des Gesteinsverbandes, bei weiterer Einwirkung zur Bildung von Schutt, aber auch zu feinkörnigem Material, das als Grus bezeichnet wird, bis hin zu Sand und Schluff. Als wesentliche Agenzien treten Volumenänderungen infolge von Temperatur- und Feuchtewechsel sowie Änderung des Aggregatzustandes auf.

Einteilungen		Steuergrößen		Beispiele	Auswirkungen
Physikalische Verwitterung (Zerkleinerung)	Oberflächenverwitterung	Schwankungen der Klimaelemente (Temperatur, Feuchte)	Klüfte, Fugen, Porosität, Korngrößen-Spektrum	• Hitzeverwitterung (Insolationsverwitterung 5 000 N/cm²) • Salzsprengung (je nach Salz bis über 10 000 N/cm²)	• Schalenablösung (Desquamation) Abschuppung Abgrusung • Kernsprünge • Erweiterungen von Fugen
		Tagesgänge Jahresgänge Wetterabläufe		• Spaltenfrost (Frostverwitterung > 20 000 N/cm²) • Wurzelsprengung (100–150 N/cm²) • Mechanischer Abrieb	• kantiger Schutt, Erweiterungen von Fugen • Erweiterungen von Fugen • Sand, Schluff
Chemische Verwitterung (Zersetzung)				• Hydratation	• Quellung (z.B. Anhydrit → Gips)
		Mittl. Zustände der Klimaelemente (Wasserangebot, Temperatur)		• Hydrolyse	• Lösung (Chloride, Sulfate) Vergrusung • Lösung (Na⁺, Mg²⁺, Ca²⁺, Fe²⁺, Mn²⁺) Tonmineralbildung
	Tiefenverwitterung		Mineralzusammensetzung	• Oxidation und Reduktion	• Quellung oder Schrumpfung Lösung (Fe²⁺, Mn²⁺, S ...)

289GS

Tab. 2.5.1/1 *Zusammenfassung der unterschiedlichen Verwitterungsarten* (eigener Entwurf)

Abb. 2.5.1/1 *Frostschutt*   (GLASER, R.)

Bei der **Insolationsverwitterung** oder Hitzesprengung spielen Volumenänderungen von Mineralbestandteilen beim Erwärmen und Abkühlen eine wesentliche Rolle. Neben den unterschiedlichen Ausdehnungskoeffizienten einzelner Mineralien und einem Temperaturgradienten vom Äußeren ins Innere eines Ge-

steines scheint nach Laborversuchen auch die Anwesenheit von Wasser notwendig zu sein, um die auftretenden Druckkräfte zur vollen Entfaltung gelangen zu lassen. Besonders wirksam ist dieser Prozess an grobkörnigen Gesteinen und in strahlungsreichen Trockengebieten bei großen täglichen Temperaturschwankungen, wo es vor allem zur Abgrusung kommt.

Die **Frostsprengung** beruht auf dem Vorhandensein von Wasser in Fugen, Haarrissen oder Poren, das beim Gefrieren sein Volumen um neun Prozent ausdehnt und dabei eine maximale Druckzunahme von über 20 000 N/cm^2 (bei − 22 °C) entfacht. Eine hohe Eindringtiefe des Frostes und ein sukzessives Voranschreiten der Gefrierfront in einen Gesteinsverband von außen nach innen sowie häufiger Frostwechsel, wie sie vor allem in Periglazialgebieten und Hochgebirgen auftreten, begünstigen die Bildung von eckigen bis scharfkantigen Gesteinstrümmern und Frostschutt.

Exkurs: Anthropogene Verwitterung

Am Kölner Dom nagt nicht nur der Zahn der Zeit, sondern eine ganze Reihe von Prozessen, die zur massiven Bauverwitterung beitragen. So wirken neben der Frostverwitterung u.a. auch Flechten, die schädliche organische Säuren bilden. Besonders dramatisch sind die Folgewirkungen, die sich aus dem anthropogen verursachten sauren Niederschlag ergeben und als wesentliches Element der anthropogenen Verwitterung angesehen werden müssen. Bei der Verbrennung von schwefelhaltigen Brennstoffen entsteht Schwefeldioxid, das wiederum mit dem Sauerstoff und Wasser der Atmosphäre reagiert. Kalke und kalkhaltige Bindemittel reagieren mit der Schwefelsäure und bilden Kalziumsulfatverbindungen wie Gips. Über die Volumenvergrößerung – letztlich Salzsprengung – kommt es zum Abplatzen und Zerfall der Steine.

Hinweis: *Prozesse der anthropogenen Verwitterung am Kölner Dom können vertieft werden unter:*

www.webgeo.de Modul „Salzsprengung"

Bei der **Salzsprengung** kommt es unter ariden und semi-ariden Klimaten aus übersättigten Lösungen zur Auskristallisation von Salzen. Die dabei auftretende Volumenzunahme führt zur mechanischen Zerstörung. Gleiches gilt für die thermische Ausdehnung von Salzkristallen. Oft tritt im Zusammenhang mit der Salzverwitterung die **Hydratation** auf, die An- und Einlagerung von Wassermolekülen in das Kristallgitter, ohne dass sich die chemische Zusammensetzung des Ausgangsmaterials verändert. Eine Reihe von Salzen wie NaCl, Na_2SO_4 oder $CaSO_4$ vergrößern mit der Wasseraufnahme ihr Volumen, bei Anhydrit ($CaSO_4$), das durch die Aufnahme von Wasser zu Gips umgewandelt wird, um bis zu 60 %. Die grundlegenden Ursachen sind ungesättigte Grenzflächenionen der Minerale sowie der bindungsfreudige Dipolcharakter des Wassers.

Die Hydratation bewirkt eine Lockerung des Gesteinsverbandes. Sie tritt in allen hinreichend humiden Gebieten der Erde auf, in denen freibewegliche Wassermoleküle gasförmig oder flüssig vorkommen und bildet häufig die Vorstufe zur Hydrolyse sowie zur Lösungsverwitterung.

Aufgaben

3. Beschreiben Sie die Funktionsweise der Frostverwitterung. Welches sind die wichtigsten Faktoren?
4. Weshalb tritt in der Antarktis kaum Frostsprengung auf? Welches sind stattdessen ihre Hauptwirkungsgebiete?
5. In semiariden und ariden Gebieten der Erde ist die Salzsprengung eine bedeutende Verwitterungsform. Beschreiben Sie die beiden Hauptprozesse, die zur Zerstörung des betroffenen Gesteins führen.

2.5.2 Chemische Verwitterung

Die **chemische Verwitterung** fasst alle gesteinsumwandelnden Prozesse zusammen, bei denen sich die Materialzusammensetzung bzw. der Mineralaufbau ändert.

Die **Hydrolyse** stellt den wichtigsten Teil der chemischen Verwitterung dar. Dabei werden Silikate und Karbonate, die mit ca. 60–65 Gew. % den größten Teil der gesteinsbildenden Minerale ausmachen, zersetzt. Oft wird der Prozess auch als Silikatverwitterung bezeichnet. Der grundlegende Vorgang besteht in der Reaktion eines Minerals mit den Wassermolekülen bzw. H^+-Ionen der Lösung, indem sich diese an die Grenzflächenionen von Kristallen anlagern und Kationen gleicher Ladung aus dem Kristallgitter ersetzen. Dieser Vorgang wird auch Kationenaustausch genannt. Die Kristallstruktur wird aufgeweitet und zerfällt bis zur kompletten Auflösung des Kristallgitters.

Da Feldspäte einen bedeutenden Teil am Aufbau der Erdkruste ausmachen, wird am Beispiel des Feldspates Orthoklas, mit rund 60% Massenanteil in der Erdkruste das häufigste Primärmineral, die hydrolytische Verwitterung vorgestellt.

Folgende Gleichung liegt zugrunde:

(Glg. 2.5.2/1)

$$2KAlSi_3O_8 + 2H_2CO_3 + H_2O \longrightarrow Al_2Si_2O_5(OH)_4 + 4SiO_2 + 2K^+ + 2HCO_3^-$$

Das Wasser wirkt über seine Ionen, sodass Kohlensäure und Wasser zu Kaolinit, Kieselsäure, Kalium und Hydrogenkarbonat reagieren. In humiden Klimaten werden von den Silikaten bei weiterer Abfuhr von Kationen im Wesentlichen Al-Oktaeder und Si-Tetraeder im Verwitterungsrest übrig bleiben. Diese können sich zu neuen Tonmineralen aufbauen. Es handelt sich um Schichtsilikate, die Wasser und Pflanzennährstoffe adsorbieren können und deshalb entscheidend für die Fruchtbarkeit von Böden sind.

Unter **Oxidationsverwitterung** werden Prozesse zusammengefasst, bei denen durch Anlagerung von O (Oxidbildung) oder OH (Hydroxidbildung) ein Zerfall von Mineralen erfolgt. Betroffen sind die Minerale und Gesteine, in deren Kristallgitter Ionen in reduzierter Form vorliegen wie beispielsweise Fe^{2+}-, S^{2+} und Mn^{2+}-Ionen. Zu diesen Mineralen zählen besonders die dunklen Silikate (Biotit, Augit, Hornblende, Olivin) sowie auch Fe- und Mn-Carbonate und -Sulfide. Die Oxidationsverwitterung setzt ein sauerstoffhaltiges Verwitterungsmilieu voraus, sodass Oxidationsprozesse stattfinden können. Sie verläuft meist in Verbindung mit anderen chemischen oder physikalischen Verwitterungsprozessen wie Hydrolyse und Hydratation. Die reduziert vorliegenden Fe^{2+}- und Mn^{2+}-Ionen werden durch den Sauerstoff unter Abgabe von Elektronen zu Fe^{3+} und Mn^{4+} Ionen oxidiert. Durch die damit einhergehende Veränderung des Ionendurchmessers und Zunahme der positiven Ladung im Kristallgitter muss ein Ladungsausgleich herbeigeführt werden, indem ein Teil der oxidierten Ionen in Form von rotbraunen Eisenoxiden oder schwärzlichen Manganoxiden aus dem Kristallgitter ausgeschieden oder als schwerlösliche Oxide ausgefällt wird. Es können aber auch im Silikatgitter vorhandene OH-Gruppen durch Protonenabspaltung zu O-Gruppen umgewandelt werden. Diese sind anschlie-

ßend hydrolytisch wirksam und tragen damit zur weiteren Schwächung des Kristallverbunds bei. Eine dritte Möglichkeit besteht in der Abführung von Kationen wie K^+ oder Mg^{2+}.

Wie eng die Oxidationsverwitterung mit anderen Verwitterungsarten, vor allem der Hydrolyse in Wechselbeziehung steht, wird besonders augenfällig bei der Oxidationsverwitterung von Eisensulfiden (z.B. Pyrit FeS_2). Es kommt zur Bildung von Schwefelsäure (H_2SO_4) und Eisen(III)-sulfat ($Fe_2[SO_4]_3$):

(Glg. 2.5.2/2)

$$4FeS_2 + 15O_2 + 2H_2O \rightleftharpoons 2Fe_2(SO_4)_3 + 2H_2SO_4$$

Durch **Hydrolyse** geht das Eisen(III)-sulfat in Goethit über. (Glg. 2.5.2/3)

$$2Fe_2(SO_4)_3 + 8H_2O \rightleftharpoons 4FeOOH + 6H_2SO_4$$

Die gebildete Schwefelsäure hat eine starke Versauerung und damit intensive eine protolytische Carbonatlösung bzw. Silikatverwitterung zur Folge.

Die **Lösungsverwitterung** bewirkt die Lösung (Korrosion) von Gesteinen, die leicht lösliche Alkali- und Erdalkalisalze wie Nitrate, Chloride, Sulfate und/oder Carbonate enthalten. Eine chemische Umwandlung erfolgt nicht. Unabdingbares Agens ist das Vorhandensein von Wasser, das die Salze, die aus positiv geladenen Metallionen und negativ geladenen Säureresten bestehen, zunächst in Form der Hydratation schwächt und dann bis hin zur völligen Lösung des Salzes bzw. dem Überschreiten des Sättigungsgleichgewichts der Lösung weiter zersetzt.

Eine Sonderform stellt die **Carbonatverwitterung** dar, bei der kohlensäurehaltige Wässer vorhanden sein müssen. Man spricht daher auch von der **Kohlensäurereverwitterung**. Die Kohlensäure wird durch die Atmung der Pflanzenwurzeln und Bodenorganismen ständig neu gebildet; auch im Niederschlagswasser ist Kohlensäure aufgrund des CO_2- Gehaltes der Luft vorhanden: Das schwer lösliche Calciumcarbonat wird durch das Vorhandensein von Kohlensäure in das leicht lösliche Calciumhydrogencarbonat (Bicarbonat) überführt:

(Glg. 2.5.2/4)

$$CaCO_3 + CO_2 + H_2O \rightleftharpoons Ca(HCO_3)_2 \rightleftharpoons Ca^{2+} + 2HCO_3^-$$

(Glg. 2.5.2/4)

$$CaCO_3 + H_2CO_3 \rightleftharpoons Ca(HCO_3)_2$$

Da Calciumhydrogencarbonat gut wasserlöslich ist, kann nun die Lösungsverwitterung einsetzen. Viele Karstformen gehen auf diesen Prozess zurück und werden ergänzt durch Ausfällungserscheinungen. (vgl. Kapitel 2.10)

Tipp: Weitere Aspekte können unter dem Webgeo-Modul Lösungsverwitterung eingesehen und geübt werden:

💻 www.webgeo.de
Modul „Lösungsverwitterung".

Aufgaben

6. Bearbeiten Sie hierzu das Webgeo-Modul Hydrolyse und lösen Sie die dort gestellten Aufgaben:

   💻 www.webgeo.de Modul „Hydrolyse"

7. Inwiefern kann die Hydratation als Übergang zwischen physikalischer und chemischer Verwitterung angesehen werden?

Abb. A 2.5.2/1 Wollsackverwitterung im Harz (zur Aufgabe 8)   (GLASER, R.)

8. Beschreiben Sie die Abb. A 2.5.2/1.
   a) Welche Verwitterungsart könnte diesen Felsburgen zugrunde liegen?
   b) Diese Art der Verwitterung findet heute vor allem in den Tropen statt. Die Aufnahme stammt jedoch aus dem deutschen Mittelgebirge Harz. Wie können Sie sich dies erklären?

2.5.3 Biogene Verwitterung

Unter **biogener** oder **biologischer Verwitterung** werden alle chemischen und physikalischen Verwitterungsarten zusammengefasst, die im Zusammenhang mit Tieren, Pflanzen und v. a. Mikroorganismen stehen. Derartige Prozesse spielen in allen humiden Klimaten eine Rolle, besonders wirksam sind sie jedoch in den Feuchttropen.

Unterschieden werden physikalisch-biogene Prozesse (z.B. durch Wurzeldruck gelockerte Gesteinsverbände) von den chemisch-biologischen Vorgängen. Zu letzteren zählt z.B. das Anrauen des Untergrundes durch Säuren, die von Flechten und Mikroorganismen abgesondert werden. Ebenso können Bodenorganismen die organische Substanz im Boden zersetzen und über zahlreiche Zwischenschritte entsteht schließlich Wasser und CO_2, wodurch chemische Verwitterungsprozesse initiiert werden.

2.6 Wenn Hänge ins Wanken geraten – Hangdynamik und Hangprozesse

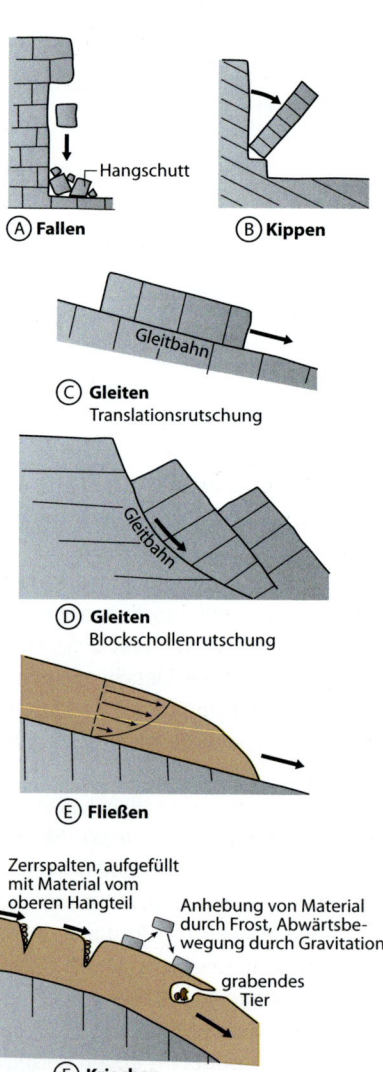

Abb. 2.6.1/1 *Wichtige Arten von Massenbewegungen* (nach GOUDIE, A. 2007)

Fast schon regelmäßig kommt es auf der Bahnstrecke durch das Mittelrheintal zu Sperrungen wegen Hangrutschungen. Und nicht nur in Bonn treten flächenhaft Bauschäden ausgerechnet in den begehrten und teuren Hanglagen auf. In den Alpen prägen Lawinenverbauungen ganze Hangpartien. Welche Prozesse und Vorgänge liegen dieser offensichtlichen Hangdynamik zugrunde?

Ziele des Kapitels

Wenn Sie dieses Kapitel durchgelesen sowie die zugehörigen Aufgaben bearbeitet haben,
- sind Sie in der Lage, die wichtigsten Massenselbstbewegungen zu kennen,
- verstehen Sie ihre auslösenden Faktoren
- und wissen Sie, wo diese hauptsächlich vorkommen.

Hänge bilden ein wichtiges Formelement in der Landschaft und werden oft nach ihrem Neigungsgrad in Steil-, Böschungs- und Flach- oder in Ober-, Mittel- und Unterhang oder nach ihrer Entstehung in Halden-, Tal-, oder Glatthang gegliedert. Sie unterliegen einer eigenen Prozessdynamik, die insgesamt als **Denudation** bezeichnet wird.

2.6.1 Massenselbstbewegungen

Vor allem an steileren Hängen spielen gravitative, durch die Schwerkraft verursachte **Massen(selbst)bewegungen** (MSB) eine große Rolle. Darunter versteht man hangabwärts gerichtete Verlagerungen von Fels- und/oder Lockergesteinen unter der Wirkung der

Schwerkraft. Sie werden deshalb auch als Masseschwerebewegung bezeichnet. Sie können sehr schnell ablaufen wie Felssturz, Mure oder Steinschlag oder sehr langsam. Man unterscheidet fünf Bewegungstypen: Fallen, Kippen, Gleiten (Rutschen), Driften und Fließen, wobei in der Natur meist Kombinationen auftreten (Abb. 2.6.1/1).

Als Trigger spielen vor allem Erdbeben und starke Durchfeuchtung eine große Rolle. Oft werden derartige Ereignisse auch durch den Menschen ausgelöst, etwa bei Sprengungen oder durch Unterschneidungen von Hängen infolge von Baumaßnahmen. Die mit derartigen Vorgängen einhergehenden großen Menschen- und Sachschäden haben dazu geführt, dass diesem Themenkreis im Rahmen der Risikoforschung besondere Beachtung zuteil wird. **Massenbewegungen** spielen auch im Kontext des globalen Klimawandels eine Rolle: Wie wirken sich die globalen Veränderungen auf die Dynamik von Hängen aus? In welchem Ausmaß labilisiert der austauende Permafrost die Hänge in Hochgebirgsbereichen? Wie wirkt sich die prognostizierte Zunahme von Niederschlägen aus?

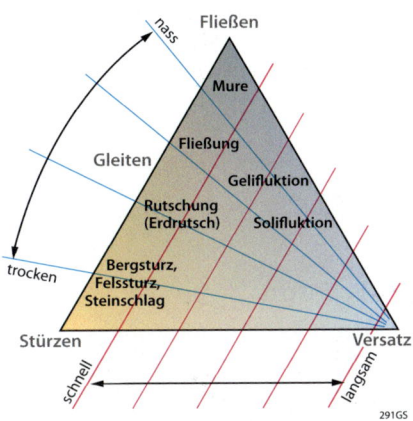

Abb. 2.6.2/1 *Typisierung der Massenselbstbewegungen* (nach ZEPP, H. 2008)

2.6.2 Arten von Massenselbstbewegungen

Blockstürze entstehen durch Herabfallen von Gesteinsbruchstücken aus Steilwänden. Am Hangfuß kommt es zum Aufbau einer **Schutt-** oder **Sturzhalde**. Diese können ein kegelförmiges Aussehen haben, wobei die Kegelspitze an der Felswand anliegt. Wachsen derartige Bildungen zusammen, spricht man von **Schuttsaum** und schließlich von einem **Haldenhang**. Blockstürze sind kleinskaliger als Bergstürze.

Bergstürze sind gravitative Massenbewegungen mit großer Augenblicksleistung und hoher Geschwindigkeit. Zahlreiche Bergstürze der jüngsten Vergangenheit haben in den Alpen zu katastrophalen Ereignissen geführt. Immer sind sie mit einer Labilisierung der Bergflanken verknüpft, wie beim Veltlin im Addatal am 28. Juli 1987, beim Felssturz von Randa im Mattertal im April 1991 oder beim Felssturz Gurtnellen entlang

---

Aufgaben

1. Definieren Sie Erosion, Denudation und Massenselbstbewegung.

2. Weshalb wird das aktuell vermehrte Auftreten von Massenselbstbewegungen stets in Zusammenhang mit dem Klimawandel diskutiert? Wie versuchen die Menschen, sich in den betroffenen Regionen zu schützen (z. B. im Alpenraum)?

In den Steilwänden deuten hellere Felspartien auf frische Abbrüche hin. Das Sturzmaterial sammelt sich am Hangfuß und wird zum Teil in Lawinengassen hangabwärts transportiert. Einige Lawinenbahnen schießen in den Waldsaum ein. Ein Ensemble aus einzelnen Schuttkegeln hat sich girlandenartig um den Fußbereich des Felsmassivs gebildet und stellt einen Schuttsaum dar.

Abb. 2.6.2/2 *Hangprozesse lassen sich im hochalpinen Bereich – wie hier in den Südtiroler Dolomiten – besonders eindrucksvoll studieren.* (GLASER, R.)

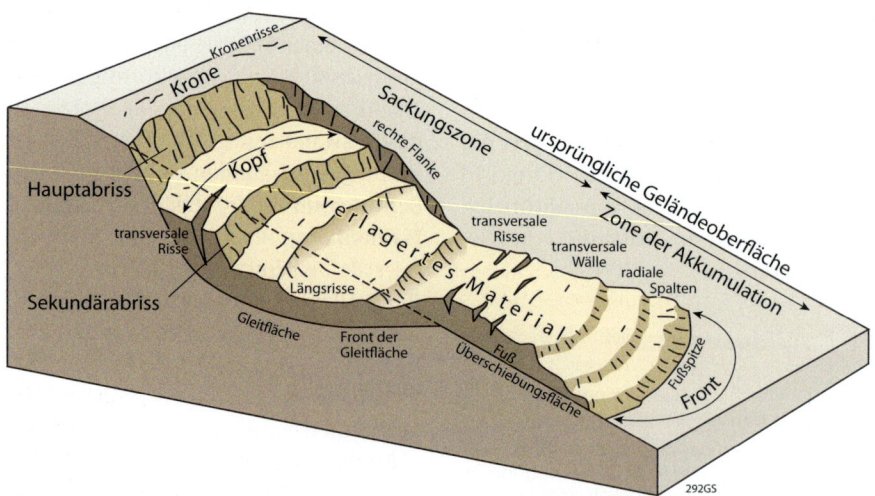

Abb. 2.6.2/3 *Eine schematische gravitative Massenbewegung mit Sackungs- und Akkumulationszonen und typischen Strukturen wie Krone, Spalten, Risse und Wälle*

(verändert nach GEBHARDT, H. et al. 2007)

der Gotthardautobahn im Mai 2006. Die Sturzmassen umfassen Millionen von Kubikmetern. Von zahlreichen historischen Bergstürzen sind bis heute Hinterlassenschaften im Relief sichtbar. Das Flimser Bergsturzgebiet ist das größte in der Schweiz. Im Spätglazial brach auf einem Gebiet von 13 km³ Gesteinsmaterial aus Kalk, Ton und Mergelschichten ab und lagerte sich auf 51 km² zum Teil im Rheintal wieder ab. Bergsturzlandschaften werden als **Tomalandschaften** bezeichnet. Die wildromantische Rheinschlucht ist ein Ergebnis der fluvialen Zerschneidung der Absturzmassen mit einer **Tomalandschaft** aus Schutthügeln im Akkumulationsbereich des Bergsturzes.

Während es sich bei einem Bergsturz um eine sehr rasche Hangbewegung handelt, bei der das Material chaotisch durchmengt und verkleinert wird, kann die Geschwindigkeit von **Rutschungen** und **Gleitungen** sehr unterschiedlich sein. Charakteristisch für diesen Bewegungsvorgang ist das Abgleiten einer zusammenhängenden Gesteinsmasse mit einer plastischen Deformation, wobei der Gesteinsverband erhalten bleibt. Schematisch lassen sich drei Bereiche einer gravitativen Massenbewegung voneinander unterscheiden: das Abrissgebiet, die Bewegungszone und das Akkumulationsgebiet.

Deutliche Anzeichen für langsame **Kriech**bewegungen am Hang sind Säbelwuchs bzw. Sichelwuchs bei der Vegetation. Abb. 2.6.2/4 zeigt das Hakenschlagen des Anstehenden sowie den Säbelwuchs der Vegetation als Reaktion auf die Bewegungen des Untergrundes.

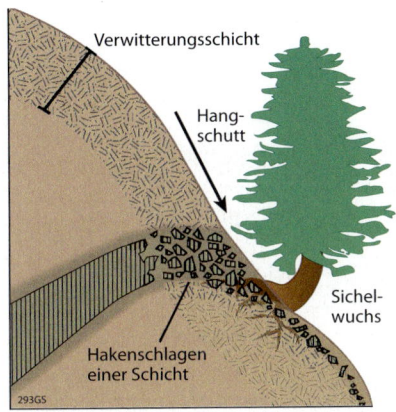

Abb. 2.6.2/4 *Hakenschlagen und Sichelwuchs* (eigener Entwurf)

Muren stellen Schlammströme dar, bei denen immer Gesteinsmaterial und Wasser in Verbindung treten. Sie besitzen wie alle Hangdenudationsformen ein Abrissgebiet (Murtrichter), eine Bewegungszone (Murkanal) und ein Akkumulationsgebiet (Murkegel) und stellen sehr komplexe und schnelle Bewegungsformen dar. Je nach Vorkommen und Materialzusammensetzung unterscheidet man etwa zwischen Muren auf Gletschern oder **Laharen** aus vulkanischem Material.

Zu den langsamen, an starke Durchfeuchtung und Frostwirkung, insbesondere häufige Frostwechsel gebundenen Hangprozessen zählt die **Solifluktion**, die bereits auf schwach geneigten Hängen ab 2°–3° Neigung wirksam ist. Derartige Vorgänge sind v. a. im Periglazial besonders wirksam und werden oft als **Gelifluktion** bezeichnet. Unter Gelifluktion versteht man **Bodenfließen** in der sommerlichen Auftauphase über Permafrost, während Solifluktion neben

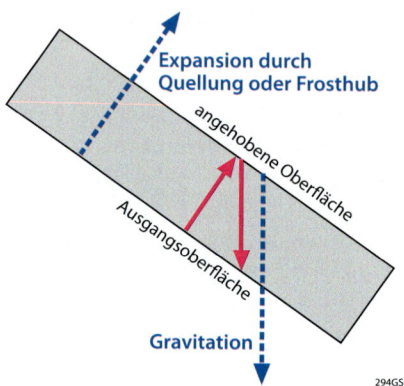

Abb. 2.6.2/5 *Schema der Versatzdenudation* (nach Zepp, H. 2008)

der Gelifluktion auch die Kriech- und Versatzdenudation (Abb. 2.6.2/5), das sogenannte **Frostkriechen** beinhaltet. Bei der **Kammeissolifluktion** werden Bodenteile durch wachsendes Eis rechtwinklig zur Geländeoberfläche gehoben. Beim Tauen des Kammeises setzt sich das Bodensubstrat hangabwärts ab. Dadurch ergibt sich ein talwärts gerichteter Versatz.

Mit Einsetzen des Nachtfrostes werden Eisnadeln gebildet. Das Kammeis hebt die Substratkörner auf den Eisnadeln. Nach dem Abtauen der Eisnadeln knicken diese zusammen und das Material wird hangabwärts transportiert. Dieser Prozess ist vor allem im subnivalen Gebirgsklima bei häufigem Frostwechsel wirksam und wird daher auch als **Tageszeitensolifluktion** bezeichnet. Es handelt sich um einen langsamen Denudationsprozess, der die Hänge stetig tiefer legt. Neben frostdynamischen Prozessen spielt die Gravitation eine entscheidende Rolle. Die effektive Verlagerung ist jedoch etwas geringer, weil der Boden meist nicht wassergesättigt ist und beim Auftauen Kohäsionskräfte wirken, die die Abwärtsbewegung des Teilchens in Richtung der ursprünglichen Position (hangaufwärts, retrograd) bewirken.

Hat die Einwirkung des Frostes bzw. der Frostwechsel bei den vorgenannten Denudationsvorgängen einen wesentlichen Beitrag, so kann bei den hangformenden Massenbewegungen der einzelne Regentropfen nicht außer Acht gelassen werden. Die Auswirkungen des Aufpralls von Regentropfen (splash) an einem Hang verlängern die Flugbahn der Spritzer in Richtung des Hangfußes. Daraus folgt, dass die Erosionsrate mit zunehmender Hangneigung wächst.

Aufgaben

3. Welche Faktoren können solche Gleitungen auslösen bzw. zumindest begünstigen?

4. Inwiefern ist das Vorkommen von Frostsprengung (vgl. Kapitel 2.5) ein entscheidendes Kriterium für Massenselbstbewegungen? Welche Art von Massenselbstbewegung kann beispielsweise darauf zurückzuführen sein?

5. Bergsteiger müssen im Hochgebirge ihre Route meist der Tageszeit anpassen, um sich nur einer möglichst geringen Gefahr auszusetzen. Zu welcher Tageszeit ist es am gefährlichsten, unter einer Felswand hindurchzulaufen und weshalb? Was gilt es bezüglich der Exposition zu beachten?

2.6.3 Pedimente und Glacis

Zu den besonders kontrovers diskutierten Formen zählen **Pedimente** und **Glacis**. Rein beschreibend handelt es sich um Hangfußbereiche oder verflachte Saumhänge in der Fußregion von Gebirgen, die entweder im Anstehenden und dann oft als Kappungsflächen oder Akkumulationsform ausgebildet sind. Fußflächen im Lockermaterial werden dann oft als Glacis bezeichnet.

Gebildet werden sie durch eine Kombination flächenhafter Fließwasser- mit seitlicher Erosion einzelner Gerinnestränge auf Flachböschungen unter ariden bis semiariden Klimabedingungen. Unter Frosteinfluss ergibt sich eine Tendenz zu Glatthängen. Andere Autoren sehen in Pedimenten und Glacis eher Vorzeitformen, die unter gänzlich anderen Klimabedingungen entstanden sind.

Auffallend häufig finden sie sich in tektonisch aktiven Bereichen wie in der Basin and Range Provinz in den USA. Beide Formen werden auch unter dem Begriff **Böschungsabtrag** geführt.

Der Prozess der **Hangabspülung** leitet zum nächsten Kapitel über, da spülaquatische (denudative, flächenhafte) und linear-erosive Prozesse zusammenwirken. Das Resultat ist eine flächenhafte Tieferlegung der Oberhänge und z. T. eine Akkumulation mit Höherlegung im unteren Hangbereich. Bei entsprechender Schleppkraft des Vorfluters erfolgt auch an den Unterhängen eine Tieferlegung. Vegetationsarmut, feinkörniges Substrat und intensive Niederschläge fördern die flächenhafte Hangabspülung. Sie ist damit besonders in den wechselfeuchten Tropen wirksam.

2.7 Fluviale Formung

Ziele des Kapitels

In diesem Kapitel erfahren Sie unter anderem

- was es mit den Fließeigenschaften von Wasser auf sich hat,
- was unter Erosion zu verstehen ist,
- wie Mäander gebildet werden,
- wie ein Tal entsteht,
- welche Talformen es gibt.

Flüsse, Einzugsgebiete, Flusslandschaften und Täler sind komplexe Gebilde. Um das notwendige Gesamtverständnis zu entwickeln, wird zunächst auf die Fließdynamik, d. h. die physikalischen Grundlagen der Wasserbewegung eingegangen, dann auf die formbildenden Prozesse und schließlich die Formen selbst. Und da der Mensch im Rahmen seiner „Kulturtätigkeit" die meisten größeren Flusslandschaften grundlegend verändert hat, spielen in der Planungspraxis heute Fragen der Renaturierung eine besondere Rolle. Diese gelingt nur dann, wenn die grundlegenden Prozesse und Vorgänge verstanden sind.

Abb. 2.7/1 *Der Colorado im Canyonlands National Park, USA zeigt in idealtypischer Weise die zu einem Canyon ausgeformten Mäander.*   (Glaser, R.)

2.7.1 Fließdynamik als Grundlage der Flussarbeit

In fließendem Wasser ist potenzielle Energie gespeichert. Da nur ein kleiner Teil dieser Energie für das Fließen selbst aufgebraucht wird, steht ein Großteil für Reibungsarbeit und schließlich für Erosions- und Transportvorgänge zur Verfügung.

Bei der Fließdynamik eines Flusses wird zwischen **laminarem** und **turbulentem Fließen** unterschieden.

Laminar bedeutet, dass sich die Wasserteilchen in parallelen Bahnen bewegen. Eine turbulente Wasserbewegung dagegen enthält Wirbel, die Stromlinien kreuzen sich und die Flüssigkeit wird stark durchmischt (Abb. 2.7.1/1). Fließgeschwindigkeit V, Wassertiefe T und kinematische Viskosität v des Wassers sind dabei die beeinflussenden Variablen. Diese werden in der **Reynoldssche Zahl (Re)** miteinander in Beziehung gesetzt:

(Glg 2.7.1/1)

$$Re = \frac{VT}{v}$$

wobei der kritische Grenzwert zwischen laminarer und turbulenter Strömung bei einer (dimensionslosen) Reynoldssche Zahl zwischen 500 und 2500 liegt

(ZEPP, H. 2008, 127). Turbulentes Fließen ist wesentlich für die Ablösung von
Partikeln von der Gewässersohle und
damit für die Erosionsleistung verantwortlich. Die Fließbewegung ist ferner
von **Wellenbewegungen** bestimmt. Diese beinhalten stets eine längsgerichtete
und eine quergerichtete Komponente,
die Longitudinal- und die Querwellen.
Sie überlagern das flussabwärts gerichtete Fließen. Das **Fließverhalten** lässt
sich in **strömendes**, d. h. ruhiges Gleiten
bei glatter Oberfläche, in **schießendes**,
d. h. mit schäumenden Wellen und bei
Wasserfällen in **fallendes** untergliedern.
Die **Froude-Zahl (Fr)** ist ein Maß für
den Fließzustand. Sie kennzeichnet das
Verhältnis von Fließgeschwindigkeit
V [cm/s] und Ausbreitungsgeschwindigkeit L der Longitudinalwellen.

Mit der empirisch abgeleiteten **Manning-
Strickler-** und der im Wasserbau weit
verbreiteten **Darcy-Weisbach-Formel**
kann die mittlere Fließgeschwindigkeit
berechnet werden. Nach der einfacher
zu handhabenden Manning-Strickler Formel berechnet sich die Fließgeschwindigkeit:

(Glg. 2.7.1/2)

$$v \, [\text{m/s}] = k_{Str} \, [\text{m}^{1/3}/\text{s}] \cdot R^{2/3} \, [\text{m}] \cdot S^{1/2} \, [\%]$$

Dabei bezeichnet k_{Str} den Rauigkeits-
beiwert nach STRICKLER, R steht für den
hydraulischen Radius und S für das
dimensionslose Sohlgefälle (Energie-
liniengefälle). R wird wiederum aus dem
Fließquerschnitt F und dem benetztem
Umfang U nach der Formel

(Glg. 2.7.1/3)

$$R \, [\text{m}] = \frac{F \, [\text{m}^2]}{U \, [\text{m}]}$$

ermittelt. Der nach MANNING-STRICKLER
errechnete Wert stellt die mittlere Fließgeschwindigkeit dar. Diese variiert im
Gerinnequerschnitt jedoch erheblich
(Abb. 2.7.1/2). Grundsätzlich kommt
es mit zunehmender Annäherung an
das Ufer und das Gerinnebett durch die
Zunahme der Reibung zur Geschwindig-
keitsabnahme. Entlang des **Stromstriches** fließt das Wasser am schnellsten.
Es handelt sich hierbei um jene ima-
ginäre Linie, welche die Punkte mit der
größten Fließgeschwindigkeit verbin-

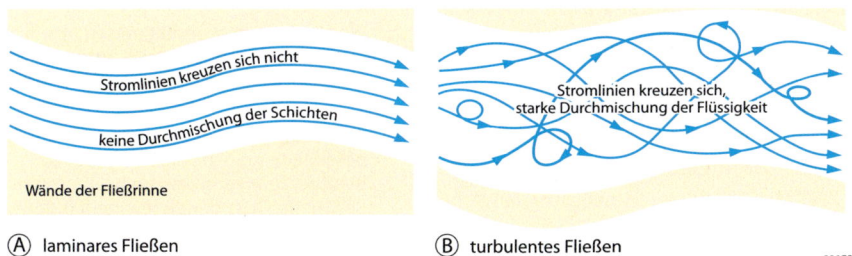

Ⓐ laminares Fließen Ⓑ turbulentes Fließen

296GS

Abb. 2.7.1/1 *Laminare und turbulente Strömung einer Flüssigkeit zwischen zwei starren Wänden* (nach GROTZINGER, J. et al. 2008)

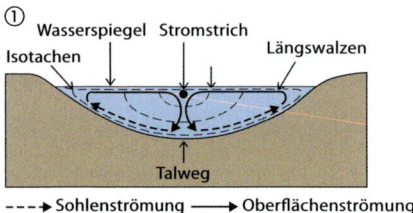

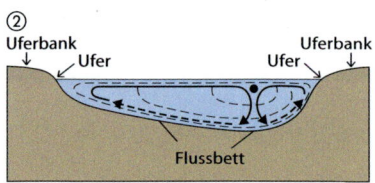

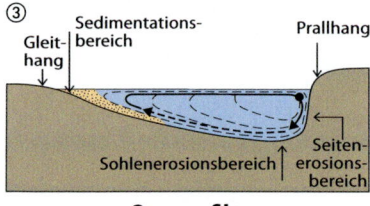

Querprofile

Abb. 2.7.1/2 Spiralige Walzenbewegung bei ① geradlinigem, ② leicht gekrümmtem und ③ stark gekrümmtem, Flusslauf (nach Zepp, H. 2008)

det, also in der Mitte und unmittelbar unter der Wasserspiegeloberfläche. Bei einer gestreckten, „geraden" Flussstrecke befindet sich der Stromstrich in der Mitte des Gewässers. Im Stromstrich laufen die Wasserteilchen von den beiden Ufern kommend zusammen, werden von dort nach unten zum Flussbett abgelenkt, um am Grund wieder zu den Ufern geleitet zu werden (Abb. 2.7.1/2). Mit dieser Bewegung kommt es zur Ausbildung von spiralförmigen **Doppelwalzen**. Die Walzen wirken quasi ortsfest, indem sie sich ständig erneuern. Sie nehmen bei diesem Vor-

gang vom Grund und Uferbereich immer neues Wasser auf und geben es an den Hauptstrom ab. **Grundwalzen** liegen dabei ortsfest am Gerinneboden, **Deckwalzen** erscheinen an der Wasseroberfläche. Beide besitzen eine ungefähr horizontal liegende Achse. Art und Lage der Wasserwalzen bedingen die spezifischen Abtragungsleistungen im Gerinnebett. Unter dem Stromstrich ist sie am größten. Wirbel, die durch die Bettform erzwungen werden, bilden sich an Unregelmäßigkeiten des Flussbodenreliefs und besitzen den Charakter am Orte verharrender Standwalzen. Die Walzen beinhalten stets auch einen „rückholenden Ast", der eine flussaufwärts gerichtete Komponente enthalten kann. Dies erklärt das Phänomen der rückschreitenden Erosion.

Hinweis: Ein Lehrbeispiel für eine Flussanzapfung durch rückschreitende Erosion ist die Anzapfung der ehemaligen Feldberg-Donau durch die Wutach. Die genauen Prozesse sind in einem Webgeo-Modul dargestellt:

www.webgeo.de

Modul „Die Wutach: Grub der Rhein der Donau das Wasser ab?"

Aufgaben

1. Welche beiden grundlegenden Arten von Fließverhalten können unterschieden werden? Welche Größen spielen dabei die Hauptrolle?

2. Aus welchem Grund können der berechnete Manning-Strickler-Wert und das beobachtete Verhalten an bestimmten Stellen im Fluss deutlich voneinander abweichen?

3. Gemäß dem Prinzip der rückschreitenden Erosion würde der Rheinfall bei Schaffhausen aufgrund der Grundwalzentätigkeit nach und nach kleiner werden (Abb. A 2.7.1/1). Erklären Sie, warum dennoch davon ausgegangen wird, dass er noch viele Jahrtausende Bestand haben wird.

Abb. A 2.7.1/1 Rheinfall bei Schaffhausen

2.7.2 Formbildende Prozesse

Neben der vorgestellten Fließdynamik sind für die formbildenden Prozesse vor allem Art und Menge der Sedimentfracht entscheidend. Sie bestimmen neben den tektonischen und petrographischen Bedingungen u. a. die Ausbildung des Gerinnebettes und die Entwicklung des Gerinnemusters.

Die Sedimentfracht eines Fließgewässers lässt sich in die **Lösungs-** und die **Feststofffracht** gliedern. Mit Lösungsfracht wird die Gesamtmenge [mg/l] der im Wasser gelösten Stoffe bezeichnet, die natürlichen oder anthropogenen Ursprungs sein kann. Die Feststofffracht umfasst die **Schwebfracht** (oder **Suspension**) und die Geröllfracht. Unter Schwebfracht fallen alle Feststoffe, die sich in einem Gleichgewichtszustand im Wasser befinden. In erster Linie sind dies Partikel der Ton- und Schlufffraktion, die aus dem Oberflächenabfluss und Hangabtrag, aber auch verschiedenen Abriebsvorgängen im Fluss selbst stammen können. Diese sind für die Trübung des Wasserkörpers verantwortlich. Schotter, Kies und Blöcke bilden die **Geröllfracht**.

Der Sand- und Gerölltrieb der Feststoffe geschieht **flottierend** (geschleppt, geschleift, gerollt, gewälzt) oder **saltierend** (hüpfend). Schon 1935 fand Hjulström eine eindeutige Beziehung zwischen Fließgeschwindigkeit (in cm/s) und Korngröße (in mm) sowie Erosion, Transport und Abtragung (Abb. 2.7.2/1). Bemerkenswert an der logarithmischen Skala ist vor allem, dass zur Erosion sehr feiner Partikel höhere Fließgeschwindigkeiten nötig sind als zur Erosion von Feinsand. Wann ein Fließgewässer nun in welchen Vorgang übergeht, wird durch sein **Belastungsverhältnis** (BV) angegeben.

(Glg. 2.7.2/1)

$$BV = \frac{\text{Last (L)}}{\text{Schleppkraft (S)}}$$

Entspricht die Last oder das Frachtvermögen in etwa der Schleppkraft, so befindet sich ein Fließgewässer in einer **Auslastungsstrecke**, das Material wird allenfalls durchtransportiert. Ist BV < 1, findet Erosion mit Tieferschaltung oder rückschreitender Erosion statt, in der Auslastungsstrecke mit BV≈1 kommt es zur Seitenerosion mit Mäanderbildung und Mäandererhaltung und in der Akku-

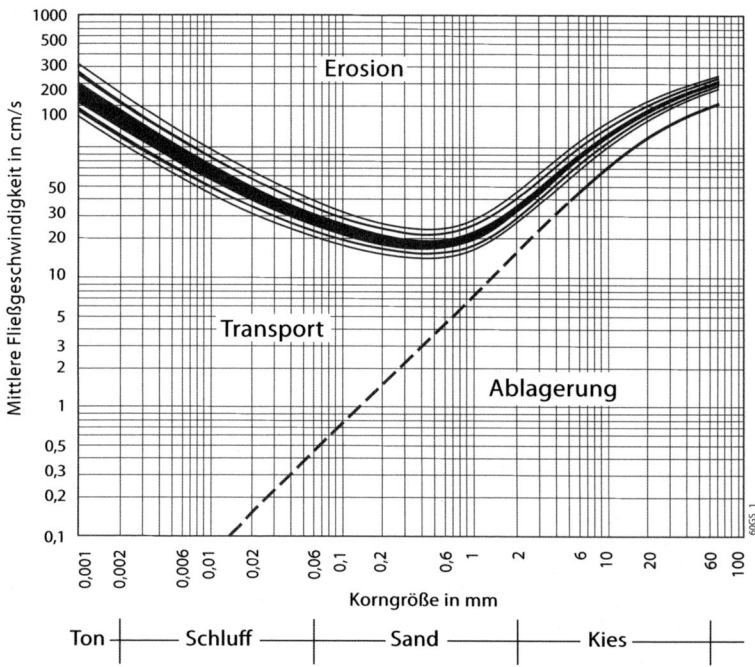

Abb. 2.7.2/1 *Hjulström-Diagramm – Zusammenhang zwischen Fließgeschwindigkeit, Korngröße und Erosion, Transport und Ablagerung* (nach ZEPP, H. 2008)

mulationszone (BV > 1) verwildern oder anastomosieren Fließgewässer. Generell nimmt das BV vom Oberlauf zum Unterlauf zu. Daher herrscht im Oberlauf überwiegend Sohlenerosion, im Unterlauf eher Akkumulation vor. Im Mittelauf fällt das BV unterschiedlich aus - je nach Ausgangsrelief bzw. tektonischen und petrographischen Bedingungen.
Betrachtet man die Bodenfracht, die in steilen Gebirgsabschnitten einen Großteil der Sedimentfracht ausmacht, so findet man hier häufig einen **geraden Streckenverlauf** vor. Bei genauerer Betrachtung langer, scheinbar gerader Flussstrecken zeigen auch diese einige schwach angedeutete Bögen und Schlingen.

Gewässergrundrisse
Je nach Korngröße und Menge der Sedimentfracht entwickeln sich verschiedene **Gewässergrundrisse**. Die traditionelle Gliederung der Grundrisstypen in gerade Flüsse, verzweigte (verwilderte) Flüsse (engl. Braided Rivers) und anastomosierende sowie Flussmäander wird zunehmend durch eine differenziertere Klassifikation ersetzt (Abb. 2.7.2/2).
Die Übergänge sind ohnehin fließend. Welche Form ein Gewässer auf seiner Laufstrecke zeigt, ergibt sich aus den wechselnden Bedingungen der Fließgeschwindigkeit und Abflussmenge, der Sedimentfracht und Erodierbarkeit der Flussufer.

Braided River-Systeme besitzen mehrere Fließrinnen, die an einen geflochtenen Haarzopf erinnern. Die Verzweigung ist ein Hinweis für die große Schwankungsbreite der Wasserführung. Charakteristischerweise entstehen sie in den mit Sedimentfracht überladenen Flüssen am Rande von abschmelzenden Gletschern. Alle Flussarme werden nur bei Hochwasser benutzt, während das Gewässer bei Mittelwasser mäandriert und nur eine Rinne ausfüllt. Das Gewässer hat kein festes Bett, sondern besitzt mehrere flache Tiefenlinien, die immer wieder verlagert werden. Braided Rivers sind die Folge von stoßweiser Wasserführung mit großen Sedimentzulieferungen. Als spezifischen Untertyp kann man anastomosierende Gerinne ansehen, die im sandigen Substrat ausgebildet sind, während ein Braided River in gröberen Sedimenten entsteht.

Mäander entstehen häufig dort, wo ein Fließgewässer gemischte Frachtbedingungen aufweist. Die Fließrinnen sind als bogenförmige Schlingen ausgebildet (Abb. 2.7/1). Geringes Gefälle mit entsprechend reduzierter Fließgeschwindigkeit bei insgesamt geringer Sedimentfracht in unverfestigten Lockersedimenten sowie leicht erodierbares Gestein begünstigen deren Ausbildung.

Die Ursachen der Mäanderbildung sind trotz zahlreicher theoretischer Ansätze nicht vollständig geklärt. In Verbindung mit dem geschwungenen Verlauf des Stromstriches kommt es in Mäanderbögen zur Ausbildung von **Prallhängen** mit vorherrschender Seitenerosion (das Belastungsverhältnis ist hier kleiner als 1, während in der gesamten Mäanderstrecke

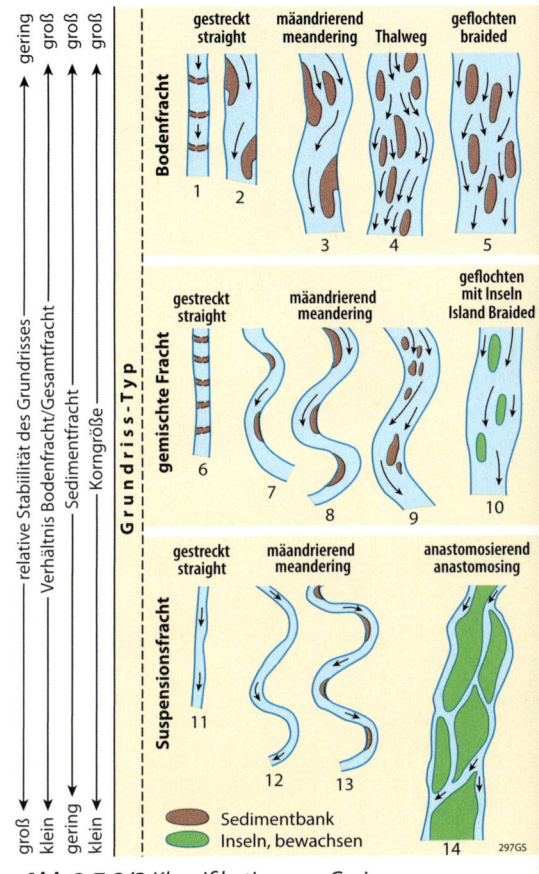

Abb.2.7.2/2 *Klassifikation von Gerinnegrundrissen* (nach ZEPP, H. 2008)

BV nahe bei 1 ist) und **Gleithängen** mit vorherrschender Akkumulation. Quer- und Längsprofil in den Mäanderbögen sind asymmetrisch (Abb. 2.7.2/3).

In den Prallhängen findet Unterschneidung mit Versteilung der Talflanke statt, am Gleithang Verflachung durch Sedimentablagerung. Steil- und Flachhänge mit Windungen, abwechselnd auf der einen oder anderen Seite des Gewässers, sind typische Erscheinungen von Mäan-

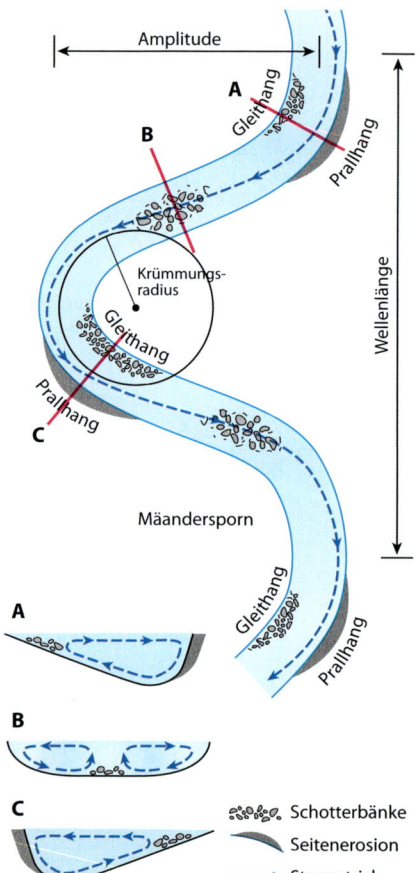

Abb. 2.7.2/3 *Schematischer Grundriss eines* *mäandrierenden Gewässers mit zugehö-* *rigen morphometrischen Eigenschaften und* *Beispielen von Gerinnequerschnitten*
(nach GEBHARDT, H. et al. 2007)

dern. Sie unterliegen der permanenten Lageveränderung sowohl seitwärts als auch talabwärts. Das heißt auch, dass die Schlingen langsam stromabwärts wandern.

International gebräuchlich haben sich die Begriffe **Riffle** und **Pool** auch im Deutschen durchgesetzt. Über den Riffles ist eine unruhige oder sogar schießende Wasseroberfläche ausgebildet, über den Pools ist eine ruhige, glatte Wasseroberfläche zu beobachten. Im Flusslauf wechseln so entsprechend der Abfolge von Mäanderschlingen Pools und Riffles alternierend miteinander ab.

Nicht nur der Bereich der stärksten Strömung pendelt von Ufer zu Ufer, sondern auch die Mäander wandern schlangenartig flussabwärts, vergleichbar der Bewegung eines langen Seils, das man ruckartig auf dem Boden in horizontaler Richtung hin- und herbewegt. Ursache dieser Verlagerung ist die Erosion am Prallhang und die Akkumulation am Gleithang. Weil Mäander wandern, rücken einige Schlingen immer enger zusammen, bis das Gewässer während eines Hochwassers den Hals der Schlinge durchschneidet und dadurch seinen Lauf wesentlich verkürzt (Abb. 2.7.2/4).

Bei einer solchen Stromverlegung entsteht ein toter Mäander oder **Alt**(wasser)**arm**, der zunächst noch teilweise durchflossen wird, dann aber durch allmähliche Sedimentation an den beiden ‚offenen' Stellen vom Hauptgewässer abgeschnitten wird. Mit der Zeit kann dieser ehemalige Gewässerabschnitt wesentlich höher liegen als das aktuelle Gewässerbett. Der Altarm ist nun Zeuge eines ehemaligen Flussbettverlaufes geworden.

Zwei Haupttypen von Flussmäandern lassen sich unterschieden: **Freie Mäander** (oder Flussmäander) und **Talmäander** (oder eingesenkte Mäander). Erstere liegen vollständig in einer Talsohle, deren Material aus den Ablagerungen des Flusses selbst besteht. Talmäander dage-

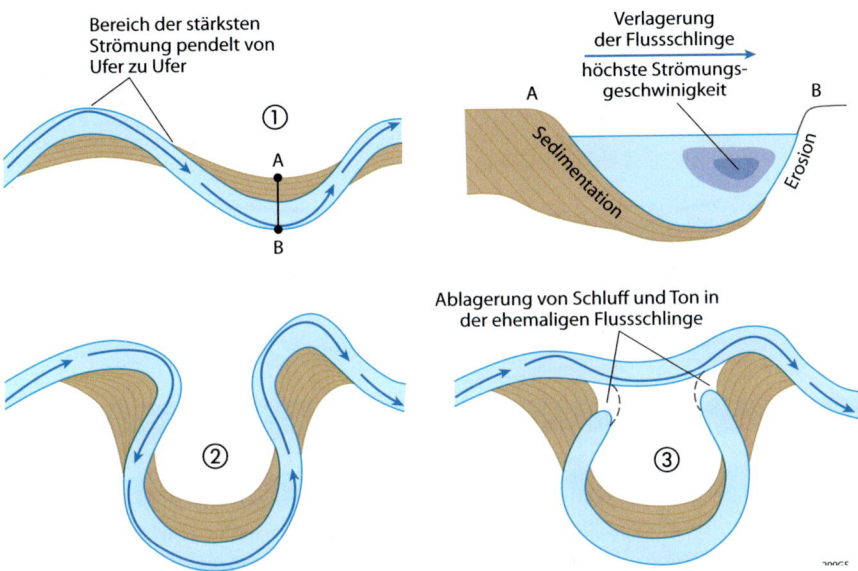

Abb. 2.7.2/4 *Mäanderbildung und Abschnürung von Altarmen*

(nach GROTZINGER, J. et al. 2008)

Abb. 2.7.2/5 *Herausbildung von Mäanderstrukturen am Bow-River bei Banff in Kanada. Neben dem Hauptstrom werden noch Altarme durchflossen.*

(GLASER, R.)

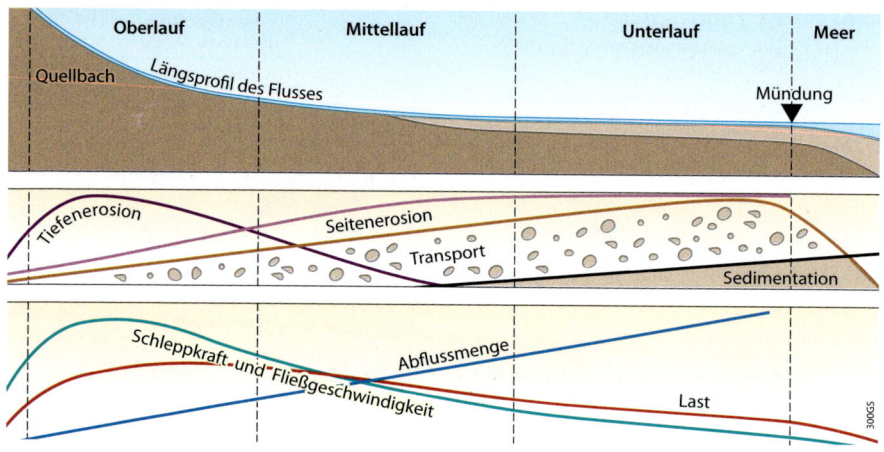

Abb. 2.7.2/6 *Idealisiertes Längsprofil von Flüssen* (nach Bauer, J. et al. 2002)

gen entstehen durch die Tiefenerosion eines mäandrierenden Flusses. Das eingetiefte Tal folgt dabei den Krümmungen des Flusses, d. h. der Talverlauf selbst mäandriert. Die freien Mäander wandern allmählich talabwärts. Vermessungen des Mississippi in den letzten drei Jh.en zeigen erhebliche Lageveränderungen des Flusslaufs und der Mäanderbögen um bis zu 20 m pro Jahr (Grotzinger, J. et al., 2008, 493). Talmäander hingegen können ihre Lage nicht so leicht verändern, da bei jeder seitlichen Verschiebung eines Mäanderbogens der darüber liegende Talhang ebenfalls zurückverlegt werden muss. Die zu leistende Arbeit ist dementsprechend größer. Schöne Beispiele von Talmäandern sind an Rhein, Mosel und Neckar ausgebildet.

Geringere Wassertiefen und Fließgeschwindigkeiten in Mäanderstrecken bedingen die feinkörnigen Auensedimente.

Uferwälle und Dammuferflüsse

Die **Talaue** eines Gewässers entsteht durch die Verlagerung der Fließrinne über den gesamten Bereich des Talbodens und wird bei einem Hochwasser (HQ) vollständig eingenommen. In der gesamten Talaue wird während eines HQs Sedimentmaterial verfrachtet, zunächst das Gröbere in unmittelbarer Nähe der Stromrinne, das feinere in größerer Entfernung. Die Fließgeschwindigkeit des Wassers nimmt bei einem HQ rasch ab. In der Nähe des Ufers lagern sich die grobkörnigsten Sedimente ab, aus denen sich nach vielen HQs **Uferwälle** ausbilden können, die mehrere Meter Mächtigkeit aufweisen. Das Niveau der Talaue liegt dann unter dem Flussspiegel. Diese natürlich entstandenen Uferwälle sind ein spezifisches Merkmal sedimentreicher Flüsse in Aufschüttungsgebieten. Als Spezialfall entstehen **Dammuferflüsse**, die zwischen sich allmählich erhöhenden natürlichen Uferdämmen Schwemmlandebenen durchziehen (z.B. Amazonas, Mississippi, Huang He, Po).

Längsprofile von Flüssen

In idealisierten **Längsprofilen** von Fluss-
läufen wird zwischen Ober-, Mittel- und
Unterlauf unterschieden. Im **Oberlauf**
sind die Reliefunterschiede meist sehr
groß. Das mitgeführte Geröll, häufig als
„Erosionswaffen" bezeichnet, verursacht
eine starke Tiefenerosion. Im **Mittellauf**
gewinnen Seitenerosion und Transport
zunehmend an Bedeutung, während im
Unterlauf Transport und Sedimentation
überwiegen (Abb. 2.7.2/6). Das Hjulström-Diagramm (Abb. 2.7.2/1) findet im
Längsverlauf eines Gewässers seine volle
Gültigkeit und Anwendung. Im realen
Flusslängsprofil des Rheins zeigt sich
hingegen, dass das Idealprofil nur bei
stationären Randbedingungen als Endre-
sultat fluvialer Formung ausgebildet ist.
Gründe für das Abweichen können sein:

Vorrelief, Tektonik, Gesteinswechsel, der
Übergang Gebirge – Vorland und Meeresspiegelschwankungen.

Beim Austritt aus dem Gebirge oder Ein-
münden eines Flusses in das Meer oder
in einen See kommt es zur plötzlichen
Verringerung der Fließgeschwindigkeit
und zu einer abrupten Abnahme der
Transportkraft. Es bildet sich eine Auf-
schüttungsform aus, die **Schwemmkegel**
(Neigung > 3°) oder **Schwemmfächer**
(Neigung < 3°) genannt wird (Abb.
2.7.2/7).

Da ein Fluss stets versucht, sein **Gleich-
gewichtsprofil** zu erreichen, reagiert er
auf Veränderungen der **Erosionsbasis** als
der tiefstgelegenen Stelle eines Flusssys-
tems mit einer Erhöhung der Tiefenerosion. Er tieft sich flussaufwärts durch
rückschreitende Erosion ein. Lokale

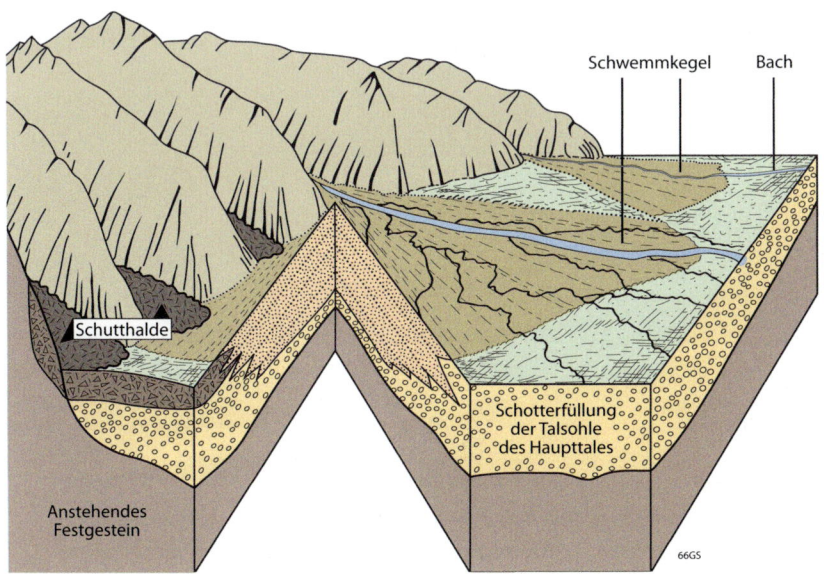

Abb. 2.7.2/7 Schwemmfächer/Schwemmkegel (aus LESER, H. 2009)

Erosionsbasen können durch tektonische Senkungsgebiete wie beispielsweise das Mainzer Becken gegeben sein. Als generelle Haupterosionsbasis für Flüsse gilt das Meer. Meeresspiegelschwankungen wie sie beim Wechsel von Kalt- und Warmzeiten im Pleistozän mehrfach aufgetreten sind, wirkten sich grundlegend in Terrassensequenzen aus.

Bildung von Flussterrassen

Jede Absenkung oder Anhebung der Erosionsbasis führt zu einer Veränderung der Reliefenergie und faktisch zu einem neuen Niveau in der Talsohle. Dies kann eine Ursache für die Entstehung von **Flussterrassen** sein.

Weltweit wurde die Terrassierung der Talhänge neben tektonischen Bewegungen vor allem durch den klimatischen

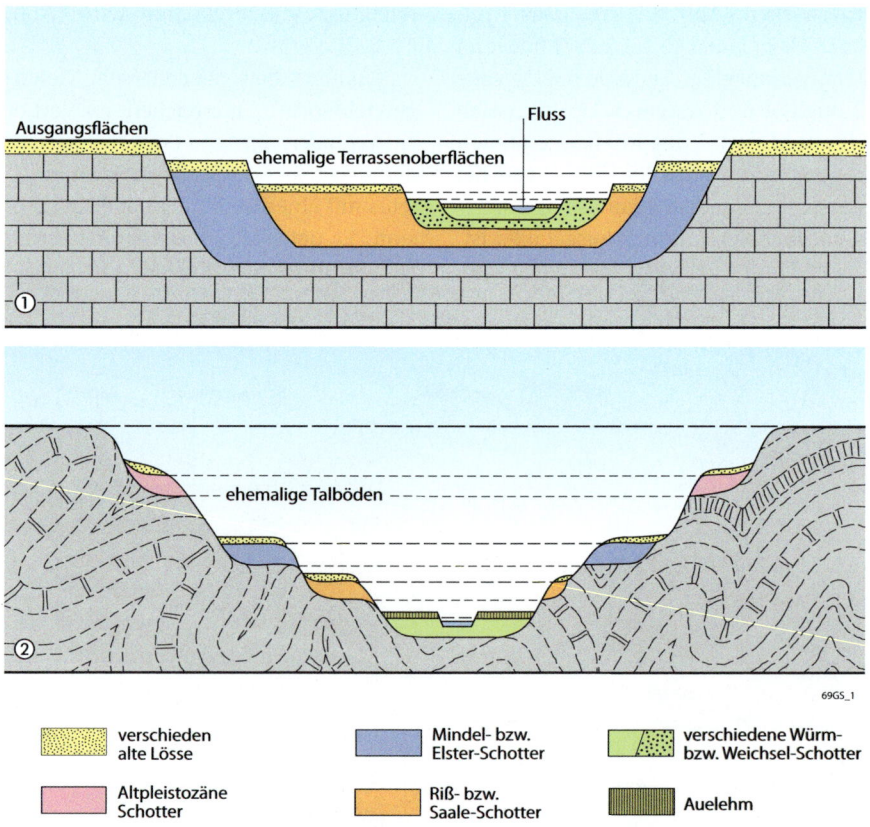

Abb. 2.7.2/8 *Terrassentreppen pleistozäner fluvialer Ablagerungen in Mitteleuropa.*
① *Ineinander geschachtelte Terrassenkörper der nördlichen Mittelgebirgsschwelle.*
② *Terrassenlandschaft tektonischer Hebungsgebiete, z.B. Rheinisches Schiefergebirge*
(LESER, H. 2009)

Wechsel von Warm- und Kaltzeiten während des ausgehenden Tertiärs und Quartärs hervorgerufen. Die Meeresspiegelschwankungen um bis zu 120 m veränderte die Reliefenergie ganz wesentlich. Hinzu kommen Änderungen der Verwitterungs- und Abtragungsleistung. Stark vereinfacht ausgedrückt hat ein Gewässer in der **Warmzeit** eine geringe Sedimentfracht, da

- das Einzugsgebiet mit einer geschlossenen Vegetationsbedeckung umgeben ist,
- Zungenbeckenseen als Sedimentfallen wirken,
- BV < 1 ist und damit Tiefenerosion mit der Bildung einer Aue vorherrscht.

Der wichtigste geomorphologische Prozess in einer **Kaltzeit** hingegen ist die hohe Sedimentfracht des Gewässers. Sie ist gegeben durch

- das Vorherrschen der physikalischen Verwitterung,
- die glaziale Aufbereitung der Sedimente,
- BV > 1 ist. Damit herrscht Akkumulation vor, was zum Aufbau eines neuen Schotterkörpers führt.

In Hebungsgebieten liegen die älteren Terrassen oben, in Senkungsgebieten (Oberrheingraben, Münchener Schiefe Ebene, Norddeutsche Tiefebene) liegen die älteren Schotterkörper unter den jüngeren. Eine Terrassenabfolge von alt (oben) zu jung (unten) findet sich demnach vor allem in Hebungsgebieten (Abb. 2.7.2/8 ②, Rheinisches Schiefergebirge). Bei den Terrassen handelt es sich um den Wechsel pleistozäner fluvialer Ablagerungen mit Aufschotterungen überwiegend in den Kaltzeiten und Zer-

schneidung überwiegend in den Warmzeiten. Von den Akkumulationsterrassen, die sich anhand der Schotterkörper nachweisen lassen, sind die Erosions- oder Felsterrassen zu unterscheiden.

Aufgaben

4. Skizzieren Sie das Hjulström-Diagramm (Abb. 2.7.2/1). Welche Aussagen werden damit gemacht?

   a) Wie groß muss in etwa die mittlere Fließgeschwindigkeit sein, damit Ton erodiert wird?

   b) Ein vom Fluss transportiertes Teilchen kommt bei einer mittleren Fließgeschwindigkeit von 10 cm/s zur Ablagerung. Um welche Korngröße handelt es sich?

   c) Es fällt auf, dass zur Erosion sehr feiner Partikel sowie größerer Teilchen höhere Fließgeschwindigkeiten nötig sind als beispielsweise zur Erosion von Sand. Erklären Sie dieses Phänomen.

5. Nach welcher Seite (Akkumulation oder Erosion) gibt es eine Verschiebung, wenn bei einem Fluss, dessen Transportvermögen durch die angelieferte Fracht ausgelastet ist,

   a) das Gefälle vergrößert wird,

   b) das Frachtangebot wächst,

   c) der Gerinnequerschnitt verengt wird,

   d) der Gerinnequerschnitt verbreitert wird,

   e) die Fracht in größeren Korngrößen anfällt?

6. Das Idealprofil eines Flusses gliedert sich in die drei Bereiche Ober-, Mittel- und Unterlauf. (Abb. 2.7.2/6). Charakterisieren Sie die verschiedenen Vorgänge entlang dieses Profils.

7. Welche Prozesse führen zur Entstehung von Terrassen?

8. Erläutern Sie die Entstehung von Flussterrassen im Wechsel von Kalt- und Warmzeiten.

2.7.3 Talformen und Gewässernetze

In der Fluvialmorphologie werden Täler als offene, lang gestreckte Hohlform definiert. Die verschiedenen **Talformen** sind das Ergebnis charakteristischer Kombinationen von (Tiefen-)Erosion und Hangabtrag (im deutschen oft als Denudation zusammengefasst), die im Belastungsverhältnis ausgedrückt werden (Abb. 2.7.3/1).

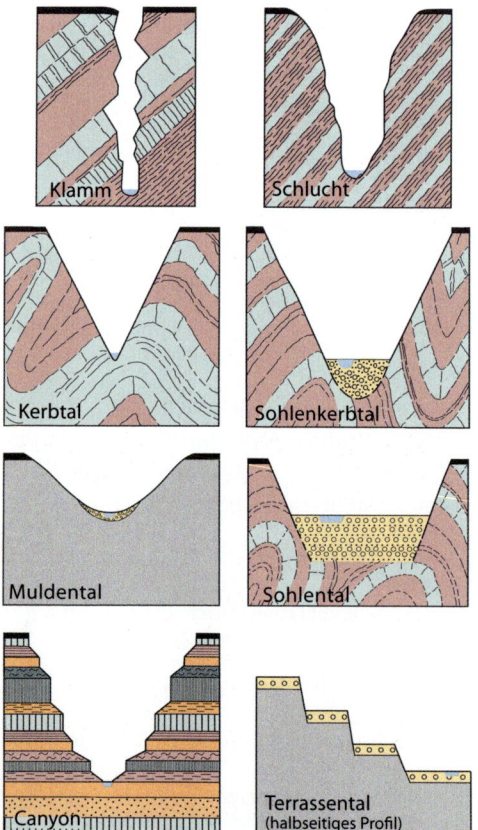

Abb. 2.7.3/1 *Talquerschnittsformen* (nach GEBHARDT, H. et al. 2007)

Eine **Klamm** besitzt nahezu senkrechte, zum Teil überhängende Wände. Hänge, an denen denudative Prozesse stattfinden, fehlen. Klammtäler findet man verbreitet im Hochgebirge in widerständigen, standfesten Gesteinen. Beispiele sind die Höllental- und Partnachklamm bei Garmisch-Partenkirchen. Die Bildung von Strudellöchern und die Kavitationskorrosion, d. h. das Abplatzen von Gesteinsteilen durch Hohlsogbildung bei schnell strömendem Wasser, verstärken die Tiefenerosion.

Eine **Schlucht** wird in weniger standfestem Material geformt. Die Hänge sind steil, aber nicht überhängend. Beispiele sind Vorder- und Hinterrheinschlucht in Graubünden (Schweiz) sowie Wutach- und Murgschlucht im Schwarzwald. **Klamm** und **Schlucht** sind gekennzeichnet durch starke Tiefenerosion und fehlender Hangdenudation.

Ein **Kerbtal** besitzt steile, gestreckte Hänge, die beiderseits des Gewässers enden. Die Talsohle ist mit dem Gerinnebett identisch. Die Hangdenudation gewinnt zunehmend an Bedeutung. Typischerweise sind Kerbtäler in Mitteleuropa in präpermischen Gesteinen der Mittelgebirge ausgebildet, wie im Rheinischen Schiefergebirge, im Schwarzwald und im Harz.

Ein **Canyon** wird geformt in Sedimentgesteinen wechselnder Resistenz bei horizontaler bis wenig geneigter Schichtlagerung. Er hat getreppte Hänge und das Talbett ist mit dem Gerinnebett identisch. Beispiele finden sich in der Wutschschlucht (Südschwarzwald), im Colorado-Canyon in Arizona (USA), oder dem Fischfluß-Canyon (Namibia). Ein

Sohlenkerbtal entsteht, wenn sich bei verstärkter Hangdenudation das Belastungsverhältnis ändert und Material in der Talsohle akkumuliert wird. Zu den meist steilen Hängen kommen in den Talsohlen fluviale Seitenerosion und Akkumulation hinzu, sodass Fels- und Schottersohlen entstehen. **Kerbtal, Canyon** und **Sohlenkerbtal** sind gekennzeichnet durch starke Tiefenerosion und starke Hangabtragung. Ein **Kastental** weist starke Tiefenerosion mit starker Seitenerosion auf, die direkt am Hangfuß ansetzt. Durch gravitative Prozesse bleiben die Hänge der flach lagernden Schichten steil. Es handelt sich somit um eine gesteinsbedingte Sonderform zwischen Sohlental und Schlucht. Das obere Donautal in der Schwäbischen Alb oder das obere Neckartal sind Beispiele für diesen Taltyp. Das **Sohlental** ist eine Sonderform des Sohlenkerbtales. Es hat eine meist mehrere Hundert Meter breite Talsohle entwickelt, die an den Seiten von steilen Hängen begrenzt wird. Die Talsohle wird unterlagert von mächtigen fluvialen Sedimenten. Die Talform ist gekennzeichnet durch eine starke Seitenerosion nach aussetzender Tiefenerosion. Weil auf der Talsohle akkumuliert wird und die Seitenerosion zur Rückverlegung der Talhänge führt, ist die Tiefe des Tals geringer als die Breite. Das Sohlental ist häufig durch die Bildung von **Umlaufbergen** gekennzeichnet. Sie entstehen bei wachsender Amplitude des Mäanderbogens. Ein breiter Bergsporn wird zunächst immer länger, am Hals mehr und mehr verschmälert, bis beiderseitige Böschungen sich oben verschneiden und eine kontinuierlich niedriger werdende Einsattelung entsteht. Schließlich durchbricht die Strömung an der engsten Stelle den Hals und der abgeschnürte Sporn wird zum isolierten Umlaufberg.

Große Mittelgebirgstäler wie Mosel, Ruhr, Saale und Werra gehören zu diesem Taltyp, aber auch das Niltal Mittel- und Oberägyptens, der Rio Negro in Patagonien (Argentinien) oder das Weichsel- und Warthetal in Polen.

Abb. 2.7.3/2 *Schlucht: Frazer River – Hells Gate*

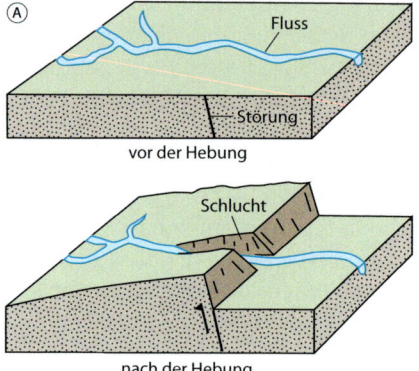

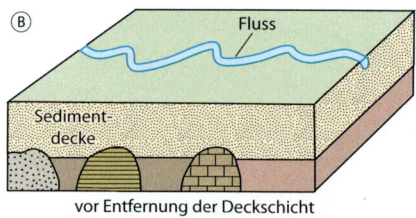

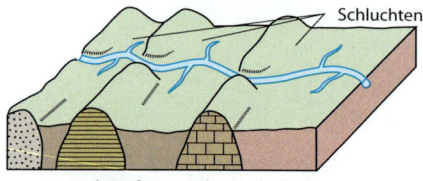

Abb. 2.7.3/3 *Entstehung von Durchbruch-stälern.* Ⓐ *antezedent,* Ⓑ *epigenetisch*

(nach Zepp, H. 2008)

Starke Hangdenudation mit großer Materialzulieferung, welche der Fluss nicht vollständig abtransportieren kann, führt zum Wannen- und Muldental. Bei einem **Wannental** findet man noch einen flachen Talboden, der durch einen konkaven Übergang zu den flachen Hängen gekennzeichnet ist. Akkumulation, Hangabtragung, mächtige Hangfußse-

dimente und schwache Seitenerosion formen es aus einem Mulden- oder Sohlental. Zahlreiche kleine Täler auf den Hochflächen der Mittelgebirge gehören zu diesem Taltyp.

Muldentäler haben gar keine Talsohle. Eine geringe Eintiefung, keine Seitenerosion und starke hangdenudative Prozesse sind die prägenden Merkmale dieses Taltyps. Die Hänge sind nur flach geneigt (< 20°). Etliche kleine Täler auf den Hochflächen der Mittelgebirge, ebenso die Mittelläufe vieler Gewässer sind als Muldental ausgebildet.

Prozessual und inhaltlich bilden die Begriffe **epigenetisches** und **antezedentes** Durchbruchstal ein Gegensatzpaar. Es handelt sich um tektonisch ausgelöste Taltypen (Abb. 2.7.3/3).

Im **epigenetischen Durchbruchstal** räumt ein Fluss Deckschichten allmählich aus, sodass ein älteres, etwa quer zur Flussrichtung verlaufendes Relief zu Tage tritt. Dieses wird dann durch den Fluss zerschnitten. Trifft dabei ein Fluss auf ein widerständiges Gestein, wie etwa einen Porphyr, findet eine Verflachung des Talprofils vor und eine Versteilung nach dem Hindernis statt. Der Rheinfall von Schaffhausen ist eine viele Besucher anlockende epigentische Durchbruchstalstrecke. Hier zersägt der Rhein einen quer zum Fluss verlaufenden Kalkriegel, nachdem er zuvor die leicht ausräumbare Füllung aus pleistozänem Lockermaterial erodiert hat. Ein **antezedenter Durchbruch** setzt eine Hebung des Gebirges, meist quer zur Fließrichtung voraus. Der Fluss tieft sich immer stärker in das sich hebende Gebirge ein. Beweise hierfür sind in den

Terrassenkörpern gegeben, deren Verlauf ungestört ist. Sie zeigen die für Hebungsgebiete typische Abfolge von oben liegenden, älteren Terrassenkörpern und tiefer liegenden, jüngeren. Antezedente Durchbruchstäler in Deutschland sind das Mittelrheintal im Rheinischen Schiefergebirge oder die Porta Westfalica zwischen Wiehen- und Wesergebirge. Hier tritt das Wesertal aus der norddeutschen Mittelgebirgsschwelle und mündet in die norddeutsche Tiefebene.

Neben der Gewässerdichte ist die Ausbildung des **Gewässernetzes** eine der markantesten Bestimmungsgrößen zur Charakterisierung eines Einzugsgebietes. Das Grundrissmuster (Abb. 2.7.3/4) lässt häufig Rückschlüsse auf

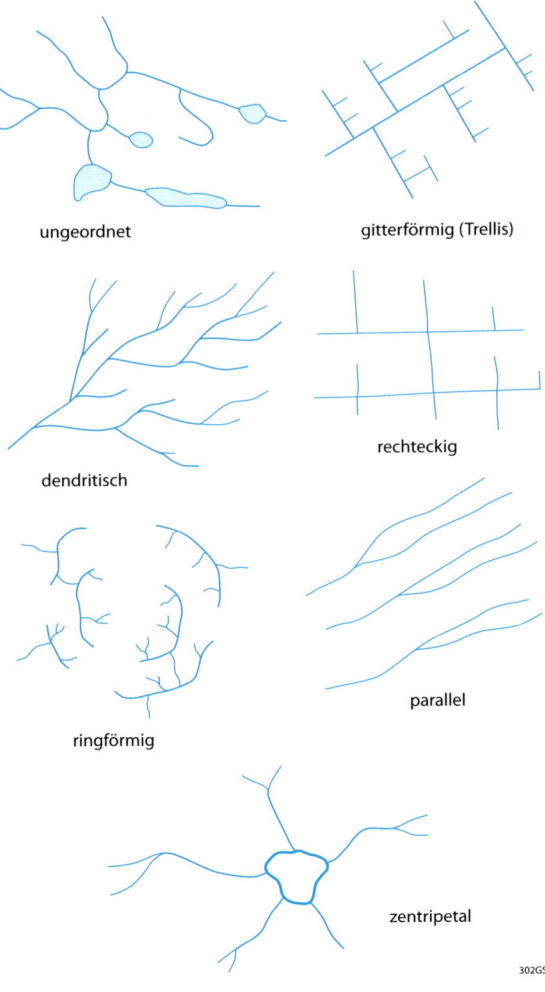

ungeordnet

gitterförmig (Trellis)

dendritisch

rechteckig

ringförmig

parallel

zentripetal

302GS

Abb. 2.7.3/4 *Eine Auswahl der Haupttypen der Flussnetze* (nach GOUDIE, A. 2007)

Exkurs: Flussveränderungen

Nahezu alle größeren Flusssysteme wurden in den letzten Jahrhunderten durch den Menschen tiefgreifend verändert. Ein exponiertes Beispiel stellt die TULLA'sche Rheinkorrektion im 19. Jh. dar. Gründe waren der Wunsch nach Hochwassersicherheit, Neulandgewinnung, Schiffbarmachung, Bannung der Malariagefahr und die Fixierung der Grenzverläufe. Die Auswirkungen auf die Fließdynamik, den Sedimenthaushalt und die Biodiversität waren gewaltig.

Die Rheinkorrektur mit der Flussbegradigung führte zu einer Verkürzung der Laufstrecke, die zwischen Basel und Mannheim mehr als 80 km beträgt.

---

die Beschaffenheit des Untergrundes zu. Der Zusammenhang zwischen der geologischen Struktur, tektonischen Einflüssen, die Gesteinslagerung sowie die Wasserdurchlässigkeit auf die Abtragungsresistenz von Gesteinen werden untersucht. Die meisten Gewässernetze haben ein **dendritisches** Muster. Sie stellen den „Normalfall" dar und sind typisch für angepasste Flusssysteme auf relativ gleichmäßigen Materialien.

Ring-, gitterförmige oder **rechteckige** Muster weisen auf eine Steuerung des Abflussgeschehens durch tektonische Strukturen hin. Auf sehr steilen Hängen wie Abraumhalden kommt es zu **parallelen** Mustern. In **zentripetalen** Systemen fließen Gewässer zu einem Zentrum zusammen. Sie sind etwa typisch für die jungglaziale Entwässerungsrichtung im Alpenvorland, in der die Fließrichtung durch das glaziale Gefälle bestimmt wird. Zum ehemaligen Zungenbecken hin entwässern die Flusssysteme, während im risszeitlichen Vergletscherungsgebiet des Alpenvorlandes eine zentrifugale Entwässerung (d. h. weg von den Endmoränenzügen) vorherrscht.

Allgemein findet man **ungeordnete Flussnetztypen** in glazialen Gebieten. Hier wurde das Gewässersystem durch Vorgänge der glazialen Erosion und Ablagerung umgestaltet. Die Zeit seit Beendigung des glazialen Regimes vor 10 000 Jahren reicht nicht aus, um ein Gewässernetz aufzubauen, das sich an die neuen, veränderten geomorphologischen Gegebenheiten angepasst hat.

Aufgaben

9. Nennen Sie Faktoren, welche die Formung von Tälern allgemein beeinflussen.
10. Es gibt zwei bedeutende Arten von Durchbruchstälern. Erläutern Sie die Unterschiede und nenne Sie je ein Beispiel.
11. Überlegen Sie, welche Auswirkungen die Rheinkorrekturen gehabt haben könnten und welche Gegenmaßnahmen möglich sind.

Exkurs: Renaturierung von Fließgewässern

Die technische Umgestaltung von Fließgewässern in der Vergangenheit hat zu vielen ungewollten negativen Begleiterscheinungen geführt. Im Rahmen der Ökologisierung der Planung seit Mitte der 1980er-Jahre sind viele Programme und Maßnahmen ergriffen worden, die diese negativen Folgen wieder ausgleichen sollen. Die Wasserrahmenrichtlinie der EU von 2000 fordert den guten ökologischen Zustand bis zum Jahre 2015.

Viele Planungsbüros beschäftigen sich mit Renaturierungsmaßnahmen, z. B. dem Rückbau der Fließgewässer. Dabei kommen die hier vorgestellten Grundprinzipien der Fließdynamik, der Formungsprozesse und Formgebung zum Tragen – sozusagen eine gute Nutzung der angewandten Flussmorphologie. Renaturierungsmaßnahmen verfolgen mehrere Ziele: Gewässer sollen ihre ursprüngliche Dynamik und Struktur zurückerhalten, weil nur damit die eigentlichen ökologischen Funktionen gewährleistet werden. Schließlich soll die Weiterentwicklung des Gewässers eigendynamisch verlaufen.

Welche Maßnahmen sind dafür geeignet?

Begradigte Gewässer werden wieder in einen pendelnden, mäandrierenden Fluss zurückgeführt. Dies kann durch Aufweitung des Gewässerbettes, strukturelle Maßnahmen an der Sohle, Entfernung der Ufersicherung – des sogenannten Steinwurfs – und Einbringen punktueller Strukturelemente wie Schüttungen oder Baumstümpfe gefördert werden. Grundsätzlich wird massiver künstlicher Sohl- und Uferverbau entfernt bzw. der technische Verbau durch ingenieurbiologische Sicherungsmaßnahmen ersetzt. Als weiteres Ziel gilt es, die erneute Durchgängigkeit im Gewässer zu erreichen, was die Entfernung von Barrieren voraussetzt.

Nicht nur der Gewässerverlauf, sondern auch das Gewässerumfeld soll wieder naturnah hergestellt werden. Dazu werden die Uferbereiche modelliert, Böschungen abgeflacht, standortgerechte Vegetation gefördert und eine natürliche Sukzession eingeleitet, die sich nach und nach zu einer Auenvegetation entwickeln kann.

Zu den Strukturverbesserungen im Umfeld zählt auch die Verringerung des Schadstoff- und Nährstoffeintrags. Das Uferrandstreifenprogramm hat in dieser Hinsicht deutliche Verbesserungen gebracht. Gegebenenfalls wird dies durch Grunderwerb sichergestellt.

Alle Maßnahmen zielen darauf ab, die Eigendynamik im Fließgewässer wieder zuzulassen. Zur Erreichung der ursprünglichen Natürlichkeit der Gewässer wird in einigen Fällen sogar die Entfernung oder die Rückverlegung von Dämmen diskutiert. Oft wirkt der Rückbau ähnlich massiv wie die historische Veränderung. Dabei sind hydraulische Aspekte hinsichtlich des Hochwasserschutzes zu berücksichtigen.

2.8 Eiskalte Tatsachen – Glaziale Prozesse und Formen

In gleißendes Licht getauchte Landschaften aus Schnee und Eis entfalten für viele eine beeindruckende Szenerie. Im wissenschaftlichen Kontext der aktuellen Klimadiskussion gelten rückschmelzende Gletscher zu den augenfälligsten Indizien für die globale Erwärmung (Abb. 2.8/1). Das im Eis gespeicherte Wasser stellt ein wichtiges Süßwasserreservoir dar. Außerdem beinhaltet Gletschereis ein einzigartiges Umwelt- und Klimaarchiv. Aus geomorphologischer Sicht treten weitere Aspekte hinzu.

Ziele des Kapitels

Nach Bearbeitung der Aufgaben in diesem Kapitel sollen Sie
- in der Lage sein, die glaziale Serie zu verstehen,
- die Bildung von Karen verinnerlicht haben,
- die Entstehung der Eiszeiten erklären können
- und wissen, was der Druckschmelzpunkt bei der Abtragungsleistung bewirkt.

Abb. 2.8/1 Der Athabasca Gletscher in den kanadischen Rocky Mountains ist Teil des Columbia Icefields. Wie die meisten Gletscher ist er in den letzten Jahrzehnten deutlich zurückgeschmolzen. Im Vordergrund ist eine ganze Staffel von kleineren Moränenwellen zu sehen, die entsprechende Rückzugsstadien markieren. An den Talflanken sind mächtige Seitenmoränen zu erkennen, die auf den letzten Hochstand Mitte des 19. Jh. zurückzuführen sind.

Die **Glazialmorphologie** beschäftigt sich mit den Formen und der Formgebung durch Gletscher, der Eisdynamik und den Sedimenten, die bei diesen Vorgängen entstehen, aber auch mit den Schmelzvorgängen, die zu so genannten fluvio-glazialen Bildungen führen. Eng verwandt ist die **Glaziologie**, die sich mit der Erstellung von Gletscherenergie- und -massenbilanzen, der Typisierung und der Fließdynamik von Gletschern auseinandersetzt.

Neben den imposanten Hochgebirgsgletschern (dem Relief untergeordnete Talgletscher) gibt es rezent zwei **Inlandeismassen** auf der Erde, das **grönländische** und das **antarktische Eis**. Während das Eis der Antaktis eine Mächtigkeit von 4 000 m aufweist, bilanziert das grönländische um 3 000 m. Aber nicht nur die Eisdicke, sondern vor allem die relative Lage zu den jeweiligen Polen ist das Besondere an den beiden Inlandeisdecken. Das grönländische Inlandeis bedeckt eine Fläche von 1,74 Mio. km² und sein Zentrum liegt bei 75° nördlicher Breite und damit weit entfernt vom Nordpol. Der Südpol hingegen liegt innerhalb des antarktischen Eisschildes, das eine Fläche von 13 Mio. km² bedeckt. Ohne Eisbedeckung wäre die Antarktis in weiten Bereichen eine Inselwelt. Heute ragen einige **Nunatakker** (Singular: Nunatak, grönländ. Ausdruck), Gipfel und Grate aus der Gletscheroberfläche heraus.

2.8.1 Aufbau, innere Differenzierung und Dynamik von Gletschern

Gletscher sind (bewegte) Eismassen, die aus Schnee entstanden sind und dem Gefälle folgend fließen. Sie sind komplexe Gebilde, die nicht nur aus Eis, sondern auch aus Schnee-, Altschnee, Firn sowie dem mitgeführten Schuttmaterial und Schmelzwässern bestehen. Vom bewegten Gletschereis ist das Stagnanteis zu unterscheiden, mit dem inaktive, in Bewegungsruhe befindliche Teile bezeichnet werden. Ist dieses deutlich vom Gletscher abgetrennt, handelt es sich um Toteis. Gletscher entstehen über eine komplexe Umwandlungskette aus Schnee, der durch Schmelzvorgänge und Wiedergefrieren zu Altschnee kompaktiert wird. Nehmen Porenvolumen weiter ab und die Dichte dadurch zu, entsteht Firn. Ist dieser so weit kompaktiert, dass er weitgehend luftfrei ist und das Porenvolumen kein kohärentes Gefüge mehr aufweist, ist Eis entstanden – ein Prozess also, der sich in maritim geprägten Klimaten über mehrere Jahre hinzieht. Unter hochkontinentalen Bedingungen dauert dieser Prozess mehrere 100 Jahre an. In der Regel weist das Eis durch die beschriebenen Vorgänge eine Jahresschichtung auf. In diesen sind einige zur Zeit der Bildung bestehenden Umweltbedingungen wie der Schwefelgehalt der Atmosphäre, Stäube oder die Temperatur in Form von Isotopen gespeichert.

Bei der inneren Differenzierung von Gletschern wird zwischen **Akkumulations- und Nährgebiet** sowie **Ablations- und Zehrgebiet** unterschieden. Beide Bereiche werden durch die **Gleichgewichtslinie** getrennt (Abb. 2.8.1/1). Während im Nährgebiet der Gletscheraufbau durch Schneefall,

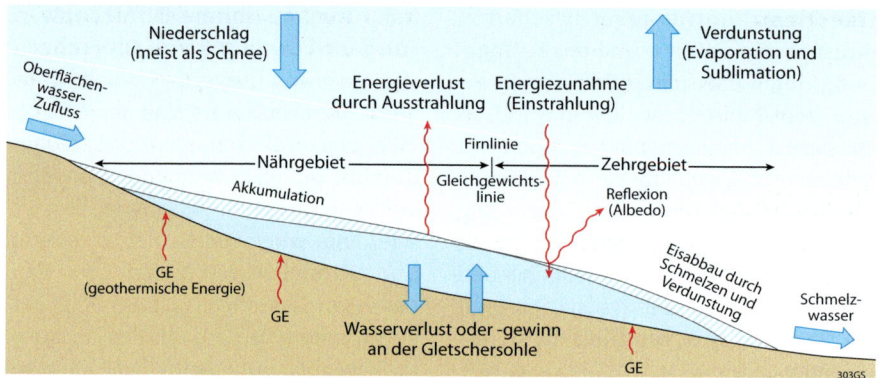

Abb. 2.8.1/1 *Schematische Darstellung des Energie- und Massenhaushalts eines Gletschers*

(nach ZEPP, H. 2008)

Firn und Eisbildung überwiegt, dominiert im Zehrgebiet der Abschmelzvorgang.

Gletscher reagieren je nach ihrer Größe und damit ihrem **Energie-** und **Massenhaushalt** unterschiedlich auf Klimaschwankungen. Mit den Massenbilanzuntersuchungen wird dies seit den 1950er-Jahren erfasst (HAEBERLI, W. & M. MAISCH, 2008). Vorstoß oder Rückzug eines Gletschers sind meist eine Antwort auf Klimaänderungen. Da diese Reaktion oft zeitverzögert eintritt und vor allem längerfristigen Klimaänderungen folgt, spricht man vom Langzeitgedächtnis der Gletscher (MAISCH, M. & W. HAEBERLI 2003: 8) (Abb. 2.8.1/1).

> ### *Aufgaben*
>
> 1. Beschreiben Sie mit eigenen Worten den Energie- und Massenhaushalt eines Gletschers.
> 2. **a)** Welche Aussage kann mit der Massenbilanz eines Gletschers gemacht werden?
>   **b)** Die Massenbilanz wird jährlich ermittelt. Können Sie sich vorstellen, wie?

2.8.2 Spezifische Erosionsformen – am Anfang ist ein Kar

Der Ursprung der Eismassen bildet häufig ein steilwandiges und glazial übertieftes **Kar**, das im anstehenden Gestein angelegt ist. Es handelt sich – bildlich gesprochen – um eine lehnsesselförmige Hohlform mit steilen Rück- und Seitenwänden. Der Karboden wird durch Firneis muldenförmig vertieft. Die gleichmäßige Oberfläche des Kargletschers wird an der **Karschwelle** durch Unebenheiten im Untergrund gestört (Abb. 2.8.2/1).

Die angesprochenen Rückwände liegen bereits außerhalb des vergletscherten Bereichs und zeigen den klimatisch wichtigen Schwarz-Weiß-Effekt, der für den Wandabtrag maßgeblich verantwortlich ist. Der vorwiegend durch Frostverwitterung hervorgerufene Schutt liefert einen Teil des Materials für die Moränen der Gletscher, die je nach ihrer Lage unterschiedlich benannt werden. **Seiten-** und **Endmoränen** sind die augenfälligsten Begleitformen (Abb. 2.8.2/1).

Talformen

Kargletscher fließen meist in Tälern abwärts, wobei **Trogtäler** als glazial (weiter)gebildete bzw. überprägte Täler entstehen. Im Querschnitt haben sie die Form eines U, weshalb Sie häufig als U-Täler bezeichnet werden. Sie besitzen eine **Trogsohle** und einen **Troghang**, der in einer **Trogkante** endet. Die höchste Gletscheroberfläche kann im Gelände oft an der **Schliffkante** (Schliffkehle) festge-stellt werden. Dort belebt die Schwarz-Weiß-Grenze die Frostverwitterung. Ist dies nicht sehr ausgeprägt, ist ein **Schliff-bord** (Schliffgrenze) vorhanden. Ober-halb liegen die Hänge im periglazialen Regime und werden unausgeglichen rau und kantig.

Tipp: Übungen speziell zum Trogtal finden Sie im zugehörigen Webgeo-Modul:

🔲 www.webgeo.de

Modul „Trogtal"

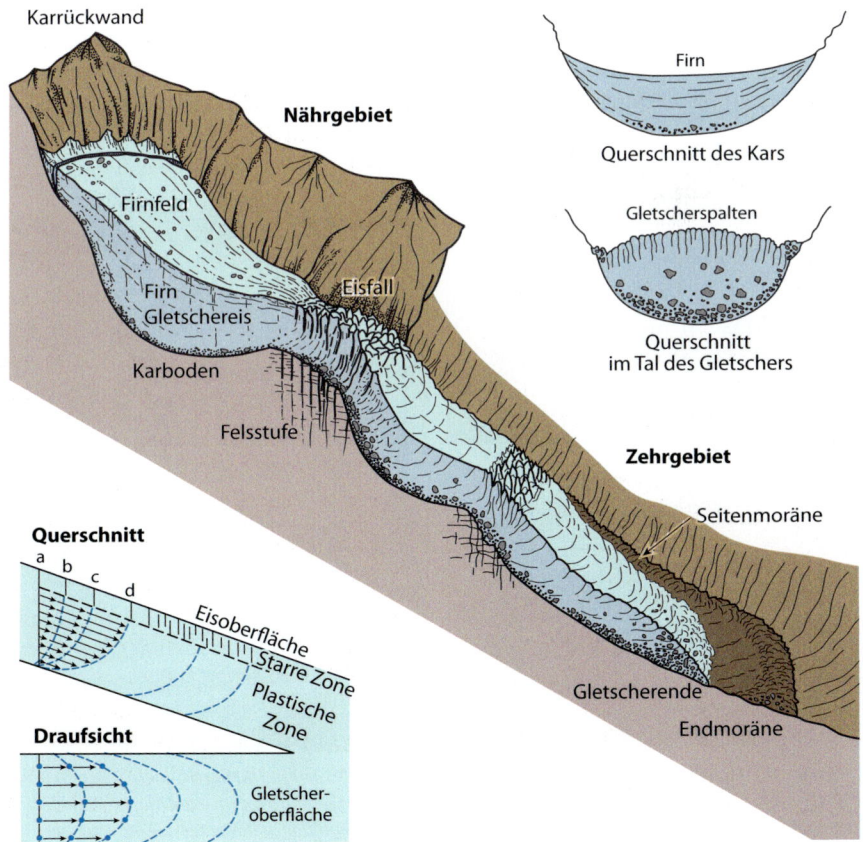

Abb. 2.8.2/1 *Struktur und Fließverhalten eines einfachen alpinen Gletschers*

(nach Strahler, A. & A. Strahler 2005)

Der **Bergschrund** ist die Spalte zwischen dem fließenden Eis eines Gletschers und dem nicht fließenden Eis, das am Fels festgefroren ist. Ein solcher Bergschrund kann sich unterhalb von Graten und Wänden bilden, die aus einem Gletscher herausragen.

Über der Trogkante kann eine **Trogschulter** ausgebildet sein. Es ist eine zum Trogtal hin geneigte Flachform. Als Verebnung bzw. Verflachung am Hang wird sie als ehemaliger fluvialer Talboden interpretiert. Trogtäler stellen somit Mehrzeitformen dar, die den Wechsel des Klimas auf der Erde repräsentieren. Münden Seitentalgletscher mit geringeren Eismächtigkeiten in einen Hauptgletscher, stellen diese sich auf die Gletscheroberfläche des Haupttales ein. Ist der Gletscher abgeschmolzen, werden markante **Hängetäler** sichtbar. Deren Mündung wird durch (fluviale) rückschreitende Erosion zerschnitten. Es bildet sich eine **Klamm** aus.

Nach dem Abschmelzen der Talgletscher werden die Täler fluvial weiterentwickelt und umgestaltet (Abb. 2.8.2/2). Die Trogsohle vieler großer Gletscher haben heute flache Talsohlen, weil die Schmelzwasserflüsse mit großen Sedimentfrachten beladen waren. Für die heutige Gestalt spielen nacheiszeitliche Rutschungen der Talflanken ebenfalls eine große Rol-

① *Maximum der Vergletscherung* ② *Wasserlauf im Boden des Trogs und Seen in den Wannen nach Abschmelzen des Eises* ③ *Aufschüttung einer Talsohle durch Geröllfracht im Hauptfluss* ④ *Bildung eines Fjordes, wenn der Gletschertrog an der Küste liegt und tiefer als der Meeresspiegel erodiert worden ist*

Abb. 2.8.2/2 *Weiterentwicklung eines Gletschertrogs* (nach STRAHLER, A. & A. STRAHLER 2005)

le. Durch das Fehlen des Gletschers als Widerlager können ganze Landstriche durch derartige Rutschungsmassen geprägt werden, die dann als Sturz- oder Tomalandschaften bezeichnet werden.

Liegt der Boden eines Trogtales an der Küste und wurde tiefer als der Meeresspiegel erodiert, wird er nach dem Abschmelzen mit Wasser verfüllt. Es entstehen schmale Meeresbuchten, die **Fjorde** genannt werden (Abb. 2.8.2/3).

Spuren der Eistätigkeit

Die Spuren der (ehemaligen) Eiswirkung können vielfach beobachtet werden (Abb. 2.8.2/4).

Die Gesteinsoberfläche weist neben der **Detersion** (Gletscherschliff durch Striemung der polierten Felsoberfläche), Reibungsnarben und Kratzspuren (Gletscherschrammen) sichelförmige Abschürfungen

Abb. 2.8.2/3 *Fjord in Norwegen*

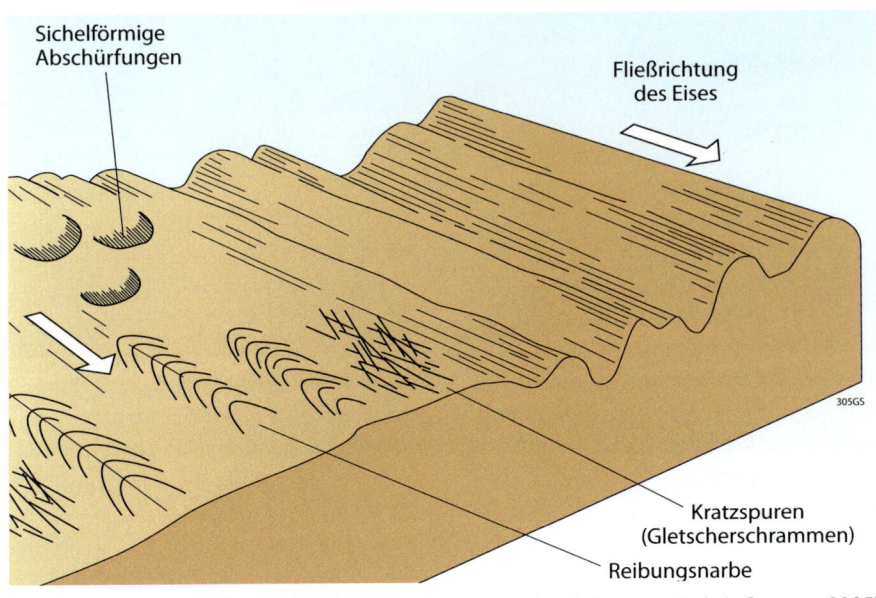

Sichelförmige
Abschürfungen

Fließrichtung
des Eises

305GS

Kratzspuren
(Gletscherschrammen)

Reibungsnarbe

Abb. 2.8.2/4 *Spuren der Eisabrasion*

(nach STRAHLER, A. & A. STRAHLER 2005)

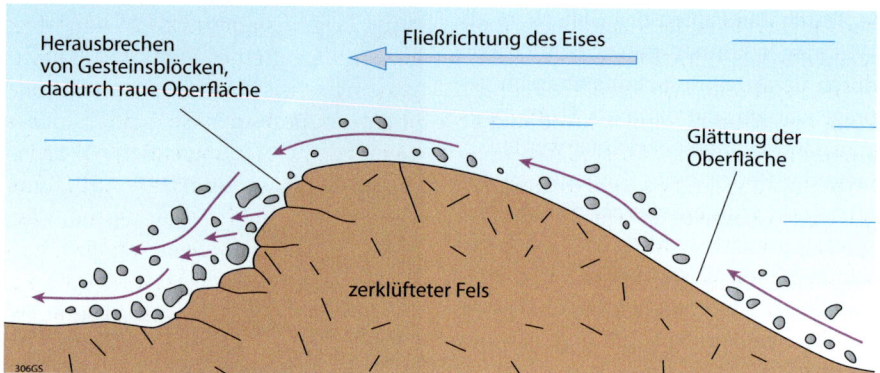

Abb. 2.8.2/5 *Rundhöcker*   (nach GROTZINGER, J. et al. 2008)

Fließrichtung des Eises

Herausbrechen von Gesteinsblöcken, dadurch raue Oberfläche

Glättung der Oberfläche

zerklüfteter Fels

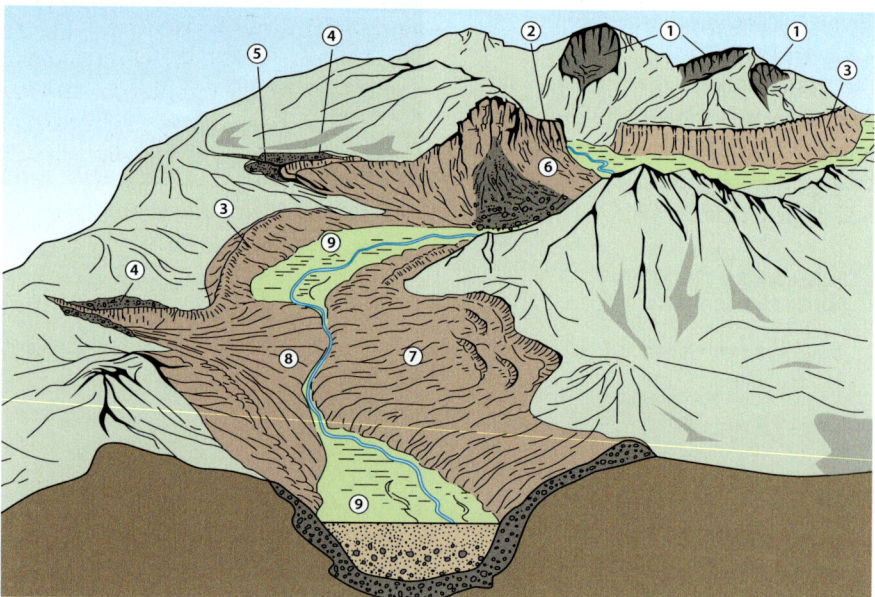

Abb. 2.8.2/6 *Formenschatz und Ablagerungen eines glazial überprägten Tales:* ① *Kar* ② *Trogschulter* ③ *Moräne* ④ *Kamesterrasse* ⑤ *Hängetal* ⑥ *Bergsturz* ⑦ *Bergzerreißung und Talzuschub* ⑧ *Schwemmkegel* ⑨ *Talboden mit holozänen und quartären Lockersedimenten*

(nach GEBHARDT, H. et al. 2007)

auf, anhand derer die Richtung des Eises rekonstruiert werden kann. Das Anstehende kann durch die erodierende Wirkung des Eises zu einem **Rundhöcker** umgestaltet werden. Es sind längliche Hügel, die auf der der Eisbewegung zugewandten Luvseite, in typischer Ausbildung eine durch Detersion glatt gerundete und von Gletscherschrammen überzogene Oberfläche aufweisen. Auf der entgegengesetzten Leeseite hat das Eis durch **Detraktion** kantige, von Klüften begrenzte Blöcke aus dem Festgestein entfernt und aufgenommen. Diese Seite weist durch die herausgebrochenen Gesteinsblöcke eine rauere Oberfläche auf und ist daher steiler, kantiger und schroffer als die Luvseite (Abb. 2.8.2/5).

Wichtige Erosions- und Akkumulationsformen sind in Abbildung 2.8.2/6 zusammengefasst.

┌─ *Aufgaben* ─────────────

3. Im Zusammenhang mit Gletschern wird immer wieder von der Schwarz-Weiß-Grenze gesprochen. Erklären Sie, was es damit auf sich hat.

4. Betrachten Sie die Darstellung eines Rundhöckers in Abb. 2.8.2/5. Dieser kann bis zu 200 m hoch sein. Erklären Sie den Mechanismus, der dafür verantwortlich ist, dass das Eis dennoch relativ problemlos über derartige Hindernisse gelangt.

2.8.3 Akkumulationsformen

Was passiert nun mit dem erodierten Material? Es wird mit dem Eis oder dessen Schmelzwasser transportiert und um den Gletscher herum abgelagert oder mit dem Schmelzwasser weitertransportiert.

Trotz geringer Geschwindigkeiten besitzen Gletscher hohe Transportleistungen. Lockermaterial fällt im Nährgebiet als Schutt auf einen Gletscher (**supraglazial**), wird durch Eis und Schnee überdeckt und im Gletscher in größere Tiefen verfrachtet (**englazial**). Diese ins Gletscherinnere gerichtete Aufnahme kann im Zehrgebiet dazu führen, dass das Fremdmaterial wieder an die Oberfläche gelangt (**supraglazial**). Bei diesem Eistransport wird der Schutt umso weiter transportiert, je näher er am oberen Gletscherrand dem Eis zugeführt wird.

Die vom Gletscher mitgeführte Fracht kann auch an die Gletschersohle (**subglazial**) gelangen und von dort transportiert werden. Schließlich wird Material vor dem Gletscher (**proglazial**) abgelagert. Die Transportpfade in einem Talgletscher reichen somit von supraglazial über englazial zu subglazial. Material, das vor dem Gletscher abgelagert wird, heißt proglazial. Diese als Endmoräne bezeichnete Akkumulationsform leitet über zu den glazialen Ablagerungen, die allgemein als **Moränen** bezeichnet werden.

Man kann zahlreiche Moränentypen eines Gletschers je nach ihrer Lage zum Eisrand und nach ihrer Genese unterscheiden. **Seiten-, Mittel-, Innen-** und **Untermoränen** liegen im Bereich des Gletschers. Die **Grundmoräne,** im engeren Sinne, ist eine Untermoräne und spielt bei den glazialen Ablagerungen eine große Rolle.

Tipp: 🖳 www.webgeo.de
Modul „Moränen"

Das einzelne Moränenhandstück wird auch als **glaziales Geschiebe** bezeichnet. Es ist kantengerundet und besitzt auf seiner Oberfläche vielfach Kritzungen. Meist hat es einen trapezförmigen Grundriss bei mindestens einer glatten Fläche, die auf den Transport hinweist.

Im Randbereich eines kontinentalen Inlandeises bilden sich beim Niedertauen oft **Eisrandseen**, sogenannte proglaziale Seen, in die hinein **Deltas** von Flüssen geschüttet werden. Einzelne **Eisberge** können darin verdriften und hinterlassen am Seegrund Schleifspuren. Oft ist der Abfluss dieser Seen durch Eis plombiert. Löst sich dieses auf oder wird es durchbrochen, fließen die Wassermassen in kurzer Zeit quasi „schlagartig" aus, wie das auf dem nordamerikanischen Kontinent gleich mehrfach der Fall war. Durch derartige Seeausbrüche kam es im Spätglazial zum Erliegen der thermohalinen Tiefenwasserproduktion im Nordatlantik und damit zum Abschwächen des Nordatlantikstromes mitsamt dem Golfstrom. Folge war ein markanter Kälterückschlag in der ganzen Nordhemisphäre. In dem Film „The Day after Tomorrow" wurde dieser Vorgang, wenn auch stark überzeichnet, aufgegriffen.

In den engen Tälern von Hochgebirgen kam es ebenfalls immer wieder durch vorstoßende Gletscherloben zum Aufstau und in deren Folge zum Ausbrechen derartiger temporärer Seen, etwa im Ötztal während der Kleinen Eiszeit.

Im Normalfall fließen Schmelzwasserbäche an verschiedenen Stellen aus den Eismassen und tiefen sich in ältere **Sander**flächen ein. Dazwischengeschaltet liegen einige **Toteisblöcke**. Die Fortführung der Schmelzwasserrinnen in und unter dem Gletscher werden als Tunneltäler oder allgemeiner als glaziale Rinnen bezeichnet. Aus **Tunnel**öffnungen am Eisrand, den

so genannten **Gletschertoren**, fließen die Schmelzwasserrinnen ins Vorland, erodieren dort oder lagern ihre Sedimente ab. Ist das Eis vollständig weggeschmolzen, werden verschiedene Landformen freigelegt (Abb. 2.8.3/1 Ⓑ). Mehrere Moränenzüge deuten auf den Abschmelzvorgang des Inlandeises hin, während die **Grundmoräne** flächenhaft das glaziale Regime unter der Eisdecke zeigt. Ein langer geschwungener Rücken, **Os** (Plural **Oser**; auch **Esker**) genannt, zeigt den Verlauf des früheren Eistunnels. Das Os besteht aus Sanden und Schottern, die vom Schmelzwasser am Boden des Tunnels abgelagert worden sind. Nachdem das Eis geschmolzen ist, bleibt nur noch diese Flussablagerung in Form eines wallartigen Rückens übrig. Oser sind linienförmige Ablagerungen, die häufig viele Kilometer lang sind – ähnlich Eisenbahndämmen.

Toteislöcher (**Sölle**, Singular: Soll) entstehen bei schmelzendem Eis und bilden Hohlformen, die einen bedeutenden Faktor für die Detailgestaltung der Moränenlandschaft sind. Unter isolierender Schuttbedeckung schmilzt Toteis nur sehr langsam ab. Sein endgültiges Auftauen führt zu kesselartigen Einsenkungen an der Oberfläche. Sölle können Grundmoränen in großer Zahl durchsetzen, finden sich aber auch in (Stauch-)Endmoränen und auf glazifluvialen Aufschüttungsformen. Bei großer Schmelzwasserdynamik entstehen Delta-**Kames** (Singular: Kame), Kamesterrassen direkt am Gletscherrand oder generell Kamesvollformen. Die Kames erscheinen je nach Mächtigkeit und Ausdehnung der Akkumulation als Platten, einzelne Hügel oder Terrassenkörper.

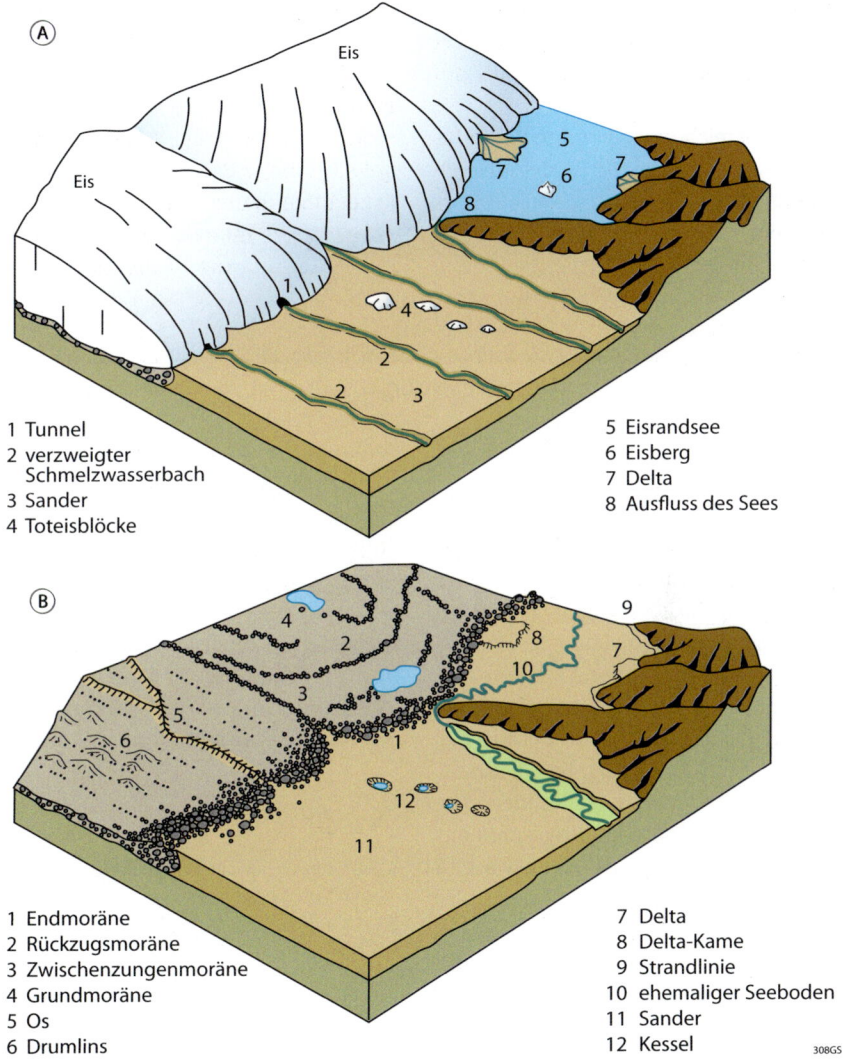

1 Tunnel
2 verzweigter
  Schmelzwasserbach
3 Sander
4 Toteisblöcke

5 Eisrandsee
6 Eisberg
7 Delta
8 Ausfluss des Sees

1 Endmoräne
2 Rückzugsmoräne
3 Zwischenzungenmoräne
4 Grundmoräne
5 Os
6 Drumlins

7 Delta
8 Delta-Kame
9 Strandlinie
10 ehemaliger Seeboden
11 Sander
12 Kessel

308GS

Abb. 2.8.3/1 *Landformen im Randbereich eines kontinentalen Inlandeises* Ⓐ *Aufschüttung verschiedener Ablagerungsformen durch das Schmelzwasser bei stabiler Eisfront* Ⓑ *Unter dem Eis entstandene freigelegte Landformen* (nach Strahler, A. & A. Strahler 2005)

Abb. 2.8.3/2 Drumlinfeld in Südpatagonien, Chile   (HINTERBERGER, A., 2004)

Eine häufige Form ist der **Drumlin**, ein stromlinienförmig gerundeter Hügel mit ovalem Grundriss (Abb. 2.8.3/2). Er besteht aus Moränenmaterial und/oder glazifluvialen Schottern und stellt eine typische Form der kuppigen Grundmoränenlandschaft dar. Es handelt sich also um eine asymmetrische Vollform aus Lockermaterial. Umlagerung von Moränen und glazifluvialem Sediment in der Nähe eines Eisrandes zeigt die Fließrichtung des Eises an. Wie ein Schneepflug wird das Lockermaterial aufgeschoben, sodass eine steile, dem Eis zugewandte und eine flachere, dem Eis abgewandte Seite entsteht.

Drumlins sind in der Landschaft häufig kulissenartig neben- und hintereinander geschachtelt. Angesichts der enormen Variabilität in Gestalt, Dimension und innerem Aufbau besteht noch kein Konsens bei den Theorien zur Drumlinbildung.

Ehemalige **Eisstauseen** sind wichtige Archive, da **Bändertone (Warven)** Datierungen erlauben. Eine einzelne Warve besteht aus einer hellen Schlufflage unter einer dunklen Lage aus feinem Ton. Die Schlufflagen werden als Sommerablagerungen des mit Schwebfracht beschickten Seewassers gedeutet, die Tonlagen als Stillwasserablagerungen der Winterzeit, wenn der See durch eine Eisdecke verschlossen ist.

Die zu jedem Hochstand einer Eiszeit gehörigen Schotterfelder laufen in einiger Entfernung vom äußeren Moränengürtel alle auf ein einziges Schotterfeld aus.

Aufgaben

5. Erläutern Sie den Unterschied zwischen Os und Kame.
6. Woran können Sie in freier Natur Kames von Flussterrassen unterscheiden?

2.8.4 Formenschatz der letzten Kaltzeiten im Alpenvorland

Sind außerhalb des Endmoränengürtels Reste mehrerer Schotterfelder übereinander gestaffelt – somit eine **Terrassentreppe** ausgebildet – handelt es sich um Zeugnisse mehrerer Kaltzeiten. Da A. PENCK an vielen Stellen im Alpenvorland vier solcher Schotterfelder

Exkurs: Die glaziale Serie – der Klassiker der Glazialmorphologie

Als typische räumliche Abfolge der vom Eis und seinen Schmelzwässern geschaffenen, aus Lockermaterial bestehenden Formen der Gletscher ist die **glaziale Serie** anzusehen. Sie geht zurück auf ALBRECHT PENCK & EDUARD BRÜCKNER, die in ihrem wegweisenden Werk „Die Alpen im Eiszeitalter" (3 Bände, 1901–1909, Leipzig), diese Regelhaftigkeit erkannt und zusammengefasst haben. Das Modell der glazialen Serie ist bis heute gültig und ein erster Ansatzpunkt, um pleis-

tozäne Eisrandlagen verschiedenen Alters zu erkennen und zu rekonstruieren. Die glaziale Serie besteht in ihrer typischen Ausprägung beginnend aus **Grundmoräne** mit dem **Zungenbecken und der Endmoräne.** Vor der Endmoräne folgt in Norddeutschland der **Sander** oder wie in Süddeutschland **Schotterterrassen**, was sich hier mit dem kürzeren Transportweg und der daraus resultierenden geringeren Zerkleinerung erklärt. Abgeschlossen wird diese Formabfolge durch das **Urstromtal** bzw. die Donau.

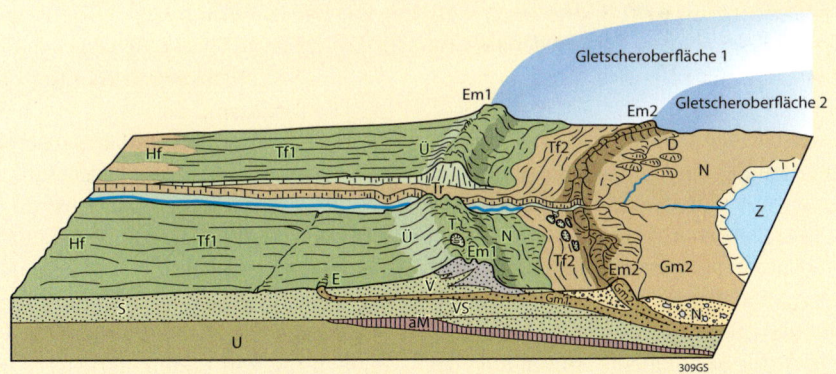

Abb. E 2.8.4/1 Die glaziale Serie. aM = Moräne einer vorangegangenen Eiszeit, D = Drumlin, E = Moräne des weitesten Vorstoßes, Em = Endmoränenwall, Gm = Grundmoräne, Hf = Hauptfeld, N = Niedertaulandschaft, S = Schotter/Sander, T = Toteisloch, Tf = Teilfeld, Tr = Trompetental/-tälchen, U = Untergrund meist präquartär, Ü = Übergangskegel, V = Grundmoräne des weitesten Vorstoßes, VS = Vorstoßschotter, Z = Zungenbecken mit See und Verlandung an den Ufern.
Die Zahlen 1 und 2 geben zusammengehörende glaziale Komplexe an. Die beiden Teilfelder der Komplexe Tf1 und Tf2 vereinigen sich zu einem einzigen Hauptfeld = Hf. (nach GEBHARDT, H. et al. 2007)

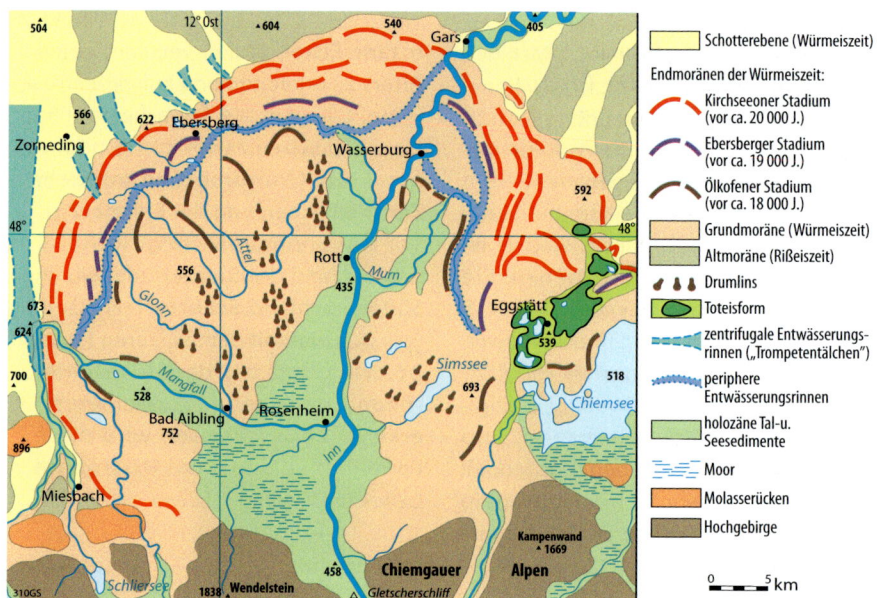

Abb. 2.8.4/1 *Glaziale Formen des Inn-Chiemsee-Gletschers im Bayerischen Alpenvorland*
(aus DIERCKE WELTATLAS 2008)

unterscheiden konnte, schloss er auf vier quartäre Eiszeiten. Er benannte sie nach Alpenvorlandflüssen, in deren Bereich die entsprechenden Ablagerungen und Formen besonders typisch ausgebildet sind: Würm-, Riss-, Mindel- und Günz-Eiszeit. A. PENCKS Grundüberlegungen haben bis heute Gültigkeit. Die konsequente Anwendung der altimetrischen Erfassung der Ober- und Unterkante von benachbarten Schotterkörpern hat bis in die jüngste Zeit Erweiterungen und Differenzierungen ermöglicht.

So konnte etwa J. EBERL bereits 1930 die Donau-Eiszeit(en), J. SCHAEFER in den 1950er-Jahren die Biber-Eiszeit und SCHREINER, A. & R. EBEL (1981) die Haslach-Eiszeit ausgliedern. Sie sind heute allgemein anerkannt und in den stratigraphischen Tabellen integriert.

Das im Alpenvorland erarbeitete vierphasige System von A. PENCK bildete für Jahrzehnte weitweit das Grundgerüst für die Gliederung des quartären Eiszeitalters. Bis heute ist es jedoch nicht gelungen, die verschiedenen Stratigraphien aus Paläomagnetik, Eisbohrkernen, der Untersuchung von Böden, Terrassen, Moränen, Sedimenten u. a. räumlich und zeitlich zu parallelisieren.

Das Inn-Chiemsee-Gletschergebiet

Das vollständige Formeninventar ist aus der letzten Kaltzeit am besten erhalten. Das Inn-Chiemsee-Gletschergebiet gilt als die Typregion für eine **Jungmoränenlandschaft** des Alpenvorlandes (Abb 2.8.4/1). C. TROLL (1924) hat an diesem Gletscher gezeigt, dass sich die würmzeitliche glaziale Serie aus vier glazialen Komplexen zusammensetzt: Kirchseoner, Ebersberger, Ölkofener und Stephanskirchener Komplex. Die drei äußeren Endmoränen umrahmen die Zweibecken vor dem Rosenheimer Stamm-Zungenbecken des Gletschers, die des Stephanskirchener Stadiums liegen auf der Schwelle zwischen Stamm- und Zweigbecken. Die Entwässerung des Gletschers erfolgte während des Hochstandes teils von der Stirn, teils von den Flanken in Richtung des Gefälles. Mit dem Abschmelzen des Gletschers konzentrierte sich der Abfluss auf einzelnen Gassen in den Moränen des Kirchseoner Stadiums. Hier kam es lokal zu Erosion, wodurch die so genannte **Trompetentälchen** entstanden.

Bei den Terrassen der letzten Eiszeit, die als Niederterrassen bezeichnet werden, nimmt in der Regel das Gefälle der Terrassenoberfläche von den ältesten zu den jüngeren Terrassen ab. Die Ursache ist im Rückschmelzen des Gletschers zu sehen. Die Schmelzwässer von den Rückschmelzstadien durchschneiden die zuvor abgelagerten Moränen und Schotter und bilden Erosionsterrassen. Unterhalb der Erosionstrecke wird die ältere Terrasse schwemmkegelartig überschüttet. Auf diese Weise können sich mehrere, von den Rückschmelzstadien ausgehende, ineinandergeschachtelte Tälchen bilden, die C. TROLL (1926, 181) **Trompetentälchen** nannte.

Eine raumübergreifende Alterstellung der letztglazialen Stadien im nördlichen Alpenvorland und den nordischen Vereisungen gibt A. SCHREINER (1997, 191). Dabei wird das Hochglazial als der Zeitraum verstanden, in dem sich die alpinen Gletscher im Vorland ausgebreitet und die zahlreichen Moränen, Schotter und Seesedimente der Jungmoränenlandschaft abgelagert haben. Das Hochglazial fällt mit dem Kältemaximum der letzten Kaltzeit zusammen. Der Hochstand des Hochglazials, bei dem die äußere Würmendmoräne und die obere Niederterrasse gebildet worden sind, fällt nach ^{14}C-Alterbestimmungen in die Zeit von 20 ka BP. Der Beginn des Hochglazials liegt etwa bei 23 ka BP (ka = **k**ilo **a**nno; BP = Before Present, d. h. vor dem Jahr 1950) und dauerte nur etwa 8–9 ka (SCHREINER, A. 1997).

2.8.5 Im Takt von Warm- und Kaltzeiten

In einem Exkurs über die pleistozänen **Warm- und Kaltzeiten** soll ein Blick auf die Klimaentwicklung seit dem Tertiär geworfen werden. Seit der Kreidezeit fand eine Abkühlung auf der Erde statt. Auch der CO_2-Gehalt der Atmosphäre nahm im Tertiär ab. Durch die damit verbundene Verminderung des natürlichen Treibhauseffekts könnte der CO_2-Gehalt auch zu einer Klimaverschlechterung beigetragen haben.

Die Antarktis kam im Verlaufe des Tertiärs nach und nach in Pollage. Bereits im Miozän bildeten sich Gletscher. In der Arktis zeigt die **arktotertiäre Flora** ebenfalls den markanten Klimawandel im Verlaufe des Tertiärs an. Die Vegetationszusammensetzung dient als Klimathermometer. Unter der Annahme des Aktualitätsprinzips zeigen eozäne Ablagerungen aus Spitzbergen und anderer heutiger Polargebiete, dass dort im Alttertiär eine warmgemäßigte Flora und Vegetation gedieh. Diese Vegetation aus *Ginkgo*, *Sequoia* (Mammutbaum),

Liriodendron (Tulpenbaum), und *Sassafras* (Sassafrasbaum) (WILMANNS, O. 1973), den Verhältnissen im heutigen Ostasien vergleichbar.

Die Schneebedeckung in den Polregionen führte zu einer Erhöhung der Albedo, einer markanten Änderung der Strahlungsbilanz und damit zur weiteren Abkühlung. Andere Aspekte treten hinzu: Die pliozäne Schließung des **Panama-Isthmus** hat eine Änderung der Ozeanzirkulation zur Folge. Als Folge der Schließung intensiviert sich der Golfstrom. Durch den verstärkten Zustrom von Wassermassen aus tropisch-subtropischen Breiten fallen im nordatlantischen und arktischen Raum mehr Niederschläge. Hohe atmosphärische Feuchte und Niederschlagsraten führen zum Wachstum polarer Eisfelder. Damit

war eine erste wichtige Randbedingung zur Entstehung von Kaltzeiten erfüllt. Weiteren Einfluss auf unser Klima haben die Erdbahnparameter **Exzentrizität**, **Präzession** der Erdachse und **Schiefe der Ekliptik**. Die Schwankungen finden in astronomischen Zeitskalen statt, beziehen sich auf die Konstellation von Erde und Sonne und gelten heute als weitestgehend akzeptierte Ursache für die Entstehung von Klimazyklen und den Wechsel von Kalt- und Warmzeiten (Abb. 2.8.5/1).

Die Erdumlaufbahn um die Sonne (**Exzentrizität**) ändert sich von einer mehr elliptischen zu einer mehr kreisförmigen Form und variiert im Verlauf von 100 ka.

Der Neigungswinkel der Rotationsachse der Erde (Schiefe der Ekliptik) liegt

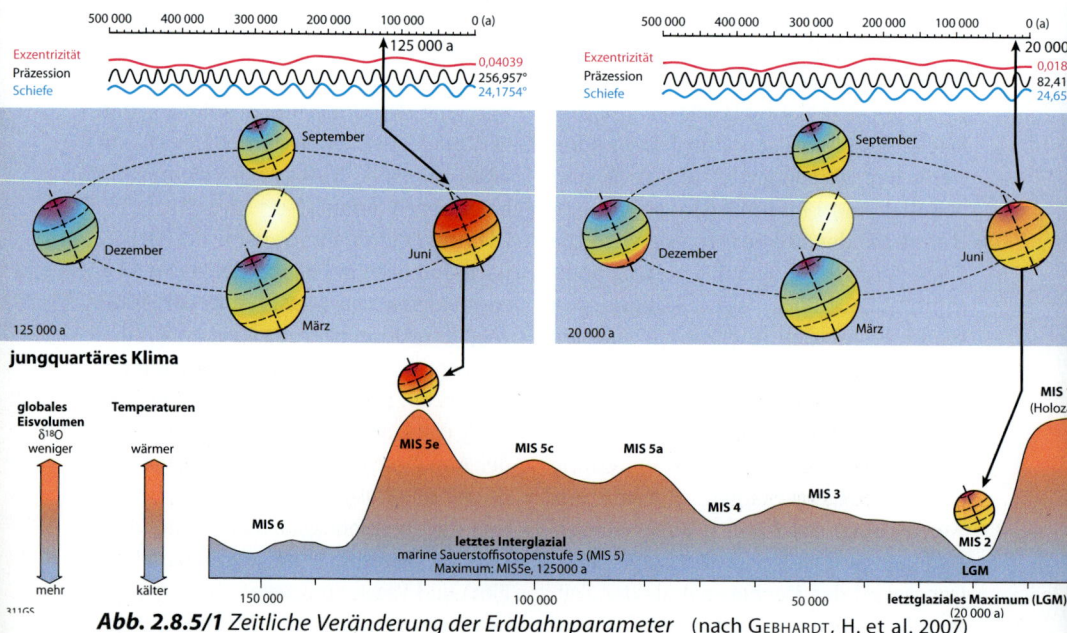

Abb. 2.8.5/1 *Zeitliche Veränderung der Erdbahnparameter* (nach GEBHARDT, H. et al. 2007)

heute bei 23°27'. Er schwankt mit einer Periode von 41 ka zwischen den Werten 24°36' und 21°58'. Vor ca. 18 ka lag er bei 23°30'.

Hinzu kommt, dass die Rotationsachse eine Kreiselbewegung (**Präzession**) durchführt, wobei ein Umlauf 22 ka dauert. Die Änderung der Präzession bedingt eine Änderung von Tag- und Nachtgleiche. Die Kreisbewegung der Erdachse um den Pol und die Rotation der Bahnellipse um die Sonne bestimmen den Zeitpunkt im Jahr, wann die Erde der Sonne am nächsten ist. Der aktuelle Wert liegt bei 102°30'. Während des letztglazialen Maximums vor ca. 18 ka lag der Wert bei 164°.

Die durch die Erdbahnparameter bedingten Veränderungen in den Strahlungsbedingungen wurden von MILUTIN MILANKOVIC (1879–1958) zu Beginn des 20. Jh. am Beispiel verschiedener Breitengrade über einen langen Zeitraum errechnet. Er ermittelte die Veränderungen der Erdbahnparameter für 65° nördliche Breite, die er als entscheidend für die Genese kontinentaler Eismassen ansah. – Auf der Südhalbkugel liegen zwischen 45° und 65° kaum Landflächen. – Der Durchbruch der Theorie M. MILANKOVICS gelang erst in der zweiten Hälfte des 20. Jh. und ist eng mit den Ergebnissen der Sauerstoffisotopenanalyse von Foraminiferen verknüpft.

Durch die Analyse eines Bohrkernes am Grunde des antarktischen Ross-Meeres, der 400 ka umfasst, gelang 2001 der endgültige Nachweis von zyklischen Schwankungen der Erdparameter. Das Ergebnis der Berechnungen von M. MILANKOVIC war eine Strahlungskurve, die eine deutliche Übereinstimmung mit dem Zyklus der Kalt- und Warmzeiten aufweist.

Fazit: Die zeitliche Veränderung der Erdbahnparameter zum letztinterglazialen Wärmemaximum vor ca. 125 ka ist durch eine relativ hohe Exzentrizität, eine niedrige Präzession und eine hohe Schiefe der Ekliptik gekennzeichnet. Zur Zeit des letztglazialen Temperaturminimums vor ca. 20 ka (= letztglaziales Maximum (LGM: Last Glacial Maximum) bezüglich der Eisvolumina) sind die Bedingungen entgegengesetzt. Sonnenferne und geringe Schiefe der Ekliptik bedingen, dass die für die Entstehung großer landfester Eismassen wichtige Nordhalbkugel während der Sommermonate weniger Strahlung erhält. Die winterliche Schneedecke schmilzt langsamer. Dadurch kommt es zu einer Akkumulation von Schnee und dann zur Gletscherbildung auf der Nordhalbkugel.

Da wir heute in einer Warmzeit leben, ist die rezente **Verbreitung** der Inlandeise und Gletscher gegenüber der räumlichen Ausdehnung während der letzten Kaltzeit deutlich geschrumpft. In Nordamerika reichte die maximale Eisausdehnung während des letzten Glazials (**Wisconsin**) bis über die großen Seen, deren Entstehung mit der Vereisung in Zusammenhang gebracht wird, bis zum heutigen Ohio und Missouri River nach Süden. Die Vereisung der Kordilleren im Westen Nordamerikas wuchs mit dem Inlandeis, dem **Laurentischen Inlandeis**, das sich im nordöstlichen Teil des Kontinents gebildet hatte, zu einer einzigen Eisdecke zusammen (Abb. 2.8.5/2). Die großen Seen mit ihren

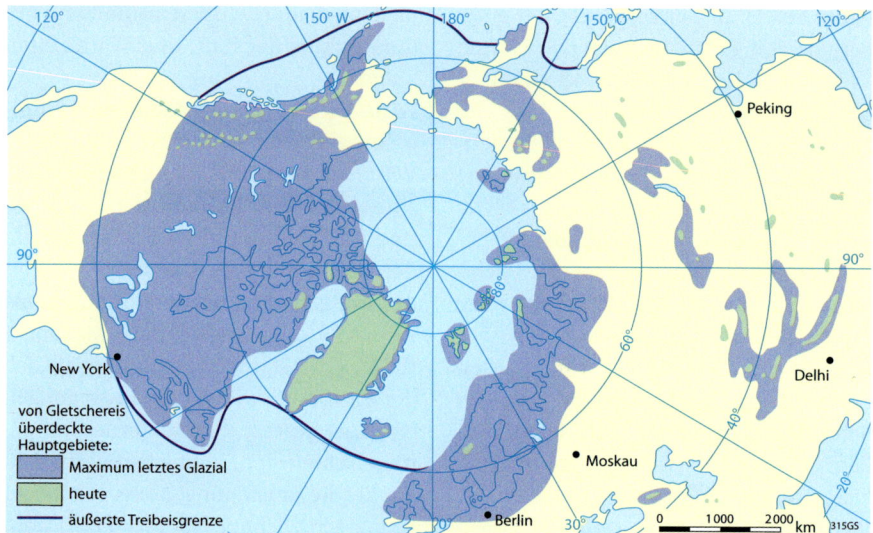

Abb. 2.8.5/2 *Die Verbreitung der pleistozänen Gletscher auf der Nordhalbkugel (Ausschnitt)*
(nach PRESS, F. & R. SIEVER 2003)

Abb. 2.8.5/3 *Der Narsaq-Gletscher in Grönland*

girlandenförmigen Endmoränenzügen zeigen die Ausdehnung der maximalen letztglazialen Vergletscherung an.

In Europa gab es während des letzten Glazials, das im Norden Weichsel und im Süden Würm genannt wird, mehrere Eisschilde. Während der letzten Kaltzeit reichte das skandinavische Eis weit nach Norddeutschland hinein (Abb. 2.8.5/2), während das alpine bis an die Donau vordrang. Dazwischen blieb ein 500 km breiter Streifen mit Ausnahme einiger Mittelgebirge eisfrei.

Die von der letzten Eiszeit geprägten Niedertaulandschaften werden als Jungmoränenlandschaften bezeichnet. Die Formen sind insgesamt noch frischer und akzentuierter als die der älteren Eiszeiten. Eine noch weitere Ausdehnung hatte die vorletzte Vereisung, die Riß bzw. Saale bzw. Nebraskan. Zusam-

Zeitskala	Erdgeschichtliche Gliederung			Vegetation	Kultur und Mensch
2 / 1 / 0	Q H O		Subatlantikum	Fichtenzeit Buchenzeit	Historische Zeit / Germanen
1 / 2	L O		Subboreal	Eichen- und Buchenzeit	Eisenzeit Römer / Kelten / Bronzezeit
3 / 4 / 5	U A Z		Atlantikum	Eichenmischwaldzeit	Bandkeramiker Jungsteinzeit
6 / 7	R N Ä		Boreal	Haselzeit	Mittelsteinzeit
8 / 9 / 10			Präboreal	Kiefernzeit Birkenzeit	
70	T P L	Würm-Kaltzeit	Weichsel-Kaltzeit	Tundra	Altsteinzeit
130	E	Riß-Würm-Interglazial	Eem-Warmzeit	**Kaltzeiten:** Tundra im eisfreien Gebiet	Neandertaler Steinheimer
270	Ä I S	Riß-Kaltzeit	Saale-Kaltzeit		
330	T	Mindel-Riß-Interglazial	Holstein-Warmzeit		
440	R O Z	Mindel-Kaltzeit	Elster-Kaltzeit		
750	Ä	Günz-Mindel-Interglazial	Cromer-Warmzeit	**Warmzeiten:** artenreichere Flora als heute	Heidelberger
950	N	Günz-Kaltzeit	Menap-Kaltzeit		
1 500		ältere Kalt- und Warmzeiten			313GS

Alter in tausend Jahren vor der Gegenwart (linke Achse) — *Alpen und Alpenvorland* / *Norddeutschland* (Spaltenbeschriftung Erdgeschichtliche Gliederung)

Tab. 2.8.5/1 *Abfolge der Klimaperioden im Pleistozän und Holozän* (eigener Entwurf)

men mit den noch älteren werden deren Hinterlassenschaften im Akkumulationsbereich als Altmoränenlandschaften bezeichnet. Deren Formen sind weniger akzentuiert.

Die erdgeschichtliche Gliederung mit der Abfolge von pleistozänen Kalt- und Warmzeiten sowie den holozänen Zeitabschnitten, dem Vegetationsverlauf und den wichtigsten menschlichen Kulturen gibt Tab. 2.8.5/1 wieder.

Während der Warmzeiten des Pleistozäns war die Flora artenreicher als heute und das Klima wärmer. Während der Eiszeiten hingegen herrschte im eisfreien Mitteleuropa Tundra mit periglazialen Bedingungen vor.

Aufgaben

7. Neben Erdbahnparametern und ihren zyklischen Veränderungen befinden sich die Gletscher weltweit in einem Diskurs in Zusammenhang mit dem rezenten Klimawandel. Welche Art von Rückkopplung erleichtert das Abschmelzen der Eismassen in Zusammenhang mit dem Climate Change?

8. Diskutieren Sie anhand einiger Beispiele, was geschehen würde, wenn die Alpengletscher komplett abschmelzen würden.

Abb. 2.9/1 *Strukturboden auf Spitzbergen*

2.9 Periglazialmorphologie

Während viele morphologische Formen wie Täler, Moränen oder Schichtstufen recht eindrucksvoll in Erscheinung treten, sind die periglazialen Bildungen nicht ganz so offensichtlich und spektakulär. Wenn man so möchte, „hidden champions". Dabei spielen sie für das Landschaftsbild gerade in Mitteleuropa eine wesentliche Rolle. Ohne sie gäbe es keine Hangschuttdecken, kein Löss und keine Flugsanddecken, Dünen oder Eiskeilnetze. Im nachfolgenden Kapitel erfahren Sie, was es damit auf sich hat.

Ziele des Kapitels

Nach der Lektüre dieses Kapitels sollten sie in der Lage sein, folgende Fragen zu beantworten:
- Was sind grundlegende Prozesse im Periglazial?
- Was versteht man unter Solifluktion?
- Welche Bedeutung haben Hangschuttdecken in den deutschen Mittelgebirgen?
- Welche besonderen Probleme existieren für die Besiedlung in periglazialen Landschaften?

Periglazial ist eine Sammelbezeichnung für Klimabedingungen und Landformen, die durch die Vorherrschaft frostdynamischer Prozesse gekennzeichnet sind. Wörtlich bedeutet der Begriff „um das Eis herum". Während der großen Ausdehnung kontinentaler Eismassen im letzten Glazial unterlagen weite Bereiche periglazialen Bedingungen. In Mitteleuropa der gesamte nicht vergletscherte Bereich. Andererseits fehlen häufig im Umfeld von weit in die Täler vorstoßenden Gletschern in Hochgebirgen periglaziale Bedingungen. Daher ist eine

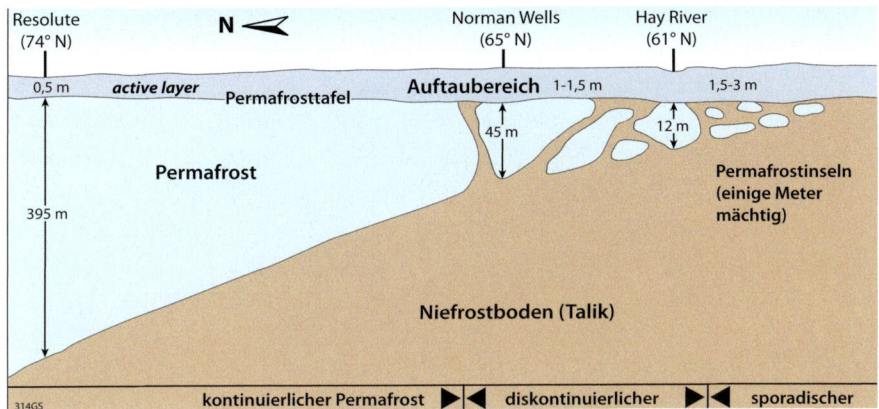

Abb. 2.9.1/1 *Kontinuierlicher, diskontinuierlicher und sporadischer Permafrost*

(nach Zepp, H. 2008)

Präzisierung des Begriffes auf Gebiete mit **Dauerfrostboden (Permafrost)** sinnvoll. Klimatisch beinhaltet der Begriff jene kaltklimatischen Gebiete, die zwar unvergletschert sind, in denen der Unterboden aber das ganze Jahr hindurch gefroren bleibt. Permafrost ist daher dort anzutreffen, wo die Jahresmitteltemperatur der Luft unter 0 °C liegt.

2.9.1 Charakteristika

Die wesentlichen Rahmenbedingungen der Periglazialmorphologie sind neben dem Vorhandensein eines Permafrostbodens das Fehlen eines Sickerwasserstroms ins Grundwasser, die Akkumulation der Winterniederschläge als Schnee und Abflussspitzen infolge der sommerlichen Tauphasen. Teilweise ist eine nur geringe tundrenartige Vegetationsbedeckung vorhanden. Die Verbreitung der Permafrostgebiete kann in **kontinuierlichen, diskontinuierlichen und sporadischen Permafrost** gegliedert werden. Im kontinuierlichen Permafrost

sind alle Bereiche gefroren, im diskontinuierlichen Permafrost sinken die Flächenanteile auf 50 % ab und der sporadische Permafrost ist inselhaft verbreitet mit Flächenanteilen unter 50 % (Abb. 2.9.1/1).

Heute sind die wichtigsten Verbreitungsgebiete Sibirien, Nordsibirien, Nordkanada und Alaska auf der Nordhalbkugel. Aber auch am Rande der Antarktis und in vielen Hochgebirgen (z. B. in den Alpen ab etwa 2500 m Höhe) sind Permafrostgebiete verbreitet (Abb. 2.9.1/2).

Vor 20 000 Jahren, zum Maximalstand der letzten Kaltzeit, waren weite Bereiche Eurasiens (z. B. in Mitteleuropa) sowie Nord- und Südamerikas von Permafrost geprägt.

Die Mächtigkeit der Dauerfrostböden ist in den kontinuierlichen Permafrostgebieten am größten. Hier werden Tiefen von mehr als 1000 m erreicht. In Jakutien in Ostsibirien beispielsweise reicht der kontinuierliche Permafrost bis in Tiefen von 1 000 bis 1500 m hinab.

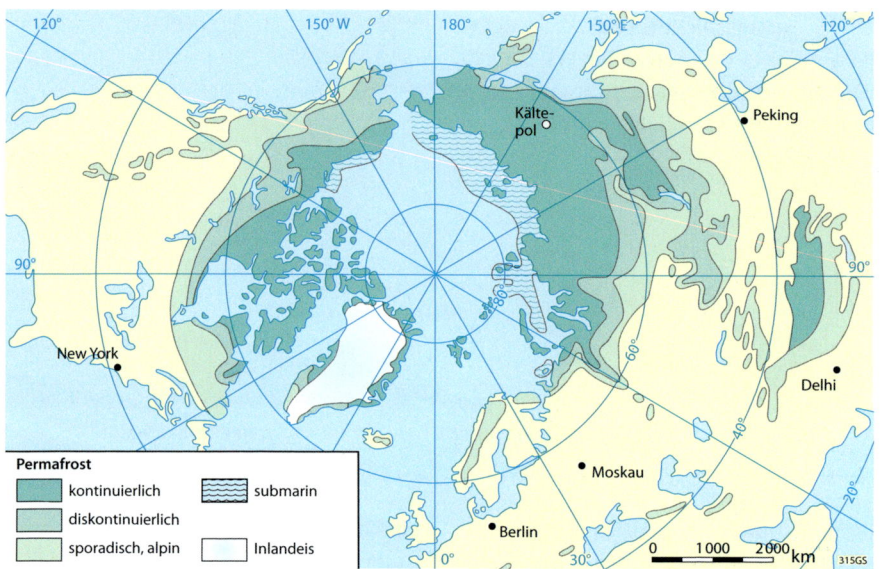

Abb. 2.9.1/2 *Verbreitung von Permafrostvorkommen auf der Nordhalbkugel*

(nach ZEPP, H. 2008)

An der Grenze zum diskontinuierlichen Permafrost reduziert er sich auf rund 60 m und an der Grenze zum spora-

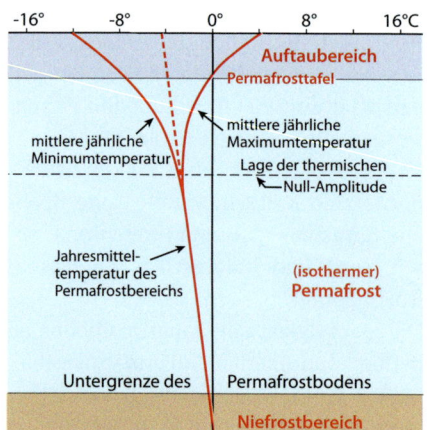

Abb. 2.9.1/3 *Temperaturprofil und Gliederung des Permafrost-Untergrundes*

(nach ZEPP, H. 2008)

dischen Dauerfrostboden erreicht er noch etwa zwölf Meter Mächtigkeit. Parallel steigt die Tiefe der sommerlichen Auftauschicht über dem Permafrost von wenigen Zentimetern auf ein bis zwei Meter an.

Das Temperaturprofil des Dauerfrostbodens weist eine spezielle Struktur auf (Abb. 2.9.1/3).

Im Winter ist das gesamte Substrat gefroren, nur im Sommer taut der Permafrost in manchen Gebieten auf. Ein winterliches Temperaturminimum (mittlere jährliche Minimumtemperatur) und ein sommerliches Maximum (mittlere jährliche Maximumtemperatur) kennzeichnen die niedrigen Bodentemperaturen, die im Jahresmittel (Jahresmitteltemperatur des Permafrostbereichs) stets unter 0 °C liegen. Selbst im sommerlichen Maximum werden nur wenige Plusgrade in der Auftauschicht (periglaziale **Aktivitätsschicht** oder **Active Layer**) erreicht. Die **thermische Nullamplitude** kennzeichnet die Tiefe, ab der keine jahreszeitlichen Temperaturschwankungen nachzuweisen sind. Die **Permafrostschicht** (Nieauftauschicht) wird nach oben durch die Untergrenze der **Bodenfrosttafel** (Dauerfrostboden-Oberfläche) und nach unten durch den **Niefrostbereich** abgegrenzt. Nichtgefrorene Bereiche werden **Talik** genannt.

Die Steuergrößen der Mächtigkeit von Active Layer und **thermoaktiver Schicht** und damit langfristig des gesamten Permafrostes ist in Abhängigkeit von den klimatischen Verhältnissen der Atmosphäre, der Schneedeckenmächtigkeit, dem Zeitpunkt des Einschneiens und Ausaperns, der Vegetationsdecke, der organischen Auflage und den Substrateigenschaften zu sehen. Die thermoaktive Schicht stellt dabei jenen Bereich unterhalb der Permafrosttafel und oberhalb der 0 °C-Jahresamplitude im Permafrost dar, in der Eiskeile, Eisrinde und Segregationseis gebildet werden können.

Aufgaben

1. Nennen Sie die wichtigsten Charakteristika des Periglazials.

2. Beschreiben Sie Abbildung 2.9.1/2.

3. Weshalb erreicht der Permafrost in extrem kontinentalen Bereichen, beispielsweise in Ostsibirien, besonders große Mächtigkeiten?

4. **a)** Betrachten Sie Abbildung A2.9.1/1. Was passiert im Permafrost bei einer Temperaturerhöhung (vgl. Klimawandel)?
b) Welche Faktoren steuern die Mächtigkeit der Aktivitätsschicht bzw. der thermoaktiven Schicht?

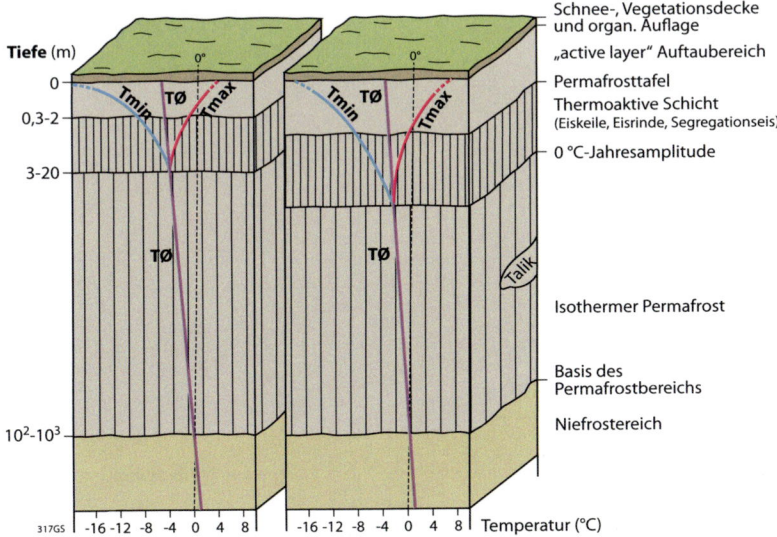

Abb. A 2.9.1/1 Gliederung eines Permafrostprofils: links aktuelle thermische Bedingungen, rechts mögliche Veränderungen nach Temperaturerhöhung (zu Aufgabe 2)
(nach BLÜMEL, W.-D. & J. EBERLE 2001)

2.9.2 Formen und Prozesse

Wesentliches Agens im Periglazial ist die Frostdynamik. Da gefrierendes Wasser sein Volumen um rund 9 % ausdehnt, entstehen so genannte kryostatische Kräfte. Andererseits ziehen sich Körper bei schneller Abkühlung zusammen, wodurch Risse und Spalten entstehen können – ein Vorgang, der Tieffrostkontraktion genannt wird. Die Existenz einer Eistafel im Untergrund, der so genannte Permafrost, stellt einen wirksamen Wasserstauer dar. Morphologisch bedeutsam ist auch die Bildung von Segregationseis, das durch die Wanderung von Wasserdampf aufgrund eines Dampfdruckgefälles zur Gefrierfront gebildet wird. Injektionseis bildet sich durch in das Substrat eindringendes Wasser aufgrund hydrostatischen Drucks.

Zu den Besonderheiten von rezenten Periglazialgebieten gehören die spärliche Vegetation, das Vorherrschen von Solifluktion (dazu Kapitel 2.6.2) an den Hängen und eine intensive Frostschuttproduktion (Abb. 2.9.2/1). Dadurch werden die Flüsse überlastet mit hohem Frachtangebot von den Hängen und daraus resultierend herrschen vielfach „Braided River"-Systeme mit breiten Schotterfluren vor. Die **Schotterterrassen** der letzten Kaltzeit, die in Mitteleuropa Niederterrassen genannt werden, stellen solche Schüttungen dar.

Äolische Prozesse führen im Periglazialraum zu charakteristischen Formen. Durch den Wind werden **Deflationswannen** gebildet; eingeregelte Seen oder ein Kleinrelief mit **Deflationspflastern** und **Windkantern** stellen weitere Beispiele dar.

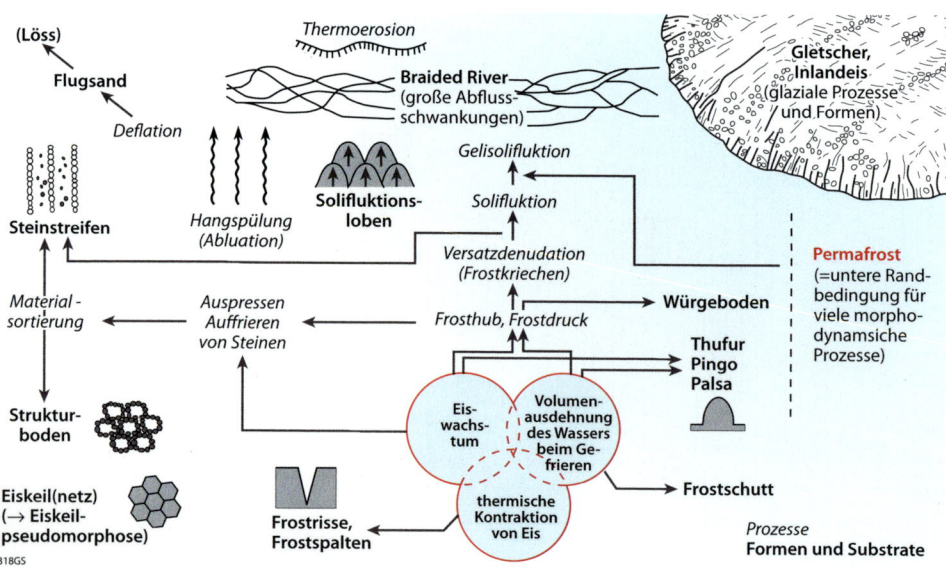

Abb. 2.9.2/1 *Übersicht zu wichtigen Prozessen, Formen und Substraten im Periglazialraum.*

(nach Zepp, H. 2008)

Solifluktion

Auch die Hangentwicklung geschieht unter periglazialen Bedingungen in besonderer Weise (Abb. 2.9.2/2).

Die **Solifluktion** über Permafrost ist sehr effizient, weil beim Auftauen häufig eine Wassersättigung der Auftauschicht erreicht wird. Außerdem hat die stabilisierende Vegetation eine geringe Dichte. Der Prozess der **Makrosolifluktion** setzt Permafrost voraus und ist eine sehr effektive Hangabtragung, bei der periglaziale Hangschuttdecken entstehen. Besteht sie aus feinem Material ohne oder mit geringer Schuttbeimengung, wird sie als **Fließerde** bezeichnet. Schon bei geringen Hangneigungen und hoher Wassersättigung beginnt sie sich im Sommer in Bewegung zu setzen. Die denudative, periglaziale Hangabtragung erzielt in Kaltklimaten sehr effektiv Leistungen.

Bei einem **Blockgletscher** ist die Bewegung ähnlich wie bei einem Gletscher – es entsteht eine Art Gletscherzunge.

Er besitzt eine charakteristische Morphologie, mit der er sich scharf gegen die Umgebung abgrenzt. Gesteinsschutt wird gebildet in der periglazialen Höhenstufe kontinentaler Klimate mit geringen Winter- und Bodentemperaturen. Schmelzwasser sickert in die Schutthalde und gefriert, wodurch die Poren mit Eis gefüllt sind. Blockgletscher sind wichtige Transportsysteme für Verwitterungsschutt in den Hochgebirgen und können große Mengen an Wasser in Form von Eis speichern. Daher spielen sie auch als Wasserreservoire eine wichtige Rolle.

Zur Unterscheidung: Gletscher bestehen aus Schnee, der zu Eis wird, während der Schnee von Blockgletschern zu Schmelzwasser mit Eisbildung im Gesteinsschutt

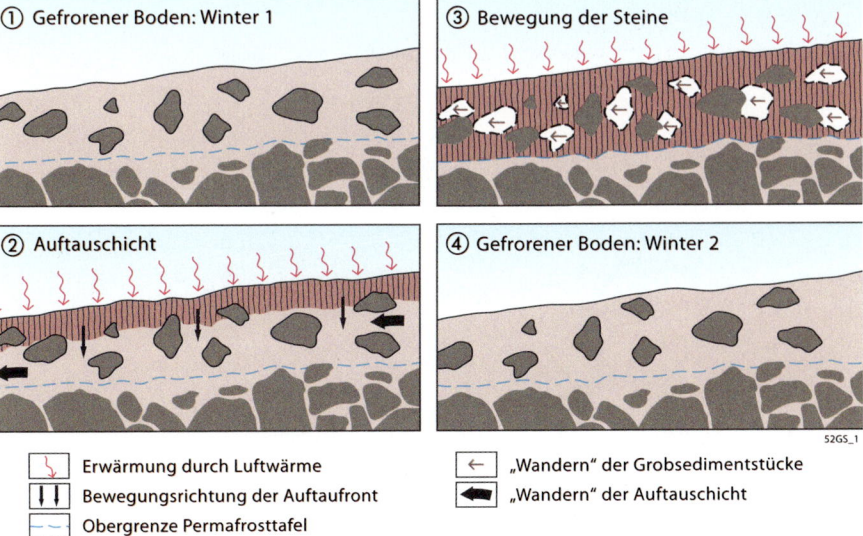

① Gefrorener Boden: Winter 1

③ Bewegung der Steine

② Auftauschicht

④ Gefrorener Boden: Winter 2

52GS_1

⌇ Erwärmung durch Luftwärme	← „Wandern" der Grobsedimentstücke
↑↑ Bewegungsrichtung der Auftaufront	◄ „Wandern" der Auftauschicht
– – – Obergrenze Permafrosttafel	

Abb. 2.9.2/2 *Solifluktion über Permafrost*

(nach LESER, H. 2009)

Abb. 2.9.2/3 *Blockgletscher in den Wrangell Mountains, Alaska*

dentemperatur und Hangneigung des Reliefs voraus. Stets müssen Materialgemische vorhanden sein, damit es zur **Materialsortierung** zwischen Grobkomponenten und Feinsubstrat kommen kann. In Abhängigkeit von Gefrieren und Auftauen wandern die Grobkomponenten aufwärts und dann in Richtung der Ringe, während die kleineren Korngrößen relativ zurückbleiben.

Frostmuster entstehen auf der Ebene und am Hang. Auf ebenen Flächen findet eine Materialsortierung statt, die zu **Steinringen** führt. Bereits bei geringen Hangneigungen werden die Steinpolygone zunächst nierenförmig verformt, bis sie nach einem Stadium der halbmondförmigen Deformation schließlich in parallele **Steinstreifen** übergehen. Frostmusterböden werden auch als **Strukturböden** bezeichnet. Diese im deutschen Sprachgebrauch anschauliche Bezeichnung beinhaltet keine bodenbil-

führt. Blockgletscher sind somit typische Formen des Periglazials. Sie bewegen sich als gefrorene Körper aus Schutt hang- und talwärts (Abb. 2.9.2/3).

Materialsortierung und ihre Muster

Materialsortierung setzt eine unterschiedliche Kombination von Substrattypen, Vegetation, Wasserhaushalt, Bo-

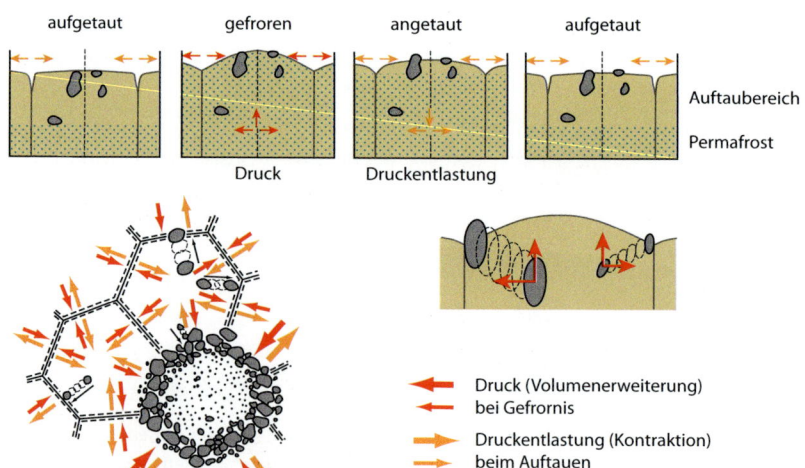

Abb. 2.9.2/4 *Entwicklung von Steinringen (Modellvorstellung)* (nach Zepp, H. 2008)

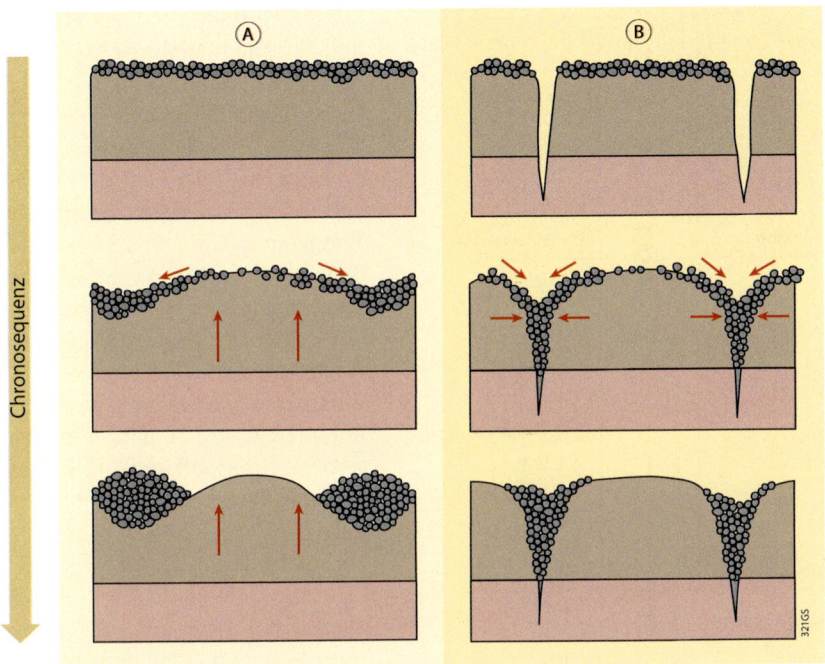

Abb. 2.9.2/5 *Entstehung von Strukturböden*   (nach SCHULTZ, J. 2000)

denden Prozesse im engeren Sinne, sondern nach wie vor spielen frostdynamische Prozesse die Hauptrolle bei der Entstehung von Steinstreifen.

Auch bei der Genese von **Steinringen** auf ebenen Flächen spielen frostdynamische Prozesse die Hauptrolle. Je nachdem, ob es sich um tageszeitlichen oder jahreszeitlichen Frostwechsel handelt, entstehen Mikro- oder Makroformen. Grundsätzlich lassen sich jedoch beide Solifluktionstypen auf das gleiche Prozessgefüge zurückführen.

Auffrieren von Steinen führt dazu, dass beim Auftauen das Feinsediment in sich zusammensinkt, während die Unterseite der Steine angefroren ist (Abb. 2.9.2/4). Die Nadeleishohlräume werden mit Fein-

material verfüllt. Als Voraussetzung benötigt man einen **Regolith**, eine Verwitterungsdecke aus feinem und steinigem Material. Die Sortierung erfolgt während der Auftauvorgänge, wenn sich durch **Frosthub** gehobenes Bodenmaterial wieder absenkt. Feinere Bestandteile füllen dabei die beim Auftauen entstehenden Hohlräume.

Befindet sich ein Steinpflaster an der Oberfläche, kann eine **horizontale Materialsortierung** durch frostbedingte Feinmaterialaufwölbung stattfinden (Abb. 2.9.2/5 A). Schrumpfungsrisse entstehen durch Austrocknung oder tiefe Abkühlung, die bei Spaltenpoylgonen mit Steinen gefüllt werden Abb. 2.9.2/5 B). Dies führt zur Ausbildung

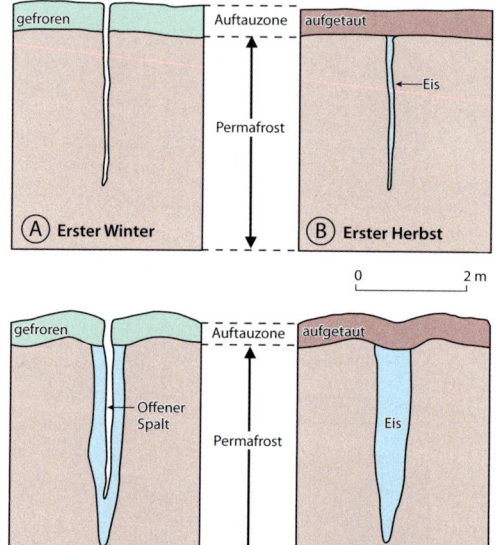

Abb. 2.9.2/6 *Entstehung eines Eiskeils*
(nach Zepp, H. 2008)

von Steinnetzen auf ebenen Flächen oder Steinstreifen am Hang (Abb. 2.9.2/5). Diese Prozesse finden oberflächennah in der Auftauschicht (Active Layer) des Dauerfrostbodens statt. Die Frost- und Auftaufront wandert zunächst von der Oberfläche nach innen und vom grob- zum feinkörnigen Material. Das Feinmaterial wird durch den Prozess der Drainagespülung ausgespült. An der Oberfläche findet Deflation des abgetrockneten Feinmaterials (v. a. Schluff) statt. Innerhalb der oberen Permafrostschicht, innerhalb derer noch Temperaturschwankungen stattfinden, kommt es zu Eisanreicherungen. In Bereichen mit maximalen Temperaturschwankungen führt dies zur Eiskeilbildung.

Bei der Entstehung eines **Eiskeils** sind tiefe Frosttemperaturen notwendig, in denen es zu Kontraktionsspalten kommt. Dieser Tieffrostschwund (Frost Cracking, Thermal Contraction) beträgt pro K etwa 0,05 mm pro Meter Eissäule. In eisreichen Substraten können sich bereits bei einem Temperaturabfall von 4 K erste Risse bilden. Die Entstehung von Eiskeilen wird von hohen Raten des Temperaturabfalls pro Zeiteinheit begünstigt. Das Dickenwachstum der Eiskeile findet durch das Eindringen von Schmelzwasser in die Kontraktionsspalten und/oder über Wasserdampftransport entlang des Dampfdruckgefälles statt (Abb. 2.9.2/6). *Rezente* Eiskeile bestehen aus blankem Eis, wohingegen *fossile* Eiskeile gefüllt sind mit Material aus ihrer Umgebung. Sie werden daher auch **Eiskeilpseudomorphosen** genannt (Abb. 2.9.2/7). Als Archive zeigen sie ein Klima an, in dem frostdynamische Prozesse wichtig waren. Es gibt zahlreiche Orte auf der Welt, an denen rezent die Genese und der Aufbau von Eiskeilnetzen studiert werden kann. Spitzbergen, Kanada und Sibirien sind einige davon. Die **Eisrinde** stellt jenen Teil im Dauerfrostboden dar, in dem durch Tieffröste eine ausgeprägte Gesteinszerlegung stattfindet. Sie reicht unter Flüssen besonders tief. Durch Erosion des Auftaubodens erfolgt eine intensive Tieferlegung der Eisrinde. Zur Frostperiode rückt eine obere Frostfront von der Oberfläche nach unten, eine untere vom Dauerfrostboden nach oben. Im Zwischenbereich entstehen Spannungen, welche zu Froststauchungen führen. Solche **Kryoturbationen** (eisbedingte Durchmischungen) entstehen bei klein-

Abb. 2.9.2/7 *Fossiler Eiskeil*
(aus Blümel, W.-D. & J. Eberle 2001)

räumig unterschiedlicher Korngrößenverteilung, die eine unterschiedliche Wasserspeicher- und Wärmeleitfähigkeit des Substrates bewirkt. Wasser wandert in der Gasphase vom Wärmeren zum Kälteren und von der flüssigen zur festen Phase. Dies führt zur Wasseranlagerung an der Frostfront, Frosthydratation (Gegenteil = **Frostdehydratation**) genannt. Wasser wird beim Vordringen der Frostfront eingeschlossen. Daraus folgt ein kleinräumig differenzierter Gefrierprozess verbunden mit einem kleinräumig differenzierten Eiswachstum und damit horizontal und vertikal gerichteten kryostatischem Druck mit Deformation der ursprünglichen Lagerung. Im Ergebnis entstehen Würge-, Brodel- und Taschenböden. Die Verwürgungen und Quetschungen führen zu einer starken Störung der ursprünglichen Schichtung.

Eine amorphe Materialsortierung zeigt, dass eine Trennung zwischen **Frostmusterboden** und Kryoturbation oft nicht eindeutig gezogen werden kann. In Lehrbüchern werden Frostmusterböden im Allgemeinen nicht zu den **Kryoturbations**prozessen gezählt, weil eine Materialsortierung erfolgt. Die Trennung kann jedoch nicht eindeutig erfolgen, da die verantwortlichen Prozesse identisch sind. Bei einem höheren Wassergehalt im feinerdereichen Boden wird die Sortierung jedoch durch Verwürgung überprägt und dominiert. Es kann auch zu Auspressung von Feinmaterial kommen, wodurch die Unterscheidung zwischen Frostmusterboden und Kryoturbation erschwert wird.

Für den **Thermokarst** (Kryokarst) typisch sind Sackungserscheinungen, aus denen nach Abtauen des Bodeneises geschlossene Hohlformen entstehen. Der Formenschatz kommt in Gebieten mit diskontinuierlichem und sporadischem Permafrostbereich vor, in denen sich der Permafrost auflöst. Es entstehen Formen mit einer Analogie zu Karstformen. Bei seitlichem Anschneiden von Bodeneiskörpern durch Flüsse spricht man auch von **Thermoerosion**.

Vollformen

Vollformen im Periglazial sind Thufure, Palsa und Pingos. **Thufure** (isländisch) oder Hummocks (englisch) sind von einer Rasendecke bewachsene Auffrierhügel oder Erdbülten. Es entstehen Buckel aus Feinerde mit 0,5 bis 2 m Durchmesser und 0,5 bis 1 m Höhe. Sie stellen Kleinformen in Fuß- bzw. Meterhöhe dar, die durch seitliche Wasserzufuhr geprägt sind.

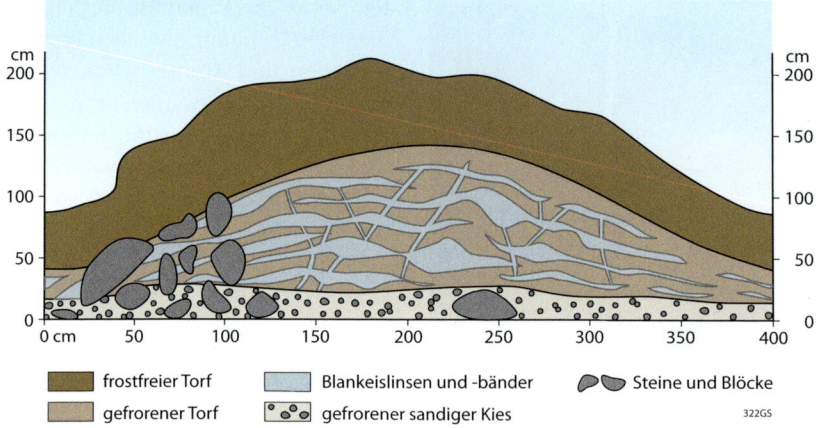

	frostfreier Torf		Blankeislinsen und -bänder		Steine und Blöcke

gefrorener Torf   gefrorener sandiger Kies   322GS

Abb. 2.9.2/8 *Querschnitt durch einen Palsa im Sommer*   (nach Schultz, J. 2000)

Palsa (finnisch) sind runde, langgestreck- te oder gewundene Torfhügel mit einem Eiskern. Sie entstehen vorzugsweise in Mooren, wobei sich der perenne Eiskern aufwölbt. Die Eislinse wächst durch seit- liche Wasserzufuhr, Niederschlag oder Zufluss von Hängen. Palsa kommen in Bereichen mit diskontinuierlichem Perma- frost vor. Sie haben eine Ausdehnung von mehreren Metern Höhe und Zehnermetern Ausdehnung. Sie gelten als Leitfomen eines kontinental geprägten subpolaren Frostklimas mit diskontiniuerlichem und sporadischem Dauerfrostboden (Abb. 2.9.2/8).

Pingos (Begriff der Inuit) sind Groß- formen, die bis zu 70 m hoch sind und mehrere Hundert Meter Durchmesser be- sitzen. Ihre Wasserzufuhr erfahren sie durch gespanntes Wasser oder aus Talik. Sie kommen häufig im Bereich verlande- ter Seen vor. Die isoliert stehenden Hügel bestehen aus einem Eiskern mit einer dar- über liegenden Sedimentschicht (Abb. 2.9.2/9).

Aufgabe

5. Die Abbildung A 2.9.2/1 zeigt die Kräfte, die bei der Gelifluktion auf Hängen wir- ken. Der Prozess wird dabei in Bodenkrie- chen und Bodenfließen unterteilt. Beim Bodenkriechen kann die Nettobewegung L parallel zur Hangoberfläche je nach Hangneigung folgendermaßen berech- net werden: $L = h \tan$, wobei die Aus- dehnung h der Ausdehnung des in den Poren des Bodens gefrorenen Wassers entspricht.

Abb. 2.9.2/9 *Pingo in Tuktoyaktuk (Kanada)*

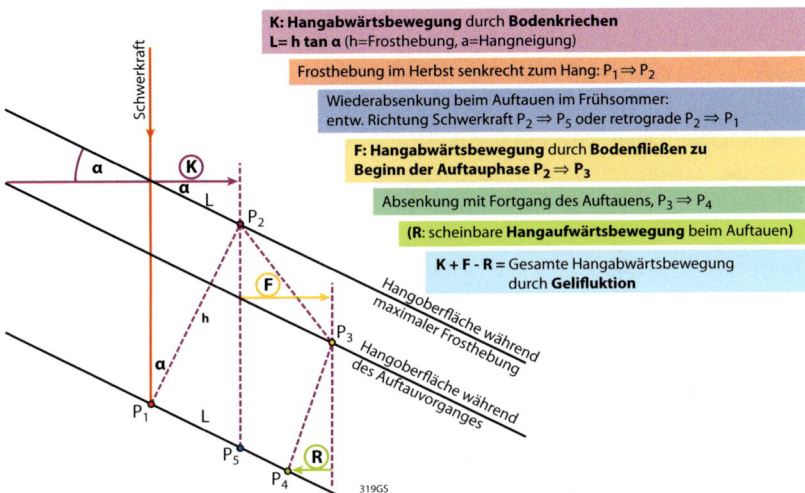

Abb. A 2.9.2/1 Kräfteverteilung: Solifluktion, Bodenkriechen und Bodenfließen als Teilvorgänge der Gelifluktion auf Hängen (zu Aufgabe 5)   (nach SCHULTZ, J. 2000)

a) Berechnen Sie die Netto-Hangabwärtsbewegung eines Oberflächenpartikels beim Wiederauftauen eines wassergesättigten Bodens mit 30 % Porenvolumen bei einer Hangneigung von 20 Grad. Gehen Sie davon aus, dass der Boden bis zu einer Tiefe von 20 cm gefriert.

b) Weshalb ist die tatsächliche Nettobewegung bei einer solchen Gefriertiefe meist geringer?

2.9.3 Periglaziale Formen in Mitteleuropa

Völlig andere periglaziale Formen stellen die **periglazialen Hangschuttbecken** in Mitteleuropa dar. Sie werden erst seit den 1960er-Jahren systematisch untersucht, weil sie zunehmend in ihrer Bedeutung als Bodensubstrat und Pflanzenstandort in unser Bewusstsein gelangen. Sie sind in allen Mittelgebirgen Mitteleuropas anzutreffen und weisen stellenweise eine Mächtigkeit von mehreren Metern auf

(Abb. 2.9.3/1). Die durch charakteristische Substrate gekennzeichneten Einzelglieder der im periglazialen Milieu umgebildeten Bodenausgangsmaterialien werden als **Lagen** bezeichnet. Ihre Zusammensetzung und Vertikalabfolge beeinflussen wesentlich Aufbau, Verbreitung und Eigenschaften der rezenten Böden. Um die räumliche Bedeutung der Prozesse im Periglazial zu unterstreichen, werden sie als periglaziäre Lagen bezeichnet. Die Solifluktion gilt als maßgebender Prozess der Lagenbildung. Per Definition sind daher solifluidale Lagen durch periglaziale Verlagerungsprozesse entstandene parautochthone bzw. allochthone Sedimente.

Die Beschreibung der Lagen erfordert gute Regionalkenntnisse, um die vertikal und lateral unterschiedliche stoffliche Zusammensetzung und Lagerungsart zu charakterisieren. Es gibt eine faziesneutrale

Beschreibung und eine positionsgebundene vertikale Gliederung periglaziärer Lagen.

Bei der poisitionsgebundenen Gliederung periglaziärer Lagen wird die Vertikalabfolge der Lagen mit zunehmend relativem Alter und der stofflichen Zusammensetzung differenziert in Oberlage(n), Hauptlage(n), Mittelage(n) und Basislage(n) (AD-HOC-AG BODEN 2005, 180).

Die **Basislage** ist als unterstes Glied der vertikalen Lagenabfolge aus dem liegenden Gestein hervorgegangen. Im Gegensatz zu den hängenden Lagengliedern enthält sie im Allgemeinen keine oder oder zumindest keine deutlichen äolischen Komponenten. Es können lateral und vertikal mehrere unterschiedliche alte Basislagen auftreten. Die Basislage ist abgesehen von stark exponierten Geländepositionen weit verbreitet.

Die **Mittellage** ist älter als die Hauptlage. Es können lateral und vertikal unterschiedlich alte Mittellagen auftreten.

Die **Hauptlage** ist außerhalb holozäner Erosions- und Akkumulationsgebiete sowie außerhalb der Verbreitung der Oberlage fast überall an der Oberfläche

Lage	Altersstellung	dominante Kennzeichen
Oberlage	Holozän	blockiger Schutt, v. a. unterhalb von Gesteinsausbissen
Hauptlage	Spätglazial	blockig, mit hohem Schluffgehalt (Löss), locker gelagert, gut durchwurzelt (z. T. mit Laacher-See-Tephra, dann jungtundrenzeitliche Entstehung)
Mittellage	Spätglazial	viel Grus, kleine Steine, Schutt, dichte Lagerung, grob-polyedrisches Gefüge u. a. wechselnder Lössgehalt, z.T. mehrgliedrig, v. a. in erosionsgeschützten Positionen
Basislage	Spätglazial und älter	dicht gelagert, z. T. wie zementiert, weitgehend lössfrei, z. T. mehrgliedrig, eingeregelte Steine
Zersatzzone	vorwiegend Tertiär	im Grundgebirgsbereich: grusig, z. T. aus Saprolith hervorgegangen, an der Grenze zur Basislage mit „Hakenschlagen"

Abb. 2.9.3/1 Hangschuttdecken in Mittelgebirgen   (nach EITEL, B. 2001)

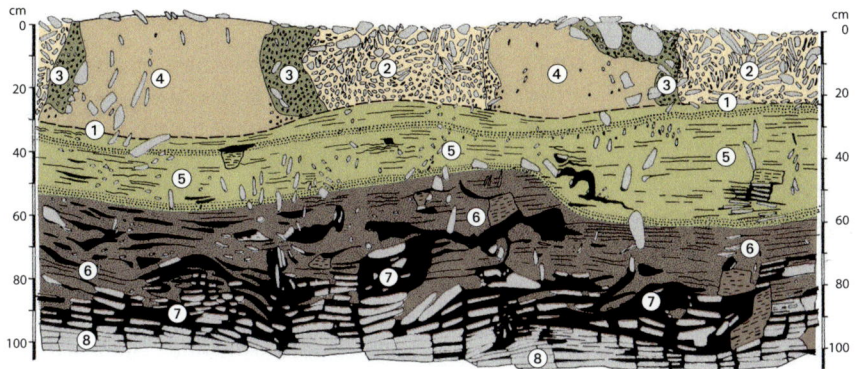

Strukturboden und Eisrinde auf dem Hohenstaufen, 440m. Basisgestein: triadische Plattenarkose, Grabung Kirumhild I, 15.7.1967 (Lage S. Fig. 20). ① *Oberfläche des Dauerfrostbereichs,* ② *Grobschuttbeete im Kryoturbations-Strukturboden* ③ *Feinkiesmäntel um die Feinerdekerne* ④ *Feinerdekerne* ⑤ *Fossiler Auftauboden der postglazialen Wärmezeit, oberer grauer Horizont. Viel Feinmaterial, wenig Grobes, schmale Eislinsen* ⑥ *Desgleichen unterer braun-grüner Horizont, viel Humusbestandteile, einzelne Kiefernpollen, mehr Grobes, größere Eiskomplexe (schwarz)* ⑦ *Eisrinde: völlig zerrüttete Trümmer des Anstehenden, von Bodeneismasse (schwarz) umhüllt, nur im Oberteil noch etwas Feinststoff* ⑧ *Übergang von der Eisrinde zum ungestörten Anstehenden*

Abb. 2.9.3/2 *Strukturboden und Eisrinde auf dem Hohenstaufen*　　(nach Büdel, J. 1981)

ausgebildet. Sie kommt im Hangenden der Mittellage bzw. Basislage, selten unmittelbar über Anstehendem, vor und enthält meistens äolisches Material.

Die Mächtigkeit der Hauptlage ist auffällig konstant und liegt in der Regel bei 50 (± 20) cm. Größere, flächig auftretende Mächtigkeiten sind selten, geringere auf Erosion zurückzuführen.

Im Hangenden der Hauptlage können weitere Lagen auftreten, die dann als **Oberlage** bezeichnet werden. Sie sind auf exponierte Geländebereiche und auf das Verbreitungsgebiet widerständiger Gesteine beschränkt. Die Oberlage kann im periglazialen Milieu in den Hochlagen der Mittelgebirge möglicherweise bis ins beginnende Holozän hinein entstanden sein. Auch durch holozäne Umlagerungsprozesse können in den Oberlagen ähnliche Bildungen vorkommen.

Diese sind jedoch nicht in die hier aufgeführte Definition der Oberlage einbezogen.

Nicht nur Böden, Pflanzen und Sedimente können Archive für Klimazeugen darstellen, sondern auch der Aufbau des Strukturbodens und der Eisrinde z. B. auf dem Hohenstaufen (Spitzbergen) (Abb. 2.9.3/2).

Unter dem rezenten, Oberflächennahen ist ein **fossiler Auftauboden** ausgebildet, dessen Kiefernpollen die postglaziale Wärmezeit belegen. Der gesamte fossile Auftauboden ist pedogen überprägt und deutet so auf einen warmzeitlichen Tundrabewuchs mit stärkerer Beteiligung der chemischen Verwitterung.

Exkurs: Leben und Wirtschaften im Periglazial

Warum stehen im Periglazial so viele Gebäude schief in der Landschaft herum? Warum brauchen Pipelines dort spezielle Sicherungsmaßnahmen – und v. a. welche? Warum können viele Siedlungen und Minen nur im Winter erreicht werden?

Die besonderen frostdynamischen Prozesse im Periglazial bringen es mit sich, dass jedes Bauwerk auf „sinkenden Füßen" steht. Ohne die richtige Isolation würden Gebäude durch ihre Eigenwärme in den Permafrost einsinken. Zudem laufen im Untergrund die angesprochenen Hebungs- und Sortierprozesse ab. Ein Grundstückskauf sollte also gut überlegt werden. Andererseits kann der Perma-frost auch als natürlicher Gefrierschrank genutzt werden. Das zweite Kellergeschoss unter dem Permafrost-Institut in Jakutsk ist in dauernd gefrorenen sandigen Lena-Sedimenten angelegt, in denen in einer Tiefe von ca. acht Metern permanent −8 °C herrschen. Nicht nur die Versorgung bereitet Probleme, sondern auch die Entsorgung. Die entsorgten Stoffe verbleiben lange in der Umwelt. Die Pipelines müssen durch große Isolatoren gesichert werden. Sie würden ansonsten ebenfalls peu à peu einsinken. Und erreichen kann man die Siedlungen und Minen nur, wenn der Untergrund gefroren ist – also im Winter. Das Periglazial verwandelt sich durch die Tauvorgänge vielerorts in einen sumpfigen Morast.

Aufgabe

6. Welche Folgen hat der Klimawandel für die periglaziale Höhenstufe im Hochgebirge?

2.9.4 Das Periglazial als sensibles Ökosystem

Die Rentier- bzw. Karibu-Weidewirtschaft bietet eines der sehr begrenzten Nutzungspotenziale. Allerdings wirkt neben dem kurzen Weidegang die Labilität des Ökosystems limitierend, denn bei den Zwergstrauch-Flechtenheiden der subpolaren (niederarktischen) Zonen handelt es sich um extrem labile Ökosysteme. Daher führt bereits eine geringe Überweidung zur massiven Degradierung der Vegetation.

Aufgrund der dünnen Besiedelung mögen die räumlichen Ausmaße durch menschliche Belastung zwar relativ gering und eher punktuell sein, jedoch sind sie aufgrund der Sensibilität und eingeschränkten Regenerationsfähigkeit der betroffenen Ökosysteme umso tiefgreifender. Dies zeigen etwa jene Schneisen, die durch Schneemobile und **All Terrain Vehicles** hervorgerufen werden. Die Veränderungen dürften über Jahrhunderte bestehen bleiben.

Als besonders problematisch wurde der Bau der Alaska-Pipeline und des Alaska-Highway bewertet. Neben der Landschaftszerschneidung und damit auftretenden Problemen für die Tierpassagen führt der zunehmende Verkehr zu den bekannten Umweltbelastungen.

2.10 Karstformen – Landschaften im Schweizer-Käse-Format

In besonders lösungsfähigen Gesteinen kommt es zu auffälligen Klein- und Groß-formen, die in ihrer Gesamtheit als Karst bezeichnet werden. Ursprünglich stammt dieser Begriff aus dem Serbokroatischen. Dalmatien ist das Land des „klassischen" Karstes und der Karstforschung. Ein 500 km langer Küstenstreifen an der Adria ist fast vollständig verkarstet.

Zum Inventar von Karstlandschaften ge-hören eine unruhige Geländeoberfläche, Karren und Dolinen, Schlucklöcher, Quellen, die mal versiegen, dann wieder zu reißenden Strömen anwachsen kön-nen sowie gigantische Höhlensysteme mit spektakulären Tropfsteinhöhlen. Kein Wunder, dass derartige Szenerien schon früh Gegenstand der chinesischen Landschaftsmalerei oder auch Schau-platz von James Bond- und Winnetou-Verfilmungen wurde. In diesem Kapitel erfahren Sie mehr über die Bildungsvor-aussetzungen und Prozesse.

Die Karstmorphologie beschäftigt sich mit den Landformen und den zugrund liegenden Prozessen.

Ziele des Kapitels

Nachdem Sie dieses Kapitel durchgear-beitet haben, sollen Sie
- die chemischen Hintergründe der Ver-karstung verstanden haben,
- wissen, was es mit der Mischungskor-rosion auf sich hat,
- die Sättigungskurve erklären können,
- typische Merkmale des Karstformen-schatzes benennen können
- und in der Lage sein, tropischen vom mitteleuropäischen Karst zu unter-scheiden.

Abb. 2.10/1 *Rillenkarren im Gipskarst bei Endsee in Franken. Durch ablaufendes Regenwassers wurden auf dem freiliegenden Gipsblock typische Karst-Kleinformen, sogenannte Rillenkarren herausgelöst.* (GLASER, R.)

2.10.1 Bildungsvoraussetzungen von Karst

Die wesentlichen Voraussetzungen zur Karstformenbildung sind
- Vorhandensein von lösungsfähigen Gesteinen,
- Durchlässigkeit des Gesteins,
- Vorhandensein von Wasser,
- hohe mineralische Reinheit des Gesteins.

Zu den lösungsfähigen Gesteinen gehören Salzgesteine wie Kalisalz oder Steinsalz, Sulfate wie Gips und Anhydrit, und als größte und wichtigste Gruppe die Karbonate wie Kalkstein oder Dolomit. Viele Gesteine, selbst Silikatgesteine sind unter bestimmten Bedingungen lösungsfähig. Damit können sich darin prinzipiell Karstformen ausbilden, etwa beim so genannten **Silikatkarst**. Aufgrund der leichten Lösbarkeit und der weiten Verbreitung von Kalksteinen sind Verkarstung und die daraus resultierenden Formen vor allem Erscheinungen von Kalksteingebieten. Die weitere Darstellung von Prozessen und Formen wird daher in der Folge auf den Prozess der Kalklösung (Kalksäureverwitterung) und auf Beispiele aus Kalkgebieten beschränkt.

2.10.2 Lösungsprozesse von Karst

Als fördernde Faktoren für Lösungsprozesse gelten
- niedrige Wassertemperatur,
- niedriger pH-Wert des Wassers,
- hoher Partialdruck des CO_2 im Wasser.

Der Prozess der **Kalklösung** durch **Kohlensäureverwitterung** kann in verschiedene Schritte gegliedert werden:

1. CO_2 aus der Luft diffundiert ins Niederschlagswasser.

(Glg. 2.10.2/1)

$$CO_{2\,Luft} \rightleftharpoons CO_{2\,physikalisch\;gelöst}$$

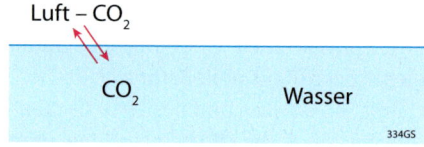

Luft – CO_2

CO_2 Wasser

334GS

2. Das gelöste CO_2 ist zu einem geringen Anteil hydratisiert (zu „Kohlensäure"; bei 4 °C sind es 0,75 % Kohlensäure)

(Glg. 2.10.2/2)

$$CO_{2\,physikalisch} + H_2O \rightleftharpoons H_2CO_3$$

Luft – CO_2

$CO_2 \rightleftharpoons H_2CO_3$

334GS 1

3. Kohlensäure (H_2CO_3) ist eine schwache Säure und liegt daher nicht vollständig dissoziiert vor.

(Glg. 2.10.2/3)

$$H_2CO_3 \rightleftharpoons HCO_3^- + H^+$$

(Dissoziationsstufe 1)

Luft – CO_2

$CO_2 \rightleftharpoons H_2CO_3$ HCO_3^- H^+

334GS_2

Freie H^+-Ionen treten in Wasser praktisch nicht auf. Sie verbinden sich in der Regel mit Wasser zu H_3O^- Ionen (Oxonium, früher auch als Hydronium-Ion bezeichnet).

(Glg. 2.10.2/4)

$$CO_3^- \rightleftharpoons CO_3^{2-} + H^+$$

(Dissoziationsstufe 2)

Diese Stufe wird nur in geringen Mengen erreicht. Sie kann bei einem pH-Wert unter 8,5 vernachlässigt werden.

4. An der Kontaktfläche Wasser/Karbonatgestein werden Ionen aus dem Kristallgitter herausgelöst

(Glg. 2.10.2/5)

$$CaCO_3 \rightleftharpoons Ca^{2+} + CO_3^{2-}$$

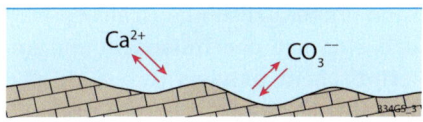

5. Das neu entstandene CO_3^{2-} assoziiert sich mit dem H^+ aus Schritt 3.

(Glg. 2.10.2/6)

$$CO_3^{2-} + H^+ \rightleftharpoons HCO_3^-$$

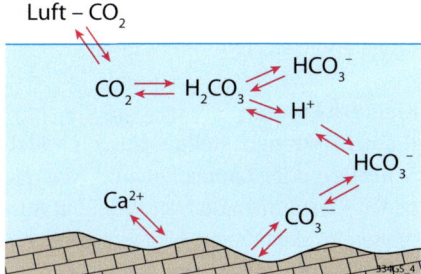

6. Die Lösung verarmt an CO_3^{2-}. Dadurch wird das Lösungsgleichgewicht mit dem festen Kalk ($CaCO_3$) gestört. Die Lösung ist ungesättigt. Weiterer Kalk kann in Lösung gehen. In Form von Ca^{2+} und HCO_3^- kann wesentlich mehr Kalk in Lösung sein als in Form von Ca^{2+} und CO_3^{2-}. Das chemische Gleichgewicht bei der Kalklösung (Kohlensäureverwitterung oder Korrosion) sieht daher folgendermaßen aus:

(Glg. 2.10.2/7)

$$\underset{\text{Kalk (fest)}}{CaCO_3} + CO_2 + H_2O \rightleftharpoons \underset{\text{Kalk (gelöst)}}{Ca^{2+} + 2\,HCO_3^-}$$

Calciumhydrogencarbonat

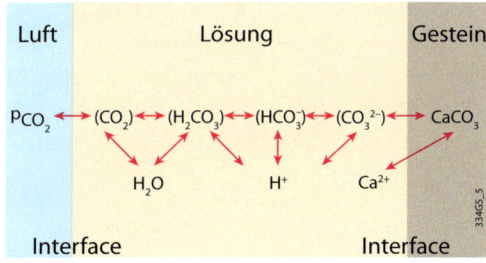

Die gegenseitigen Abhängigkeiten im System CO_2, H_2O, $CaCO_3$ (die Dissoziationsprodukte des Wassers sind nicht berücksichtigt).

Die im Wasser enthaltene Kohlensäure führt die schwer löslichen Carbonate in die zehnfach leichter löslichen Bikarbonate über, die im Wasser weggeführt werden. Die Intensität der Lösungsvorgänge wächst mit dem CO_2-Gehalt des Wassers und wird durch niedrige (!) Temperaturen begünstigt. Zurück bleiben Rückstände v. a. der Tonfraktion.

Die **Sättigungskurve** von Kalk markiert bei gegebenen CO_2-Gehalten das maximal auflösbare $CaCO_3$. Das Kalk-Kohlensäure-Gleichgewicht lässt graphisch erkennen, ob ein Wasser mit bestimmtem CO_2-Gehalt weiteren Kalk löst oder kalkübersättigt ist und damit Kalk ausfällt (Abb. 2.10.2/1).

Mischen sich im Karstwassersystem kalkgesättigte Wasser mit unterschiedlichem Kalkgehalt, dann tritt das Phänomen der **Mischungskorrosion** auf. Durch sie ist die Entstehung der meisten Karsthöhlen in Karbonatgesteinen erklärbar. Mithilfe der Sättigungskurve lässt sich die Kalkmenge ermitteln, die durch die Mischung zweier kalkgesättigter Wasser zusätzlich gelöst werden kann.

Fazit: Fließen in einem Karstwassersystem daher Wässer unterschiedlicher Herkunftsgebiete zusammen, ergibt die Mischung der beiden gesättigten Lösungen eine ungesättigte Kalklösung.

Tipp: Eine detaillierte Erklärung der Mischungskorrosion und Übungen finden Sie in 🔴 www.webgeo.de Modul „Mischungskorrosion"

Aufgaben

1. Nennen Sie Voraussetzungen sowie begünstigende Faktoren für Lösungsprozesse und schließen Sie daraus auf globale Verbreitungsgebiete von Karstformen.
2. Welchen Einfluss hat der Partialdruck auf die Kalklösung?
3. Welche chemische Formel liegt der Verkarstung zugrunde?
4. Weshalb ist die hohe mineralische Reinheit des Gesteins wichtig für seine Lösbarkeit?
5. Was beschreibt die Sättigungskurve?

2.10.3 Karstformenschatz der Mittelbreiten

Bei den geomorphologischen Formen kann grundsätzlich unterschieden werden zwischen **oberirdischem** und **unterirdischem**, **aktivem** (rezentem) und **inaktivem** (vorzeitlichem), **nacktem** und **bedecktem** Karst sowie **Klein-** und **Großformen**. Beim **nackten Karst** ist die Karstoberfläche frei von Boden und Vegetationsbedeckung. Vereinzelt können jedoch Reste von Vegetation und Bodenbedeckung vorhanden sein. **Bedeckter Karst** liegt vor, wenn eine Boden- und/ oder eine Vegetationsschicht das verkarstungsfähige Gestein überziehen.

Kleinere Formen

Kleinere Formen stellen **Karren**, auch **Schratten** oder **Lapiés** genannt, dar. Sie bilden Karstformen im Nanorelief mit Ausmaßen im Zentimeter- bis Meterbereich. **Rillenkarren** entstehen auf der Gesteins-

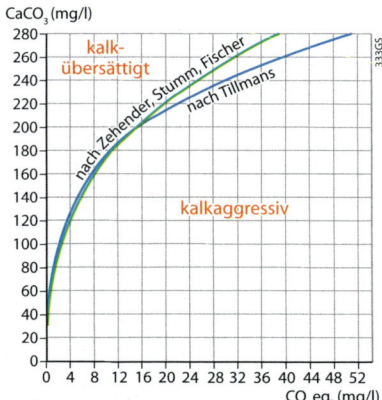

Abb. 2.10.2/1 *Sättigungskurve von Kalk*

(nach Zepp, H. 2008)

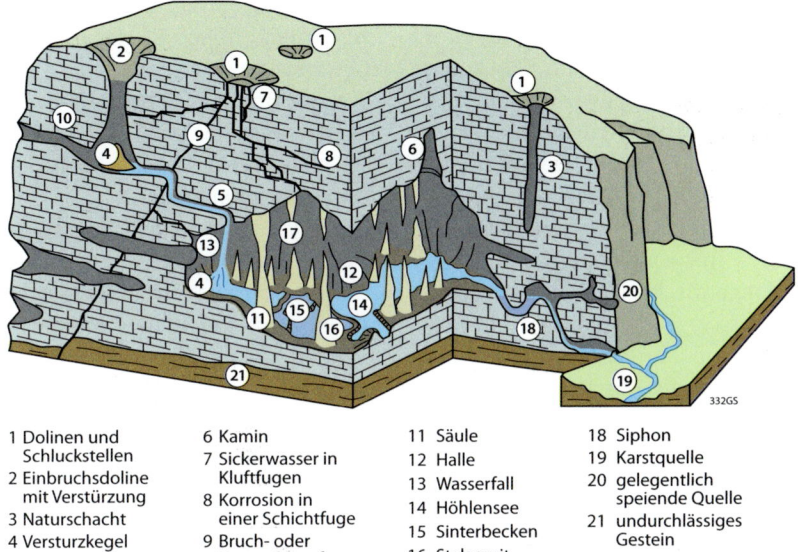

1 Dolinen und Schluckstellen
2 Einbruchsdoline mit Verstürzung
3 Naturschacht
4 Versturzkegel
5 unterirdischer Wasserlauf
6 Kamin
7 Sickerwasser in Kluftfugen
8 Korrosion in einer Schichtfuge
9 Bruch- oder Verwerfungsfuge
10 alter Wasserlauf
11 Säule
12 Halle
13 Wasserfall
14 Höhlensee
15 Sinterbecken
16 Stalagmit
17 Stalaktit
18 Siphon
19 Karstquelle
20 gelegentlich speiende Quelle
21 undurchlässiges Gestein

Abb. 2.10.3/1 *Ober- und unterirdische Karstformen* (nach BAUER, J. et al. 2002)

oberfläche von Kalkgesteinen durch Lösung (Abb. 2.10/1). Dabei handelt es sich um schmale, flache oder tiefer eingesenkte Spalten, die regelmäßig in Richtung des abfließenden Wassers nebeneinander angeordnet sind. Es sind Formen des nackten Karstes. **Rinnenkarren** sind dagegen tiefer, unregelmäßiger und größer. **Lochkarren** sind runde bis ovale Hohlformen. In kleinen Vertiefungen des Gesteins bleibt Regenwasser stehen, wodurch Kalkgestein gelöst und durch Zufuhr weiteren Regenwassers abgeführt wird. Die gerundete Form von **Napfkarren** belegt die Entstehung unter einer Boden- bzw. Vegetationsdecke, die später freigelegt wurde. Es handelt sich um die Wirkung biologisch-chemischer Verwitterung auf schwer löslichen Silikatgesteinen, die entweder makro- oder

mikroklimatisch bedingt ist. Je nach der Reinheit des Kalkgesteins bleiben nach der Lösung unlösliche lehmig bis tonige Verwitterungsrückstände zurück, welche auf ebenen Flächen wasserstauend wirken.

Großformen

In Karstlandschaften sind häufig **Trockentäler** ausgebildet. Sie sind zwar durch fluviale Erosion entstanden, aber die karsthydrologische Wegsamkeit des Gesteins war unter besonderen Bedingungen nicht gegeben (vgl. Abb. 2.10.3/1 und Abb. 2.10.3/2).

Für die Genese der Trockentäler sind zwei Denkansätze in Mitteleuropa möglich:

1. Während der pleistozänen Kaltzeiten wird der Untergrund durch Permafrostbedingungen plombiert. Es kommt zur oberflächennahen Fluvialformung mit Talbildung. Mit dem Auftauen des Permafrostbodens im Holozän und in den Zwischeneiszeiten versickern die Wässer in karsttypischer Weise und lassen Trockentäler zurück.

2. Solange die Karstgebiete im Grundwasserspiegelniveau liegen, entstehen durch fluviale Prozesse Täler. Wird das Karstgebiet durch tektonische Prozesse gehoben, gerät es außerhalb des Grundwasserniveaus (oder auch außerhalb des Meeresniveaus), wodurch die Täler trocken fallen.

Typisch für Karstlandschaften ist das weitestgehende Fehlen oberirdischer Flusssysteme. Kleinere Trockentäler führen nur episodisch Wasser. Das Talnetz ist deutlich höher als das oberirdische Gewässernetz ausgeprägt.

Typisch sind auch **Flussschwinden**, in denen ganze Flüsse versickern. Das Wasser kann direkt in einem **Schluckloch (Ponor)** verschwinden.

Ein bekanntes Beispiel ist die Donauversickerung bei Immendingen auf der Schwäbischen Alb, welche die Achquelle speist – was bereits im vorletzten Jahrhundert anhand eines Salzungsversuchs bewiesen wurde. Ähnlich wird mit **Farbtracerversuchen** an einem Schluckloch nachvollzogen, wohin das Wasser fließt, und wo es wieder zutage tritt.

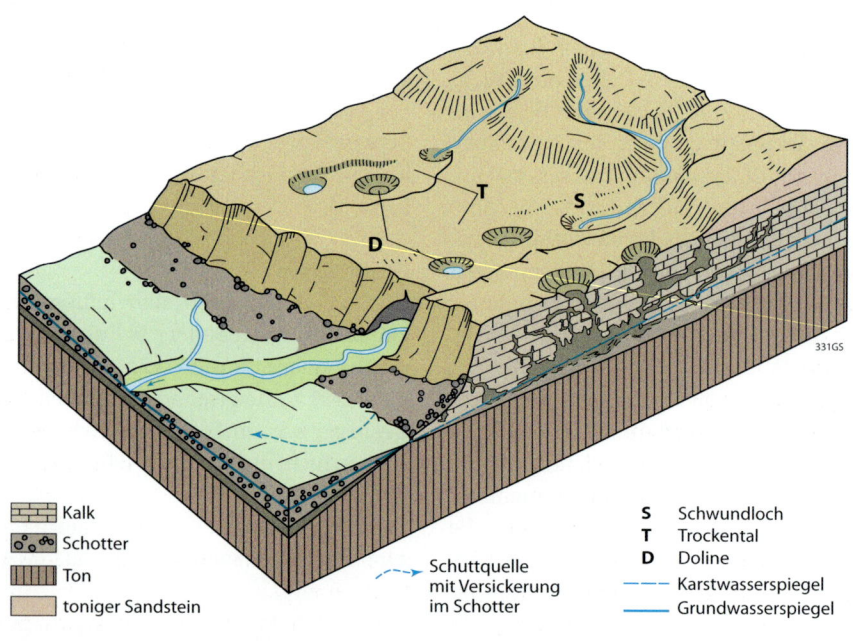

🧱 Kalk	**S** Schwundloch
🪨 Schotter	**T** Trockental
▦ Ton	**D** Doline
▨ toniger Sandstein	- - - - Karstwasserspiegel
⇠ Schuttquelle mit Versickerung im Schotter	—— Grundwasserspiegel

Abb. 2.10.3/2 *Schwundlöcher, Trockentäler und Dolinen*   (nach Zepp, H. 2008)

Exkurs: Bauen in Karstgebieten

Wer in Karstgebieten baut, kann mit ganz speziellen Problemen konfrontiert sein. Nicht nur, dass in der Regel mit hartem Wasser zu rechnen ist, was Leitungen und Wasserkochern zu schaffen macht – die Tendenz zur Hohlraumbildung im Karst führt mitunter zu einem unsicheren Baugrund. So müssen beispielsweise in Würzburg immer wieder Wohnhäuser geräumt und Tankstellen geschlossen werden müssen. Durch Einsturzdolinen wurden auch schon mal Fahrzeuge und Häuser „verschluckt". Aus der Region um Freiburg stammt die Einsturzdoline von Göschweiler auf der Muschelkalkhochfläche der Baar. Sie entstand durch die Herauslösung gipsführender mittlerer Muschelkalkschichten, wodurch der überlagernde obere Muschelkalk 1954 einbrach.

Ein weiteres Beispiel ist die Einsturzdoline von Winter Park Florida, die 1981 entstand. Ein wesentlicher Grund war der Urban Sprawl, das Ausufern der Besiedlung in das sensible Karstrelief von Mittel-Florida und die damit einhergehende Veränderung des Wasserhaushalts.

(nach MARCUS, R. B. & C. CAVIEDES 1983)

Abb. E 2.10.3/1 Einsturzdoline in La Jolla Californien, 2007

Nach ihrer Entstehung können **Dolinen** in **Lösungs- oder Einsturzdolinen** eingeteilt werden. Ihre Form entscheidet, ob es sich um Trichter-, Schüssel- oder Wannendolinen handelt. Dolinen stellen die auffälligsten oberflächlichen Karstformen dar. Es sind unterschiedlich geformte, meist runde bis ovale Hohlformen ohne oberirdischen Abfluss. Ihre Größe variiert stark sowohl im Oberflächendurchmesser als auch in der Tiefenerstreckung. Lösungsdolinen entstehen bevorzugt an Gesteinsstellen, die durch Klüfte und Schichtfugen durchlässig sind. Durch Korrosion werden die vorgegebenen Hohlräume von oben her erweitert. Einsturzdolinen entstehen, nachdem sich lösungsbedingt Höhlen im Untergrund gebildet haben und die Oberfläche einbricht. Das eingebrochene Höhlendach hinterlässt Gesteinsschutt am Boden, der bei Lösungsdolinen fehlt. Es gibt eine Reihe von bekannten Beispielen für Einsturzdolinen (siehe Exkurs). **Jamas** (Karstschächte und -schlote) führen als schlauchförmige, sich erweiternde und verengende Naturschächte senkrecht oder schräg in den Untergrund. Sie sind zahlreich vertreten so z. B. auf der Schwäbischen Alb. Hier hat der so genannte „Himmelsfelsen" eine Tiefe von 42 m. **Uvalas** (Karstwannen oder -mulden) stellen eine Kombinationsform aus seitlich erweiterten Dolinen dar, die zu

einer einzigen Hohlform zusammenge-
wachsen sind. Charakteristisch ist ihre
unregelmäßige Form und ihr unregelmäßiger, unruhiger Boden. **Poljen** sind be-
ckenartige, ringsum geschlossene Hohlformen von mehreren Kilometern Länge
und/oder Breite. Der flache Poljenboden
ist aus fluvialen Sedimenten aufgebaut
und fällt meist sehr flach gegen eine oder
mehrere sehr tiefe Stellen ab. Der Name
stammt aus dem Kroatischen und bedeutet Feld. Im Sommer sind die Poljeböden

in der Regel trocken und werden ackerbaulich genutzt. Die Siedlungen befinden sich meist an den trockenen, nicht
ackerbaulich genutzten Rändern der Poljen.

In Feuchtperioden ist es möglich, dass
Schlucklöcher (Ponore) zu Speilöchern
(Quellen) werden, sodass lange andau-
ernde Überflutungen auftreten können.

Karstrandebenen (Abb. 2.10.3/3) sind
große Einebnungsflächen, welche an
einem höheren Kalkhinterland ansetzen

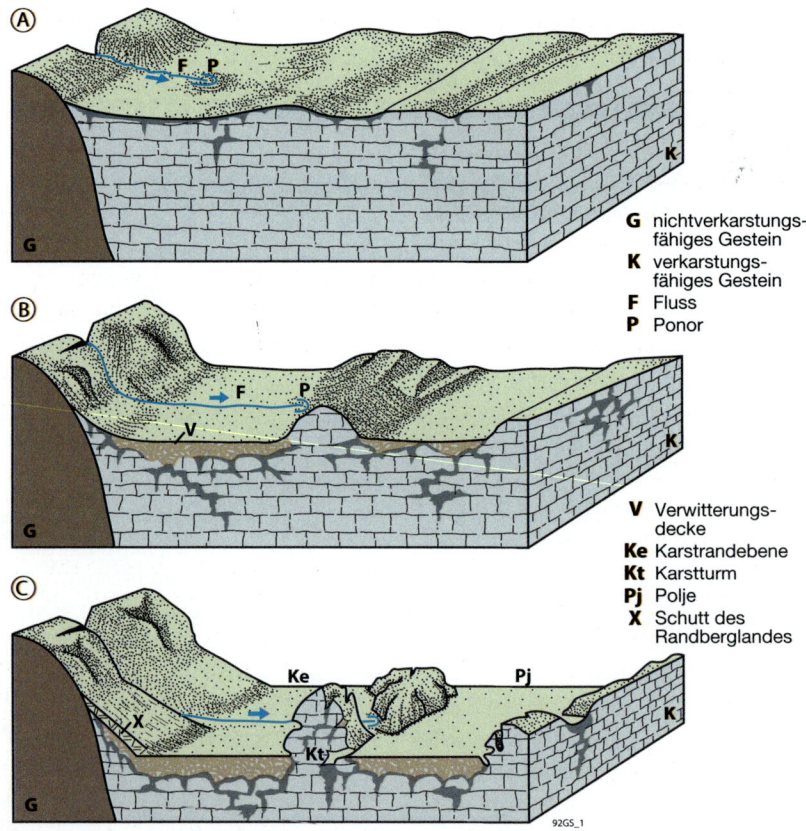

Abb. 2.10.3/3 *Karstrandebene* (aus LESER, H. 2009)

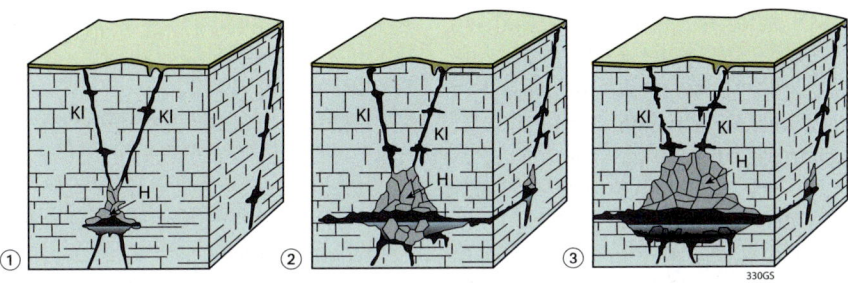

Abb. 2.10.3/4 *Höhlenbildung im Karst* $\qquad$ (aus LESER, H. 2009)

und sich dann sehr weitflächig, fast eben, zu einem nicht verkarstungsfähigen Gebiet oder Vorfluterniveau abdachen. Die Ebenen bestehen am Karstrand aus anstehendem Karstgestein mit einer Verwitterungs- oder Sedimentdecke aus Tonen, Sanden und Schottern. Stellenweise bleiben inselbergartige Aufragungen inmitten der Karstrandebene stehen, die **Humis** oder **Mogotes**. Bei Durchfeuchtung der lehmig-tonigen Schicht bewirkt die Korrosion eine langsame Tieferlegung der Karstrandebene. **Höhlen**bildung (H) (Abb. 2.10.3/4) setzt meist an Schnittpunkten von Klüften (Kl) an. Sie bilden Leitlinien der Lösungsverwitterung, wobei vor allem die Mischungskorrosion einen bedeutenden Beitrag liefert. Obwohl es Höhlen auch in nicht verkarstungsfähigen Gesteinen gibt, gehören die Karsthöhlen wegen der darin vorkommenden bizarren Tropfsteinbildungen (Abb. 2.10.3/3) zu den spektakulärsten Formen.

Aufgaben

6. Bearbeiten Sie das Webgeo-Modul „Karstformen" und lösen Sie die darin enthaltenen Aufgaben.

7. Welche Faktoren können zur Entstehung von Trockentälern führen?

2.10.4 Karsthydrographie

Man unterscheidet zwischen zwei **Karstwasserzonen**: der **phreatischen** und der **vadosen** Zone. Sie sind Ausdruck der unterirdischen Entwässerung und einer eigenen Hydrographie von Karstgebieten. Ausgehend von einer **Karstoberfläche** folgt zunächst die **vadose Zone**. In ihr bewegt sich das Wasser abwärts. Die Hohlräume sind überwiegend mit Luft erfüllt. Das Wasser sickert und fließt der Schwerkraft folgend abwärts.

Unterschieden werden eine **vadose, inaktive** Zone; eine vadose, aktive oder Hochwasserzone und die **phreatische, aktive** Zone. Die **phreatische Zone** folgt auf die vadose Zone in der Tiefe als der Bereich unterhalb des Karstwasserspiegels, in dem alle Gesteinshohlräume wassergefüllt sind. Die Oberfläche der phreatischen Zone, die **permanente Karstwasserfläche**, unterscheidet sich vom Grundwasserspiegel nicht verkarsteter, poröser Gesteine. Während die Grundwasseroberfläche gleichmäßig absinkt, ergeben sich beim Karstwasser oft erhebliche Unterschiede im Wasserstand zwischen benachbarten Spalten und Schächten, sodass sich der Karstwasserspiegel nicht nach Art der kommunizierenden

Röhren ausgleicht. Es handelt sich um eine fiktive Fläche, die sich aus den Einzelniveaus der Wasseroberflächen in den Hohlräumen konstruieren lässt. Karstwasserflächen stellen demnach einen Druckspiegel dar, der dem atmosphärischen Druck entspricht und eine Gleichgewichtsfläche bildet, in dem der hydrostatische Druck die Grundkomponente bildet.

Benachbarte Karstquellen weisen daher in ihren Schüttungen oft große Schwankungen auf. Eine Besonderheit in Karstwassersystemen sind **Quelltöpfe**, bei denen unter Druck stehendes Karstwasser aus dem Untergrund austritt. Diese der Schwerkraft entgegengerichtete Wasserbewegung ist Ausdruck des so genannten Druckfließens in der phreatischen Zone. Unterhalb der permanenten Karstwasserfläche folgen zunächst ein **seichtphreatischer** und dann ein **tiefphreatischer** Bereich. Die Hochwasserfläche reicht in die vadose Zone hinein. Sie zeigt die Hochwasserzone an, bis zu der der Karst als **aktiv** gilt.

In einem schematischen Schnitt durch ein Karstwassersystem sind die Zusammenhänge im tiefen Karst dargestellt (Abb. 2.10.4/1). Im **tiefen Karst** wird der nicht verkarstungsfähige Untergrund erst in großen Tiefen erreicht. Daher erfolgt hier, und nur hier, eine Unterteilung in vadose und phreatische Zone. Beim **seichten Karst** sind die Karstgesteine hingegen geringmächtig. Die undurchlässige Sohlschicht liegt genauso hoch wie der Vorfluter oder höher. Die phreatische Zone fehlt. Bei diesen Bezeichnungen handelt sich also um zwei Karsttypen. In der **Hochwasserzone** gelten während der Zeit, da die Hohlräume mit Luft erfüllt sind, vadose Bedingungen, bei Wasserfüllung während des Hochwassers phreatische Voraussetzungen. Quellen werden daher als Hochwasserquellen und nicht als Quelltopf bezeichnet, da sie nur zu bestimmten hydrologischen Ereignissen Wasser führen.

Kalksteinhöhlen sind Formen des tiefen Karstes. Ihre Entwicklung ist eng ver-

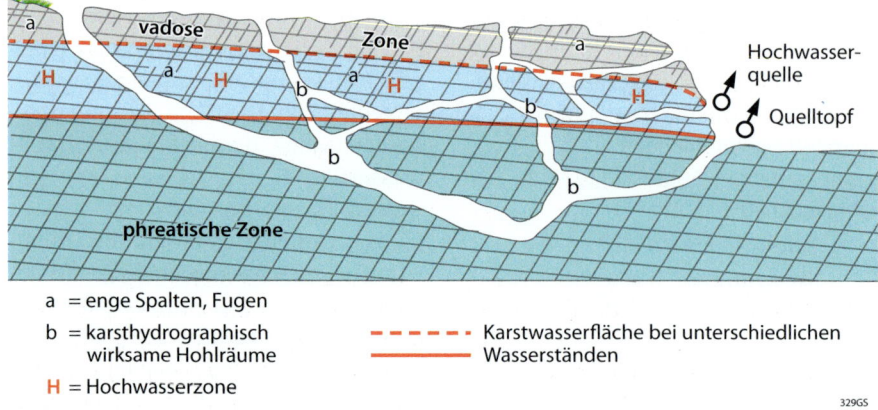

a = enge Spalten, Fugen
b = karsthydrographisch wirksame Hohlräume
H = Hochwasserzone

– – – – Karstwasserfläche bei unterschiedlichen
———— Wasserständen

329GS

Abb. 2.10.4/1 *Schematischer Schnitt durch ein Karstwassersystem* (nach Zepp, H. 2008)

knüpft mit der Anpassung des Karstwas-serspiegels an das Vorfluterniveau. Die Höhlenentwicklung in der Grundwasser-zone (phreatische Zone) wird gefolgt von Tropfsteinablagerungen in der unge-sättigten Zone (vadose Zone). Die ver-schiedenen Niveaus der Tropfsteine bzw. Höhlen weisen auf ihre mehrphasige Entwicklung hin (Abb. 2.10.4/1).

Karstquellen sind ebenfalls spezifische Elemente von Karstlandschaften. **Aach-** und **Blautopf** gehören mit den beiden höchsten Schüttungen zu den bedeutends-ten in Deutschland (Abb. A 2.10.4/1). Der **Blautopf** ist der Quelltopf der Blau, eine subaquatische Karstquelle in Blaubeuren, deren Schüttung sehr stark von den Nie-derschlägen abhängt. An einem großen Höhlentor tritt der Fluss zutage. Die Blau-höhle wird seit Jahrzehnten untersucht. Sie beginnt am Grunde des Blautopfes in etwa 21 m Wassertiefe und erstreckt sich von dort auf mehrere Kilometer Länge. Über die tatsächliche Gesamtlänge des Blauhöhlensystems kann nur spekuliert werden. Aufgrund von Färbeversuchen wird jedoch auf ein großes Einzugsgebiet mit einem weitverzweigten Höhlensystem geschlossen werden. Die wassererfüllte Höhle wird immer wieder unterbrochen von so genannten großen, lufterfüllten Hallen, wie dem Mörikedom.

In Karstgebieten wird weiterhin zwischen **unter-** und **oberirdischer Wasserscheide** unterschieden. Die Europäische Wasser-scheide zwischen dem Rhein- und Donau-system hat daher verschiedene Ausdeh-nungen. Bei der Definition der **Europäi-schen Hauptwasserscheide** kommen so-wohl oberirdische wie auch unterirdische Kriterien zum Tragen. Entwässert der Blau-

Abb. 2.10.4/2 *Detail aus der Erdmanns-höhle – eine typische Tropfsteinhöhle, in der Stalaktiten und Stalagmiten sowie andere Ausfällungsformen imposante Szenarien bieten.* (GLASER, R.)

topf in die Blau und damit in die Donau, versickert das Wasser der Donau bei Im-mendingen und fließt im Achtopf in die Radolfzeller Ach, die in den Bodensee mündet und damit in den Rhein fließt.

Säulen, Sinter und Tuffe – die Ausfällungsbildungen

Wo gelöst wird, kann bei Sättigung auch ausgefällt werden. Derartige Bildungen zählen zu den besonders ästhetischen Formen. Die Entstehung von **Tropfstein-säulen** findet in der vadosen Zone statt. Mehrere Stadien können unterschieden werden: Gesättigte Kalklösungen treten an Quellen oder Höhlendecken aus. We-gen der Temperaturerhöhung wird Kalk ausgefällt. Am Rande des Wassertropfens bilden sich an der Höhlendecke wach-sende Kalkröhren (**Stalaktiten**). Bei Zer-platzen der Wassertropfen am Höhlen-

Abb. 2.10.4/3 *Die berühmten Kalksinterterrassen von Mammoth Hot Springs im Yellowstone Nationalpark in den USA.*

(GLASER, R.)

boden wird weiterer Kalk ausgefällt, **Stalagmiten** entstehen. Die Tropfsteine wachsen zu Säulen zusammen (Abb. 2.10.4/2 und Abb. 2.10.4/4).

Auch bei Quellaustritten verändert sich das Kalklösungsgleichgewicht. Folgende Bedingungen sind für die Erniedrigung des Kohlendioxidpartialdruckes beim Quellaustritt einer kalkhaltigen Lösung verantwortlich: Temperaturerhöhung, Druckabnahme, Verdunstung von Wasser und Verringerung des Säuregehaltes.

Kalksinterterrassen sind häufig geknüpft an heiße Quellaustritte. Bekannt sind die Sinterterrassen in Pamukkale (Türkei) und die Mammoth Hot Springs im Yellowstone Nationalpark (USA) (Abb. 2.10.4/3).

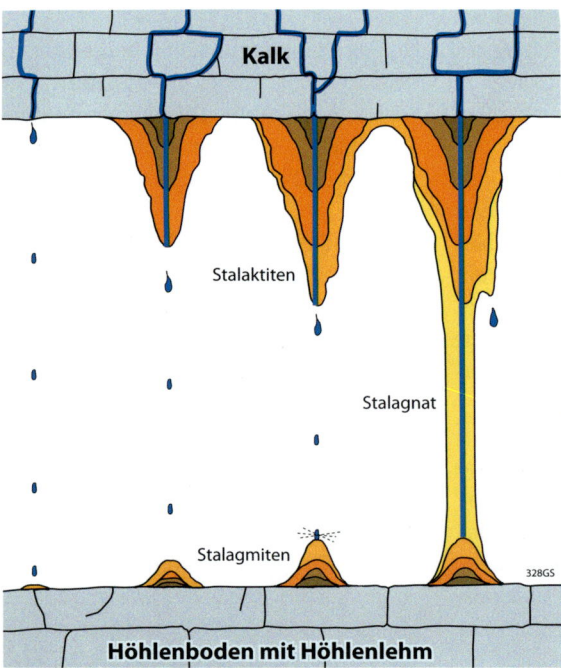

1. Gesättigte Kalklösungen treten an Quellen oder Höhlendecken aus.
2. Wegen der Temperaturerhöhung wird Kalk ausgefällt.
3. Am Rande des Wassertropfens bilden sich an der Höhlendecke wachsende Kalkröhrchen (Stalaktiten).
4. Beim Zerplatzen der Wassertropfen am Höhlenboden wird weiterer Kalk ausgefällt.
5. Die Tropfsteine wachsen zu Säulen zusammen (Stalagnat).

Abb. 2.10.4/4 *Tropfsteinbildung*   (nach BAUER, J. et al. 2002)

Kalksinter bzw. Travertin sind verfestigte Formen von Kalkablagerungen. Durch CO_2-Abgabe des Wassers wird der Lösungsvorgang umgekehrt. Die Ausscheidungen sind besonders an Turbulenzen stark, wo Wasser zerstäubt. Dadurch entsteht eine große Reaktionsfläche und der CO_2-Gehalt des Wassers sinkt durch Verdunstung und Entgasung.

Kalktuff ist die Bezeichnung für poröse, weiche Kalkablagerungen. Diese entstehen etwa an Brunnen. Eng verknüpft sind Kalktuffablagerungen mit Algen, Moosen und Wasserpflanzen. Sie deuten darauf hin, dass ein Teil des CO_2-Verlustes auf pflanzlichen Verbrauch zurückgeht.

> ### Aufgaben

8. Skizzieren Sie die Karstwasserzonen. Wo entstehen bevorzugt Höhlen?
9. Begründen Sie unter Zuhilfenahme von Abb. 2.10.4/1 das räumliche Vorkommen des verkarsteten Gebiets im gekennzeichneten Bereich der Schwäbischen Alb.
10. Weshalb waren Karstlandschaften die mit am frühesten besiedelten Gebiete?
11. Stalagtite werden auch als Klimazeiger benutzt. Wie ist dies zu erklären?

2.10.5 Karstformenschatz der Tropen

In tropischen Karstgebieten dominieren Vollformen im Gegensatz zu den Hohlformen außertropischer Klimate. Es sind allseitig gerundete Kegel, Türme oder Kuppen. Die hohe Intensität mikrobieller Abbauprozesse und der beschleunigte Abbau der organischen Substanz verbunden mit der Bildung organischer Säuren sind die Hauptursachen für die stärkere Korrosion. Neben den hohen Korrosionsraten sind die langen, nicht von Kaltzeiten unterbrochenen Zeiträume für die Entstehung tropischer Karstformen wesentlich. Seit dem Tertiär besteht zumindest in den inneren Tropen eine Klimakonstanz ohne Unterbrechung pleistozäner Kaltzeiten.

Cockpit, **Kegelkarst** und **Turmkarst** sind Formen der modellhaften Vorstellungen der Kegelkarstbildung. Für die Ausbildung von Kegelkarst sind reine, dickbankige Kalke eine petrographische Vorbedingung.

Die Entwicklung beginnt mit der Ausbildung von Schlucklöchern und ihrer Erweiterung zu **Cockpits**. In diesem ersten Stadium des Cockpit-Kuppenkarstes ist ein

Abb. A 2.10.4/1 Karstgebiet Schwäbische Alb (zu Aufgabe 9)   (nach ZÖTL, H. W. 1974)

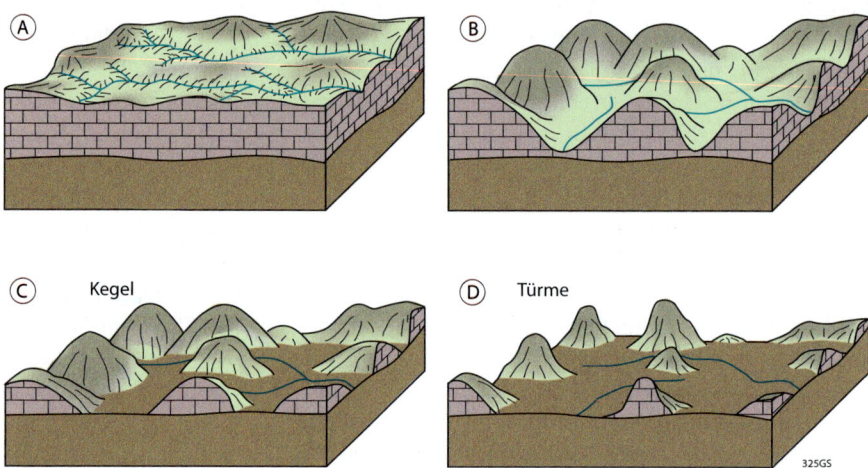

Abb. 2.10.5/1 *Schema der Karstentwicklung in den Tropen* (nach Wilhelmy, H. 2007)

Exkurs: Umweltprobleme in Karstlandschaften

Karstlandschaften gelten als sensible Systeme, die vor allem in der Vergangenheit aufgrund falscher Nutzung sehr stark beansprucht wurden.

Grundsätzlich gilt, dass in den verkarsteten Gebieten eine enge Kopplung zwischen Niederschlägen und Abfluss gegeben ist. Damit werden auch eingebrachte Schadstoffe aus der Landwirtschaft oder der Müllentsorgung rasch mobilisiert und führen zu einer Gefährdung des Grundwassers. Dafür verantwortlich sind das spezifische hydraulische System und das Fehlen von ausreichend mächtigen Decksedimenten, die als Filter dienen könnten und eine Verlangsamung des Grundwassereintrages bewirken würden. Leider hat man in Karstlandschaften Dolinen sehr häufig als Müllkippen genutzt. Und wenn auf der Schwäbischen Alb gedüngt wird, dann stinkt der Blautopf kurze Zeit später entsprechend. Eine weitere Facette der Umweltbelastung stellt die Gefährdung der wertvollen natürlichen und historisch geschaffenen Artenbestände dar. Ein Lösungsansatz könnte die Einführung eines übergreifenden Ökosystemmanagements auf der Basis einer geoökologischen Datenbank bieten, mit deren Hilfe schnell und kostengünstig digitale Boden- oder Gefährdungskarten erzeugt werden können.

(Köberle, G. 2005)

rasches Tiefenwachstum der Cockpitdolinen entscheidend. Das Tiefenwachstum endet entweder im Niveau des Vorfluters oder wenn die Cockpits die Karstwasserfläche erreichen. Die Lösungsraten sind sehr unterschiedlich, je nach Ort: am Boden der Cockpitdolinen herrschen ständig feuchte Bedingungen vor, während der Gipfelbereich der Aufragungen schnell wieder abtrocknet. Die sehr unterschiedlichen Lösungsraten führen zu einer raschen Eintiefung der Cockpitdolinen bei gleichzeitiger Weiterdifferenzierung des übrigen Reliefs und zunehmender Selbstverstärkungseffekte. Durch seitliche Korrosion geht die Entwicklung vom Kegel- zum Turmkarst.

Bei der schematischen Betrachtung der **Karstentwicklung in den Tropen** sind Kuppen-, Kegel- und Turmkarst Glieder einer gemeinsamen Entwicklungslinie (Abb. 2.10.5/1). Aus Kuppen entsteht Kegelkarst, aus Kegel- schließlich der **Turmkarst**. Am spektakulärsten ist der Turmkarst. Die wohl bekanntesten Beispiele bietet die Landschaft um die Stadt Guilin in Südchina. **Kegelkarst** findet man in den Tropen etwa in Kuba, Thailand oder auf den Philippinen.

Aufgaben

12. In den Mittelbreiten sind relativ niedrige Temperaturen (in der Regel Wassertemperaturen 0 – 4 °C) eine entscheidende Voraussetzung für die Verkarstung. Weshalb findet nun auch in den Tropen eine derart starke Verkarstung statt?
13. Beschreiben Sie in eigenen Worten die Karstentwicklung in den Tropen.

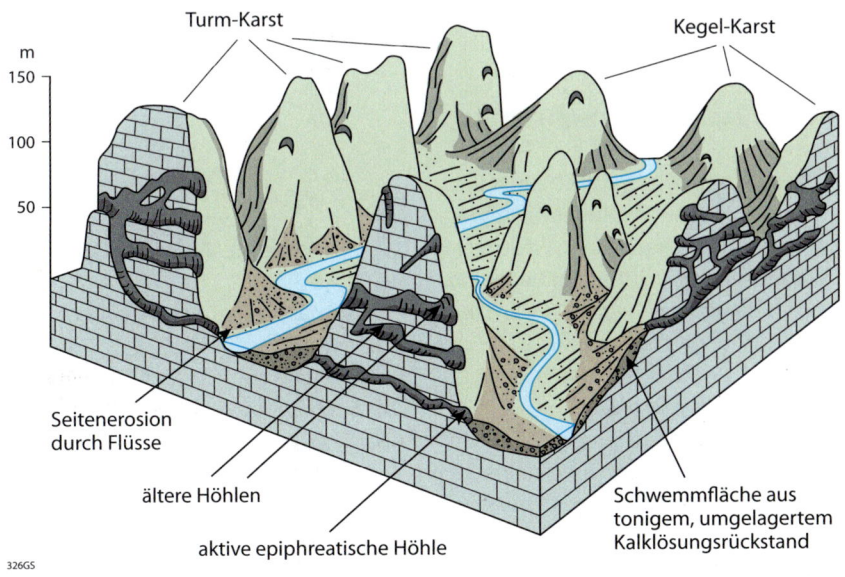

Turm-Karst

Kegel-Karst

m
150

100

50

Seitenerosion durch Flüsse

ältere Höhlen

aktive epiphreatische Höhle

Schwemmfläche aus tonigem, umgelagertem Kalklösungsrückstand

326GS

Abb. 2.10.5/2 *Formenschatz des tropischen Karstes*   (nach Zepp, H. 2008)

Abb. 2.11/1 *Das Dünenfeld von Bruneau in Idaho, USA. Dominiert wird das Bild von einer großen Längsdüne. Daran schließen sich im linken Bildteil kleinere Dünen an, die zum Teil durch Vegetation festgelegt sind.*

(GLASER, R.)

2.11 Äolischer Formenschatz

Wir liegen am Sandstrand bei Windstille: Der Sand liegt fest am Boden. Leichter Wind kommt auf. Nach einer Weile stellen wir fest, dass sich auf dem Badetuch etwas Sand angesammelt hat. Der Wind wird stärker. Schon nach kurzer Zeit findet sich überall Sand: Auf dem Badetuch, in den Ohren, in der Tasche.

Es ist offensichtlich, dass die Fähigkeit des Windes, Sandkörner aufzunehmen, zu transportieren und wieder abzulagern von der Windgeschwindigkeit abhängt.

Ziele des Kapitels

Nach Bearbeitung dieses Kapitels sollten Sie
- wissen, was man unter dem Windprofil versteht,
- verstehen, wie Partikel durch die Arbeit des Windes transportiert werden,
- Erosionserscheinungen des Windes nennen können,
- die wichtigsten Dünenformen und ihre Entstehung unterscheiden und
- die Entstehung von Löss verstanden haben.

2.11.1 Grundüberlegungen zur Sandbewegung

Die Aufnahme von Partikeln durch (bewegte) Luft ist ein Grenzflächenphänomen. Der Prozess ähnelt den Abläufen beim Transport durch Wasser. Luft besitzt aber eine 1000-mal geringere Dichte als Wasser. Daraus kann gefolgert werden, dass äolisch transportierte Korngrößen und die Transportkompetenz des Windes insgesamt sehr viel kleiner sind als die von Wasser. Ergo – fliegende Schotter gibt es nicht. Analog zum meist turbulent fließenden Wasser bewegt sich auch die Luft turbulent, was für die Aufnahme von Partikeln von Bedeutung ist.

Das Geschwindigkeitsprofil der Luftströmung ähnelt dem des Wassers – mit wachsender Entfernung von der festen Oberfläche nimmt die Windgeschwindigkeit zu (Abb. 2.11.1/1).

Der Wind übt eine Kraft auf Sandpartikel aus, wobei diese auf eine bestimmte Fläche (z. B. auf die Querschnittsfläche eines Sandkorns) wirkt. Eine Kraft pro Fläche wird als **Druck** bezeichnet. Die Druckeinheit ist Pa (Pascal).

(Glg. 2.11.1/1)

$$1\,Pa = 1\,\frac{N}{m^2} = 1\,\frac{kg\frac{m}{s^2} \cdot m}{m^2 \cdot m} = 1\,\frac{kg}{m^3} \cdot \frac{m^2}{s^2}$$

Offensichtlich kann der Druck, der durch den Wind ausgeübt wird, mittels einer Dichte (der Luftdichte) und einer Geschwindigkeit dargestellt werden. Zwischen den Sandkörnern kann man aber schlecht messen. Hier hilft die Vorstellung über die Windgeschwindigkeit in einem Vertikalprofil, die folgende Zusammenhänge aufweist:

(Glg. 2.11.1/2)

$$u(z) = \frac{u_*}{k}\left[\ln(z) - \ln(z_0)\right] = \frac{u_*}{k}\left[\ln\frac{z}{z_0}\right]$$

$u(z)$ = Windgeschwindigkeit (m/s)

u_* = Schubspannungsgeschwindigkeit (m/s)

k = Kármán-Konstante, die mit $k = 0{,}4$ angegeben wird – ein experimenteller Wert.

z_0 = Rauigkeitslänge (m)

z = Höhe (m)

Die Schubspannungsgeschwindigkeit u_* entspricht dem Druck, der vom Transportmedium (Luft, Wasser) auf die Partikel ausgeübt wird. Sie entspricht der Tangentialgeschwindigkeit der für die Partikelaufnahme so bedeutsamen Luftwirbel. Nach dem PRANDTL'schen Windgesetz kann diese aus der leicht zu messenden Windgeschwindigkeit abgeschätzt werden.

(Glg. 2.11.1/3)

$$u_* = k\,\frac{u(z)}{\ln\frac{z}{z_0}}$$

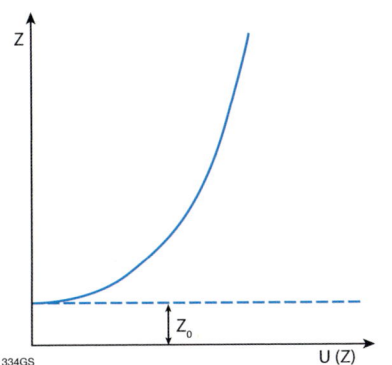

334GS

Abb. 2.11.1/1 *Logarithmisches Windprofil nach* PRANDTL   (nach ZEPP, H. 2008)

Aus den Formeln folgt, dass die Erosionsleistung (experimentell) mit der Windgeschwindigkeit, die z. B. in 10 m Höhe an Klimamessstationen gemessen wird, in Beziehung gesetzt werden kann (Abb. 2.11.1/1). Die Größe z_0 in der Gleichung des Windgeschwindigkeitsprofils wird als Rauigkeitslänge bezeichnet. Es handelt sich um einen experimentellen Wert, der angibt, in welcher Höhe über der (glatten) Erdoberfläche der Wert der Windgeschwindigkeit gleich Null ist. Für Sand ergibt sich für z_0 etwa der Wert 1/30 vom mittleren Korndurchmesser. Sie wird aber durch die Form und die Abstände der Einzelkörner zueinander modifiziert. Besteht die Oberfläche aus sehr feinen Partikeln < 80 μm, dann gilt sie aerodynamisch als glatt, bei gröberen Partikeln, z. B. Sand ist sie rau. Die Tab. 2.11.1/1 enthält einige Werte der **Rauigkeitslänge** [m], wie sie in der TA Luft verwendet werden.

Rauigkeits-länge z_0 [m]	Oberflächenform
0,01	Strände, Dünen
0,05	Nicht bewässertes Ackerland
1,00	Industrie und Gewerbeflächen
1,50	Laub-, Mischwald

Tab. 2.11.1/1 *Rauigkeitslängen*

(TA Luft 2002)

Tipp: Die 1986 erlassene TA Luft (Technische Anleitung zur Reinhaltung der Luft) ist die „Erste Allgemeine Verwaltungsvorschrift zum Bundesimmissionsschutzgesetz". Sie enthält vor allem Immissionswert, Emissionswerte und Vorschriften für Messverfahren für Schadstoffe. Genaueres kann auf den Internetseiten des Bundesministeriums für Umwelt, Naturschutz und Reaktorsicherheit (www.bmu.de) nachgelesen werden.

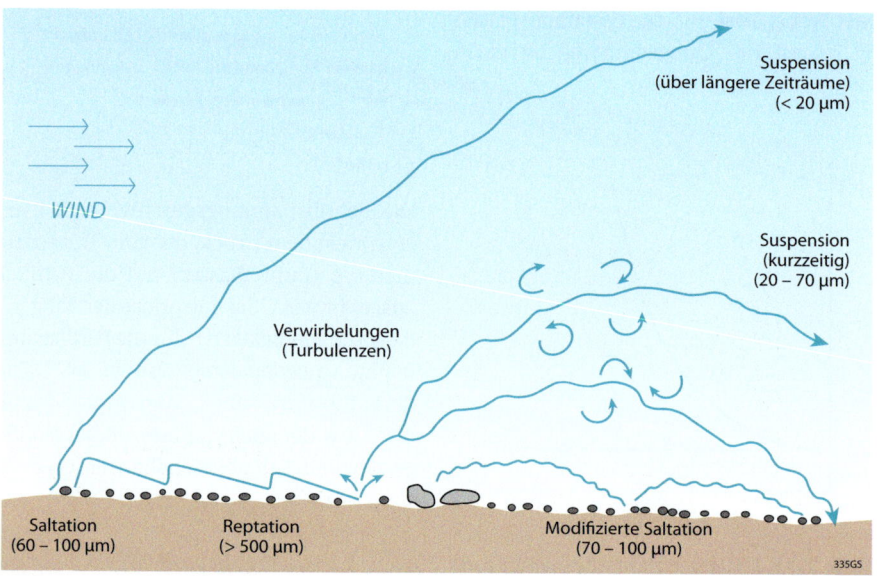

Abb. 2.11.2/1 *Transportarten des Windes*

(nach Zepp, H. 2008)

Aufgabe

1. Berechnen Sie die Schubspannungs- geschwindigkeiten für verschiedene Windgeschwindigkeiten in 10 m Höhe bei einer Rauigkeitslänge $z_0 = 3$ mm und stellen Sie das Ergebnis graphisch dar. $u_1 = 10$ m/s; $u_2 = 20$ m/s; $u_3 = 30$ m/s; $u_4 = 40$ m/s; $u_5 = 50$ m/s

2.11.2 Transportarten des Windes

Als Transportarten des Windes gelten Suspension, Saltation und Reptation (Abb. 2.11.2/1). Kleinere Korngrößen wie Tone und Schluffe werden durch **Suspension**, größere Partikel hüpfend und springend bewegt. Sandkörner werden nur über kurze Distanzen und in Bodennähe bewegt. Die Sprunghöhen übersteigen bei der **Saltation** selten einen Meter. Ein Sandsturm in der Wüste ist daher eine niedrige Wolke aus bewegtem Sand, die gewöhnlich nur einige Zentimeter und höchstens zwei Meter vom Boden in die Höhe reicht. Die Sandkörner heben fast senkrecht ab und besitzen eine parabelförmige Flugbahn. Bei der Sandbewegung wird die Energie von Korn zu Korn weitergegeben, sodass die einzelnen Sandkörner meist nur eine kleine Strecke zurücklegen. Prallen springende Körner auf noch am Boden liegende auf, übertragen sie ihre Energie, sodass diese Partikel in kriechender Bewegung vorwärtsgestoßen werden (**Reptation**).

Die Transportarten sind eine Funktion von Schubspannungsgeschwindigkeit und Korngröße. Die Grenzen zwischen den Transportarten sind nach dem Verhältnis Schubspannungsgeschwindigkeit zu Sinkgeschwindigkeit gezogen (w/u).

Deflation, Transport und **Sedimentation** sind abhängig von dem Verhältnis zwischen Schubspannungsgeschwindigkeit und Korngröße (Abb. 2.11.2/2).

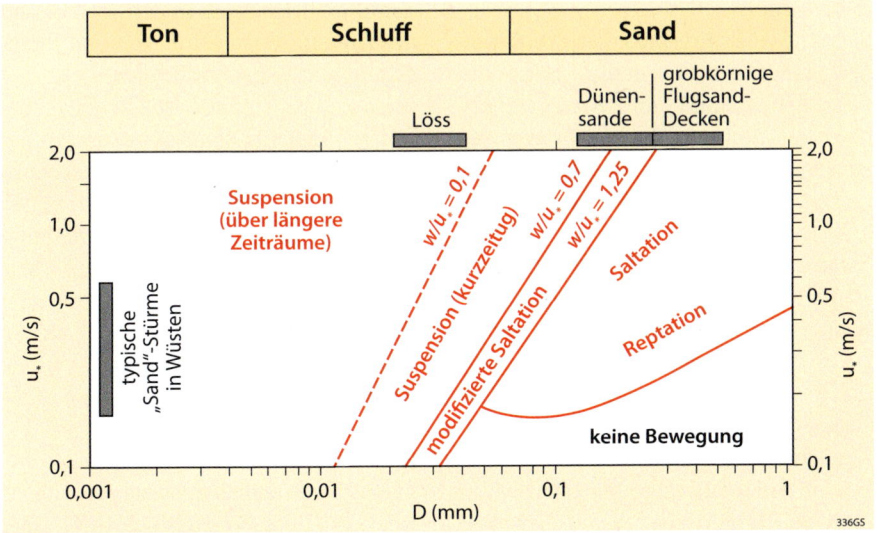

Abb. 2.11.2/2 *Transportarten als Funktion von Schubspannungsgeschwindigkeit (u_*) und Korngröße (D)*
(nach BAUER, J. et al. 2002)

2.11.3 Erosionserscheinungen und Erosionsformen

Der Sandtransport führt häufig zu Phänomenen des Windschliffs durch **Korrasion**. Es entstehen **Windkanter** mit zahlreichen Formen wie Vier-, Drei- oder Doppelkanter, die meist faust- bis kopfgroß sind. Die dem Sandstrahl ausgesetzte Oberfläche der Steine wird flächig abgeschliffen. Wird der Stein bewegt, kann durch Schleifwirkung des Windes eine neue Schlifffläche gebildet werden. Die mechanische Wirkung des Windes ähnelt einem Sandstrahlgebläse.

Yardangs sind stromlinienförmig, d. h. der Windrichtung angepasste, heraus präparierte, lang gezogene Rücken in Lockersedimenten. Typische Windschliffformen stellen auch **Hohlkehlen** an Einzelfelsen, die zu **Pilzfelsen** umgebildet werden können, dar. Die Erosionswirkung des Windes kann z. B. anhand von **Steinpflastern** studiert werden.

Sie sind das Ergebnis der **Deflation** (Windausblasung), deren Hauptwirkungsgebiet Rand- und Küstenwüsten darstellen. **Steinpflaster** oder **Lesedecken** sind aus grobem Schuttmaterial bestehende Bodenoberflächen, die durch Winderosion entstanden sind. Das trockene Material wird je nach Korngröße unterschiedlich weit transportiert. Die Oberfläche besteht ursprünglich aus einem Gemisch von feinem und grobem Material, das der Deflation ausgesetzt ist (Abb. 2.11.3/1 und Abb. 2.11.3/2).

Zunächst entfernt der Wind durch Ausblasen das feinkörnige Material, wobei die Oberfläche immer weiter erniedrigt wird. Grobkörniger Schutt aus eckigen oder gerundeten Steinfragmenten bleibt zurück und reichert sich an der Oberfläche an. Er schützt vor weiterer Ausblasung und Abtragung.

Staub- und Sandstürme sind im wahrsten Sinne des Wortes weit reichende Erscheinungen – wie sich anhand von Satellitenaufnahmen sehr gut nachvollziehen lässt. Staubstürme treten häufig unter trocken-kalten Klimabedingungen auf. Ton und Schluff wird aus glazifluvialen Schotterfeldern oder aus der Kältesteppe ausgeweht und großräumig verfrachtet. Peking litt während der Olympischen Spiele 2008 immer wieder unter derartigen Staubbelastungen. Regelmäßig treten auch in den heißen Trockengebieten der Erde Sandstürme auf. Dabei werden beispielsweise aus der Sahara große Mengen auf den Atlantik getragen (Abb. 2.11.3/3).

Bis 100 000 km² betrug eine dichte „Fahne" im Jahr 2000. Aktuelle Untersuchungen belegen eine Verbindung zwischen dem Korallensterben in der Karibik und der zunehmenden Häufigkeit und Intensität von Saharastaubstürmen.

Auch Europa ist immer wieder davon betroffen. Rötlicher Staub lässt sich gut auf Autos und in Wasserlachen erkennen – so in Süddeutschland am 21.04.2004. In historischer Zeit wurde diese Erscheinung auf Schnee als „Blutschnee" bezeichnet.

Auch wenn Staub über Tausende von Kilometern transportiert werden kann, so stammt der meiste grobkörnige Staub jedoch aus einer Entfernung von höchstens einigen Hundert Kilometern.

Mit dem Staub werden auch Aerosole verbreitet. Staub enthält mikroskopisch kleine Gesteins- und Mineralbruchstücke aller Art, organisches Material wie Pollen und Bakterien, vulkanische Substrate u. v. m.

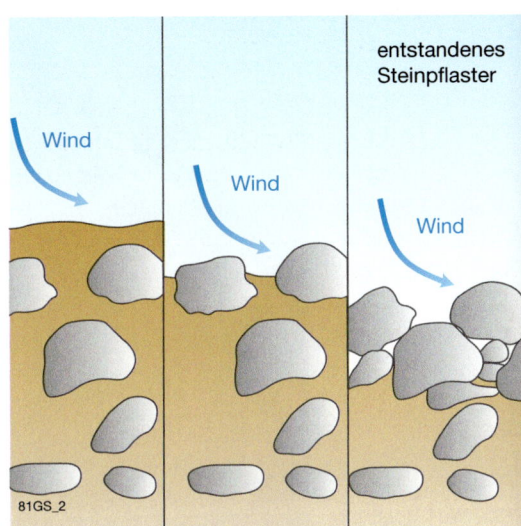

entstandenes
Steinpflaster

Wind

Wind

Wind

81GS_2

Durch Ausblasen der Feinmatrix werden die nicht durch Wind transportierbaren Grobanteile freigelegt, bis sich geschlossene Steinpflaster herausbilden. Dabei können einzelne Steine zu Windkantern umgebildet werden.

Abb. 2.11.3/1 *Steinpflaster in der Wüste Sinai, Ägypten*   (GLASER, R.)

Abb. 2.11.3/2 *Steinpflaster als Resultat der Winderosion*   (nach BAUER, J. et al. 2002)

Seit dem Beginn der industriellen Revolution setzen wir neue Arten von synthetischem Staub in die Atmosphäre frei. Dies reicht von der Asche verbrannter Kohle bis hin zu den vielen festen chemischen Verbindungen, die bei Fertigungsprozessen, bei der Verbrennung von Abfällen, in Verbrennungsmotoren u. v. m. entstehen.

2.11.4 Dünen als Akkumulationsformen

Überall dort, wo Sand an der Oberfläche ansteht und eine entsprechende Windwirkung einsetzt, kann Sand aufgenommen, transportiert und schließlich wieder abgelagert werden. Diese Vor-

aussetzungen sind besonders an Küsten und in Trockengebieten gegeben. Überall dort, wo die Transportkraft des Windes nachlässt, entstehen Akkumulationsformen des Windes: Windrippel, Sandverwehungen oder Sandschleppen, Flugsanddecken und Dünen.

Windrippel sind die kleinsten Akkumulationsformen – zugleich aber hochdynamische Gebilde und daher für den Sandtransport überaus wichtig. Sie überziehen Sandflächen und weisen Wellenlängen zwischen wenigen Zentimetern und fünf Metern auf. Ihre Höhe beträgt bis zu 50 cm. Sie sind den Rippelmarken in bewegten Flachwasserbereichen ähnlich.

Abb. 2.11.3/3 *Saharastaub über dem Atlantik*

Exkurs: Winderosion, Deflation und Desertifikation

Winderosion, wie sie selbst bei der Feldbewirtschaftung in Mitteleuropa auftritt, stellt eine nicht unerhebliche Komponente der Bodenerosion und damit auch der **Landschaftsdegradation** dar.

Deflation ist auch ein wesentlicher Faktor bei der **Desertifikation**. Desertifikation ist ein komplexer Prozess, der nach Vegetationszerstörung im Rahmen der Bodendegradation infolge Übernutzung durch den Menschen meist am Rande von Trockengebieten zur Ausdehnung wüstenhafter Bedingungen führt.

Dramatischste Staubstürme traten in den 1930er-Jahren in den Great Plains Nordamerikas auf, namensgebend für das „**Dust-Bowl Syndrom**", das mit katastrophalen Folgen für die Farmer verbunden war. In den ungewöhnlich feuchten und insofern günstigen 1920er-Jahren hatte man die Anbauflächen erheblich erweitert und unter Einsatz von Kapital und modernster Bewirtschaftungstechnik immer höhere Erträge produziert. Als in den 1930er-Jahren wieder normale klimatische Verhältnisse einsetzten, kollabierten die unangepassten Nutzungssysteme. Missernten häuften sich, die überschuldeten Farmer gaben auf und zogen weg. Ganze Landstriche verödeten in der Folge.

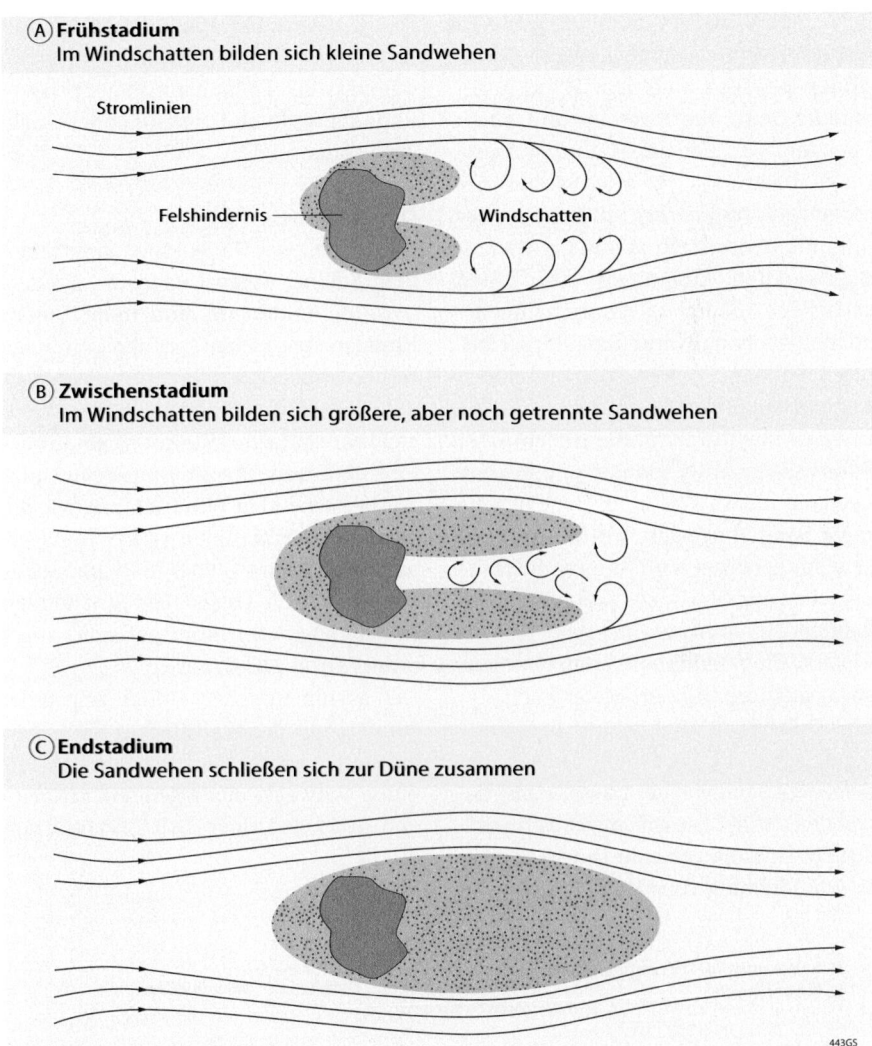

Ⓐ **Frühstadium**
Im Windschatten bilden sich kleine Sandwehen

Stromlinien

Felshindernis

Windschatten

Ⓑ **Zwischenstadium**
Im Windschatten bilden sich größere, aber noch getrennte Sandwehen

Ⓒ **Endstadium**
Die Sandwehen schließen sich zur Düne zusammen

443GS

Abb. 2.11.4/1 *Entstehung von Sandverwehungen*   (nach Grotzinger, J. et al. 2008)

Sandverwehungen entstehen auf der Leeseite eines Hindernisses, da durch Trennung der Stromlinien ein Windschatten entsteht, in dem die Wirbel schwächer sind als die des Hauptwindstromes. Im Windschatten ist daher die Windgeschwindigkeit wesentlich geringer als im Hauptstrom. In diesem Windschatten können sich Körner ablagern und eine Verwehung bilden (Abb. 2.11.4/1). Bleibt die Bewegungsrichtung des Windes gleich, wächst aus der Sandwehe eine Düne, die in Richtung Lee zu wandern beginnt (Abb 2.11.4/2). **Sanddünen** besitzen eine dem Wind zugewandte Seite, die Luvseite und einen Leehang, welcher der Hauptwindrichtung abgewandt ist. Die Sandkörner springen kontinuierlich in Richtung der Kammlinie des flach geböschten windzugewandten Luvhanges und fallen schließlich auf den im Windschatten liegenden Leehang. Diese Sandkörner bilden im oberen Teil des Leehanges nach und nach eine steile Sandmasse, die periodisch instabil wird. Sie rutscht oder fällt kaskadenartig, spontan und frei den Leehang hinab. Wenn auf der Luvseite mehr Sand abgelagert, als auf der Leeseite fortgeblasen wird, nimmt die Höhe der Düne allmählich zu. Auf diese Weise werden Dünen bis zu mehreren Zehner Metern, die Sanddünen Saudi-Arabiens sogar mehrere Hundert Meter hoch.

Eine **Düne** wandert durch die Bewegung der einzelnen Körner oft in Form von Rippeln. Weil Sand von der Luvseite abgetragen und auf der Leeseite angelagert wird, schiebt sich die gesamte Düne langsam in Windrichtung vorwärts.

Die Leeseite hat einen stabilen und konstanten Neigungswinkel. Dieser Böschungswinkel nimmt mit abnehmendem Rundungsgrad und zunehmender Größe der Sandkörner zu.

Dünenformen

Man kann zwei Dünentypen unterscheiden: Solche, deren Genese an Hindernisse gebunden ist, und freie Dünen. **Kupsten** sind kleine, stromlinienförmige Dünen hinter Strandhaferbüscheln, z. B. auf Sylt. **Freie Dünen** entstehen ohne sichtbares Hindernis auf vegetationslosen Flächen. Sie sind entweder quer zur herrschenden Windrichtung wie die Quer- oder Walldünen (auch Transversaldünen genannt) oder in Richtung des Windes wie die Längs- oder Strichdünen (auch Longitudinaldüne genannt) angeordnet (Abb 2.11.4/3).

Den asymmetrischen Aufbau zeigen besonders gut die **Walldünen**. Sie haben ein stark asymmetrisches Querprofil mit einer schwach ansteigenden Luvseite von 3–12° und einer steilen Leeseite von 25–24°.

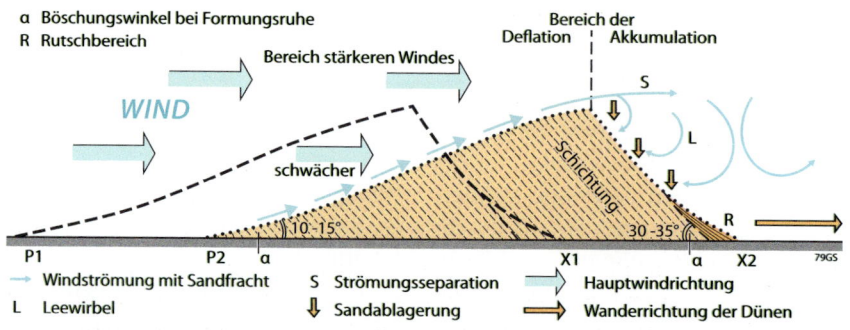

Abb. 2.11.4/2 *Wanderung von Dünen*   (aus LESER, H. 2009)

Barchane oder Sicheldünen entstehen unter konstanten Windrichtungen, wenn wenig Sand vorhanden ist. Sie treten meist einzeln auf und bewegen sich über das Anstehende hinweg.

Bogen- oder **Parabeldünen** sind mit ihrer Öffnung gegen den Wind gerichtet. Es sind hufeisenförmig gewölbte Dünen, deren Enden durch Vegetation fixiert sind, also in einem etwas feuchteren Milieu entstehen.

Sterndünen sind sehr große Dünen mit steilem Gipfel, in dem mehrere Dünenkämme zusammenlaufen. Sie können Höhen von mehreren hundert Metern erreichen. Ihre Entstehung ist noch nicht ganz geklärt. Wahrscheinlich ist aber eine Bildung durch Winde aus unterschiedlichen Richtungen verantwortlich für ihre Genese, die als polygenetische Form mit vorzeitlicher Anlage gedeutet wird.

Zu den häufigsten Dünenformen gehören die **Strichdünen**. Sie verlaufen parallel zur Windrichtung und können Längen von 120 km erreichen. Oft sind es viele Kilometer parallel verlaufender Felder von Längsdünen.

Die Entstehungsbedingungen verschiedener Dünenformen sind wesentlich abhängig von den Faktoren Windstärke, Sandzufuhr und Dichte der Vegetationsdecke.

In Abb. 2.11.4/3 kann die spezielle Wirkungskombination für jede der vier Dünen angegeben werden. Sie gilt für Dünentypen in den Regionen mit semiaridem Klima und Wüstenklima in den südwestlichen USA und Mexiko.

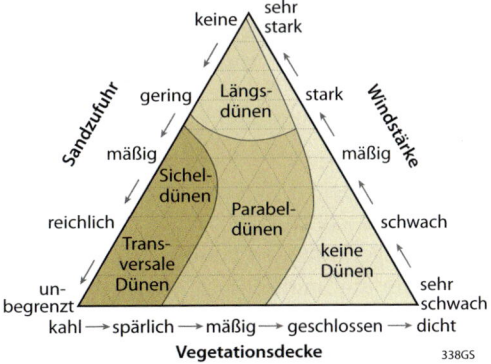

338GS

Abb. 2.11.4/3 *Schematisches Diagramm der Beziehung zwischen den im westlichen Nordamerika häufigen vier Dünentypen und den Faktoren Sandzufuhr, Windstärke und Dichte der Vegetationsdecke.*

(nach Strahler, A. & A. Strahler 2007)

Aufgaben

2. Bearbeiten Sie das WEBGEO-Modul zu Dünenformen und lösen Sie die dort integrierten Aufgaben.
   📧 www.webgeo.de
   Modul „Dünenformen"

3. Erklären Sie den Unterschied zwischen Barchanen und Parabeldünen.

4. **a)** Welche Dünenform entsteht bei fehlender Vegetationsdecke und hoher Sandzufuhr? Was versteht man darunter?

   b) Unter welchen Bedingungen entstehen Längsdünen?

   c) Wann wird die Bildung von Dünen verhindert?

5. Betrachten Sie Abb. 2.11.4/2. Weshalb entstehen die Verwirbelungen vor allem im Lee der Düne?

2.11.5 Löss als äolische Bildung

Löss ist ein äolisch transportiertes, ungeschichtetes, poröses, terrestrisches Lockersediment. Das Gestein (!) besteht hauptsächlich aus Schluff, wobei im Grobschluff ein Maximum in der Korngrößenverteilung auftritt. Der Tongehalt ist bei primärem Löss gering, steigt aber durch Verwitterungsvorgänge an.

Mineralogisch besteht Löss zum größten Teil aus Quarzkörnern und kalkigen Bruchstücken. Beimengungen von Eisenhydroxiden färben Löss gelblich. In geringen Mengen kommen auch Feldspäte und mafische (dunkle) Minerale vor. Die stark variierenden Anteile der einzelnen Minerale zeigen die große Variationsbreite in der Zusammensetzung des Lösses an, die auf die starke Heterogenität des Ausgangsmaterials zurückzuführen ist.

Die Einzelpartikel im Löss haben eine vorherrschend eckige Form. Häufig sind sie verkittet über sekundäre Kalkausscheidungen. Daher rührt die hohe Standfestigkeit, welche die Bildung von Lösswänden und Hohlwegen begünstigt.

Die Kalkausscheidungen entstehen als feinste Haar-Röhrchen um die Wurzeln der Tundren- und Steppenvegetation im Bereich der Ablagerungsgebiete. Hauptsächlich Gräser kämmen Löss aus bodennahen Luftschichten aus.

Löss in Mitteleuropa ist ein kaltzeitliches Sediment, das zwischen skandinavischem und alpinem Eis in den Periglazialgebieten während der jeweiligen Kaltzeiten des Pleistozäns abgelagert worden ist. In einem 500 km breiten Streifen sind die Ausblasungsgebiete vorgegeben. Es sind vor allem die Sander- und (Alt-) Moränengebiete in Norddeutschland, die durch Frostverwitterung freigelegten Flächen sowie die trockengefallenen Braided-River-Systeme (Abb. 2.11.5/1).

In den jeweiligen Warmzeiten kommt es zur intensiven Verwitterung des Lösses. Diese ist mit einer Entkalkung in den oberflächennahen Bereichen und einer Wiederausfällung des Kalkes in Form von **Lösskindeln** in tieferen Gesteinsschichten verbunden. Braune, kalkfreie Verlehmungshorizonte in den Lössablagerungen zeigen den polyzyklischen Charakter mit Wechsel der Klimabedingungen an.

Dünengebiete an Nord- und Ostsee beschränken sich im Wesentlichen auf die küstennahen Bereiche und die Urstromtäler. Letztmalig kam es während der Kaltphase der Jüngeren Tundrenzeit zur Sedimentation und Umlagerung von Flugsanden. Dünen und Flugsandfelder

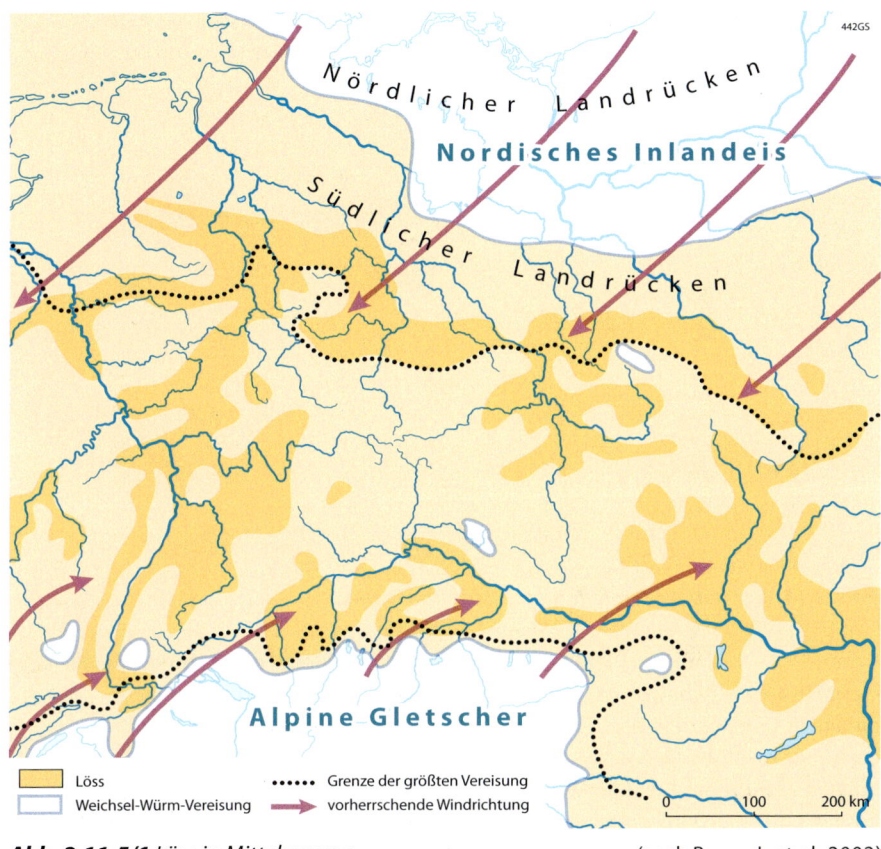

Abb. 2.11.5/1 Löss in Mitteleuropa   (nach BAUER, J. et al. 2002)

sind auch in Süddeutschland verbreitet, so etwa im nördlichen Oberrheingebiet, entlang der Rednitz im Raum Nürnberg-Erlangen oder am Main bei Schweinfurt und Aschaffenburg. Flugsandfelder und Dünen befinden sich oft dort, wo feinere Korngrößen nicht zur Ablagerung kamen, oder in Form von Löss bereits ausgeweht wurden.

Die globale Verbreitung von Löss und Dünen zeigt, dass beide Sedimente vorwiegend auf der Nordhalbkugel abgelagert worden sind (Abb. 2.11.5/2).

Löss ist ein weltweit verbreitetes Sedimentgestein. Die größten Mächtigkeiten werden in China mit mehreren Hundert Metern erreicht. Auch rezent werden sie in der Nähe ausgedehnter Trockengebiete gebildet, wie in der Wüste Gobi.

In den übrigen Verbreitungsgebieten erreichen sie nur noch Mächtigkeiten von maximal Zehnern von Metern. Auffallend ist das weltweite Verbreitungsmuster südlich der pleistozänen Eisrandlagen. Während der pleistozänen Kaltzeiten standen genügend sediment-

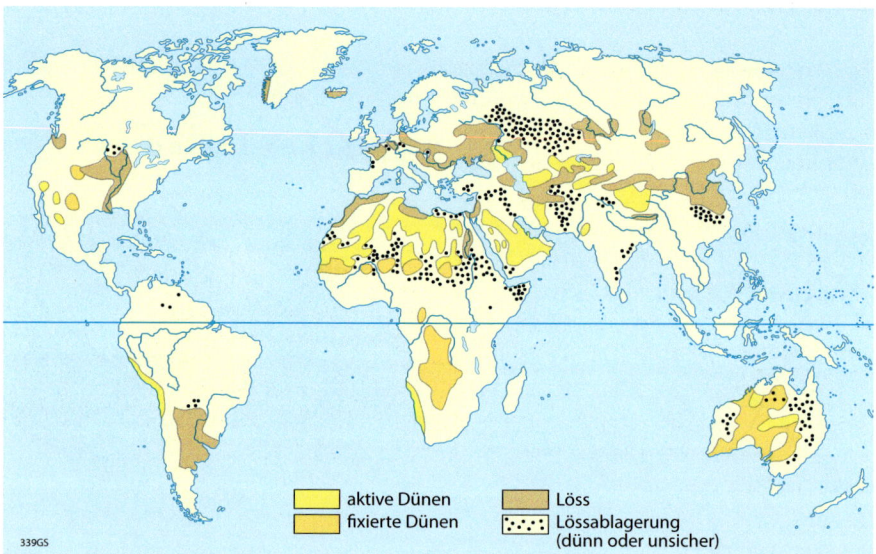

aktive Dünen   Löss
fixierte Dünen   Lössablagerung
                      (dünn oder unsicher)

339GS

Abb. 2.11.5/2 *Globale Verbreitung von Löss und Dünen*   (nach Zepp, H. 2008)

liefernde Ausblasungsgebiete zur Verfügung. In den ehemaligen Periglazialgebieten ist Löss ein reliktisches Sediment,
das unter rezenten Geoökosystembedin-
gungen nicht mehr gebildet wird.
Lösse und Dünen sind Archive der Landschaftsentwicklung und Landschaftsgeschichte. Ihre Auswertung bringt Hinweise für die Dauer und Form des Klimas,
der Boden- bzw. Sedimentbildung und

vorherrschenden Windrichtung. Sie sind
Zeugen der Paläodynamik und des re-
zenten Prozessgeschehens.
Tipp: Weitere Informationen zu
Löss finden Sie in 🖥 www.webgeo.de
Modul „Löss: Liefergebiet" sowie
„Löss: Transport und Sedimentation"

2.12 Küstenmorphologie

Küsten üben eine besondere Faszination auf Menschen aus, sei es als Urlaubskulisse mit Palmen bestandenen Sandstränden, sei es als Wirtschaftsstandort mit Häfen oder als Lebensraum mit neuen Akzenten wie dem „Waterfront Development". Küsten sind aber auch Risikoräume, wie der Tsunami 2004 oder die regelmäßig wiederkehrenden tropischen Wirbelstürme belegen: Durch starke Bevölkerungszunahme in den Küstenzonen der Erde ist die Verwundbarkeit dieser Gebiete in den letzten Jahrzehnten dramatisch gestiegen.

Nach Bearbeiten dieses Kapitels sollten Sie
- mit den wichtigsten Prozessen der Küstenbildung vertraut sein,
- den Einfluss von Meeresspiegelschwankungen verstanden haben
- und die häufigsten Küstenformen unterscheiden können.

Küsten sind das am weitesten verbreitete Landschaftselement der Erde. Morphologisch wird Küste als Grenzsaum zwischen Lithosphäre, Atmosphäre und Hydrosphäre verstanden.
Zu den klassischen Ansätzen der Küstenmorphologie zählen neben der Analyse der zugrunde liegenden Prozesse Küstenklassifikationen, in denen versucht wird, eine Ordnung in die Vielfalt der Formen zu bringen.

Abb. 2.12/1 *Brandungstor und Brandungshohlkehlen an der Gaspé Küste, Quebec, Kanada* (GLASER, R.)

2.12.1 Prozessdynamik an Küsten

Der Strand ist ein Schauplatz ständiger Bewegung. Jede Welle bewegt Material. Besteht ein Gleichgewicht zwischen Anlieferung und Abtragung, ergibt sich ein stabiler Strand, dessen Material aber in jeder Richtung ausgetauscht wird.
Die Uferlinie ist definiert als der Bereich des mittleren (**Tide**-)Hochwassers.

Wellen und Brandung

Formprägende Faktoren an der Küste sind **Wellen und Brandung,** wobei zwischen **Oszillationswellen** (oder Schwingungswellen) und **Translationswellen** (oder Übertragungswellen; Wellen mit horizontalem Wassertransport) unterschieden wird. Wellen werden durch den Wind erzeugt, wobei neben der Stärke und Dauer auch die Form der Küste und der Untergrund für die Wellenwirkung bestimmend sind. Bei Sturm können im offenen Ozean Wellen von bis zu 20 m

Höhe und ca. 400 m Breite entstehen. Durch Windstau werden bei Sturmfluten besonders hohe Wasserstände erzeugt, beispielsweise in der Elbmündung zwischen 1820–1970

25 x > 2,5 m über MTHW
5 x   > 3 m über MTHW
1 x   > 4 m über MTHW

MTHW = mittleres Tidehochwasser.

Der Übergang von Oszillations-(Schwingungs-) in Translationswellen (Übertragungswellen) kann bei der Bewegung des offenen Meeres zur Küste hin studiert werden. Die wichtigsten litoralen Formungsprozesse gehen auf Wellenwirkungen und küstennahe Meeresströmungen zurück. Durch die Reibung von zwei unterschiedlich dichten Medien wird an deren Grenzschicht eine wellenförmige

Exkurs: Küsten als Risikoräume

Eine der schwersten Hurrikankatastrophen, die Mittelamerika getroffen hat, war 1998 der **Hurrikan „Mitch"**, dem in Honduras und Nicaragua 9 000 Menschen zum Opfer fielen. Das besondere Ausmaß der Naturkatastrophe wurde nicht nur durch die hohe Anzahl an Todesopfern, sondern auch an den materiellen Schäden deutlich, die in Nicaragua 49 % und in Honduras 80 % des Bruttoinlandsproduktes betrugen. In den letzten Augusttagen 2005 wurde die Küste der US-Bundesstaaten Louisiana, Mississippi und Alabama vom **Hurrikan „Katrina"** mit getroffen. **New Orleans**, das zu weiten Teilen unterhalb des Meeresspiegels liegt, wurde nach Dammbrüchen zu rund 80 % überflutet. Allerdings betraf die Katastrophe nicht alle Stadtteile in gleichem Maße. Sowohl die touristische Altstadt wie die im Garden District wohnenden Weißen wurden weitgehend von der Katastrophe verschont, während die arme (und überwiegend farbige) Bevölkerung besonders betroffen war, da ihre Wohngebiete hauptsächlich in den tieferen und somit stärker überfluteten Teilen der Stadt lagen.

Abb. E 2.12.1/1 Zugbahn des Hurrikans Mitch im Jahre 1998 (nach GEBHARDT, H. et al. 2007)

Ausgleichsbewegung geschaffen, die nach einer Anfangsphase sinusförmigen Charakter annimmt. Die Wasserteilchen beschreiben dabei an Ort und Stelle kreisförmige Orbitalbahnen, die infolge der Reibung zur Tiefe hin immer kleinere Durchmesser haben.

Im offenen Ozean sind Höhe, Tiefgang und Länge der Wellen Ausdruck von Windstärke und ihrer Wirkungsdauer. Die durch Orbitalbahnen der Wasserteilchen gekennzeichneten Wellen werden als **Orbitalwellen** bezeichnet (Abb. 2.12.1/1). Unterhalb einer kritischen Wassertiefe von etwa einer halben Wellenlänge (**Wellenbasis**) werden die **Orbitalbewegungen** zunächst an der Wellenbasis und später in Oberflächennähe gestört und zunächst zu Ellipsen verformt. Die Wellenhöhe nimmt zu, da ihre Geschwindigkeit und Länge abnehmen.

Als Konsequenz werden die Wellenkämme zugeschärft. Zur Zeit des Wellenbrechens kommt nur noch das Oberflächenwasser voran, während sich am Grund bereits ein **Rückstrom** (Backwash) ausbildet. Mit zunehmender Annäherung an das Ufer ändern die Wellen ihren Charakter von Oszillations- zu Translationswellen (Abb. 2.12.2/4). Mit den Translationswellen ist ein Massenfluss zum Ufer verbunden, der durch Rückströmungen ausgeglichen wird. Der Strand ist damit die Zone der auflaufenden Translationswellen. Mit den Wellen werden Sande und Kiese auf den Strand geworfen, die mit dem Rückstrom teilweise wieder meerwärts transportiert werden. Der Strand unterliegt ständigen Veränderungen, da die Welleneigenschaften stark variieren.

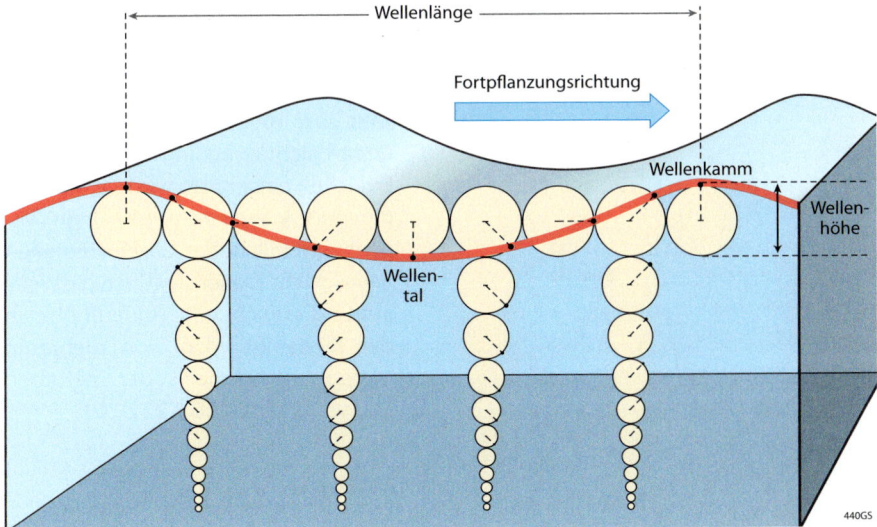

Abb. 2.12.1/1 *Die Orbitalbewegung der Wasserteilchen beim Durchlauf einer Welle*
(nach PRESS, F. & R. SIEVER 2003)

Exkurs: Tsunamis

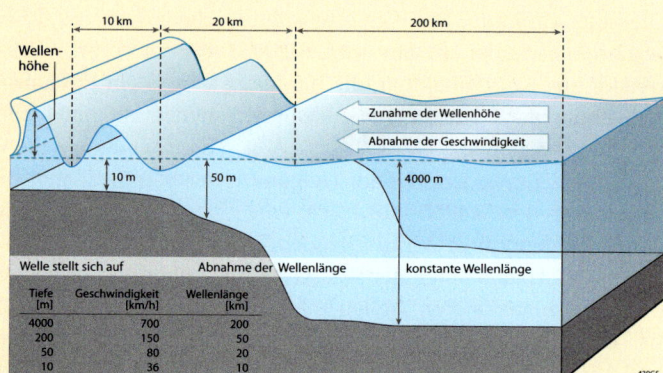

Abb. E 2.12.1/2
Schematische Darstellung von Wellenparametern bei einem starken Tsunami. (nach GEBHARDT, H. et al. 2007)

Tiefe [m]	Geschwindigkeit [km/h]	Wellenlänge [km]
4000	700	200
200	150	50
50	80	20
10	36	10

Tsunamis (japanisch Hafenwelle) werden durch Wasser verdrängende Bewegungen am Meeresboden ausgelöst. Solche Bewegungen können durch plattentektonische Verschiebungen des Meeresbodens, durch Eruption eines unter meerischen Vulkans, durch ein Seebeben, durch eine große und schnelle submarine Rutschung am Kontinentalabhang, oder durch den Kollaps einer vulkanischen Insel ausgelöst werden. Auch größere Fels- und Eisstürze sowie Meteoriteneinschläge können Tsunamis auslösen.

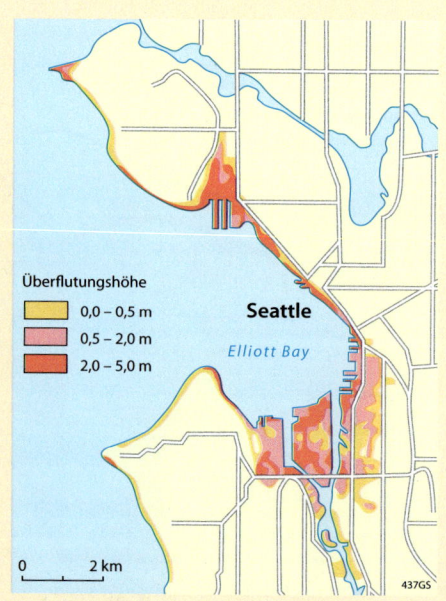

Überflutungshöhe
- 0,0 – 0,5 m
- 0,5 – 2,0 m
- 2,0 – 5,0 m

Seattle

Elliott Bay

0   2 km

Ein Tsunami breitet sich mit einer von der Wassertiefe abhängenden Geschwindigkeit vom Ursprungsort in alle Richtungen aus. Die Welle ist dabei oft weit über 100 km lang, aber im freien Ozean nicht unbedingt hoch. Erst mit Erreichen einer Küste wird sie vorn abgebremst, während eine gewaltige Wassermasse mit hoher Geschwindigkeit nachschiebt. Daher steilt sich die Welle auf und erreicht eine Auflaufhöhe an der Küste (Run Up) von mehreren Metern, manchmal sogar mehreren Zehner Metern (Abb. E 2.12.1/2).

Abb. E 2.12.1/3
Tsunami-Gefahrenkarte für Seattle im US-Bundesstaat Washington.
(nach GEBHARDT, H. et al. 2007)

Wellen mit einem solch enormen Wasservolumen, die mit 30 km/h und mehr auf die Küste auflaufen, reichen weit ins Landesinnere. Die Auswirkungen auf Küstenformen und Infrastruktur können extrem sein, weil die Geschwindigkeit das Fünffache und die Masse auch das Hundertfache einer großen Sturmbrandungswelle erreichen kann.

Daher gibt es eine Reihe von Methoden zur Gefahrenbewertung. Sie bestehen z. B. in der numerischen Modellierung der Tsunamiwellen und der Ausweisung von Überflutungsflächen. Ein Beispiel einer Tsunamigefahrenkarte ist die modellierte Überschwemmungskarte für die Stadt Seattle im US-Bundesstaat Washington (Abb. E 2.12.1/3).

Dargestellt sind drei Überflutungsklassen bis maximal fünf Meter Wellenhöhe. Das Modell simuliert ein Erdbeben an der Seattleverwerfung und die möglich Konsequenz in Form von drei Überflutungsklassen (bis maximal fünf Metern).

Während die geophysikalischen Grundlagen der Tsunamientstehung und –ausbreitung gut untersucht sind, stehen Arbeiten über die sedimentologischen und geomorphologischen Auswirkungen von Tsunamis an den Küsten erst am Anfang. Tsunamis sind im geologischen Sinne keine seltenen Ereignisse, da sie in extremer Ausbildung wenigstens einmal pro Jahrhundert erscheinen.

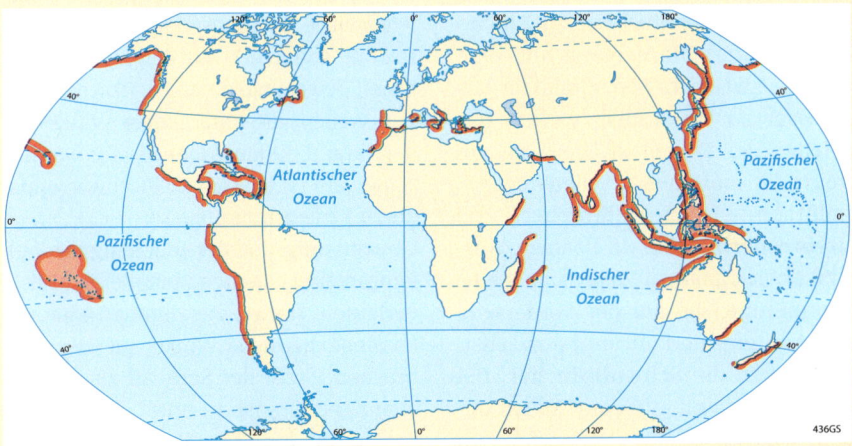

Abb. E 2.12.1/4 Küstenregionen der Erde, die in den letzten 500 Jahren von zerstörerischen Tsunamis betroffen wurden. (nach GEBHARDT, H. et al. 2007)

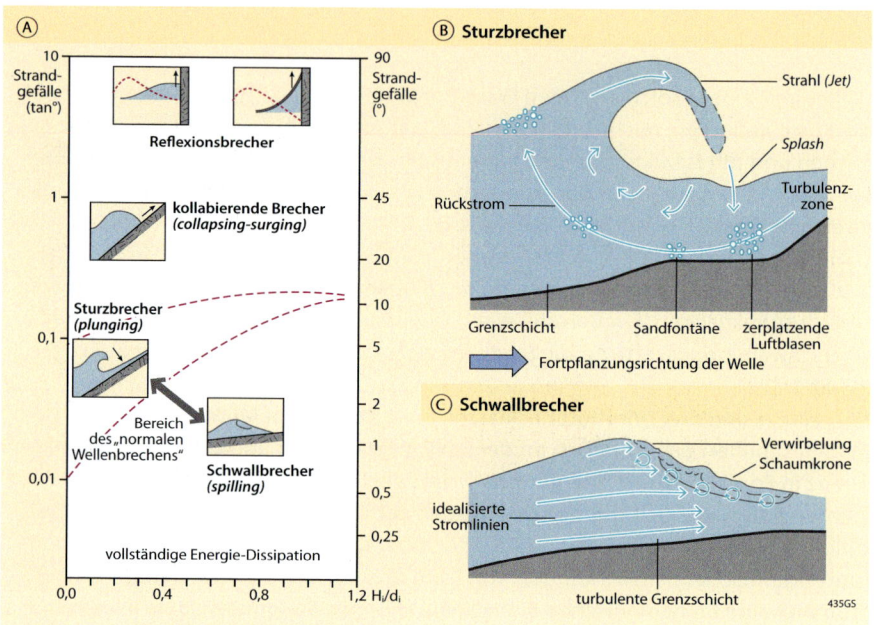

Abb. 2.12.1/2 Arten des Wellenbrechens (nach ZEPP, H. 2008)

Wellenbrechen

Wellen und Brandung entscheiden über die Art des Wellenbrechens. In Abhängigkeit von der Uferneigung und dem Verhältnis zwischen Wellenhöhe im Tiefenwasser zu Wassertiefe variiert das Verhalten der Wellen in Ufernähe. Im Bereich des ‚normalen' Wellenbrechens kommt es zur **Schwallbrecher**- und **Sturzbrecherbildung**. In flachem Wasser bildet sich auf dem Wellenkamm eine Schaumkrone, die auf der Vorderseite der Welle herunterläuft und anwächst. Es entstehen die **Schwallbrecher**. Bei steilerem Ufer und größeren Wellen treten **Sturzbrecher** auf. Wasserfallartig bricht der Kamm zusammen und die eingeschlossene Luft wird in die Tiefe gepresst (Abb. 2.12.1/2).

Bei der **Strandversetzung** ändern sich Strand- und damit Küstenlinie durch küstenparallele Sandtransporte. Die Küstenversetzung ergibt sich aus den zickzackähnlichen Bewegungen von Sandkörnern, die von Wellen, die unter einem Winkel auf den Strand auflaufen, angespült werden. Außerdem bilden sich im Flachwasser dadurch Küstenströmungen.

Obwohl aufgrund der Brechung die Wellenfronten weitgehend parallel zur Küste verlaufen, treffen viele immer noch unter einem geringen Winkel auf. Wenn sie brechen, fließt der **Schwall** als oberflächennaher Transport unter diesem Winkel schräg den Strandhang hinauf. Der **Sog** fließt senkrecht zum Ufer oder rechtwinklig zum Strand als Tiefentransport wieder ab.

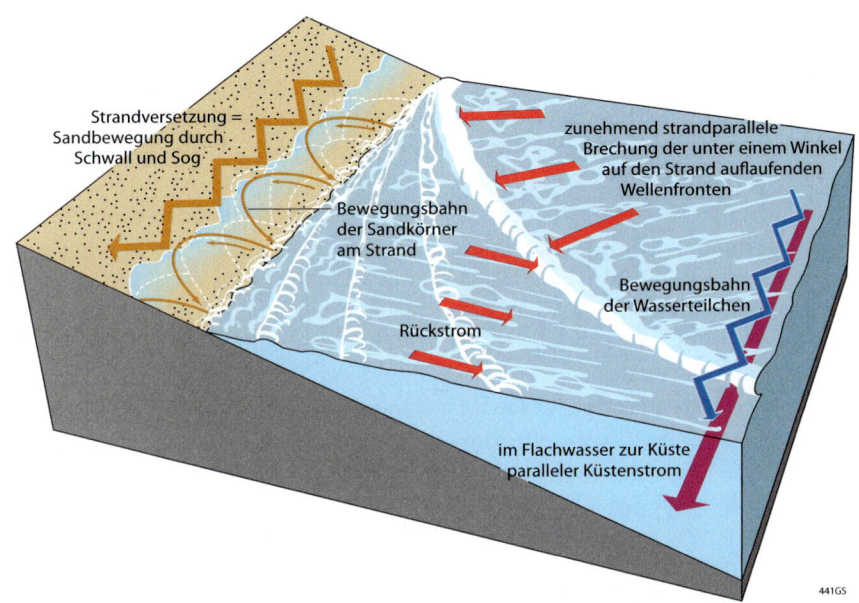

Strandversetzung =
Sandbewegung durch
Schwall und Sog

zunehmend strandparallele
Brechung der unter einem Winkel
auf den Strand auflaufenden
Wellenfronten

Bewegungsbahn
der Sandkörner
am Strand

Bewegungsbahn
der Wasserteilchen

Rückstrom

im Flachwasser zur Küste
paralleler Küstenstrom

441GS

Abb. 2.12.1/3 *Strandversetzung*   (nach Press, F. & R. Siever 2003)

Aus der Kombination dieser beiden Richtungen ergibt sich eine mehr oder weniger bogenförmige Bewegungsbahn, auf der das Wasser vom Ausgangspunkt eine kurze Strecke den Strand entlang fließt. Die Sandkörner, die im Uferbereich durch den Schwall und Sog transportiert werden, bewegen sich längs der Küste um eine kleine Strecke seitwärts, ein Vorgang, der **Küsten-** oder **Strandversetzung** genannt wird (Abb. 2.12.1/3).

Meeresspiegelschwankungen

Weitere formprägende Faktoren an den Küsten sind langfristige Meersspiegelschwankungen mit Transgression (Meeresvorstoß), Regression (Meeresrückgang) und Isostasie bzw. Eustasie. **Isostatische Meeresspiegelschwankungen** ergeben sich durch großräumige Vertikalbewegungen der Erdkruste. **Eustatische Meeresspiegelschwankungen** sind Folge von Änderungen im globalen Wasserkreislauf: z. B. durch den Wechsel von Kaltzeiten und Warmzeiten und die sich daraus ergebende Bindung von Wasser in Form von Schnee und Eis bzw. deren Freisetzung – oder die Änderung der Form von Ozeanbecken.

Spuren der Vergangenheit kann man etwa in einem Waldstück auf dem Darß in Mecklenburg-Vorpommern sehen. Hier zeigt sich das fossile Kliff der Litorinatransgression der Ostsee, die während einer warm-feuchten Klimaphase vor 6 000 Jahren einsetzte und um 4 500 v. u. Z. wieder abflaute in Form einer markanten Böschung (Abb. 2.12.1/4). Ebenso zeugen quartäre Korallenriffe im Süden von Barbados (W. I., West Indies) von Meeresspiegelschwankungen (Abb. 2.12.1/5).

Zwischen dem Meeresniveau und cirka 120 m Höhe befinden sich 13 fossile Korallenriffterrassen mit Unterstufen aus den vergangenen vier Interglazialen seit cirka 400 000 Jahren (MIS 11, MIS = **M**arine **I**sotopen **S**tufe; Hebungsrate ca. 0,27 m/1 000a). Das Alter der Terrassen wurde durch die ESR-Datierung der Korallen ermittelt (ESR = **E**lektronen-**s**pinn**r**esonanz). Auf der Basis der Riffkartierung kann unter Kenntnis der Hebungsrate und dem Alter der Terrassen die Paläomeeresspiegelkurve für die vergangenen vier Interglaziale errechnet werden.

Da die Höhenlage des letztinterglazialen Meeresspiegels recht ungenau ist (Schwankungen zwischen cirka 0 bis + 6 m), ergibt sich die Darstellung von zwei Paläomeeresspiegelkurven. Geht man von 0 m letztinterglazialer Meereshöhe vor 128 000 Jahren aus, dann wäre der Meeresspiegel vor etwa 400 000 Jahren in ähnlicher Höhenlage wie heute gewesen. Bei + 6 m Meereshöhe wären alle vorherrschenden Interglaziale signifikant wärmer, und der Meeresspiegel hätte im viertletzten Interglazial sogar cirka + 20 m erreicht. Es wird deutlich, dass es zurzeit noch problematisch ist, exakte Angaben über die Höhenlage früherer interglazialer Meeresspiegelstände zu machen. Der Tiefstand von cirka −120 m im Maximum des letzten Glazials vor ungefähr 18 000 Jahren scheint gut belegt. Über Tiefenstände während vorangegangener Glaziale ist bisher jedoch nur wenig bekannt – wahrscheinlich reichten sie aber nicht tiefer als −150 m.

Abb. 2.12.1/4 *Fossiles Kliff der Litorina-Transgression auf dem Darß. Es belegt einen der Hochstände der Ostsee zwischen 6 000 und 4 500 v. u. Z.*   (GLASER, R.)

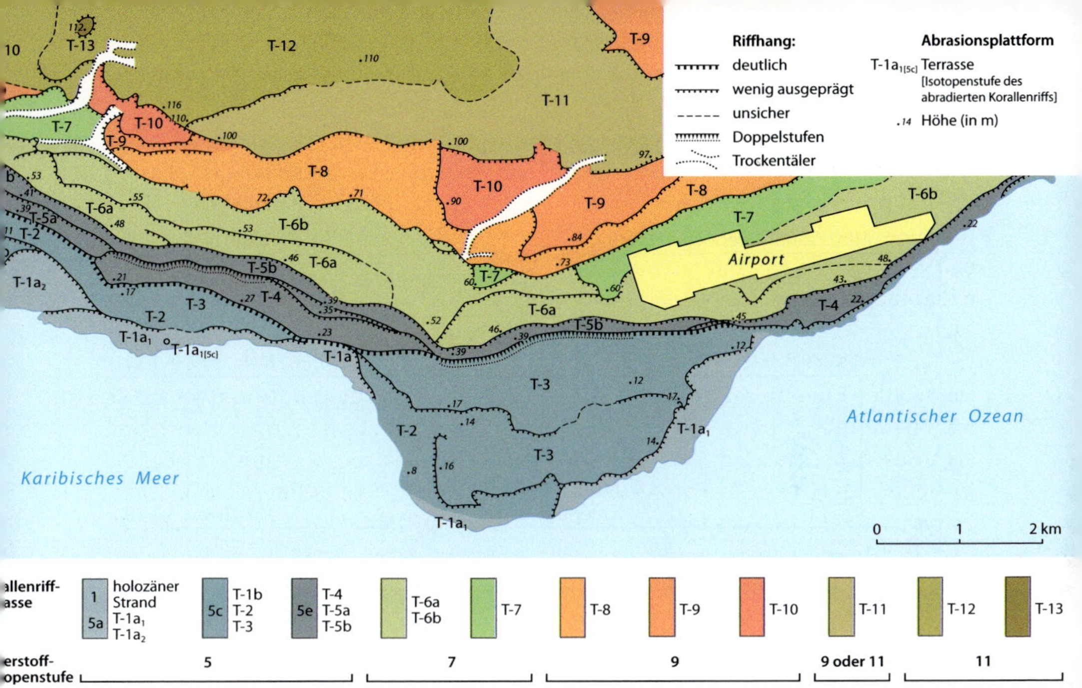

Riffhang:

⊥⊥⊥	deutlich	
⊥⊥⊥	wenig ausgeprägt	
- - - -	unsicher	
⊥⊥⊥	Doppelstufen	
⋰⋰	Trockentäler	

Abrasionsplattform

T-1a₁[5c] Terrasse [Isotopenstufe des abradierten Korallenriffs]

.14 Höhe (in m)

(map labels) 10, T-13, T-12, T-9, T-11, T-7, T-10, T-8, T-10, T-9, T-8, T-6b, T-6a, T-5b, T-6b, T-6a, T-7, Airport, T-1a₂, T-3, T-4, T-2, T-1a₁, T-1a₁[5c], T-1a, T-6a, T-5b, T-4, T-3, T-2, T-1a₁, T-3, T-1a₁

Atlantischer Ozean

Karibisches Meer

0   1   2 km

Korallenriffterrasse

	holozäner										
1	Strand	T-1b	T-4	T-6a	T-7	T-8	T-9	T-10	T-11	T-12	T-13
5a	T-1a₁	5c T-2	5e T-5a	T-6b							
	T-1a₂	T-3	T-5b								

Sauerstoff-Isotopenstufe

5	7	9	9 oder 11	11

Abb. 2.12.1/5 *Quartäre Korallenriffterrassen im Süden von Barbados*

(nach GEBHARDT, H. et al. 2007)

Tipp: Eine gute Übung hierzu erhalten Sie,
unter 🖥 www.webgeo.de
Modul „Meeresspiegelschwankungen I" und
Modul „Meeresspiegelschwankungen II"

Aufgaben

1. Die beiden Abbildungen A 2.12.1/1 und A 2.12.1/2 zeigen ein Schema zur Entstehung der Gezeiten sowie die mittleren Tidenkurven von Wilhelmshaven. Beschreiben Sie die Entstehung der Gezeiten.

2. Küsten und ihre Formen werden durch Meeresspiegelschwankungen beeinflusst. Nennen Sie die wichtigsten Ursachen dieser Schwankungen.

3. Beurteilen Sie den immer wieder prognostizierten Meeresspiegelanstieg im Zusammenhang mit der Klimaerwärmung. Gehen Sie dabei auch beispielhaft auf betroffene Regionen ein.

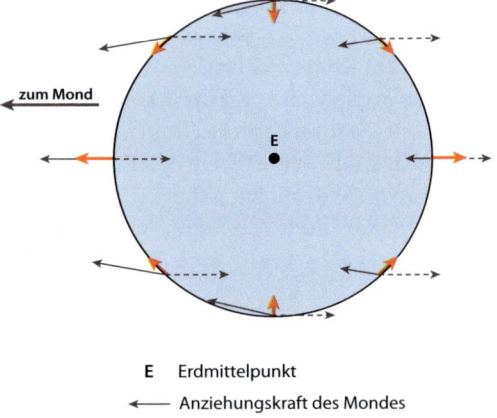

zum Mond

E

E   Erdmittelpunkt
⟵   Anziehungskraft des Mondes
⟵   Fliehkraft
--->   gezeitenerzeugende Kräfte

340GS

Abb. A 2.12.1/1 Entstehung der Gezeiten (zu Aufgabe 1)

(nach ZEPP, H. 2003)

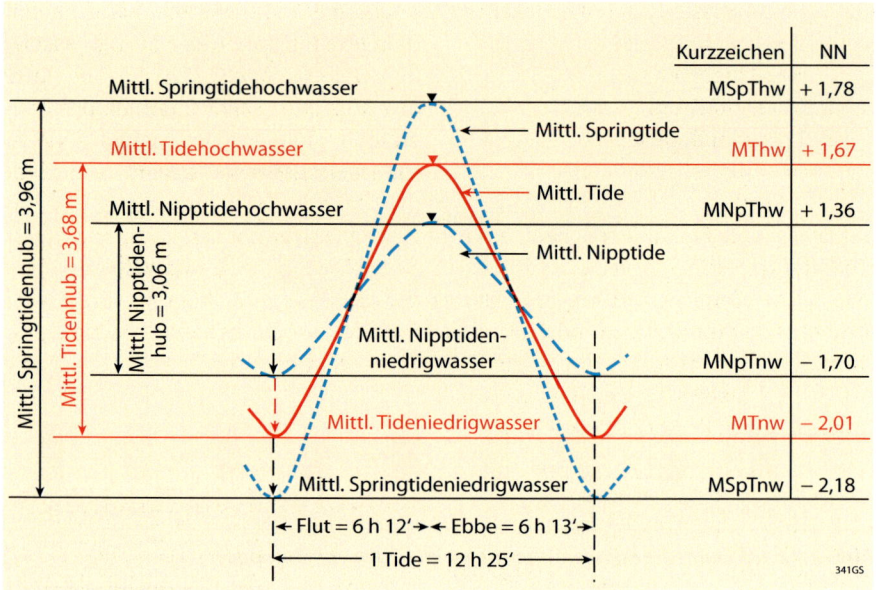

Kurzzeichen | NN

Mittl. Springtidehochwasser — MSpThw | + 1,78
Mittl. Springtide
Mittl. Tidehochwasser — MThw | + 1,67
Mittl. Tide
Mittl. Nipptidehochwasser — MNpThw | + 1,36
Mittl. Nipptide
Mittl. Nipptiden- niedrigwasser — MNpTnw | − 1,70
Mittl. Tideniedrigwasser — MTnw | − 2,01
Mittl. Springtideniedrigwasser — MSpTnw | − 2,18

Mittl. Springtidenhub = 3,96 m
Mittl. Tidenhub = 3,68 m
Mittl. Nipptiden- hub = 3,06 m

Flut = 6 h 12′ · Ebbe = 6 h 13′
1 Tide = 12 h 25′

341GS

Abb. A 2.12.1/2 Mittlere Tidenkurven von Wilhelmshaven (zu Aufgabe 1)

(nach ZEPP, H. 2008)

2.12.2 Küstenklassifikation

Die genetische **Küstenklassifikation** nach VALENTIN von 1952 wird vorgestellt, da sie auf alle Küsten der Erde angewandt werden kann (Abb. 2.12.2/1). Sie ist hierarchisch aufgebaut, wobei auf die Küste zwei wesentliche Prozesstypen wirken:

1. Vertikalbewegungen des Meeresspiegels oder des Landes,
2. Gezeiten mit Wellen und Strömungen des Meeres,

Die Küstenformen werden von H. VALENTIN in vorgerückte und zurückgewichene Küsten gegliedert. Sie haben die allgemeine Formel x + y > 0 für das Vorrücken von Küsten und x + y < 0 für das Zurückweichen von Küsten, wobei y = relative Änderung der Landhöhe (in Bezug auf den Meeresspiegel) und x = Abtragung oder Sedimentation bedeutet (Abb. 2.12.2/2).

Eine Kritik an der genetischen Klassifikation ergibt sich daraus, dass unterschiedliche genetische Typen ein ähnliches Aussehen der Küste bewirken können. Daher gibt es auch Ansätze, Küsten nach Ihrer Form (A) oder nach dem Gestein (B) zu klassifizieren. Außerdem können Sonderformen (C) ausgeschieden werden. Nach der Küstenklassifikation nach Morphologie und/oder Topographie kann unterschieden werden zwischen:

(A) Form:
   Flachküste und Steilküste
(B) Gestein:
   Lockermaterial und Felsküste
(C) Sonderformen

1. Seichtwasserküsten mit Gezeiten
   - → Wattenküsten
   - → Mangrovenküsten
2. Korallenküsten (Tropen)
3. Flussmündungsküsten, z. B.
   - → Ästuare
   - → **Deltas**

Bei Steil- und Flachküsten kann man eine **litorale Serie** ausgliedern – ähnlich der glazialen Serie bei Gletschern. Sie gibt die typische räumliche Anordnung der Formen an der Küste an, die durch die Arbeit des Meeres geschaffen wurden (Abb. 2.12.2/2). So können etwa an einer Lockermaterialküste die Bereiche mit dem größten Sandtransport ausgeschieden werden (Abb 2.12.2/4). Eine Barre aus Kies oder Sand unterhalb des dauernd überfluteten Flachwassers (TNW = **T**ide**N**iedrig**W**asser) deutet darauf hin, dass hier die Wellenbewegung das Material am Meeresboden transportiert. Der zweite Bereich liegt oberhalb des THW oder mittleren **T**ide**h**och**w**assers. Beide Zonen werden durch Abtragungsprozesse charakterisiert.

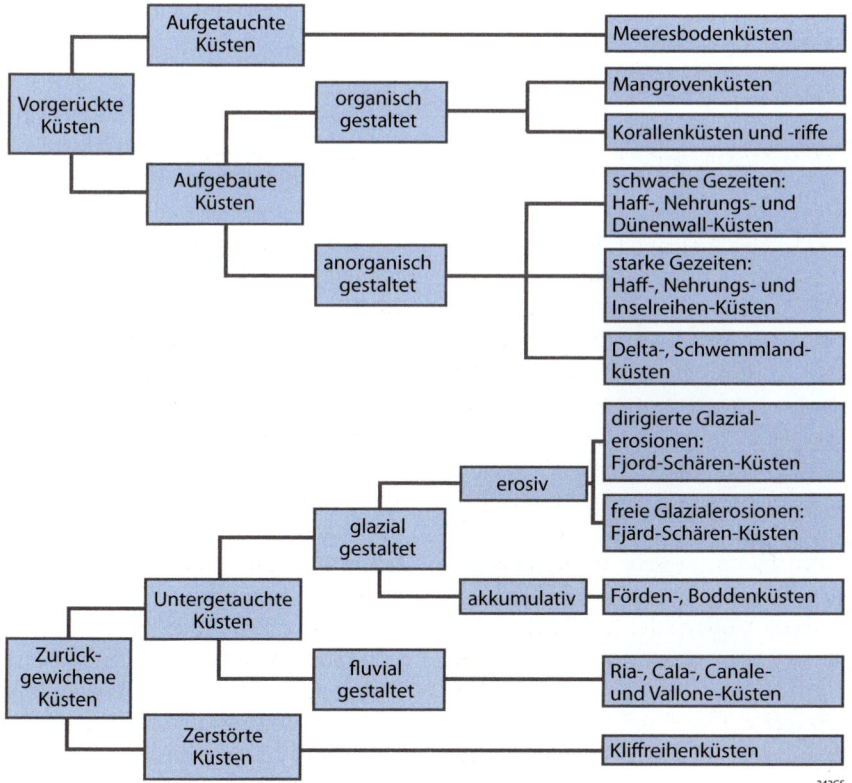

342GS

Abb. 2.12.2/1 *Küstenklassifikation nach* VALENTIN *(1952)*   (nach ZEPP, H. 2008)

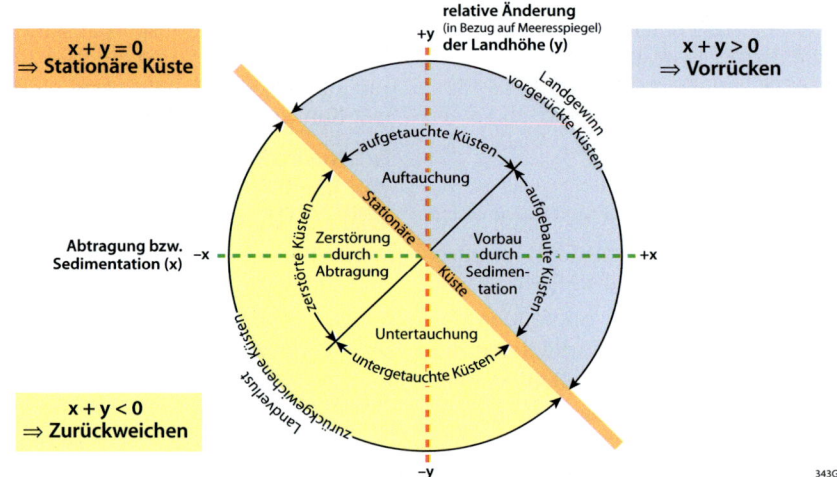

Abb. 2.12.2/2 *Schema der Küstenentwicklung nach* VALENTIN (nach AHNERT, F. 2009)

Abb. 2.12.2/3 *Steilküste auf Gran Canaria*

Steilküsten sind durch die Entwicklung von **Kliff**formen gekennzeichnet. Vor allem im Bereich der Hochwasserlinie wird das Gestein an Steilküsten angegriffen. Die verschiedenen Kliffformen sind abhängig von der Stärke der Brandung, der Beschaffenheit des Gesteins und dem Relief der Küste. Beim Kliff handelt es sich um eine Steilwand, die allmählich rückverlagert wird. Mehrere Prozesse wirken am Kliff, wobei der Formenschatz vorgezeichnet ist durch bereits vorhandene Klüfte und Verwerfungssysteme. Am Fuß einer Steilwand bildet sich eine **Brandungshohlkehle**, die sich vertieft, bis das überstehende Kliff nachstürzt. Die Brandungs(hohl)kehle ist eine kleine Hohlform am Fuße des Kliffs, in der die Brandungsgerölle erosiv arbeiten. **Brandungstore** entstehen entlang von Verwerfungen oder Schwächezonen, an denen die Brandung besonders leicht angreifen kann (Abb. 2.12/1).

Bei einer **Ausgleichsküste** herrscht ein küstenparalleler Materialversatz vor. In den gemäßigten Breiten führt dies bei vorherrschenden westlichen Windströmungen und Wellenbewegungen zu einer Ostwärtsverlagerung der Sandpartikel. Die ostfriesischen Inseln ‚wandern' daher ostwärts und die Ostseeküste Deutschlands und Polens ist durch Ausgleichströmungen charakterisiert.

Mangroveküsten sind auf flache tropische Gezeitenküsten beschränkt. In der Mangrove herrscht eine amphibische Buschwaldvegetation vor, in der Rhizophora-Arten eine bedeutende Rolle spielen. Es handelt sich um eine azonale Vegetation. Ein dichtes Geflecht von hohen Stelzwurzeln ist an die Gezeitenströmung angepasst und bildet einen sehr guten Schlickfänger. Das in den Boden eindringende Salzwasser spielt am Innenrand der Mangrovenzone, die nur noch von höchsten Fluten erreicht wird, eine sehr große Rolle. Durch die Verdunstung ist dieser Raum sehr starken Salz-Konzentrationsschwankungen ausgesetzt. Da keine Pflanzenart an solch extreme Bedingungen angepasst ist, bleibt dieser Bereich in der Regel vegetationslos.

Die typische Zonierung der Mangrovearten und die Spannweite des osmotischen Drucks in den Blättern sowie in der Bodenlösung in verschiedenen Tiefen werden in Abb. 2.12.2/5 dargestellt. Die Mangrovezonierung geht von Avicennia über Cerops und Rhizophora zu Sonneratia. Die Verbreitung von Avicennia spiegelt die normale Fluthöhe wieder.

Alle in Salzböden wurzelnden Pflanzen nehmen eine gewisse Menge an Salzen auf, die im Zellsaft gespeichert werden.

Wasser-bewegung	Oszillations-welle	Wellenzu-sammen-bruch	Translationswellen und Ausgleichsströmungen		Kollision	*Swash; Backwash*
Dynamische Zonen	Tiefenwasser	*Breaker*	*Surf*		Übergang	*Swash*
Profil						
Geomor-phologische Prozesse	Anlagerung	Abtragung	Transport		Abtragung	Anlagerung und Abtragung
Korngrößen-trends	←gröber→	größte Fraktion	← gröber	↯ →	bimodale Größen-verteilung	← gröber ←
Sortierung	←besser—	schlecht	gemischt		schlecht	—besser→

346GS

Abb. 2.12.2/4 *Gliederung eines Sandstrandes*   (nach ZEPP, H. 2008)

Das gilt auch für die Mangroven mit ihren stark sukkulenten Blättern. Die Salzkonzentration im Zellsaft der Pflanzen entspricht etwa der im Boden. Weitere ökologische Anpassungen an das unwirtliche Milieu stellen die Viviparie sowie die Atemwurzeln dar.

Ähnlich den Mangrovenküsten stellen auch Atolle organisch gestaltete Küstentypen dar. Schon CHARLES DARWIN erkannte 1842 diesen Küstentyp, für den die Absenkung des Meeresbodens Voraussetzung ist. Seine Klassifikation ist in wesentlichen Zügen bis heute gültig. Ein **Saumriff** (Fringing Reef) zieht sich unmittelbar vor der Küstenlinie entlang, das **Wallriff** oder **Barriereriff** (Barrier Reef) ist ebenfalls linearer Anordnung und das **Atoll** bildet eine ringförmige Anordnung von Korallenriffen bzw. Koralleninseln, die eine Lagune umschließen (Abb. 2.12.2/6).

Ausgangsstadium der Darwinschen Theorie ist eine aus dem Meer aufragende Insel, deren Hänge zum Meer hin abfallen und an deren Küste sich ringsum ein Saumriff bildet. Wenn die Insel sinkt, wächst das Riff in seiner bisherigen Position weiter, sodass seine Oberfläche nahe am Meeresspiegel bleibt. Die Insel ist durch das Absinken kleiner geworden, und ihr Ufer liegt nun weiter vom Riff entfernt, das dadurch zu einem Barriereriff wird. Schließlich ist auch der Gipfel der Insel unter dem Meer verschwunden, das bisherige Barriereriff wird zum Atoll. Das größte Korallenriff der Erde, das etwa 200 km lange Great Barrier Reef ist eigentlich gar kein ‚barrier reef' im DARWIN'schen Sinne, sondern ein aus Tausenden von Koralleninseln bestehendes Schelfriff.

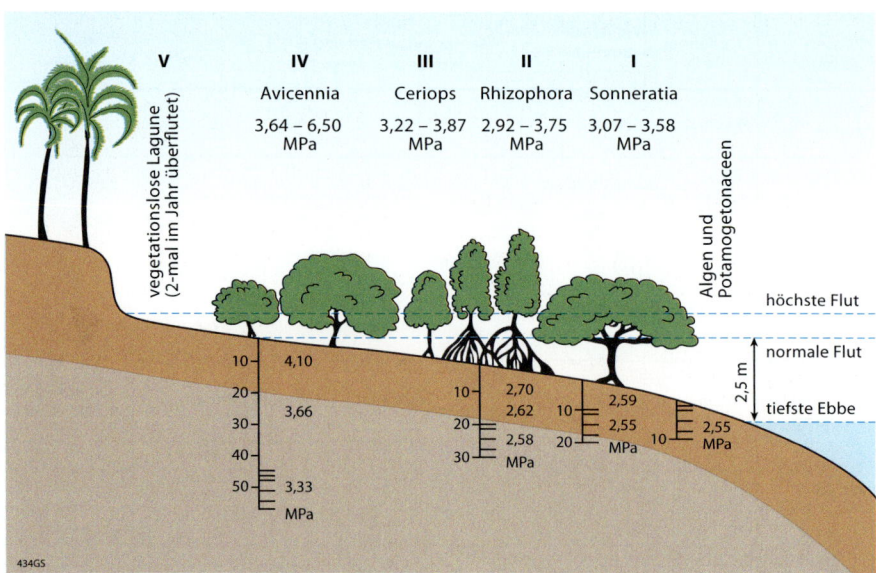

Abb. 2.12.2/5 *Mangroven als Pedobiome*   (nach WALTER, H. & S.-W. BRECKLE 1999)

Viele große Flüsse, die in Binnen- und Mittelmeere fließen, besitzen **Deltamündungen**.

Deltas sind Ablagerungen an der Mündung eines fließenden in ein stehendes Gewässer. Dies geschieht sowohl am Meer als auch in den Seen des Festlandes. Hier beschäftigen wir uns mit den litoralen Deltatypen an den Küsten der Erde. Alle rezenten Deltas der Erde stehen mit dem aktuellen Stand des Meeresspiegels in Verbindung. Sie sind daher im Holozän gebildet worden nach dem Ende des postglazialen eustatischen Meeresspiegelanstiegs in den letzten 5 000 – 6 000 Jahren, weil in der letzten Kaltzeit der Meeresspiegel wesentlich tiefer (maximal -120 m) und die Küste damit weiter meerwärts lag.

Das Deltawachstum geht mit hohen Sedimentationsraten einher, die oft mit vielen Kilometern Landgewinn verbunden sind. Die Deltaschüttungen haben unterschied-

liche Umrissformen, die in Haupttypen untergliedert werden können. Das **Ebrodelta** ist Beispiel eines **Schaufeldeltas** mit rückwärts gerichtetem, geschwungenem Strandwall- und Dünennehrungen. Seine Dynamik ist gekennzeichnet durch ein starkes seewärtiges Wachstum, verursacht durch den sedimentanliefernden Ebro, und durch die Flügelnehrungen, die wiederum eine starke Verdriftung des Materials an der Deltaküste bezeugen.

Die Themse- und Elbmündung sind Beispiele für ein **Ästuar**. Die in die Nordsee mündenden Flüsse bilden generell an ihrer Mündung ein Ästuar aus, da sie einen großen **Tidenhub** hat, häufig Stürme auftreten und die Flüsse relativ geringe Frachtmengen führen. Dort, wo Gezeitenströme das Wachstum eines Deltas stören, sind die Flussmündungen gewöhnlich als Ästuare ausgebildet.

Die typische **Schichtung** in einem Delta besteht aus flachen Deckschichten

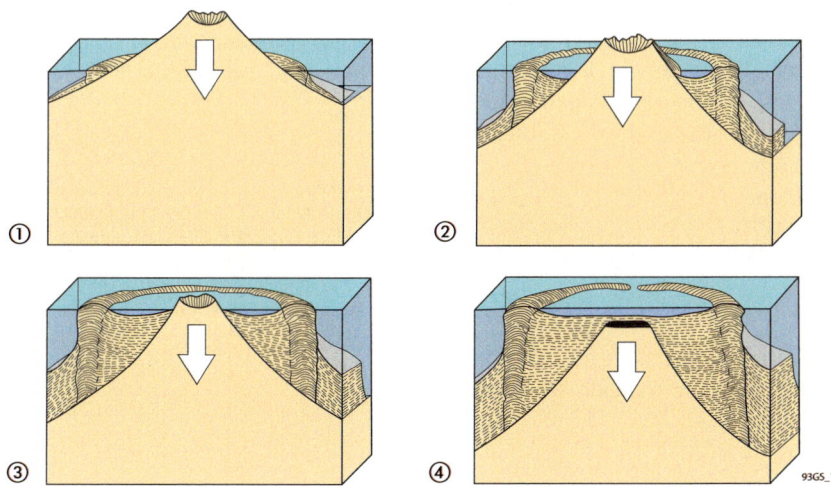

Abb. 2.12.2/6 *Die Entwicklung von Korallenriffen nach Darwin, C. ① Saumriff, ② Wall- bzw Barriereriff ④ Atoll* (nach Leser, H. 2009)

(**Top-set Beds**) knapp oberhalb des Meeresniveaus. Die Schichten sind wie das Flussgefälle annähernd horizontal gelagert. Die Böschungsschichten (**Forset Beds**) sind stärker geneigt und entsprechen dem natürlichen Böschungswinkel des Materials unter Wasser. Die Bodenschichten (**Bottom-set Beds**) lagern sich als annähernd horizontale Lage im Vorfeld der Flussmündung am Boden des Gewässers (hier des Meeres) ab.

Untergetauchte Küsten sind glazial oder fluvial gestaltete Küstentypen. Sie sind sehr verbreitet wegen des weltweit ansteigenden (eustatischen) Meeresspiegels nach der letzten Kaltzeit.

Zu den glazial geprägten Küstentypen gehören die **Fjordküsten** Skandinaviens. Es handelt sich um untergetauchte Trogtäler. Ihnen ähnlich sind die **Förden** an der deutschen Ostseeküste, die glaziale Rinnen am Ende einer Gletscherzunge darstellen. **Schären** bestehen aus Rundhöckern, sind vor allem in Skandinavien verbreitet, während **Bodden** aus Grundmoränen bestehen, die in der Ostsee zu finden sind. Die Insel Rügen bildet ein klassisches Untersuchungsobjekt der Glazialmorphologie für jungglaziale Sedimente (LIEDKE, H. & J. MARCINEK 2002: 417).

Zu den fluvial geprägten Küstentypen gehört die **Ria(s)küste.** Bei dieser Küstenform wurden Flusstäler durch den holozänen Meersspiegel überflutet. Typisch ist sie in Galicien/Nordspanien ausgebildet.

Bei der **Canale**küste tauchen küstenparallele Gebirgsketten so weit ab, dass nur noch einzelne Kämme aus dem Meeresspiegel herausragen. Sie ist in Dalmatien (Kroatien) an der Adria klassisch ausgebildet.

Aufgaben

4. Wie werden die Küsten nach dem klassischen Schema von VALENTIN eingeteilt?
5. Diskutieren Sie, weshalb Küsten zu den bedrohten Räumen der Erde gezählt werden können.

Geomorphologie
Zum Einlesen

AHNERT, F. (2003): Einführung in die Geomorphologie. – UTB, Stuttgart.
BARSCH, H., K. BILLWITZ & H. BORK (Hrsg.) (200): Arbeitsmethoden in Physiogeographie und Geoökologie. – Klett, Perthes, Gotha.
BAUMHAUER, R. (2006): Geomorphologie. – Wiss. Buchgesellschaft, Darmstadt.
GOUDIE, A. (Hrsg.) (1998): Geomorphologie: ein Methodenhandbuch für Studium und Praxis. – Spektrum, Berlin.
GROTZINGER, J., T.H. Jordan, F. & Press & R. Siever (2008): Allgemeine Geologie. – Spektrum, Berlin.
LESER, H. (2009): Geomorphologie. – Westermann, Braunschweig.
LIEDKE, H. & J. MARCINEK: Physische Geographie Deutschlands. – Klett, Perthes, Gotha.
Louis, H. & K. Fischer (1979).: Allgemeine Geomorphologie. – Spektrum, Berlin.
ZEPP, H. (2008): Geomorphologie: eine Einführung. – Schöningh, Paderborn.

Lösungen zu den Aufgaben aus dem Kapitel Geomorphologie

1. Betrachten Sie zur Lösung der Aufgabe den „Schmetterling" in Abbildung 2/2. Die Frage könnte auch lauten: welchen Weg legt ein Felsstück von den Alpen bis zur Nordsee zurück? So können exogene Faktoren wie die Frostverwitterung oder endogene Faktoren wie ein durch ein Erdbeben ausgelöster Steinschlag dazu führen, dass sich ein Gesteinsblock aus dem Felsverband löst. Die Art des Gesteins, seine Festigkeit und Klüftung steuern diese Vorgänge mit. Das Relief und die damit verbundene Lageenergie tragen dazu bei, dass der Stein dem Gefälle abwärts folgt, beispielsweise Bestandteil einer Schutthalde wird und über weitere Hangprozesse, z. B. eine Lawinengasse, in einem Flusslauf weiter transportiert wird. Aus dem Frostschutt entsteht ein durch die Flussarbeit gerundeter Schotter, der beim weiteren fluviatilen Transport zerkleinert wird. Der Mensch kann auf den Transportweg und -dynamik, beispielsweise durch Flussverbauungen, Einfluss nehmen: Staustufen sind Sedimentfallen, in denen der Schotter für einige Zeit zwischengelagert werden kann. Erst bei größeren Hochwassern wird er wieder weitertransportiert. All diese Vorgänge unterliegen einer zeitlichen Komponente. So dauert es viele Jahre, bis der vom Wasser geformte Schotterstein ins Meer transportiert wird. Dort kann er in das Brandungsgeschehen einbezogen werden, bis er von den Wellen und dem Gezeiteneinfluss bearbeitet, zu einem Brandungsgeröll abgeschliffen und weiter zerkleinert wird. Als Feinabrieb, irgendwann wieder an Land gespült, kann er bzw. das Sandkorn vom Wind aufgenommen und in Form von Dünen wieder abgelagert werden. Durch Klimawandel akzentuieren sich die beteiligten Prozesse immer wieder neu. So wurde beispielsweise durch die Bindung von Schnee und Eis auf den Kontinenten während der Kaltzeiten der Meeresspiegel abgesenkt und dadurch die absolute Erosionsbasis verändert.

2.1 Geosphäre: Aufbau und Veränderung

1. Skizze vgl. Abb. 2.1.1/1 „Der innere Aufbau der Erde" kann mithilfe von Erdbebenwellen nachgewiesen werden. Sie weisen ein unterschiedliches Reflexionsverhalten an den verschiedenen Schalenübergängen auf. Außerdem ändert sich die gesteinsabhängige Ausbreitungsgeschwindigkeit an Schichten mit Dichteunterschieden.

2. In diesem Fall ist der Druck entscheidend, welcher in dieser Tiefe mehr als 3,5 Mio. at beträgt, wodurch die metallhaltigen Legierungen zu einer festen Kugel zusammengepresst werden.

3. Durch das Zusammenpressen zu einer festen Kugel (siehe Lösung 2) lagert sich ständig Eisen am inneren Kern an. Eine Theorie besagt, dass beim Übergang vom flüssigen zum festen Zustand Energie freigesetzt wird. Diese Wärme wird in Form von Konvektionsströmen weitergeleitet.

4. Nur etwa ein Drittel der festen Erdoberfläche liegt über dem Meeresspiegel, der Rest deutlich darunter. Den größten Teil des dargestellten Erdreliefs machen die Tiefseebecken aus. Die geringsten Anteile an der Oberfläche haben Hochgebirge und Tiefseegräben. Die mittlere Landhöhe beträgt 870 m, die mittlere Meerestiefe 3 700 m.

5. a)
ozeanische Kruste:
Eintauchtiefe:
Tk = Dk · Sk/Sm=6 km · 3,1/3,3 = 5,64 km
Auftauchhöhe:
Hk = Dk – Tk = 6 km–5,64 km = 0,36 km
kontinentale Kruste:
Eintauchtiefe:
Tk = Dk · Sk/Sm = 30km · 2,7/3,3 = 24,55 km
Auftauchhöhe:
Hk = Dk– Tk-= 30 km – 24,55 km = 5,45 km

b) Gemäß dem Archimedischen Prinzip tauchen die Krustenschollen so tief in den Mantel ein, dass sie eine ihrer eigenen Masse gleiche Masse von Mantelmaterial verdrängen, weshalb die kontinentale Kruste mit der deutlich geringeren Dichte wesentlich weiter in den Mantel eintaucht als die ozeanische Kruste. Auch taucht die ozeanische Kruste kaum aus dem Mantel auf, wodurch sich die tiefe Lage der Tief Tiefseebecken im Vergleich zu der Höhe der Kontinente erklärt. Ebenfalls lässt sich aus den beiden Gleichungen in 5a) ableiten, dass die kontinentale Kruste dort, wo sie höher emporragt, auch tiefer in den Mantel hinunterreichen und somit dicker sein muss. Tatsächlich haben Gebirgszüge der Erde stets eine tiefreichende Wurzel.

6. a) Nach dem Abschmelzen der Eismassen am Ende der letzten Eiszeit begann der skandinavische Schild sich kontinuierlich anzuheben. Diese Hebung dauert bis heute an, sodass beispielsweise mittelalterliche Häfen/Hafendörfer heute bereits deutlich höher als damals und damit über dem heutigen Meeresspiegel liegen.

b) Durch den Wegfall des durch die Eismassen ausgeübten Gewichts/Drucks muss dieser Gewichtsverlust oberhalb der isostatischen Ausgleichsfläche ausgeglichen werden. Dies geschieht durch Hebung der Kruste. Genauso wird die Kruste während einer Eiszeit durch das Gewicht des auflastenden Gletschers nach unten gedrückt.

c) Vertikalbewegungen der Kruste sind stets verbunden mit Materialverlagerungen im darunter liegenden Mantel. Dort jedoch herrscht eine hohe Viskosität, sodass sich die Ausgleichsbewegungen nicht sofort, sondern erst mit einer gewissen zeitlichen Verzögerung einstellen.

7. In der Abbildung sind in der oberen Reihe vier Plutonite, in der unteren Reihe vier Vulkanite dargestellt. Auffallend ist, dass die Plutonite wesentlich grobkörniger erscheinen, als die Vulkanite. Dies ist auf die Art und Weise der Genese zurückzuführen. So kristallisieren Plutonite noch unter der Erdoberfläche langsam aus, und zwar in Abhängigkeit der Schmelztemperatur der einzelnen Mineralien des jeweiligen Magmas. Die Kristalle wachsen in der allmählich abkühlenden Schmelze sehr viel langsamer als bei Vulkaniten,

welche an der Erdoberfläche aus rasch abkühlenden Schmelzen entstehen bzw. fast augenblicklich erstarren und somit eine feinkörnige oder sogar glasige Struktur aufweisen.

8. *links oben beginnend:* ① Sedimentit (Kreidekalk), ② 2 x Magmatit (Granit), ③ Magmatit (Basalt), ④ Magmatit (Bimsstein), ⑤ Sedimentit (Tonstein), ⑥ Metamorphit (Tonschiefer), ⑦ Metamorphit (Gneis).

2.2 Tektonik

1. Das Ausgangsmaterial für die Gesteinsbildung ist Magma. Wird dieses angehoben und kühlt ab, so entsteht ein Magmatit, welcher bei weiterer Hebung an die Erdoberfläche gelangt. Dort ist er Verwitterung und Abtragung ausgesetzt und wird an anderer Stelle abgelagert. Dieses abgelagerte Lockergestein nennt man Sediment. Bei Verfestigung kann sich ein Sedimentit bilden, welcher entweder wieder an die Erdoberfläche gehoben oder weiter in die Tiefe versenkt wird. Unter zunehmendem Einfluss von Druck und Temperatur bildet sich, genauso wie auch aus einem versenkten Magmatit, ein Metamorphit. Dieser kann ebenfalls wieder an die Erdoberfläche angehoben, oder aber weiter versenkt und schließlich zu Magma aufgeschmolzen werden, sodass der Kreislauf von vorn beginnt.

2. Erdbeben können überall dort auftreten, wo Lithosphärenplatten aufeinander treffen oder innerkontinentale Grabenstrukturen vorliegen. Letzteres führt beispielsweise zu mehreren leichten, oftmals von den Menschen unbemerkten Beben jährlich im Oberrheingraben. Regionen an Plattengrenzen werden besonders häufig von Erdbeben heimgesucht, wie z. B. Chile/Peru, wo die Nacza-Platte und die Südamerikanische Platte aufeinandertreffen. Hierbei handelt es sich um eine Subduktionszone, also eine destruktive Plattengrenze.

3. Genauso, wie an Mittelozeanischen Platten neues Krustenmaterial entsteht, wird dieses an Subduktionszonen zerstört, d. h. eine ozeanische schiebt sich unter eine spezifisch leichtere kontinentale Platte, taucht ab und schmilzt partiell auf. So ist ein Gleichgewicht zwischen Neubildung und „Recycling" von Krustenmaterial gewährleistet. Dies ist der Grund weshalb die Erde nicht größer wird.

4. Durch den Zusammenschub der Erdkruste wird bei der Plattenkollision der vorhandene Gesteinskomplex selbst nur wenig angehoben. Allerdings führt die Stauchung zu einer gewaltigen Krustenverdickung, was zu einer isostatischen Ausgleichsbewegung – einer Hebung – führt. Dies kann mit einer Zeitverschiebung von bis zu mehreren Millionen Jahren geschehen. So heben sich beispielsweise die Alpen heute noch um 0,5 – 1 mm pro Jahr.

5. Eine Flexur ist eine tektonische Lagererungsstörung, bei der die Gesteinsschichten verbogen werden. Eine Verwerfung tritt ein, wenn die Grenzflächen von Krustenschollen gegeneinander bewegt werden, d. h., wenn ein Gesteinspaket relativ zueinander verschoben wird.

2.3 Vulkanismus

1. Vulkanismus kann überall dort auftreten, wo die Lithosphärenplatten Störungen/Schwächezonen aufweisen, sodass Magma an die Oberfläche gelangen kann. Beispiele sind innerkontinentale Grabenstrukturen, Riftsysteme, Plattengrenzen (insbesondere Subduktionszonen), Mittelozeanische Rücken, Transformstörungen und Regionen mit Hotspots.

2. An Mittelozeanischen Rücken divergiert ozeanische Kruste, sodass Magma relativ mühelos aufsteigen und erstarren kann. Es handelt sich dabei um basisches Mantelmaterial mit einem Si-Gehalt <52 %, welches in der Tiefe zu Gabbro, an der Oberfläche zu Basalt erstarrt. Ebenfalls basisch ist der Vulkanismus an Grabenstrukturen sowie an Hotspots. In beiden Fällen kann Mantelmaterial mit einem geringen Siliciumgehalt ausfließen, wobei sich ebenfalls Gabbro und Basalte bilden. Saurer Vulkanismus tritt v. a. an Subduktionszonen auf, wo ein Teil der silicium- und wasserhaltigen Kruste aufgeschmolzen wird und mit hohem Druck explosionsartig nach oben befördert wird. Die zugehörigen Ergussgesteine sind Andesit und Rhyolit, die Tiefengesteine Diorit und Granit. Als typische Vulkanform bildet sich ein Schichtvulkan heraus.

3. Island hat eine besondere Genese. Zum einen ist es Teil des Mittelatlantischen Rückens, der an dieser Stelle aus dem Meer herausragt, wobei ständig Mantelmaterial austritt und neue Kruste bildet. Außerdem befindet sich unter Island ein Hotspot, der ebenfalls in unregelmäßigen Abständen Schmelzen aus dem Erdmantel nach oben befördert.

4. Eine Caldera ist eine vulkanische Hohlform, die entweder durch eine große explosive Eruption entstanden ist, oder aber durch den Einsturz des Vulkangipfels in die nach der Eruption entleerte Magmenkammer.

5. Unter solchen Inselgruppen liegen Hotspots (ortsfest), weshalb die einzelnen Inseln vulkanischen Ursprungs sind. Durch die Kontinentalverschiebung „wandern" die Lithosphärenplatten weiter, sodass bei einem erneuten Ausbruch des ortsfesten Hotspots eine weitere Insel entsteht. So bilden sich im Laufe der Zeit ganze Inselbögen /-ketten, wobei die Inseln mit zunehmendem Alter und damit auch Abstand vom Hotspot kleiner werden. Dies liegt an der fortschreitenden Abkühlung der neu gebildeten Kruste, die dadurch spezifisch dichter wird und folglich absinkt.

6. Die vulkanischen Aktivitäten, die zum Teil für die Bildung des Kaiserstuhls verantwortlich sind, gehen auf die Zeit der Dehnung des Oberrheingrabens im Miozän zurück. Durch die Spalten des Grabenbruchs konnte flüssige Lava an die Erdoberfläche gelangen, sodass sich im Laufe mehrer Millionen Jahre ein Vulkanberg, der die Oberrheinebene überragte, aufbauen konnte. Allerdings ist der heutige Kaiserstuhl sehr uneinheitlich aufgebaut und nur noch im westlichen Teil können Zeugen einer vulkanischen Vergangenheit gefunden werden. Der östliche Teil hingegen besteht aus tertiären Sedimenten.

7. Die größte Gefahr des Vulkanismus besteht in der Unberechenbarkeit der Ausbrüche und der damit verbundenen schwierigen Evakuierung von angrenzenden Siedlungsgebieten. Glut- und Ascheströme rasen bei einem Ausbruch mit enormer Geschwindigkeit und hoher Hitzeentwicklung die Berghänge hinab und hinterlassen eine Bahn der Zerstörung. Dennoch sind viele, auch noch aktive, Vulkane der Erde bis in größere Höhen besiedelt, was auf die hohe Fruchtbarkeit der vulkanischen Böden zurückzuführen ist.

8. Die Lage der Vulkane in Bezug auf die Plattengrenzen bei Subduktionszonen ist abhängig von der Eintauchtiefe der subduzierten Platte. Bei einer steiler eintauchenden Platte wird der Schmelzpunkt der einzelnen Minerale früher erreicht. In Verbindung mit dem verdampften Wasser, von welchem ozeanische Platten i. d. R. durchtränkt sind, kommt es viel früher zu einer explosiven Vulkaneruption und damit verbunden auch räumlich näher an der Plattengrenze, als bei flacher subduzierten Platten. Dort wird der Schmelzpunkt erst deutlich später erreicht, was zur Folge hat, dass sich die betroffenen Gebirgsketten weiter im Landesinneren befinden.

2.4 Sedimentite und Metamorphite

1. Gesteine verwittern, werden abgetragen, transportiert und an anderer Stelle wieder abgelagert. Diese Sedimente können durch Diagenese verfestigt werden, sodass sich im Laufe der Zeit ein Sedimentit bildet.

2. Sedimentgesteine entstehen aus anderen Gesteinen wie Magmatiten, Metamorphiten und Sedimentiten, oder aber aus anorganischem oder totem organischem Material und sind deshalb sekundär gebildet, nicht primär.

3. Verwitterungsprodukte sowie anorganisches und totes organisches Material werden nach ihrem Transport horizontal abgelagert, z. B. in einer Senke oder am Meeresboden. Im Lauf der Zeit können sich so viele Schichten unterschiedlichen Materials ablagern – die jüngeren stets über den älteren. Findet keine Verstellung durch tektonische Prozesse statt,

bleibt diese horizontale Schichtung auch nach der Diagenese erhalten und die Schichtung wird auch im Sedimentgestein auffällig.

4. Öl und Gas füllen den Porenraum in Sandsteinen aus, wobei das Öl auf dem Wasser schwimmt und sich das leichtere Gas in der Gaskappe am Top der Lagerstätte, die nach oben durch eine Tonschicht abgedichtet ist, sammelt. Solche Strukturen entstehen durch Faltung von Schichtpaketen bei der Gebirgsbildung, aber auch durch aufdringendes Magma oder Salz. Viele Öllagerstätten sind deshalb an Salzstöcke gebunden. Etwa 60 % aller Speichergesteine für Kohlenwasserstoffe sind Sandsteine, 40 % sind Karbonatgesteine. Die Bohrungen fördern, von links nach rechts: Wasser, Öl, Gas.

5. Die Hauptfaktoren der Metamorphose sind Druck und Temperatur.

6. Diagenese: Versenkung und Verfestigung
Anatexis: vollständiges Aufschmelzen
Kontaktmetamorphose: Veränderung des Mineralgefüges eines benachbarten Gesteins um einen magmatischen Intrusionskörper durch hohe Temperaturen

7. Gneis entsteht bei Temperaturen von etwa 450 °C und einem Druck von 6 kbar. Dies entspricht bei einem geothermischen Gradienten von etwa 20 °C/km einer Tiefe von etwa 21 km.

8. Es entsteht Glimmerschiefer (aus Quarzit).

2.5 Verwitterung – steter Tropfen höhlt den Stein?

1. Physikalische Verwitterung deutet auf eine mechanische Beanspruchung des Gesteins hin. Es wirken Kräfte (Druck, Volumenänderungen), die zu einer Zerkleinerung führen, ohne eine stoffliche Veränderung der Mineralbestandteile herbeizuführen, wie das bei der chemischen Verwitterung der Fall ist. Chemische Prozesse führen beispielsweise zur (Auf-)Lösung des Mineralaufbaus.

2. Betrachtet man die beiden steuernden Größen Temperatur und Niederschlag ergeben sich zonal begründete Unterschiede: In allen humiden Breiten findet eine mehr oder weniger starke tiefgrün-

dige Verwitterung statt. Verlagerungsprozesse sind dabei in die Tiefe gerichtet (pedalfere Entwicklung), womit eine allgemeine Versauerungstendenz einhergeht. Diese kann durch entsprechende Vegetation, insbesondere Nadelstreu und/ oder ein saures Ausgangssubstrat gegeben bzw. verstärkt werden. In den ariden Gebieten der Steppen, (Halb-)Wüsten und Dornsavannen dominiert ein alkalisches Milieu. Im aufwärtsgerichteten, aszendierenden Bodenwasserstrom kommt es zur oberflächennahen Anreicherung von löslichen Salzen, Karbonaten und Silikaten und damit häufig zur Krustenbildung. Die hohen Breiten sind durch physikalische und chemische Verwitterung geprägt, die warmen Zonen der Savannen und des Regenwaldes durch eine sehr intensive chemische Verwitterung. Modifiziert wird dieses zonale, klimatisch begründete Muster durch das Ausgangsgestein, ebenso durch die Dauer der Einwirkung sowie mehrphasige Klimawechsel, in denen sich die klimatischen Ausgangsgrößen und die Vegetation deutlich änderten (vgl. Abb. 2.5/1).

3. Bei der Frostsprengung gefriert das Wasser, welches sich in Haarrissen, Fugen und Poren des Gesteins befindet. Durch das Gefrieren steigt das Volumen in diesen Hohlräumen um neun Prozent an. Geschieht dies viele Male hintereinander, wird das Gestein gesprengt. Deshalb ist der Wechsel von Auftauen und Gefrieren von großer Bedeutung. Auch die Eindringtiefe des Frostes ist ausschlaggebend für die Wirksamkeit dieses Verwitterungsprozesses. Besonders gut können Gesteine gesprengt werden, die eine große Angriffsfläche für das gefrierende Wasser bieten, wie beispielsweise poröser Sandstein.

4. Wie bereits in der vorherigen Aufgabe angesprochen, ist ein wichtiger Faktor für die Frostverwitterung die Frostwechselhäufigkeit. Diese ist jedoch in der Antarktis relativ gering, da es dort in den meisten Bereichen ganzjährig gefroren bleibt. Wesentlich häufiger ist die Frostsprengung in den Periglazialgebieten des subpolaren Bereichs und der Hochgebirge anzutreffen.

5. Die beiden Hauptprozesse, die zur Salzsprengung führen, sind die Kristallisation und die Hydratation. Befinden sich in einem porösen Gestein Salze in Lösung und verdunstet diese, so kristallisieren die gelösten Salze oberflächennah aus, wobei der von den Kristallen ausgeübte Druck auf das umliegende Gestein deutlich höher ist als der der Lösung. Kommt es nun zu einer erneuten Befeuchtung des Gesteins, lagern sich Wassermoleküle an die Salzkristalle an und lockern deren Gitterstruktur auf – das Salz quillt und gewinnt damit an Volumen, wodurch ebenfalls ein höherer Druck auf das umliegende Gestein ausgeübt wird. Aufgrund seiner Porosität ist vor allem der Sandstein anfällig für die Prozesse der Salzsprengung.

Hinweis: *Eine schöne Animation dieser beiden Prozesse finden Sie in dem Webgeo-Modul zur Salzsprengung: www.webgeo.de*

6. Ihre Antworten auf die innerhalb des bearbeiteten Moduls gestellten Aufgaben können auch dort überprüft werden.

7. Bei der Hydratation lagern sich Wassermoleküle gemäß ihres Dipol-Charakters bei Kristallgittern an und ein. Zwar wird dabei die chemische Zusammensetzung des Ausgangsmaterials nicht verändert, doch kann der Gesteinsverband stark aufgelockert werden und gerade die Grenzflächenionen werden aus dem Verband isoliert. Dies ist eine wichtige Voraussetzung für die Lösungsverwitterung, bei der die gelösten Grenzflächenionen gegen H^+- und OH^--Ionen ausgetauscht und mit der Lösungsflüssigkeit abgeführt werden.

8. a) Bei dieser sog. Wollsackverwitterung handelt es sich um eine Art der chemischen Tiefenverwitterung. Besonders betroffen sind massive Gesteine, insbesondere Granit. Entlang von Spalten und Klüften, die meist senkrecht aufeinander stehen, können Wasser oder Säuren vordringen und so hydrolytisch wirksam werden. Dies führt zu einer Abrundung der einzelnen Gesteinsbruchstücke und wird auch Sphäroidalverwitterung genannt. Diese umfasst eine chemische und eine physikalische Komponente. Sie ist v. a. unter tropischen Klimabedingungen besonders wirksam. Die so entstandenen

Felsburgen (Torslandschaften) werden im Lauf der Erdgeschichte durch Bodenabtrag und Wegspülung der Verwitterungsrückstände freigelegt. Da die Aufnahme im Harz gemacht wurde, deutet sie auf einen entsprechenden Klimawandel von feucht-tropisch über die kaltzeitlichen Phasen der Eiszeiten zu den heutigen feucht-gemäßigten Bedingungen hin.

b) Da diese Form der Verwitterung nur unter der Erdoberfläche und unter tropischen Bedingungen stattfindet, ergibt sich die Schlussfolgerung, dass auch das mitteleuropäische Klima irgendwann tropisch gewesen sein muss. Die heute sichtbare Felsburg im Harz ist also unter gänzlich anderen klimatischen Bedingungen entstanden und erst im Laufe der Zeit an die Erdoberfläche gelangt. Rückschlüsse dieser Art werden in der Geomorphologie „Prinzip des Aktualismus" genannt. Es besagt, dass die heute zu beobachtenden Prozesse und Formgebungen in gleicher Weise auch in der Vergangenheit Gültigkeit hatten.

2.6 Wenn Hänge ins Wanken geraten – Hangdynamik und Hangprozesse

1. Unter Erosion versteht man die linienhafte, unter Denudation die flächenhafte Abtragung von Festgesteins- und Lockermaterial durch die Medien Eis, Wasser und Wind. Massenselbstbewegungen sind hangabwärts gerichtete Verlagerungen von Fest- und/oder Lockergesteinen unter der Wirkung der Schwerkraft und werden häufig zu den denudativen Abtragungsprozessen gezählt.

2. Das am häufigsten angeführte Argument in dieser Diskussion ist das Auftauen des Permafrostbodens. Zum einen geht dadurch die Stabilität an Berghängen verloren – viele zuvor festgefrorene Gesteinsstücke werden locker; zum anderen führt das tauende Eis gleichzeitig zu einer stärkeren Durchfeuchtung, was die Hänge ebenfalls labilisiert. Hinzu kommt das mit dem Klimawandel in Verbindung stehende häufigere Auftreten von Extremereignissen wie Starkniederschlägen. Dies trägt zu einer starken, plötzlichen Durchfeuchtung sowie zum sturzartigen Abspülen von Hängen

bei. Weitere Folgen können dann beispielsweise das Aufstauen von Bergbächen durch eine eingeflossene Mure sein. Bricht der „Staudamm", treten in den Tälern nicht selten starke Überschwemmungen auf. Gerade die Alpenbevölkerung versucht sich vor solchen Ereignissen zu schützen, indem unter anderem vielerorts die Hänge verbaut werden, um herabstürzendes Material davon abzuhalten, bis in die Täler zu gelangen. Auch denken einige Gemeinden über den Bau von Auffangbecken nach, sollte tatsächlich eine Massenselbstbewegung die Tallagen erreichen. Wenn es der Platz zulässt, können Umgehungsstraßen gebaut oder über kritische Wegabschnitte „Brücken" errichtet werden, auf denen das herabstürzende Material sozusagen über die Straße hinweg geleitet wird.

3. Begünstigende Faktoren für Gleitungen können tonige, quellfähige Schichten sein (z. B. Bündener Schiefer). Vor allem nach langen Trockenphasen, in denen sich Schrumpfungsrisse gebildet haben, führen lange und intensive Regenfälle häufig zu Gleitbewegungen auf Hängen. Dies ist dann der Fall, wenn nach den Niederschlagsereignissen ein positiver Porenwasserdruck vorherrscht, d. h., wenn die Poren des Untergrundes vollständig mit Wasser gefüllt sind, sodass die Oberflächenspannung verloren geht. Das Wasser in den Poren wirkt dann als Antriebskraft, wodurch der Zusammenhalt des Bodens mit der gleitenden Schicht noch weiter geschwächt wird. Eine weitere Ursache für die Auslösung von Gleitungen können Erdbeben sein.

4. Gerade an steilen Felshängen kann die Frostssprengung dazu führen, dass in regelmäßigen Abständen Gesteinsbruchstücke abgesprengt werden. So entstehen typische Blockstürze mit den dazugehörigen Blocksturzhalden.

5. Aufgrund der Steinschlaggefahr vermeiden es routinierte Bergsteiger, im Hochgebirge um die Mittagszeit und am frühen Nachmittag, unter steilen Felswänden hindurchzusteigen. Besonders riskant sind dabei südexponierte Hänge. Zwei Faktoren erhöhen um diese Tages-zeit das Risiko, von herab fallenden Steinen getroffen zu werden. Zum einen kann

in aktiven Frostsprengungsbereichen um diese Zeit das Eis schmelzen, das ein abgesprengtes Gesteinsbruchstück noch an dem Verbund festhält. Zum anderen ist auch die thermische Expansion unter Sonneneinstrahlung nicht zu unterschätzen. Besonders Steine, die bereits lose über einen Felsvorsprung ragen, können durch thermische Ausdehnung einzelner Minerale „überkippen" und einen sich weiter unten befindenden Bergsteiger treffen.

2.7 Fluviale Formung

1. Unterschieden werden das laminare (Wasserteilchen in parallelen Bahnen; Stromlinien kreuzen sich nicht) und das turbulente (Wirbelbildung; Stromlinien kreuzen sich) Fließen. Die beeinflussenden Größen sind die Fließgeschwindigkeit V, die Wassertiefe T und die kinematische Viskosität v des Wassers, die über die Reynoldsche Zahl in Beziehung stehen: $Re = VT/v$. Der Übergang zwischen laminarem und turbulenten Fließen wird dabei mit einem Wert von $500 \leq Re \leq 2500$ angegeben.

2. Der mithilfe der Manning-Strickler-Formel berechnete Wert für die Fließgeschwindigkeit stellt lediglich einen Mittelwert dar. Die tatsächliche Fließgeschwindigkeit variiert im Gerinnequerschnitt jedoch erheblich (abnehmende Fließgeschwindigkeit in Richtung Ufer, höchste Fließgeschwindigkeit entlang des Stromstrichs).

3. Der Bodensee dient als Sedimentfalle, sodass weiter flussabwärts weniger Erosionswaffen zur Verfügung stehen und somit die rückschreitende Erosion deutlich langsamer voranschreitet.

4. Skizze siehe Abb. 2.7.2/1. Das Hjulström-Diagramm zeigt den Zusammenhang zwischen der Korngröße des sich im Fließgewässer befindlichen Materials und der Fließgeschwindigkeit, welche für Erosion/Transport/Ablagerung notwendig ist.

   a) 200–300 cm/s

   b) Sand; etwa 1,3 mm

   c) Bei kleinen Partikeln müssen zunächst die Kohäsionskräfte (elektrostatische Anziehungskräfte bei Tonmineralen) überwunden werden. Große Partikel sind

schwerer und demzufolge muss erst das Gegengewicht überwunden werden. Die entscheidende Größe, die hierbei i. d. R. angegeben wird, ist das Belastungsverhältnis.

5. a) Erosion

   b) Akkumulation

   c) Erosion

   d) Akkumulation

   e) Akkumulation

6. **Oberlauf:** hauptsächlich Tiefenerosion; Bildung eines Kerbtals; größte Fließgeschwindigkeit wegen des starken Gefälles

   Mittellauf: Tiefenerosion geringer als Seitenerosion; zunehmende Abflussmenge; abnehmende Schleppkraft; Bildung eines Kasten-/Muldentals

   Unterlauf: Beginn stärkerer Sedimentation im Flussbett; Bildung eines Sohlentals

7. Prozesse, die zur Entstehung von Flussterrassen führen, können sein (häufig eine Kombination mehrerer Faktoren):
   • tektonische / isostatische Krustenbewegungen
   • eustatische Meeresspiegelschwankungen (v. a. in Küstengebieten bedeutend)
   • Klimaschwankungen
   • Anzapfungen (z. B. Wutach)

8. Während einer Kaltzeit herrscht an den vegetationslosen Hängen physikalische Verwitterung vor, sodass viel Material zur Verfügung steht, welches glazial aufbereitet wird. Am Ende einer Kaltzeit führen die Flüsse im Gletschervorland eine hohe Sedimentfracht mit sich – das Belastungsverhältnis ist größer als 1. Die Folge ist der Aufbau neuer Schotterkörper und damit Akkumulation.

   Während der folgenden Warmzeit dienen die Zungenbeckenseen als Sedimentfallen. Gleichzeitig fällt an den vegetationsbedeckten Hängen wenig Verwitterungsschutt an, sodass die Sedimentfracht geringer ist und das Belastungsverhältnis unter 1 liegt. Folge sind Tiefenerosion und Auenbildung.

9. Die Formung von Tälern wird beeinflusst durch das Verhältnis Seiten- zu Tiefenero-

sion als auch durch das Verhältnis Erosion zu Akkumulation. Des weiteren spielen Gesteinsstruktur, Gesteinshärte und das Vorrelief eine wichtige Rolle.

10. Bei einem antezedenten Durchbruchstal findet Hebung in einem Gebiet statt, in dem ein Fluss fließt. Der Fluss erodiert seinen Lauf in den sich hebenden Gebirgskörper. Findet die Hebung in Schüben statt, können Felssohlenterrassen entstehen. Voraussetzung ist ein großer Fluss mit ausreichender Erosionskraft wie beispielsweise die Elbe in der Sächsischen Schweiz, der Rhein durch das Rheinische Schiefergebirge oder der Neckar durch den Odenwald. Der Terrassenverlauf wird dabei durch die Hebung gestört.

Bei einem epigenetischen Durchbruchstal ist das Flussbett zunächst innerhalb von Lockersedimenten angelegt, die einen Gebirgs- oder Härtlingsrücken bedecken. Durch die (flächenhafte) Tieferlegung der Oberfläche werden diese Rücken freigelegt und herausmodelliert. Durch gleichzeitiges tiefenerosives Einschneiden des Flusses in den Härtlingsrücken entsteht ein Durchbruchstal, wobei es in der Regel zu einer Verflachung mit Akkumulation vor, sowie zu einer Versteilung und rückschreitenden Erosion hinter dem Hindernis kommt. Beispiele sind die Donau bei Kehlheim oder Durchbruchstäler der Appalachen. Der Terrassenverlauf wird bei epigenetischen Durchbruchstälern nicht gestört.

11. Die von Tulla durchgeführte Rheinbegradigung hatte weitreichende Konsequenzen. So erhöhten sich Fließgeschwindigkeit und Sohlenerosion, was ein Absinken des Grundwasserspiegels zur Folge hatte. Dadurch breiteten sich statt der Auenvegetation trockenheitsliebende Pflanzengesellschaften aus. Die Tiefenerosion am südlichen Oberrhein mit fünf bis sieben Metern geriet stärker als von Tulla geplant und führte am mittleren Lauf zu unerwünschter Sedimentation. Im 20. Jh. erfuhr der Rhein durch die Rheinregulierung durch Honsell und den ersten Weltkrieg weitere weitreichende Veränderungen, wie der Einbau von Staustufen und der Dadurch wurden künstliche Sedimentationsbecken

geschaffen und die Biodiversität erneut verändert. Seit mehreren Jahren wird mithilfe von Renaturierungsmaßnahmen versucht, aus den Fehlern der Vergangenheit zu lernen. So hat das in den 1980er Jahren ins Leben gerufene Integrierte Rheinprogramm (IRP) den Hochwasserschutz am Oberrhein und die Renaturierung von Auengebieten zum Ziel. Dies soll durch verschiedene Baumaßnahmen gewährleistet werden. Der Neubau von Poldern zur kontrollierten Überflutung (so genannte Ökologische Flutungen) und Dammrückverlegungen für ungesteuerte Überflutungen sind nur zwei Beispiele hierfür.

2.8 Eiskalte Tatsachen – Glaziale Prozesse und Formen

1. Jeder Gletscher teilt sich in ein Nähr- und in ein Zehrgebiet auf. Im Nährgebiet fällt Niederschlag (meist als Schnee), es kommt über Schnee und Firn zu einer Akkumulation von Eis. Hier befinden wir uns also im Bereich der Massenzufuhr. Im Zehrgebiet hingegen ist die Verdunstung höher als der Niederschlag. Durch die erhöhte Einstrahlung kommt es zum Abschmelzen des Gletschers (Ablation) und somit zu einer Massenabnahme. Das Höhenniveau, bei dem sich der Gletscher im Gleichgewicht befindet, wird als „Equilibrium Line Altitude" (kurz ELA) bezeichnet. Hier ist die Akkumulation genauso groß wie die Ablation.

2. a) Mit der Massenbilanz werden die Veränderungen bzgl. des Eisvolumens eines Gletschers angegeben, oder einfacher ausgedrückt, die jährliche Ablation von der Akkumulation abgezogen. Am Ergebnis sieht man, ob ein Gletscher an Eis zugenommen hat, also gewachsen ist, oder Eis verloren hat und somit geschrumpft ist. Energie- und Massenbilanz reagieren ohne Verzögerung und liefern so direkt jährliche Informationen über das Klima. Der Vorstoß oder Rückzug der Gletscherzunge hingegen findet mit einer Verzögerung von bis zu mehreren Jahrzehnten statt, sodass man zu Recht von einem „Langzeitgedächtnis des Gletschers" sprechen kann.

b) Ablation und Akkumulation werden getrennt voneinander gemessen. Die

Ablationsmessung ist relativ einfach. Dazu werden in bestimmten Abständen Stangen in das Eis gebohrt und ein oder zwei Mal pro Jahr wird erfasst, um wie viel die Stangen ausgetaut sind. Zur Messung der Akkumulation werden im Nährgebiet Schächte in das Eis gegraben. Am Ende der Ablationsperiode taut auch dort die Eisoberfläche an und angetragene Staub- und Schmutzpartikel schmelzen ein. Im nun folgenden Winter gefriert die Schicht erneut, wobei sie sich auf Grund des Schmutzes von dem anschließend fallenden Neuschnee optisch unterscheidet und aller oberhalb dieser Schicht neu gefallene Schnee als Akkumulation gemessen werden kann. So werden insgesamt in bestimmten Abständen über den Gletscher verteilt die Massengewinne bzw. –verluste ermittelt. Werden diese Änderungen mit der jeweiligen Teilfläche des Gletschers multipliziert, anschließend aufsummiert und dann durch die Gesamtfläche dividiert, so ergibt sich die spezifische **Nettomassenbilanz**.

3. Mit Schwarz-Weiß-Grenze wird i. d. R. der Übergang zwischen Fels/Moränenmaterial und Eis beschrieben. Aufgrund der deutlich dunkleren Farbe des Anstehenden (z. B. an der Karrückwand) oder dem Übergang Gletscher-Seitenmoräne und der damit verbundenen unterschiedlichen Albedo erwärmt sich der Fels stärker als das Eis. So wird zusätzlich zur direkten Sonnenstrahlung langwellige Wärmestrahlung in Richtung Eis abgestrahlt, wodurch dieses schneller schmilzt. Dadurch entstehen die spezifischen Randspalten bzw. der Bergschrund.

4. Temperierte Gletscher (Mittelbreiten und Tropen) liegen nahe am sog. Druckschmelzpunkt, d. h. durch den Druck des auflastenden Eises schmilzt der Gletscher an seiner Unterseite auf. So bildet sich – ähnlich wie unter den Kufen eines Schlittens – ein Wasserfilm, auf dem das Eis über ein Hindernis fließen kann.

   Hinweis: Im Gegensatz zu temperierten Gletschern sind kalte Gletscher temporär am Untergrund festgefroren und fließen so deutlich langsamer als temperierte / warme Gletscher. Auch fließen kalte Gletscher in Schollen ab, während temperierte Gletscher nur in den oberen 60 – 80 Metern spröde und hart sind, am Untergrund jedoch wegen des höheren Drucks plastisch fließen. Dies erklärt auch, warum Gletscherspalten in Gebirgsgletschern i. d. R. nicht tiefer als 60 – 80 m sind.

5. Os oder Esker- und Kamesbildung sind Ablagerungen von Schmelzwässern am Rande stagnierender Eismassen.

   Oser sind schmale, gewundene, 5 bis 30 m hohe, in ihrer Höhe schwankende, wallartige Erhebungen aus fluvioglazialen Schottern mit einer Länge von über 100 km. Gut ausgebildete Oser stammen meist aus subglazialen Eistunnels. Im Unterschied zu Osern sind Kames subaerische Bildungen, 10 – 20 m hohe Wälle oder flache Hügel aus geschichteten Kiesen und Sanden, die aus verfallenden pleistozänen Gletscherzungen oder als Eisrandbildungen an Talhängen aufge-

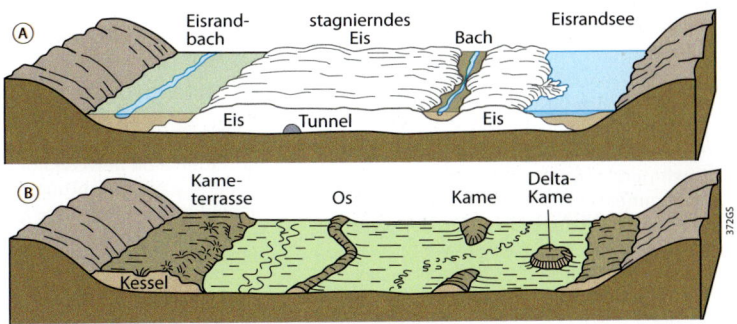

Abb. L 2.8/1 Os und Kames (Lösung zu Aufgabe 5)

schüttet wurden. Dort sind sie oft terrassenartig gestuft. Häufig sind sie von Toteislöchern stark überprägt.

6. Das locker auf dem Eis abgelagerte Material rutscht beim Abschmelzen des Gletschers zu den Seiten hin nach, sodass bei Kames-Terrassen die zuerst horizontal gelagerten Schichten zu den Rändern hin verbogen sind.

7. Die so genannte Eis-Albedo-Rückkopplung ist ein vielzitierter positiver Rückkopplungseffekt zwischen dem Abschmelzen der Gletscher und der weltweiten Erwärmung. Der Temperaturanstieg führt zu einem Auftauen des Eises zusätzlich zu den saisonal bedingten Schwankungen. Mit dem Ausapern verbunden ist die Freilegung dunklerer Oberflächen (Fels, Schutt etc.), was in den betroffenen Bereichen zu einer Verringerung der Albedo führt. Die resultierende erhöhte Strahlungsabsorption führt zu einem noch schnelleren Schmelzen der verbleibenden, umliegenden Eismassen.

8. Zur Diskussion dieser Frage seien einige Anregungen gegeben: Änderung des Abflussregimes, Veränderung der Hochwasserwälle, Auswirkungen auf den Sedimenthaushalt, Auswirkungen auf Flora und Fauna, Trinkwasservorräte, Tourismus u. v. m.

2.9 Periglazialmorphologie

1. Vorhandensein von Permafrost, fehlender Sickerwasserstrom ins Grundwasser, Akkumulation der Winterniederschläge als Schnee, Abflussspitzen in Folge der sommerlichen Tauphasen, z. T. geringe Vegetationsbedeckung

2. Die Abbildung zeigt die Permafrostverteilung und –mächtigkeit in Abhängigkeit von der geographischen Breite. Nördlich des nördlichen Polarkreises herrscht kontinuierlicher Permafrost vor, der mit zunehmender geographischer Breite auch immer weiter (mehrere hundert Meter) in die Tiefe reicht – d. h. dort sind alle Bereiche gefroren. Etwas weiter südlich befinden wir uns im Bereich des diskontinuierlichen Permafrostes, der nur noch bis zu etwa 50 m in die Tiefe vordringt und auch nur 50 % der Fläche

ausmacht. Südlich von 60° nördlicher Breite tritt Permafrost nur noch sporadisch auf – dort ist er inselhaft verbreitet mit Flächenanteilen deutlich unter 50 % und einer Tiefenwirksamkeit von wenigen Metern. Parallel steigt die Tiefe der **sommerlichen Auftauschicht** über dem Permafrost von wenigen Zentimetern im kontinuierlichen auf bis zu drei Meter im sporadischen Permafrostbereich.

3. In sehr kontinental geprägten Klimaten kommt es aufgrund des mangelhaften Schneeschutzes zu einer extremen winterlichen Abkühlung und damit verbunden zu einer besonders starken Ausprägung des kontinuierlichen Permafrostes, der so bis in 1500 Meter Tiefe reichen kann, wie beispielsweise in Jakutien.

4. a) Bei einer Temperaturerhöhung werden Auftauschicht und Thermoaktive Schicht mächtiger, d. h. die Lage der thermischen Nullamplitude sinkt ab. Außerdem kann es vorkommen, dass sich im isothermen Permafrostbereich Talik-Linsen ausbilden. Die Lage der unteren Permafrostgrenze bleibt zunächst unverändert.

b) Gesteuert wird die Mächtigkeit von active layer und Thermoaktiver Schicht durch klimatische Verhältnisse der Atmosphäre, die Schneedecke (Mächtigkeit und Dauer), die Vegetationsbedeckung, die organische Auflage sowie durch Substrateigenschaften.

5. a) Das betroffenen Wasservolumen entspricht einer Wasserschicht von $20 \text{ cm} \cdot 0,3 = 6 \text{ cm}$, die sich beim Gefrieren um neun Prozent ausdehnt und somit eine Hebung der Oberfläche um $h = 6 \text{ cm} \cdot 0,09 = 0,54 \text{ cm} = 5,4 \text{ mm}$ bewirkt.
L wäre dann $L = 5,4 \text{ mm} \cdot \tan 20° = 5,4 \text{ mm} \cdot 0,36 = 1,94 \text{ mm}$.

b) Zum einen ist der Boden meist nicht wassergesättigt, zum anderen bewirkt die häufig vorhandene Kohäsion beim Auftauen eine gewisse Kontraktion des Bodens auch in Richtung der ursprünglichen Position (also eine kleine hangaufwärts gerichtete Komponente).

6. Als wichtige Folge des Klimawandels wird stets das Auftauen des Permafrostbodens diskutiert. Dies hat v. a. in Hochgebirgsregionen fatale Auswirkungen. So werden durch das Auftauen große Mengen an Schutt und Bodensubstrat frei, die bei gleichzeitiger Zunahme von Starkniederschlagsereignissen eine deutliche Volumenzunahme von Muren bewirken. An steilen Felshängen (z. B. in Trogtälern) steigt das Steinschlagrisiko an, wenn der Halt durch das Eis fehlt. Daneben sind durch die zunehmende Instabilität des Untergrundes aufgrund des auftauenden Permafrostes Gebäude und Infrastruktureinrichtungen, wie z.B. Liftanlagen oder Berghütten betroffen, die langsam einsinken oder in „Schieflage" geraten können und somit keine Sicherheit für die Nutzung mehr bieten.

2.10 Karstformen – Landschaften im Schweizer-Käse-Format

1. Voraussetzungen für die Kalklösung sind das Vorhandensein von lösungsfähigem Gestein sowie von schnell fließendem Wasser, wie dies in den hohen Mittelbreiten und in den Tropen der Fall ist. Außerdem muss das Gestein einen hohen mineralischen Reinheitsgrad und eine gute Durchlässigkeit besitzen. Begünstigt wird die Verkarstung durch niedrige Wassertemperaturen (im Idealfall 0–4°C), was für die hohen Mittelbreiten spricht. Die Tropen als Karstbildner profitieren dagegen von dem niedrigen pH-Wert des Wassers (durch beispielsweise einen hohen Gehalt an Huminstoffen im Boden), da saures Wasser kalkaggressiver wirkt. Des Weiteren wird die Kalklösung durch einen hohen CO_2-Partialdruck gefördert. Dieser ist auf der ganzen Erde relativ gleich, steigt jedoch im Wasser unter der Erde in Höhlen deutlich an.

2. Ein hoher CO_2-Partialdruck erhöht die Menge der Kalklösung und führt zu deren Beschleunigung.

3. $CaCo_3 + CO_2 + H_2O \longleftrightarrow Ca^{2+} + 2HCO_3^-$

4. Weisen Gesteine keine hohe mineralische Reinheit auf, so können sich die unlöslichen Bestandteile anreichern. Wird beispielsweise der Kalk in einem Mergel gelöst, reichern sich Ton- und Schlufflagen an und verstopfen die Klüfte, die zur Abfuhr des Wassers nötig sind. Kann der Wasseraustausch nicht mehr stattfinden, wird auch kein Ca^{2+} mehr abgeführt, wodurch die weitere Karstbildung behindert wird.

5. Die Sättigungskurve (Abb. 2.10.2/1) beschreibt das Gleichgewicht zwischen CO_2-Gehalt und gelöstem $CaCO_3$ an, wobei Kalksättigung zu einer Ausscheidung, Kalkaggressivität zu einer weiteren Lösung führt. So wird bei gegebenen CO_2-Gehalten das in Wasser maximal auflösbare $CaCO_3$ markiert (Kalk-Kohlensäure-Gleichgewicht). Mithilfe der Sättigungskurve kann also diejenige Kalkmenge ermittelt werden, die durch die Mischung zweier kalkgesättigter Wässer zusätzlich gelöst werden kann. Dieser Prozess wird Mischungskorrosion genannt.

6. Für die Lösungen der Webgeo-Aufgaben sehen Sie bitte direkt in dem zugehörigen Modul nach.

7. Trockentäler können auf unterschiedliche Weise entstehen. Eine Möglichkeit ist, dass durch die fortschreitende Lösung des kalkigen Untergrundes die Durchlässigkeit des Gesteins immer mehr zunimmt, bis das ehemals oberflächlich abfließende Wasser vollständig versickert. Ein ähnlicher Effekt entsteht durch das Auftauen des Permafrostbodens in Karstgebieten, welcher den Untergrund zuvor abgedichtet hatte. Eine weitere Möglichkeit, die zur Entstehung von Trockentälern führen kann, ist die Absenkung des Grundwasserspiegels, z. B. durch tektonische Verschiebungen.

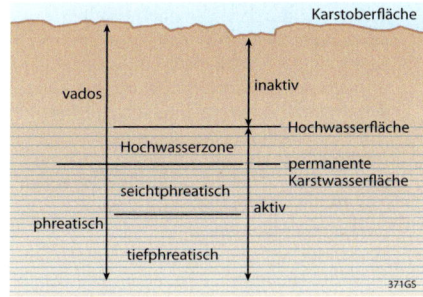

Abb. L 2.10/1 Karstwasserzonen (zu Aufgabe 8)

(Verändert nach Bögli, A. 1978)

8. Die Höhlenentstehung findet in der komplett wassergefüllten phreatischen Zone statt, wobei die Kalklösung dann möglich wird, wenn sich das Wasser/Grundwasser in fließendem Zustand befindet (Abtransport von Ca^{2+}). Gefördert wird diese Art der Höhlenbildung durch Mischungskorrosion.

9. Wichtigste Voraussetzung in diesem Beispiel sind die geologischen Gegebenheiten des gezeigten Gebiets. Zum einen nimmt die Höhe über NN von Norden nach Süden zu, zum anderen befinden wir uns im Bereich der süddeutschen Schichtstufenlandschaft mit von Nordwest nach Südost einfallenden Schichten. Daraus ergeben sich unterschiedliche Karstzonen. Nördlich von Stuttgart befinden wir uns in der Zone des seichten Karstes, in der der Karstkörper über dem Grundwasserspiegel liegt. Südlich schließt sich der immer noch vadose Bereich des offenen, tiefen Karstes an. Hier ist die Schwäbische Alb am höchsten – weiter südlich sinkt die Kalkplatte immer weiter ab, bis sie schließlich die innere, phreatische Zone erreicht, die größtenteils wassergefüllt ist. Hier finden ausgeprägte Verkarstungsprozesse statt. Bei dem Blautopf oder Quelltopf bei Blaubeuren (westlich von Ulm) handelt es sich um eine subaquatische Karstquelle.

10. In den Karsthöhlen herrschte ein extrem ausgeglichenes Mikroklima vor. Dies kann anhand der gut erhaltenen, z. T. 30 000 bis 40 000 Jahre alten, Höhlenbilder belegt werden.

11. Tropfsteine wachsen von innen nach außen, wodurch sie, je nach Niederschlagsverhältnissen im Winter und Sommer, eine Schichtung erhalten – ähnlich der Jahresringe bei Bäumen. *Zusatzinfo: Aus dem unterschiedlichen $^{16}O/^{18}O$-Gehalt (O_2-Isotope) können Rückschlüsse auf die Wassertemperaturen während der Verdunstung und damit auch auf die klimatischen Verhältnisse geschlossen werden.*

12. Die starke Verkarstung in den Tropen hat mehrere Ursachen. Zum einen war durch das Fehlen von Eiszeiten eine lange Bildungsperiode von bis zu 100 000 Jahren gegeben – d. h. der Verkarstungsprozess wurde nicht wie in den Mittelbreiten durch glaziale und periglaziale

Bedingungen unterbrochen. Daneben führen die hohen Niederschläge in den Tropen zu permanenten Lösungsgleichgewichten, sodass insgesamt trotz höherer Umgebungstemperaturen mehr abgeführt werden kann. Hinzu kommt die Tatsache, dass die mächtigere Boden- und Vegetationsbedeckung zu einem höheren Humingehalt als in den mittleren Breiten führt, wodurch der Säuregehalt des angreifenden Wassers deutlich größer ist.

13. Schlucklöcher werden zu Cockpits erweitert, die rasch in die Tiefe wachsen. Durch seitliche Korrosion der Cockpitdolinen entsteht der Kegelkarst. Abgelagerter Verwitterungslehm führt zu einer Abdichtung nach unten, sodass das kalkaggressive Wasser oberflächlich abfließen muss. Dabei kommt es zu einer Unterschneidung, wodurch die steilen, spezifischen Wände des Turmkarstes entstehen.

2.11 Äolischer Formenschatz

1. Nach Glg. 2.11.1/3 ergeben sich für u_* folgende gerundete Werte:

U(z=10m) [m/s]	U_*
10	0,49
20	0,99
30	1,48
40	1,97
50	2,47

mit $\ln(z/z_0) = \ln(10m/0,003m) = 8,11$ und $k = 0,4$

Der Zusammenhang zwischen Schubspanungsgeschwindigkeit u_* und Windgeschwindigkeit $u(z)$ in 10 m Höhe ist in folgender Abbildung dargestellt.

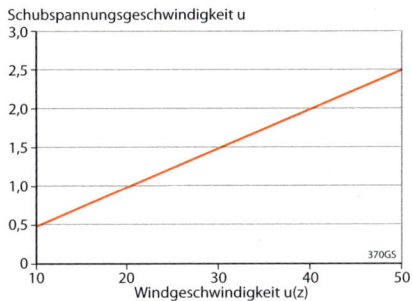

Schubspannungsgeschwindigkeit u

370GS

Windgeschwindigkeit u(z)

Abb. L 2.11/1 Schubspannungsgeschwindigkeit und Windgeschwindigkeit
(zu Aufgabe 1) (eigener Entwurf)

2. Die Lösungen finden Sie direkt im zugehörigen Webgeo-Modul.

3. Von der Form her sehen Barchane und Parabeldünen gleich aus – nämlich sichelförmig. Barchane sind die klassischen Wanderdünen, die unter konstanten Windrichtungen entstehen, wenn wenig Sand vorhanden ist. Dabei verläuft der Transport des Sandes an den Rändern etwas schneller als in der Mitte der Düne. Parabeldünen können aus Barchanen entstehen, wenn die Düne über feuchteren, vegetationsbedeckten Untergrund wandert. Die Ränder der Düne werden dabei durch die Vegetation fixiert, sodass nur das Mittlere der Düne weiter wandern kann. Dadurch verlagert sich die Öffnung der Düne hin zu der dem Wind zugewandten Seite.

4. a) Es entstehen Transversaldünen, worunter man Dünen versteht, die sich aus vielen Sicheldünen zusammensetzen.

b) Längsdünen entstehen bei hohen Windstärken und geringer Sandzufuhr, wobei der Untergrund nicht ganz dicht bewachsen sein darf.

c) Keine Dünen entstehen dann, wenn eine geschlossene bzw. sehr dichte Vegetationsdecke vorhanden ist, und die Windstärken sehr schwach sind. Auch ein unbegrenztes Sandangebot kann dann die Entstehung von Dünen nicht begünstigen.

5. An der höchsten Stelle der Düne verengt sich das Strömungsfeld, d. h. die Windgeschwindigkeit steigt. Dort, wo die Strömungslinien wieder auseinanderlaufen, also im Lee der Düne, entstehen nun auf Grund der plötzlich wieder langsamer werdenden Winde Verwirbelungen.

2.12 Küstenmorphologie

1. Das Steigen und Fallen des Wassers von einem Tiefstand zum nächsten wird **Tide** genannt. Die Differenz zwischen höchstem und niedrigstem Wasserstand einer Tide ist der **Tidenhub**. Für Wilhelmshaven sind mittlere Tidenkurven dargestellt.

Die Nomenklatur gilt auch für andere gezeitenbeeinflusste Küsten.

Ursache für die **Gezeiten** ist die Anziehungskraft von Mond und Sonne. Der Mond übt eine stärkere Wirkung aus, da er der Erde näher ist. Seine Position im Erdumlauf zusammen mit der Rotation der Erde bestimmt die Dauer einer Tide. Sie beträgt bei halbtägigen Gezeiten 12 Stunden und 25 Minuten. Daher verschiebt sich der Eintritt der Flut von Tag zu Tag um 50 Minuten.

Die durch die Gezeitenkräfte verursachte Wasserstandsänderung variiert je nach Stellung der Himmelskörper. Die niedrigeren **Nipptiden** entstehen bei Halbmond, wenn Sonne, Mond und Erde in einem rechten Winkel zueinander stehen und die Gezeitenwirkung des Mondes durch die der Sonne abgeschwächt wird. **Springtiden** entstehen bei Voll- und Neumond, wenn die Anziehungskraft des Mondes auf die Erde besonders groß ist. Sonne, Mond und Erde stehen annähernd auf einer Geraden, die Anziehungskräfte addieren sich.

Die ausgelösten Wasserspiegeländerungen variieren von wenigen Dezimeter in abgeschlossenen Meeren über ein bis zwei Meter im offenen Ozean, bis über zehn Meter in trichterförmigen Meeresbuchten – z. B. in der Bay of Fundy, New Brunswick, Kanada.

2. Zum einen können tektonische Bewegungen der Erdkruste zu Meeresspiegelgelschwankungen führen. Zum anderen führt die Bindung von Wasser als Eis während der Kaltzeiten zu einem Absenken und demnach das Abschmelzen der Gletscher, insbesondere von Schelfeisen, zu einem Steigen des Meeresspiegels. Eine weitere Ursache kann die Bewegung der Erdkruste durch isostatische Ausgleichsbewegungen sein.

3. Laut IPCC (**I**ntergovernmental **P**anel on **C**limate **C**hange) ist der globale Meeresspiegel in den letzten 100 Jahren um etwa 17 cm angestiegen. Bis 2 100 wird ein weiterer durchschnittlicher Anstieg zwischen 18 und 59 cm prognostiziert – abhängig von der zugrunde liegenden Modellrechnung. Interessanterweise ist der größte Teil des durch den Klimawandel induzierten Meeresspiegelanstiegs nicht auf das Abschmelzen der Eismassen, sondern auf die thermische Ausdehnung des Wassers zurückzuführen.
   In vielen Regionen der Erde, wie z.B. an der norddeutschen Küste ist ein derartiger Meeresspiegelanstieg durchaus verkraftbar, da bereits die Schutzvorkehrungen (z.B. in Hamburg) für Flutwellen in Höhe von acht Metern ausgelegt sind. Problematisch wird es nur, wenn der Winddruck zunimmt und die Hochwasserspitze bei einer Sturmflut diese Marke übersteigt. Anders sieht es für ärmere Länder dieser Erde aus. Bangladesch ist beispielsweise besonders betroffen, da die Siedlungen der Armen bereits auf

einer Höhe von 1 m ü. NN liegen und bei einem Rückstau des Wassers in das Brahmaputra-Delta diese Höhen sicherlich überflutet werden. Daher ist diese Region topographisch deutlich benachteiligt, und das bei einer gleichzeitig schlechten wirtschaftlichen Lage und den damit verbunden fehlenden oder extrem schlechten Maßnahmen des Küstenschutzes und –managements.

4. H. Valentin klassifiziert die Küsten der Erde in zwei Typen, welche weiter unterteilt werden können. So gibt es zum einen vorgerückte Küsten, die entweder aufgetaucht oder aufgebaut (organisch oder anorganisch) sein können. Zum anderen existieren zurückgewichene Küsten, die entweder zerstört oder untergetaucht sein können. Bei letzteren unterscheidet man die glazial (erosiv oder akkumulativ) oder fluvial gestalteten Küsten. Die Unterteilung kann in Abb. 2.12.2/1 nachgesehen werden.

5. Die folgenden Ausführungen stehen beispielhaft für mögliche Diskussionspunkte. Küsten können in vielfacher Hinsicht als bedrohte Räume angesehen werden. So haben sich in Mangroven-Küsten und auf Atollen sensible und seltene Ökosysteme ausgebildet, die bedroht sind durch einerseits den Klimawandel, andererseits jedoch auch durch touristische Nutzung.

Während der Trockenzeit sind die meisten Tiere auf die wenigen Wasserlöcher angewiesen. Die im Bild sichtbare Trockensavanne mit Mopane-Gehölzen (Colophospermum mopane) ist in weitem Umkreis um die Wasserstellen durch Überweidung stark aufgelichtet und degradiert. Die laub- und grasfressenden Großsäuger bilden mit der Savannenvegetation ein ökologisches Wirkungsgefüge.

Abb. 3/1 *Eine Elefantenherde, einige Steppenzebras und eine Oryx-Antilope versammeln sich an einer Wasserstelle im Etosha-Nationalpark in Namibia* (GLAWION, R.)

3 Biogeographie

Der Verlust der Biodiversität, globales Artensterben und die Zerstörung der Lebensräume durch die Folgen menschlicher Eingriffe in das Ökosystem Erde sind aktuelle Problemfelder, die täglich in den Medien thematisiert werden. Zu kurz kommt dabei oft das biogeographische Hintergrundwissen, um sachgerecht diskutieren zu können. Wie ist die Biodiversität auf der Erde verteilt und wie wird sie gemessen? Wie groß ist der aktuelle Artenpool, von dem wir ausgehen müssen, um den Artenverlust bilanzieren zu können? Gab es in der Erdgeschichte vergleichbare Artenverluste und Umweltveränderungen, wie heute? Welche Umwelteinflüsse wirken in welcher Weise auf die Organismen ein und wie reagieren diese auf Veränderungen? Wie funktionieren die ökosystemaren Zusammenhänge zwischen spezifischen Tier- und Pflanzengemeinschaften und ihren Lebensräumen? Biogeographische Fragestellungen reichen von der Evolution der Arten bis zu den ökosystemaren Auswirkungen des rezenten Klimawandels. Die **Biogeographie** ist die Lehre von der Verbreitung, erdgeschichtlichen Entwicklung und den landschaftlichen Umweltbeziehungen der Tier- und Pflanzengemeinschaften in den verschiedenen Erdräumen. Sie versteht die Lebewesen als Geofaktoren, Elemente bzw. Ausstattungsmerkmale der Landschaften und Bioindikatoren zur Kennzeichnung der Erdräume und der dort auftretenden Wirkungsgefüge. Somit ergeben sich folgende Fragestellungen, die durch spezielle **Arbeitsweisen** behandelt werden:

- Wieviele Tier- und Pflanzenarten gibt es und wie sind sie auf der Erde verbreitet? – Hiermit beschäftigt sich die **Arealkunde**, die auf den Erkenntnissen der Biodiversitätsforschung aufbaut (Kap. 3.1 und 3.2).
- Welche Beziehungen bestehen zwischen den Tieren und Pflanzen und zu ihrem Lebensraum? – Diese Fragestellung wird von der **ökologischen Biogeographie** beantwortet, die auch Einblicke in ökosystemare Stoffkreisläufe und Energieflüsse nimmt (Kap. 3.3, 3.4 und 3.5).

Exkurs: Was ist Leben?

Was unterscheidet Lebewesen von leblosen Systemen oder Gebilden? Die wichtigsten **Lebensmerkmale**, die in ihrer Summe eine Abgrenzung von unbelebten Systemen ermöglichen, sind

- **Stoffliche Zusammensetzung** aus organischen Molekülen (Proteine, Nukleinsäuren, u. a.), die nur von Lebewesen synthetisiert werden;
- Aktive **Bewegung** (Motilität) gegen Umweltgradienten, während leblose Gebilde sich ungesteuert entlang von Gradienten bewegen;
- **Reizaufnahme** von Umweltsignalen und Umsetzung in geeignete Reaktionen;
- **Ernährung** (Energiezufuhr) und Stoffwechsel (Energieumsatz) zur Aufrechterhaltung der hohen strukturellen und funktionellen Ordnung des Organismus;
- **Wachstum und Entwicklung** des Organismus durch Zellvermehrung, Zelldifferenzierung und Gestaltveränderung (im Gegensatz zu wachsenden Kristallen);

- **Fortpflanzung** (Reproduktion) als Generationenfolge zeitlich aneinandergereihter Lebenszyklen, wodurch das Leben der Sippe fortgesetzt wird;
- **Vererbung** als identische Vervielfältigung (Replikation) und Weitergabe einer genetischen Information;
- **Evolution** durch Mutationen (vererbte Veränderungen in der genetischen Information) und umweltbedingte Selektion, die zur Entwicklung neuer Arten führen kann.

Als **übergeordnetes Lebenskriterium** ist bei allen Organismen ihre Reproduktionsfähigkeit zu nennen. Lebewesen sind also hochkomplexe, selbstreproduzierende Biosysteme. Zu den größten Lebewesen gehören die Mammutbäume (*Sequoia spp.*) mit über 110 m Länge, zu den kleinsten die einzelligen *Mycoplasmen* mit einem Durchmesser von 0,3 μm. Die noch kleineren Viren dagegen erfüllen die Lebenskriterien nur teilweise und stellen außerhalb von Wirtszellen leblose organische Systeme dar.

(nach STRASBURGER, E. & A. BRESINSKY 2008)

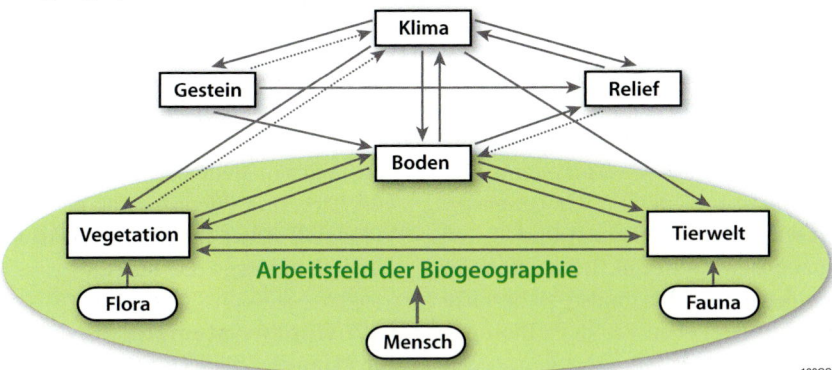

120GS

Durchgezogene Pfeile zwischen den Umweltbereichen bedeuten starke, punktierte Pfeile schwächere oder indirekte Einflüsse.

Abb. 3/2 *Das Arbeitsfeld der Biogeographie im Beziehungsgefüge der Umweltbereiche, dargestellt als einfaches Ökosystemmodell*   (eigener Entwurf)

- Wie wird die Vielfalt der pflanzlichen Erscheinungsformen auf der Erde beschrieben und geordnet? – Hiermit beschäftigt sich die **Vegetationsklassifikation**, die auch die Grundlagen für die Vegetationskartierung der Erde bereitstellt (Kap. 3.6 und 3.7).
- Welche erd- und stammesgeschichtlichen Ursachen sowie – in jüngerer Zeit – anthropogenen Einflüsse führten zur Entwicklung und heutigen Verbreitung der Arten und Lebensgemeinschaften? – Diese Fragestellung wird von der **historischen Biogeographie** bearbeitet (Kap. 3.8).
- Welche Funktionen erfüllt die Tier- und Pflanzenwelt für den Menschen und was müssen wir beachten, damit diese Ökosystemdienstleistungen nicht verlorengehen? – Mit diesen aktuellen Problemen beschäftigt sich die **Angewandte Biogeographie**, deren Fragestellungen in den einzelnen Kapiteln dieses Buches immer wieder angesprochen werden (z. B. Kap. 3.1.3, 3.8.4).

Obwohl die meisten dieser Fragestellungen sowohl die Tier- als auch die Pflanzenwelt betreffen, wird die Biogeographie klassischerweise in die Teildisziplinen **Tier- und Pflanzengeographie** untergliedert. Als Synonym für Pflanzengeographie wird teilweise noch der ältere Begriff **Vegetationsgeographie** verwendet.

Die Fragestellungen der Biogeographie behandeln nicht nur Pflanzen und Tiere, sondern auch ihre Wechselwirkungen mit den Umweltfaktoren (z. B. Boden, Gestein, Klima, Wasser, Relief) und dem Menschen. Dieses Beziehungsgefüge lässt sich als einfaches **Ökosystemmodell** darstellen, in dem das Arbeitsfeld der Biogeographie insbesondere die Umweltbereiche Flora/Vegetation, Fauna/Tierwelt, Boden und Mensch mit ihren Wechselwirkungen umfasst (Abb. 3/2). Überlappungen mit den Arbeitsfeldern der Geomorphologie und der Klimatologie finden sich insbesondere beim Umweltkompartiment Boden als zentralem Speicher- und Umsatzraum für energetische und stoffliche Prozesse. Als **Biosphäre** wird der von Lebewesen bewohnbare Raum der Erde bezeichnet, der die Gesamtheit der Ökosysteme umfasst. Die Biosphäre wird von Lebensgemeinschaften aus Pflanzen und Tieren (**Biozönosen**) bewohnt. Betrachten wir nur eine einzelne Biozönose, so bezeichnen wir ihren Lebensraum als **Biotop**.

Aufgaben

1. Beschreiben Sie an drei konkreten Beispielen die wechselseitigen Beziehungen zwischen Ökosystemkompartimenten (Umweltbereichen) in Abb. 3/2.
2. Welche Rolle spielt der Mensch in dem Ökosystemmodell (Abb. 3/2)?
3. Diskutieren Sie, welche Umweltbereiche in Abb. 3/2 zur Biosphäre gehören.
4. Diskutieren Sie, welche der genannten Lebensmerkmale von Viren nicht erfüllt werden.

3.1 Biodiversität: Grundlagen ihrer Erfassung und räumlichen Differenzierung

Die Arten- und Formenvielfalt der Pflanzen und Tiere auf der Erde erscheint unüberschaubar. Eine wichtige Aufgabe der Biogeographie besteht darin, diese Vielfalt zu ordnen, zu systematisieren und zu klassifizieren, um die Erdräume biogeographisch zu beschreiben.

Ziele des Kapitels

Nach Bearbeitung dieses Kapitels sollten Sie in der Lage sein, die folgenden Kernfragen zu beantworten:

- Was sind die wichtigsten Lebensmerkmale der Organismen? (vgl. Exkurs: Was ist Leben?)
- Mit welchen Methoden wird die Vielfalt der Tier- und Pflanzenarten geordnet?
- Wie viele Arten gibt es und wie ist ihre Vielfalt auf der Erde verteilt?

3.1.1 Sippensystematik der Pflanzen und Tiere

Um die Vielfalt der Organismen zu ordnen, bemühen sich die Zoologen und Botaniker seit Jahrhunderten, die Lebewesen nach morphologischen und neuerdings auch genetischen Merkmalen zu klassifizieren, wobei der stammesgeschichtliche (phylogenetische) Verwandtschaftsgrad entscheidend ist für die Eingruppierung in das hierarchisch-taxonomische System (Sippensystematik). Eine **Sippe** (Taxon, Plural: Taxa) bezeichnet eine Individuengruppe gleicher Abstammung innerhalb einer beliebigen Rangstufe dieses Systems. Sippen niederen Ranges (z. B. Arten, Gattungen) setzen sich zu umfassenderen Sippen höheren Ranges zusammen (z. B. Ordnungen, Klassen).

Die **Art** (Spezies) als Grundeinheit der Sippensystematik umfasst die Gesamtheit der Individuen, die sich auf natürliche Weise untereinander uneingeschränkt fortpflanzen und in allen typischen Merkmalen untereinander und mit ihren Nachkommen übereinstimmen. Arten, die sich durch bestimmte gemeinsame Merkmale von anderen unterscheiden, werden zu einer Gattung zusammengefasst. Mehrere verwandtschaftlich ähnliche Gattungen bilden eine Familie und so weiter (Tab. 3.1.1/1 und 3.1.1/2).

Sippensystematik der Pflanzen am Beispiel des Gänseblümchens (*Bellis perennis*)	
Systematisch-taxonomische Rangstufen	**Taxonomische Einheiten des Beispiels**
Reich*)	Pflanzen*)
Unterreich	Gefäßpflanzen *(Cormobionta)*
Abteilung	Samenpflanzen *(Spermatophyta)*
Unterabteilung	Bedecktsamer *(Angiospermae)*
Klasse	Zweikeimblättrige *(Dicotyledonae)*
Ordnung	*Asterales*
Familie	Korbblütler *(Asteraceae)*
Gattung	*Bellis*
Art	Gänseblümchen *(Bellis perennis)*
*) In den obersten Rangstufen gibt es heute neuere Einteilungen; wegen der Übersichtlichkeit wurde hier die klassische Einteilung gewählt.	

Tab. 3.1.1/1 *Sippensystematik der Pflanzen am Beispiel des Gänseblümchens (Bellis perennis)*   (eigener Entwurf)

Sippensystematik der Tiere am Beispiel der Großen Stubenfliege (*Musca domestica*)	
Systematisch-taxonomische Rangstufen	**Taxonomische Einheiten des Beispiels**
Reich*)	Tiere*)
Unterreich	Vielzellige Tiere *(Metazoa)*
Abteilung	Gliederfüßler *(Arthropoda)*
Unterabteilung	*Tracheata*
Klasse	Insekten *(Hexapoda)*
Ordnung	Zweiflügler *(Diptera)*
Familie	Echte Fliegen *(Muscidae)*
Gattung	*Musca*
Art	Große Stubenfliege *(Musca domestica)*
*) In den obersten Rangstufen gibt es heute neuere Einteilungen; wegen der Übersichtlichkeit wurde hier die klassische Einteilung gewählt.	

Tab. 3.1.1/2 *Sippensystematik der Tiere am Beispiel der Großen Stubenfliege (Musca domestica)*   (eigener Entwurf)

Um die internationale Vergleichbarkeit zu gewährleisten, werden die Arten mit lateinischen Bezeichnungen nach der **binären Nomenklatur** von CARL VON LINNÉ (1753) benannt. Der zweiteilige Artname besteht aus dem (groß geschriebenen) Gattungsnamen und dem nachgestellten (klein geschriebenen) Artepithet, z. B. *Bellis perennis* (Gänseblümchen, vgl. Tab. 3.1.1/1). Üblicherweise wird noch der Name des Erstbeschreibers angehängt (z. B. L. für CARL VON LINNÉ).

Die **Flora** umfasst die Gesamtheit der auf der Erde oder in einem Teilgebiet vorkommenden Pflanzensippen, die **Fauna** umfasst die Gesamtheit der Tiersippen. Als **Biota** bezeichnen wir die Gesamtheit aller Pflanzen- und Tiersippen der Erde oder eines bestimmten Teilraumes.

> ### *Aufgaben*
>
> 1. Nennen Sie aus Tab. 3.1.1/1 und 3.1.1/2 Beispiele für einzelne Pflanzen- und Tiersippen.
>
> **Hinweis:** Üben und wiederholen Sie Ihre Kenntnisse zur Sippensystematik mithilfe von 🔲 www.webgeo.de Modul „Systematik und Taxonomie der Pflanzen und Tiere"
>
> 2. Was ist der Unterschied zwischen Biota und Biozönose?

3.1.2 Globale Artenvielfalt

Rund 1,75 Millionen lebende Organismenarten sind weltweit beschrieben (IUCN 2011, HEYWOOD, V. & E. DOWDESWELL 1995). Davon gehören 75 % dem **Reich der Tiere** an, 17 % dem **Pflanzenreich** und 8 % werden den Protobionten zugeordnet, zu denen die Pilze, Algen und Flechten zählen (Abb. 3.1.2/1). Auch wenn Tiere und Pflanzen, insbesondere auf genetischer, biochemischer und zytologischer Ebene sehr viele Gemeinsamkeiten aufweisen, unterscheiden sie sich im Körperbau (bei Tieren kompakt mit stark reduzierter Oberfläche, Organe nach innen orientiert), in der Organspezialisierung (bei Tieren Tendenz zur Zentralisierung z. B. des Kreislauf- und Nervensystems), im Zellbau (Pflanzenzellen enthalten Plastiden, Zentralvakuole und Zellwand), in der

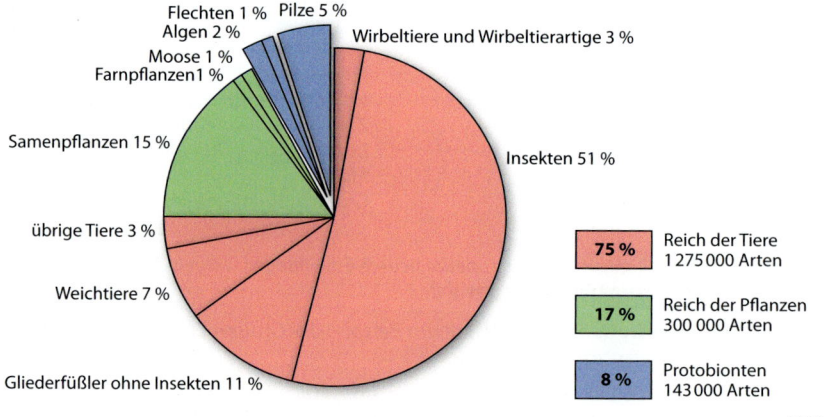

Die dargestellten Organismengruppen entsprechen nicht unbedingt den Einheiten des hierarchisch-taxonomischen Systems und liegen nicht alle auf gleicher hierarchischer Ebene.

Abb. 3.1.2/1 *Geschätzte Anteile einzelner Organismengruppen an der Gesamtheit der eukaryotischen Arten (= Arten mit vollständigem Zellkern)*

(nach CAMPBELL, N. 2007; STRASBURGER, E. 2008; RICHTER, M.1997)

Zellfunktion (Pflanzenzellen sind photo- und osmotroph) und in der Motilität (das typische Tier ist zur Ortsveränderung befähigt).

Das Tierreich wird sowohl arten- wie auch individuenmäßig von den **Insekten** dominiert, die mit rund 1 Million beschriebenen Arten sogar mehr als die Hälfte aller Organismenarten der Erde stellen (IUCN 2011). Die Erde müsste aus Sicht der Biodiversität als Insektenplanet bezeichnet werden. Als zweitgrößte Gruppe (11 % aller Organismenarten) folgen die übrigen Gliederfüßler (ohne Insekten), zu denen die Spinnentiere (102 000 Arten) und Krebse (47 000 Arten) gehören. Die drittgrößte Gruppe bilden die Weichtiere (Schnecken u.a.) mit 85 000 Arten. Erst an vierter Stelle stehen die **Wirbeltiere**, die mit 63 800 Arten nur 3 % aller Organismenarten beisteuern. Von den ca. 308 000 bekannten lebenden Pflanzenarten gehört die überwiegende Zahl (rund 269 000 Arten) den **Samenpflanzen** (Spermatophyta) an (IUCN 2011). Bis auf 1 000 nacktsamige Arten (Gymnospermae), zu denen unsere Nadelgehölze zählen, ist ihnen die große Gruppe der Bedecktsamer (Angiospermae) zugeordnet, zu denen unsere Laubgehölze, krautigen Pflanzen und Gräser gehören. Auf 12 000 Arten belaufen sich die **Farnpflanzen** (Pteridophyta) und auf 16 000 die **Moose** (Bryophyta). Die Zahl der beschriebenen **Algenarten** beträgt etwa 23 000, die Zahl der **Pilzarten** beläuft sich auf etwa 100 000 und die der Flechten auf 20 000 (STRASBURGER, E. & A. BRESINSKY 2008). Obwohl weltweit bisher nur ca. 1,75 Millionen Organismenarten beschrieben sind, wird die tatsächliche Anzahl auf mindestens 10 Millionen Arten geschätzt (CAMPBELL, N. 2007). Somit sind uns weniger als 17,5 % aller heute lebenden Arten bekannt. Während die meisten Gefäßpflanzenarten dokumentiert sind, bestehen erhebliche Defizite z. B. bei der Erforschung der Insektenvielfalt in den Tropen. Nach neuesten Hochrechnungen beläuft sich die Anzahl der eukaryotischen Organismenarten (= Arten mit vollständigem Zellkern) auf 8,7 Millionen (MORA, C. et al. 2011; SWEETLOVE, L. 2011).

3.1.3 Hotspots der Biodiversität und ihre Gefährdung

Die Mannigfaltigkeit der Formen von Lebewesen, die die pflanzliche und tierische Arten- und Lebensformenvielfalt sowie die genetische Vielfalt umfasst, wird als **Biodiversität** bezeichnet. Sie wird, neben florengeschichtlichen Hintergründen, stark von der Vielfalt der Lebensräume beeinflusst (**Geodiversität**). Bio- und Geodiversität bestimmen zusammen die **Ökodiversität** als Vielfalt ökologischer Systeme (BARTHLOTT, W. et al. 1996). In Abb. 3.1.3/1 werden die Zusammenhänge von Bio- und Geodiversität deutlich. Die Hotspots der globalen Biodiversität mit mehr als 4 000 Gefäßpflanzenarten pro 10 000 km² konzentrieren sich auf klimatisch und orographisch sehr komplexe Räume. Dazu gehören in erster Linie die tropischen Hochgebirge (Anden, Himalaya) und die im Einflussbereich auflandiger, niederschlagbringender Passate und Monsune gelegenen tropischen Küstengebirge (z.B. Ostbrasilien, Madagaskar, Teile Indonesiens und Mittelamerikas, Abb. 3.1.3/3,

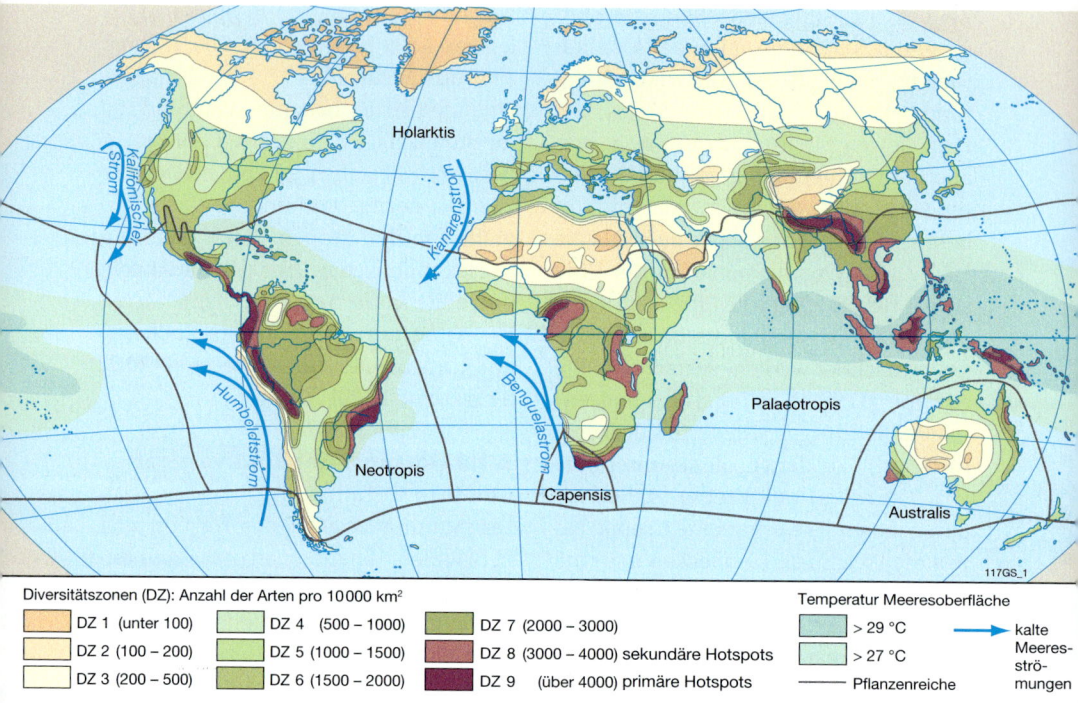

Diversitätszonen (DZ): Anzahl der Arten pro 10 000 km²

DZ 1 (unter 100)	DZ 4 (500 – 1000)	DZ 7 (2000 – 3000)	
DZ 2 (100 – 200)	DZ 5 (1000 – 1500)	DZ 8 (3000 – 4000) sekundäre Hotspots	
DZ 3 (200 – 500)	DZ 6 (1500 – 2000)	DZ 9 (über 4000) primäre Hotspots	

Temperatur Meeresoberfläche
- > 29 °C
- > 27 °C — kalte Meeresströmungen
- Pflanzenreiche

Die Diversitätszonen (DZ) werden nach den Artenzahlen der Gefäßpflanzen pro 10 000 km² eingeteilt. DZ 9 kennzeichnet primäre Hotspots der Biodiversität, DZ 8 sekundäre Hotspots.

Abb. 3.1.3/1 *Verteilung der Artenzahlen der Gefäßpflanzen auf der Erde als Maß für die globale Biodiversität* (verändert nach BARTHLOTT, W., W. LAUER & A. PLACKE 1996)

E 3.6.2/1 und 3.7.2/4d). 44 % aller Gefäßpflanzen und 35 % aller Wirbeltiere der Erde sind auf 25 Hotspots konzentriert, die nur 1,4 % der Landoberfläche der Erde einnehmen (MYERS, N. et al. 2000). Ausgerechnet in den Hotspots der Biodiversität schreitet die Zerstörung der Lebensräume durch den Menschen heute mit besonders großer Geschwindigkeit voran (z. B. Brasilien, Indonesien, Westafrika, Madagaskar). In den tropischen Anden, die mit 45 000 Pflanzenarten (davon 20 000 Endemiten) und knapp 3 400 Wirbeltierarten den artenreichsten Hotspot bilden, schrumpfte die Fläche der natürlichen Vegetation von 1 258 000 km² um 75 % auf 314 500 km² im Jahr 2000. Madagaskar mit seinem einzigartigen Endemitenreichtum (9 700 seiner 12 000 Pflanzenarten sind weltweit nur auf dieser Insel heimisch) verlor bis zum Jahr 2000 über 90 % seiner natürlichen Pflanzendecke (Tab. 3.1.3/1). Zu wenig beachtet wurden bisher die marinen Hotspots wie die durch die Klimaerwärmung bedrohten Korallenriff-Ökosysteme (Abb.3.1.3/2).

Hotspot	Ursprüngliche Verbreitung der Primärvegetation (km²)	Heute verbliebene Primärvegetation (km²)	(% der ursprünglichen Verbreitung)	davon geschützte Fläche (km²)	(%)	Pflanzenarten	Endemische Pflanzenarten	Wirbeltierarten (ohne Fische)	Endemische Wirbeltierarten (ohne Fische)
Tropische Anden	1 258 000	314 000	25,0	79 687	25,3	45 000	20 000	3 389	1 567
Mittelamerika	1 155 000	231 000	20,0	138 437	59,9	24 000	5 000	2 859	1 159
Karibik	263 500	29 840	11,3	29 840	100,0	12 000	7 000	1 518	779
Brasilianische Küstenwälder	1 227 600	91 930	7,5	33 084	35,9	20 000	8,000	1 361	567
Campos cerrados (Brasilien)	1 783 200	356 630	20,0	22 000	6,2	10 000	4 400	1 268	117
Madagaskar	594 150	59 038	9,9	11 548	19,6	12 000	9 704	987	771
Küstenwälder von Tansania/ Kenia	30 000	2 000	6,7	2 000	100,0	4 000	1 500	1 019	121
Westafrikanische Tropenwälder	1 265 000	126 500	10,0	20 324	16,1	9 000	2 250	1 320	270
Capensis	74 000	18 000	24,3	1 060	78,1	8 200	5 682	562	53
Mittelmeerraum	2 362 000	110 000	4,7	42 123	38,3	25 000	13 000	770	235
Sundaland*)	1 600 000	125 000	7,8	90 000	72,0	25 000	15 000	1 800	701
Festländ. Südost-Asien	2 060 000	100 000	4,9	100 000	100,0	13 500	7 000	2 185	528
Süd-Zentral-China	800 000	64 000	8,0	16 562	25,9	12.000	3 500	1 141	178
Polynesien/ Mikronesien	46 000	10 024	21,8	4 913	49,0	6 557	3 334	342	223

*) Malayische Halbinsel und Sumatra, Java, Borneo

Tab. 3.1.3/1 *Ausgewählte Hotspots der Biodiversität mit ursprünglicher und heutiger Ausdehnung der Primärvegetation sowie Anzahl der Arten von Gefäßpflanzen und Wirbeltieren* (nach MYERS, N. et al. 2000)

Auch wenn in Teilen dieser gefährdeten Regionen, in einem Wettlauf gegen das globale Artensterben, großflächige Schutzgebiete durch die Bemühungen internationaler Naturschutzorganisationen eingerichtet werden konnten, bleibt der nachhaltige Erfolg für den Artenschutz so lange in Frage gestellt, wie der Staat keine wirksame Überwachung gewährleisten kann. Schon jetzt zeigen Auswertungen von Satellitenbildern z. B. aus Brasilien und Indonesien, dass illegale Rodungen nicht vor den Grenzen neu eingerichteter Nationalparks Halt machen. Der anthropogen bedingte Artenschwund wird auf rund 100 Arten pro Tag geschätzt, von denen die meisten nicht bekannt sind und ihr potenzieller Wert für die Ernährung oder die Medizin niemals erfasst werden konnte. Nach ICUN (2011) sind rund 25 % der Säugetierarten, 13 % der Vogelarten und 41 % der Amphibienarten weltweit bedroht. Die Artenvielfalt der Erde ist zwischen 1970 und 2005 um 27 % gesunken; rund 34 000 Arten sind unmittelbar vom Aussterben bedroht (WWF 2008).

Abb. 3.1.3/3 *Das Braunkehl-Faultier (Bradypus variegatus) lebt im gefährdeten Biodiversitäts-Hotspot Mittelamerika. Auch wenn diese Art aus der Familie der Dreifinger-Faultiere bisher noch nicht gefährdet ist, schwindet ihr Lebensraum, der tropische Küstenregenwald in Costa Rica, durch Abholzung und Plantagenwirtschaft*

(GLAWION, R.)

Abb. 3.1.3/2 *Das Ökosystem Korallenriff gehört durch die Klimaerwärmung zu den weltweit am stärksten bedrohten Biodiversitäts-Hotspots*

Aufgaben

3. Wenn täglich 100 Arten aussterben, wie viele Arten werden jährlich ausgerottet? Wie lange würde es dauern, bis unter Zugrundelegung der gleichen jährlichen Aussterberate 1,75 Millionen Arten, d. h. größenordnungsmäßig die gesamte Anzahl der bekannten Tier- und Pflanzenarten, von der Erde verschwunden sein werden? Diskutieren Sie die Plausibilität einer solchen Prognose.

4. Diskutieren Sie die Ursachen der regionalen Verteilung der Biodiversitäts-Hotspots auf der Erde.

Exkurs: Wie wird Biodiversität erfasst?

Biodiversität kann quantitativ oder qualitativ beschrieben werden. R. Whittaker (1972) führte die Bezeichnungen Alpha-, Beta- und Gamma-Diversität ein (Abb. E 3.1.3/1). α-Diversität beschreibt die Anzahl von Arten in einer einzelnen Aufnahme eines Betrachtungsraums, während γ-Diversität die Gesamtzahl der Arten in allen Aufnahmen eines Untersuchungsgebietes einschließt. Die β-Diversität ist ein Maß für die Unähnlichkeit der Ökosysteme oder Florenregionen in Bezug auf ihre Artenausstattung und wird über verschiedene Algorithmen berechnet. Am bekanntesten ist die Bestimmung über den Sörensen-Index (Abb. E 3.1.3/2). Die allgemeine Formel des Sörensen-Koeffizienten lautet (Hobohm, C. 2000):

$$KS = 2C / (2C + A + B)$$

A = Zahl der Arten, die in einem Gebiet a vorkommen, nicht aber in Gebiet b
B = Zahl der Arten, die in einem Gebiet b vorkommen, nicht aber in Gebiet a
C = Zahl der Arten, die sowohl in Gebiet a als auch Gebiet b vorkommen.

Strebt der Wert von KS gegen 0, sind die Gebiete a und b maximal verschieden, strebt er gegen 1, sind die Gebiete maximal ähnlich.

Der Sörensen-Koeffizient ist eine Kenngröße, die auch Auskunft über den Floren- oder Faunenkontrast zwischen zwei Gebieten a und b erteilt (vgl. Kap. 3.2.4).

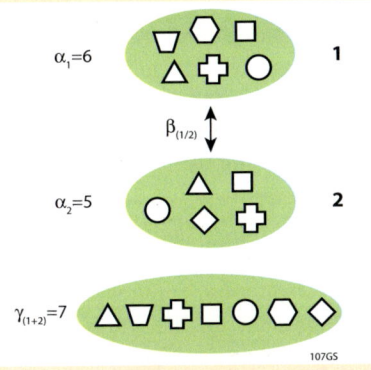

In diesem Beispiel bezeichnen 1 und 2 die Artenlisten verschiedener Pflanzenaufnahmen (Plots). Die γ-Diversität ermittelt die Gesamtzahl der Arten in 1 und 2, wobei jede Art nur einmal gezählt wird. Die β-Diversität ist ein Maß für die Unterschiedlichkeit der Plots und kann z. B. über den Sörensen-Index berechnet werden.

Abb. E 3.1.3/1 Schema zur Alpha-, Beta- und Gamma-Diversität
(verändert nach Beierkuhnlein, C. 2007)

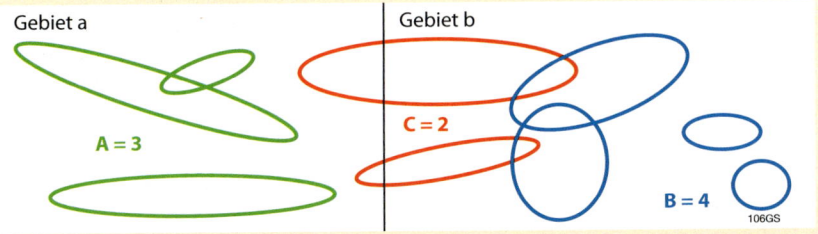

Die 3 Arten mit den grünen Arealen sind auf das Gebiet a beschränkt (A=3), die 4 Arten mit den blauen Arealen auf das benachbarte Gebiet b (B=4). Nur die Arten mit den roten Arealen erstrecken sich über beide Gebiete (C=2). Berechnung des Sörensen-Koeffizienten für dieses Beispiel: KS = 2 x 2 / (2 x 2 + 3 + 4) = 4 / 11 = 0,36

Abb. E 3.1.3/2 Vereinfachtes Beispiel zur Ermittlung der Unähnlichkeit (β-Diversität) bzw. des Floren- oder Faunenkontrastes zwischen zwei Gebieten a und b   (eigener Entwurf)

3.2 Arealkunde

Die Arealkunde untersucht die Verbreitung der Pflanzen und Tiere im Raum. Jede Tier- oder Pflanzensippe lebt in einem spezifischen Verbreitungsgebiet, ihrem **Areal**.

Ziele des Kapitels

Nach Bearbeitung dieses Kapitels sollten Sie in der Lage sein, die folgenden Kernfragen zu beantworten:

- Welche unterschiedlichen Formen von Arealen gibt es, welche Ursachen haben sie und wie werden sie geordnet?
- Wie lassen sich die Beziehungen zwischen Arealtypen, Umwelteinflüssen und erdgeschichtlichen Vorgängen erklären?
- Wie sieht die floristische und faunistische Großgliederung der Erde aus?

3.2.1 Arealgrenzen und Verbreitungskarten

Form, Größe und Dynamik eines Areals werden sowohl von der entwicklungsgeschichtlichen Anpassung der Sippe als auch von den auf sie einwirkenden Umweltfaktoren bestimmt. Eine evolutiv neu entstandene Pflanzensippe breitet sich von ihrem Ursprungsort innerhalb ihres durch Küsten o. ä. begrenzten **potenziellen Areals** aus (Abb. 3.2.1/1). Klimatische, orographische, edaphische oder biotische Verbreitungsschranken (z. B. Hochgebirge, Wüsten, Sümpfe) definieren die engeren Grenzen ihres **realen Areals**. Hat die Ausbreitungsgeschwindigkeit seit Entstehung oder Neueinwanderung der Art bisher nicht ausgereicht, um die Grenzen des potenziellen Areals zu erreichen, sprechen wir von einer temporären Grenze (Abb. 3.2.1/1). Viele nacheiszeitlich nach Mitteleuropa wieder eingewanderte Arten besitzen temporäre Arealgrenzen.

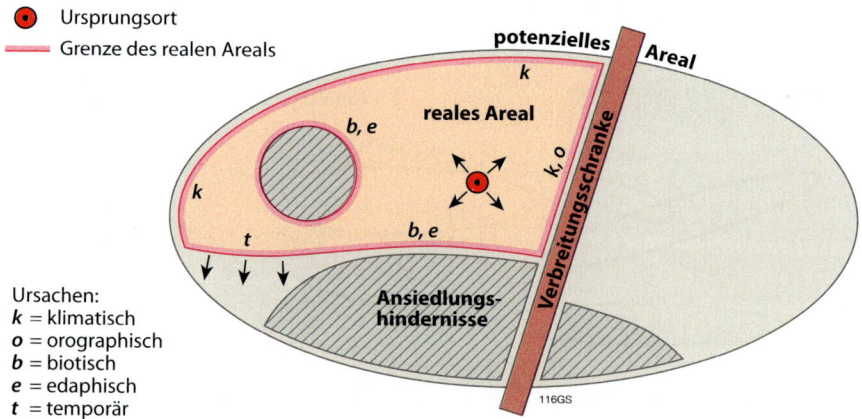

Abb. 3.2.1/1 *Potenzielles und reales Areal, Ausbreitung und Arealgrenzen einer neu entstandenen Pflanzensippe* (verändert nach SCHROEDER, F.-G. 1998)

Bei vielen Tierarten erfolgt die Ausbreitung aktiv aus eigener Kraft (**Autochorie**). Die meisten Pflanzenarten machen sich passive ausbreitungsökologische Mechanismen ihrer **Diasporen** zu Nutze (**Allochorie**).

Verbreitungskarten geben Aufschluss über die Einwanderungsgeschichte und die Bindung einer Art an besondere Standortverhältnisse. Abb. 3.2.1/2 weist die Verbreitungsschwerpunkte von *Ilex aquifolium* und *Aster amellus* in SW-Deutschland als Flächensignaturen und die Einzelfundorte als Punktsignaturen aus.

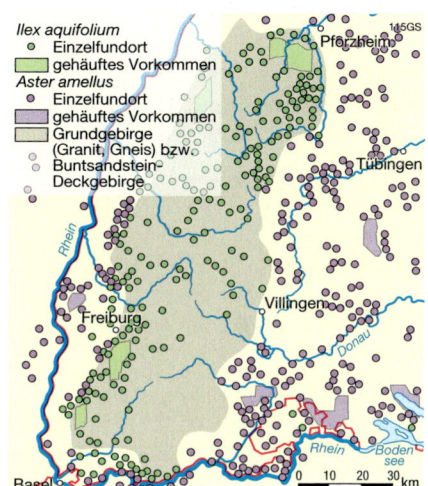

Abb. 3.2.1/2 *Die Verbreitung von Ilex aquifolium (Stechpalme) und Aster amellus (Kalk-Aster) in SW-Deutschland*
(verändert nach REICHELT, G. & O. WILMANN 1973)

Aufgaben

1. Wie sind die Verbreitungsgrenzen von *Ilex aquifolium* (Stechpalme) und *Aster amellus* (Kalk-Aster) in Abb. 3.2.1/2 zu erklären?

   Hinweis: Ziehen Sie eine geologische Karte und eine Klimakarte hinzu (z. B. DIERCKE Weltatlas 1. Aufl. 2008, 48 und 52). Vertiefen Sie Ihre Kenntnisse in den Lernmodulen „Grenzen von Arealen" und „Darstellung und Gestalt von Arealen" in 🖥 *www.webgeo.de*

2. Durch welche Umweltmedien können Diasporen passiv ausgebreitet werden? Welche speziellen Eigenschaften für die allochore Ausbreitung müssen diese Diasporen besitzen?

3.2.2 Arealmuster

Areale können grob nach Form, Größe und Dynamik eingeteilt werden. Bei der Arealform unterscheiden wir **kontinuierliche** und **disjunkte** Areale. Kontinuierliche Areale sind in sich geschlossen (z. B. bei *Ilex aquifolium* in Abb. 3.2.1/2), disjunkte Areale besitzen mehrere Teilareale, die heute keinen Kontakt und genetischen Austausch untereinander haben. Die Teil-

areale können entweder gleich groß sein (Abb. 3.2.2/1 ⓑ) oder aus einem Hauptareal und mehreren verstreuten Exklaven bestehen (Abb. 3.2.2/1 ⓒ). **Kosmopoliten** besiedeln Areale, die sich über mehrere Kontinente erstrecken (z. B. die anthropogen verbreitete Große Brennessel), während **Endemiten** nur in einem eng begrenzten Gebiet vorkommen. Wenn das Areal dabei in Ausdehnung begriffen ist (**progressives Areal**), sprechen wir von Neoendemismus, bei einer Arealschrumpfung (**regressives Areal**) von Reliktendemismus. Bekannte Beispiele für **Reliktendemiten** sind die Arten der Gattung *Sequoia* (Mammutbaum), die heute nur noch in sehr kleinen Arealen in California/USA vorkommen, und der Gattung *Ginkgo*, die im Mesozoikum

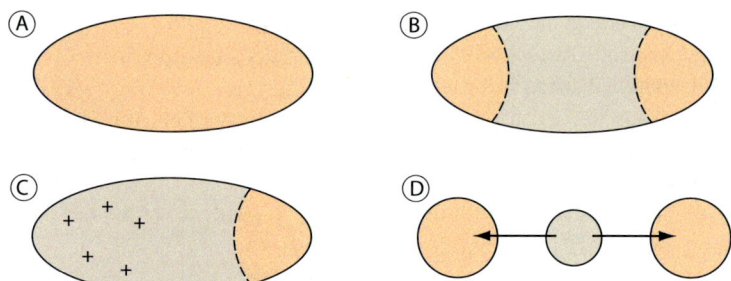

Ⓐ *Geschlossenes Areal, aus dem sich disjunkte Areale bilden können.*
Ⓑ *Entstehung gleichgroßer Teilareale durch Erlöschen des Vorkommens im Zentrum des ehemals geschlossenen Areals (regressives Areal).*
Ⓒ *Teilareal und Reliktvorkommen (Kreuze) in einem ehemals größeren Areal (regressives Areal).*
Ⓓ *Sprunghafte Ausbreitung, wobei im Ausgangsgebiet das Vorkommen erlöschen kann (progressives Areal).*

Abb. 3.2.2/1 *Schematische Darstellung verschiedener Formen der Entstehung disjunkter Areale*   (verändert nach SCHMITHÜSEN, J. 1968)

über mehrere Kontinente verbreitet war und heute nur noch mit der Art *Ginkgo biloba* in Südost-China vertreten ist (Abb. 3.2.2/2). Areale von Sippen in früheren erdgeschichtlichen Zeitaltern bezeichnen wir als **fossile Areale**, heutige Verbreitungsgebiete als **rezente Areale**.

● Fossilfunde aus dem Jura
● Fossilfunde aus der Kreide
● Fossilfunde aus dem Tertiär
● gegenwärtiges natürliches Vorkommen

Abb. 3.2.2/2 *Verbreitung der Gattung Ginkgo seit dem Jura als Beispiel für Relikt-endemismus*   (verändert nach HOFMANN, M. 1985)

Aufgaben

3. Wie ist die unterschiedliche Verbreitung der Gattung *Ginkgo* auf den Kontinenten im Mesozoikum und Känozoikum zu erklären (Abb. 3.2.2/2)?

Hinweis: Machen Sie sich anhand geeigneter Karten und Animationen (www.webgeo.de, Module „Kosmopoliten und Endemiten" sowie „Plattentektonik") die erdgeschichtlichen und ausbreitungsbiologischen Vorgänge in diesen Erdzeitaltern klar.

4. Wie kommt es zu Arealdisjunktionen? Erläutern Sie die Entstehung disjunkter Areale in Abb. 3.2.2/1.

Hinweis: Machen Sie sich diese Vorgänge an verschiedenen Beispielen in www.webgeo.de (Modul „Darstellung und Gestalt von Arealen") klar.

5. Rekonstruieren Sie die Arealdynamik der eiszeitlichen Flora in Mitteleuropa im Spät- und Postglazial. Welche Arealform hat diese glaziale Reliktflora heute?

Hinweis: Machen Sie sich diese Vorgänge am Beispiel der Zwergbirke (Betula nana) in www.webgeo.de (Modul: „Die arktisch-alpine Disjunktion") klar.

3.2.3 Arealtypen

Ein **Arealtyp** ist eine Gruppe von Pflanzen- oder Tierarealen mit weitgehender Deckungsgleichheit auf Grundlage der Form, Größe, geographischen Lage und der ökologischen Ausstattung. Die Abgrenzung erfolgt nach topographischen, ökologischen und zoo- bzw. vegetationsgeographischen Merkmalen (z. B. europäisch-ozeanisch-borealer Arealtyp). Eine bekannte Methode zur Arealtypenbestimmung stellt die dreidimensionale **Arealdiagnose** nach H. MEUSEL, E. JÄGER & E. WEINERT (1965) dar (Abb. 3.2.3/1). Areale werden entsprechend ihrer geographischen Form und Lage bestimmten Florenzonen, Ozeanitäts- bzw. Kontinentalitätsstufen und Höhenstufen zugeordnet. Während die horizontale Differenzierung in zehn Florenzonen das global-zonale Temperaturgefälle wiedergibt, drückt die weitgehend meridionale

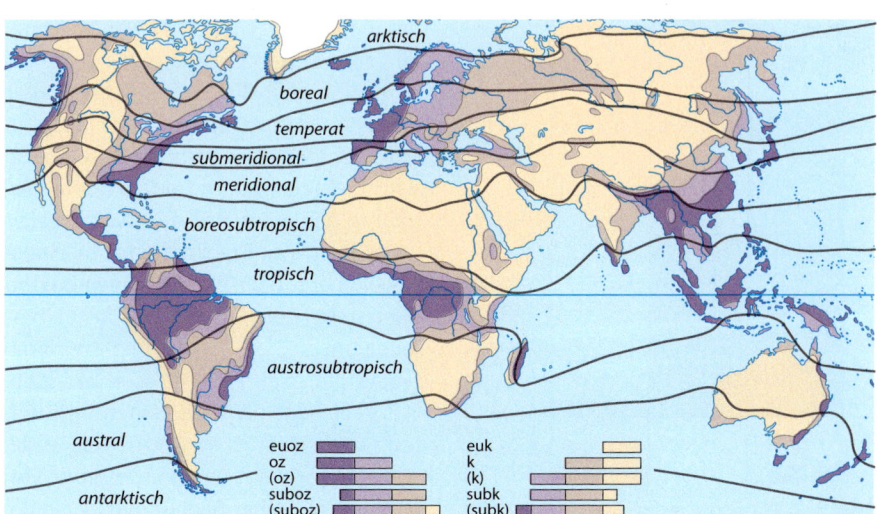

Abb. 3.2.3/1 *Florenzonen und Ozeanitäts-/Kontinentalitätsstufen der Erde als Grundlage für die Arealdiagnose nach* MEUSEL *H., E.* JÄGER *& E.* WEINERT (nach STRASBURGER, E. 2008)

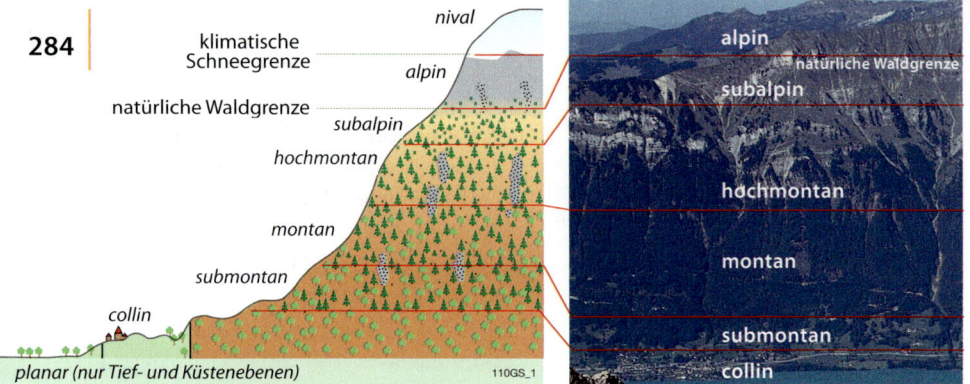

nival

klimatische
Schneegrenze

alpin

natürliche Waldgrenze

subalpin

hochmontan

montan

submontan

collin

planar (nur Tief- und Küstenebenen)   110GS_1

alpin

natürliche Waldgrenze

subalpin

hochmontan

montan

submontan

collin

Das Foto zeigt die Vegetationshöhenstufen vom Ufer des Brienzer Sees (564 m) bis zum Riedergrat
(2137 m) im Berner Oberland (Schweizer Alpen).   (Foto GLAWION, R.)

Abb. 3.2.3/2 *Höhenstufen der Vegetation in den Alpen*   (nach WEBGEO.DE)

Gliederung nach 6–10 Stufen der Ozeanität/Kontinentalität die peripher-zentrale Differenzierung der Tages- und Jahrestemperaturamplituden und des jahreszeitlichen Niederschlagsregimes innerhalb

%	ozeanisch	neutral	kontinental	
5	0,2 %	0,5 %		arktisch
5	2,0 %	2,6 %	1,3 %	boreal
50	49,0 %			
40				
30		28,3 %		temperat
20				
10				
			2,5 %	
5	2,8 %	2,5 %		submeridional und meridional

Abb. 3.2.3/3 *Geoelement- oder Arealtypenspektrum des Raumes um Stolberg bei Aachen*
(nach REICHELT, G. & O. WILMANNS 1973)

der Kontinente aus. Die hypsometrische Verbreitung wird durch eine Gebirgsgliederung in sieben Höhenstufen berücksichtigt (Abb. 3.2.3/2). Aus einer größeren Zahl von Arealen mit ähnlicher Größe, Form und Lage ergibt sich der Arealtyp. Die zugehörigen Sippen werden als Geoelemente (Florenelemente) bezeichnet.

Unter einem **Floren**- oder **Geoelement** versteht man also eine Gruppe von Arten mit gleicher rezenter Hauptverbreitung. Für eine Florenanalyse eines Gebietes wird zunächst die Zugehörigkeit aller darin vorkommenden Arten zu einem der Geoelemente ermittelt. Danach wird die absolute und prozentuale Verteilung der Arten auf die Geoelemente berechnet. Das Ergebnis wird in einem Geoelement- oder **Arealtypenspektrum** dargestellt (Abb. 3.2.3/3). Als Bezugssystem kann z. B. das Arealtypen-Koordinatensystem nach H. MEUSEL et al. (Abb. 3.2.3/1) oder die Geoelemente-Einteilung nach H. WALTER (1986) verwendet werden. Arealtypenspektren sind von großer praktischer Bedeutung für die florengeographische und ökologische Kennzeichnung eines bestimmten Gebietes.

Aufgaben

6. Führen Sie die dreidimensionale Arealdiagnose der Traubenhyazinthe (*Muscari
botryoides*) nach H. Meusel et al. durch
(Abb. A 3.2.3/1), unter Zuordnung der

- Florenzone(n)
- Ozeanitätsstufe(n)
- Höhenstufe(n).

*Hinweis: Bearbeiten Sie für den Lösungs-
weg* 🖳 *www.webgeo.de*
Modul „Arealdiagnose nach Meusel,
Jäger, Weinert".

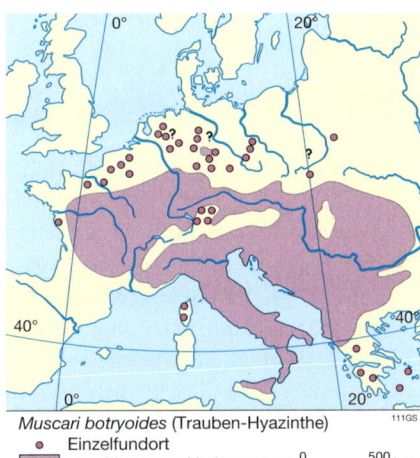

Muscari botryoides (Trauben-Hyazinthe)   111GS
- Einzelfundort
- geschlossenes Vorkommen   0 ⊢—⊢—⊣ 500 km

Abb. A 3.2.3/1 Das Areal von *Muscari botryoides* (Trauben-Hyazinthe) (zu Aufgabe 6)
(nach Reichelt, G. & O. Wilmann 1973)

7. Warum ist die Waldgrenze im Foto von
Abb. 3.2.3/2 gegenüber der natürlichen
Waldgrenze (siehe Höhenstufenprofil)
so stark gedrückt?

8. Beschreiben Sie die Klimatönung des
Stolberger Raumes aufgrund der Florenanalyse (Abb. 3.2.3/3)

3.2.4 Floren- und Faunenreiche

Die Zusammenfassung von Sippen ähnlicher Verbreitung zu Arealtypen ist
die Grundlage für ein hierarchisches
biogeographisches Ordnungssystem
auf der Erde, das von den Floren- und
Faunenprovinzen über die entsprechenden Regionen zu den Floren- und
Faunenreichen führt. Je höher die
Rangstufe, desto stärker ist der **Floren-**
oder **Faunenkontrast** durch Sippen
höherer Rangordnungen des taxonomischen Systems (also Familien, Ordnungen, Klassen) und desto höher ist
die Anzahl der Endemiten. Der Floren-
oder Faunenkontrast zwischen zwei Gebieten wird durch den Sörensen-Koeffizienten ausgedrückt (vgl. Exkurs Abb.
E 3.1.3/2). Als weitere Kenngröße markiert das floristische bzw. faunistische
Gefälle den Kontrast, der auf 100 km
Entfernung zwischen den beiden Gebieten besteht.

Aufgrund ihres starken biologischen
Kontrastes und des steilen floristischen
bzw. faunistischen Gefälles an ihren
Grenzen werden sechs **Floren-** und fünf
Faunenreiche auf der Erde unterschieden (Abb. 3.2.4/1). Die Grenzen sind
nicht immer scharf definiert, sondern
bilden bei einem flachen floristischen
bzw. faunistischen Gefälle breite Über-
gangssäume (z. B. zwischen den Faunenreichen der Paläotropis und der
Holarktis im Bereich der Sahara). Manche Autoren untergliedern die faunistische Paläotropis in die eigenständigen
Faunenreiche der Äthiopis und der
Orientalis und die Holarktis in die Faunenreiche der Paläarktis und der Nearktis.

Untereinheiten der Faunenreiche sind mit unterbrochenen Linien abgegrenzt und mit kleiner Schrift benannt.

Abb. 3.2.4/1 *Florenreiche und Faunenreiche der Erde*   (nach CZIHAK, G. et al. 1996)

Die heutige Lage der Floren- und Faunenreiche ist nur aus den erdgeschichtlichen Vorgängen der Plattentektonik zu erklären. Durch plattentektonische Bewegungen sind einst zusammenhängende Reiche heute durch breite Ozeane geteilt (z. B. die **Holarktis**, die sich über Nordamerika und Eurasien erstreckt, und die Antarktis, die außer dem antarktischen Kontinent noch das südwestliche Neuseeland und Patagonien umfasst). Wegen der späten Öffnung des Nordatlantik im Alttertiär sind die floristischen und faunistischen Gemeinsamkeiten in den nordamerikanischen (nearktischen = neuweltlichen) und eurasischen (paläarktischen = altweltlichen) Teilgebieten der Holarktis noch recht groß. Während der pleistozänen Kaltzeiten erlitten die mittleren und nördlichen Gebiete der Paläark-

tis eine starke Artenverarmung im Vergleich zur Nearktis. Als typische Vertreter der Holarktis sind die vier heimischen Nadelbaumgattungen *Abies* (Tanne), *Picea* (Fichte), *Pinus* (Kiefer) und *Larix* (Lärche) zu nennen. Die **Paläotropis** („Altweltliche Tropen") ist das Florenreich mit den meisten Pflanzenarten der Erde. 47 % aller tropischen Gattungen kommen nur in der Paläotropis vor. Es bestehen kaum biogeographische Gemeinsamkeiten mit dem zweiten tropischen Florenreich, der **Neotropis** („Neuweltliche Tropen"), da sich der Südatlantik zwischen Afrika und Südamerika bereits in der Unterkreide öffnete. Nur 13 % aller tropischen Blütenpflanzengattungen kommen in beiden tropischen Florenreichen vor. Als typisches Beispiel für die Konvergenz von

Lebensformen werden die echten Kakteen der Neotropis (*Cactaceae*) auf vergleichbaren Wüstenstandorten in der Paläotropis durch Arten sukkulenter Wolfsmilchgewächse (*Euphorbiaceae*) vertreten (vgl. Exkurs Abb. E 3.3.3/1). Durch die frühe Trennung vom südlichen Urkontinent Gondwana und die sehr lange evolutive Eigenentwicklung nimmt die **Australis** heute eine stark isolierte Stellung unter den Floren- und Faunenreichen ein. Unter den 10 000 Pflanzenarten sind 86 % endemisch. Das einzigartige Vorkommen von Beutelsäugetieren und der endemischen Gattung *Eucalyptus* mit 450 Arten betont die biologisch eigenständige Stellung des Kontinents. Floristische Beziehungen zum Antarktischen Florenreich und zur Capensis werden über mehrere Pflanzenfamilien hergestellt, wie z. B. *Proteaceae* und *Restionaceae*. Sie weisen auf den ehemals zusammenhängenden Südkontinent Gondwana hin, der ab der frühen Kreide zerbrach und aus dessen Teilen die heutigen Kontinente bzw. Subkontinente Südamerika, Afrika, Australien, Antarktis und Indien entstanden. Das **Antarktische Florenreich** umfasst die Südinsel Neuseelands, Südwest-Patagonien und den Antarktischen Kontinent mit 13 Pflanzengattungen, darunter die Südbuche (*Nothofagus*, Abb. 3.2.4/2) und die *Araucarie* (Abb. 3.7.2/4b).

An der Südspitze Afrikas hat sich die **Capensis** als eigenes Florenreich mit über 6 000 Blütenpflanzen entwickelt, unter denen viele Endemiten sind. Viele bekannte Zierpflanzen unserer Gärten (z. B. *Clivia, Amaryllis, Geranium, Ixia, Fresia, Strelitzia*) stammen aus der Capensis (KLINK, H.-J. 1998).

Abb. 3.2.4/2 *Südbuchenwald in Neuseeland* (GLAWION, R.)

Aufgabe

9. Bestimmen Sie den Florenkontrast nach dem SÖRENSEN-Koeffizienten

a) zwischen zwei Gebieten a und b:

Artenzahl A	(nur in a, nicht in b vorkommend) = 80
Artenzahl B	(nur in b, nicht in a vorkommend) = 20
Artenzahl C	(in a und in b vorkommend) = 50

b) zwischen zwei Gebieten x und y:

Artenzahl X	(nur in x, nicht in y vorkommend) = 175
Artenzahl Y	(nur in y, nicht in x vorkommend) = 225
Artenzahl Z	(in x und in y vorkommend) = 300

Welche Vergleichsgebiete haben größere floristische Gemeinsamkeiten (a–b oder x–y)?

Hinweis: *Machen Sie sich die Berechnung des Florenkontrastes anhand des Exkurses „Wie wird Biodiversität erfasst" klar (Kap. 3.1.3).*

3.3 Abiotische Umwelt-beziehungen

Das Beziehungsgefüge zwischen den Tieren und Pflanzen und ihrem Lebensraum wird von der **ökologischen Biogeographie** untersucht. Hierzu gehören die Wechselwirkungen der Organismen mit ihrer abiotischen Umwelt (Kap. 3.3), die Interaktionen zwischen den Lebewesen (Kap. 3.4) sowie die Einbindung der Organismen in die Energieflüsse und Stoffkreisläufe der Ökosysteme (Kap. 3.5).

Ein abiotischer bzw. biotischer Ökosystem-Bestandteil einschließlich der von ihm ausgehenden Wirkungen auf Organismen oder Lebensgemeinschaften wird als **Standortfaktor** (Umwelt-faktor, ökologischer Faktor) bezeichnet (Abb. 3.3/1). Somit umfasst der **ökologische Standort** die Gesamtheit der am ständigen Aufenthalts- oder Wuchsort eines Organismus oder einer Biozönose (Lebensgemeinschaft) auf diese einwirkenden physikalischen und chemischen Bedingungen („reale Lebensstätte"). In der **Land- und Forstwirtschaft** sowie von einigen Autoren der Pflanzenökologie (z. B. PFADENHAUER, J. 1997; SCHMITHÜSEN, J. 1968) wird der Standort unabhängig von den ihn aktuell besiedelnden Lebewesen als Gesamtheit aller naturgegebenen, für das Leben wichtigen Eigenschaften einer bestimmten Stelle im Gelände betrachtet (Raumqualität, „potenzielle Lebensstätte"). Dieser

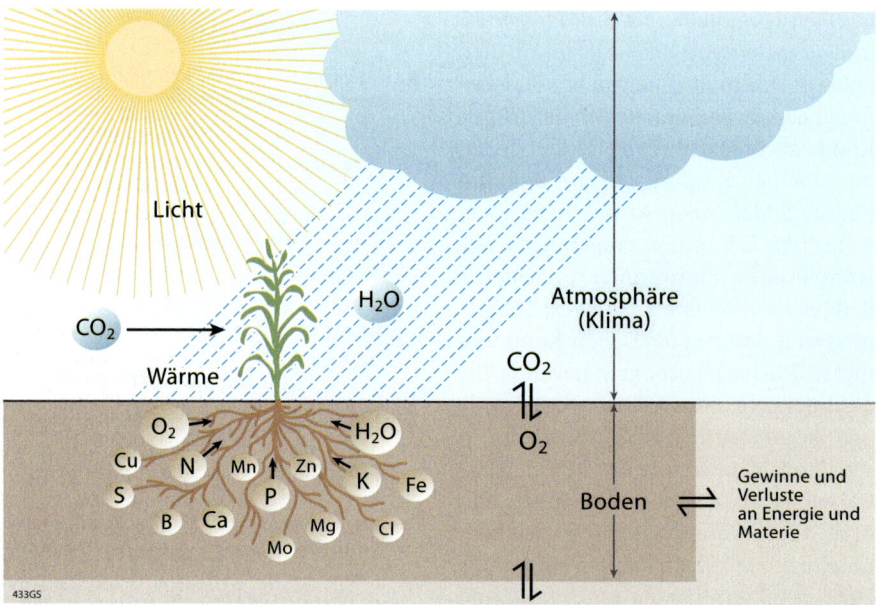

Abb. 3.3/1 *Der ökologische Standort als Gesamtheit der auf die Pflanze einwirkenden physikalischen und chemischen Bedingungen (Umweltfaktoren)*
(verändert nach KLINK, H.-J. 1998; BLUM, W. 2007)

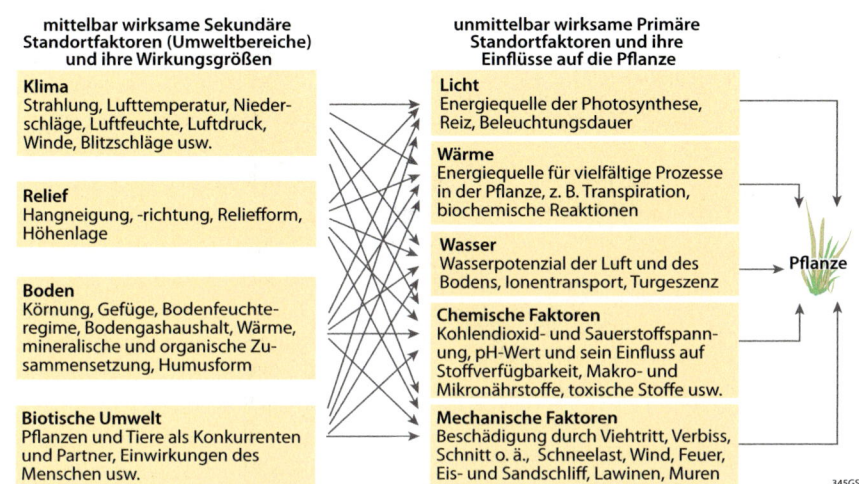

mittelbar wirksame Sekundäre Standortfaktoren (Umweltbereiche) und ihre Wirkungsgrößen	unmittelbar wirksame Primäre Standortfaktoren und ihre Einflüsse auf die Pflanze
Klima Strahlung, Lufttemperatur, Niederschläge, Luftfeuchte, Luftdruck, Winde, Blitzschläge usw.	**Licht** Energiequelle der Photosynthese, Reiz, Beleuchtungsdauer
	Wärme Energiequelle für vielfältige Prozesse in der Pflanze, z. B. Transpiration, biochemische Reaktionen
Relief Hangneigung, -richtung, Reliefform, Höhenlage	
	Wasser Wasserpotenzial der Luft und des Bodens, Ionentransport, Turgeszenz
Boden Körnung, Gefüge, Bodenfeuchteregime, Bodengashaushalt, Wärme, mineralische und organische Zusammensetzung, Humusform	**Chemische Faktoren** Kohlendioxid- und Sauerstoffspannung, pH-Wert und sein Einfluss auf Stoffverfügbarkeit, Makro- und Mikronährstoffe, toxische Stoffe usw.
Biotische Umwelt Pflanzen und Tiere als Konkurrenten und Partner, Einwirkungen des Menschen usw.	**Mechanische Faktoren** Beschädigung durch Viehtritt, Verbiss, Schnitt o. ä., Schneelast, Wind, Feuer, Eis- und Sandschliff, Lawinen, Muren

Pflanze

345GS

Die Wirkungsgrößen der sekundären Standortfaktoren (z. B. Niederschlag, Hangneigung, Bodenkörnung) beeinflussen oder steuern die Ausprägung, Intensität und Verfügbarkeit der primären Standortfaktoren (z. B. Licht, Wasser, Nährstoffe), die unmittelbar von der Pflanze für Wachstum und Entwicklung benötigt werden.

Abb. 3.3/2 *Beziehungen zwischen den sekundären Standortfaktoren (Umweltbereichen) und den direkt auf die Pflanze wirkenden primären Standortfaktoren*

(verändert nach KLINK, H.-J. 1998)

Standort drückt einen bestimmten agrar- oder forstwirtschaftlichen Produktionswert aus.

Teilsysteme des Ökosystems wie Klima, Relief und Boden sind im Hinblick auf den einzelnen Organismus ökologisch nur indirekt wirksam und werden als **sekundäre Standortfaktoren** bezeichnet. Sie steuern oder beeinflussen die Ausprägung der ökophysiologisch direkt wirksamen **primären Standortfaktoren** Licht, Wärme, Wasser, chemische Faktoren (insbesondere Nährstoffe) und mechanische Einwirkungen (Tierfraß, Wind, Feuer etc.), die die Lebensprozesse der Pflanzen und Tiere bestimmen. So beeinflusst z. B. das Relief die Ausbildung des Geländeklimas und damit die Licht, Wärme- und Wasserverhältnisse am Standort (Abb. 3.3/2).

Das Kapitel „Abiotische Umweltbeziehungen" ist im Folgenden nach den primären Standortfaktoren gegliedert.

Ziele des Kapitels

Nach Bearbeitung dieses Kapitels sollten Sie folgende Hauptfragestellungen der Ökologischen Biogeographie beantworten können:

- Welche Einflüsse haben die primären und sekundären Standortfaktoren auf die Verbreitung der Pflanzen und Tiere?
- Wie haben sich die Pflanzen und Tiere an die unterschiedlichen Umweltbedingungen angepasst?
- Wie werden die abiotischen Umweltmedien Licht, Wasser und Nährstoffe von der Pflanze aufgenommen und genutzt?

Aufgaben

1. Welche Umweltfaktoren in Abb. 3.3/1 können Sie welchen primären oder sekundären Standortfaktoren in Abb. 3.3/2 zuordnen?

2. Beschreiben Sie, wie das Relief die primären Standortfaktoren steuert bzw. beeinflusst (Abb. 3.3/2).

3.3.1 Standortfaktor Licht

Die kurzwellige Einstrahlung der Sonne als primärer Energielieferant des globalen Wärme-, Wasser- und Biomassenhaushalts schafft die Voraussetzungen für eine belebte Umwelt (Abb. 3.3.1/1). Die Photosynthese ist ein biochemisch-physiologischer Prozess der grünen Pflanzen, Algen und Cyanobakterien, bei dem unter Ausnutzung der Sonnenenergie aus anorganischen Stoffen unter katalytischer Mitwirkung des Blattgrüns (Chlorophyll) Kohlenhydrate aufgebaut werden. Diese Assimilation des Kohlendioxids und Wassers verläuft nach der Summenformel:

(Glg. 3.3.1/1)

$$6\,CO_2 + 12\,H_2O \xrightarrow[2862\,kJ]{\text{Lichtenergie}} C_6H_{12}O_6 + 6\,O_2 + 6\,H_2O$$

Die **Photosynthese** ermöglicht primär das Leben *photoautotropher* Organismen (z. B. grüner Pflanzen), sekundär das Leben aller *heterotrophen* Organismen (z. B. Tiere).

Die Lichtversorgung einer Pflanze für die Photosynthese wird durch die **relative Beleuchtungsstärke** als Quotient aus Lichtstärke am Wuchsort (z. B. am Waldboden) und der Lichtstärke des vollen Tageslichts (dazu Kap. 1.1 im Teil „Klimatologie") ausgedrückt. Sie ist u. a. vom **Blattflächenindex** (**L**eaf **A**rea **I**ndex, LAI) als Maßzahl für die Belaubungsdichte der Pflanzendecke abhängig. Der LAI gibt an, wie groß die Oberfläche sämtlicher Blätter der Pflanzen über einer bestimmten Bodenfläche ist.

Das zur Photosynthese benötigte Licht im Wellenlängenbereich von ca. 340-680 nm, mit Extinktionsmaxima des Chlorophyll im blauen Anteil bei 430–450 nm und im roten Bereich bei 640–660 nm, wird beim Durchdringen von Pflanzenbeständen zunehmend reflektiert und absorbiert (Abb. 3.3.1/2). Daher haben die Pflanzen morphologische und physiologische Anpassungsformen an die unterschiedlichen Beleuchtungsverhältnisse entwickelt:

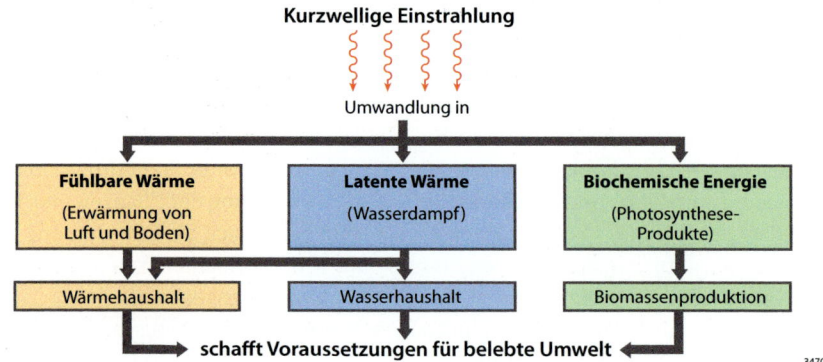

Abb. 3.3.1/1 *Die Bedeutung des Sonnenlichts für Leben und Umwelt*   (eigener Entwurf)

- Die **Sonnenpflanzen** der Offenlandstandorte, z. B. bestimmte Arten der Gattung *Epilobium* (Weidenröschen) und *Digitalis* (Fingerhut) der Ruderal- und Schlagfluren, sowie die **Sonnenblätter** von Laubbäumen im oberen Kronenbereich des Waldbestandes haben einen vergrößerten Blattquerschnitt zur effektiveren Nutzung des Lichtes und eine verstärkte Cuticula (Blattschutzschicht) zur Verminderung der cuticulären Transpiration.
- **Schattenpflanzen** bzw. **Schattenblätter**, die in den unteren Vegetationsschichten des Waldes mit teilweise weniger als 2 % des vollen Sonnenlichts auskommen müssen (Abb. 3.3.1/2), haben große, dünne Blattspreiten.
- **Epiphyten** sind nichtparasitäre Aufsitzerpflanzen, die auf ihrem pflanzlichen Wirt zur Erlangung günstiger Lichtverhältnisse siedeln. Hierzu gehören zahlreiche Flechten- und Moosarten, aber auch höhere Pflanzen wie verschiedene Orchideen- und Bromelienarten (Abb. 3.3.1/3).
- **Frühjahrsgeophyten** sind Lebensformen mit Überdauerungsorganen im Boden, die im zeitigen Frühjahr unter Ausnutzung des vollen Sonnenlichts vor der Laubentfaltung der Bäume austreiben, blühen und fruchten (z. B. Bingelkraut *Mercurialis perennis*, Waldmeister *Galium odoratum*, Bärlauch *Allium ursinum*).

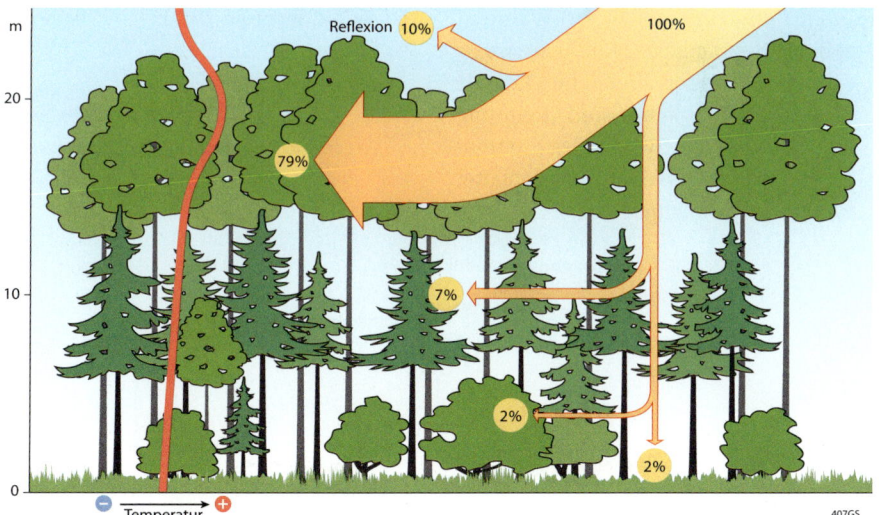

Angaben der kurzwelligen Strahlungsverteilung in Prozent der an der Bestandesoberfläche einfallenden Einstrahlung. Die rote Kurve kennzeichnet den relativen Temperaturverlauf bei Tag im Waldbestand. Der größte Verlust an kurzwelliger Strahlungsenergie beim Durchtritt durch den Waldbestand erfolgt im Bereich der oberen Kronenschicht, wo eine aktive Oberfläche ausgebildet wird (Bereich maximaler Umwandlung von kurzwelliger Strahlung in langwellige Wärmestrahlung).

Abb. 3.3.1/2 *Licht- und Temperaturverteilung in einem stockwerkartig aufgebauten Laub-Nadel-Mischwald* (verändert nach KLINK, H.-J. 1998; LARCHER, W. 1994)

Abb. 3.3.1/3 *Epiphytische Bromelien im tropischen Bergnebelwald in Costa Rica* (Glawion, R.)

- Bestimmte Baumarten zeigen eine unterschiedliche **Schattentoleranz** in ihren Entwicklungsstadien. Während z. B. die Keimlinge der Rotbuche *Fagus sylvatica* und der Stieleiche *Quercus robur* schattentolerant sind (Keimung auf dem dunklen Waldboden), entwickeln die adulten Bäume Sonnenblätter im oberen Kronenbereich.

- **Pflanzensukzessionen** beginnen meist mit einem lichtholzdominierten Pionierstadium, während die Folgestadien und insbesondere das Schlussstadium aus Schattenholzarten aufgebaut sind.

In der Biogeographie bezeichnet **Produktion** die Erzeugung und Umformung von Biomasse in Organismen und Biozönosen. **Primärproduktion** ist die *autotrophe* Erzeugung von Biomasse durch Photo- oder Chemosynthese, **Sekundärproduktion** die *heterotrophe* Erzeugung von Biomasse durch Assimilation von autotroph erzeugter Biomasse. Hierbei kann jeweils die **Bruttoproduktion** als die gesamte Erzeugung, **Nettoproduktion** als ihr vom Produzenten nicht verbrauchter Anteil unterschieden werden (Glawion, R. et al. 2011):

(Glg. 3.3.1/2)

$$PP_B = PP_N + R$$

(in t org. Trockensubstanz / ha Bodenfläche)

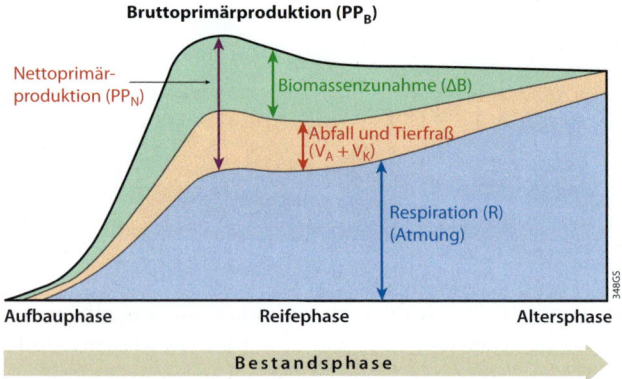

Abb. 3.3.1/4 *Die Veränderungen von Primärproduktion, Biomassenzunahme und Respiration in einer gleichaltrigen Waldformation von der Aufbauphase bis zur Altersphase*

(verändert nach Schultz, J. 2008)

Bei der Bestandsentwicklung eines gleichaltrigen Waldes (z. B. Fichtenaufforstung nach Kahlschlag) wird die höchste Nettoprimärproduktion (PP_N) beim Übergang von der Aufbau- zur Reifephase erreicht; dann ist auch der Bestandszuwachs (ΔB) am größten (Abb. 3.3.1/4). Danach nimmt die Atmung (Respiration R) überproportional zu und die PP_N wieder ab, da das Verhältnis von produktiven Blättern zu unproduktiven Achsen und Wurzeln immer ungünstiger wird. Da zugleich auch der Abfall (abgeworfene Zweige, Nadeln) anteilig ansteigt, fällt der Rückgang des Bestandszuwachses noch schärfer als der der PP_N aus. In der Altersphase übersteigt die Abfallrate die Nettoproduktionsrate, d. h. die Phytomasse schrumpft. Alle beschriebenen Veränderungen können abgemildert oder aufgehoben sein, wenn parallel zur Alterung eine kontinuierliche Verjüngung vor sich geht, wie sie z. B. in der modernen Forstwirtschaft durch Plenterschlag erreicht wird.

Aufgabe

3. Stellen Sie die Gleichungen der Nettoprimärproduktion ($PP_N = ?$) und der Biomassenzunahme ($\Delta B = ?$) unter Verwendung der in Abb. 3.3.1/4 genannten Terme auf.

3.3.2 Standortfaktor Wärme

Die kurzwellige Einstrahlungsenergie wird am Boden oder in der Pflanzendecke in langwellige **Wärmestrahlung** (fühlbare Wärme) und in latente Wärme (Wasserdampf) umgewandelt (Abb. 3.3.1/1). In einem mehrschichtigen Waldbestand liegt der vertikale Bereich maximaler Strahlungsumwandlung („Aktive Oberfläche") im oberen Kronenraum

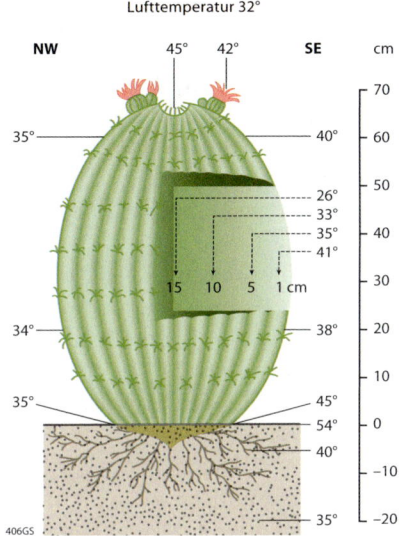

Abb. 3.3.2/1 *Temperaturverteilung an und in einem subtropischen Kaktus (Ferocactus wislizenii) in Arizona auf 900 m ü. NN zwischen 10 und 11 Uhr vormittags* (verändert nach LERCH, G. 1991)

(Abb. 3.3.1/2). Dagegen findet in Wüsten oder vegetationsarmen Formationen der gesamte Strahlungsumsatz am Erdboden statt, sodass hier durch hohe Tageserwärmung und starke nächtliche Abkühlung maximale Temperaturamplituden zu verzeichnen sind, die für Pflanzen einen großen Hitze- und Kältestress verursachen (Abb. 3.3.2/1). **Hitzestress** bedeutet Membranschädigung und Eiweiß-Denaturierung, die schon bei Temperaturen > 40° C zum Hitzetod führen können. Wüstenpflanzen schützen sich durch Ummantelung mit isolierenden Luftpolstern (dichter Haarfilz, Korkschichten, abgestorbene Blatt- und Borkenteile). Eine Transpirationskühlung ist nur bei ständigem Wasserzustrom möglich. Da die Kugelform die geringste der Strahlung ausgesetzte Oberfläche im Verhältnis zu einem gegebenen Volumen aufweist, besitzen viele Sukkulenten (Kakteen, Euphorbiaceen) eine Kugel- oder Säulenform. Die Temperatur des Pflanzengewebes nimmt von außen nach innen rasch ab (Abb. 3.3.2/1).

Auch auf **Kältestress** reagieren die Pflanzen, je nach Wuchsgebiet und physiologischer Konstitution, unterschiedlich.

- **Erkältungsempfindliche Pflanzen** (tropische Pflanzen) werden schon bei niederen Temperaturen über dem Gefrierpunkt geschädigt.
- **Gefrierempfindliche Pflanzen** (meist subtropische Pflanzen) werden bei Temperaturen unter dem Gefrierpunkt geschädigt.
- **Gefrierbeständige Pflanzen** (arktische und viele temperate Pflanzen) überleben das extrazelluläre Ausfrieren und die damit verbundene Dehydratation des Protoplasmas. Der Abhärtungsvorgang beginnt mit den ersten kühlen Nächten im Frühherbst. Bei Tauwetter verlieren die Pflanzen schnell ihre winterliche Frosthärte. Während die Frosthärte von Nadelbäumen an der Waldgrenze, z. B. bei der Arve (*Pinus cembra*), im Winter bei −40° C liegt, erreicht sie im Sommer nur −7° C. Bei großer Kälte kann die **Frosttrocknis** auch bei gefrierbeständigen Pflanzen zum Tod führen, wenn die Pflanze bei gefrorenem Boden kein Wasser für die Transpiration mehr aufnehmen kann.

Pflanzen schützen sich gegen **Hitze, Kälte** und **Trockenheit** durch ähnliche morphologische und physiologische Anpassungsmerkmale, da bei Auftreten eines dieser drei Stressfaktoren stets Gewebeschäden durch Wasserverlust drohen. Zu den Schutzmechanismen gehören die Isolation der Oberfläche (z. B. dichter Haarfilz, dicke Borke), die Ausbildung konvergenter Gestalttypen (Sukkulenz und Polsterwuchs bei Wüsten- und Hochgebirgspflanzen, Hartlaubigkeit bei Mediterran- und Borealklimaten) und der Rückzug der Überdauerungsorgane unter schützende Oberflächen (Boden, Wasser, Schneedecke) (GLAWION, R. et al. 2011).

Abhängig von Breitenlage, Meereshöhe, Exposition und Hangneigung sowie geländeklimatischen Einflüssen stehen den Ökosystemen unterschiedliche Energiemengen zum Betrieb ihres Wärmehaushalts und zum Pflanzenwachstum zur Verfügung. In Gebirgslagen sind oft die thermisch begünstigten mittleren Hanglagen mit thermophilen (wärmeliebenden) Pflanzengesellschaften bestanden, während die durch Kaltluftseen frostgefährdeten Tallagen von kälteangepassten Gesellschaften eingenommen werden. Man beobachtet hier – parallel zur Temperaturinversion – eine Umkehr der Vegetationshöhenstufen (Abb. 3.3.2/2).

Bei den Tieren ist ein sippenspezifisch unterschiedliches Wärmeverhalten in Abhängigkeit von der Umgebungstemperatur zu beobachten (Abb. 3.3.2/3). Die Gruppe der **poikilothermen** (wechselwarmen) **Tiere**, zu denen alle Tiersippen außer den Säugetieren und Vögeln gehören, besitzt keine Fähigkeit zur konstanten körpereigenen Wärmeregulation, sodass ihr Organismus die Temperatur der Umgebung annimmt. Ihre Aktivität nimmt mit zunehmender Kälte ab, bis

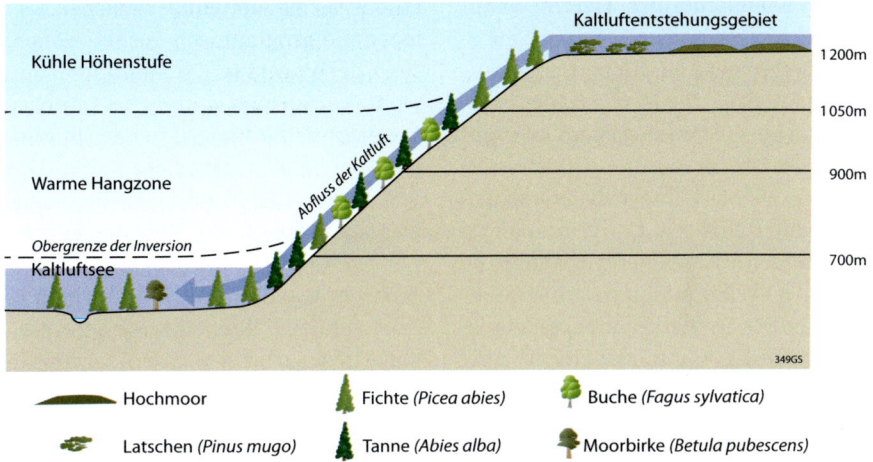

Die thermisch begünstigten mittleren Hanglagen sind mit wärmeliebenden Buchen-Tannen-Wäldern bestanden, während sowohl die stark frostgefährdeten Tallagen als auch die oberen Hanglagen von kälteangepassten Fichtenwäldern eingenommen werden.

Abb. 3.3.2/2 *Typische Umkehr der Vegetationshöhenstufen in Mittelgebirgen im östlichen Süddeutschland. Beispiel: Hinterer Bayerischer Wald (Böhmerwald)* (verändet nach KLINK, H.-J. 1998)

sie in eine Winterstarre verfallen. Bei einer Außentemperatur deutlich unter dem Gefrierpunkt tritt der Tod ein. Diese Tiere schützen sich in der Regel, indem sie während der Frostperiode in Erd-höhlen etc. Schutz suchen. Durch eine Konzentration ihrer Körpersäfte ist eine Unterkühlbarkeit unter den Gefrierpunkt möglich.

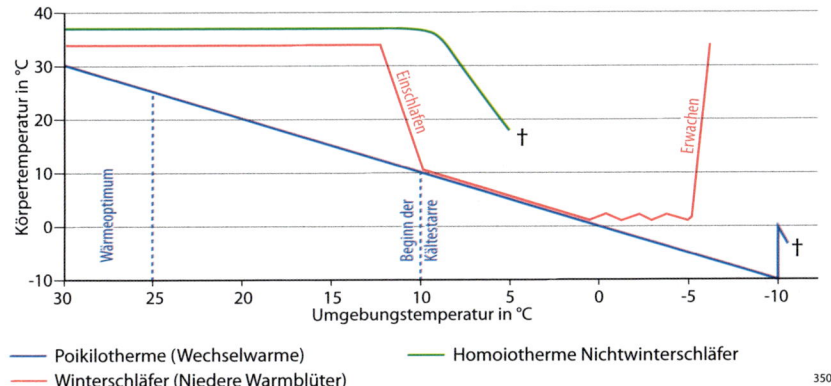

Abb. 3.3.2/3 *Wärmeverhalten ausgewählter Tiergruppen in Abhängigkeit von der Umgebungstemperatur* (verändert nach EISENTRAUT, M. 1956)

Bei den **homoiothermen Tieren** (Warmblüter), zu denen die Vögel und Säugetiere zählen, wird die Körpertemperatur durch physiologische Mechanismen reguliert und liegt im Wachzustand konstant bei 35–38° C. In dieser Gruppe unterscheiden wir die Winterschläfer von den Nichtwinterschläfern. Der **Winterschlaf** der Niederen Warmblüter wird durch ein Absinken der Körpertemperatur bis zur Annäherung an die Umgebungstemperatur eingeleitet (Einschlafvorgang, Abb. 3.3.2/3). Zur Einschränkung des Energiebedarfs werden Atem- und Pulsfrequenz, Stoffumsatz und Wärmeproduktion stark verringert. Bei Erreichen einer Minimaltemperatur kommt es zu einem Wiederanstieg dieser Funktionen (Erwachen). Zu den Winterschläfern gehören Hamster, Murmeltier, Igel und Fledermäuse. Höhere Warmblüter wie z.B. Großbären treten nur in einen Zustand der **Winterruhe** ein, der einen Zustand der Inaktivität ohne Absinken der Körpertemperatur bezeichnet. Auch bei diesen Tieren kommt es dabei zu einer Senkung der Atem- und Herzfrequenz, des Blutdrucks und Stoffwechsels, verbunden mit einer Zehrung von den im Körper gespeicherten Reservestoffen (Fette und Glykogen). Zur Gruppe der homoiothermen Nichtwinterschläfer gehören außerdem alle Tiere und der Mensch, die in der Kälteperiode keine Ruhephase einlegen, sondern sich durch permanente energieintensive Aktivität und Wärmeproduktion vor Erfrieren schützen. Bei ihnen führt bereits ein kurzzeitiges Absinken der Körpertemperatur auf 20–30° C (artspezifisch verschieden) zum Tod (Abb. 3.3.2/3).

Eine Strategie, der jahreszeitlichen Kälteperiode geographisch auszuweichen, stellt der **Vogelzug** dar, der durch Umweltfaktoren und endogene Faktoren gesteuert wird. Als auslösende Umweltfaktoren spielen vor allem ungünstige Witterungs- und Nahrungsbedingungen im Herbst eine Rolle. Kurzstreckenzieher, zu denen Graureiher und Kiebitz gehören, wandern nur innerhalb eines Klimagebietes über kürzere Strecken. Langstreckenzieher wandern jahreszeitlich zwischen zwei weit voneinander entfernt liegenden Gebieten unterschiedlicher Klimazonen bzw. Erdhemisphären. Zu dieser Gruppe gehören z.B. Störche, Mauersegler und mehrere Schwalbenarten.

Aufgaben

4. Konstruieren Sie aus den Temperatur- und Längenmaßangaben in Abb. 3.3.2/1 schematisch ein vertikales Temperaturprofil zwischen 70 cm Höhe über der Bodenoberfläche und 20 cm Bodentiefe

   a) der bodennahen Luftschicht und des oberflächennahen Bodens,

   b) der sonnenbeschienenen Seite der Kaktusoberfläche,

   c) der beschatteten Seite der Kaktusoberfläche.

   Vergleichen Sie die Kurven und erklären Sie die Unterschiede.

5. Skizzieren Sie die Ursachenverkettung, die zur Frosttrocknisschädigung von immergrünen Nadelbäumen im Hochgebirge führt.

3.3.3 Standortfaktor Wasser

Das Vorhandensein von Wasser ist eine elementare Grundvoraussetzung für alle uns bekannten Lebensformen. Die Pflanzen benötigen das Wasser unter anderem für die Photosynthese, für die Stabilität (Turgeszenz) der Blatt- und Sprossorgane, als Transportmedium für Nährstoffe und als Lösungsmedium für biochemische Reaktionen im Protoplasma.

Die Wasseraufnahme der höheren Pflanze erfolgt nur durch die Wurzel aus dem Boden bzw. einem wässrigen Medium. Eine direkte Aufnahme von Feuchtigkeit aus der Luft durch die Oberfläche der oberirdischen Organe ist nur bestimmten niederen Pflanzen, Algen und Flechten

möglich. Der Bodenwasserspeicher wird durch Niederschläge (Regen, Schnee, Kronentraufe, Nebel, Tau) oder durch kapillaren Aufstieg von Grund- bzw. Stauwasser aufgefüllt (Abb. 3.3.3/1). Negativ und positiv geladene Ionen und Bodenkolloide (Tonminerale, Huminstoffe) binden die H_2O-Dipolmoleküle durch elektrostatische Anziehungskräfte an sich (Hydratation), sodass sie von Schwarmwasserhüllen umgeben sind (**Adsorptionswasser**: fest gebundenes hygroskopisches Wasser und locker gebundenes Filmwasser).

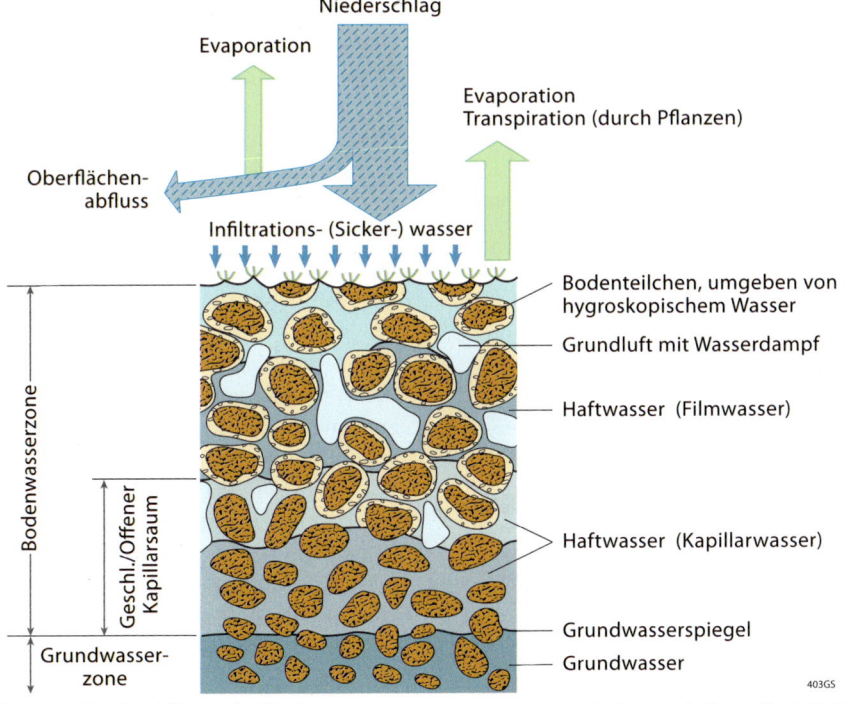

Abb. 3.3.3/1 *Das Wasser im Boden*   (verändert nach KLINK, H.-J.1998)

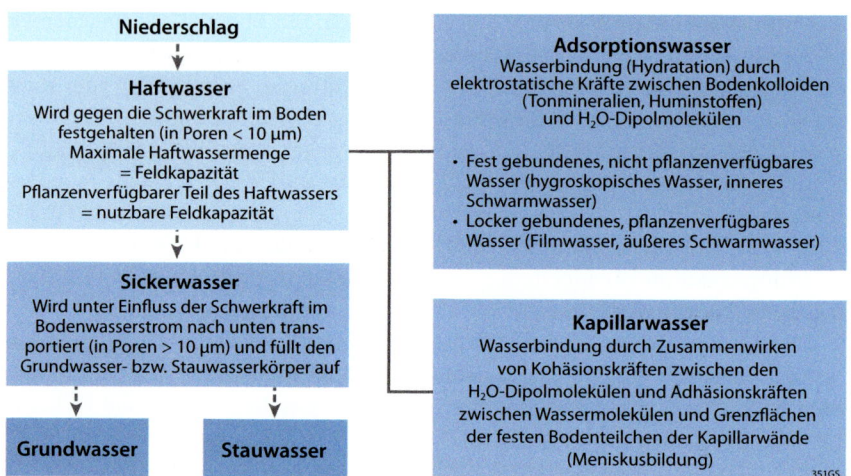

Abb. 3.3.3/2 *Einteilung der Bodenwasserarten*   (eigener Entwurf)

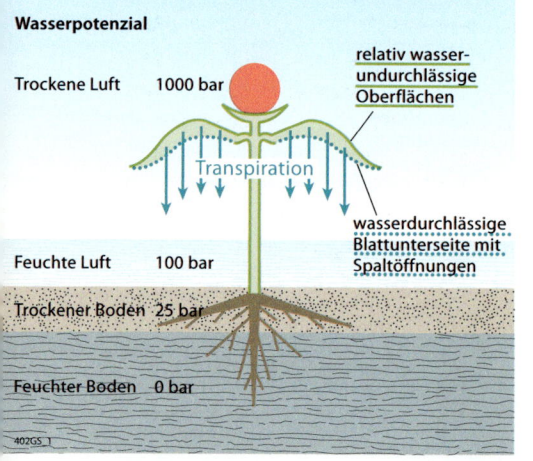

Der Wasseraustausch vollzieht sich im Bereich der Wurzelhaare und auf den Blattunterseiten. Der Stamm (Kormus) und die Blattoberseiten sind relativ wasserundurchlässig. Das steile Wasserpotenzialgefälle zwischen Blatt und trockener Luft ist Motor der Transpiration.

Abb. 3.3.3/3 *Wasserpotenzialgefälle, in das eine höhere Pflanze (Kormophyt) zwischen Boden und Atmosphäre eingebunden ist* (verändert nach LARCHER, W. 1994)

Eine weitere Komponente des im Boden gegen die Schwerkraft festgehaltenen **Haftwassers** bildet das **Kapillarwasser** (Abb. 3.3.3/2). Die Kapillarität des Wassers beruht auf einem Zusammenwirken von Kohäsionskräften, die zwischen den H_2O-Dipolmolekülen wirken, und Adhäsionskräften, die zwischen Wassermolekülen und den Grenzflächen der festen Bodenteilchen der Kapillarwände wirken. Aus dem Grundwasserbereich steigt das Wasser in Bodenkapillaren auf und bildet einen Kapillarsaum (Abb. 3.3.3/1). Zur Wasseraufnahme müssen Landpflanzen mit ihren Saugkräften die Wasserspannung des Bodens überwinden. Das **Wasserpotenzial** (Wasserspannung) eines Körpers (gemessen in Druckeinheiten, 1 MPa = 10 bar) ist sein Saugvermögen, Wasser aus der Umgebung bis zur Sättigung aufzunehmen (LERCH, G. 1991). Die Pflanze ist zwischen Boden und Atmosphäre in ein Wasserpotenzialgefälle eingebunden (Abb. 3.3.3/3).

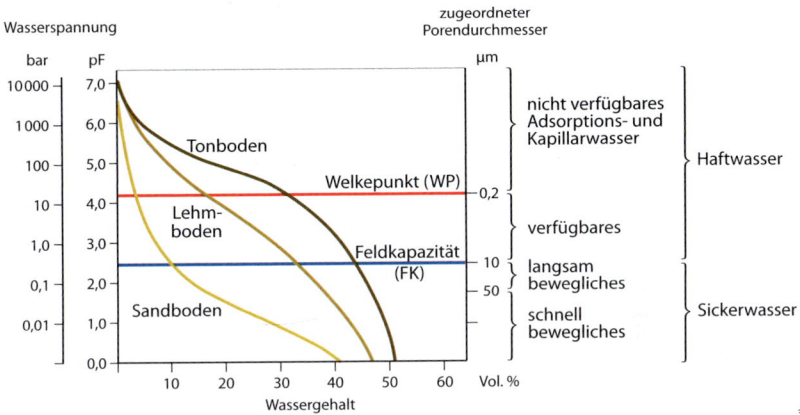

Abb. 3.3.3/4 *Wasserspannungskurven eines Sandbodens, eines Lehmbodens und eines Tonbodens mit Zuordnung der Bodenwasserarten zu den Wasserspannungsbereichen (logarithmische Darstellung)*   (verändert nach KLINK, H.-J. 1998; BLUM, W. 2007)

Je größer das Gefälle zwischen (feuchtem) Boden und (trockener) Luft, desto stärker ist die Saugkraft der Pflanze, Wasser aus dem Boden zu entnehmen.

Tipp: 📖 www.webgeo.de
Modul zur Biogeographie:
„Weg des Wassers durch die Pflanze"

Das pflanzenverfügbare Bodenwasser wird durch Welkepunkt (WP) und Feldkapazität (FK) bestimmt (Abb. 3.3.3/4). Der **Welkepunkt** kennzeichnet den Grenzwert der Saugkraft einer Pflanze, bei dessen Überschreiten die Pflanze kein Wasser mehr aus dem Boden zu entnehmen vermag und infolgedessen welkt. Die **Feldkapazität** gibt die maximale Haftwassermenge an, die am natürlich gelagerten Boden mit freiem Wasserabzug gemessen wird (ml H_2O/100 ml Boden). Der Feldkapazität entspricht eine bestimmte Wasserspannung. Wird diese durch

weitere Wasserzufuhr unterschritten, so gelangt das überschüssige Wasser in den abwärts gerichteten Sickerwasserstrom und geht damit der Pflanze verloren. Der pflanzenverfügbare Teil des Haftwassers im Bereich zwischen WP und FK wird als **nutzbare Feldkapazität** (nFK) bezeichnet. Oberhalb des Welkepunkts ist das Wasser in Bodenporen $< 0{,}2\,\mu m$ zu fest gebunden, unterhalb der Feldkapazität in Poren $> 10\,\mu m$ so locker, dass es versickert (Abb. 3.3.3/2 und 3.3.3/4).

Die Wasserspannung wird wegen des weiten Spannungsbereichs durch den logarithmischen **pF-Wert** angegeben: pF = log cm Wassersäule (WS). Die Wasserspannung beträgt bei Feldkapazität 0,3 bar = $10^{2,5}$ cm WS = pF 2,5 und beim Welkepunkt 15 bar = $10^{4,2}$ cm WS = pF 4,2 (ungefährer Wert für Kulturpflanzen). Zur Überwindung des hohen Wasserpotenzials in versalzten oder trockenen Böden liegt die Saugspannung bei Salzpflanzen bei 30–55 bar, bei Wüstensträuchern sogar bei 55–90 bar. Durch das Wasserpotenzialgefälle zwischen Boden und Atmosphäre entsteht ein Transpirationsstrom (Abb. 3.3.3/3), durch den das Wasser und die darin gelösten Nährsalze durch die Sprossachse in die Blätter transportiert werden. Bei der Wasserabgabe der Pflanze an die Atmosphäre (Transpiration) wird zwischen **cuticulärer** (durch die Cuticula von Blättern oder Sprossen erfolgende) und **stomatärer** (durch Spaltöffnungen = Stomata der Blätter erfolgende) **Transpiration** unterschieden. Während erstere durch passive Schutzeinrichtungen (dichte Behaarung, Wachsschichten etc.) weitgehend unterdrückt wird, kann letztere durch aktive Regulation der Stomata von der Pflanze kon-

Exkurs: Wasserhaushaltstypen der Pflanzen

Bei den pflanzlichen Wasserhaushaltstypen unterscheiden wir die **poikilohydren (wechselfeuchten) Pflanzen,** zu denen fast ausschließlich niedere Pflanzen (z. B. Moose) gehören, von den **homoiohydren (eigenfeuchten) Pflanzen,** zu denen fast alle Gefäßpflanzen (Schachtelhalme, Farne, Blütenpflanzen) zählen. Die poikilohydren Pflanzen (Thallophyten) besitzen kein Abschlussgewebe. Der Wasserzustand (Hydratur) des Plasmas passt sich der Umgebung an, sodass sich die Pflanzen wie Quellkörper verhalten. Homoiohydre Pflanzen (Kormophyten) dagegen besitzen differenzierte Gewebe und Organe zur Eigenregulierung des Wasserhaushaltes: Wurzeln, Sprossachse (Kormus), Wasserleitungssystem, Abschlussgewebe, Blätter mit Spaltöffnungen. Der Wasserzustand des Plasmas ist gegen das erhebliche Potenzialgefälle Pflanze – Atmosphäre regelbar. Bei den homoiohydren Pflanzen unterscheidet man:

1. Xerophyten als Pflanzen trockener, warmer, meist besonnter Standorte. Kennzeichnend sind verdunstungsreduzierende Baumerkmale wie sklerenchymreiche Organe, gerollte, gefaltete oder stark reduzierte Blätter, Behaarung, gestauchte Sprossachsen. Eine Untergruppe bilden die **Sukkulenten** mit Wasserspeichergewebe (Abb. E 3.3.3/1).

2. Mesophyten als Pflanzen mäßig feuchter bis mäßig trockener Standorte. Sie haben weder ausgeprägte xero- noch hygrophytische Merkmale. Zu dieser Gruppe gehören viele Waldbodenpflanzen, Wiesengräser und –kräuter der feuchtgemäßigten Breiten.

3. Hygrophyten als Pflanzen dauernd feuchter, meist schattiger Standorte. Sie bevorzugen immerfeuchte Böden, da ihre meist großen, weichen, sklerenchymarmen Blätter bei Wasserstress rasch welken.

4. Helophyten als Sumpfpflanzen. Sie sind optimal an den Wasserüberschuss im Wurzelraum angepasst. Typisch ist ein Aerenchym (Luftgewebe) im Spross. Hierzu gehören viele Binsen und Seggen (Juncus-, Carex-Arten).

5. Hydrophyten als Wasserpflanzen. Hierzu gehören ganz oder größtenteils untergetauchte sowie Schwimmblattpflanzen (Seerosen, Teichrosen) mit Luftgewebe in den Blättern.

trolliert werden. Wenn die Pflanze den Wasserverlust bei Trockenstress durch Schließen der Stomata einschränkt, kann sie kein CO_2 für die Photosynthese mehr aufnehmen. Viele Wüstenpflanzen haben eingesenkte Spaltöffnungen, um die Transpiration einzuschränken. Pflanzen feuchter Standorte besitzen ausgestülpte Stomata, um den Transpirationsstrom zu fördern. Auf der Grundlage von Anpassungsmerkmalen werden bestimmte Wasserhaushaltstypen von Pflanzen unterschieden (vgl. Exkurs: Wasserhaushaltstypen der Pflanzen).

Aufgaben

6. Bearbeiten Sie Abb. 3.3.3/4. In welchem Bereich (in Vol. %) liegt der für die Pflanzen verfügbare Wassergehalt für einen

a) Sandboden,

b) Lehmboden,

c) Tonboden?

Bewerten Sie die Eignung der drei Bodenarten für den landwirtschaftlichen Anbau hinsichtlich ihrer nutzbaren Feldkapazität.

7. Bei längerem Trockenstress sind meso- bis hygromorphe (feuchtigkeitsabhängige) Pflanzen dem Problem ausgesetzt, entweder zu „verhungern" oder zu „verdursten". Erläutern Sie dieses Dilemma.

Stammsukkulenz

Säulenkaktus der Familie *Cactaceae* in den semiariden Subtropen der Neotropis (Arizona/USA)

Wüsten-Euphorbie (*Euphorbia virosa*) der Familie *Euphorbiaceae* in den semiariden Tropen der Paläotropis (Namibia)

Baobab/Affenbrotbaum (*Adansonia digitata*) der Familie *Bombacaceae* in der subhumiden Trockensavanne der Paläotropis (Sambia)

Blattsukkulenz

Köcherbaum (*Aloe dichotoma*) der Familie *Liliaceae* in den semiariden Tropen der Paläotropis (Namibia)

Yucca-Palme der Familie *Agavaceae* in den semiariden Subtropen der Neotropis (Arizona/USA)

Abb. E 3.3.3/1 Verschiedene konvergente Formen der Sukkulenz in Trockenräumen der Paläotropis und Neotropis
(GLAWION, R.)

3.3.4 Standortfaktor Nährstoffe

Mit dem Bodenwasser nehmen die Pflanzen die darin gelösten **Nährelemente** in unterschiedlichen Mengen auf, die teils als Kationen (z. B. Kalium, Calcium, Magnesium) und teils als Anionen (z. B. Phosphor, Schwefel) vorliegen (Tab. 3.3.4/1). Nur Kohlendioxid wird aus der Luft aufgenommen (Abb. 3.3/1). Ist ein Nährelement in zu geringen Mengen vorhanden, treten

	Elemente	Ionen-Form bei der Aufnahme	Häufige Gesamtgehalte	Mangelsymptome an Nadelbäumen, wenn das Element als Mangelelement im Boden auftritt
Hauptnährelemente	Stickstoff N	NO_3^- NH_4^+	0,03 – 0,3 %	Chlorophyllmangel, Vergilben, Wachstumsminderung (kürzere Nadeln und Neutriebe), vorzeitiger Abwurf von Nadeln und Verbräunen von Assimilationssprossen
	Phosphor P	$H_2PO_4^-$ HPO_4^{--}	0,01 – 0,1 %	Rötung der Nadeln und junger Triebe, Nekrosen ohne vorherige Chlorose
	Schwefel S	SO_4^{--}	0,01 – 0,1 %	Chlorose junger Nadeln und Triebe
	Kalium K	K^+	0,2 – 3,0 %	Spitzendürre der Nadeln, verfrühter Nadelabwurf
	Calcium Ca	Ca^{++}	0,2 – 1,5 % [1]	Knospendürre, Absterben junger Triebe und Wurzelspitzen. An Kiefern Spitzenchlorose, dann Bräunung der Nadeln.
	Magnesium Mg	Mg^{++}	0,1 – 1,0 % [2]	Vor allem ältere Nadeln und Assimilationssprosse chlorotisch, an Kiefern auch Nadelspitzen vergilbend und verbräunend, untere Äste verkahlend.
Spurennährelemente	Bor B	$H_2BO_3^-$	5 – 100 ppm	Endknospen vertrocknen, Streckungswachstum vermindert, Seitenäste nestartig verdichtet und gekrümmt, Wurzelfäule
	Molybdän Mo	MoO_4^{--}	0,5 – 5 ppm	
	Chlor Cl	Cl^-	50– > 1000 ppm	
	Eisen Fe	Fe^{++} Fe^{+++}	0,5 – 4,0 % [3]	Junge Nadeln chlorotisch
	Mangan Mn	Mn^{++} (Mn^{+++})	200 – 4000 ppm	Junge Nadeln chlorotisch, Spitzendürre, Wipfeldürre
	Zink Zn	Zn^+	10 – 300 ppm	Junge Nadeln chlorotisch, dann nekrotisch
	Kupfer Cu	Cu^{++} (Cu^+)	5 – 100 ppm	Spitzenbräune der Nadeln

hell: anionische, dunkel: kationische Nährelemente

1) mit Ausnahme von Kalk-Böden 2) mit Ausnahme von Dolomit-Böden 3) mit Ausnahme von Fe-Anreicherungshorizonten

Tab. 3.3.4/1 *Die Haupt- und Spurennährelemente des Bodens und die durch Mangelelemente hervorgerufenen Mangelsymptome an Nadelbäumen*

(verändert nach LARCHER, W. 1994; KLINK, H.-J. 1998; BLUM, W. 2007)

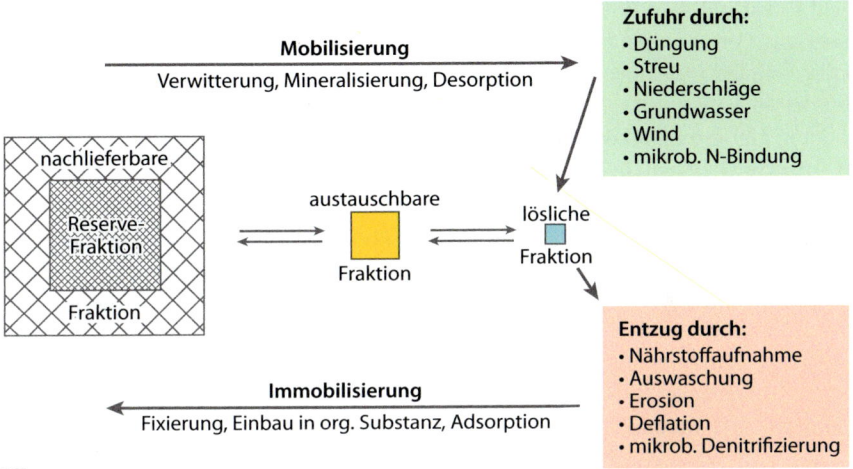

352GS

***Abb. 3.3.4/1** Nährstoff-Fraktionen in Abhängigkeit ihrer Pflanzenverfügbarkeit, Prozesse der Mobilisierung und Immobilisierung von Nährstoffen sowie Quellen der Zufuhr und des Entzugs von Nährstoffen* (nach Blum, W. 2007)

Mangelsymptome auf (z. B. Nekrosen = Absterben einzelner Gewebeteile, Chlorosen = Chlorophyllverlust im Blatt), in zu hoher Konzentration kann es toxisch wirken (Tab. 3.3.4/1). Nährelemente, die die Pflanze in größeren Mengen benötigt (Hauptnährelemente), sind Stickstoff, Phosphor, Schwefel, Kalium, Calcium und Magnesium. Spurenelemente wie Bor, Eisen, Mangan und Zink werden in sehr geringen Mengen gebraucht.

Die Verfügbarkeit der Nährelemente im Boden kann, je nach Verwitterungsintensität der Gesteine und Abbauraten organischer Substanzen, sehr unterschiedlich sein. Aus bodenökologischer Sicht wird der Nährstoffvorrat im Boden in Abhängigkeit seiner Pflanzenverfügbarkeit in verschiedene **Nährstoff-Fraktionen** differenziert (Abb. 3.3.4/1):

• **Reservefraktion**: die Nährelemente sind fest in den Gesteinen gebunden und wer-

den erst nach intensiver Verwitterung bzw. Mineralisierung langfristig freigesetzt und verfügbar.

• **Nachlieferbare Fraktion**: die Nährelemente sind in schwacher mineralischer oder organischer Bindung festgelegt und durch Verwitterung der Gesteine bzw. Zersetzung von Torf oder Humus mittelfristig erschließbar.

• **Austauschbare Fraktion:** die Nährelemente sind reversibel an Bodenkolloide gebunden und kurzfristig nach Ionenaustausch verfügbar.

• **Wasserlösliche Fraktion:** die Nährelemente sind im Bodenwasser gelöst und können sofort von den Pflanzenwurzeln aufgenommen werden.

Enthält der Boden genügend **Bodenkolloide** (Tonminerale, Huminstoffe), wie dies bei tonigen, lehmigen und humusreichen Böden der Fall ist, so werden die durch Verwitterung freigesetzten Kationen nicht direkt mit dem Bodenwasserstrom ausgewaschen, sondern reversibel an die Bodenkolloide (Austauscher) gebunden. Um dieses Nährstoffreservoir nutzen zu können, gibt die Pflanzenwurzel Säuren (H^+- und HCO_3^--Ionen) in die Bodenlösung ab, wodurch die Nährstoffkationen von den Austauschern mobilisiert und über die Bodenlösung von den Wurzelhaaren aufgenommen werden (Abb. 3.3.4/2). Der Ionen-Austausch an den Bodenkolloiden erfolgt in äquivalenten Mengen unter Berücksichtigung der Gesamtwertigkeit der Ladungen; z.B. werden 2 H^+-Ionen gegen 1 Ca^{++}-Ion oder 2 Al^{3+}-Ionen gegen 3 Mg^{++}-Ionen ausgetauscht.

Ein konventionelles Maß der Menge adsorbierter Kationen und damit für die Fähigkeit eines Bodens, Kationen reversibel zu binden und pflanzenverfügbar zu halten, ist seine **Kationenaustausch-kapazität** (KAK) (vgl. Kap. 4.4.1). Basisch wirkende Kationen sind Natrium (Na^+) sowie die Pflanzennährstoffe Calcium (Ca^{++}), Kalium (K^+) und Magnesium (Mg^{++}). Sauer wirkende Kationen sind Wasserstoff (H^+) und Aluminium (Al^{3+}). Der prozentuale Anteil basischer Kationen an der Kationenaustauschkapazität wird als **Basensättigung** bezeichnet. Das Volumen eines durchschnittlichen Grünlandbodens in Mitteleuropa besteht zu ungefähr einem Viertel aus Luft und einem Viertel aus Wasser (Abb. 3.3.4/3). Die mineralische Substanz des Feinbodens, zu der auch die für den Nährstoffhaushalt wichtigen Tonminerale gehören, machen rund 45 % des Volumens aus. Die restlichen 4–8 % werden von organischer Substanz eingenommen. Diese besteht zu rund 85 % aus abgestorbenen, zersetzten und umgeformten Substanzen (**Humus**),

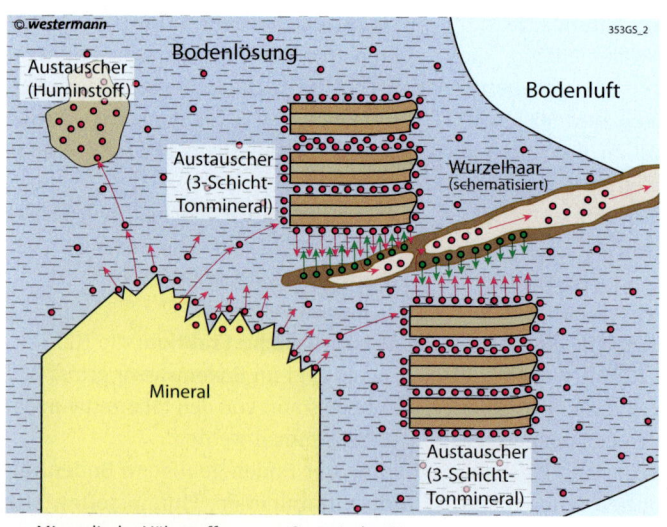

● Mineralische Nährstoffe   ● Organische Säuren

Mineralische Nährstoffe werden durch die Verwitterung der Minerale und Gesteine langsam freigesetzt und an den Bodenkolloiden (Tonminerale, Huminstoffe) reversibel zwischengespeichert. Geben die Pflanzenwurzeln Säuren in die Bodenlösung ab, werden die Kationen von den Oberflächen der Bodenkolloide verdrängt und über die Bodenlösung von den Wurzelhaaren aufgenommen.

Abb. 3.3.4/2 *Mobilisierung mineralischer Nährstoffe im Boden und Mineralstoffaufnahme durch die Wurzel (schematisch)* (eigener Entwurf)

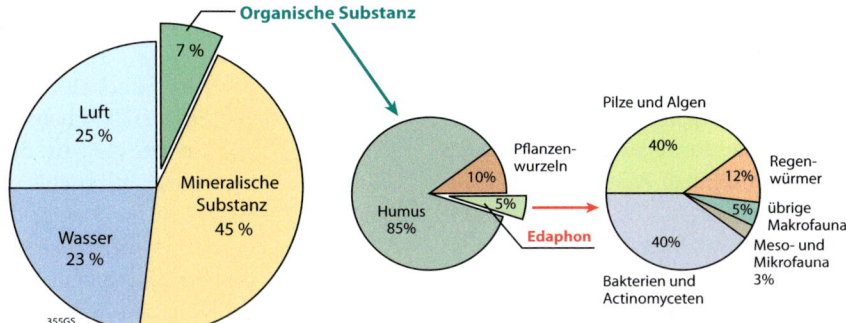

Abb. 3.3.4/3 *Beispiel für die Zusammensetzung eines Grünlandbodens in Mitteleuropa in Vol.-% (links), seiner organischen Substanz (Mitte) und der Bodenlebewelt (Edaphon) (rechts) in Gew.-% der Trockensubstanz* (verändert nach BLUM, W. 2007)

zu 10% aus lebenden Pflanzenwurzeln und zu 5% aus der Bodenlebewelt (**Edaphon**). Als wichtige Bodendurchmischer machen die Regenwürmer ca. 12% der Biomasse des Edaphons in einem fruchtbaren Grünlandboden aus (Abb. 3.3.4/3). Weitere Vertreter der Makrofauna sind Säugetiere (z. B. der Maulwurf), Ameisen, Asseln, Tausendfüßler und Schnecken. Die Bodenlebewelt hat einen bedeutenden Anteil an der Zersetzung, Umwandlung (Humifizierung) und Remineralisierung der abgestorbenen organischen Substanz und somit zur Nährstoffbereitstellung für die lebenden Pflanzen (vgl. Kap.4.1).

Aufgaben

8.1 Betrachten Sie den Austauscher mit seinen reversibel gebundenen Kationen in Abb. A 3.3.4/1Ⓐ:

a) Wie viele Wasserstoffionen muss die Pflanzenwurzel (rein rechnerisch) in die Bodenlösung abgeben, um die an dem Austauscher gebundenen basischen Kationen vollständig zu ersetzen?

b) Welche und wie viele Nährstoffionen können nun von der Pflanzenwurzel resorbiert werden?

c) Wie hoch ist die Basensättigung (in %) an dem Austauscher vor und nach dem Ionenaustausch?

8.2 Betrachten Sie den Austauscher mit seinen reversibel gebundenen Kationen in Abb. A 3.3.4/1Ⓑ

a) Wie viele Calciumionen muss der Gärtner (rein rechnerisch) mit seinem Dünger in den Boden geben, um die übrigen Kationen am Austauscher zu verdrängen?

b) Welche und wie viele basisch und sauer wirkenden Kationen werden nun in die Bodenlösung freigesetzt?

c) Wie hoch ist die Basensättigung (in %) an dem Austauscher vor und nach dem Ionenaustausch?

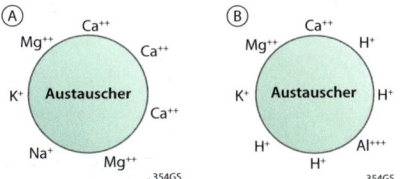

Abb. A 3.3.4/1 Ⓐ Alle Austauscherplätze sind mit basisch wirkenden Kationen besetzt. Ⓑ Die meisten Austauscherplätze sind mit sauer wirkenden Kationen besetzt.

9. Welche Konsequenzen hätte es für den Bodennährstoffhaushalt, wenn durch Säureabgabe der Pflanzenwurzel immer mehr Austauscherplätze mit H+-Ionen besetzt würden? Wie wird dieser Prozess natürlicherweise verhindert?

3.3.5 Mechanische Einflüsse

Mechanische Einflüsse wirken hauptsächlich verformend oder zerstörend auf den pflanzlichen Organismus ein. Bei anhaltender, gleichförmiger Beanspruchung rufen sie bestimmte Wuchsformen hervor und führen zu einer Auslese unter den Pflanzen. Wind, Eisschliff, Schneebruch, Blitzschlag und Feuer, Bodenkriechen, Steinschlag, Tierverbiss und –tritt, Holzeinschlag und Mahd sind die wichtigsten natürlichen und anthropogenen, pflanzenökologisch wirksamen mechanischen Einflüsse.

Durch die Einwirkung beständiger Starkwinde aus einer vorherrschenden Richtung entstehen an Meeresküsten und im Hochgebirge Bäume und Sträucher mit winddeformierten Kronen (**Windschurformen**). Die luvseitigen Zweige bleiben im Wachstum zurück oder sterben ganz ab, sodass die Baumkronen in Leerichtung verformt erscheinen (Abb. 3.3.5/1 und 3.3.5/3).

Besonders zerstörend wirkt die Kraft des Windes, wenn er Eiskristalle über eine Schneeoberfläche treibt, die aus dem Schnee herausragende Pflanzenteile abschleifen. Das **Eisgebläse** im Hochgebirge ist ein waldgrenzbestimmender Faktor. Es tötet die Pflanzenteile an der dem Wind zugekehrten Seite, die aus der Schneedecke herausragen (Abb. 3.3.5/2 und 3.3.5/4). Gelingt es einzelnen Sprossen dennoch, über den Hauptwirkungsbereich des Eisgebläses an der Schneedeckenoberfläche hinauszuwachsen, so kann der Baum oberhalb seine Entwicklung weitgehend ungestört fortsetzen. Auf diese Weise entstehen die charakteristischen Wipfeltisch- und Fahnenformen im alpinen und polaren Waldgrenzbereich.

In semiariden Graslandschaften (Steppe, Savanne) und Hartlaubformationen der

Abb. 3.3.5/1 Windflüchter in Patagonien
(Glawion, R.)

Abb. 3.3.5/2 Wipfeltischform einer Fichte in 1450 m ü.NN auf dem Feldberg im Schwarzwald
(Glawion, R.)

Winterregengebiete, aber auch in borealen Nadelwäldern mit sommerlichen Trockenperioden ist **Feuer** durch Blitzschlag ein natürlicher Standortfaktor. Die meisten Waldbrände sind heute anthropogenen Ursprungs (Abb 3.3.5/5). In den Savannen der Randtropen wird das trockene Gras regelmäßig abgebrannt, um den als Weidegras benötigten Jungwuchs zu fördern und um in den feuchteren Regionen eine Wiederbewaldung zu verhindern. Einige Gehölzarten (z. B. die nordamerikanischen Kiefernarten *Pinus ponderosa* und *P. contorta* oder australische Eukalyptusarten) verdanken ihre weite Verbreitung dem Feuer, da sich ihre Zapfen erst nach Hitzeeinwirkung eines Brandes öffnen (Pyrophyten).

Tritt und Verbiss durch Tiere veränderten die Vegetationsdecke weltweit schon vor der Domestikation von Wildtieren durch den Menschen. Herbivore Großwildherden in den Savannenlandschaften Afrikas oder Bisonherden in den Prärien Nordamerikas schufen charakteristische **Biome** (Pflanzenformationen mit den darin lebenden Tiergemeinschaften), die ohne natürliche Beweidung so nicht entstanden wären (Abb. 3/1). Heute sind es hauptsächlich die Weidetiere des Menschen, die das Vegetationsbild der natürlichen Waldlandschaften der Erde zusätzlich stark verändert haben (vgl. Kap. 3.8.2). Waldvernichtung, Artenverdrängung durch selektive Beweidung und Trittschädigung, Bodenerosion und Verhagerung (Bodenverarmung) sind einige Merkmale der Vegetations- und Standortveränderung, die weltweit durch Überweidung auftreten (Glawion, R. et al. 2011).

Abb. 3.3.5/3 *Beispiele für Kronendeformation an Laubbäumen* (Klink, H.-J. 1998)

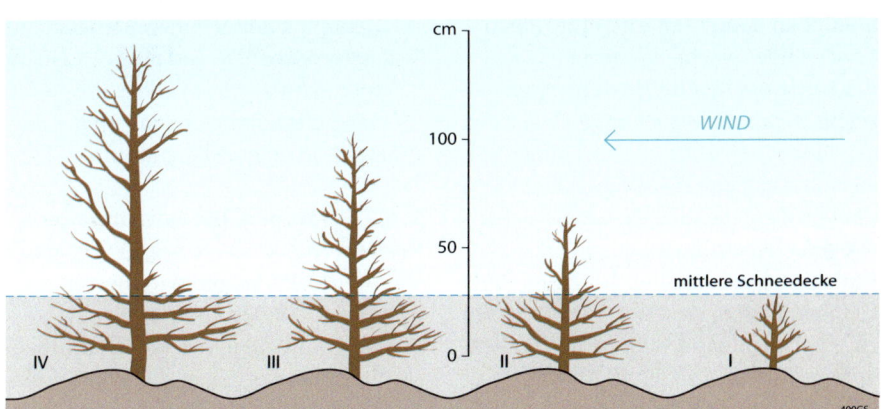

Abb. 3.3.5/4 *Entstehung der Wipfeltischform unter dem Einfluss von Schneedecke, Wind und Eisgebläse* (Klink, H.-J. 1998)

Abb. 3.3.5/5 *Brand der Dornstrauchsavanne auf einer Farm in Namibia im September 2007. Das Feuer entstand durch Funkenflug bei Schweißarbeiten und breitete sich innerhalb eines Tages auf einer Fläche von 10 000 Hektar aus. Nur wegen der günstigen Windrichtung konnte verhindert werden, dass die Flammen auf die Farmgebäude übergriffen.* (GLAWION, R.)

3.4 Biotische Interaktionen

Pflanzen und Tiere leben als Individuen nicht isoliert in ihrer abiotischen Umwelt, sondern in Populationen und Lebensgemeinschaften (Biozönosen), in denen sie um Nahrung, Wasser, Licht und Raum konkurrieren. Das Zusammenleben kann für einzelne Partner Vorteile oder Nachteile ergeben.

Als **intraspezifische Beziehungen** bezeichnen wir die Beziehungen zwischen den Individuen einer Art. Sie können völlig fehlen (solitäre Beziehung), eine Form des vorübergehenden Zusammenlebens während der Brutzeit bilden (präsoziale Beziehung) oder in ihrer höchsten Stufe z. B. bei Bienen, Ameisen und Termiten zu einer Staatenbildung mit Aufgabenteilung führen (eusoziale Beziehung). Interaktionen zwischen den Individuen verschiedener Arten werden als **interspezifische Beziehungen** bezeichnet.

Ziele des Kapitels

Dieses Kapitel vermittelt folgende Themengebiete der ökologischen Biogeographie:
- Formen des zwischenartlichen Zusammenlebens bei Tieren und Pflanzen
- Konkurrenz und Wettbewerb bei Pflanzengesellschaften – erläutert an einem Experiment
- Umweltbeziehungen von Arten – dargestellt in einem Ökogramm

3.4.1 Symbiose, Parasitismus und Prädation

Wenn die zwischenartlichen Beziehungen für beide Partner Vorteile erbringen, sprechen wir von **Symbiose**. Ein Beispiel hierfür ist die Wurzelpilzsymbiose, bei der bestimmte Baumarten mit einem Wurzelpilz (**Mykorrhiza**) zusammenleben, der organische Substan-

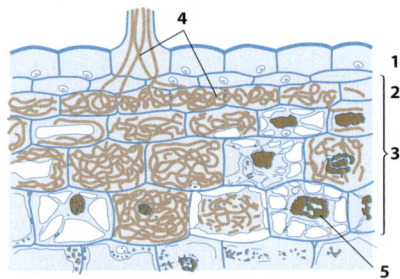

1 Epidermis
2 Pilzwirtsschicht
3 Pilzverdauungsschicht
4 Pilzhyphen
5 unverdauliche Reste von Hyphen   873GS

Abb. 3.4.1/1 *Schematischer Längsschnitt durch eine Wurzelrinde mit endotropher Mykorrhiza.* (nach V-Dia-Verlag Heidelberg 1967)

zen im Boden aufschließt und den Baum mit Wasser und darin gelösten Nährelementen versorgt. Im Gegenzug versorgt der Baum den Pilz mit Kohlenhydraten (Abb. 3.4.1/1).

Ein anderes Beispiel ist die Bakterienwurzelsymbiose, bei der Knöllchenbakterien (**Rhizobium**) in den Wurzelzellen von Erlen, Leguminosen wie z. B. die Lupine und Erbse oder anderen Pflanzen zusammenleben. Die Bakterien versorgen die Pflanze mit organisch gebundenem Luftstickstoff, während die Wurzelzellen die Bakterien mit Kohlenhydraten versorgen (Abb. 3.4.1/2).

Profitiert nur ein Partner von der Gemeinschaft, während der andere Nachteile erleidet, spricht man von **Parasitismus**. Ist der eine Partner vollkommen vom Wirt abhängig, wird er als **Holoparasit** bezeichnet. Die Nesselseide (*Cuscuta europaea*) z. B. entzieht ihrer Wirtspflanze sowohl Wasser mit den darin gelösten Nährelementen als auch Kohlenhydrate,

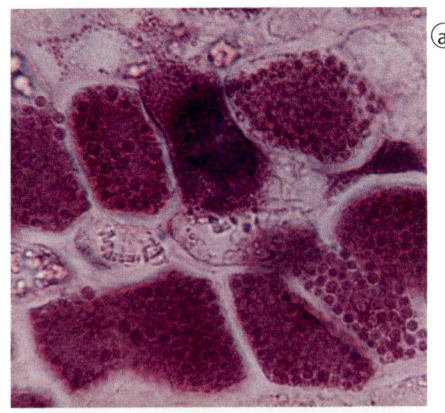

Abb. 3.4.1/2 *Symbiose zwischen Schwarzerle (Alnus glutinosa) und Knöllchenbakterien (Rhizobium). a) mit Rhizobium infizierte Wurzelzellen (Mikroaufnahme); b) Erlenwurzel mit Bakterienknöllchen* (V-Dia-Verlag Heidelberg 1967)

weil sie keine eigene Photosynthese betreiben kann. Dagegen kann die Mistel (*Viscum album*) als **Hemiparasit** eigenständig assimilieren, sodass sie ihrem Wirt nur Wasser mit den gelösten Nährelementen entzieht (Abb. 3.4.1/3).

Als **Prädation** bezeichnet man die Räuber-Beute-Beziehungen bei Tieren, die

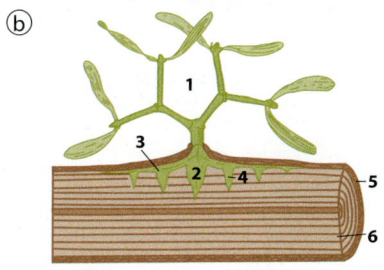

1 Sprosssystem der Mistel   4 sekundärer Senker
2 primärer Senker   5 Rinde des Wirts
3 Rindenwurzel   6 Holz des Wirts   872GS

Abb. 3.4.1/3 *Mistel (Viscum album) als Hemiparasit a) in der Baumkrone einer Robinie, b) Längsschnitt durch einen von der Mistel befallenen Ast.*

(V-Dia-Verlag Heidelberg 1967)

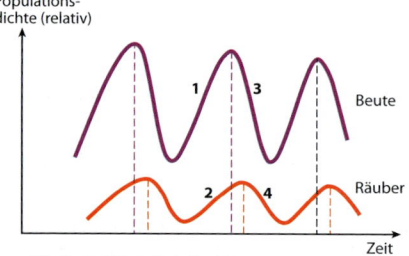

1 Anstieg der Dichte der Beute-Population
2 zeitlich verzögerte Zunahme der Reproduktionsrate des Räubers
3 erhöhte Mortalität der Beute
4 zeitlich verzögerte Abnahme der Dichte der Räuber-Population   880GS

Abb. 3.4.1/4 *Allgemeines Schema der Räuber-Beute-Beziehungen (Prädation).*

in charakteristischen Populationszyklen ablaufen (Abb. 3.4.1/4). Steigt die Dichte der Beute-Population, so nimmt auch die Vermehrungsrate der Räuber-Population zu, wodurch sich die Mortalität der Beute-Population erhöht und damit das Nahrungsangebot für die Räuber-Population zurückgeht. Dadurch sinkt die Dichte der Räuber-Population, sodass sich die Beute-Population wieder erholen kann.

3.4.2 Konkurrenz und Wettbewerb bei Pflanzen

In Pflanzengesellschaften bestimmen die **Konkurrenz** um Licht, Raum, Wasser und Nährstoffe die Beziehungen zwischen den Arten. Im **Wettbewerb** um Standortvorteile setzen sich die konkurrenzstärksten Arten durch. Ein einfaches Experiment soll diese Zusammenhänge verdeutlichen (Abb. 3.4.2/1):

(a) Auf einem Pflanzbeet mit von links nach rechts zunehmendem Grundwasserflurabstand werden drei Grasarten jeweils in Reinsaat ausgesät.

(b) Obwohl die Gräser auf dem ganzen Beet auskeimen, liegt die beste Wuchsleistung bei allen drei Arten in der Mitte des Beetes, d.h. bei mittlerer Grundwassertiefe. Dieser Bereich stellt den **physiologischen Optimalbereich** für jede einzelne Grasart dar. Die **physiologische Amplitude (Potenzbereich)** reicht über die gesamte Breite des Beetes.

(c) Werden alle drei Arten gemeinsam ausgesät, führt die Konkurrenz zur grundwasserabhängigen Verteilung und für jede Art zur Ausbildung eines **ökologischen Optimalbereichs** (Existenzoptimum oder Herrschaftsbereich). Da der Glatthafer am konkurrenzstärksten

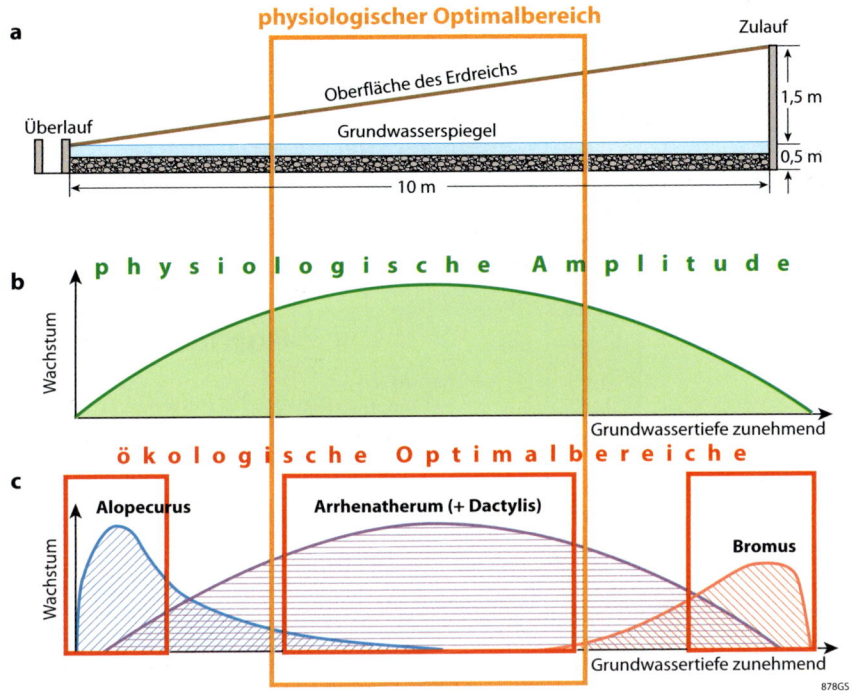

Abb. 3.4.2/1 *Wachstum der drei Grasarten Wiesen-Fuchsschwanzgras (Alopecurus pratensis), Glatthafer (Arrhenaterum elatius) und Aufrechte Trespe (Bromus erectus) in Rein- und Mischsaat* (verändert nach CZIHAK, G. ET AL. 1996).

ist, beherrscht er die Mitte des Beetes, d.h. sein ökologischer entspricht seinem physiologischen Optimalbereich. Den Wiesen-Fuchsschwanz und die Aufrechte Trespe drängt er an den Rand ihres Potenzbereichs ab, wo sie ihr Existenzoptimum finden. Während sich der Wiesen-Fuchsschwanz auf die äußerste Nässegrenze seiner physiologischen Amplitude zurückzieht, findet die Trespe am trockenen Rand des Pflanzbeetes ihren ökologischen Optimalbereich.

Auch in den Waldgesellschaften Mitteleuropass finden wir aufgrund der un-

terschiedlichen Konkurrenzstärke eine ungleiche Verteilung der Gehölzarten in Bezug auf die Standortbedingungen. Diese Wuchsverhältnisse werden in einem **Ökogramm** entlang eines Bodenfeuchte- und eines Bodensäuregradienten dargestellt (Abb. 3.4.2/2): Während die Rotbuche sich auf allen „mittleren" Standorten mit mäßig frischen bis feuchten, mäßig sauren bis alkalischen Böden durchsetzt und dort zur Herrschaft gelangt, drängt sie alle übrigen Baumarten an die Ränder ihres Potenzbereichs ab. So findet z.B. die Stieleiche nur auf

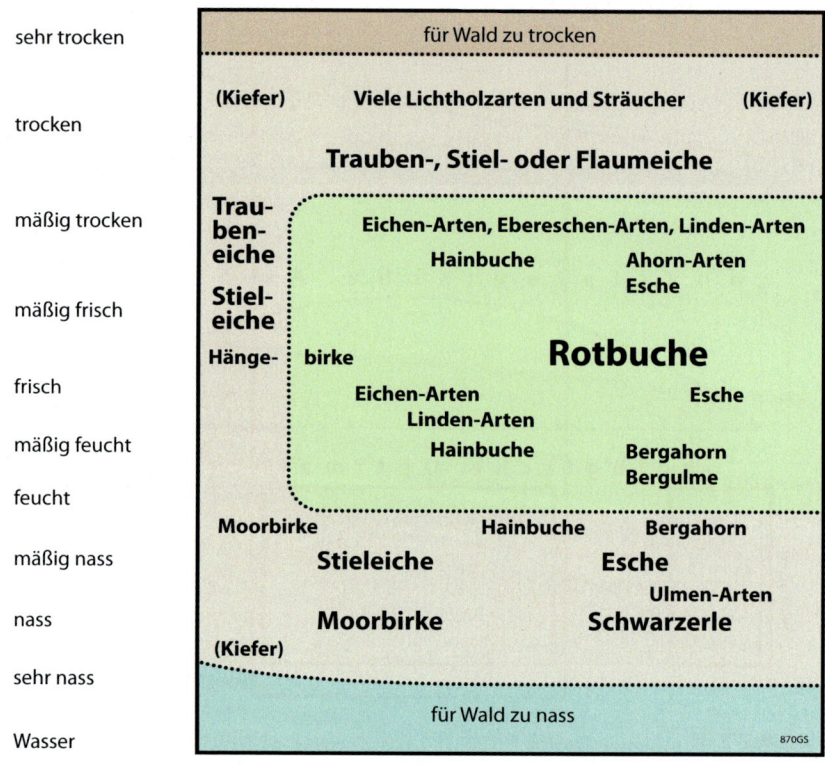

sehr trocken	für Wald zu trocken
trocken	(Kiefer) **Viele Lichtholzarten und Sträucher** (Kiefer)
	Trauben-, Stiel- oder Flaumeiche
mäßig trocken	**Trau-** **Eichen-Arten, Ebereschen-Arten, Linden-Arten**
	ben- **Hainbuche** **Ahorn-Arten**
	eiche **Esche**
mäßig frisch	**Stiel-**
	eiche
	Hänge- birke **Rotbuche**
frisch	**Eichen-Arten** **Esche**
	Linden-Arten
mäßig feucht	**Hainbuche** **Bergahorn**
	Bergulme
feucht	
mäßig nass	Moorbirke **Hainbuche** **Bergahorn**
	Stieleiche **Esche**
	Ulmen-Arten
nass	**Moorbirke** **Schwarzerle**
	(Kiefer)
sehr nass	für Wald zu nass
Wasser	870GS

stark sauer   sauer   mäßig sauer   schwach sauer   neutral   alkalisch

Abb. 3.4.2/2 *Ökogramm der in der submontanen Stufe Mitteleuropas auf ungleich feuchten und basenhaltigen Böden waldbildenden Baumarten. Die Größe der Schrift drückt ungefähr den Grad der Beteiligung an der Baumschicht aus, wie er als Ergebnis des natürlichen Konkurrenzkampfes zu erwarten wäre* (verändert nach Ellenberg, H. 1996)

entweder trockenen oder mäßig nassen Standorten ihr Existenzoptimum, nicht aber in den dazwischenliegenden Bereichen, die von der Rotbuche besetzt sind. An der Nässegrenze des Waldes hat im stark sauren Bodenmilieu die Moorbirke, im neutralen bis alkalischen Milieu die Schwarzerle ihren ökologischen Optimalbereich gefunden. In den natürlichen Wäldern der submontanen Stu-

fe Mitteleuropas kommen Nadelbäume überhaupt nicht zur Herrschaft. Dass sie heute eine so starke Verbreitung bei uns gefunden haben, liegt nur daran, dass durch forstwirtschaftliche Maßnahmen die natürliche Konkurrenz ausgeschaltet wurde und Nadelforste in Reinkultur auf Standorten ihres physiologischen Potenzbereichs wachsen.

3.5 Stoffkreisläufe und Energieflüsse in Ökosystemen

Ökosysteme sind stoffliche und energetische Wirkungsgefüge aus belebten und unbelebten Bestandteilen. Sie lassen sich, je nach Betrachtungsweise, in unterschiedliche Subsysteme differenzieren. Hierzu gehören u.a. der Nährstoff-, Wasser-, Kohlenstoff- und Stickstoffkreislauf mit ihren Energieflüssen.

Ziele des Kapitels

Sie erhalten eine Übersicht über folgende Themen der Ökosystemforschung:
- Aufbau von Nahrungsketten und Nahrungsnetzen
- Funktion wichtiger Stoffkreisläufe am Beispiel des Stickstoff- und des Kohlenstoffkreislaufs
- Einbindung von Pflanzen und Tieren in die Energieflüsse und Stoffkreisläufe der Ökosysteme
- Modellvorstellungen bei Ökosystemen

3.5.1 Nahrungskette und Nährstoffkreislauf

Die **Nahrungskette** als Teil des Nährstoffkreislaufs betrachtet die Weitergabe biochemisch gebundener Energie durch die einzelnen Trophiestufen (Ernährungsstufen) zwischen den Lebewesen. In der Natur liegen die Nahrungsbeziehungen fast immer als komplexes **Nahrungsnetz** vor, aber zur Vereinfachung werden in Ökosystemmodellen und Energieflussdiagrammen meist Nahrungsketten zugrunde gelegt (Abb. 3.5.1/1).

An erster Stelle der Nahrungskette stehen die **autotrophen Organismen** oder **Primärproduzenten**, die mithilfe des Sonnenlichts (grüne Pflanzen) oder chemischer Substanzen (manche Bakterien) Biomasse synthetisieren. Alle übrigen Lebewesen, die auf biochemisch gebundene Energie angewiesen sind, werden **heterotrophe Organismen** oder **Konsumenten** genannt (Tab. 3.5.1/1).

An erster Stelle der Konsumentennahrungskette stehen die **Primärkonsu-**

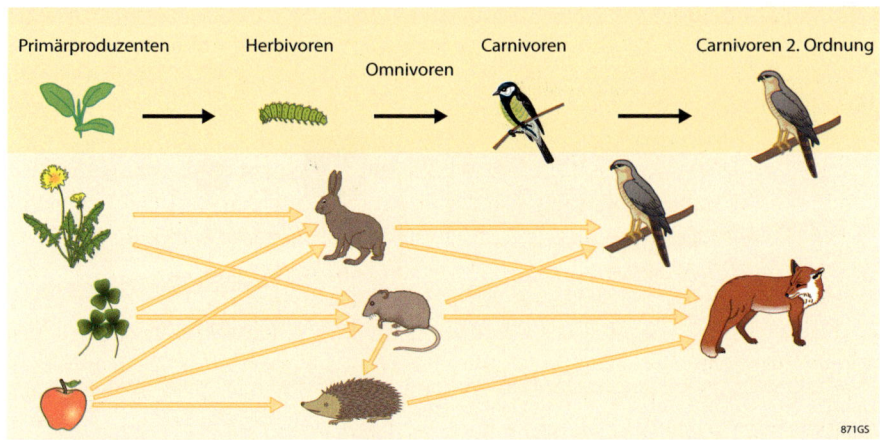

Primärproduzenten   Herbivoren   Carnivoren   Carnivoren 2. Ordnung
Omnivoren

871GS

Abb. 3.5.1/1 Nahrungskette und Nahrungsnetz   (nach KLOFT, W. & M. GRUSCHWITZ 1988)

Autotrophe Organismen = Primärproduzenten
(diese umfassen photoautotrophe (grüne) Pflanzen und Algen
sowie chemoautotrophe Bakterien)

Heterotrophe Organismen = Konsumenten
Primärkonsumenten = Herbivore = Pflanzenfresser = Phytophage (z. B. Elephanten)
Sekundärkonsumenten = Carnivore = Raubtiere = Zoophage (z. B. Löwen)
Tertiärkonsumenten = Carnivore 2. Ordnung = Übercarnivore (z. B. Raubvögel)
Omnivore = Allesfresser (z. B. der Mensch) (diese Kategorie steht zwischen
den Trophiestufen der Konsumentennahrungskette)

Tab. 3.5.1/1 *Kategorien und Synonyme der Trophiestufen in der Nahrungskette*

menten oder **Herbivoren** (Pflanzen-fresser), die auch **Phytophage** genannt werden. Sie ernähren sich ausschließlich von Pflanzenteilen (z. B. Giraffen, Elefanten, Rinder, Hasen). Es folgen die **Sekundärkonsumenten** oder **Carnivore** (Raubtiere), die sich von Herbivoren ernähren (**Zoophage**). Beispiele hierfür sind Löwen, Geparden, manche Vögel. Die **Tertiärkonsumenten** oder **Übercarnivoren** bilden das letzte und höchste Glied der Nahrungskette. Sie beziehen ihre Energie von Phyto- und Zoophagen (z. B. Raubvögel). Zwischen den Trophiestufen der Konsumentennahrungskette stehen die **Omnivoren** oder Allesfresser. Hierzu gehören z. B. der Mensch und der Igel, die sich sowohl von Pflanzen wie auch Tieren ernähren können.

Bei der Weitergabe biochemisch gebundener Energie tritt zwischen jeder Trophiestufe ein Energieverlust von rund 90 % auf (Abb. 3.5.1/2).

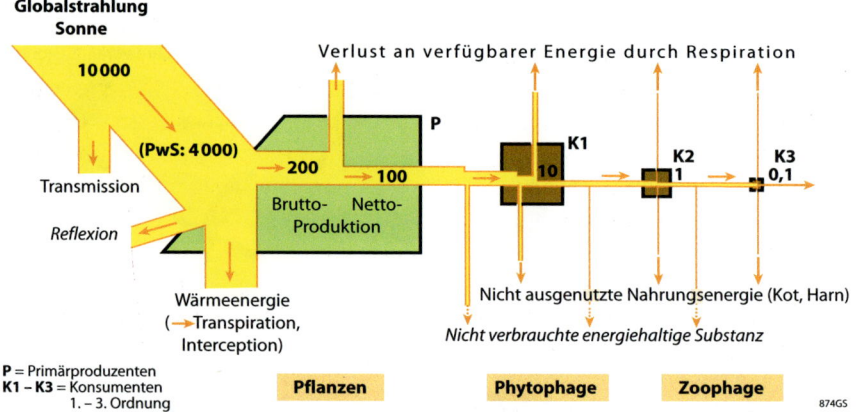

Abb. 3.5.1/2 *Energiefluss in der Nahrungskette. Angaben in kJ m⁻² d⁻¹ Es bedeuten: P = Primärproduzenten, K1-K3 = Konsumenten 1.-3. Ordnung.* (nach KLINK, H.-J. 1998)

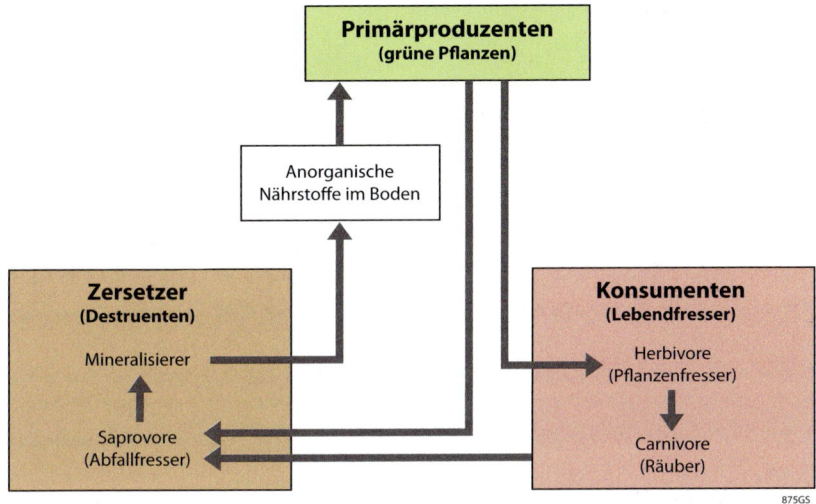

Abb. 3.5.1/3 *Der Nährstoffkreislauf als Teil des terrestrischen Ökosystems (vereinfacht).*
(eigener Entwurf)

Die **Respiration** (Atmung) und die Ausscheidung nicht verbrauchter energiehaltiger Substanzen tragen zum Gesamtverlust bei. Bei der Trophiestufe der Tertiärkonsumenten kommen von der Energie der einfallenden kurzwelligen Sonnenstrahlung nur noch 0,01 % und von der biochemisch gebundenen Energie der Primärproduzenten noch 1 % an. Somit ist verständlich, dass die Übercarnivoren die letzte Stufe der Nahrungskette bilden und die geringste Arten- und Populationsgröße aufweisen.

Die Produzenten- und Konsumenten-Nahrungsketten sind in den Gesamtnährstoff-Kreislauf integriert, der wiederum ein Subsystem des Ökosystems darstellt (Abb. 3.5.1/3). Über den sogenannten „Großen Kreislauf" wird die abgestorbene Substanz aus der Konsumenten-Nahrungskette in die Destruenten-Nah-

rungskette eingeschleust, während die abgestorbene pflanzliche Substanz über den „Kleinen Kreislauf" den Zersetzern zugeführt wird. Bei den **Destruenten** wird zwischen **Saprovoren** oder Abfallfressern und **Mineralisierern** unterschieden. Die Ersteren zerkleinern die tote organische Substanz mechanisch und schließen sie enzymatisch auf, worauf die Letzteren die komplexen organischen Moleküle (z. B. Peptide, Aminosäuren, Huminstoffe) abbauen und mineralisieren. Die anorganischen Stoffe werden dem Boden zugeführt und stehen den Pflanzen wieder als mineralische Nährstoffe zur Verfügung (vgl. Kap. 3.3.4).

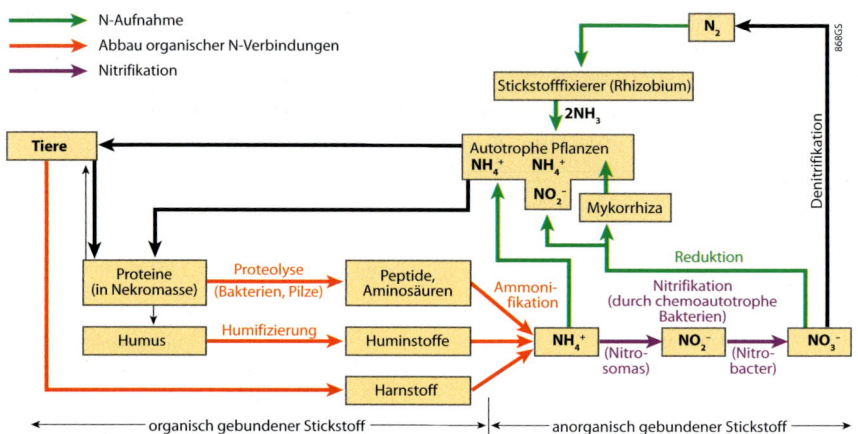

Abb. 3.5.2/1 *Der ökosystemare Stickstoffkreislauf*   (eigener Entwurf)

3.5.2 Stickstoffkreislauf

Stickstoff stellt ein Makronährelement für die Pflanze dar (Tab. 3.3.4/1) und wird in Form von Proteinverbindungen über die Phytophagen-Nahrungskette an die heterotrophen Organismen weitergegeben. Der ökosystemare Stickstoffkreislauf ist daher sehr eng an den Nährstoffkreislauf gebunden (Abb. 3.5.2/1).

Während der molekulare Luftstickstoff (N_2) den Pflanzen nicht direkt zugänglich ist, kann die Pflanzenwurzel den als Ammonium (NH_4^+) oder als Nitrat (NO_3^-) gebundenen Stickstoff aus der Bodenlösung aufnehmen. Manche Pflanzen (z. B. Hülsenfrüchtler, Erlen) sind in der Lage, den Luftstickstoff über N_2-fixierende Knöllchenbakterien (**Rhizobium**) aufzunehmen, während andere Pflanzen in Symbiose mit Wurzelpilzen (**Mycorrhiza**) leben, die an Stelle der Feinwurzeln der Pflanzen Nitrat aus dem Boden resorbieren (vgl. Kap. 3.4).

Die von den Pflanzen synthetisierten Eiweißverbindungen gehen in den Nährstoffkreislauf ein. Proteine aus abgestorbener pflanzlicher und tierischer Substanz werden entweder direkt über Proteolyse von Bakterien und Pilzen enzymatisch zu Peptiden und Aminosäuren abgebaut oder über humifizierende Prozesse in komplexe organische Kolloide (Huminstoffe) eingebaut. Durch Humuszersetzung ist dieser Stickstoffspeicher mittelfristig erschließbar (Nachlieferbare Fraktion, vgl. Kap. 3.3.4). Zusammen mit den tierischen Ausscheidungsprodukten (Harnstoff) werden Peptide und Aminosäuren im Boden rasch durch ammonifizierende Bakterien in Ammonium (NH_4^+) umgewandelt, das von den Pflanzenwurzeln direkt resorbiert werden kann. In einem als **Nitrifikation** bezeichneten Prozess wird ein Teil des Ammoniums durch chemoautotrophe Bakterien in Nitrit (NO_2^-) und dieses in Nitrat (NO_3^-) oxidiert (Abb. 3.5.2/1). Das Nitrat wird von den Pflanzenwurzeln oder der Mykorrhiza resorbiert und zu Ammonium reduziert, womit der ökosystemare Stickstoffkreislauf geschlossen ist.

3.5.3 Kohlenstoffkreislauf

Kohlenstoff (C) kommt als Grundbestandteil aller organischen Verbindungen in den Organismen, im Boden (Humus) und in der Lithosphäre (Kohle, Erdöl und Karbonate) als Feststoff vor. Gelöster Kohlenstoff ist im Grundwasser, in Flüssen und Seen sowie in großem Umfang im Meer enthalten. Als gasförmiges CO_2 findet sich Kohlenstoff in der Atmosphäre und in Bodenporen (Bodenluft). In einem Kreislaufprozess bewegt er sich zwischen den verschiedenen Ökosystemkomponenten (Abb. 3.5.3/1). Außerdem kommt er im geochemischen Kreislauf in verschiedenen Depots gespeichert vor.

Grob geschätzt wird jährlich ein Anteil von 5–7 % der CO_2-Menge, die in der Atmosphäre vorhanden und im Wasser gelöst ist, von Pflanzen im Prozess der Photosynthese (Assimilation) in die organische Bindung überführt (vgl. Kap. 3.3.1) Über die Nahrungskette gelangt der organisch gebundene Kohlenstoff zu den heterotrophen Organismen des Ökosystems. Durch Atmung wird auf jeder Trophiestufe CO_2 wieder freigesetzt. Beträchtliche Kohlenstoffmengen werden in langlebigen Organismen und schwer abbaubaren Bestandsabfällen bzw. deren Umwandlungsprodukt, dem **Humus**, festgelegt und so dem Kreislaufprozess zeitweilig entzogen. Aus **Torfbildungen** in Mooren sind durch geologische Prozesse in verschiedenen Erdperioden **Kohlelagerstätten** entstanden und aus Ansammlungen von Meeresorganismen **Erdöl-** und **Erdgaslagerstätten** hervorgegangen. Diese in Jahrmillionen aufgebauten Kohlenstoffdepots werden heute vom Menschen

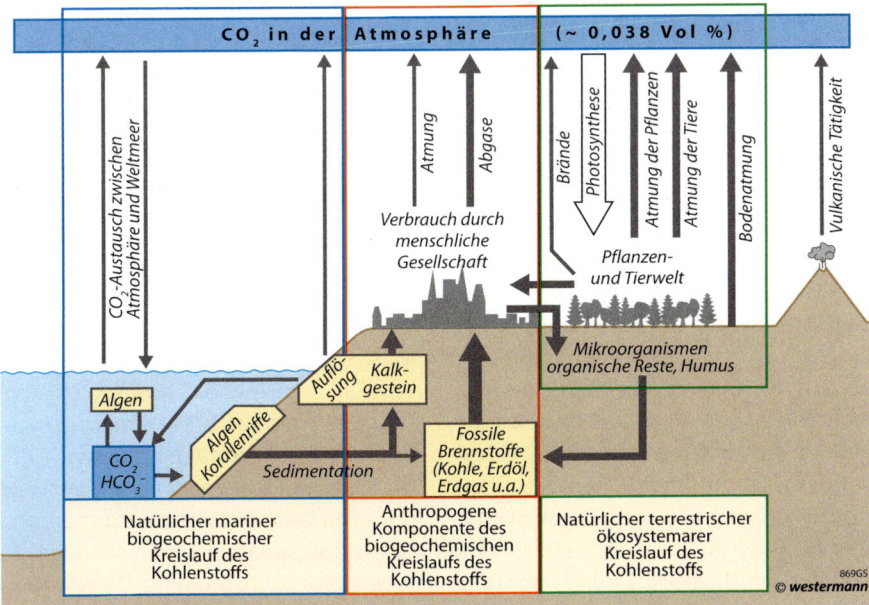

Abb. 3.5.3/1 *Der biogeochemische Kreislauf des Kohlenstoffs.* (verändert nach LERCH, G. 1991)

in großem Umfang abgebaut und zur Rohstoff- und Energiegewinnung genutzt (anthropogene Komponente in Abb. 3.5.3/1). Durch Verbrennung dieser fossilen Energieträger wird der langfristig in der Erdkruste festgelegte Kohlenstoff sehr kurzfristig wieder in die Atmosphäre zurückgeführt. Dadurch steigt die Konzentration des klimarelevanten Spurengases CO_2. Seit 1800 hat das CO_2 in der Atmosphäre von rund 280 ppm (0,028 Vol.-%) auf 393 ppm (0,039 Vol.-%), gemessen im Jahr 2011, zugenommen. Da es zusammen mit Methan (CH_4), Lachgas (N_2O) und einigen Treibgasen als Ursache der globalen Erwärmung und damit der weltweiten Klimaveränderungen gilt, bemüht man sich, durch internationale Abkommen den CO_2-Ausstoß zu reduzieren. Weitere Ausführungen zum anthropogenen Klimawandel vgl. Kap. 1.14.

CO_2-Senken bilden große Waldgebiete und vor allem die Meere. Zwischen dem CO_2-Gehalt der Atmosphäre und dem der Hydrosphäre besteht eine Wechselbeziehung. Entsprechend dem relativ geringen Anteil von CO_2 in der Atmosphäre ist bei Löslichkeitsgleichgewicht mit der Luft nur wenig CO_2 im Wasser gelöst. Dennoch ist die Senkungswirkung groß, da es im Wasser zu Kohlensäure (H_2CO_3) reagiert und mit Kationen wie Ca^{2+}, Mg^{2+} u. a. **Karbonate** bildet, die sich niederschlagen und so aus dem Wasser entfernt und in einem Depot festgelegt werden. In großem Umfang binden marine Organismen (z. B. Algen, Korallen) CO_2 zum Aufbau von **Kalkschalen** und Korallenriffen (mariner Kreislauf in Abb. 3.5.3/1). Bei einer Erhöhung der

CO_2-Konzentration in der Luft nimmt die Aufnahmefähigkeit des Wassers zu; sinkt die CO_2-Konzentration der Atmosphäre, wird CO_2 aus dem Meerwasser freigesetzt. Zwischen den beiden Medien stellt sich also ein Gleichgewicht ein, das über die CO_2-Partialdrücke geregelt wird. Die heutige globale Klimaerwärmung und CO_2-Anreicherung der Atmosphäre führt nicht nur zu einer Erhöhung der Temperatur der Ozeane und einem Meeresspiegelanstieg, sondern auch zu einer Erhöhung der Kohlensäurekonzentration in den Ozeanen und damit zur Versauerung mariner Ökosysteme. Besonders stark geschädigt durch diese Umweltveränderungen werden die **Korallenriffe**, die sich zunehmend auflösen und damit weitere Mengen an CO_2 in die Meere und die Atmosphäre freisetzen.

Der **Wasserkreislauf** als wichtiger Teilkreislauf der Ökosysteme wird in Kap. 4.1 behandelt.

3.5.4 Ökosysteme und Ökosystemmodelle

Das **Ökosystem** wird als Wirkungsgefüge aus Lebewesen, unbelebten natürlichen und vom Menschen geschaffenen Bestandteilen definiert, die untereinander und mit ihrer Umwelt in energetischen, stofflichen und informatorischen Wechselwirkungen stehen (BAYERISCHE AKADEMIE FÜR NATURSCHUTZ UND LANDSCHAFTSPFLEGE 1994). Stoffkreisläufe und Energieflüsse sind Subsysteme des Ökosystems. Fassen wir reale Ökosysteme mit ähnlichem Wirkungsgefüge zu einem abstrahierten Typ zusammen, so sprechen wir von einem **Ökosystemtyp** (z. B. oligotrophe Bergseen, submon-

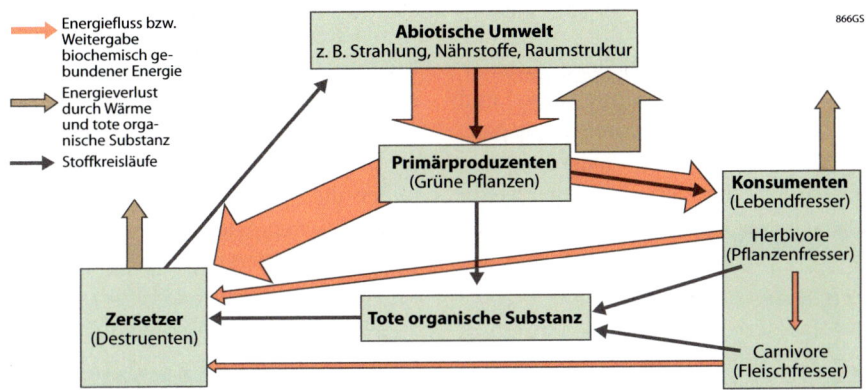

Abb. 3.5.4/1 *Modell eines Ökosystems mit seinen Energieflüssen unter starker Hervorhebung der biotischen Systemteile in Anlehnung an* ELLENBERG, H. (1996).

tane Wälder, Mittelgebirgs-Hochmoore). Ökosysteme sind zu komplex, um sie vollständig zu erfassen und zu analysieren. Daher müssen wir fragenspezifisch definierte **Ökosystemmodelle** als vereinfachte, abstrahierte Darstellungen zur Beschreibung realer Ökosysteme oder Ökosystemtypen entwickeln.

Tipp: 🖷 www.webgeo.de
Modul zur Biogeographie:
„Ökosystem und Ökosystemmodell"

Je nach Betrachtungsweise sind die Teilsysteme der Ökosystemmodelle unterschiedlich differenziert. Das einfachste Modell eines terrestrischen Ökosystems stellt Abb. 3/2 dar. Die Systemelemente bilden hier lediglich die abiotischen und biotischen Umweltbereiche des Geokomplexes, deren Beziehungen durch einfache Pfeile angedeutet sind. Ein Modell, das die Fragestellungen der biotischen Systemanalyse in den Vordergrund stellt, ist in Anlehnung an HEINZ ELLENBERG (1996) in Abb. 3.5.4/1 wiedergegeben.

Der Geobotaniker HEINZ ELLENBERG hat sein Ökosystemmodell zwar als „vollständig" bezeichnet, aber bei genauer Betrachtung ist die Nahrungskette der Pflanzen und Tiere mit ihren Beziehungen differenziert dargestellt, während die unbelebten Bestandteile des Ökosystems in einer „black box" der abiotischen Umwelt stark abstrahiert wiedergegeben werden.

Aufgaben

1. **a)** Ordnen Sie die Schritte der Energieweitergabe und der Energieverluste zwischen den Trophiestufen der Nahrungskette in Abb. 3.5.1/2 den entsprechenden Pfeilen im Ökosystemmodell (Abb. 3.5.4/1) zu.

   b) Welche Teilbereiche des Ökosystemmodells werden in Abb. 3.5.1/2 behandelt?

2. An welchen Stellen des Stickstoffkreislaufs (Abb. 3.5.2/1) sind folgende Symbiosen mit höheren Pflanzen eingeschaltet:

   a) Wurzelpilzsymbiose

   b) Knöllchenbakteriensymbiose

3. Finden Sie im Internet eine Kurve des globalen CO_2-Anstiegs in der Atmosphäre seit 1960 bis heute. Wie kommt es zu den jahreszeitlichen Schwankungen in der Kurve?

3.6 Vegetationsklassifikation

Um die Vielfalt der pflanzlichen Erscheinungsformen auf der Erde erfassen und beschreiben zu können, müssen sie nach geeigneten Kriterien gegliedert werden. Je nach Aufgabenstellung werden hierzu unterschiedliche Methoden angewendet.

Ziele des Kapitels

Nach Bearbeitung dieses Kapitels sollten Sie in der Lage sein, folgende Kernfragen zu beantworten:
- Welche Wege der Vegetationsklassifikation gibt es und für welche Aufgabenstellungen werden sie verfolgt?
- Warum werden pflanzliche Gestalttypen und Pflanzenformationen für die ökozonale Vegetationskartierung der Erde verwendet?
- Welche ökologisch begründeten Gestalttypeneinteilungen gibt es und für welche Zwecke eignen sie sich?

3.6.1 Wege zur Erfassung der vegetationsräumlichen Ordnung

Als **Vegetation** wird die gesamte Pflanzendecke eines Raumes, die aus den Individuen aller darin vorkommenden Arten aufgebaut ist, bezeichnet. Abb. 3.6.1/1 zeigt verschiedene Wege zur Erfassung der vegetationsräumlichen Ordnung.

Für großmaßstäbige Vegetationskartierungen botanisch gut erforschter Räume, wie z. B. in Mitteleuropa, wird meist der pflanzensoziologische Weg eingeschlagen. Bei dieser Methode wird die Vegetation artenmäßig erfasst und nach der Ähnlichkeit der Artenzusammensetzung zu **Pflanzengesellschaften** geordnet. Die Grundeinheit der pflanzensoziologischen (zönologischen) Gesellschaftssystematik ist die **Assoziation**. Grundlage der floristisch-soziologischen Gliederung der Vegetation in Pflanzengesellschaften bilden die Pflanzenarten mit ihrer charakteristischen Artenkombination. Diese Methode erfordert damit ein hohes Maß an Artenkenntnis und ein hinreichendes Verständnis der floristischen Systematik (vgl. Kap. 3.1.1).

Für geographische Fragestellungen, insbesondere im ökologisch-räumlichen Kontext, wird bevorzugt ein anderer Weg eingeschlagen, bei dem keine vertiefte Artenkenntnis vorausgesetzt wird. Die sich aufgrund bestimmter Umweltbedingungen (Standort) einstellende pflanzliche Artengemeinschaft (Vegetationstyp) wird hierbei nach dem äußeren Erscheinungsbild (Gestalttypen, Wuchsformen) räumlich abgegrenzt und charakterisiert. Diese über den physiognomisch-ökologischen Weg klassifizierte Vegetationseinheit wird als **Pflanzenformation** bezeichnet (Abb. 3.6.1/1). Meist wird diese Methode bei kleinmaßstäbigen Vegetationskartierungen sowie pflanzengeographischen Untersuchungen in Erdräumen verwendet, die botanisch wenig erforscht sind, wie z. B. in den Tropen.

Über beide beschriebenen Wege kann die Vegetation als integraler Bestandteil der Landschaft eingeordnet und untersucht werden. Im Folgenden wird die Methode der Vegetationsgliederung nach physiognomisch-ökologischen Merkmalen genauer vorgestellt, da sie die Grundlage für die ökozonale Vegetationskartierung der Erde bildet (Abb. 3.7.2/1).

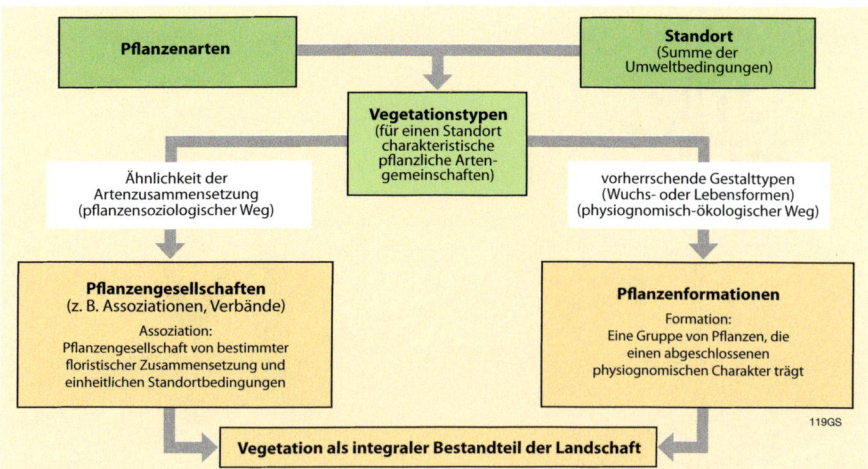

Die für bestimmte Umweltbedingungen (Standort) charakteristischen Vegetationstypen können nach vorherrschenden Gestalttypen zu Pflanzenformationen (physiognomisch-ökologischer Weg) oder nach der Artenzusammensetzung zu Pflanzengesellschaften geordnet werden (pflanzensoziologischer Weg).

Abb. 3.6.1/1 *Wege zur Erfassung der vegetationsräumlichen Ordnung* (eigener Entwurf)

Aufgaben

1. Was ist der Unterschied zwischen Flora und Vegetation?
2. Beschreiben Sie den Unterschied zwischen Pflanzenformation und Pflanzenassoziation und nennen Sie Beispiele.

3.6.2 Pflanzliche Gestalttypen

Ein seit Langem beschrittener Weg zur Gliederung der Vegetation führt über das äußere Erscheinungsbild der Pflanzen und der von ihnen gebildeten Bestände, d. h. über ihre **Gestalttypen**, Wuchs- oder Lebensformen, wobei diese Bezeichnungen weitgehend synonym gebraucht werden. Dieser methodische Ansatz ist nicht nur deshalb von Bedeutung, weil dadurch das taxonomische System der Pflanzen weitgehend vernachlässigt werden kann, sondern auch, weil damit Anpassungen an bestimmte ökologische Faktoren, insbesondere den Wasser- und Wärmehaushalt, erfasst werden. Von Natur aus physiognomisch einheitliche Pflanzenbestände bringen also zugleich bestimmte ökologische Bedingungen zum Ausdruck, sodass die Bezeichnung „physiognomisch-ökologische Vegetationseinheiten" gerechtfertigt ist. Besonders trifft das für die großräumige, d. h. kleinmaßstäbliche Vegetationsgliederung zu. Mit dem Gestalttyp einer Pflanze wird ihr gesamter Habitus (Größe, Form, Gliederung), ihre Lebensweise und Lebensdauer erfasst. Eine ökologisch begründete Gestalttypenklassifikation stellt z. B. die Einteilung der Wasserhaushaltstypen der Pflanzen dar (vgl. Kap. 3.3.3 Exkurs: Wasserhaushaltstypen der Pflanzen).

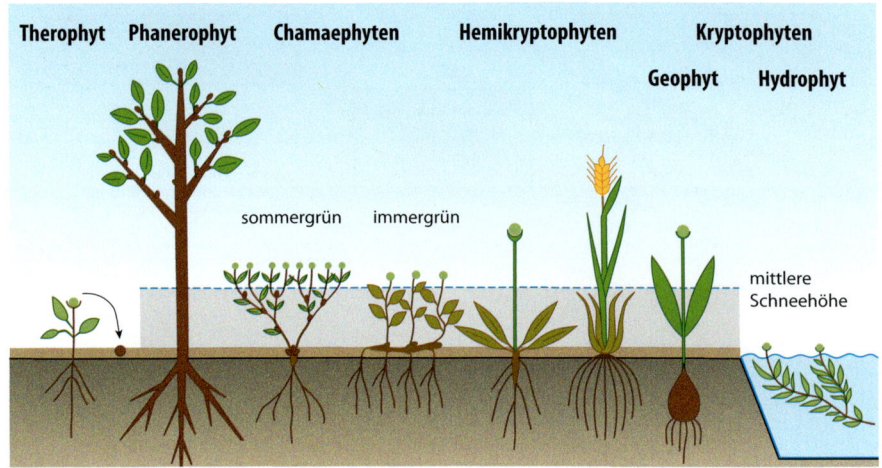

Überwinternde Pflanzenteile sind dunkelbraun bzw. braungrün (Blätter) gekennzeichnet, mit Ende der Vegetationsperiode absterbende Teile sind grün gekennzeichnet.

Abb. 3.6.2/1 *Lebensformen nach* Raunkiaer, Ch. *(1905)*   (verändert nach Larcher, W. 1994)

Der Begriff „Lebensform" stammt von Eugen Warming (1895/96), einem der Begründer der ökologischen Pflanzengeographie. Er ging dabei von der Überlegung aus: „Jede Art muß", um überleben zu können, „im äußeren und inneren Bau mit den Naturverhältnissen, worunter sie lebt, im Einklang sein".

Weltweit Anerkennung gefunden hat nur die Klassifikation der Lebensformen des dänischen Botanikers Christen Raunkiaer (1905). Er geht von den Merkmalen der Pflanzen zur Überdauerung der ungünstigen kalten und/oder trockenen Jahreszeit aus und teilt die Pflanzen nach der Anordnung und dem Schutz der Erneuerungsknospen ein (Abb. 3.6.2/1 und Exkurs „Lebensformen nach Christen Raunkiaer").

Die prozentualen Anteile dieser Lebensformen sind bereits von Ch. Raunkiaer für unterschiedliche Gebiete in sogenannten

Biologischen Spektren oder **Lebensformenspektren** zusammengestellt worden. Die Klimazonen der Erde weisen charakteristische Unterschiede der Lebensformenverteilung auf (Tab. 3.6.2/1). Es dominieren:

• in den feuchten Tropen und Subtropen die *Phanerophyten*,
• in den Trockengebieten die *Therophyten*,
• in den gemäßigten Zonen die *Hemikryptophyten*,
• in den Polargebieten die *Chamaephyten*.

Die *Geophyten* haben ein Häufigkeitsmaximum in Gebieten, in denen auf eine Kälteperiode bzw. Feuchteperiode im Winter eine Dürreperiode im Sommer folgt, so in den Steppen und Prärien sowie in den Winterregengebieten. Außerdem sind sie in bodenfrischen Laubwäldern verbreitet, wo sich die

	Phanero-phyten	Chamae-phyten	Hemikryp-tophyten	Geo-phyten	Thero-phyten
Weltweiter Durchschnitt	46	9	26	6	13
Von warm zu kalt (humid)					
Tropischer Regenwald	96	2		2	
Subtropischer Lorbeerwald	66	17	2	5	10
Warmtemp. Laubwald	54	9	24	9	4
Kalttemp. Nadelwald	10	17	54	12	7
Tundra	1	22	60	15	2
Von frisch zu trocken (temperat)					
Frischer Laubwald	34	8	33	23	2
Waldsteppe	30	23	36	5	6
Steppe	1	12	63	10	14
Halbwüste		59	14		27
Wüste		4	17	6	73

Die Pflanzenformationen sind entlang eines thermischen Gradienten im humiden Klima und eines hygrischen Gradienten im temperaten Klima angeordnet. Die Zahlen geben den %-Anteil des Arteninventars der jeweiligen Formation an.

Tab. 3.6.2/1 *Lebensformenspektren ausgewählter zonaler Pflanzenformationen*

(STRASBURGER, E. 1997)

krautigen Geophyten im zeitigen Früh-jahr entwickeln, solange der Wald noch unbelaubt ist.

Dennoch vermögen die Lebensformen-spektren nicht in jedem Fall eine Vor-stellung von den den Vegetationsaspekt bestimmenden Gestalttypen zu geben, da sie vom gesamten Florenbestand eines Gebietes ausgehen und nicht von den Deckungsverhältnissen bzw. der Häufigkeit der im Pflanzenbestand vor-kommenden Arten. So beherrschen die nur ca. 6 % *Phanerophyten* (Bäume) das Vegetationsbild des typischen mitteleuro-päischen Laubwaldes, obwohl der Anteil der *Hemikryptophyten* über 50 % beträgt (KLINK, H.-J. 1998).

Die RAUNKIAER´schen Lebensformen las-sen sich in ein umfassenderes System der pflanzlichen Gestalttypen einordnen. In der Übersicht nach E. JÄGER (1988) wer-den die pflanzlichen Gestalttypen nach physiognomischen und ökologischen Ge-sichtspunkten in zwölf Klassen gruppiert (Abb. 3.6.2/2).

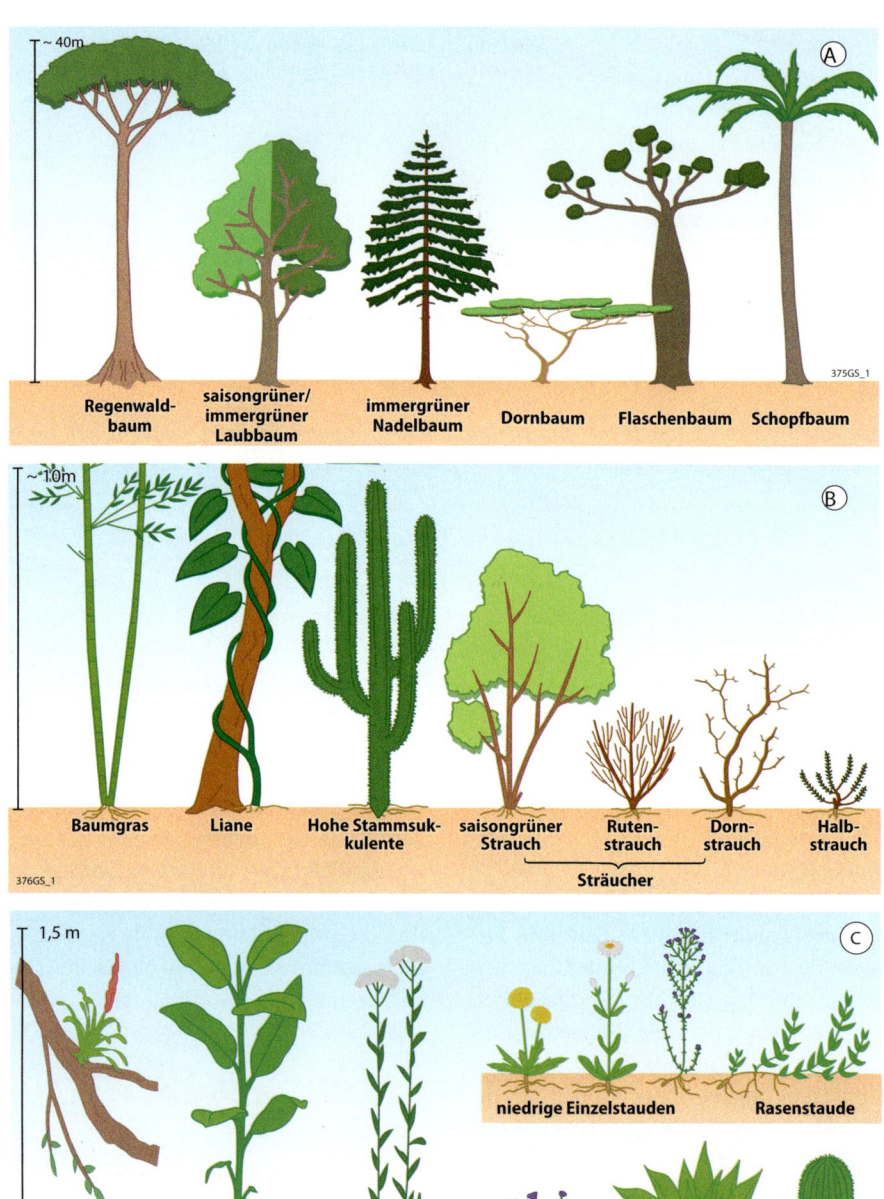

A

~ 40m

| Regenwald-baum | saisongrüner/immergrüner Laubbaum | immergrüner Nadelbaum | Dornbaum | Flaschenbaum | Schopfbaum |

375GS_1

B

~ 10m

| Baumgras | Liane | Hohe Stammsuk-kulente | saisongrüner Strauch | Ruten-strauch | Dorn-strauch | Halb-strauch |

Sträucher

376GS_1

C

1,5 m

niedrige Einzelstauden   Rasenstaude

| epiphytische Stauden | immergrüne Hochstauden | sommergrüne Hochstauden | Polsterstaude | sukkulente Stauden (Zwergsukkulenten) |

377GS_1

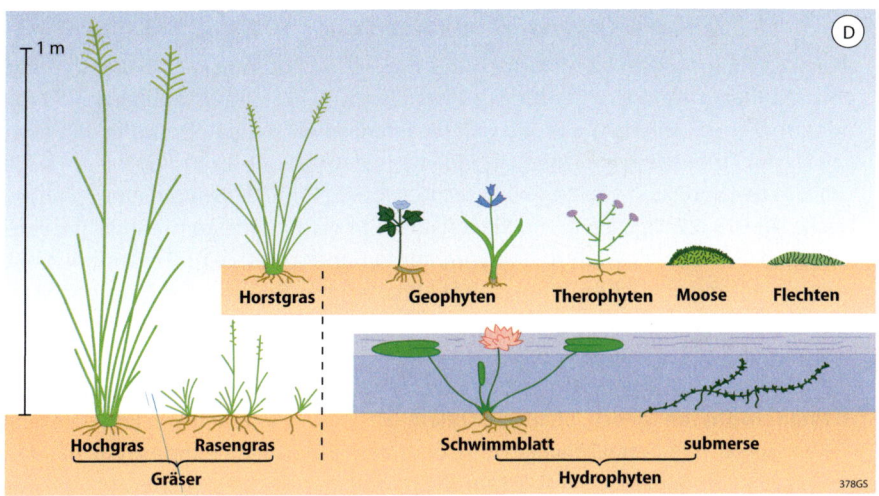

Die abgebildeten Gestalttypen werden in 12 Klassen gruppiert: (A) 1. Kronenbäume, 2. Schopfbäume (B) 3. Baumgräser, 4. Lianen, 5. Hohe Stammsukkulenten, 6. Sträucher, 7. Halbsträucher (C) 8. Stauden, (D) 9. Gräser, 10. Geophyten und Therophyten, 11. Flechten und Moose, 12. Hydrophyten.

Abb. 3.6.2/2 *Pflanzliche Gestalttypen in halbschematischer Darstellung. Auswahl und Untergliederung nach E. Jäger (1988)* (nach KLINK, H.-J. 1998)

Aufgaben

3. Ordnen Sie den pflanzlichen Gestalttypen nach E. JÄGER (Abb. 3.6.2/1) die passenden Lebensformen nach CH. RAUNKIAER zu.

4. In welchen Klimazonen wurden die in Abb. A. 3.6.2/1 dargestellten drei Lebensformenspektren aufgenommen? Begründen Sie Ihre Zuordnung!

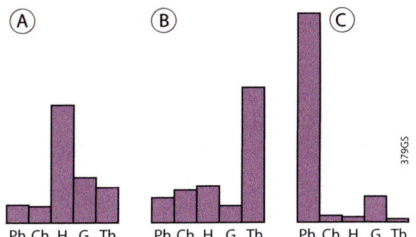

Ph = Phanerophyten, Ch = Chamaephyten, H = Hemikryptophyten, G = Geophyten, Th = Therophyten

Abb. A 3.6.2/1 Beispiele von Lebensformenspektren (nach SCHMITHÜSEN, J. 1968)

Exkurs: Lebensformen nach Christen Raunkiaer

Die Klassifikation der Lebensformen des dänischen Botanikers C. Raunkiaer geht von den Merkmalen der Pflanzen zur Überdauerung der ungünstigen kalten und/ oder trockenen Jahreszeit aus und teilt die Pflanzen nach der Anordnung und dem Schutz der Erneuerungsknospen ein. Eine bedeutende Rolle als ökologischer Faktor spielt in der Einteilung von Ch. Raunkiaer die mittlere Höhe der winterlichen Schneedecke (Abb. 3.6.2/1). Da sich die Klassifikation in erster Linie an thermischen Jahreszeitenklimaten mit Wintern und Sommern orientiert, ist sie für Erdregionen mit ausgeprägten hygrischen Jahreszeitenklimaten mit Regen- und Trockenzeiten weniger geeignet. Ch. Raunkiaer (1905) unterscheidet fünf Hauptgruppen von „Lebensformen" höherer Pflanzen:

1. **Phanerophyten** (griech. phanero = offen, sichtbar): Pflanzen, deren Erneuerungsknospen sich in beträchtlicher Höhe über dem Erdboden befinden, z. B. Bäume, Sträucher. In der Flora der feuchten Tropen dominieren die Phanerophyten vor allen anderen Lebensformen (Abb. E. 3.6.2/1 und Tab. 3.6.2/1) .

Abb. E 3.6.2/1 *Tropischer Küstenregenwald im Tortuguero-Nationalpark, Costa Rica, mit lianenbewachsenen, bis zu 50 m hohen Urwaldriesen.*   (Glawion, R.)

Die große und heterogene Gruppe der Phanerophyten kann untergliedert werden in:

a) *Megaphanerophyten* (> 30 m)

b) *Mesophanerophyten* (8–30 m)

c) *Mikrophanerophyten* (2–8 m)

d) *Nanophanerophyten* (< 2 m–0,25 m) und krautige *Phanerophyten*

e) *Epiphytische Phanerophyten*

f) *Stammsukkulente Phanerophyten*.

2. **Chamaephyten** (griech. chamae = am Erdboden, niedrig): Pflanzen, die ihre Knospen nur wenig (bis max. 25 cm) über dem Erdboden tragen, z. B. Zwergsträucher wie Heidekraut, Heidelbeere; kriechende bodenbedeckende Zwergsträucher wie Silberwurz, Kriechweiden; Polsterpflanzen wie Azorella; ausdauernde Stauden und Sukkulenten, die ihre Sprosse nahe am Boden haben wie Weißklee, Thymian, Mauerpfeffer. In den arktischen Gebieten haben die Chamaephyten ein Verbreitungsmaximum, da sie unter einer dauerhaften winterlichen Schneedecke vor großer Kälte und Frosttrocknis geschützt sind.

3. **Hemikryptophyten** (griech. hemikrypto = halbverborgen): Pflanzen, die ihre Überdauerungsknospen während der ungünstigen Jahreszeit unmittelbar an der Erdoberfläche anlegen, wo sie durch lebende oder tote Blätter oder durch eine dünne Schneedecke vor Frosttrocknis geschützt werden. Die oberirdischen Teile sterben ab. Zu den Hemikryptophyten gehören Gräser, Rosettenpflanzen (z. B. Löwenzahn, Gänseblümchen), Halbrosettenpflanzen (z. B. Scharfer Hahnenfuß). Im gesamten Florenbestand unserer kühlgemäßigten Breiten dominieren die Hemikryptophyten.

4. **Kryptophyten** (griech. krypto = verborgen): Pflanzen, deren oberirdische Organe ganz absterben und deren Erneuerungsknospen entweder im Boden oder unter Wasser liegen. Bei den Kryptophyten unterscheidet man daher zwischen:
   a) **Geophyten** (= Erdpflanzen), die die ungünstige Jahreszeit im Boden überdauern; hierzu gehören Knollenpflanzen wie Kartoffeln, Zwiebelpflanzen wie Tulpen und Rhizompflanzen wie Buschwindröschen, Salomonssiegel; auch die Frühjahrsgeophyten, die ihren Entwicklungszyklus vor dem Laubaustrieb der Buchenwälder durchlaufen, gehören hierzu (vgl. Kap. 3.3.1);
   b) **Hydrophyten** (= Wasserpflanzen), die die ungünstige Jahreszeit unter Wasser überdauern. Beispiele: Seerosen, Teichrosen.

5. **Therophyten** (griech. theros = Sommer): Einjährige Pflanzen, deren Erneuerungsknospen die ungünstige Jahreszeit in Form von Samen überdauern. Beispiele: Getreidearten, viele Ackerwildkräuter und Pflanzen der Ruderalfluren. Die Flora der Trockenwüsten der Erde besteht zu einem überwiegenden Anteil aus Therophyten, da die Samen als pflanzliche Überdauerungsorgane langanhaltende Trockenperioden von mehreren Jahren bis Jahrzehnten unbeschadet überstehen können, während die therophytischen Pflanzen bereits nach wenigen Wochen Trockenzeit absterben (Tab. 3.6.2/1).

3.6.3 Pflanzenformationen

Die charakteristische Zusammensetzung einer Pflanzengemeinschaft aus bestimmten Gestalttypen definiert eine **Pflanzenformation**. So wird z. B. die Formation des Monsunwaldes aus den Gestalttypen der regengrünen Tropenbäume in der oberen Kronenschicht sowie der immergrünen und saisongrünen Laubbäume in den unteren Baumschichten zusammengesetzt (Abb. 3.6.3/1). Die sommergrüne Laubwaldformation unserer kühlgemäßigten Breiten wird durch saisongrüne Laubbäume in der oberen Baumschicht, saisongrüne und einige immergrüne Gehölze in der Strauchschicht sowie Stauden und Gräser in der Krautschicht charakterisiert.

Ähnlich wie der Begriff „Pflanzenassoziation" für die Pflanzensoziologie und der Begriff „Pflanzenart" für die Taxonomie zentrale Bedeutung erlangt hat, steht im Mittelpunkt der physiognomischen Vegetationstypologie der Begriff „Pflanzenformation".

Bereits der Botaniker AUGUST GRISEBACH führte 1838 den Begriff „pflanzengeographische Formation" ein und verstand darunter „(…) eine Gruppe von Pflanzen, die einen abgeschlossenen physiognomischen Charakter trägt, wie eine Wiese, ein Wald und dergleichen (…)". Analog dem hierarchisch-taxonomischen System (vgl. Kap. 3.1.1) kann ein hierarchisch gegliedertes System der auf physiognomisch-ökologischen Gestalttypen basierenden Formationen geschaffen werden, wie es HEINZ ELLENBERG und DIETER MÜLLER-DOMBOIS 1967 vorgelegt haben (Tab. 3.6.3/1). Insgesamt werden die Pflanzenformationen der Erde darin zu sieben Formationsklassen zusammengefasst.

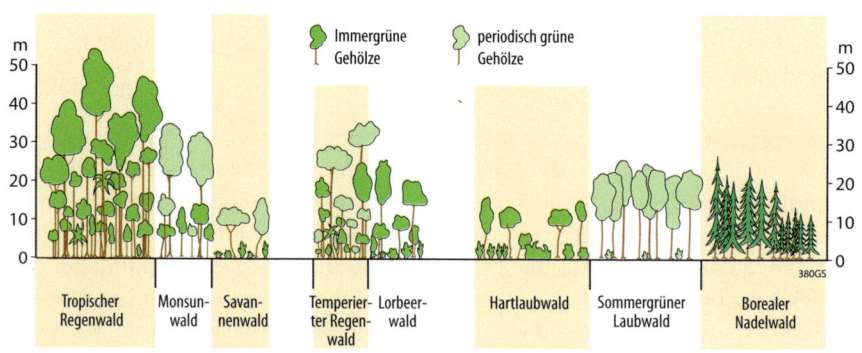

Immergrüne Gehölze sind dunkel, periodisch grüne Gehölze sind hell eingefärbt.

Abb. 3.6.3/1 *Unterschiedliche Formationstypen in der Formationsklasse der geschlossenen Wälder*
(nach SCHMIDT, G. 1969)

Formationsklasse I	dichtgeschlossene Wälder
Formationsklasse A	vorwiegend immergrüne Wälder
Formationsgruppe 1	Feuchttropenwälder
Formation a	Tieflands-Feuchttropenwälder
Subformation (1)	laubholzreich
Formationsklasse II	offene Wälder
Formationsklasse III	Gebüsche
Formationsklasse IV	zwergstrauchreiche Formationen
Formationsklasse V	krautige Landpflanzengemeinschaften
Formationsklasse VI	zerstreuter Bewuchs wüstenähnlicher Standorte
Formationsklasse VII	Wasserpflanzenformationen

Tab. 3.6.3/1 *Beispiel für die systematische Ordnung der Pflanzenformationen (nach* ELLENBERG, H. & D. MÜLLER-DOMBOIS *1967)* (KLINK, H.-J. 1998)

3.7 Ökozonale Vegetationsgliederung der Erde

Da Pflanzenformationen aufgrund ihrer ökologisch geprägten Gestalttypenmerkmale zumeist Beziehungen zu bestimmten Klimaeigenschaften erkennen lassen, stimmen sie räumlich meistens sehr genau mit globalen Klimazonen oder großräumigen Klimagebieten überein. Somit eignen sich Pflanzenformationen für eine ökozonal begründete **Vegetationskartierung** der Erde.

Ziele des Kapitels

Sie lernen in diesem Kapitel
- nach welcher Methode die Ökozonen der Erde abgegrenzt werden,
- wie bei der Vegetationskartierung großer Räume vorgegangen wird,
- wie sich die ursprüngliche, die reale und die potenzielle natürliche Vegetation unterscheiden und für welche Fragestellungen sie verwendet werden.

3.7.1 Prinzip der ökozonalen Gliederung

Ökozonen werden überwiegend nach großklimatischen Merkmalen abgegrenzt und nach ihrer ökologischen Ausstattung charakterisiert. Sie sind Großräume der Erde, die sich durch jeweils eigenständige Klimagenese, Morphodynamik, Bodenbildungsprozesse, Lebensweisen von Pflanzen und Tieren sowie Ertragsleistungen in der Agrar- und Forstwirtschaft auszeichnen. Entsprechend unterscheiden sie sich nach dem jährlichen und täglichen Klimagang, den Landformen, den Bodentypen, den Pflanzenformationen und Biomen sowie den agrarischen und forstlichen Nutzungssystemen (SCHULTZ, J. 2008).

Als **Biome** (= Bioformationen) bezeichnen wir die Pflanzenformationen einschließlich der darin lebenden Tiere; dementsprechend sind **Zonobiome** zonale Pflanzenformationen einschließlich ihrer Tierwelt. Die Ökozonen bzw. **Landschaftszonen (Landschaftsgürtel)** der Erde sind die höchste Integrationsstufe der global-zonalen Klassifikation. Basiseinheiten dieser Gliederung sind die Klima-, Boden-, Vegetations- und Landnutzungszonen:

- Die **klimazonale Klassifikation** erfolgt nach genetischen Gliederungen (z. B. H. FLOHN) oder effektiven Klimaten (z. B. W. KÖPPEN und R. GEIGER, C. TROLL und K.H. PAFFEN) (Abb. 1.12.1/2 und 1.13.3/1 in diesem Buch sowie Klimakarten im DIERCKE WELTATLAS 2008, 228-230).
- Die **bodenzonale Klassifikation** erfolgt nach Bodenmerkmalen (z. B. FAO UNESCO, vgl. Bodenkarte in B. EITEL 2001) oder nach Merkmalen der Pedogenese (z. B. AG Boden, KUBIENA und MÜCKENHAUSEN; vgl. Karte der Bodenzonen im DIERCKE WELTATLAS 2008, 234/235).
- Die **vegetationszonale Klassifikation** erfolgt nach physiognomisch-ökologischen Merkmalen (Pflanzenformationen, z. B. J. SCHMITHÜSEN 1976, R. GLAWION und H.-J. KLINK 2008) oder nach floristisch-soziologischen Merkmalen (Pflanzengesellschaften, z. B. J. BRAUN-BLANQUET 1964).
- Die **Klassifikation der Landnutzungszonen** erfolgt nach land- und forstwirtschaftlichen Nutzungssystemen (vgl. Karten der Waldnutzungsformen und der Agrarregionen in DIERCKE WELTATLAS 2008, 238/239 ② und ③).

3.7.2 Vegetationskartierung

Je nach gewünschter Aussage können unterschiedliche Vegetationsausprägungen in einer Vegetationskarte wiedergegeben werden:

a) Karten der **potenziellen natürlichen Vegetation** (pnV) geben einen (gedachten) Vegetationszustand wieder, der sich unter den heutigen Standortbedingungen einstellen würde, wenn der menschliche Einfluss aufhören würde. Diese Karten lassen Aussagen über das ökologische Standortpotenzial der Räume zu.

b) Karten der **realen Vegetation** zeigen die heutige, unter dem Einfluss des Menschen veränderte Vegetation einschließlich der Landnutzungen (vgl. DIERCKE WELTATLAS 2008, 238/239 ①). Diese Karten erlauben Aussagen über den Grad der anthropogenen Veränderung der Vegetation sowie der Landnutzungsarten und –intensitäten.

c) **Historische Vegetationskarten** können z. B. die Vegetation wiedergeben, die unmittelbar vor der Einflussnahme des Menschen bestand (**ursprüngliche Vegetation**, in Mitteleuropa bis vor ca. 5 000 Jahren), oder beliebige Erdzeitalter rekonstruieren (vgl. DIERCKE WELTATLAS 2008, 236 ②, für die Vegetationsverbreitung vor 18 000 Jahren).

Die **Vegetationskarte der Erde** (Abb. 3.7.2/1) zeigt die Formationen der potenziellen natürlichen Vegetation. Es mag auf den ersten Blick überraschen, dass in den dicht besiedelten und agrarisch intensiv genutzten Räumen z. B. in Mitteleuropa, Nordamerika und Südostasien Waldformationen eingetragen sind. Die Karte soll jedoch nicht die heutigen Landnutzungsformen, sondern das ökologische Potenzial der Räume, auch für Zwecke der agrar-, weide- und forstwirtschaftlichen Inwertsetzung, wiedergeben.

In Abb. 3.7.2/1 sind insgesamt 18 zonale Formationen der potenziellen natürlichen Vegetation neun großklimatisch charakterisierten Ökozonen der Erde zugeordnet.

Nach ihrer räumlichen Verbreitung und Standortbindung wird bei Vegetationskartierungen zwischen zonaler, azonaler und extrazonaler Vegetation unterschieden:

1. Die **zonale Vegetation** oder „klimatische **Klimaxvegetation**" (Klimax = Leiter bzw. Endstufe einer Leiter) stellt sich großräumig im Tiefland auf durchschnittlichen Böden ohne extreme Eigenschaften wie Überschwemmung, Vernässung oder Flachgründigkeit ein. Die zonale Vegetation steht mit dem Klima im optimalen Einklang und ändert sich in ihrer floristischen Zusammensetzung und ihren standörtlichen Bedingungen nur über größere Distanzen (Beispiele zonaler Waldformationen siehe Abb. 3.7.2/2).

2. Die **azonale Vegetation** hingegen wird von extremen nichtklimatischen, also hauptsächlich bodenökologischen Einflüssen bestimmt, wie regelmäßige Überschwemmungen und Vernässungen. Ihre Gesellschaften können aufgrund der extremen Standortbedingungen in mehreren Vegetationszonen relativ gleichartig, d. h. mit nur geringen floristischen Abwandlungen vorkommen (Beispiele: Moore und Sümpfe, Vegetation der Dünen und Salzwiesen etc.).

3. Die **extrazonale Vegetation** hat ihre Hauptverbreitung in einer nördlicher oder südlicher gelegenen Klimazone und tritt in der betrachteten Zone bei starker lokaler Abwandlung der durchschnittlichen Standortverhältnisse auf, wie sie z.B. im Hochgebirge durch das Relief in Verbindung mit der Höhenlage hervorgerufen wird (Beispiel: Zwergstrauchheide in der alpinen Höhenstufe als extrazonales Vorkommen der Zwergstrauchtundra in der subpolaren Zone, Abb. 3.7.2/3). Die Ähnlichkeiten bestehen jedoch mehr unter physiognomischen als unter floristischen Aspekten, wo es durchaus Unterschiede in der Artenzusammensetzung gibt.

In Vegetationskartierungen der Erde wird, bedingt durch den kleinen Maßstab dieser Karten, in erster Linie die zonale Vegetation erfasst. Die Höhenstufen der Gebirge werden von extrazonalen Pflanzenformationen gebildet, die wegen des kleinen Kartenmaßstabs nur in Ausnahmefällen und bei großflächiger Verbreitung dargestellt werden können. In Abb. 3.7.2/1 werden drei extrazonale Pflanzenformationen der Vegetation der Hochgebirge zugeordnet. Ein schematisches Vegetationshöhenprofil der Erde (Abb. 3.7.2/3) zeigt die humiden Höhenstufen der temperierten und der tropischen Hochgebirge (u.a. Alpen, Himalaya, Anden, südbrasilianisches Bergland). Beispiele für Vegetationshöhenstufen in den nord-, mittel- und südamerikanischen Kordilleren zeigt Abb. 3.7.2/4.

Für die vertiefende Beschreibung der Ökozonen und Pflanzenformationen der Erde wird auf folgende Literatur verwiesen: Schmitt, E. et al. (2012), Schultz, J. (2008), Richter, M. (2001), Schroeder, F.-G. (1998).

Polare / Subpolare Zone
- Eiswüste
- Tundra und Frostschuttflur

Boreale Zone
- borealer Nadel- und Mischwald

Immerfeuchte temperierte Zone
- sommergrüner Laub- und Mischwald
- temperierter Nadelfeuchtwald
- temperierter Laubfeuchtwald

Wechselfeuchte und trockene temperierte Zone
- Langgras- und Kurzgrassteppe
- Strauchsteppe
- winterkalte Halbwüste/Wüste

Immerfeuchte Subtropen
- subtropischer Feucht- und Lorbeerwald

Winterfeuchte Subtropen
- Hartlaubformation (in Australien: Eukalyptusgehölze)

Subtropisch-randtropische Trockengebiete
- Halbwüste/Wüste

Sommerfeuchte Tropen
- Dornstrauch- und Sukkulentensavanne
- Trockensavanne
- tropischer Trockenwald (Miombo, Mopane, Caatinga, Eukalyptusgehölze in Australien)
- Feuchtsavanne (Llanos, Campos cerrados, Chaparrales)
- tropischer Feucht- und Monsunwald

Immerfeuchte Tropen
- tropischer Regenwald

Vegetation der Hochgebirge
- Gebirgsnadelwald (von der borealen Zone bis in die Randtropen)
- Hochgebirgstrockensteppe und -halbwüste (Hochland von Tibet, Altiplano)
- Hochgebirgsfeuchtsteppe (Páramo und feuchte Puna: tropische Anden)

Küsten und Meere
- Mangrove
- Ökosystem Korallenriff
- Riesentang

Abb. 3.7.2/1 *Ökozonale Vegetationsgliederung der Erde. Die neun großklimatisch charakterisierten Ökozonen der Erde sind in insgesamt 18 zonale Formationen und die Hochgebirge in 3 extrazonale Formationen untergliedert*

(verändert nach GLAWION, R. & H.-J. KLINK 2008)

Spitzbergen

Nowaja
Semlja

Taimyr-Halbinsel

66,5°

60°

olarkreis

Skanden

Werchojansker Gebirge

Kamtschatka

Aleuten

S i b i r i e n

Stanowgbg.

Sachalin

Ural

Alpen

Irtysch

Altai

Jablonowyj-gebirge

40°

Kasachensteppe

Honshu

Kaukasus

Tobol

Tian Shan

Gobi

Mandschurei

Korea

Hindukusch

Kunlun Shan

Hochland
von Iran

Himalaya

Hochland von Tibet

20°

gar

Arabien

Thar

Südchinesisches
Bergland

Philippinen

h a r a

Vorder-
indien

Hinter-
indien

Tibesti

Dekan

Karolinen

u d a n

Hochland von
Äthiopien

Ceylon

0°

Asandeschwelle

Malaiischer

Kongo
becken

Sumatra

Borneo

Celebes

Neuguinea

Archipel

Java

Lundaschwelle

Madagaskar

20°

Namib

Kalahari

Oranje

Australisches
Tiefland

Darling

Great Dividing Range

Drakensberge

Tasmanien

Neuseeland

40°

olarkreis

0°   20° Ost   40°   60°   80°   100°   120°   140°   160°   180°

381GS

334

Epiphytenreicher temperierter Nadelfeuchtwald im Olympic National Park, Washington/USA. Auffallend ist der Kolonnadenwuchs der Sitkafichten entlang eines „nurse log" (am Boden liegender Baumstamm), der ihnen als Keimbett diente

Subtropischer Feucht- und Lorbeerwald am Li-Fluss im Südchinesischen Bergland mit bambusreichem Ufergehölz und Laubfeuchtwald auf der Hochterrasse; dahinter Kegelkarstberge.

Eukalyptuswald als subtropische Hartlaubformation in Südostaustralien (Blue Mountains National Park).

Tropischer Trockenwald in Sambia, durch Elefantenäsung stark aufgelichtet und degradiert.

Abb. 3.7.2/2 *Beispiele zonaler Waldformationen der Erde*

(Glawion, R.)

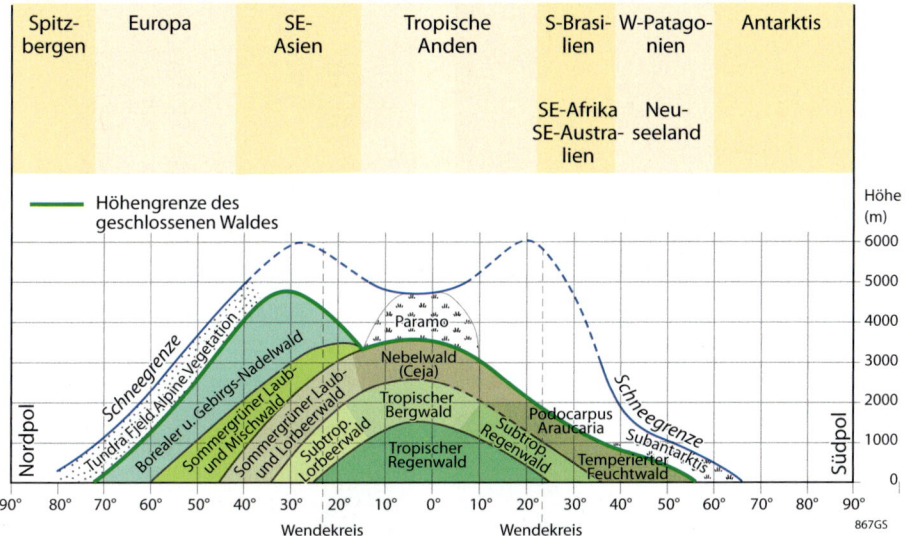

Abb. 3.7.2/3 *Schematisches Vegetationshöhenprofil der Erde für die humiden Klimate. Die höhenbedingten Abwandlungen der zonalen (Tieflands-) Vegetation werden als extrazonale Vegetation bezeichnet.* (verändert nach C. Troll aus H.-J. Klink 1998)

Aufgaben

1. a) Welche Klimate werden in der Klimaklassifikation nach W. Köppen und R. Geiger (vgl. Abb. 1.13.3/1) durch die polare Waldgrenze und die Tropenwaldgrenze abgegrenzt? Welchen Temperaturwerten entsprechen diese Grenzen?

b) Vergleichen Sie Abb. 1.13.3/1 mit Abb. 3.7.2/1: Entsprechen die o.g. Waldgrenzen der Klimaklassifikation nach W. Köppen und R. Geiger den tatsächlichen Verbreitungsgrenzen der entsprechenden zonalen Pflanzenformationen?

2. Versuchen Sie, soweit möglich, die Fotos der Pflanzenformationen in den Abbildungen E 3.6.2/1, 3.7.2/2 und 3.7.2/4 den zutreffenden Legendenbezeichnungen und geographischen Regionen in den Abbildungen 3.7.2/1 und 3.7.2/3 zuzuordnen.

Mammutbaum-Gebirgsnadelwald mit Sequoia gigantea im Sequoia National Park, California

Araukarien-Gebirgsnadelwald mit Araucaria araucana in den südlichen Anden, Chile

Subalpiner Arven-Lärchen-Gebirgsnadelwald (Pinus cembra, Larix decidua) bei Riederalp oberhalb des Großen Aletschgletschers, Ober-wallis, ca. 2100 m ü.NN

Tropischer Bergnebelwald in der Cordillera de Tilarán bei Monteverde (2000m), Costa Rica (vgl. auch Abb. 3.3.1/3)

Páramo in der Cordillera de Talamanca am Cerro de la Muerte (3500 m), Costa Rica, mit der 3 m hohen Distel Cirsium subcoriaceum im Vordergrund

Hochgebirgstrockensteppe auf dem Altiplano (3500 m) bei 17° s.Br. vor den Zwillingsvulka-nen Payachate (6100 m), Lauca-Nationalpark, Nord-Chile

Abb. 3.7.2/4 Beispiele extrazonaler Pflanzenformationen der Gebirgshöhenstufen

(GLAWION, R.)

3.8 Vegetationsentwicklung und Landnutzungswandel in Mitteleuropa

Wie in kaum einem anderen Großraum der Erde ist die natürliche Vegetation Mitteleuropas während einer mehrere Tausend Jahre andauernden Nutzungsgeschichte überprägt und umgewandelt worden. Die landwirtschaftlichen Gunststandorte wurden schon früh agrarisch genutzt, die Ungunststandorte später durch Drainage, Bewässerung und Düngung melioriert und die Wälder zu Nutzforsten umgebaut. Somit finden wir nur noch kleine Reste der natürlichen Vegetation in Mitteleuropa.

Ziele des Kapitels

Nach Bearbeitung dieses Kapitels sollten Sie folgende Fragestellungen der Historischen und Angewandten Biogeographie beantworten können:

* Seit wann und in welchem Umfang hat der Mensch die natürliche Vegetation verändert?
* Gibt es eine Methode zur Bestimmung des Ausmaßes der menschlichen Vegetationsbeeinflussung?
* Wie hat sich die Vegetationsveränderung auf die Artenvielfalt ausgewirkt?
* Erfüllt die heutige naturferne Vegetation noch Funktionen für den Menschen?

3.8.1 Sommergrüner Laub- und Mischwald als natürliche Vegetation

In den planaren bis submontanen Höhenstufen der temperiert-immerfeuchten Klimazone Europas ist die Formation des **sommergrünen Laub- und Mischwaldes** als potenzielle natürliche Vegetation verbreitet (Abb. 3.7.2/1). Sie erstreckt sich vom Nordwesten der Iberischen Halbinsel bis zum Südlichen Ural. Die zahlreichen Gesellschaften der sommergrünen Laubmischwälder werden in Formationstypen zusammengefasst, von denen die beiden wichtigsten im Folgenden kurz beschrieben werden: Auf frischen bis mäßig feuchten Böden dominieren im hoch- bis subozeanischen, wintermilden Klima Westmitteleuropas mit Jahrestemperaturamplituden zwischen $10\,K$ und $25\,K$ und einer Vegetationszeit von über 200 Tagen die atlantischen **Buchen- und Buchenmischwälder**. Die Rotbuche (*Fagus sylvatica*) ist in ihrem klimatischen Wuchsbereich so konkurrenzstark, dass sie auch auf basenarmen, sauren Böden zur Vorherrschaft gelangt (Abb. 3.8.1/1a und Abb. 3.4.2/2). In der montanen bis hochmontanen Höhenstufe sind z.T. Tanne und Fichte beigemischt. Nur auf trockenen, stark sauren oder mäßig nassen Böden setzen sich **Eichenmischwälder** durch. Ihre Ausbildungen reichen in Mitteleuropa von artenarmen bodensauren Eichenmischwäldern nährstoffarmer Silikat- und Sandböden über trockene, wärmeliebende Eichenmischwälder bis zu bodenfeuchten Eichen-Hainbuchenwäldern (Abb. 3.8.1/1a).

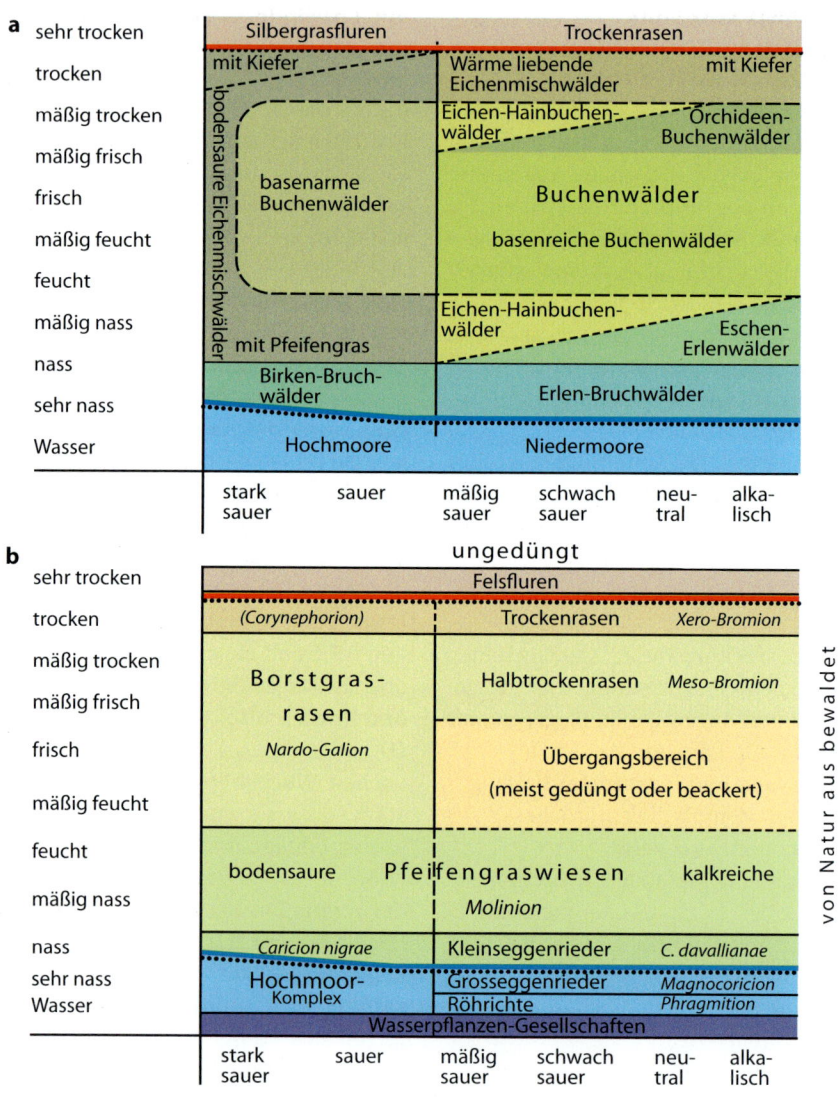

Abb. 3.8.1/1 *a) Ökogramm natürlicher Laubwaldgesellschaften in der submontanen Stufe Mitteleuropas. b) Ökogramm der anthropogenen Ersatzgesellschaften mit extensiver Wiesen- oder Weidenutzung in der submontanen Stufe Mitteleuropas. Der Übergangsbereich auf mittelfeuchten und nicht stark sauren Böden wird meist als gedüngte Fettwiesen oder Acker genutzt.* (verändert nach ELLENBERG, H. 1996)

3.8.2 Anthropogene Vegetationsveränderung

Mit dem Wandel vom Jäger und Sammler zum sesshaften Siedler, der Ackerbau und Viehzucht betreibt, hat der Mensch ab dem Beginn des **Neolithikum** (Jungsteinzeit) um 5 000 v. Chr. die natürlichen Wälder in Mitteleuropa verändert. Durch extensive Waldweide und Holznutzung wurde die Artenzusammensetzung zugunsten weideresistenter und stockausschlagfähiger Gehölze verschoben und die Waldstruktur umgewandelt. In der Jungsteinzeit wanderten aus dem Südosten Europas die Bandkeramiker ein, die Wanderfeldbau betrieben. Zunächst beschränkte sich die Besiedlung auf landwirtschaftliche Gunststandorte in klimabegünstigten Tieflagen mit Lössböden (**Altsiedelland**, Abb. 3.8.2/1).

Im Lauf der folgenden Jahrtausende wurde der Urwald durch Beweidung, Holzeinschlag und Streunutzung weiter verändert bzw. durch Rodung beseitigt. Schon im frühen Mittelalter war der Urwald bis auf wenige Restbestände verschwunden, während ein degradierter Nutzwald als Nieder- oder Mittelwald den größten Teil der Fläche Mitteleuropas bedeckte. Äcker, Wiesen und Siedlungen nahmen weitere Flächen ein (Abb. 3.8.2/2a).

Bedingt durch eine starke Bevölkerungszunahme wurden in der hochmittelalterlichen Periode ab dem 10. Jh. n. Chr. auch die höheren Lagen der Mittelgebirge sowie weitere landwirtschaftliche

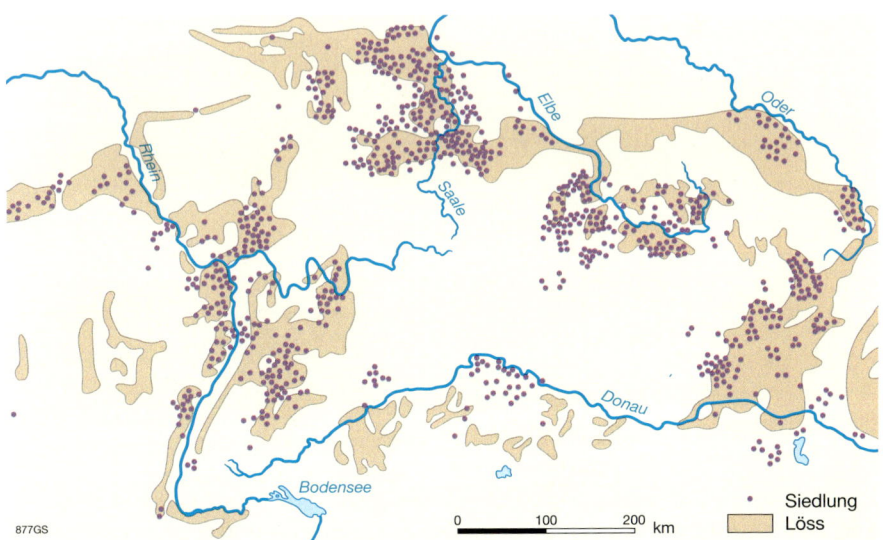

877GS

Abb. 3.8.2/1 *Flächen mit mächtiger Lössauflage und Siedlungen der jungsteinzeitlichen Bandkeramik in Mitteleuropa (Altsiedelland). In der jüngeren Steinzeit konzentrierte sich die bäuerliche Besiedlung und Waldzerstörung auf Tieflagen mit Löss- oder Sandboden.*

(nach ELLENBERG, H. 1996)

a)

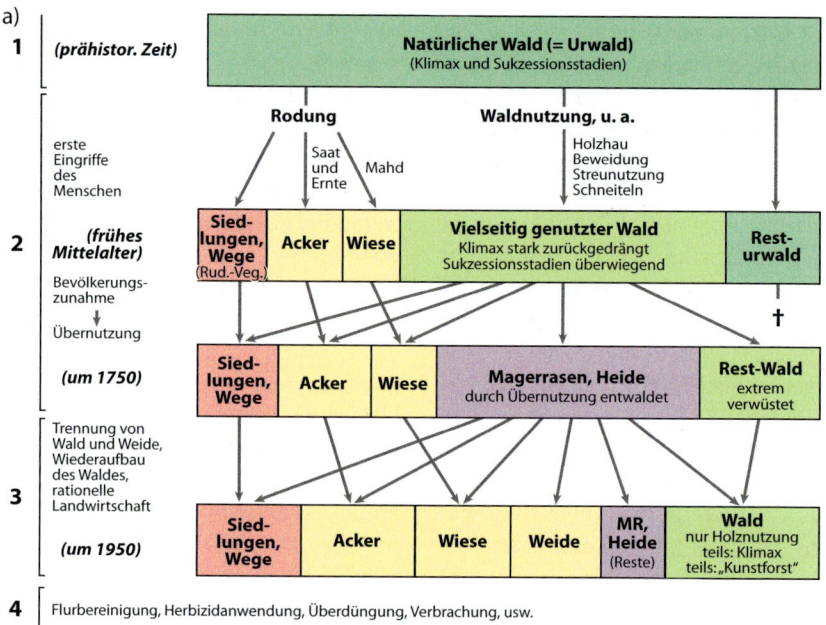

b)

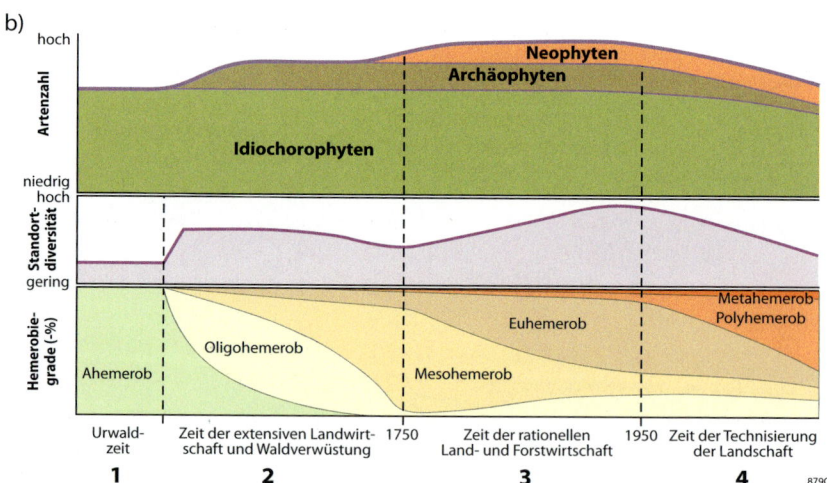

Abb. 3.8.2/2 *Veränderung der Vegetation Mitteleuropas durch den Menschen. Zeitabschnitte: 1: Urwaldzeit; 2: Zeit der extensiven Landwirtschaft und Waldverwüstung; 3: Zeit der rationellen Land- und Forstwirtschaft; 4: Zeit der Technisierung der Landschaft.*
a) Veränderung der Anteile der Vegetations- und Landnutzungstypen;
b) Veränderung der Hemerobiegrade, Standortdiversität und Artenzahl.

(verändert nach SCHROEDER, F.-G. 1998)

Ungunststandorte (z.B. Moore) besiedelt und kultiviert (**Jungsiedelland**). Der Rest-Urwald verschwand vollständig, die Fläche des Nutzwaldes ging auf einen kleinen Bestand extrem degradierten Rest-Waldes zurück. Auf den durch Übernutzung entwaldeten Flächen bildeten sich extensiv beweidete Magerrasen und Heiden, die als **Ersatzgesellschaften** des natürlichen Waldes in Abb. 3.8.1/1b als Borstgrasrasen, Trocken- und Halbtrockenrasen verzeichnet sind. Auf den nassen Standorten des ehemaligen Waldes entwickelten sich Pfeifengraswiesen und Kleinseggenrieder. Neben der meist nur extensiven Graswirtschaft mit Viehhaltung führte auch die Ausbeutung von Rohstoffen wie Holz und Eisenerz sowie deren Weiterverarbeitung zur weiteren Ansiedlung von Gewerbe (z.B. Glashütten) und damit zur Erschließung der Waldgebirge.

Tipp: 📖 www.webgeo.de

Informieren Sie sich über die zahlreichen Waldnutzungsformen und Verwendungszwecke des Holzes im Mittelalter am Beispiel des Schwarzwaldes:

📖 webgeo regional: Südwestdeutschland Module „Weidewirtschaft im Südschwarzwald", „Köhlerei und Holzkohlenanalyse", „Holztransport", „Bergbau im Südschwarzwald" und „Glashütten und die Technik der Glasbläserei".

Ab der Mitte des 18. Jahrhunderts, teilweise erst im 19. Jahrhundert, begann die Zeit der rationellen Land- und Forstwirtschaft, in der Wald- und Weidenutzung getrennt wurden und der degradierte Wald mit schnellwüchsigen Koniferen aufgeforstet wurde. Die Waldfläche nahm (in Form von Forstbeständen) wieder zu, und die für den Naturschutz wertvollen Magerrasen und Heiden verschwanden fast vollständig zugunsten gedüngter Äcker, Wiesen und Weiden sowie weiterer Siedlungs- und Verkehrsflächen.

Trotz der Waldzerstörung nahm die **Biodiversität** seit Beginn der neolithischen Besiedlung bis um 1750 zu (Abb. 3.8.2/2b). Der Grund war eine Erhöhung der **Standortdiversität** durch zahlreiche extensive Nutzungsformen der Wald-, Weide- und Agrarwirtschaft und durch die Anlage von Siedlungen und Verkehrswegen. Während in der prähistorischen Urwaldzeit überwiegend Pflanzenarten des Waldes in Mitteleuropa verbreitet waren (**Idiochorophyten**: vor Beginn der menschlichen Besiedlung heimische Arten), konnten sich jetzt vom Menschen bewusst oder zufällig eingebrachte Arten auf den waldfreien Nutzflächen ansiedeln (**Archäophyten**). Von 1750 bis ca. 1950 stieg die Artenzahl nochmals um den Anteil der **Neophyten**, die vom Menschen durch moderne Transportmittel weltweit eingeschleppt wurden und sich teilweise rasant auf Kosten der einheimischen Flora ausgebreitet haben. Erst seit 1950 ist ein drastischer Rückgang der Artenvielfalt zu beobachten, weil mit der Technisierung der Landwirtschaft die Standortdiversität abgenommen hat. Flurbereinigung, Überdüngung, Einsatz von Herbiziden sowie Drainage von Feuchtwiesen haben die auf nährstoffarme, trockene oder nasse Standorte spezialisierten Wildarten der Flora und Fauna dezimiert.

3.8.3 Wie naturfern ist die heutige Vegetation Deutschlands?

Nach der Intensität anthropogener Veränderungen lassen sich Ökosysteme und Vegetationstypen in eine **Hemerobie-Skala** abnehmender Natürlichkeit bzw. zunehmender anthropogener Beeinflussung einstufen (Sukopp, H. & Trautmann, W. 1997). Der Hemerobiegrad kann aus anthropogenen Standortveränderungen (Boden, Relief, Wasser- und Nährstoffhaushalt) und Indikatoren der Flora und Fauna (z.B. Neophytenanteil) ermittelt werden. Nach diesen abiotischen und biotischen Indikatoren wurden die Vegetations- und Landnutzungstypen in Deutschland in sechs Hemerobiestufen eingeteilt und kartographisch dargestellt (Abb. 3.8.3/1). Aus dieser Karte lassen sich auch die absoluten und prozentualen Flächenanteile der Hemerobiestufen ermitteln (Glawion, R. 2002a).

Naturnahe Wälder mit einem hohen Anteil an bodenständigen Laubholzarten finden wir noch auf 13 % der Fläche der Bundesrepublik (grüne Flächen in Abb. 3.8.3/1). Es handelt sich um Relikte der ehemals ganz Deutschland bedeckenden Buchen- und Eichenmischwälder bzw. Buchen-Tannen-Fichten-Wälder in den höheren Mittelgebirgslagen. Die gleiche Flächengröße nehmen standortfremde Nadelforste ein, die hauptsächlich in den Mittelgebirgen und im Tiefland auf nährstoffarmen Böden zu finden sind. Der überwiegende Teil der Buchenwaldstandorte, wie z.B. die Lössbörden und Jungmoränenlandschaften, wird heute durch Ackerbau genutzt (rote Flächen).

Lediglich 19,3 % der Gesamtfläche Deutschlands (70 300 km²) ist noch als naturnah und halbnatürlich einzustufen (Hemerobiestufen I und II). Hierzu gehören alle bodenständigen Laub-, Misch- und Nadelwälder, Hochgebirgsökosysteme, Moore, Salzwiesen, Watten, Dünen, Heiden, Trockenrasen und extensiv genutzten Wiesen und Weiden (Abb. 3.8.3/2a und b). In diesen Ökosystemen finden keine bis geringe anthropogene Stoffeinträge und -austräge statt, sodass ihr natürlicher Standorthaushalt durch den Menschen wenig verändert ist und ihr Neophytenanteil niedrig liegt.

Bedingt naturferne Landnutzungssysteme (Hemerobiegrad III) mit kleinparzellierten Agrarmischgebieten, Grünland und Forsten nehmen 118 000 km² (32,4 % der Staatsfläche) ein. Den größten Flächenanteil beanspruchen mit 145 700 km² (40 % der Gesamtfläche Deutschlands) naturferne agrarische Intensivgebiete mit großflächigen Ackerfluren, Rebflächen und Sonderkulturen (Hemerobiestufe IV). Teil- und vollversiegelte Industrie-, Gewerbe- und Verkehrsflächen sowie Stadtbebauung bilden auf 26 000 km² (7,2 %) naturfremde bis künstliche Systeme (Hemerobiegrade V und VI).

3.8.4 Welche Funktionen erfüllt die heutige veränderte Vegetation Deutschlands für den Menschen?

Die Karte der Hemerobiestufen (Abb. 3.8.3/1) lässt sich insbesondere für Zwecke des Biotopschutzes, des Gebietsnaturschutzes sowie der Landschafts-, Agrar-, Forst- und Erholungsplanung auswerten (Glawion, R. 2002a, 2005). Sie zeigt die nur gering belasteten ökologischen Ausgleichsräume (Hemerobiestufen I + II) in blauer und grüner Farbe, die mäßig belas-

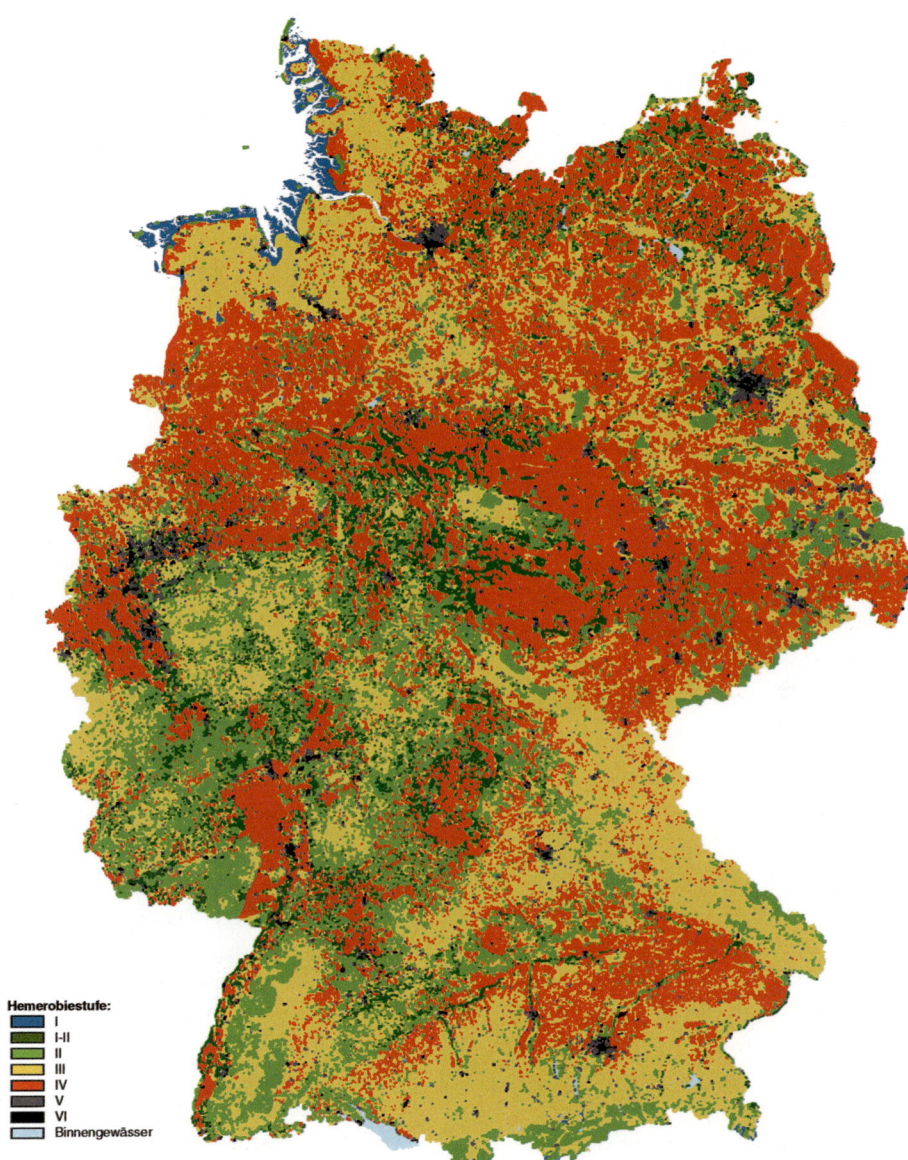

Abb. 3.8.3/1 *Hemerobiestufen (Natürlichkeitsgrade) der Vegetations- und Landnut-zungstypen Deutschlands.*

I = oligohemerob (naturnah), II = mesohemerob (halbnatürlich), III = β-euhemerob (bedingt naturfern), IV = α-euhemerob (naturfern), V = polyhemerob (naturfremd), VI = metahemerob (künstlich).
(verändert nach GLAWION, R. 2002a)

teten Pufferzonen (III) in gelber Farbe sowie die stark belasteten Agrarintensivflächen (IV) in roter Farbe und die urban-industriellen Ballungsräume (V + VI) in grauer/schwarzer Farbe.

Wegen ihrer wichtigen ökologischen Ausgleichs- und Regenerationsfunktion für die Lufthygiene, den Boden-, Gewässer- und Biotopschutz stellen die oligo- und mesohemeroben Vegetationstypen (I + II) in der Bundesrepublik Deutschland die primär zu erhaltenden Landschaftsräume für den **Gebietsnaturschutz** dar. Diesen 70 300 km² **Ausgleichsräumen** stehen 145 700 km² als agrarische Intensivgebiete (IV) sowie 26 000 km² (7,2 %) als urban-industrielle **Belastungsräume** (V + VI) gegenüber (Abb. 3.8.3/2c und

I Oligohemerob (naturnah): Dünen und Watt, Spiekeroog

II Mesohemerob (halbnatürlich): Bergweide mit Gelbem Enzian (Gentiana lutea) im Gebirgsnadelwald, Feldberg (1493 m), Schwarzwald

IV α-euhemerob (naturfern): Rebflächen, Kaiserstuhl

VI metahemerob (künstlich): Innenstadt von Berlin, Alexanderplatz (vollversiegelt).

Die Beispiele (a) und (b) stellen ökologische Ausgleichsräume, (c) und (d) Belastungsräume dar.

Abb. 3.8.3/2 *Natürlichkeitsgrade von Vegetations- und Nutzungstypen in Deutschland*

(GLAWION, R.)

d). Dazwischen finden sich 118000 km² (32,4 %) bedingt-naturferne **Pufferzonen (III)** mit kleinparzellierten Agrarmischgebieten, Grünland und Forsten. Insgesamt zeigt Abb. 3.8.3/1, dass die Flächen mit stark umweltbelastenden Nutzungen (agrarische Intensivgebiete, Siedlungen, Industrie, Bergbau, Verkehrsflächen) inzwischen einen Anteil von knapp 50 % des Staatsgebietes erreicht haben, wobei sie überwiegend in den Lössbörden-Landschaften und den industriellen Ballungsräumen West- und Mitteldeutschlands konzentriert sind. Die Gebiete südlich der Mittelgebirgsschwelle sind wesentlich günstiger gestellt: Hier überwiegen die Ausgleichs- und Pufferzonen, in die die Belastungsräume nur inselartig eingebettet sind.

Für die naturschutzfachliche Ausweisung potenzieller **Großschutzgebiete** müssen die Ausgleichsräume gemeinsam mit den sie umgebenden Pufferzonen hinsichtlich ihrer Lagebeziehung zu Belastungs- und Ballungsräumen und somit in ihrer Funktion für die Biodiversität, die Erholung und die Regeneration von Luft, Boden und Wasser (**„Ökosystem-Dienstleistungen"**) bewertet werden. Aus der Lage der blauen, grünen und gelben Flächen in Abb. 3.8.3/1 geht hervor, dass schutzwürdige Gebiete nicht nur in den peripheren Grenzräumen der Ökumene liegen (Küsten und Watten, Hochgebirge), sondern auch als vielfältig gegliedertes **Biotopverbundsystem** im Landesinnern, das die einzelnen Naturräume miteinander vernetzt und sich sogar bis in die Nähe großer Ballungszentren erstreckt. Z.B. kommt dem Bergisch-Sauerländischen Gebirge aufgrund seiner räumlichen Nachbarschaft

zum Verdichtungsraum Rhein-Ruhr eine herausragende Bedeutung zur Sicherung der **klimatischen Regenerations-** und **Erholungsfunktion** sowie der **Biotopschutzfunktion** zu. Auch die Ausgleichs- und Pufferzonen um die Belastungsräume Berlin, Hamburg, München, Rhein/Main und Rhein/Neckar erfüllen Ökosystem-Funktionen für Erholung, Luftregeneration und Biotopschutz (GLAWION, R. 2005).

Aufgaben

1. Vergleichen Sie Abb. 3.8.1/1a und b.

   a) Welche Waldgesellschaften mussten überwiegend dem Ackerbau weichen?

   b) Würde man Halbtrockenrasen nicht mehr beweiden, welche Waldgesellschaften würden sich an ihnen entwickeln?

   c) Welche Grünlandgesellschaft stellt sich bei extensiver Beweidung als Ersatzgesellschaft ein, nachdem ein Eschen-Erlen-Wald gerodet wird?

   d) Entspricht die Verteilung der Ersatzgesellschaften im Ökogramm noch der heutigen landwirtschaftlichen Nutzung?

2. Welche Vegetations- oder Landnutzungstypen werden in Abb. 3.8.2/2 als ahemerob, oligohemerob und mesohemerob eingestuft?

Biogeographie
Zum Einlesen

SCHMITT, E., T. SCHMITT, R. GLAWION & H.-J. KLINK (2012): Biogeographie. - Westermann, Braunschweig.

KLOFT, W. & M. GRUSCHWITZ (1988): Ökologie der Tiere. - UTB, Stuttgart.

LERCH, G. (1991): Pflanzenökologie. – Akademie, Berlin.

RICHTER, M. (1997): Pflanzengeographie. – Teubner, Stuttgart.

RICHTER, M. (2001): Vegetation der Erde. – Klett Perthes, Gotha.

SCHRÖDER, F.-G. (1998): Lehrbuch der Pflanzengeographie. – Quelle & Meyer, Wiesbaden.

SCHULTZ, J. (2008): Die Ökozonen der Erde. – 4. Aufl. Ulmer, Stuttgart.

Lösungen zu den Aufgaben im Kapitel Biogeographie

3. Biogeographie

1. **a) Wechselwirkungen Boden – Tierwelt:**
Die Böden üben durch ihren Wärme-, Wasser- und Lufthaushalt einen Einfluss auf die Bodenlebewelt (das **Edaphon**) aus und beeinflussen somit einen Teil der Tierwelt. Etliche Vertreter der Boden-Tierwelt durchmischen den Boden (Bioturbation), arbeiten Nährstoffe ein und tragen außerdem zur Humifizierung bei. Beispiele für Bodenfunktionen für die Tierwelt:
   - Lebensraum (Maulwürfe)
   - Nistraum (Mäuse)
   - Schutz (Schlangen)
   - zur Überwinterung (Murmeltiere)
   - Nahrungsquelle (Regenwürmer und andere Wirbellose).

   b) Wechselwirkungen Tierwelt – Vegetation:
   Die Vegetation stellt Nahrung, Habitate und Nistmöglichkeiten bereit, die dort lebenden Tiere liefern Düngung durch Exkremente, sorgen für die Diasporenverbreitung und schaffen Strukturvielfalt durch Fraß und Tritt. Pflanzenfressende Tiere können sich bei guten Nahrungsbedingungen besonders stark vermehren. Werden jedoch die Futterpflanzen übermäßig abgeweidet, können diese veränderten Nahrungsbedingungen sich auf die von den Futterpflanzen abhängigen Pflanzenfresser durch eine verminderte Reproduktions- oder Überlebensrate auswirken.

   c) Wechselwirkungen Klima – Vegetation:
   Das Klima beeinflusst z. B. über den Energie- und Wasserhaushalt sowie mechanische Einflüsse (Wind, Eisschliff) die Ausbildung einer angepassten Vegetation. Diese kann das Mikro- und Mesoklima beeinflussen, da Pflanzen Wasser verdunsten (Evapotranspiration), die Albedo (Strahlungsreflektion) verändern und da hochwüchsige Bestände als Windbremse wirken.

2. Der Mensch ist als eigenständige Größe im Modell aufgeführt, denn er ist sowohl Teil des Ökosystems (als biologisches Wesen) als auch von ihm entkoppelt (als sozioökonomisch handelndes Wesen). Der Mensch übt einen massiven Einfluss auf das Ökosystem aus, wobei durch die Einseitigkeit die Einflüsse eher als Störgröße erscheinen. Als kulturschaffendes Wesen wird der Mensch Ökosysteme immer stark beeinflussen (Stichwort Kulturlandschaften), über das Maß und die Richtung muss jedoch ein naturwissenschaftlicher, gesellschaftlicher und ethischer Austausch erfolgen. Ziel sollte so z. B. über das Gestalten unserer Umwelt hinaus das Bewahren der Ökosysteme durch eine ausschließlich nachhaltige Nutzung sein.

3. Viele Lebewesen kommen im bzw. auf dem Umweltbereich **Boden** vor. Beispiele hierfür sind die Landsäugetiere, die Laubbäume und Bodenlebewesen wie die Regenwürmer. Das **Relief** zeigt die „Gestaltung" der Erdoberfläche. Durch ein vielseitiges Relief werden die unterschiedlichsten Lebensbedingungen und folglich auch Lebensräume geschaffen, die von den Arten bewohnt werden.
   Die Atmosphäre, insbesondere die Troposphäre, in der die **klima**tischen Prozesse entstehen und wirken, stellt einen wichtigen temporären Aufenthaltsraum z. B. für Vögel und Insekten dar. In der Atmosphäre trifft man auf enorme Mengen an Sporen und Flugsamen.
   In einigen Fällen gehört der Umweltbereich der **Gesteine** zur Biosphäre, doch kommen dort i. d. R nur wenige hoch spezialisierte Arten vor. Immer wieder werden Bakterien in sehr tief gelegenen Gesteinsschichten gefunden. In einer südafrikanischen Goldmine fand man in 3 Kilometern Tiefe Mikroben in Gesteinsklüften.

4. **Stoffliche Zusammensetzung:** Viren bestehen zwar aus organischen Molekülen (DNA, Proteine), sie können diese Moleküle aber nicht selbst aufbauen. **Aktive Bewegung:** Viren werden nur passiv über sich bewegende Medien verfrachtet, z. B. über die Luft, Wasser oder über Gewebeflüssigkeiten in Organismen. **Reizaufnahme:** Viren haben keine Rezeptoren für Umweltsignale. Sie haben auf ihrer

Oberfläche spezifisch ausgebildete Proteinstrukturen, über die sie an die passende Wirtszelle andocken.

Ernährung: Viren betreiben keinen eigenen Stoffwechsel. Die benötigte Energie z. B. für die Vervielfältigung der Erbinformation liefert die Wirtszelle.

Wachstum und Entwicklung, Fortpflanzung und Vererbung: Viren können sich nicht selbst fortpflanzen und vermehren, sie sind auf Wirtszellen angewiesen. Die Viren-DNA wird in die Zell-DNA eingebaut, sodass die Wirtszelle die fremde Information wie einen Bauplan liest und die DNA-Sequenzen vervielfältigt. Zusätzlich bildet sie die passenden Proteine zum Aufbau der Viren-Proteinhüllen. Da Viren nach Fertigstellung bereits die endgültige Größe haben, wachsen sie nicht mehr bzw. differenzieren sich nicht mehr aus. Am Ende ihrer Lebenszeit setzt die Wirtszelle alle neu gebauten Viren gleichzeitig frei und diese befallen neue Wirtszellen.

Evolution: Bei der Vervielfältigung der Viren-Erbinformation gibt es gelegentlich kleinere „Ablese- und Baufehler" und die Basensequenz wird modifiziert. Ein neuer Typ Virus kann entstehen, der evtl. durch neue Wirkungsweisen Selektionsvorteile hat.

Fazit: Viren haben einige Merkmale von Lebewesen, erfüllen aber die Grundvoraussetzung der selbstständigen Reproduktion nicht.

Zusatzinfo: Die Desoxyribonukleinsäure, abgekürzt DNA, oder DNS, ist bei echten Zellen der Träger der Erbinformation und liegt als langer Doppelhelix-Strang vor. Die DNA dient als „Bauplan" zur Bildung lebenswichtiger Moleküle in der Zelle, z. B. Proteine, und als Träger der Erbinformation. Bei der Zellteilung organisiert sich die DNA in Form der Chromosomen, diese werden dupliziert und in die sich abschnürende zweite Zelle verfrachtet. Nach vollzogener Zellteilung „wickeln" sich die Chromosomen wieder auf und die zwei Zellen wachsen zur definierten Größe heran. Bekannte Viren: bei Tieren und Menschen: Grippe-Virus, HIV-Virus, Ebola-Virus. Bei Pflanzen: Tabak-Mosaik-Virus, Wundtumorviren (WTV), Gemini-Viren.

3.1 Biodiversität: Grundlagen ihrer Erfassung und räumlichen Differenzierung

1. Der Begriff „Sippe" wird für eine natürliche Verwandtschaftseinheit verwendet, unabhängig von der Rangstufe im hierarchischen taxonomischen System.
Bellis perennis (Gänseblümchen) stellt eine Pflanzenart (Spezies) dar. Diese Art gehört zur Gattung der Bellis-Gewächse, also zur Sippe der *Bellis*. Die Gattung *Bellis* gehört zusammen mit mehreren anderen Gattungen zur Familie bzw. Sippe der Korbblütler (*Asteraceae*). Die Korbblütler bilden zusammen mit anderen Familien auf Ebene der Ordnung die Sippe der *Asterales*.
Musca domestica (Große Stubenfliege) ist eine Tierart (Spezies). Zusammen mit anderen Fliegenarten bildet sie auf Gattungs-Ebene die Sippe der *Musca*, der Stubenfliegen. Diese Gattung formt zusammen mit anderen Gattungen die Familie, bzw. die Sippe der „Echten Fliegen" (*Muscidae*). Dabei ist diese Familie Bestandteil der Ordnung oder Sippe der *Diptera*, der Zweiflügler.

2. Sie haben in obigem Beispiel alle Pflanzenarten des Hanges erfasst. Nun bestimmen Sie die dort vorkommenden Tierarten. Sie erfassen z. B. Insekten, Reptilien, Säugetiere und Vögel. Die Gesamtheit aller Tier- und Pflanzensippen (auch Pilze und Bakterien) bezeichnen wir als **Biota** des Raumes. Die **Biozönose** - entspricht Lebensgemeinschaft - setzt sich zusammen aus Phytozönose (Pflanzengemeinschaft) und Zoozönose (Tiergemeinschaft). Die Standortbedingungen bestimmen die Vergesellschaftung.

3. Rechnung:

100 Arten/Tag · 365,25 Tage/Jahr = **36 525 Arten** werden jährlich ausgerottet.

1 750 000 Arten : 36 525 Arten/Jahr = **47,9 Jahre.**

Als Ausgangswert für diese Rechnung wird die Anzahl der bisher beschriebenen Arten eingesetzt, wohingegen bis zu geschätzten 10 Mio. Arten noch nicht erfasst bzw. entdeckt wurden. Vom Aussterben sind in erster Linie wildlebende Arten betroffen; aber auch die Nutztiere und -pflanzen des Menschen sind mittelfristig gefährdet, wenn die Wildformen dieser Tiere ausgerottet werden. Einige Arten können aufgrund ihrer weiten ökologischen Amplitude die permanenten Störeinflüsse des Menschen besser kompensieren oder die Lebensräume besiedeln, auf denen zuvor andere Arten gelebt haben. Die Pflanzendecke weiter Teile der Erde wird folglich in Zukunft aus wenigen dominanten Arten zusammengesetzt sein, die entweder agrarische oder forstliche Nutzpflanzen darstellen oder Ruderalarten, die die vom Menschen geschaffenen Ödlandstandorte besiedeln. Der Mensch wird sich eine stark artenverarmte, naturferne Vegetation schaffen.

Das weltweite Artensterben seit den 1950er-Jahren ist aufgrund seines im Vergleich zur Evolutionsgeschichte plötzlichen Auftretens und seiner Intensität mit den großen Massenaussterben im Zusammenhang mit kosmisch-klimatischen Naturkatastrophen (Meteoriteneinschlägen) der Vergangenheit zu vergleichen. Der Unterschied liegt darin, dass jetzt eine einzige Art, nämlich der Mensch mit seinen Raum- und Ressourcenansprüchen, das globale Artensterben verursacht.

4. Eine hohe Biodiversität bedeutet, dass viele verschiedene Arten nebeneinander im gleichen Raumausschnitt leben. Der Lebensraum muss so gestaltet sein, dass jede Art ihre Nische bilden kann, zum anderen braucht es genügend Zeit, damit sich diese Gefüge ungestört entwickeln können.
Die Hotspots der Biodiversität liegen weltweit in den tropischen und subtropischen Zonen. Besonders artenreich sind dabei die immerfeuchten und wechselfeuchten Hochgebirge, also Räume, die durch bewegtes Relief viele verschiedene Geotope in kurzer Distanz zueinander aufweisen. Im Gegensatz zu den höheren Breiten waren die Einflüsse der pleistozänen Kaltzeiten hier gering, sodass sich seit Beginn des Tertiärs viele Sippen bilden konnten, ohne durch Kaltzeiten beeinträchtigt zu werden. Dagegen wurden viele Arten der hohen Breiten wiederholt durch starke Veränderungen der Standortsbedingungen in den Kaltzeiten verdrängt oder zum Aussterben gebracht.

3.2 Arealkunde

1. Die geologische Karte und die Klimakarte vom Südwesten Baden-Württembergs zeigen für diesen Raum deutliche Veränderungen im anstehenden Gestein und in der Ausprägung des Mesoklimas an. Die **Stechpalme** bevorzugt die Standorte auf Grundgebirge und Buntsandstein des Schwarzwaldes. Die Fundortdichte ist an der Westflanke und im Nordosten des Schwarzwaldes am größten, da dort die bevorzugten niederschlagsreichen und wintermilden Bedingungen herrschen. Alle Fundorte liegen im Bereich der mittleren Januartemperaturen von 0° bis −1° C. *Aster amellus* hingegen zeigt eine Präferenz für Kalk- und Lössböden, die v. a. westlich und östlich des Schwarzwaldes anzutreffen sind. Bei der Kalk-Aster ist eine Fundorthäufung in kontinental geprägten Bereichen der Oberrheinebene und des Ostens des Gebietes festzustellen. Man kann erkennen, dass sich in einigen Fällen die Verbreitungsgebiete von Pflanzenarten aufgrund unterschiedlicher Ansprüche an Boden- und Klimabedingungen weitgehend ausschließen.

2. *Zusatzinfo: Eine **Diaspore** bezeichnet eine Überdauerungs- und Ausbreitungseinheit von Pflanzen, die über eine gewisse Strecke hinweg verfrachtet und an einem neuen möglichen Wuchsort abgelegt wird. Dort kann die Diaspore keimen und eine neue Pflanze wachsen. Bei Samenpflanzen ist die Diaspore meist der **Same** oder die **Frucht**, bei Farnen, Moosen und Pilzen die **Spore**. Pollen, die nur zur Bestäubung dienen, sind keine Diasporen.*
*Die Begriffe „**Ausbreitung**" und „**Verbreitung**" dürfen nicht verwechselt werden. Ausbreitung bezeichnet den Prozess des Diasporentransports von einem Ort zum nächsten. Verbreitung kennzeichnet ein Gebiet, in dem die betreffende Art vorzufinden ist.*

Zur Fernausbreitung bedienen sich Pflanzen verschiedener Umweltmedien als „Träger" für ihre Diasporen.
Kleine und leichte Diasporen, teilweise mit speziellen Flugeinrichtungen wie z. B. „Propeller" beim Berg-Ahorn oder kleine „Flügel" wie bei der Moor-Birke, werden durch **Wind** verfrachtet (**Anemochorie**). Meist produzieren dieses Pflanzen große

Mengen an Samen, da sie ungerichtet ausgebreitet werden und eine hohe Ausfallrate kompensiert werden muss.

Pflanzen, die im oder am **Wasser** leben, können dieses Medium zur Ausbreitung ihrer schwimmfähigen Diasporen nutzen (**Hydrochorie**). Der an Flussufern wachsende Riesen-Bärenklau kann bis zu 80 000 Samen pro Blüte abwerfen und flussabwärts verfrachten lassen. Die Kokosnuss wird von Meeresströmungen Tausende von Kilometern über Ozeane transportiert.

Tiere (Zoochorie) und **Menschen (Anthropochorie)**: Die Mobilität der **Tiere** kann zur Ausbreitung der Diasporen genutzt werden (**Zoochorie**). Es gibt zwei Vorgehensweisen: Der exogene Transport an Körperoberflächen (Fell, Federn, Klauen) und der endogene Transport in den Verdauungstrakten. Ein bekannter Vertreter der exogenen Strategie ist die Große Klette. Die endogene Strategie setzt voraus, dass die Frucht durch nahrhaftes Gewebe und/oder Signalfarbe bzw. -geruch ein Tier anlockt und dieses dann die Frucht frisst. Die eigentlichen Samenanlagen in der Frucht müssen unverdaulich sein und werden wieder ausgeschieden. Dieses Prinzip verfolgen z. B. die Tollkirsche oder Brombeeren.

Durch die große Mobilität des **Menschen**, besonders seit der Industrialisierung, werden Diasporen beabsichtigt oder unbeabsichtigt in noch nie zuvor gekanntem Ausmaß über Verbreitungsschranken wie Gebirge, Ozeane und Wüsten hinweg verfrachtet (**Anthropochorie**). Dadurch findet eine intensive floristische Durchmischung und Vereinheitlichung der Naturräume statt.

3. Die Standortansprüche von *Ginkgo* sind auf subtropische bis gemäßigte Klimabedingungen hin optimiert. Zu Beginn der Entwicklung vor 250 Mio. Jahren (Trias) waren die Ginkgo-Pflanzen (*Gingkophytales*), die zu einer Urform der „modernen" Nacktsamer (*Gymnospermae*) gehören, auf dem noch zusammenhängenden Urkontinent Pangäa im Raum des heutigen Asien verbreitet. Durch plattentektonische Bewegungen begann Pangäa ab dem Jura zu zerbrechen und die Platten veränderten ihre Lage. Die

nördlichen Kontinente verschoben sich nach Norden und dabei in Ost-West-Richtung auseinander. Sie durchwanderten dabei verschiedene Klimazonen. Die Ginkgo-Arten kompensierten während der Kreide und des Tertiärs die dadurch veränderten Klimabedingungen, indem sie die nun im geeigneten Klimaeinfluss gelegenen Räume in Nordamerika, Europa und Asien besiedelten. Ab der Oberkreide begann die verstärkte Ausbreitung der konkurrenzstarken Bedecktsamer (*Angiospermae*), durch die der Ginkgo zusehends in seiner Verbreitung eingeschränkt wurde. Mit dem Beginn des Pleistozäns – dem Zeitalter der Vereisungen auf der Nordhemisphäre – vor ca. 2 Mio. Jahren erlag er dem Konkurrenzdruck und konnte als Relikt-Endemit nur in Südost-China überleben. Die dort anzutreffende Klimasituation und Konkurrenzbedingungen ermöglichen das regional sehr begrenzte Überleben des ältesten lebenden Fossils der Pflanzenwelt.

4. Unter geeigneten Lebensbedingungen kann sich eine Art großflächig ausbreiten und ein zusammenhängendes Areal ausbilden (a). Treten nun lang anhaltende Veränderungen der Standortbedingungen in einigen Bereichen dieses Areals ein (z. B. veränderte Klima-, Boden- oder Konkurrenzbedingungen), kann das Vorkommen der Art in diesen Bereichen erlöschen. Das Areal ist nun disjunkt, d. h. es besteht kein genetischer Austausch zwischen den Teilarealen mehr (b). Ein Beispiel dafür ist die arktisch-alpine Disjunktion vieler Arten, z. B. der Zwergbirke (*Betula nana*) (vgl. Aufgabe 5).
    Sind in den erloschenen Gebieten Sonderstandorte zu finden, an denen Standortbedingungen herrschen, die denen des Hauptareals entsprechen, so kann sich die Art dort in räumlich (stark) begrenzten Reliktvorkommen halten (c). Ein Beispiel für diesen Fall der Arealveränderung ist die Flaumeiche (*Quercus pubescens*) am Kaiserstuhl bei Freiburg, die dort als Relikt vergangener Warmzeiten überlebt hat. Das eigentliche Areal der Flaumeiche liegt heute aber im mediterranen Raum.
    Von einem Ausgangsgebiet aus kann eine Art durch sprunghaftes Ausbreiten (Fernausbreitung) neue Lebensräume

besiedeln (d), wobei durch Veränderung der Umweltbedingungen (s.o.) die Ausgangspopulation aussterben kann.

5. Die Zwergbirke als Beispiel für die eiszeitliche Reliktflora ist dort konkurrenzstark, wo arktische bzw. subarktische Klimaeinflüsse wirken. Während des letzten Glazials waren diese Bedingungen zwischen dem nördlichen Eisschild und der südlichen Vereisung der Alpen großflächig anzutreffen. *Betula nana* konnte sich dort in der Tundrenvegetation weitläufig etablieren. Vor etwa 20 000 Jahren setzte eine allmähliche Klimaerwärmung und Gletscherschmelze ein. Das ermöglichte wärmeliebenden Gehölzarten, in die Tundrengebiete einzuwandern und die niederwüchsigen Tundrenarten zu verdrängen. Diese waren gezwungen, in die konkurrenzarmen gletschernahen Räume nach Norden und die kalten Gebirgslagen nach Süden abzuwandern. Spätestens im Präboreal, 10 000 Jahre vor heute, war die Zwergbirke in den Tiefländern Mitteleuropas verdrängt und ihr Areal in ein nördliches und ein südliches getrennt. Heute ist die Zwergbirke in Europa oberhalb der Baumgrenze in den Alpen, in Exklaven in kalten Mittelgebirgslagen Europas und in arktisch/subarktisch geprägten Regionen Skandinaviens und Islands anzutreffen. Wie die Zwergbirke sind heute mehrere Arten dieser glazialen Reliktflora in einem disjunkten, arktisch-alpinen Areal mit Reliktvorkommen in den Mittelgebirgen verbreitet.

6. H. Meusel, E. Jäger & E. Weinert beschreiben bei der Arealdiagnose das Areal der untersuchten Pflanzenart nach drei Kriterien: Zonalität, Ozeanität/Kontinentalität und Bindung an bestimmte Höhenstufen.

Zuerst wird das Verbreitungsgebiet in die horizontal differenzierten **Florenzonen** eingeordnet. Deren Nord-Süd-Abfolge ist:

arktisch	(a)
boreal	(b)
temperat	(temp)
submeridional	(sm)
meridional	(m)
subtropisch	(subtrop)
tropisch	(t)

(austro)subtropisch	(subtrop)
australisch	(austr)
antarktisch	(antarkt).

Der Schwerpunkt der Verbreitung der Traubenhyazinthe liegt in der submeridionalen Florenzone, sie strahlt aber noch in die meridionale und temperate ein; dies wird wie folgt angegeben:
(m)–sm-(temp).

Die Klammern deuten eine subdominante Verbreitung an.

Im nächsten Schritt ordnet man das Areal in den Gradienten **Ozeanität – Kontinentalität** ein. Nach der sechsstufigen Gliederung kommen folgende Stufen vor:

oz 1 → euozeanisch;

oz 2 → subozeanisch;

oz 3 → ganz schwach ozeanisch;

k 1 → eukontinental;

k 2 → subkontinental;

k 3 → ganz schwach kontinental.

Der Verbreitungsschwerpunkt im Beispiel liegt bei schwachozeanisch und abgeschwächt bei subozeanisch; angegeben als: **(oz2) oz3**.

Nun folgt die vertikale Differenzierung des Areals, also die Gliederung nach folgenden **Höhenstufen**:

planar	(pl)
kollin	(co)
submontan	(submo)
montan	(mo)
subalpin	(subalp)
alpin	(alp)
nival	(niv)

Bei der Traubenhyazinthe erkennt man die Verbreitungsschwerpunkte in der kollinen, montanen und submontanen Stufe:
co, submo, mo.
Diese Arealdiagnose wird in einer „Formel" folgendermaßen angegeben:

(m)–sm-(temp) - oz(2)-3 - ko-submo-mo

7. Die reale (anthropogene) Waldgrenze in den Alpen ist gegenüber der natürlichen Waldgrenze um durchschnittlich 200–300 m niedriger, weil der Mensch in der subalpinen und alpinen Stufe seit Jahrhunderten Almwirtschaft (Sommerweidewirtschaft) betreibt. Die subalpinen Matten sind also anthropozoogen auf Kosten des natürlichen Waldes entstanden.

8. *Zusatzinfo: Als Bezugssystem der Diagrammdarstellung in Abb. 3.2.3/3 wird die dreidimensionale Arealdiagnose nach* MEUSEL, *H. et al. gewählt (Ozeanitäts-Kontinentalitätsstufen und Florenzonen). Die im Stolberger Raum erfassten Arten werden nach ihrer Arealzugehörigkeit prozentual in Form von Balken dargestellt.*

Der Stolberger Raum bei Aachen gehört zur temperaten Klimazone, da 79,8 % der dort vorkommenden Pflanzenarten dieser Zone zuzuordnen sind. Aufgrund des großen Anteils ozeanischer Arten und der sehr geringen Zahl kontinentaler Arten (2,5 %) kann die stark atlantische Klimatönung des Stolberger Raumes abgelesen werden.

9. Die Berechnung für den Vergleich der Gebiete a und b ergibt:

KS = 2C / (2C + A + B) = 2 · 50 / (2 · 50 + 80 + 20) = 100 / 200 = **0,5**

Die Berechnung für den Vergleich der Gebiete x und y ergibt:

KS = 2Z / (2Z + X + Y) = 2 · 300 / (2 · 300 + 225 + 175) = 600 / 1000 = **0,6**

Die Gebiete x und y sind sich in ihrer floristischen Zusammensetzung ähnlicher als die Gebiete a und b. Der Florenkontrast zwischen a und b ist also größer als zwischen x und y. Für die floristische Gliederung der Erde könnte dies beispielhaft bedeuten, dass zwischen a und b eine Grenze zwischen zwei Florenreichen festgelegt wird, während zwischen x und y wegen des geringeren Florenkontrastes nur zwei Florenregionen abgegrenzt werden.

3.3 Abiotische Umweltbeziehungen

1. Licht, Wärme und Wasser (H_2O) gehören zu den primären, unmittelbar auf das Pflanzenwachstum einwirkenden Standortfaktoren. Boden und Klima werden den sekundären Faktorenkomplexen zugeordnet. Die Makro- und Mikronährstoffe des Bodens (N, P, K, Ca, S, Fe usw.) zählen ebenso wie die Gase O_2 und CO_2 zu den chemischen Faktoren, die den primären Standortfaktoren zugerechnet werden.

2. Die Vielgestaltigkeit des Reliefs aufgrund unterschiedlicher Formen, Hangneigungen, Hangrichtungen und Höhenlagen bestimmt die Ausprägung und Wirkung der primären Standortfaktoren. Hangexposition und Hangneigung bestimmen die einfallende Strahlungsmenge (Licht) und damit auch die Wärmeversorgung. Die Höhenlage entscheidet über Niederschlags- und Temperaturverhältnisse und somit über die Wasser- und Wärmeversorgung.

Die Reliefform beeinflusst den Wasser- und Nährstoffhaushalt und die Bodenentwicklung. Beispielsweise können sich in Mulden Nährstoffe und Wasser sammeln, auf Hängen fließt das Wasser schneller ab und führt die Nährstoffe ab. Folglich haben Böden in Mulden einen anderen Nährstoff-, Wasser- und Wärmehaushalt als Böden auf Kuppen oder in Hanglagen.

3. $PP_N = PP_B - R$

$\Delta B = PP_N - (V_k + V_A)$

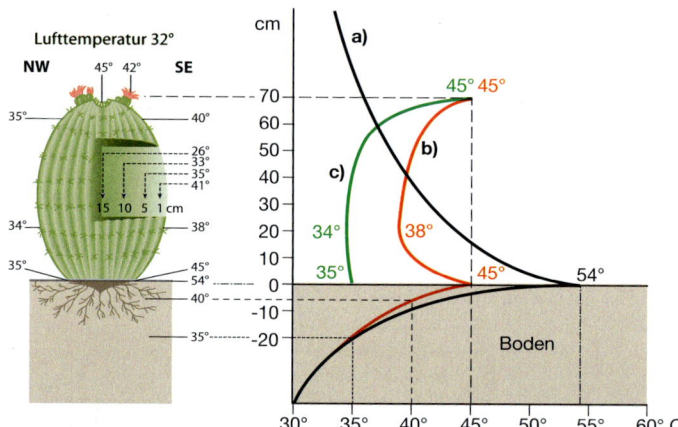

Abb. L 3.3/1 Temperaturprofile a) der Luft und des Bodens (schwarze Kurve), b) der besonnten Seite (rote Kurve) und c) der beschatteten Seite (grüne Kurve) der Kaktusoberfläche (zu Aufgabe 4)

4. Die Lufttemperatur, die in ca. 200 cm Höhe 32 °C beträgt, erreicht an der Bodenoberfläche mit 54 °C ihr Maximum. Nur 12 cm unter der Bodenoberfläche sinkt die Temperatur auf 35 °C ab. Die höchsten Gewebetemperaturen werden mit 45 °C am Scheitelpunkt des Kaktus und am Wurzelhals (Kontaktpunkt mit der 54 °C heißen Bodenoberfläche) erreicht. Im Wurzelraum werden in 4 cm Bodentiefe nur noch 40 °C gemessen. Der Temperaturunterschied zwischen sonnenbeschienener und beschatteter Seite des Kaktus beträgt an der Oberfläche ca. 5 °C (vgl. Abb. L 3.3/1).

Die Temperaturen sind also auf den Strahlungsumsatzflächen (Gewebeoberflächen, Bodenoberfläche) deutlich höher als im Luftraum oder im Boden. Durch seine effektiven Wärmeisolationseigenschaften und die Kugelform schützt sich der Kaktus vor einer Überwärmung und drückt die Temperatur in seinem Inneren um bis zu 15 °C gegenüber der Gewebeoberfläche.

5.

Abb. L 3.3/2 Ablaufdiagramm zur Frosttrocknisschädigung von immergrünen Nadelbäumen (zu Aufgabe 5) (eigener Entwurf)

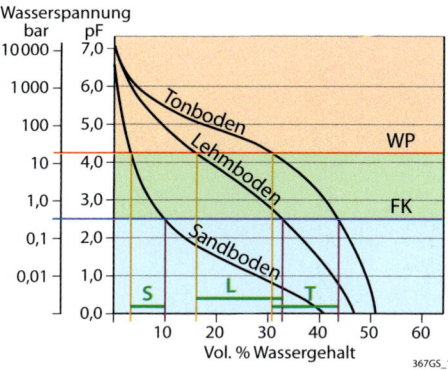

Abb. L 3.3/3 Grafische Bestimmung des pflanzenverfügbaren Wassergehaltes eines Sand-, Lehm- und Tonbodens (zu Aufgabe 6)
(eigener Entwurf)

6. **a)** Sandboden: Zwischen 4 und 11 Vol.%, d. h. 7 Vol.% sind pflanzenverfügbar.

b) Lehmboden: Zwischen 17 und 34 Vol.%, d. h. 17 Vol.% sind pflanzenverfügbar.

c) Tonboden: Zwischen 33 und 43 Vol.%, d. h. 10 Vol.% sind pflanzenverfügbar.

Lehmböden besitzen wegen ihres hohen Anteils an Mittelporen (0,2–10 μm) gegenüber Sand- und Tonböden den höchsten pflanzenverfügbaren Wassergehalt und weisen daher in der kühlgemäßigten immerfeuchten Zone die besten Wasserversorgungseigenschaften für Nutzpflanzen auf.

7. Die Pflanze kann bei längerem Trockenstress zum einen „verhungern", da sie bei geschlossenen Spaltöffnungen kein CO_2 aufnehmen kann, welches sie aber zum Aufbau ihrer Biomasse benötigt. Zum anderen droht ihr das „Verdursten", wenn sie zur CO_2-Aufnahme die Stomata öffnet und somit einen hohen Wasserverlust bei unterbundener Wassernachführung riskiert. Einige Pflanzengruppen haben die Aufnahme und Vorfixierung des CO_2 in die kühlen Nachtstunden verlagert, um tagsüber bei geschlossenen Stomata zu assimilieren (CAM-Pflanzen).

8.1 Abbildung L 3.3/4 Ⓐ:

(Lösungsgrafik folgende Seite)
a) Die Gesamtwertigkeit der am Austauscher adsorbierten Kationen beträgt 12 Ladungseinheiten. Diese werden (rein rechnerisch) durch 12 H^+-Ionen äquivalent ersetzt.

b) Die ausgetauschten und in die Bodenlösung abgegebenen 3 Ca^{++}-, 2 Mg^{++}- und 1 K^+-Ionen können nun von der Pflanzenwurzel als Nährstoffionen resorbiert werden. Zusätzlich wird 1 Na^+-Ion freigesetzt.

c) Vor dem Austausch: 100 % Basensättigung (alle Austauscherplätze sind mit basischen Kationen belegt). Nach dem Austausch: 0 % Basensättigung.

8.2 Abbildung L 3.3/4 Ⓑ:

(Lösungsgrafik folgende Seite):
a) Die Gesamtwertigkeit der am Austauscher adsorbierten Kationen (ohne Calcium) beträgt 10 Ladungseinheiten. Diese werden (rein rechnerisch) durch 5 Ca^{++}-Ionen äquivalent ersetzt.

b) Durch diesen Austauschvorgang werden folgende Kationen in die Bodenlösung freigesetzt:

Sauer wirkende Kationen: 1 Al^{+++}, 4 H^+

Basisch wirkende Kationen: 1 K^+, 1 Mg^{++}

c) Vor dem Austausch: ca. 40 % Basensättigung (Ca^{++}, Mg^{++}, K^+, d. h. 3 von 8 Kationen). Nach dem Austausch: 100 % Basensättigung.

Zusatzinfo: Um im Boden einen vollständigen Ionenaustausch an den Ladungsplätzen der Austauscher zu erreichen, müssen H^+- bzw. Ca^{++}-Ionen in großem Überschuss in die Bodenlösung gegeben werden (nicht nur die rechnerisch notwendige Menge zum Ersatz der am Austauscher gebundenen Kationen), weil die Ionen vom Austauscher kompetitiv verdrängt werden müssen.

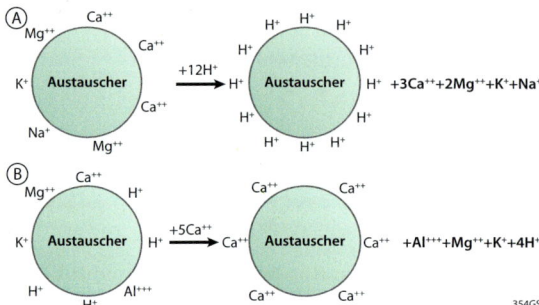

Abb. L 3.3/4 Ⓐ Ladungsäquivalenter Ersatz des Kationenbelags an Austauscher durch zwölf H^+ - Ionen unter Freisetzung der basischen Kationen.
Ⓑ Ladungsäquivalenter Ersatz des Kationenbelags an Austauscher durch 5 Ca^{++} -Ionen unter Freisetzung von basisch und sauer wirkenden Kationen.
(zu Aufgabe 8)

(nach Blum, W. 2007)

9. Durch Verdrängung der basischen Kationen von den Austauschern und Auswaschung mit dem Bodenwasser aus dem Boden käme es zu einer fortschreitenden Bodenversauerung. Dieser Prozess wird durch die Basennachlieferung aus der Gesteinsverwitterung verhindert. In manchen Böden reicht die natürliche Basennachlieferung allerdings nicht aus, sodass es dort zu einer fortschreitenden Bodenversauerung kommt (z. B. Podsole).

3.5 Stoffkreisläufe und Energieflüsse in Ökosystemen

1. a) Die Schritte der Energieweitergabe in Abb. 3.5.1/2 werden jeweils den roten Pfeilen in Abb. 3.5.4/1 zugeordnet, die Energieverluste den braunen Pfeilen. Zur teilweise unterschiedlichen Benennung der Trophiestufen siehe Tab. 3.5.1/1.

b) Die Teilbereiche „Abiotische Umwelt (Strahlung)", „Primärproduzenten" und „Konsumenten" des Ökosystemmodells werden in Abb. 3.5.1/2 behandelt.

2. a) Bei der Bezeichnung „Mykorrhiza" im Diagramm (Abb. 3.5.2/1).

b) Bei der Bezeichnung „Stickstofffixierer (Rhizobium)" im Diagramm (Abb. 3.5.2/1).

3. Von 1960 bis heute ist die CO_2-Konzentration der Atmosphäre von 315 auf 393 ppm gestiegen (siehe Abb. L 3.5/1). Die jahreszeitlichen Schwankungen der Kurve

sind durch den Wechsel der sommerlichen Vegetationsperiode (höherer CO_2-Verbrauch aus der Atmosphäre) und der winterlichen Vegetationsruhe (geringerer CO_2-Verbrauch und somit höhere CO_2-Konzentration in der Atmosphäre) auf der Nordhemisphäre bedingt. Die Messstation liegt auf Hawaii.

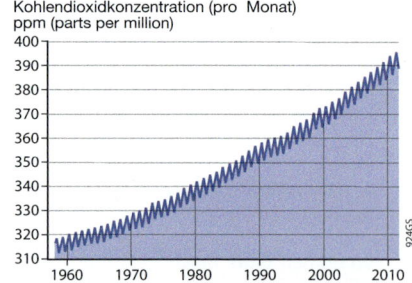

Abb. L 3.5/1 Kohlendioxidkonzentration in der Atmosphäre von 1960 bis 2011 in ppm (parts per million), gemessen am Mauna Loa Observatorium auf Hawaii.

3.6 Vegetationsklassifikation

1. Sie stehen vor einem trocken-heißen Südhang im zentralen Kaiserstuhl nahe Freiburg und betrachten die Pflanzenwelt des Hanges. Diese ist rasenartig, Gehölze fehlen weitgehend, hier und da ist unbewachsener Boden zu erkennen.

Um die **Flora** des Hanges zu beschreiben, müssten sie alle dort vorkommenden Pflanzenarten zählen, beachten aber nicht, mit wie vielen Individuen die Arten vertreten sind. Die Flora ist also die Gesamtheit der Pflanzensippen (Gesamtheit der vorkommenden Arten, Gattungen, Familien) pro Raumausschnitt. Trotz des schütteren Bewuchses würden Sie eine vielfältige Zusammensetzung notieren und dem Raumausschnitt eine artenreiche Flora bescheinigen.

Wenn Sie die Gesamtheit aller Pflanzenindividuen bzw. die Pflanzengemeinschaften des Hanges beschreiben, haben Sie die **Vegetation** erfasst. Sie würden diese als lückige Vegetation eines Trockenrasens ansprechen. In Ihre Betrachtung flossen Individuenzahlen und ihre räumliche Verteilung mit ein.

2. **Pflanzenformationen** werden über die Physiognomie, also das „Aussehen" der vorherrschenden, bestandesprägenden Pflanzengruppen beschrieben, ohne einzelne Arten zu bestimmen (z. B. Nadelwald, Laubwald, Tundra, Steppe, tropischer Regenwald). **Pflanzenassoziationen** werden über die Regelmäßigkeiten in der Artenzusammensetzung beschrieben und nach charakteristischen oder dominanten Arten benannt. Im hierarchischen System der pflanzensoziologischen Vegetationsklassifizierung stellt die Assoziation die Grundeinheit dar (z. B. Perlgras-Buchenwald, Binsen-Pfeifengraswiese).

3. Vgl. Abb. 3.6.2/1 und Abb. 3.6.2/2 :

A: Alle Gestalttypen werden den Phanerophyten zugeordnet.

B: Baumgras, Liane und hohe Stammsukkulente: Phanerophyten; Sträucher: Nano-Phanerophyten; Halbstrauch: Chamaephyt.

C: Epiphytische Stauden: Phanerophyten; Hochstauden, niedrige Einzelstauden und Rasenstauden: Hemikryptophyten; Polsterstauden und sukkulente Stauden: Chamaephyten.

D: Gräser: Hemikryptophyten. In der Abbildung sind Geophyten, Therophyten und Hydrophyten bereits gekennzeichnet. Moose und Flechten werden nicht zu den Raunkiaer'schen Lebensformen gezählt,

da sie als Thallophyten keine Erneuerungsknospen besitzen.

4. **A:** Kühlgemäßigte immerfeuchte Zone. Begründung: Hemikryptophytendominanz, aber auch Phanerophyten vertreten (gemäßigtes Waldklima). (Aufnahmegebiet: Belgien)

B: Trockenzone. Begründung: Therophytendominanz. (Aufnahmeort: El-Golea, Algerische Sahara)

C: Immerfeuchte Tropen. Begründung: Phanerophytendominanz. Therophyten fehlen gänzlich. (Aufnahmeort: Yangambi, D.R. Kongo)

3.7 Ökozonale Vegetationsgliederung der Erde

1. **a)** Vgl. Abb. 1.13.3/1:

In der Klimaklassifikation nach W. Köppen und R. Geiger wird das D-Klima („Schneeklimate") durch die +10° C-Isotherme des wärmsten Monatsmittels vom E-Klima („Eisklimate") abgegrenzt. Diese Grenze wird als **polare Waldgrenze** bezeichnet.

Die **Tropenwaldgrenze** wird durch die +18° C-Isotherme des kältesten Monatsmittels festgelegt. Sie grenzt das tropische A-Klima gegen das warmgemäßigte C-Klima ab. Das B-Klima, das teilweise ebenfalls tropisch ist, ist für Waldwuchs zu trocken.

b) Vgl. Abb. 1.13.3/1 und Abb. 3.7.2/1:

Die Grenze zwischen dem D- und E-Klima liegt überwiegend nördlich der tatsächlichen Polargrenze des borealen Nadelwaldes. Die +10° C-Isotherme des wärmsten Monatsmittels stimmt mit größerer Näherung mit der Grenze zwischen der Waldtundra und der polaren Tundra überein. Ein entscheidender Faktor für die Lage der polaren Waldgrenze ist außer dem sommerlichen Temperaturmaximum die Wärmesumme des ganzen Sommers. Je länger die sommerliche Wachstumsperiode andauert, desto besser kann der Wald ausreichende physiologische Schutzeinrichtungen gegen die winterliche Frosttrocknis aufbauen (vgl. Kap. 3.3.2).

In Gebieten der warmgemäßigten C-Klimate werden außertropische Waldformationen erwartet. Dies ist jedoch in einigen

Teilen Afrikas und Südamerikas nicht gegeben, wo tropische Trockenwälder und Trockensavannen in außertropischen C-Klimaten verbreitet sind. Offensichtlich sind tropische Wald- und Gehölzformationen in der Lage, die +18° C-Isotherme des kältesten Monatsmittels um einige Grade zu unterschreiten. Die thermische Tropengrenze wird von einigen Autoren daher bei einem kältesten Monatsmittel von +15° C festgelegt. Entscheidend sind dabei nicht die Mittelwerttemperaturen, sondern dass keine absoluten Minima in Gefrierpunktnähe auftreten, da tropische Pflanzen schon bei niederen Temperaturen über dem Gefrierpunkt geschädigt werden (vgl. Kap. 3.3.2).

2. Vgl. Abb. 3.7.2/2 Zonale Waldformationen

a: Immerfeuchte temperierte Zone, temperierter Nadelfeuchtwald, pazifischer Nordwesten

b: Immerfeuchte Subtropen, subtropischer Lorbeerwald, Südost-Asien

c: Winterfeuchte Subtropen, Hartlaubformation, Australien

d: Sommerfeuchte Tropen, tropischer Trockenwald, Südost-Afrika

Vgl. Abb. E 3.6.2/1 Immerfeuchte Tropen, tropischer Tieflands-Regenwald als zonale Formation, tropische Anden, Costa Rica, 10° n. Br.; extrazonale Höhenstufen vgl. Abb. 3.7.2/4 d, e

Vgl. Abb. 3.7.2/4 Extrazonale Pflanzenformationen der Gebirgshöhenstufen

a: Borealer Gebirgsnadelwald mit *Sequoia*, Sierra Nevada, 36° n.Br., 1000 m ü. NN

b: Australer Gebirgsnadelwald mit *Araucaria*, südl. Anden, West-Patagonien, 40° s.Br., 1200 m ü. NN

c: Subalpiner Arven-Lärchen-Gebirgsnadelwald, Zentralalpen, 2100 m ü. NN

d: Tropischer Bergnebelwald, tropische Anden, Costa Rica, 10° n.Br., 2000 m ü. NN

e: Hochgebirgsfeuchtsteppe (Páramo), tropische Anden, Costa Rica, 10° n.Br., 3500 m ü. NN

f: Hochgebirgstrockensteppe (Puna), tropische Anden, Altiplano, 17° s.Br., 3500 m ü. NN

3.8 Vegetationsentwicklung und Landnutzungswandel in Mitteleuropa

1. **a)** Die Standorte der Buchenwaldgesellschaften werden heute überwiegend ackerbaulich genutzt; daher sind die Buchenwälder in Mitteleuropa weitgehend verschwunden.

b) Bei Aufgabe der Nutzung entwickeln sich aus Halbtrockenrasen auf alkalischen Böden Orchideen-Buchenwälder, auf mäßig sauren Böden trockene Eichen-Hainbuchenwälder.

c) Es stellt sich eine Pfeifengraswiese ein. Das Pfeifengras (*Molinia coerulea*) ist ein Nässezeiger.

d) Nein. Durch Düngungs- und Meliorationsmaßnahmen werden heute weitaus mehr Standorte ackerbaulich genutzt, als auf dem Ökogramm als „Übergangsbereich" angezeigt wird. So sind heute z.B. die Pfeifengraswiesen weitgehend durch Drainage, nährstoffarme Halbtrockenrasen und saure Borstgrasrasen durch Düngung bzw. Kalkung in Äcker oder Fettwiesen und -weiden umgewandelt worden.

2. Ahemerob (=natürlich) sind die Urwälder, oligohemerob (naturnah) die vielseitig genutzten Wälder, mesohemerob (halbnatürlich) die Magerrasen und Heiden. Bei den Äckern, Wiesen und Weiden können sich, je nach Nutzungsintensität und Meliorationsgrad, unterschiedliche Zugehörigkeiten zwischen mesohemerob und polyhemerob ergeben.

Abb. 4/1 *Schrumpfungsrisse des Salztonbodens in der Namib-Wüste* (GAEDE, M.)

4 Bodengeographie

> *„Die Ökonomie hat zum Ziel,*
> *eine relative Knappheit zu über-*
> *winden. Dahinter steht die Vor-*
> *stellung, dass Knappheit (die*
> *Überwindung der Endlichkeit)*
> *höchstens ein technisches und*
> *finanzielles Problem sei. Es ist*
> *nur eine Frage der Forschung, um*
> *immer neue Ressourcen zu er-*
> *schließen resp. zu ersetzen und so*
> *den Fortschritt ad infinitum wei-*
> *terzuführen.“* RUH et al. 1990

Böden als Struktur- und Funktions-elemente terrestrischer Ökosysteme tauschen mit der Umwelt Stoffe, Energie und genetische Informationen aus. Sie tragen zur biologischen Vielfalt bei und stellen einen Genpool dar. Böden beeinflussen den Austausch von Strahlung und Wärme, regeln den Wasserkreislauf, sind Speicher und Transformatoren für Nährstoffe und stellen zugleich Quellen und Senken für Kohlendioxid (CO_2) und Methan (CH_4) dar. Böden sind Puffer, Filter, Transformatoren und Speicher für Schadstoffe und damit potenziell auch Quellen für die Stoffbelastung benachbarter Umweltkompartimente. Darüber hinaus bilden sie die Grundlage der Nahrungsmittelproduktion (WBGU 1994). Bodenentwicklung ist eine Folge der bodenbildenden Vorgänge. Bereits H. JENNY hat 1941 eine Formel der Bodenentwicklung aufgestellt, indem er den Boden als Funktion seiner Entwicklungsdauer und der bodenbildenden Faktoren Klima, Gestein, Relief, Flora, Fauna und Mensch definiert hat (Abb. 4/2).

Die Prozesse der Bodenentwicklung erfolgen durch Zerkleinerung von Gestein und Bodenpartikeln sowie eine Verlagerung von feinen Partikeln oder von Humus. Diese Vorgänge laufen unterschiedlich schnell ab. Die eigentliche Bildung von Boden, als ein **Gemisch aus zersetzter organischer Substanz** (Humus) **und Mineralboden**, ist ein sehr langwieriger Prozess. Die Entstehungsdauer einer ein Zentimeter mächtigen, humosen Bodenschicht kann zwischen 100 und 300 Jahren liegen (Umweltbundesamt 2010).

Boden ist der Teil der oberen Erdkruste, der nach unten durch festes oder locke-res Gestein, nach oben durch eine Pflanzendecke oder den Luftraum begrenzt ist, während er zur Seite in benachbarte Böden übergeht. Er ist ein dynamisches System im Fließgleichgewicht, das auf Veränderungen der Randbedingungen in unterschiedlichen Zeitskalen von wenigen Jahren (z. B. pH-Wert) bis Jahrtausenden (Textur und Struktur) reagiert (WBGU 1994).

Böden sind Träger globaler Nährstoffkreisläufe (C, N, P), bieten Lebensraum für Bodenlebewesen (bis zu 30 Tonnen/ha) und legen ca. 20 % des globalen Kohlenstoffs im Boden gespeichert fest. Dabei gibt es für „den Boden" keine allgemeinverbindliche Begriffsbestimmung. Beschäftigt sich der Bodenkundler also mit Bodentypen, -arten, -formen, -formgruppen, -gesellschaften, -funktionen, -nutzungen oder Kartiereinhei-

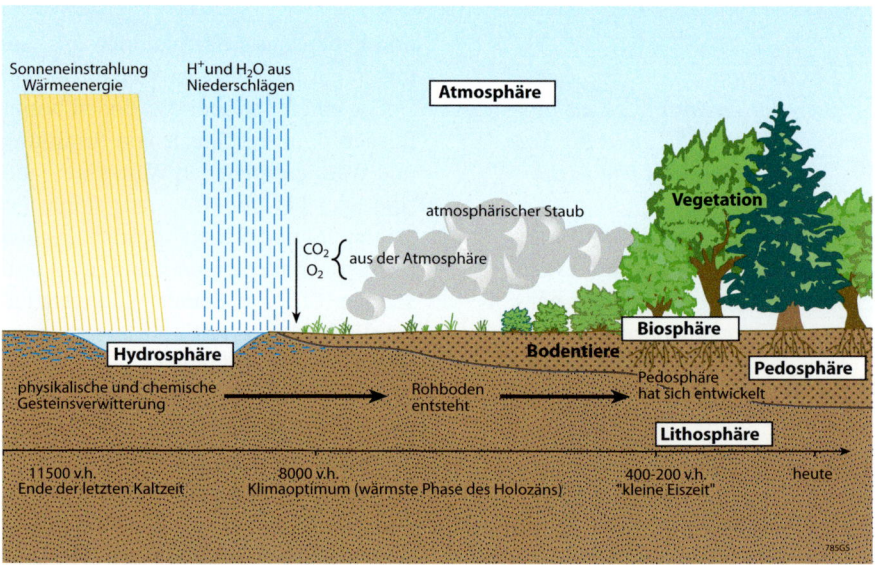

Abb. 4/2 Bodenbildende Faktoren und Bodenentwicklung   (eigener Entwurf)

ten? Legt er seiner Betrachtung eine genetische oder effektive Klassifikation zugrunde? Besteht das Ordnungsprinzip demnach eher in der Darstellung der Entstehung oder der Wirkung von Böden? Letztere betrachtet Böden als Lockermassen mit bestimmter Art und Anordnung von Stoffen, die in unterschiedlichem Maße als Wurzelraum für Pflanzen, Filterkörper für Abwasser etc. geeignet sind (**Funktionsbegriff**), erstere versteht Böden als umweltbedingte Umwandlungsformen von Gesteinen, deren Eigenschaften durch das Ausgangsgestein und die Umweltwirkungen während ihrer Bildung bestimmt und aus diesen zu verstehen sind (**Prozesse**) (Schlichting, E. 1986). Die Schwierigkeit adäquater Definitionen besteht darin, der Komplexität des Mediums Boden gerecht zu werden.

Vor diesem Hintergrund wählt die FAO (1998, 2006) einen umfassenden Ansatz, der es insbesondere ermöglicht, „(...) Umweltprobleme in einer systematischen und ganzheitlichen Weise anzugehen und unfruchtbare Diskussionen über eine allgemein akzeptierte Definition von Boden sowie über deren Kriterien für Mächtigkeit und Stabilität (...)" zu vermeiden. Danach ist Boden ein kontinuierlicher Naturkörper, der drei räumliche und eine zeitliche Dimension hat und folgende Merkmale aufweist:

- Er ist aus **mineralischen und organischen Bestandteilen** aufgebaut und umfasst eine feste, eine flüssige und eine gasförmige Phase.
- Seine Bestandteile weisen **Strukturen** auf, die spezifisch sind für das Medium Boden. Diese Strukturen bilden den morphologischen Aspekt des Bodens, entsprechend der Anatomie von Lebewesen. Sie ergeben sich aus der Geschichte des Bodens sowie aus dessen gegenwärtiger Dynamik und dessen gegenwärtigen Eigenschaften. Das Studium der Bodenstruktur erleichtert die Wahrnehmung der physikalischen, chemischen und biologischen Bodeneigenschaften. Es erlaubt das Verständnis der Vergangenheit und Gegenwart des Bodens und die Vorhersage seiner Zukunft.
- Der Boden befindet sich in **dauernder Entwicklung**, woraus sich als vierte Dimension die Zeit ergibt.

Böden als heterogene, offene, dynamische, vierdimensionale Systeme stehen mit anderen Systemen über Stoff- und Energieaustauschprozesse in ständiger Beziehung. Darüber hinaus gibt es „den Boden" nur als abstraktes Konstrukt, „einen bestimmten Boden" hingegen als definierten Ausschnitt aus der Bodendecke mit einer ihm eigenen Horizontabfolge (Schlichting, E. 1986).

Böden sind endlich und nicht vermehrbar (quantitative Dimension), nicht regenerierbar (qualitative Dimension), benötigen lange Reproduktionsraten, besitzen ein „Gedächtnis" der Entwicklungsgeschichte und weisen sehr langsame Reaktionszeiten im Hinblick auf Nutzungsänderungen auf (zeitliche Dimension). Böden sind ortsfest und erfordern somit einen direkten (regionalen/lokalen) Standortbezug. Die Regenerationsfähigkeit ist beschränkt auf bodeneigene Abbaumechanismen, Stofftransporte finden meist vertikal statt (räumliche Dimension).

Die Pedosphäre weist also einige Besonderheiten auf, die sie von anderen Umweltmedien unterscheidet. Zusammenfassend lässt sich sagen, dass Boden

- eine begrenzte Ressource darstellt (nur in beschränktem Maß zur Verfügung steht)
- nicht „produzierbar" und damit (im wissenschaftlichen Sinne) nicht ersetzbar, ist

- ein Medium mit Reaktionszeiten, die weit über das „Wahrnehmungsfenster" des Menschen hinausreichen, ist und
- die Funktion als Akkumulationsbecken („Schadstoffsenke", „Zeitbombe") erfüllt.

4.1 Bodenbestandteile

Boden besteht aus mineralischen und organischen Substanzen, Wasser und Luft, bildet also ein Gemisch fester, flüssiger und gasförmiger Stoffe. Anorganische Bestandteile werden im Wesentlichen gebildet aus Gesteinsbruchstücken, Mineralen und Salzen, die organische Substanz umfasst zersetzte und unzersetzte Vegetationsrückstände, Pflanzenwurzeln, Bodentiere und andere postmortale Substanzen sowie neu gebildete Huminstoffe. Vermischungsprozesse im Boden führen zur Verbindung zwischen mineralischen Bestandteilen und Huminstoffen (organo-mineralische Verbindungen).

Das gesamte Bodenvolumen lässt sich unterteilen in Substanzvolumen (mineralische und organische Substanz) und Porenvolumen. Die Poren sind entweder mit Luft oder mit Wasser gefüllt.

Wasser als flüssige Komponente der Bodenbestandteile ist Voraussetzung für Lebenstätigkeiten von Pflanzen und Tieren und Medium für Nährstoffe (Bodenlösung). Der Bodenwasserhaushalt steuert wichtige Prozesse der Bodenentwicklung (Verwitterung, Zersetzung, Humifizierung, Verlagerungsprozesse im Boden).

Luft als gasförmige Komponente der Bodenbestandteile gewährleistet einen permanenten Gasaustausch zwischen Boden und Atmosphäre. Der Lufthaushalt ist u. a. relevant für die Bodenatmung (Pflanzenwurzeln, Mikroorganismen), die Steuerung von Oxidations- und Reduktionsvorgängen (Redoxprozessen) und den Wärmehaushalt (Wärmezufuhr und -abfuhr, Wärmekapazität, Wärmeleitfähigkeit).

Ziele des Kapitels

Sie erfahren in diesem Kapitel
- aus welchen mineralischen und organischen Bestandteilen der Boden besteht,
- welche charakteristischen Humusformen Böden ausbilden und
- welche Aspekte des Bodenwasserhaushalts insbesondere im Hinblick auf die Pflanzenverfügbarkeit eine Rolle spielen.

4.1.1 Mineralische Bestandteile

Boden besteht aus mineralischen (45 %) und organischen (7 %) Substanzen, Wasser (23 %) und Luft (25 %), wobei sich die angegeben Volumen-%-Anteile (nach Blum, W.E.H. 2007) exemplarisch auf einen Grünlandboden beziehen. Die Zusammensetzung der **mineralischen Bestandteile** des Bodens variiert je nach Ausgangssubstrat (Fest- und Lockergestein: Magmatite, Metamorphite und Sedimente) und Fortschreiten physikalischer und chemischer Verwitterungsprozesse. **Primäre Minerale** (lithogen) sind im Wesentlichen Quarz, Feldspäte und Glimmer, **sekundäre Minerale**, die im Boden durch Umwandlungsprozesse neu gebildet werden, umfassen die Gruppe der Tonminerale, Oxide und Hydroxide. Abbildung 4.1.1/1 zeigt die Verteilung des Mineralgehalts auf einzelne Kornfraktionen (u. a. Sand, Ton).

4.1.2 Organische Bestandteile

Organische Bestandteile des Bodens sind die abgestorbene pflanzliche und tierische Substanz sowie ihre Umwandlungsprodukte auf und im Boden mit Ausnahme frischer, noch unzersetzter Fein- und Grobstreu der Blätter, Zweige, Stämme und Wurzeln. Humusbildung verläuft über komplexe Prozesse wie u. a. Mineralisierung und Huminsäurebildung (WBGU 1994, dazu Kap. 4.5.2). Hinsichtlich der Zusammensetzung der organischen Substanz und anderer Merkmale vgl. Kapitel 3.3.4 in diesem Band.

In Abhängigkeit von Klima-, Relief- und Bodenfaktoren bilden Böden charakteristische **Humusformen** aus (Abb 4.1.2/1):

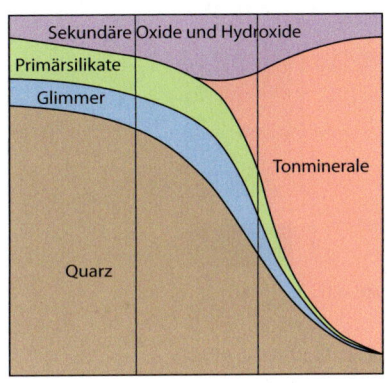

Sand-Fraktion Schluff-Fraktion Ton-Fraktion

925GS

Abb. 4.1.1/1 *Mineralverteilung auf unterschiedlichen Kornfraktionen*

(nach Blum, W.E.H. 2007)

Mull

Humus-Form biologisch aktiver, nährstoffreicher Böden. Anfallende leicht abbaubare Vegetationsrückstände werden schnell zersetzt, humifiziert und von der Bodenfauna oder durch Bodenbearbeitung mit dem Mineralkörper durchmischt.

Moder

nimmt eine Zwischenstellung zwischen Mull und Rohhumus ein.

Rohhumus

Humus-Form nährstoffarmer und biotisch inaktiver Standorte. Die schwer umsetzbaren Vegetationsrückstände bilden einen „Auflagehumus" über dem Mineralboden.

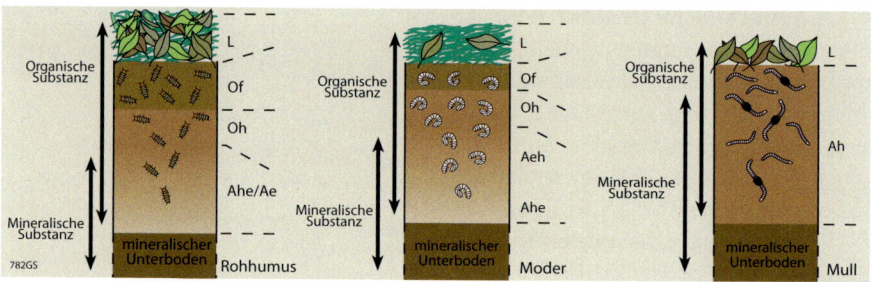

Abb. 4.1.2/1 *Humusformen*   (Blum, W.E.H. 2007)

4.1.3 Bodenwasser

Das Bodenvolumen (BV) kann unterteilt werden in Substanzvolumen (SV) und Porenvolumen (PV). Die Poren können luft- oder wassererfüllt sein, dementsprechend lässt sich das Porenvolumen weiter differenzieren in Luftvolumen (LV) und Wasservolumen (WsV). Somit ergibt sich

$$BV = SV + PV = SV + LV + WsV.$$

Wasser kann im Boden in unterschiedlichen Formen (Sickerwasser, Haftwasser, Grundwasser, Stauwasser) und Aggregatzuständen (flüssig, dampfförmig, fest [gefroren]) vorliegen (Abb. 3.3.3/2).

Wasserbewegung im Boden

Zunächst dringt das Wasser aus Niederschlägen, Überstauung o.ä. in die Poren ein (**Infiltration**). Als **Perkolation** bezeichnet man das Versickern des Wassers bis zum Grund- bzw. Stauwasser (Abb. 3.3.3/1), die gegenläufige Wasserbewegung ist der **Kapillaraufstieg**. Er ist auf Kohäsionskräfte (zwischen einzelnen Wasserteilchen) und Adhäsionskräfte (zwischen Wassermolekülen und Bodenmatrix) zurückzuführen. Durch **Saug**-spannungsunterschiede kann Wasser in den Kapillaren aus dem Grundwasser in den Wurzelraum bis zur Bodenoberfläche aufsteigen, wobei das Wasser bei kleinerem Kapillardurchmesser höher steigt.

Die Bewegung des Bodenwassers findet überwiegend in flüssiger Phase statt, zum kleineren Teil auch als dampfförmiges Wasser, das dann an kühlen Stellen in Rissen oder Poren kondensiert. Die Wasserbewegung ist abhängig vom **Potenzialgefälle**, das zwischen Atmosphäre und Bodenporen herrscht, sowie von der Wasserleitfähigkeit. Diesen Zusammenhang beschreibt die Darcy-Gleichung, die die in einer Zeiteinheit durch einen bestimmten Querschnitt eines Porengrundwasserleiters fließende Wassermenge angibt (Abb. 4.1.3/1):

$Q = kf \times A \times h/l$

Q = Durchflussmenge pro Zeit- und Flächeneinheit in m^3/s

kf = spezifischer Wasserleitfähigkeitskoeffizient / Durchlässigkeitsbeiwert in m/s bzw. cm/s

A = durchströmte Fläche in m^2

h = Druckgefälle als Differenz zwischen zwei Druckhöhen in m

l = Fließlänge in m.

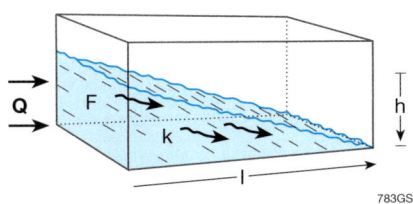

783GS

Abb. 4.1.3/1 *Darcy-Gleichung*

Der k_f-Wert als Durchlässigkeitsparameter beschreibt also den in einer bestimmten Zeiteinheit zurückgelegten Weg des Bodenwassers, der abhängig ist von Körnung und Gefüge, d.h. von der Anzahl, der Form und dem Durchmesser der Poren. Die **Leitfähigkeit** nimmt mit zunehmendem Porenradius zu, d.h. sie steigt von Ton (T) über Schluff (U) zu Sand (S). Dabei ist jedoch zu berücksichtigen, dass Böden Korngrößengemische darstellen.

Neben dem Porendurchmesser beeinflusst auch der Wassergehalt die Wasserleitfähigkeit. Sie ist bei wassergesättigtem Boden (alle Poren sind wassererfüllt) am größten (Tab. 4.1.3/1). Mit zunehmender Entleerung der Poren vermindert sich deren leitender Querschnitt, da Luft nachdringt.

Wasserbindung

Die Wasserbindung im Boden beruht auf elektrostatischen Anziehungskräften zwischen Festkörpergrenzflächen, Ionen und Wasser-Dipolen. Sie kann als Potenzialmodell beschrieben werden. Danach erfolgt bei einem Potenzialgefälle ein Ausgleich von Bereichen höheren zu Bereichen niedrigeren Potenzials, d.h. die Wasserbewegung erfolgt in Richtung des geringsten Drucks bzw. des höchsten Soges. Als Maß für die Wasserbindung im Boden (Matrixpotenzial) dient die **Saugspannung**. Der **pF-Wert** (in hPa, mbar oder cm Wassersäule WS) drückt aus, welcher Druck/Sog notwendig ist, um eine Wassersäule zu drücken/ziehen. Aufgrund des großen Spannungsbereichs wird der pF-Wert logarithmisch angegeben (pF = log cm WS). So entspricht eine Saugspannung von pF $3 = 10^3$ cm Wassersäule oder 1 000 hPa bzw. 1 bar.

Die Wasserspannung im Boden steigt mit abnehmendem Wassergehalt (Vol.-%). Der Zusammenhang, dass Wasser umso fester im Boden gehalten wird, und damit zunehmend weniger pflanzenverfügbar wird, je weniger Wasser sich in den Bodenporen befindet, kann anhand einer Wasserspannungskurve (pF/Wg-Kurve) beschrieben werden (vgl. Kap. 3.3.3).

Bodenart	Hydraulische Leitfähigkeit	
	cm s^{-1}	cm d^{-1}
Sand (S)	$4 \cdot 10^{-3} - 4 \cdot 10^{-1}$	300 – 30 000
Schluff (U)	$5 \cdot 10^{-5} - 4 \cdot 10^{-1}$	4 – 30 000
Lehm (L)	$1 \cdot 10^{-6} - 4 \cdot 10^{-1}$	0,1 – 30 000
Ton (T)	$1 \cdot 10^{-7} - 4 \cdot 10^{-1}$	0,04 – 30 000

Tab. 4.1.3/1 *Hydraulische Leitfähigkeit bei Wassersättigung* (BLUME H.-P. 2004)

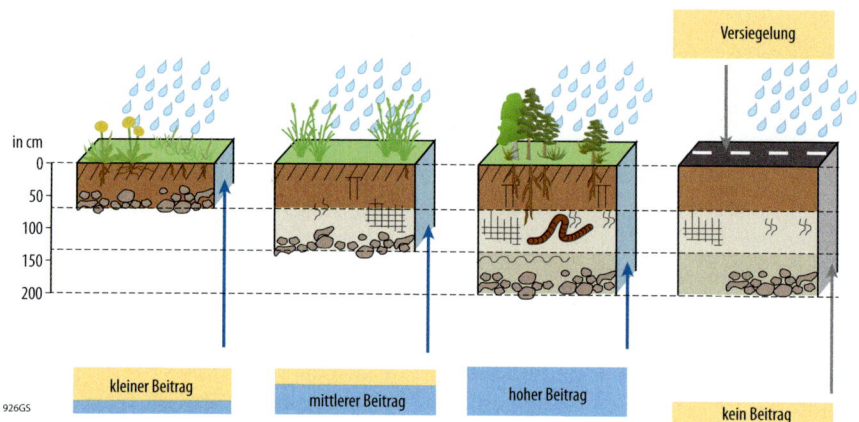

in cm
0
50
100
150
200

Versiegelung

kleiner Beitrag

mittlerer Beitrag

hoher Beitrag

kein Beitrag

926GS

Abb. 4.1.3/2 *Boden als Wasserspeicher*

(UBA 2010)

Zugleich ist aus der Wasserspannungs-kurve erkennbar, dass unterschiedliche Böden bei gleichem Wassergehalt unter verschiedenen Saugspannungen stehen. So erklärt sich der unterschiedliche **Bodenfeuchtegrad** von Sand- (S), Lehm- (L) oder Tonböden (T) bei identischem, absolutem Wassergehalt. Bei 30 % Wassergehalt ist ein Tonboden trocken, ein Sandboden nass. Zur Beurteilung der Bodenfeuchte gilt folgende Einstufung: pF > 4 trocken, 2–3 feucht, < 1,4 nass (AD HOC ARBEITSGRUPPE BODEN 2005). Der Bereich zwischen pF 2,5 und 4,2 bezeichnet den pflanzenverfügbaren Anteil des Bodenwassers, die **nutzbare Feldkapazität nFK**. Eine Wasserspannung pF von 4,2 (ca. 15 bar) entspricht dem permanenten **Welkepunkt** als ökologisch bedeutsame Kenngröße, oberhalb dessen das Wasser als Haftwasser zu fest gebunden und damit meist nicht mehr pflanzenverfügbar ist (Totwasser).

Unterhalb des Bereichs der maximalen Haftwassermenge, der **Feldkapazität FK,** bei pF < 2,5 (< 0,3 bar) ist die Wasserspannung zu gering, sodass das Wasser versickert. Bei pF 0 sind alle Poren mit Wasser gefüllt, der Boden ist wassergesättigt. Wieviel Wasser im Boden gehalten werden kann (Abb. 3.3.3/4), ist u. a. abhängig von Faktoren wie Bodenart, Körnung, Gefüge, organischer Substanz oder Gründigkeit (Mächtigkeit des durchwurzelbaren Raumes) (Abb. 4.1.3/2).

4.1.4 Bodenluft

Die Bodenluft stellt die gasförmige Komponente des Drei-Phasen-Gemisches Boden dar. Bodenluft ist die Voraussetzung für die Atmung von Pflanzenwurzeln und Bodenlebewesen und steuert Oxidations- und Reduktionsprozesse im Boden.

Sie ist ähnlich zusammengesetzt wie die atmosphärische Luft, aber aufgrund der Wurzelatmung (**autotrophe Atmung**) und der Atmung der Mikroorganismen (**heterotrophe Atmung**) reicher an Kohlendioxid (> 0,2 Vol.-% im Boden gegenüber 0,038 Vol.-% in der Luft).

Zwischen Bodenluft und Atmosphäre findet ein permanenter Gasaustausch statt. Je nach Porenvolumen und Wassergehalt schwanken die Werte der Luftkapazität. Mittelwerte betragen für Sand 40 Vol.-%, für Schluff 20 Vol.-% und für Ton 10 Vol.-%. Eine gute Durchlüftung des Bodens wirkt sich günstig auf die Lebensbedingungen aerober Bodenlebewesen aus und fördert die biologische Aktivität des Bodens.

> ### Aufgaben
>
> 1. Weshalb fühlt sich ein tonhaltiger Boden bei 30 % Wassergehalt trocken, ein sandiger Boden dagegen nass an (dazu auch Abb. 3.3.3/4)?
>
> 2. Wie unterscheidet sich atmosphärische Luft von der Luft im Boden?

4.2 Physikalische Bodeneigenschaften

Verwitterung, Verlagerungs- und andere Bodenbildungsprozesse führen zu einem Gemisch unterschiedlich großer, unregelmäßig geformter Bodenteilchen, deren charakteristische Korngrößenverteilung als Bodenart (Textur) bezeichnet wird, die räumliche Anordnung als Bodengefüge (Struktur, vgl. Kap. 4.6.2). Die Bodenart als Korngrößengemisch bestimmt Aspekte wie Wasserspeicherung im Boden (insbesondere den pflanzenverfügbaren Anteil), Kapillaraufstieg, Dränung (Wasserabfuhr, Versickerung), Erosionsanfälligkeit, Nährstoffspeicherung (Tonminerale) oder Nährstoffnachlieferung. Die Größe und Verteilung der festen Bodenbestandteile bewirkt auch das Porenvolumen und damit den Lufthaushalt des Bodens (Durchlüftung, Temperatur). Die Bodentemperatur hat Einfluss auf die Intensität von Verwitterungs- und Zersetzungsprozessen, die biotische Aktivität (Bodenlebewesen), das Pflanzenwachstum und den Wasserhaushalt (Evaporation, Transpiration).

Ziele des Kapitels

Sie erfahren in diesem Kapitel
- dass Böden Korngrößengemische darstellen und
- was sich hinter den Begriffen „hue", „value" und „chroma" verbirgt .

Bodenskelett							Feinboden					
Blöcke	Steine	Kies (G) und Grus (GR)			Sand (S)			Schluff (U)			Ton (T)		
		grob (g)	mittel (m)	fein (f)	grob (g)	mittel (m)	fein (f)	grob (g)	mittel (m)	fein (f)	grob (g)	mittel (m)	fein (f)
> 20 cm 784GS	20 - 6,3 cm	63 - 20 mm	20 - 6 mm	6 - 2 mm	2 - 0,63 mm	0,63 - 0,2 mm	0,2 - 0,063 mm	63 - 20 µm	20 - 6,3 µm	6,3 - 2 µm	2 - 0,63 µm	0,63 - 0,2 µm	< 0,2 µm

Tab. 4.2/1 *Körnungsklassen (f=fein, m=mittel, g=grob)*

(verändert nach HARTGE, K.H. & R. HORN 1991)

4.2.1 Körnung, Textur

Die mineralischen Bestandteile des Bodens lassen sich hinsichtlich der Korngrößenverteilung unterteilen. Die Kornfraktionen mit einem Durchmesser von > 2 mm gehören zum Grobboden (Kies, Steine), diejenigen < 2 mm zum Feinboden (Sand, Schluff, Ton). Die Unterteilung der Korngrößenklassen kann Tab. 4.2/1 entnommen werden.

In der Regel sind die Korngrößenklassen im Boden gemischt, wobei die dominierende Fraktion namensgebend ist, z. B. sandiger Ton (sT) oder schluffiger Sand (uS). Lehm nimmt eine Mittelstellung zwischen Sand, Schluff und Ton ein.

4.2.2 Bodenfarbe

Zur verlässlichen Reproduzierbarkeit des beschriebenen Bodenhorizonts und um Rückschlüsse auf bestimmte Bodenprozesse zu ermöglichen, werden zur Bestimmung der Bodenfarbe Munsell Soil Color Charts verwendet. Die Kombination aus Zahlen und Buchstaben lassen eine definierte Beschreibung der vorgefundenen Färbungen zu, wobei der Farbton (hue), die Helligkeit (value) und die Farbintensität (chroma) angegeben werden.

Beispiel: Die Angabe 10YR 5/6 beschreibt eine gelblich-braune Farbe. Dabei steht 10YR für den Farbton, 5 für die Helligkeit und 6 für die Farbintensität. Auf den Farbtafeln ist die Helligkeit von unten nach oben und die Farbintensität von links nach rechts ansteigend angeordnet.

4.3 Chemische Bodeneigenschaften

Im Laufe der Bodenentwicklung können Böden versauern. Dies ist ein natürlicher Vorgang, der auf die Bodenatmung (Bodenorganismen und Wurzeln), die Zersetzung von Pflanzenresten, die Lösung von Kohlendioxid im Niederschlag und weitere Prozesse zurückzuführen ist. Verantwortlich für diesen Versauerungsprozess ist die Zufuhr säurewirksamer H^+-Ionen. Dieser Vorgang wird seit Beginn der Industrialisierung verstärkt durch anthropogene Stoffeinträge („saurer Regen", bestimmte Dünger). Puffersysteme im Boden sind in der Lage, den Säureeintrag eine Zeit lang zu regulieren. Der pH-Wert des Bodens stellt ein Maß dar, um Bodenreaktionen darzustellen.

Sie erfahren in diesem Kapitel
- welche Bedeutung die Bodenreaktion hat,
- welche Puffersysteme im Boden existieren und wie ein Säureeintrag effektiv reguliert wird,
- welche Bedeutung der Ionenaustausch für die Nährstoffversorgung von Pflanzen sowie die Mobilisierung/Immobilisierung von Schadstoffen im Boden spielt.

4.3.1 Boden-pH

Der pH-Wert beschreibt die Konzentration der Wasserstoff (H^+)-Ionen in der Bodenlösung und gibt den **negativen dekadischen Logarithmus der H^+-Ionen-Konzentration** an: $pH = - \log [H^+]$. Mit dem Boden-pH lassen sich saure, neutrale und alkalische Bodenreaktionen darstellen. Die Spanne umfasst den in Abbildung 4.3.1/1 dargestellten Bereich.

Ein pH-Wert von 7 bedeutet, dass sich in der Bodenlösung 10^{-7} g H^+-Ionen befinden. Da die Protonen (H^+-Ionen) und Hydroxylionen (OH^--Ionen) dabei im Gleichgewicht stehen, wird die Bodenreaktion als neutral bezeichnet. Bei steigender H^+-Ionenkonzentration sinkt der pH-Wert, die Bodenmatrix wird zunehmend saurer. Steigende OH^--Ionenkonzentrationen lassen ihn ansteigen, die Bodenlösung reagiert zunehmend alkalischer.

Mitteleuropäische Böden umfassen eine pH-Wert-Spanne zwischen pH 3 (extrem sauer) und pH 8 (mäßig alkalisch), die meisten Böden reagieren schwach sauer (pH 5 – 6,5) (BLUM, W.E.H. 2007).

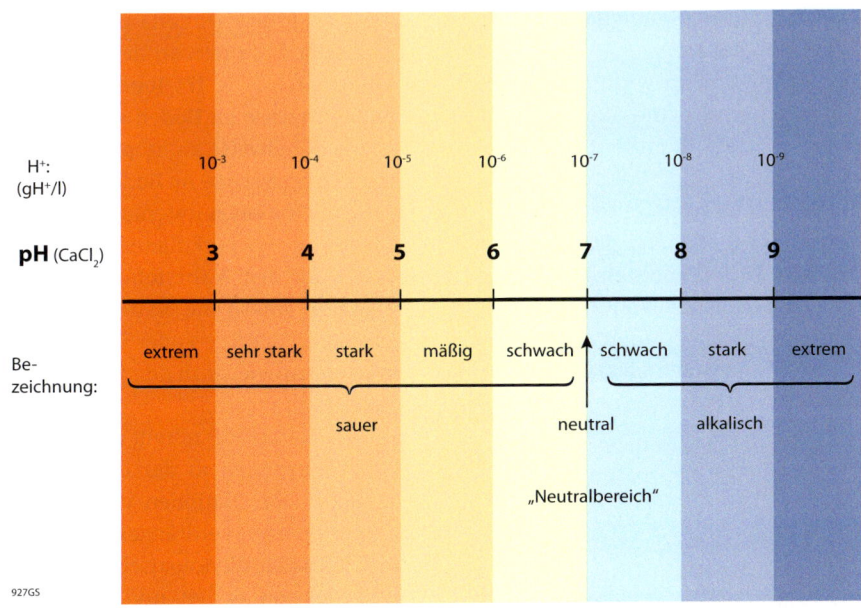

927GS

Abb. 4.3.1/1 *pH-Werte des Bodens*   (BLUM, W.E.H. 2007)

	pH < 4 sehr stark sauer	pH 5-7 mäßig sauer - schwach alkalisch (Optimalbereich)	pH > 8 stark alkalisch
chemische Verwitterung	++	+	
Mineralneubildung		++	
Zersetzung		+	++
Humifizierung		++	
biotische Aktivität		++	
Tonverlagerung		++	
Gefügebildung	+		+

Tab. 4.3.1/1 *Zusammenhang zwischen Bodenreaktion und Intensität pedogenetischer Prozesse* (verändert nach SCHROEDER, D., 1992)

Die optimale Bodenreaktion für die meisten Pflanzengesellschaften liegt im schwach sauren (pH 5) bis schwach alkalischen (pH 7,5) Bereich. Alkalische Böden kommen in ariden Klimaten vor (Salzböden/Solonchake, Natrium-Böden/Solonetze).

Die Bodenreaktion wirkt sich in unterschiedlicher Art und Weise auf zahlreiche bodenbildende Prozesse aus (Tab. 4.3.1/1). Eine hohe Bodenacidität intensiviert beispielsweise die chemische Verwitterung, während sich ein niedriger pH-Wert auf die meisten Mikroorganismen nachteilig auswirkt, da deren biotisches Aktivitätsoptimum eher im mäßig sauren bis schwach alkalischen Bereich liegt.

4.3.2 Bodenacidität

Die Bodenacidität mitteleuropäischer Böden beruht auf der H^+-Ionen-Produktion und dem damit einhergehenden Verlust an basisch wirkenden Ca^{2+}-, Mg^{2+}-, K^+- und Na^+-Ionen (Ionenaustausch und Ersatz der Kationen an den Bodenkolloiden durch H^+). **H^+-Ionen produzierende Prozesse im Boden** sind teilweise natürlich, teilweise anthropogen bedingt (vgl. „Puffersysteme im Boden"). Basisch wirkende Kationen unterliegen der **Auswaschung** mit perkolierendem Sickerwasser und dem **Nährstoffentzug** durch Pflanzen, sofern die Nährstoffe durch Zersetzung der Streu oder Düngung von außen nicht wieder in den Stoffkreislauf eingebracht werden.

Bei pH-Werten < 5 nimmt der Anteil an Aluminiumionen in der Bodenlösung zu, die andere Kationen von den Austauscherplätzen verdrängen. Neben der unmittelbaren phytotoxischen Wirkung kann dies zu Calcium- und Magnesiummangel bei Pflanzen führen. Weitere unerwünschte Effekte, die mit einer Bodenversauerung einhergehen, sind die Freisetzungen toxischer, persistenter Schwermetalle, die über die Nahrungskette, inhalativ oder oral (Kinderspielplätze) von Menschen aufgenommen werden können. Die elementspezifischen pH-Werte, unterhalb derer Schwermetalle im Boden in Lösung gehen, werden als **Grenz-pH-Werte** bezeichnet. Eine Mobilisierung setzt bei Cadmium (Cd) bei einem pH-Wert von 6,0 ein, bei Zink (Zn) und Nickel (Ni) bei 5,5, bei Kupfer (Cu) bei 4,5, bei Chrom (Cr) bei 4,5 und bei Blei (Pb) bei 4,0.

4.3.3 Puffersysteme

Mitteleuropäische Böden versauern im Laufe der Bodenentwicklung durch Zufuhr säurewirksamer H^+-Ionen, die entweder natürlichen Vorgängen entstammen oder anthropogen eingetragen werden. Zu den **natürlichen Prozessen** zählen die Bildung von Kohlensäure und organischen Säuren (Fulvo- und Huminsäuren) bei der Atmung von Bodenorganismen und Wurzeln und der Zersetzung von Pflanzenresten (Humifizierung), die Lösung von Kohlendioxid im Niederschlag sowie die Oxidation reduzierter Schwefel- und Stickstoffverbindungen. **Anthropogene Stoffeinträge** erfolgen über Deposition („saurer Regen": Reaktion von Regenwasser mit Schwefeldioxid, Stickstoffoxiden und Fluor, wobei gegenüber natürlichem Regenwasser um das zehn- bis hundertfach erhöhte Säuregrade auftreten können) und physiologisch saure Dünger (Phosphat, Ammoniumsulfat). Diesen Säureeintrag können Böden aufgrund von Pufferreaktionen zwischen Bodenmatrix und Bodenlösung über einen gewissen Zeitraum effektiv regulieren. Dabei können verschiedene **Puffersysteme** in Böden unterschieden werden: *Carbonatpufferbereich* (pH $> 8 - 6{,}5$), *Austauscherpufferbereich* (Tonminerale, Oxide, Huminstoffe) (pH $8 - < 3$), *Silikatpufferbereich* (pH $< 7 - < 5$), *Aluminiumpufferbereich* (pH $5 - < 3$). Anhand der pH-Werte lassen sich die jeweils aktiven Pufferbereiche und die Risiken einer Säurebelastung für Ökosysteme (Pflanzengesellschaften, Gewässer) bestimmen (AD HOC ARBEITSGRUPPE BODEN 2005, BLUM, W.E.H. 2007, LUBW 2008).

4.4 Physiko-chemische Bodeneigenschaften

Böden sind in der Lage, Ionen (Anionen und Kationen) reversibel an feste, immobile Austauscheroberflächen (Bodenkolloide) zu binden. Die Adsorption verzögert bzw. verhindert auf diese Weise beispielsweise die Auswaschung von Nährstoffen. Von besonderer Bedeutung sind Kationenaustauscher im Boden, die den Vorrat an Pflanzennährstoffen durch Ionenaustauschvorgänge nach und nach an die Bodenlösung abgeben und die damit von Pflanzenwurzeln aufgenommen werden können. Neben Nährstoffen können auch Schadstoffe im Boden reversibel gebunden werden. Die Kationenaustauschkapazität hängt insbesondere von der Art und Menge der Tonminerale und dem Gehalt an organischer Substanz ab. Auch Anionenaustauschvorgänge spielen im Boden eine gewisse Rolle.

Ziele des Kapitels

Sie erfahren in diesem Kapitel
- welche herausragende Bedeutung der Ionenaustausch für die Moblisierung/Immobilisierung von Stoffen im Boden spielt und welche Substanzen als Austauscher fungieren,
- was Basensättigung bedeutet,
- erhalten einige Angaben zur Kationenaustauschkapazität von Feinbodenarten, Tonmineralen und Humus.

4.4.1 Ionenaustausch

Ionen werden von Böden sorbiert, wobei je nach Ladungsverhältnissen sowohl Anionen (negativ geladene Teilchen) als auch Kationen (positiv geladene Teilchen) an entsprechenden Austauscheroberflächen (Bodenpartikeln) „festgehalten" werden können. Die Austauschkapazität ist dabei abhängig von der Ladungsstärke der Austauscher. Der Austausch erfolgt in äquivalenten Mengen, d.h. unter Berücksichtigung der Wertigkeit, und ist reversibel. An Austauschern sorbierte Ionen können also nur durch ladungsgleiche Ionen äquivalenter Wertigkeit aus der Bodenlösung freigesetzt und ausgetauscht werden.

Der Ionenaustausch im Boden ist wichtig in Hinblick auf das Nährstoffangebot für Pflanzen (vgl. Kap. 3.3.4). Als Austauscher fungieren Tonminerale, organische Substanz, Kieselsäure und Eisen- bzw. Aluminiumoxide, die Ionen anlagern können, die dann von Pflanzenwurzeln aufgenommen werden können. Für den Ionenaustausch sind drei miteinander in Beziehung stehende Kompartimente maßgeblich: Die Pflanzenwurzel, die Bodenlösung und die Austauscher. Der Hauptanteil pflanzenrelevanter Ionen ist an Bodenkolloiden (Tonminerale, Huminstoffe, Oxide, Hydroxide) sorbiert und kann durch die Abgabe von H^+- und HCO_3^--Ionen der Pflanzenwurzeln gegen äquivalente Mengen von Anionen (NO_3^-) oder Kationen (Ca^{2+}, Mg^{2+}, K^+) über die Bodenlösung eingetauscht werden, nur ein geringer Anteil ist in der Bodenlösung vorhanden (Abb. 3.3.4/2).

Neben der Nährstoffversorgung von Pflanzen im Boden ist die Ionenadsorption auch von Bedeutung für den Stoffhaushalt von Landschaften (Nitratauswaschung, Anreicherung/Lösung von Schadstoffen wie Schwermetallen u.a.).

Kationenaustauschkapazität (KAK)
Der Kationenbelag von Böden, d.h. die Menge an Kationen, die eine bekannte Bodenmenge unter bestimmten Bedingungen binden kann, wird als Kationenaustauschkapazität bezeichnet und in cmolc/kg angegeben. Die Makronährstoffe Ca^{2+}, Mg^{2+} und K^+, weiterhin NH^{4+}, Na^+ sowie Al^{3+} und H^+ zählen zu den wichtigsten austauschbaren Kationen im Boden. Auch Spurenelemente wie Eisen und Mangan gehören zu den austauschbaren Kationen. Ca-, Mg-, K- und Na-Ionen wirken im Boden als basische Gegenspieler zu den die Bodenversauerung fördernden Al- und H-Ionen.

Die Äquivalentwerte der austauschbaren, basischen Kationen Ca^{2+}, Mg^{2+}, K^+, Na^+ (Alkali- und Erdalkalikationen) sowie NH^{4+} werden in ihrer Summe als S-Wert bezeichnet, die Summe der Ionenäquivalente von H^+-, Fe^{3+}- und Al^{3+}-Ionen als H-Wert. Damit entspricht die KAK (in $cmol_c$/kg) der Summe aus S-Wert und H-Wert.

Unter Basensättigung versteht man den summierten prozentualen Anteil der austauschbaren Basen an der Kationenaustauschkapazität. Das Verhältnis lässt sich wie folgt bestimmen:

$$\text{Basensättigung (\%)} = \frac{\Sigma \text{ austauschbare Basen}}{\text{pot. Austauschkapazität KAK}_{pot}} \times 100$$

Unterschieden wird die potenzielle (maximale) Austauschkapazität (KAK_{pot}) bei einem definierten pH-Wert von 8,2 und die pH-abhängige, effektive (aktuelle) Austauschkapazität (KAK_{eff}). KAK_{pot}

als Maß für die potenzielle Anzahl an Kationenbindungsplätzen und KAK_{eff} als Maß für die Kapazität der Nährstoff-/ Kationenbindung bei einem gegebenen pH-Wert sind in carbonathaltigen Böden identisch, in sauren Böden gilt KAK_{eff} < KAK_{pot} (AD HOC ARBEITSGRUPPE BODEN 2005).

Je höher die Basensättigung der Austauscher ist, desto besser ist die Pufferung. Bei einer Basensättigung von 70 % bestehen etwa zwei Drittel des Kationenbelags der Bodenaustauscher aus den Ionen Ca^{2+}, Mg^{2+}, NH^{4+} oder K^+, ein Drittel der Austauscherplätze ist mit H^+-, Fe^{3+}- und Al^{3+}-Ionen belegt. Eine Basensättigung von mindestens 15 Prozent wird aus forstlicher Perspektive als erforderlich für ein vitales Wachstum und eine ausreichende Verjüngungsfähigkeit der wichtigsten Baumarten angesehen (ULRICH, B. 1995), von einer guten Basensättigung spricht man nach AD HOC ARBEITSGRUPPE BODEN (2005) ab etwa 50 %, die Bezeichnung „sehr basenreich" entspricht einem Basensättigungsgrad von > 80 %.

Auch die vorwiegend im basischen bis mäßig sauren Boden-pH-Bereich wirksame Kationenaustauschkapazität ist ladungs- und größenabhängig. Höherwertige Ionen werden gegenüber den geringwertigen bevorzugt adsorbiert, die Anziehung durch die Oberfläche wächst mit zunehmender Ladung. Folgende abnehmende Reihung bezüglich Eintauschstärke und Haftfestigkeit ergibt sich aufgrund der Selektivität der Austauscher gegenüber den einzelnen Ionen: Al^{3+} > Ca^{2+} > Mg^{2+} > NH^{4+} > K^+ > Na^+. Die KAK steigt in folgender Reihenfolge an: Sand < Schluff < Ton < Huminstoffe.

Bodenartkurzzeichen	Bezeichnung	KAK_{pot} in $cmol_c$/kg
Ss	reiner Sand	2
Ut2	schwach toniger Schluff	9
Lt3	mittel toniger Lehm	22
Tt	reiner Ton	38
Tonmineral-Bezeichnung		**KAK_{pot} in $cmol_c$/kg**
Kaolinit (Zweischicht-Tonmineral)		3 – 15
Illit (Dreischicht-Tonmineral)		20 – 50
Vermiculit (Dreischicht-Tonmineral)		150 – 200
Humus in Masse-%	**Kurzzeichen / Bezeichnung**	**KAK_{pot} in $cmol_c$/kg**
< 1	h1 sehr schwach humos	< 2
2 bis < 4	h3, mittel humos	4 bis < 8
15 bis 30	h6, extrem humos, anmoorig	30 bis 60

Tab. 4.4.1/1 *Angaben zur Kationenaustauschkapazität von Feinbodenarten, Tonmineralen und bestimmten Humusgehalten*

(verändert nach AD HOC ARBEITSGRUPPE BODEN 2005)

Mitteleuropäische Mineralböden verfügen mit einer KAK_{pot} von < 4 $cmol_c$/kg über eine sehr geringe, mit 8 bis < 12 $cmol_c$/kg über eine mittlere und ab 20 $cmol_c$/kg über eine sehr hohe Kationenaustauschkapazität. Die KAK der organischen Substanz liegt meist im Bereich von 150 – 250 $cmol_c$/kg. Einige Werte für die Kationenaustauschkapazität von Feinbodenarten, Tonmineralen und bestimmten Humusgehalten sind in Tab. 4.4.1/1 zusammengestellt.

Anionenaustauschkapazität (AAK)

Der Anionenaustausch spielt in Böden mit einem hohen Anteil an Tonmineralen und Huminstoffen eine untergeordnete Rolle, da die Austauscher (Bodenkolloide) überwiegend einen negativen Ladungsüberschuss besitzen. Da positive Ladungen mit abnehmendem pH ansteigen, spielt sich der Anionenaustausch überwiegend im sauren Bereich ab. Im Boden liegen u. a. die Nährstoffe Phosphat (PO_4^{3-}), Sulfat (SO_4^{2-}), Molybdat (Mo_4^{2-}) und Borat ($B(OH)_4^-$) als Anionen vor. Maßgeblich für den Anionenaustausch sind deren Wertigkeit und Größe (einschließlich der die Ionen umgebenden Hydrathülle). Hinsichtlich der „Eintauschstärke" gilt folgende Reihenfolge: $PO_4^{3-} > SO_4^{2-} > NO_3^- > Cl^-$.

Aufgaben

1. Was versteht man unter Ionenaustauschkapazität?

2. Wovon hängt die Bindungsstärke der reversibel an die Bodenkolloide gebundenen Ionen ab?

4.5 Bodenentwicklung

Die Prozesse der Bodenbildung, die zu einem Gemisch aus zersetzter organischer Substanz und Mineralboden führen, dauern zum Teil sehr lange. Das Gestein als Ausgangsmaterial der Bodenbildung unterliegt physikalischen und chemischen Verwitterungsvorgängen. Die physikalische Verwitterung führt zu einer mechanischen Zerkleinerung des Gesteins, die chemische Verwitterung zu einer Veränderung der Zusammensetzung des Ausgangsmaterials und teilweise zur Neubildung von Produkten (Bildung sekundärer Minerale, u. a. Tonminerale, Oxide und Hydroxide).

Parallel zur Gesteinsverwitterung laufen pedogenetische Prozesse ab, die den Umbau bzw. Abbau der organischen Substanz betreffen. Der Abbau leicht zersetzbarer Pflanzenreste führt zur Bildung stabiler Humussubstanzen (Humifizierung), der mikrobielle Abbau unter Mitwirkung von Bodenorganismen zum vollständigen Abbau der organischen Substanz (Mineralisierung).

Neben diesen Umwandlungsprozessen (Transformationsprozessen) kommt es im Boden auch zu Verlagerungsprozessen (Translokationsprozessen).

Ziele des Kapitels

Sie lernen in diesem Kapitel
- den Zusammenhang zwischen Faktoren der Bodenbildung, bodenbildenden Prozesse und bestimmten Merkmalen kennen,
- Sie erhalten einen Einblick in wichtige pedogenetische Abbau-, Aufbau- und Verlagerungsprozesse
- und lernen anhand eines Beispiels eine Entwicklungsreihe mit einer typischen Bodenabfolge kennen.

4.5.1 Aspekte der Bodenbildung

Die **Faktoren der Bodenbildung** steuern die **bodenbildenden Prozesse** (Transformations- und Translokationsprozesse: Abbau, Umwandlung, Neubildung und Verlagerung), die wiederum bestimmte **Bodenmerkmale** prägen. Die Faktoren umfassen

- das Ausgangssubstrat (chemisch-mineralische Zusammensetzung, Gefüge, Körnung),
- das Klima (Wärmehaushalt: Bodentemperatur, Evaporation, Transpiration, Evapotranspiration; Wasserhaushalt: perkolierendes Sickerwasser, ascendierendes Verdunstungswasser, erodierendes Oberflächenwasser, stagnierendes Stau- und Grundwasser),
- das Relief (Inklination, Exposition, Lage zum Grundwasserspiegel),
- die Vegetation, (Boden-)Tiere,
- den Einfluss des Menschen
- Zeit (stellt selbst keinen energetisch oder stofflich wirkenden resp. beeinflussbaren Faktor dar) (BLUM, W. 2007).

Einen senkrechten Schnitt durch den Boden bezeichnet man als **Bodenprofil**. Die entsprechende Profilwand weist unterschiedliche, meist mehr oder weniger oberflächenparallele Lagen auf, die **Bodenhorizonte**. Sie unterscheiden sich voneinander durch Humusgehalt, Farbe, Körnung, Gefüge und andere **Bodenmerkmale**, die in unterschiedlichster Ausprägung und Kombination auftreten können. Die Bodenhorizonte, deren Gesamtheit den Boden bildet, sind durch bestimmte, nachfolgend näher beschriebene bodenbildende Prozesse entstanden und weisen mehr oder weniger einheitliche Merkmale bzw. Eigenschaften auf. Der durch Bodenprozesse nicht (wesentlich) veränderte Teil des Bodenprofils leitet über zum Untergrund bzw. Ausgangssubstrat (AUTORENKOLLEKTIV 1985, AD HOC ARBEITSGRUPPE BODEN 2005).

Dabei bestimmen wenige Faktoren viele Prozesse in Böden, die zahlreiche Merkmale prägen (SCHLICHTING, E. 1986:101f.). Es ergibt sich folgende

> **Kausalkette der Pedogenese:**
> FAKTOREN → PROZESSE → MERKMALE

Umgekehrt können ablaufende bzw. abgelaufene Prozesse und momentan oder in der Vergangenheit wirksame Faktorenkonstellationen aus sicht- und messbaren, **diagnostischen Merkmalen** rekonstruiert werden. Böden speichern Informationen (**Archivfunktion**), daher lassen entsprechende Hinweise eine Interpretation der Landschaftsgeschichte zu (Reliktmerkmale, fossile Böden, Klimarekonstruktion, Umweltforschung) (Abb. 4.5.1/1).

Böden unterliegen einem steten Wandel aus Abtragung und Überdeckung, wie Abbildung 4.5.1/2 zeigt. Über Zeitreihen (Chronosequenzen) lassen sich Datum (Zeitpunkt) und Dauer (Zeitraum) entsprechender Ereignisse rekonstruieren. Die Kenntnis dieser Abläufe in der Vergangenheit leistet einen Beitrag zum Verständnis der Gegenwart und möglichen zukünftigen Entwicklungen (SCHLICHTING, E. 1986).

Abbildung 4.5.1/3 zeigt als Zeitreihe eine typische Bodenentwicklung von Böden aus Sand im humiden Klima (Chronosequenz). Ausgehend vom Initialstadium eines Rohbodens mit extrem schwach ausgeprägtem A-Horizont über dem Ausgangsgestein (C-Horizont) geht die Entwicklung weiter in Richtung Ranker, einem A_h-C-Boden aus festem Quarzit- oder Silikatgestein.

Mit Einsetzen der chemischen Verwitterung führt die nach der Entkalkung im Boden einsetzende Reaktion eisenhaltiger Minerale wie Olivin oder Biotit mit Sauerstoff zu einer charakteristischen rötlich-braunen Färbung. In Verbindung mit dem Prozess der Verbraunung steht die Tonmineralneubildung aus der Verwitterung von Feldspäten und Glimmern. Ergebnis dieses Verlehmungsprozesses sind kleinere Bodenpartikel. Für Braunerden ist der B_v-Horizont charakteristisch.

Eine starke Oberbodenversauerung aufgrund ökologisch ungünstiger Humusauflagen (O-Horizont) bewirkt ein starkes Absinken des pH-Wertes. Fortschreitender Säureangriff der niedermolekularen organischen Verbindungen, insbesondere auf mineralarmen Sandstandorten, führt

Abb. 4.5.1/1 *Fossile Bodenhorizonte in und unterhalb eines Dünenkörpers (Nordostdeutschland)* (Eck, T.)

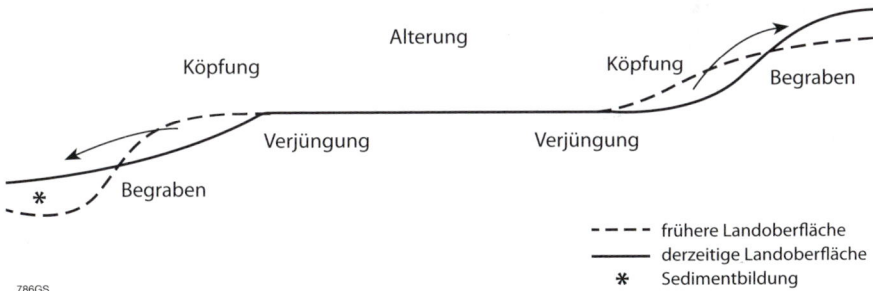

Abb. 4.5.1/2 *Rekonstruktion der Landschaftsgeschichte (Schicksale von Böden)*
(Schlichting, E. 1986)

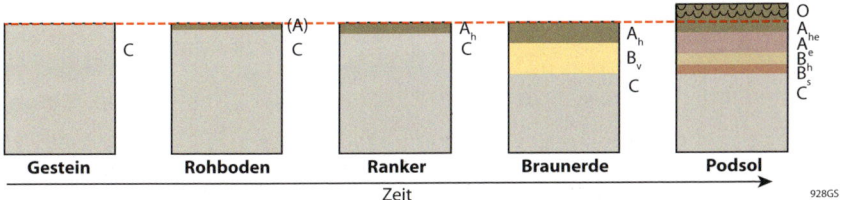

Abb. 4.5.1/3 *Chronosequenz von Böden aus Sand im humiden Klima. Die Oberfläche des mineralischen Oberbodens ist rot gestrichelt* (nach Blum, W.E.H. 2007)

zu einem gebleichten A_e-Horizont (Eluvialhorizont) als Folge der Verlagerung von Huminstoffen und Eisen-/Aluminiumoxiden mit dem Sickerwasser und zu deren Ausfällung in tieferen Anreicherungshorizonten (Illuvialhorizonte B_h, B_s). Der Prozess der Podsolierung führt zur Bildung eines Podsols.

Neben der Zeit als einem entscheidendem Faktor der Bodenentwicklung (**Chronosequenz**) lassen sich auch entlang von Feuchtegradienten (**Klimasequenz**) oder aufgrund unterschiedlicher topographischer Lagebeziehungen (**Topo- oder Reliefsequenz, Catena**) bestimmte Entwicklungsreihen mit typischen Bodenabfolgen (Bodentypen-Sequenzen) und Standortsmustern aufzeigen. Bei Aufstellen entsprechender Profilreihen wird der Fokus auf *eine* sich ändernde Einflussgröße gelegt bei annähernder Konstanz der übrigen Faktoren der Pedogenese.

4.5.2 Bodenprozesse

Das Zusammenwirken der o. a. Faktoren der Bodenbildung löst pedogenetische **Abbau-, Aufbau- und Verlagerungsprozesse** aus (Abb. 4.5.2/1), deren Art, Intensität, Richtung, Geschwindigkeit, Reihenfolge und Dauer unterschiedliche Bodentypen mit bestimmten, wiederkehrenden Horizontfolgen ausformen. Dabei sind Verwitterungsprozesse, die Zersetzung organischen Materials und die Bildung strukturierter Einheiten an der Entstehung aller Böden beteiligt, inwieweit andere Prozesse eine Rolle spielen, hängt von den jeweiligen Umweltbedingungen ab (Wild, A. 1995).

Transformationsprozesse
Verwitterung

Zu den Abbauprozessen gehören Vorgänge, die Gesteine (Silikate) als mineralisches Ausgangssubstrat der Bodenbildung zerkleinern und organische Substanz abbauen bzw. umwandeln (Abb. 4.5.2/2). Die Verwitterungsprozesse anorganischer, mineralischer Substrate umfassen kataklastische Vorgänge wie **Thermoklastik** (Temperaturverwitterung), **Kryoklastik** (Frostsprengung), **Hydroklastik** (Quellung und Schrumpfung), **Haloklastik** (Salzsprengung), und **Rhizoklastik** (Wurzelsprengung). Neben diesen physikalischen Abbauprozessen tragen auch chemische Vorgänge zu einer Veränderung mineralischer Ausgangssubstanzen bei. Hierzu zählen Lösungsverwitterung bzw. **Hydratation** (innerkristalline Quellung durch die Ionen umgebende Wasserhüllen) und **Hydrolyse** (Sprengung von Sauerstoff-Brückenbindungen zwischen Metallen wie Ca, Mg, Fe und Silikaten bzw. Carbonaten durch H^+-Ionen der Bodenlösung). Die Hydratation führt nicht zu einer chemischen Veränderung der ursprünglichen Zusammensetzung, im Gegensatz zur Hydrolyse bei Silikaten, die ein Herauslösen von Ionen aus dem Kristallgitter zur Folge hat.

Einen wesentlichen Beitrag zum Abbau mineralischer Bestandteile leisten aus der Zersetzung organischer Substanzen stammende **Säuren** wie Schwefel- und Salpetersäure, Kohlensäure, Zitronen- und Oxalsäure sowie Fulvosäuren. Auch **Reduktions- und Oxidationsprozesse** führen zum Zerfall der Kristallgitterstruktur zahlreicher Mineralien und Gesteine. Bei Reaktion eisenhaltiger Minerale wie

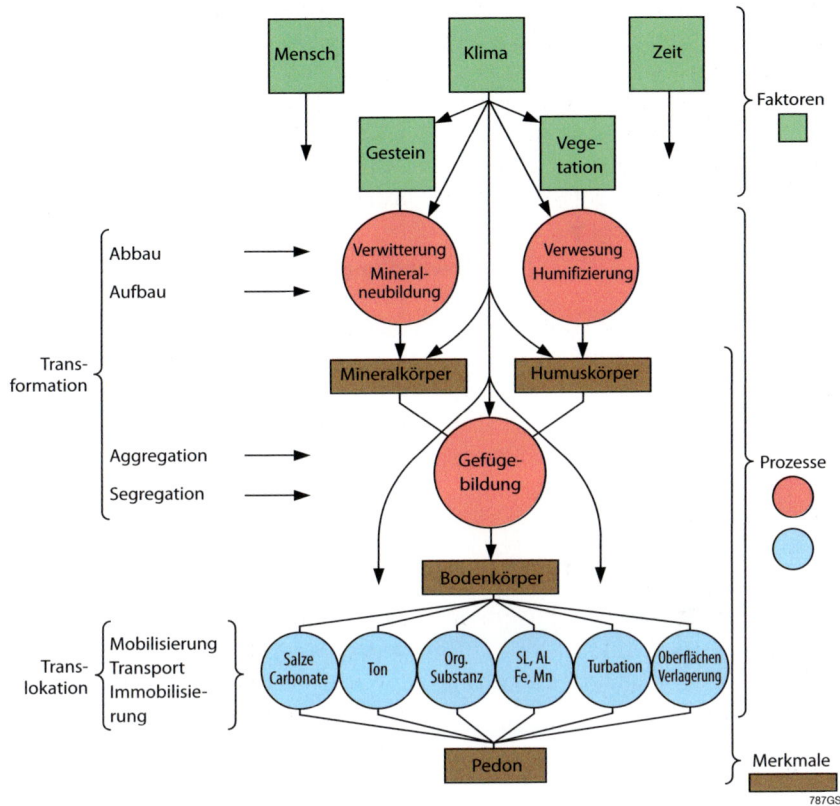

Abb. 4.5.2/1 *Prozesse der Bodenbildung im Rahmen der Kausalkette der Pedogenese*
Bodenbildende Faktoren: grüne Quadrate, Transformationsprozesse: rote Kreise, Trans-
lokationsprozesse: blaue Kreise, Bodenmerkmale: braune Rechtecke

(verändert nach BLUM, W.E.H. 2007, GISI, U. et al. 1997)

Olivin oder Biotit im Boden mit Sauerstoff färben die entstehenden Oxide und
Hydroxide den Boden rötlich-braun (**Verbraunung**).
Niedermolekulare organische Säuren bilden mit Al-, Fe- oder Mn-Randionen von
Kristallen **metall-organische Komplex-
verbindungen** (Chelate), was das Herauslösen der Metallionen aus dem Gitterver-
band beschleunigt (KUNTZE et al 1994).

Tonmineralneubildung
Tonminerale entstehen im Boden durch
Abbau/Umbau von Schichtsilikaten
(Glimmer) oder aus Zerfallsprodukten
der Silikatverwitterung (Feldspäte). Im
ersten Fall entstehen neue Minerale mit
gleicher Grundstruktur, im zweiten Fall
(Synthese) je nach Menge, Reaktion
und Ionenmilieu der Verwitterungsprodukte zunächst amorphe Verbindungen

Primäre Stoffe, wenig reaktionsfähig

Anorganisch:
Gesteine (Lithosphäre)
Minerale

Organisch:
Organ. Substanz (Biosphäre)
Blätter, Stroh, Äste, Wurzeln, Tiere
u. a. postmortale org. Substanzen

Umwandlung

physikalische und chemische
Verwitterung
(der Gesteine und Minerale)

Zersetzung, d. h. Mineralisierung
und Humifizierung
(der organischen Substanz)

Sekundäre Minerale:
• Tonminerale
• Oxide, Oxidhydrate und
  Hydroxide

**Wasserlösliche
Verbindungen**

Huminstoffe:
Fulvosäuren
Huminsäuren
Humine

Mineralisierungsprodukte
CO_2, H_2O, Elemente

Organo-mineralische Komplexe (z. B. im A-Horizont)

930GS

Abb. 4.5.2/2 *Transformationsprozesse und Stoffgruppen des Bodens*

(BLUM, W.E.H. 2007)

(Allophane), die sich zu geordneteren Verbindungen mit Kristallgitterstruktur entwickeln. Die Kristallgitter der Tonminerale bestehen aus Silizium-Tetraedern und Aluminium-Oktaedern, die über gemeinsame O- und OH-Ionen zu Schichten verbunden sind. Aufgrund der Anordnung der O- und OH-Ionen sind die Tonminerale blättchenförmig (Phyllosilikate). Dabei unterscheidet man Zweischicht- oder (1:1)-Minerale (Kaolinit) sowie Dreischicht- oder (2:1)-Minerale (Illit, Smectit, Vermiculit).

An der Oberfläche der meisten Tonminerale bestehen aufgrund des isomorphen Ersatzes ungleich geladener Zentralkationen negative Ladungsstellen, z.B. durch den Eintausch von vierwertigem Silizium Si^{4+} gegen dreiwertiges Aluminium Al^{3+}. Dabei erfolgt der Ladungsausgleich der negativen Teilladungen durch den reversiblen Einbau von ein- oder mehrwertigen Zwischenschichtkationen (K^+, Mg^{2+}), die die einzelnen Schichtpakete zusammenhalten. Tonminerale besitzen große spezifische Oberflächen (Smectite beispielsweise ca. 800 m²/g) und sind aufgrund der Fähigkeit, Ionen aus der Bodenlösung in austauschbarer Form zu adsorbieren, gemeinsam mit der organischen Substanz von großer Bedeutung für den Ionenaustausch im Boden, insbesondere Dreischicht-Tonminerale und Huminstoffe (Pflanzenernährung, Schadstoffmobilisierung/-immobilisierung). Die Wasserfilme zwischen den Tonmineralschüppchen verleihen dem Korngemisch einen lehmigen Charakter (Verlehmung). Gemeinsam mit Tonmineralen treten neben Si-, Al- und Mn-insbesondere Fe-Oxide und -hydroxide als Neubildungen auf.

Zersetzung und Humifizierung

Zersetzung bezeichnet den Abbau organischer Substanz, wobei Mikroorganismen (Bakterien), Pilze und Bodentiere eine Schlüsselrolle spielen. Den vollständigen Abbau organischer Substanz zu anorganischen Stoffen bezeichnet man als **Mineralisierung**, die Umwandlung in Humusstoffe und den Humusaufbau als **Humifizierung** (Abb. 4.5.2/3).

Der Zersetzungsprozess verläuft in drei Phasen, die miteinander verzahnt sind (BLUM, W.E.H. 2007). Die **biochemische Initialphase** erfolgt ohne äußerlich erkennbare Zerstörung des Zellverbandes kurz vor und nach dem Absterben der Pflanzenorgane und umfasst Hydrolyse- und Oxidationsvorgänge, wobei u.a. hochpolymere Verbindungen gespalten werden (Stärke in Zucker, Eiweiß in Peptide und Aminosäuren). Die **mechanische Zerkleinerungsphase** umfasst das Zerbeißen, Zernagen, die Aufnahme in den Tierkörper und Ausscheidung als Losung. Dabei wird die Streu in den Boden eingearbeitet, vor allem durch Regenwürmer, Enchytraeiden und verschiedene Arthropoden. Die **mikrobielle Abbauphase** erfolgt durch alle heterotroph und saprophytisch lebende Organismen des Edaphons. Organischen Verbindungen werden durch enzymatische Aufspaltung in ihre Grundbausteine aufgespalten. Organismen nut-

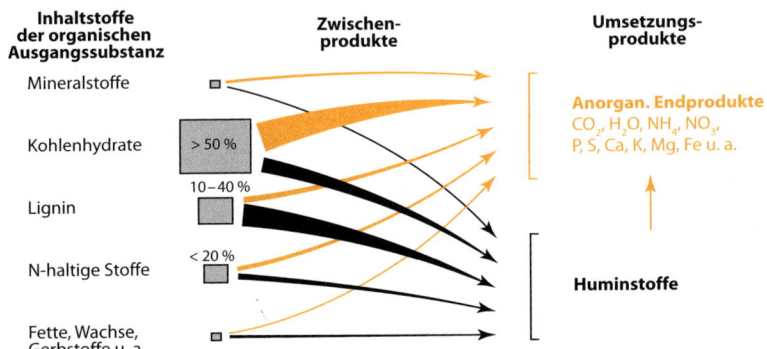

Abb. 4.5.2/3 *Mineralisierung und Humifizierung*   (BLUM, W. E. H. 2007)

zen diese Substanzen als Energiequelle und zum Aufbau ihrer Körpersubstanz. Beim Abbau organischer Bestandteile entstehen zunächst Zwischenprodukte (Monosaccharide, Peptide, Aminosäuren, Polyphenole). Die Mineralisierung führt durch Oxidation (mikrobielle Veratmung) zum vollständigen Abbau, bei dem unter Energiegewinnung als Endprodukte u. a. CO_2, H_2O, NH_4, NO_3 und Mineralstoffe wie P, S, Ca, K, Mg, Fe u. a. entstehen. Die Abbauintensität ist abhängig von der Konstellation der Standortfaktoren (optimal bei mittleren Feuchtigkeitsverhältnissen, guter Durchlüftung des Bodens, optimaler Temperatur und neutraler bis schwach alkalischer Reaktion) sowie der Art und der Menge der zur Verfügung stehenden Nahrung.

Hinsichtlich der Abbauresistenz der Substanzen gilt folgende Stabilitätsreihe: Zucker, Stärke, Proteine < Proteide < Pektine, Hemizellulose < Zellulose < Lignin, Wachse, Harze, Gerbstoffe. Bei nicht optimalem Bodenmilieu (Wassermangel, -überschuss, Luftmangel, niedrige Temperatur, saure Reaktion, schwer abbaubare Ausgangssubstanzen) erfolgt der Abbau verzögert und die potenziell umsetzbaren Produkte reichern sich an. Die entstehenden amorphen, höherpolymeren dunkelgefärbten **Huminstoffen** werden je nach Polymerisationsgrad, Farbe, C- und N-Verhältnis in Fulvosäuren, Huminsäuren und Humine unterteilt.

Physikalische Prozesse verlaufen umso intensiver, je stärker Temperaturschwankungen sind und je häufiger sie auftreten. Chemisch-biologische Vorgänge nehmen zu mit steigender Temperatur,

Durchfeuchtung und H^+-Ionenkonzentration sowie der mit abnehmender Korngröße verbundenen Zunahme der spezifischen Oberfläche (vergrößerte Angriffsfläche) (BLUM, W.E.H. 2007).

Gefügebildung

Gefügebildung ist ein Prozess der räumlichen Anordnung unregelmäßig geformter, fester Bodenbestandteile. Bei diesem Prozess wirken mineralische (Tonminerale, Oxide, Hydroxide) und organische Bodenkolloide (Huminstoffe und organische Zwischenprodukte), Bindemittel ($CaCO_3$), Bodenlebewesen (Edaphon) sowie aggregierende und segregierende Kräfte mit. Je nach Art der Verkittung bzw. Absonderung bzw. nach dem Grad des Zusammenhalts entstehen unterschiedliche Gefügeformen: Elementar- oder Einzelkorngefüge, Kohärent- oder Hüllengefüge, Aggregat- oder Aufbaugefüge, Segregat- oder Absonderungsgefüge. Die einzelnen Gefügeformen (Abb. 4.5.2/4) weisen folgende Merkmale auf:

- Einzelkorngefüge: fehlende Aggregatbildung, die Bodenteilchen liegen isoliert nebeneinander, fehlende Feinsubstanz (Beispiel: Sand)
- Kohärentgefüge: Umhüllung der Bodenteilchen durch Calciumcarbonat, Kieselsäure, Fe- und Al-Oxide bzw. Hydroxid, Bodenpartikel dicht gepackt
- Aggregatgefüge (lockere Aneinanderlagerung mineralischer und organischer Partikel):
  – Krümel (rundlich, porös, humos, 1-10 mm Durchmesser, Entstehung bei hoher biologischer Aktivität und intensiver Durchwurzelung, typisch: Regenwurmkotkrümel)

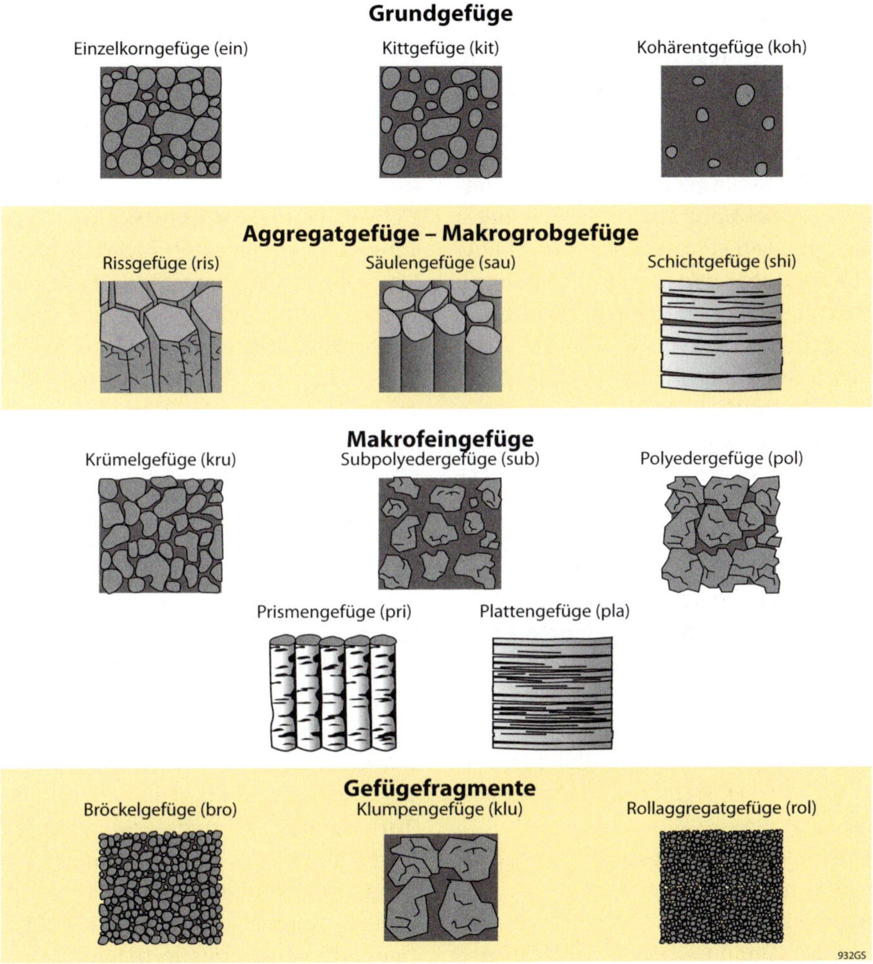

Grundgefüge

Einzelkorngefüge (ein)   Kittgefüge (kit)   Kohärentgefüge (koh)

Aggregatgefüge – Makrogrobgefüge

Rissgefüge (ris)   Säulengefüge (sau)   Schichtgefüge (shi)

Makrofeingefüge

Krümelgefüge (kru)   Subpolyedergefüge (sub)   Polyedergefüge (pol)

Prismengefüge (pri)   Plattengefüge (pla)

Gefügefragmente

Bröckelgefüge (bro)   Klumpengefüge (klu)   Rollaggregatgefüge (rol)

932GS

Abb. 4.5.2/4 *Gefügeformen*   (AD HOC ARBEITSGRUPPE BODEN 2005; BLUM, W.E.H. 2007)

– Bröckel (wie Krümel, > 10 mm Durchmesser)
• Segregatgefüge (Absonderungsgefüge, Entstehung durch Austrocknung und Schrumpfungsvorgänge:
– Polyeder
– Prismen (Vertikalachse > Horizontalachse, scharfkantig)

– Säulen (wie Prismen, gerundet)
– Platten (Horizontalachse > Vertikalachse).

Bodenkolloide können in peptisierter Form als Sol (schwebende Einzelteilchen) oder in koagulierter Form als Gel (ausgeflockt) im Boden vorliegen. Der Wechsel zwischen beiden Zuständen erfolgt durch Wasserentzug bzw. -zufuhr, Anziehung entgegengesetzter Ladungen oder peptisierend wirkende Ionen (Na, K, Cl). Peptisierte Tonkolloide bilden das **Elementargefüge** von Tonen bei wassergesättigtem Zustand, koagulierte Kolloide führen zu **Aggregat- und Kohärentgefüge**. Bei hoher biotischer Aktivität führt die Lebendverbauung zur Bildung von **Krümelgefüge**. Dabei werden mineralische Partikel und organische Substanz durch Pilzhyphen, Bakterien, von Bodentieren ausgeschiedene Schleimstoffe und pflanzliche Haarwurzeln miteinander verklebt. Die Sprengwirkung von Bodenfrost durch eine Volumenzunahme gefrierenden Wassers um ca. neun Prozent bildet **Feinpolyeder- und Plattengefüge**. Durch Wechsel von Austrocknung und Wiederbefeuchtung verursachte Quellungs- und Schrumpfungsvorgänge lassen **Prismen-, Säulen- oder Plattengefüge** entstehen. Die Art der Ausprägung ist abhängig vom Tongehalt und der Art des Ionenbelags (Ca, Mg, Na) (BLUM, W.E.H. 2007).

Translokationsprozesse
Salz- und Carbonatverlagerung

Mit perkolierendem Sickerwasser werden Salze und Carbonate entsprechend ihrer jeweiligen Löslichkeit in tiefere Schichten verlagert und bilden dort **Anreicherungshorizonte** oder gelangen ins Grundwasser. Unter ariden Bedingungen (aufsteigendes Bodenwasser) kommt es zur Bildung von **Salz- und Kalkkrusten**. Dabei sind Na,- K-, Mg-, Ca-Chloride und -Sulfate leichter löslich als Ca- und Mg-Carbonate.

Tonverlagerung

Bestandteile der Tonfraktion (< 2 µm) können mit dem Sickerwasser aus dem Oberboden ausgewaschen und in tieferen Lagen angereichert werden. Bei Ausbleiben von Sickerwasser, Abnahme des Porenvolumens oder Zunahme an Ca-Ionen (Koagulation) kommt es zur Immobilisierung. Meist lagert sich der Ton in Form von Toncutanen (Häutchen) an den Porenwänden ab. Dieser Prozess der **Lessivierung** führt zu einem verarmten A_l-Horizont (**Eluvialhorizont**) und einem angereicherten B_t-Horizont (**Iluvialhorizont**), als Bodentyp entstehen Parabraunerden.

Verlagerung organischer Substanz

Podsolierung, d.h. die Verlagerung organischer Substanz mit dem Sickerwasser aus dem Oberboden (Podsol = Asche, aufgrund fahler Farbe des A-Horizonts) und deren Ausfällung in tieferen Zonen erfolgt vorwiegend im sauren pH-Bereich auf feuchten Standorten mit Nadelstreu.

Turbationen

Turbationen sind Durchmischungsvorgänge, die auf unterschiedliche Ursachen zurückzuführen sind. Wühlende Bodentiere können Humus in tiefere Bodenschichten „einwühlen" (**Bioturbation**), der Vorgang ist charakteristisch für die Entstehung von Schwarzerden. In wechselfeuchten Klimaten bei Vorhandensein tonreicher Böden mit einem hohen Anteil quellfähiger Tonminerale kann der Quellungsdruck von in Trockenrissen eingespülten Tonsubstanzen zur Vermengung von Ober- und Unterbodenmaterial führen (**Peloturbation**), der Vorgang ist typisch für Vertisole. Der Wechsel von Frieren und Auftauen (**Kryoturbation**) führt zu Buckelbildung an der Oberfläche und zu Frostmusterböden.

Verlagerung von Si, Fe und Mn, Oxidations- und Reduktionsvorgänge
Intensive Auswaschungsvorgänge führen vor allem unter tropischen Klimabedingungen zur Abfuhr von Silizium (Desilifizierung). Unter gemäßigt humidem Klima entstehen in Grund- und Stauwasserböden durch Mobilisierung, Verlagerung und Immobilisierung an Fe und Mn verarmte **gebleichte Zonen** (Stauwasser) bzw. **Reduktionshorizonte** (Grundwasser) sowie aufgrund oxidierter braunschwarz gefärbter Verbindungen angereicherte **Konkretionszonen** (Stauwasser) bzw. **Oxidationshorizonte** (Grundwasser) (BLUM, W.E.H. 2007). Oxidation und Reduktion laufen gleichzeitig ab, aufgrund dieser Komplementarität spricht man von Redoxreaktionen.

Oberflächenverlagerung
Erosion (Wasser) (Abb. 4.5.2/5) und **Deflation** (Wind) (Abb. 4.5.2/6) führen zu Verlagerungen von Bodenmaterial. Dies kann im Hangprofil zu „geköpften" Böden am Oberhang und zu Akkumulationen am Unterhang (Kolluvien) führen.

Abb. 4.5.2/5 *Rillenbildung als Folge von Wassererosion und Akkumulationsfläche für Sedimente*
(USDA Natural Resources Conservation Service)

Abb. 4.5.2/6 *Folgen der Deflation: Ausgeblasener Oberboden (helle Bereiche)*
(USDA Natural Resources Conservation Service)

Aufgaben

1. Worauf ist die hohe Speicherfähigkeit von Bodenkolloiden für Nährstoffe und deren hohes Rückhaltevermögen gegenüber Schadstoffen zurückzuführen?
2. Was bezeichnet man als „Kausalkette der Pedogenese"?
3. Welchen Abbau-, Umbau- und Verlagerungsprozessen unterliegen die mineralischen Bodenbestandteile im Laufe der Bodenentwicklung?
4. Organische Substanz wird im Boden durch Mikroorganismen wie Bakterien, Pilze und Bodentiere zersetzt. Was versteht man unter Mineralisierung, was unter Humifizierung?

4.6 Bodensystematik

Wir haben gesehen, dass sich Bodenentwicklung veranschaulichen lässt als eine gegenüber dem Ausgangszustand ablaufende Differenzierung in einzelne Bodenhorizonte unterschiedlicher Abfolge und Mächtigkeit, die sich anhand spezifischer Merkmale bzw. kombinierter physikalischer, chemischer und biologischer Eigenschaften charakterisieren lassen. Dabei weisen Böden mit **ähnlichem Bodenprofil** einen **vergleichbaren Entwicklungsstand** auf und werden zu einem **bestimmten Bodentyp** zusammengefasst. Um unterschiedliche Bodentypen zu größeren Bodeneinheiten zusammenzufassen, werden unterschiedliche Ordnungssysteme verwendet (Bodenklassifikationssysteme), von denen nachfolgend einige vorgestellt werden.

Ziele des Kapitels

Sie erfahren in diesem Kapitel
- wie Böden klassifiziert werden können,
- lernen Beispiele für Horizontsymbole kennen und
- erhalten eine kurze Einführung in die Bodensystematik auf nationaler und internationaler Ebene.

4.6.1 Bodenklassifikationssysteme

Bodenklassifikationen dienen dem Zweck, Böden mit ähnlichen Eigenschaften zu Gruppen zusammenzufassen. Dabei existieren unterschiedliche Bodenklassifikationssysteme. Allen ist gemeinsam, dass sie den Bodentyp als kleinste räumliche Einheit verwenden, die innerhalb definierter Grenzen eine einheitliche Gestalt (Struktur) aufweist,

was sich in einer vertikalen Anordnung der Bodeneigenschaften (Horizonte) ausdrückt. Je nach Bedarf oder vorliegender Information lassen sich diese Bodentypen zu unterschiedlich aggregierten Einheiten zusammenfassen, wobei der Informationsgehalt aufgrund der **hohen räumlichen Variabilität** mit zunehmender Aggregation (Generalisierung) sinkt (WBGU 1994).

Fragt man nach dem Ordnungsprinzip, lässt sich eine grundsätzliche Unterscheidung im Hinblick darauf vornehmen, ob nach den Faktoren bzw. Merkmalen eines bestimmten Bodens (**effektive Klassifikation**) oder nach den Umständen seiner Entstehung (**genetische Klassifikation**) differenziert wird. Nachfolgend sollen mit der deutschen Bodensystematik, der US-amerikanischen „Soil Taxonomy" sowie der „**W**orld **R**eference **B**ase for Soil Resources (WRB)" der FAO (**F**ood **A**nd **A**griculture **O**rganization of the United Nations) wesentliche Merkmale eines nationalen Klassifikationssystems und zweier international gebräuchlicher Systeme vorgestellt werden.

4.6.2 Bodensystematik national
Übersicht

Das in Deutschland verwendete System stellt ein **kombiniertes Klassifikationssystem** dar. Die Bodensystematik in Deutschland ist hierarchisch aufgebaut und in die Kategorien Klassen, Typen, Subtypen, Varietäten und Subvarietäten gegliedert. Die nachfolgenden Ausführungen beschränken sich auf die Darstellung von Abteilungen, Klassen und Typen.

Abteilungen

Differenzierendes Merkmal ist das Wasserregime, der Einfluss des Wassers auf die Bodenentwicklung. Danach werden folgende vier Abteilungen unterschieden:

- terrestrische Böden (Landböden),
- semiterrestrische Böden (Grundwasserböden: Gleye, Marschen),
- Böden (Unterwasserböden einschließlich der Böden des Gezeitenbereichs: Watt) und
- Moore.

Klassen

Die **Bodenhorizontabfolge** von mehr oder weniger oberflächenparallelen Lagen weist jeweils sehr unterschiedliche Eigenschaften auf. Die Bezeichnung des Aufbaus eines bestimmten Bodens folgt terminologisch jedoch festgelegten Regeln.

Generell wird der Untergrundhorizont aus festem oder lockerem, teilweise verwittertem Ausgangsgestein, aus dem der Boden entstanden ist, als **C-Horizont** bezeichnet. Darüber folgt der mit Ton, Eisen, Aluminium oder/und organischer Substanz angereicherte mineralische Unterboden, der **B-Horizont**. Obenauf liegt der mineralische, mit organischer Substanz vermischte Oberboden, der **A-Horizont** (Abb. 4.6.2/1). Naturnahe (Wald-) Standorte können über dem A-Horizont einen organischen **Auflagehorizont** (H-, L- oder O-Horizont) aus unterschiedlich stark zersetztem organischem Material (Streu, Humus) aufweisen. Darüber hinaus können weitere Horizonte vorkommen, wie der S-Horizont (mit Stauwassereinfluss), der G-Horizont (mit Grundwassereinfluss)

Abb. 4.6.2/1 *Prinzip des Bodenaufbaus aus A-Horizont (Oberboden), B-Horizont (Unterboden) und C-Horizont (Untergrund) einer Schwarzerde* (M. RIEKE)

soder anthropogen entstandene Horizonte wie der E-Horizont (aus aufgetragenem Plaggen- oder Kompostmaterial) oder der Y-Horizont (bei Vorkommen von reduzierend wirkenden Gasen wie Methan CH_4, Schwefelwasserstoff H_2S oder Kohlendioxid CO_2, z. B. bei Deponien).

Die einzelnen Bodenhorizonte lassen sich vollständig durch eine Kombination aus definierten **Haupt- und Zusatzsymbolen** beschreiben (Tab. 4.6.2/1). Zur differenzierteren Beschreibung der Haupthorizonte (A, B, C, ...) werden nachgestellte Kleinbuchstaben verwendet (pedogene Merkmale), vorangestellte Kleinbuchstaben bezeichnen Substrat-

Organische Horizonte (> 30 Masse- % organische Substanz)

H   aus Resten torfbildender Pflanzen (H von Humus)
nH   Niedermoor
hH   Hochmoor
L   aus Ansammlung von nicht und wenig zersetzter Pflanzensubstanz (Förna)
     (L von litter = Streu)
O   aus Ansammlung stark zersetzter Pflanzensubstanz, soweit nicht H-Horizont
     (O von organisch)
Of   vermodert (schwedisch Förmultningsskiktet)
Oh   humos

Mineralische Horizonte (< 30 Masse-% organische Substanz)

A   Oberbodenhorizont
Ah   humoser Oberbodenhorizont
Ae   sauergebleichter Oberbodenhorizont (eluvial = ausgewaschen);
     an organischer Substanz, Ton und Eisen verarmt
Al   tonverarmter Oberbodenhorizont (lessiviert = tonverlagert)
Ap   durch regelmäßige Bodenbearbeitung geprägt (p = gepflügt)
B   Unterbodenhorizont
Bv   verwittert, verbraunt , verlehmt
Bh   humoser Unterbodenhorizont
Bs   angereichert mit Sesquioxiden (v. a. Fe, Al)
Bt   tonangereicherter Unterbodenhorizont
C   Untergrundhorizont, i. d. R. das Ausgangsgestein, aus dem der Boden entstanden ist
Cv   verwittert
Cn   neu, frisch, unverwittert
P   Unterbodenhorizont aus Tongestein oder Tonmergelgestein (P von Pelosol)
T   Unterbodenhorizont aus dem Lösungsrückstand von Carbonatgesteinen (T von Terra)
S   Unterbodenhorizont mit Stauwassereinfluss (S von Stauwasser)
Sw   stauwasserleitend
Sd   dicht (wasserstauend)
G   semiterrestrischer Bodenhorizont mit Grundwassereinfluss (G von Grundwasser)
Go   oxidiert
Gr   reduziert
E   anthropogener Bodenhorizont, aus aufgetragenem Plaggen- oder Kompostmaterial
     (E von Esch)
Y   durch Reduktgas geprägter Horizont

Tab. 4.6.2/1 *Horizontsymbole (Großbuchstaben) und Zusatzsymbole (Kleinbuchstaben)*
(unvollständig, nach AD HOC ARBEITSGRUPPE BODEN 2005)

eigenschaften (geogene/anthropogene Merkmale). Beispiel: zBv salzhaltiger, verlehmter und verbraunter Unterboden-horizont. Die Anzahl möglicher Kombinationsmöglichkeiten unterliegt dabei bestimmten Bezeichnungsregeln.

Abteilung	Bodenklasse (Auswahl)	Bodentyp (Auswahl)	Bodenhorizont-abfolge
Terrestrische Böden (Landböden)	Terrestrische Rohböden	Syrosem	Ai/mC
		Lockersyrosem	Ai/lC
	Ah/C-Böden (Böden ohne verlehmten Unterboden)	Ranker	Ah/imC
		Regosol	Ah/ilC
		Rendzina	Ah/cC
		Pararendzina	Ah/eC
	Schwarzerden	Tschernosem	Axh/lC
	Pelosole (Böden tonreicher Gesteine)	Pelosol	Ah/P/C
	Braunerden	Braunerde	Ah/Bv/C
	Lessivés	Parabraunerde	Ah/Al/Bt/C
	Podsole	Podsol	Ahe/Ae/Bh/Bs/C
	Terrae calcis (plastische Böden aus Carbonat-Gestein)	Terra fusca	Ah/T/Cc
		Terra rossa	Ah/Tu/Cc
	Stauwasserböden	Pseudogley	Ah/Sw/Sd
	Terrestrische anthropogene Böden	Plaggenesch	E-Ah/E/II...
		Hortisol	R-Ap/R-Ah/C
Semiterrestrische Böden (Grundwasser-böden)	Auenböden	Paternia	aAh/ailC/aG
	Gleye	Gley	Ah/Go/Gr
	Marschen	Knickmarsch	Ah/Sw/Sq/Gr
Moore	Naturnahe Moore	Niedermoor	nH
		Hochmoor	hH

Tab. 4.6.2/2 *Systematik der Böden der Bundesrepublik Deutschland (Auswahl)*
(eigene Zusammenstellung nach AD HOC ARBEITSGRUPPE BODEN 2005, EITEL, B. 1999, BLUM, W.E.H. 2007).

Typen

Die vertikale Abfolge und die Ausbildung der Bodenhorizonte sind maßgebend für die bodentypologischen Kategorien der Bodensystematik, die sich als boden-genetische Einstufung u. a. in der Kartieranleitung der AD HOC ARBEITSGRUPPE BODEN (2005) wiederfindet. Die Bodenform ist eine Kombination aus bodensystematischen und substratsystematischen Kategorien zur umfassenden Charakterisierung eines Bodenkörpers (Beispiel: Braunerde aus Skelett führendem Sand über tiefem, Skelett führenden Lehm).

Eine Übersicht der Systematik der Böden der Bundesrepublik Deutschland in einer Auswahl-Darstellung von Abteilungen, Bodenklassen, Bodentypen und Bodenhorizontabfolgen zeigt Tab. 4.6.2/2.

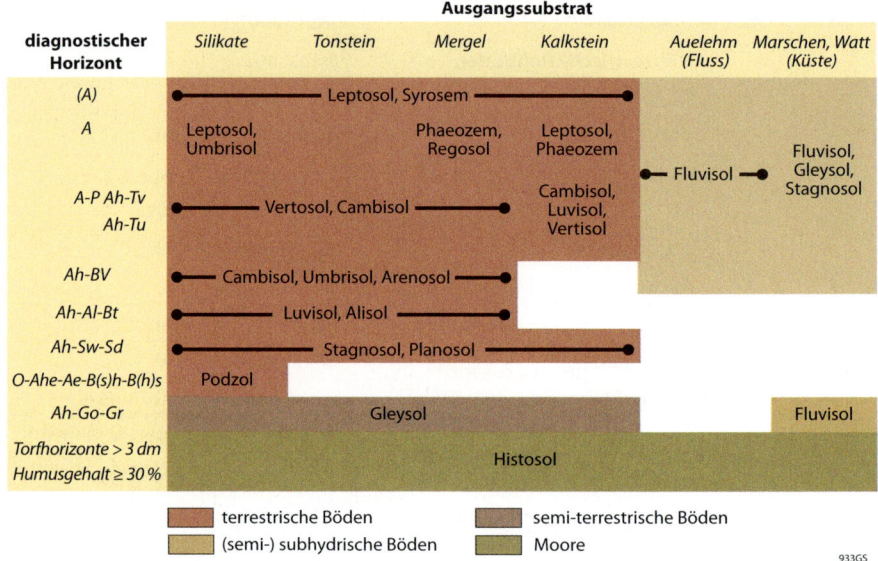

Abb. 4.6.2/2 *Darstellung der Bodentypen Deutschlands, Bodentypenklassifikation nach*
WRB (World Reference Base for Soil Resources)

(unvollständig, modifiziert nach SCHLICHTING, E. 1986)

Zusammenschau

Die dargestellte Systematik aus Abteilungen, Klassen, Typen, Subtypen, Varietäten und Subvarietäten, die auf Basis der im Boden ablaufenden Prozesse und dadurch geprägter Bodenmerkmale unter Berücksichtigung der Substrateigenschaften zu Bodenformen führen, ermöglichen die Darstellung vielfältigster **Bodeneinheiten**. Abb. 4.6.2/2 unternimmt den Versuch einer unvollständigen Zuordnung der Bodentypen Deutschlands nach SCHLICHTING, E. (1986) zur Bodentypenklassifikation nach WRB. Die Darstellung leitet zugleich über zu Klassifikationssystemen gemäß internationaler Bodensystematik.

4.6.3 Bodensystematik international
Soil Taxonomy

Das erste konsequente **effektive Klassifikationssystem** stellt die US-amerikanische „7th Approximation" (1960) bzw. deren Weiterentwicklung „Soil Taxonomy" (ab 1975, 2. Auflage 1999) dar, die ausschließlich anhand der An- oder Abwesenheit bestimmter diagnostischer Horizonte oder Merkmale eine Zuordnung von Böden zu **zwölf Ordnungen** (als höchster Kategorie des Systems) vornimmt. Weitere Differenzierungen erfolgen nach morphologischen, physikalischen oder chemischen Merkmalen des Bodens sowie nach dessen Temperatur- und Feuchteregime. Nachteile effektiver

Systeme bestehen darin, dass pedogenetisch teilweise Inkonsistenzen auftreten. So verteilen sich bodengenetisch zusammengehörige hydromorphe Böden auf sieben unterschiedliche Ordnungen (BLUM, W.E.H. 2007). Andererseits wird die Bodenansprache im Hinblick auf eine internationale Verständigung aufgrund der an eine „Kunstsprache" erinnernden Terminologie erleichtert, da die zur Klassifikation verwendeten Merkmale bzw. Eigenschaften sich i. d. R. in einer dem Lateinischen oder Griechischen entlehnten formativen Silbe wiederfinden (Beispiele: alb = albic/albus/weiss; oll = mollic/mollis/weich).

World Reference Base of Soil Resources (WRB)

Die aus der FAO-Bodenklassifikation hervorgegangene Klassifikation der World Reference Base for Soil Resources (WRB) (FAO 2006) wurde 1998 zum offiziellen Bodenklassifikationssystem der Internationalen Bodenkundlichen Union (IUSS). Die WRB ist ein umfassendes Klassifikationssystem, das die Eingliederung nationaler Klassifikationssysteme explizit zulässt. Die WRB umfasst zwei Ebenen (Kategorien):

• das **Referenzsystem** (Reference Base) als erste Ebene, das von **32 Referenzbodengruppen** (Reference Soil Groups, RSGs) gebildet wird und

• das **WRB-Klassifikationssystem**, das Kombinationen enthält, die jeweils aus einer Serie von klar definierten **Präfix- und Suffix-Qualifiern** und dem Namen der RSG bestehen, wodurch eine sehr präzise Charakterisierung und Klassifikation einzelner Bodenprofile möglich wird.

Das **WRB** stellt ähnlich wie die deutsche Systematik der AD HOC ARBEITSGRUPPE BODEN (2005) ein kombiniertes Klassifikationssystem dar. Klassifikationsmerkmale sind bodenbildende Faktoren oder Prozesse, die am deutlichsten die Bodenbildung bestimmen und als dominante Identifikatoren bezeichnet werden. Tab. 4.6.3/1 gibt einen Überblick über die Referenzbodengruppen und ihre logische Abfolge im WRB-Schlüssel. Die Reihenfolge ergibt sich aus den aufgeführten Grundsätzen (BGR 2008):

Verwendung der Qualifier in der WRB
Auf der Qualifier-Ebene wird ein zweistufiges System angewandt: Die Qualifier sind im Schlüssel bei der jeweiligen RSG getrennt nach **Präfix- und Suffix-Qualifiern** aufgelistet. Präfix-Qualifier umfassen die mit der betreffenden RSG **typischerweise assoziierten Qualifier** und die **Übergangs-Qualifier** zu anderen RSGs, alle anderen Qualifier sind als **Suffix-Qualifier** aufgeführt. Für die Klassifikation auf der zweiten Ebene müssen alle zutreffenden Qualifier zum Namen der RSG hinzugefügt werden, wobei redundante Qualifier weggelassen werden. Die Präfix-Qualifier werden ohne Klammern und ohne Kommas vor den Namen der RSG gestellt. Die Reihenfolge ist von rechts nach links, d. h. der Qualifier, der in der Liste am weitesten oben steht, steht dem Namen der RSG am nächsten. Die Suffix-Qualifier werden in einer Klammer hinter den Namen der RSG gestellt und durch Kommas voneinander getrennt. Die Reihenfolge ist von links nach rechts, entsprechend der Qualifier-Liste von oben nach unten (BGR 2008).

1	Zuerst werden die organischen Böden ausgegliedert, die damit von den mineralischen Böden abgetrennt werden: *Böden mit mächtigen organischen Lagen* (**Histosole**)
2	Die zweite wichtige Entscheidung in der WRB ist die Berücksichtigung der menschlichen Aktivität als bodenbildender Faktor, woraus sich die Positionierung der Anthrosole und Technosole unmittelbar nach den Histosolen ergibt: *Böden mit starkem menschlichem Einfluss* Böden mit langer und intensiver ackerbaulicher Nutzung; Böden mit vielen Artefakten (**Anthrosole, Technosol**)
3	Die nächstfolgenden Böden haben einen stark eingeschränkten Wurzelraum: *Böden mit eingeschränktem Wurzelraum durch flachgründig anstehenden Permafrost oder hohen Grobbodenanteil* Durch Eis beeinflusste Böden (**Cryosole**); flachgründige oder extrem skelettreiche Böden (**Leptosole**)
4	Dann kommen aktuell oder historisch stark von Wasser (mit der Ausnahme des Stauwassers) beeinflusste RSGs: *Durch Wasser beeinflusste Böden* Alternierende Nässe und Trockenheit, reich an quellfähigen Tonen (**Vertisole**); Flussauen (**Fluvisole**); Gezeitenbereiche (**Solonetze**); Alkaliböden (**Solonchake**); Salzanreicherung durch Evaporation Grundwasserbeeinflusste Böden (**Gleysole**)
5	Im folgenden Teil des Schlüssels sind RSGs zusammengefasst, bei denen die Chemie des Eisens (Fe) und/oder Aluminiums (Al) eine wesentliche Rolle in der Bodenbildung spielt: *Durch die Fe/Al-Chemie geprägte Böden* Allophane oder Al-Humus-Komplexe (**Andosole**); Cheluviation und Chilluviation (**Podzole**); Akkumulation von Fe unter hydromorphen Bedingungen (**Plinthosole**); Tonminerale geringer Aktivität, P-Fixierung, gut entwickeltes Bodengefüge (**Nitisole**); Dominanz von Kaolinit und Sesquioxiden (**Ferralsole**)
6	Als nächstes kommen Böden mit Stauwassereinfluss: *Böden mit Stauwassereinfluss* Abrupter Bodenartenwechsel (**Planosole**); Wechsel in der Struktur oder mäßiger Wechsel in der Bodenart (**Stagnosole**)
7	Die dann folgende Gruppierung umfasst Böden, die vornehmlich in Steppenregionen vorkommen und humusreiche Oberböden und hohe Basensättigungen aufweisen: *Akkumulation organischer Substanz, hoher Basenstatus* Typischer mollic (**Chernozeme**); Übergang zum trockeneren Klima (**Kastanozeme**); Übergang zum feuchteren Klima (**Phaeozeme**)
8	Als nächstes sind Böden trockenerer Regionen zusammengefasst mit Akkumulation von Gips, Siliciumdioxid oder Calciumcarbonat: *Akkumulation von weniger leicht löslichen Salzen oder Nicht-Salzen* Gips (**Gypsisole**); Siliciumdioxid (**Durisole**); Calciumcarbonat (**Calcisole**)
9	Dann kommt eine Reihe von Böden mit tonreicherem Unterboden: *Böden mit tonreicherem Unterboden* Albeluvic Tonguing (**Albeluvisole**); Niedriger Basenstatus, Tonminerale mit hoher KAK (**Alisole**); Niedriger Basenstatus, Tonminerale mit geringer KAK (**Acrisole**); Hoher Basenstatus, Tonminerale mit hoher KAK (**Luvisole**); Hoher Basenstatus, Tonminerale mit geringer KAK (**Lixisole**)
10	Zum Schluss sind Böden zusammengestellt, die relativ jung sind, keine oder nur eine geringe Profildifferenzierung aufweisen oder aus sehr homogenen Sanden bestehen: *Relativ junge Böden oder Böden mit geringer oder gar keiner Profildifferenzierung* Mit saurem dunklem Oberboden (**Umbrisole**); Sandige Böden (**Arenosole**); Mäßig entwickelte Böden (**Cambisole**); Böden ohne markante Profildifferenzierung (**Regosole**)

Tab. 4.6.3/1 *Vereinfachter Schlüssel zu den Referenzbodengruppen (BGR 2008)*

Präfix-Qualifier	Suffix-Qualifier
Glacic	Gypsiric
Turbic	Calcaric
Folic	Ornithic
Histic	Dystric
Technic	Eutric
Hyperskeletic	Reductaquic
Leptic	Oxyaquic
Natric	Thixotropic
Salic	Aridic
Vitric	Skeletic
Spodic	Arenic
Mollic	Siltic
Calcic	Clayic
Umbric	Drainic
Cambic	Transportic
Haplic	Novic

Tab. 4.6.3/2 Präfix- und Suffix-Qualifier in der WRB am Beispiel Cryosol (BGR 2008) (Beispiele für eine Klassifikation nach WRB: 1.Histic Turbic Cryosol (Reductaquic, Dystric) 2. Haplic Cryosol (Aridic, Skeletic)

Aufgaben

1. Welche grundsätzlichen Systeme zur Bodenklassifikation lassen sich unterscheiden?

2. a) Benennen Sie die Horizontabfolge eines Pelosols, einer Parabraunerde und Gleys anhand der in Deutschland gebräuchlichen Bodensystematik.

   b) Welchem Bodentyp und welchem Horizont würden Sie Toncutane zuordnen, welchem Bodentyp / Horizont rostrote Eisenflecken?

4.7 Verbreitung von Böden

Auf nationaler, europäischer und internationaler Ebene existieren unterschiedliche Kartenwerke, die sich u. a. hinsichtlich des Bezugs auf unterschiedliche Systematiken und den Grad der Generalisierung unterscheiden. Beispielhaft werden nachfolgende zwei Bodenkarten vorgestellt. Die Karten und die im Rahmen der Kartierung erhobenen Grundlagendaten stellen eine wichtige Grundlage zur Bearbeitung bodenschutzrelevanter oder/und planerischer Fragestellungen dar.

Ziele des Kapitels

Sie erfahren in diesem Kapitel
- welche Bodenkarten in welchen Maßstäben vorliegen,
- erhalten eine knapp gehaltene Darstellung der Bodenregionen Deutschlands

- und erhalten eine Übersicht über die Bodenzonen der Erde auf Basis einer ökozonalen Gliederung.

Für **Deutschland** existieren Bodenkarten in unterschiedlichen Maßstäben. Mittelmaßstäbige Bodenkarten im Maßstab 1:25000 (BK 25) oder 1:50000 (BK 50) werden von den Geologischen Landesämtern bzw. Landesämtern für Bodenforschung herausgegeben und liegen mittlerweile auch in digitaler Form vor. Dies ermöglicht u. a. auch den Einsatz bei unterschiedlichsten bodenschutzrelevanten respektive planerischen Fragestellungen. Die im Rahmen der Bodenkartierung erhobenen Bodendaten sind in aufbereiteter Form für den Einsatz Geographischer Informationssysteme (GIS) vorhanden (Fachinformationssystem Boden). Tab. 4.7/1 zeigt Möglichkeiten zur Auswertung

Basisdaten	abgeleitete Kennwerte	Fragestellung (Bodengefährdung)
Bodenart, Humusgehalt	nutzbare Feldkapazität (nFK)	Nitratauswaschung
Bodenart, Humusgehalt,		
Lagerungsdichte	Wasserdurchlässigkeitswert (kf)	Grundwasserneubildung
Bodenart, Nutzung, Humusgehalt, Grundwasserstufe		Erodierbarkeit (Wind)
Bodenart, Nutzung, Humusgehalt, Neigungsstufe	K-Faktor, C-Faktor, L-S-Faktor (Bodenabtragsgleichung)	Erodierbarkeit (Wasser)
Bodentyp, pH-Wert, Nutzung	Pufferbereich	Bodenversauerung
Bodenart, Tongehalt, Gefüge, Carbonatgehalt	Aggregatstabilität	Verdichtungsneigung

Tab. 4.7/1 *Beziehungen zwischen bodenkundlichen Basisdaten, abgeleiteten Kennwerten und bodenkundlichen Fragestellungen*   (verändert nach BLUM H.-P. 2004)

bodenkundlicher Basisdaten im Hinblick auf praktische Fragestellungen.

Die Bodenübersichtskarte 1:200000 (BÜK200) ist das Produkt einer Zusammenarbeit der BGR mit den Staatlichen Geologischen Diensten der Bundesländer, die für ihr jeweiliges Land auch Bodenkarten der größerer Maßstäbe bearbeiten. Übersichtskarten, wie die Bodenübersichtskarte 1:1000000 (BÜK1000) oder die Karte der Bodengroßlandschaften im Maßstab 1:5000000 (BGL5000, Abb.4.7/2) werden von der BGR herausgegeben. Anhand dieser überwiegend auf geowissenschaftlichen Grundlagendaten beruhenden Übersichtskarten lassen sich folgende Bodenregionen Deutschlands darstellen:

- Bodenlandschaft der Watten, Marschen und Küsten (Schlickwatt, Kalkmarsch, Knickmarsch, Regosol, Podsol)
- Tiefländer der Flussniederungen (Flussmarsch, Auenböden/Gleye)
- Jungmoränen-Landschaften (Parabraunerden, Pseudogleye, kalkhaltige Gleye, Niedermoore)

- Altmoränenlandschaften (Bänderparabraunerde, Podsol, Hochmoore, tiefgründig entkalkte, versauerte Parabraunerde und stark staunasse Pseudogleye, Stagnogleye)
- Periglaziale Lössablagerungen (Tschernosem, Parabraunerde aus Löss, Kolluvium, braune Vega, Gley)
- Hügel- und Mittelgebirgslandschaften Mittel- und Süddeutschlands / Schichtstufenlandschaften
  (*Kieselserie*: Sandstein mit Ranker, Braunerde, Podsol, Stagnogley, Eisengley;
  Kalkserie: Rendzina, Terra Fusca, reliktischer Terra Rossa, Kalkgley;
  Tonserie: Pelosole)
- Böden der Grundgebirge (Sandstein mit Ranker, Braunerde, Podsol, Stagnogley, Moore, Nassgley, Anmoorgley)
- Böden der Hochgebirge (Ranker, Rendzina, Regosol, Syrosem, Braunerde, Podsol, Stagnogley, Kalkgley)
- Böden auf vulkanischem Substrat (basische Ranker, Braunerde).

Karten in größeren Maßstäben (1:5000

– 1:10 000) liegen in Form der forstlichen Standortaufnahme (flächendeckend für Waldareale), der Stadtbodenkartierung oder der Bodenschätzung (flächendeckend für landwirtschaftliche Flächen) vor.

Auf europäischer Ebene ist ein Kartenwerk der Böden Europas im Maßstab 1:250 000 im Entstehen, ein Soil Atlas of Europe aus dem Jahr 2005 liegt vor. Beide Werke werden vom European Soil Bureau Network der Europäischen Kommission herausgegeben.

Auf internationaler Ebene existiert eine auf der FAO-UNESCO-Weltbodenkarte (1995) basierende Karte der Bodenzonen der Erde. Als vereinfachender Überblick fasst sie die

Verbreitung mehrerer Hauptbodengruppen und Bodeneinheiten zu Zonen zusammen (EITEL, B. 1999 und Abb. 4.7/1).

Die Gliederung der Bodenzonen orientiert sich an der ökozonalen Gliederung von SCHULTZ, J. (1995). Folgende Bodenzonen können ausgewiesen werden:

Böden und Bodengesellschaften der waldfreien Polar- und Subpolargebiete, der borealen Wälder, der feuchten Mittelbreiten, der Steppen (trockene Mittelbreiten), der Wüsten und Halbwüsten (ohne Steppengebiete), der winterfeuchten Subtropen, der immerfeuchten Subtropen und der sommer- und immerfeuchten Tropen (nach EITEL, B. 1999).

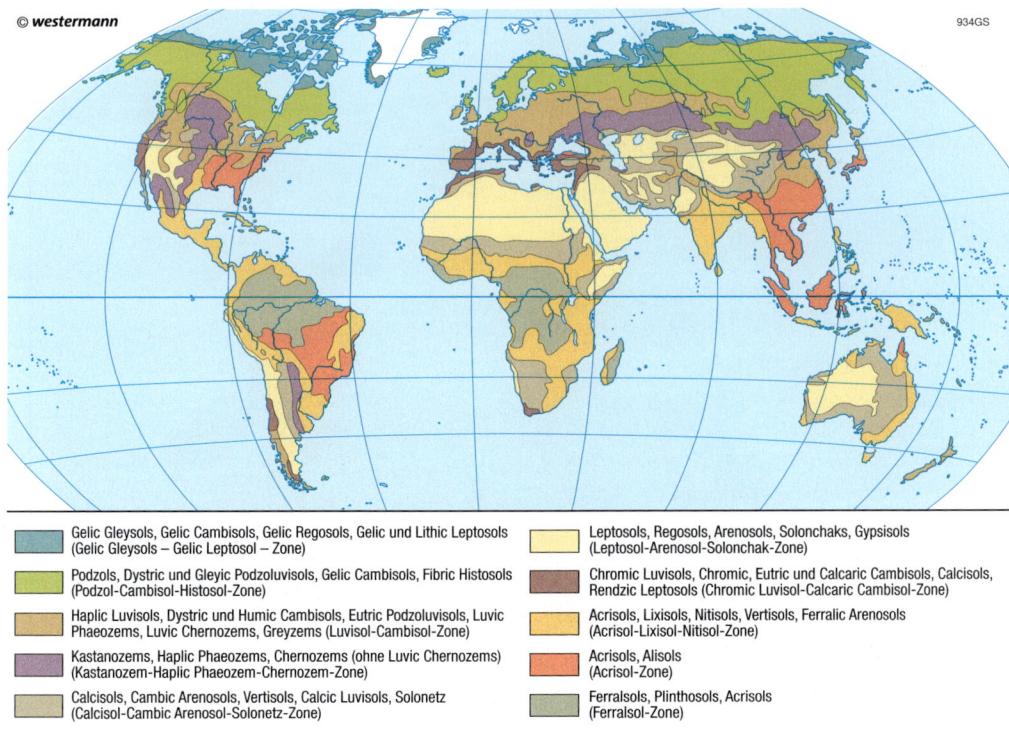

© *westermann*   934GS

Gelic Gleysols, Gelic Cambisols, Gelic Regosols, Gelic und Lithic Leptosols
(Gelic Gleysols – Gelic Leptosol – Zone)

Podzols, Dystric und Gleyic Podzoluvisols, Gelic Cambisols, Fibric Histosols
(Podzol-Cambisol-Histosol-Zone)

Haplic Luvisols, Dystric und Humic Cambisols, Eutric Podzoluvisols, Luvic Phaeozems, Luvic Chernozems, Greyzems (Luvisol-Cambisol-Zone)

Kastanozems, Haplic Phaeozems, Chernozems (ohne Luvic Chernozems)
(Kastanozem-Haplic Phaeozem-Chernozem-Zone)

Calcisols, Cambic Arenosols, Vertisols, Calcic Luvisols, Solonetz
(Calcisol-Cambic Arenosol-Solonetz-Zone)

Leptosols, Regosols, Arenosols, Solonchaks, Gypsisols
(Leptosol-Arenosol-Solonchak-Zone)

Chromic Luvisols, Chromic, Eutric und Calcaric Cambisols, Calcisols,
Rendzic Leptosols (Chromic Luvisol-Calcaric Cambisol-Zone)

Acrisols, Lixisols, Nitisols, Vertisols, Ferralic Arenosols
(Acrisol-Lixisol-Nitisol-Zone)

Acrisols, Alisols
(Acrisol-Zone)

Ferralsols, Plinthosols, Acrisols
(Ferralsol-Zone)

Abb. 4.7/1 *Bodenzonen der Erde (nach FAO-UNESCO Weltbodenkarte)* (EITEL, B. 1999)

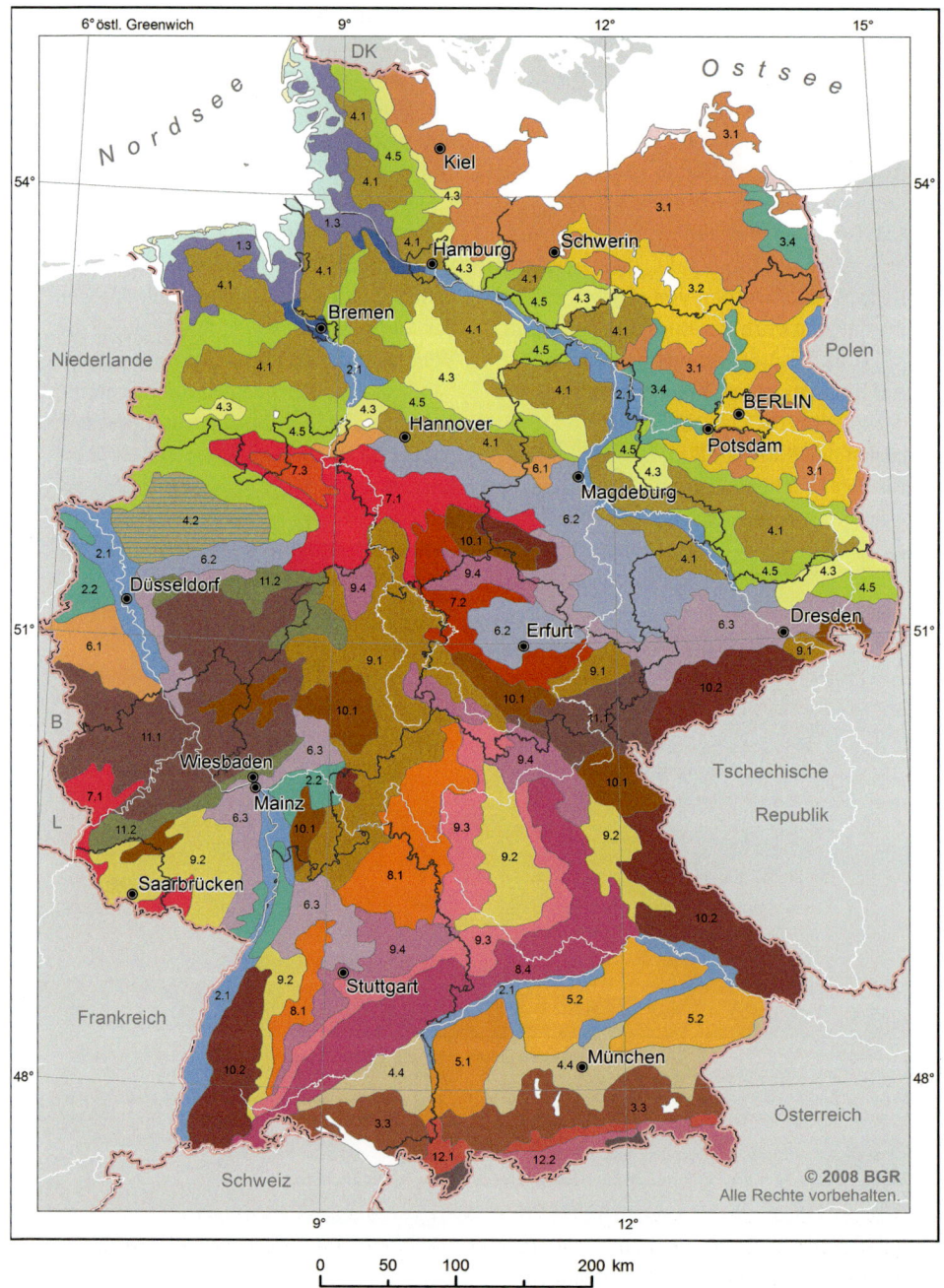

6° östl. Greenwich

N o r d s e e

O s t s e e

DK

Niederlande

Polen

Tschechische
Republik

Frankreich

Österreich

Schweiz

B

L

Kiel

Hamburg

Schwerin

Bremen

Hannover

Magdeburg

BERLIN

Potsdam

Dresden

Düsseldorf

Erfurt

Wiesbaden

Mainz

Saarbrücken

Stuttgart

München

© 2008 BGR
Alle Rechte vorbehalten.

0   50   100   200 km

Bodenregionen (BR) und Bodengroßlandschaften (BGL) von Deutschland

BR des Küstenholozäns

1.1	BGL der Nordseeinseln
1.2	BGL des Watts der Nordseeküste
1.3	BGL der Marschen und Moore im Tideeinflussbereich
1.4	BGL der Ästuargebiete
1.5	BGL der Ostsee- und Boddenküste

BR der (überregionalen) Flusslandschaften

| 2.1 | BGL der Auen und Niederterrassen |
| 2.2 | BGL der Hochflutlehm-, Terrassensand- und Flussschottergebiete |

BR der Jungmoränenlandschaften

3.1	BGL der Grundmoränenplatten und lehmigen Endmoränen im Jungmoränengebiet Norddeutschlands
3.2	BGL der Sander und trockenen Niederungssande sowie der sandigen Platten und sandigen Endmoränen im Jungmoränengebiet Norddeutschlands
3.3	BGL der Schwäbisch Bayerischen Jungmoränengebiete
3.4	BGL der Niederungen und Urstromtäler des Jungmoränengebietes

BR der Altmoränenlandschaften

4.1	BGL der Grundmoränenplatten und Endmoränen im Altmoränengebiet Norddeutschlands und im Rheinland
4.2	BGL der (geringmächtigen) Grundmoränen über Festgestein und/oder Kreide und/oder Tertiärsedimenten
4.3	BGL der Sander und trockenen Niederungssande sowie der sandigen Platten und sandigen Endmoränen im Altmoränengebiet Norddeutschlands
4.4	BGL der Schwäbisch Bayerischen Altmoränenlandschaft
4.5	BGL der Niederungen und Urstromtäler des Altmoränengebietes

BR der Deckenschotterplatten und Tertiärhügelländer im Alpenvorland

| 5.1 | BGL der Deckenschotterplatten im Alpenvorland |
| 5.2 | BGL der Tertiärhügelländer im Alpenvorland |

BR der Löss- und Sandlösslandschaften

6.1	BGL des Bördenvorlandes mit geringmächtiger Lössbedeckung
6.2	BGL der Lössbörden
6.3	BGL der Lösslandschaften des Berglandes (Becken, Talweitungen, Senken, Berglandhänge und Lösshügelländer)

BR der Berg- und Hügelländer mit hohem Anteil an nichtmetamorphen Sedimentgesteinen im Wechsel mit Löss

7.1	BGL mit hohem Anteil an carbonatischen Gesteinen
7.2	BGL mit hohem Anteil an silikatischen Gesteinen
7.3	BGL mit hohem Anteil an Löss

BR der Berg- und Hügelländer mit hohem Anteil an nichtmetamorphen carbonatischen Gesteinen

| 8.1 | BGL mit hohem Anteil an carbonatischen Gesteinen im Wechsel mit Löss und Lösslehm |
| 8.4 | BGL mit hohem Anteil an Kalkgesteinen, regional im Wechsel mit Lösslehm und anderen Decksedimenten |

BR der Berg- und Hügelländer mit hohem Anteil an nichtmetamorphen Sand-, Schluff-, Ton- und Mergelgesteinen

9.1	BGL mit hohem Anteil an Sand, Schluff und Tongesteinen, häufig im Wechsel mit Löss
9.2	BGL mit hohem Anteil an Sand, Schluff und Tongesteinen
9.3	BGL mit hohem Anteil an Ton und Schluffgesteinen
9.4	BGL mit hohem Anteil an Sand und Mergelgesteinen, stellenweise im Wechsel mit Lösslehm

BR der Berg- und Hügelländer mit hohem Anteil an Magmatiten und Metamorphiten

| 10.1 | BGL der basischen bis intermediären Vulkaniten, z.T. wechsend mit Lösslehm |
| 10.2 | BGL mit hohem Anteil an sauren bis intermediären Magmatiten und Metamorphiten |

BR der Berg- und Hügelländer mit hohem Anteil an Ton- und Schluffschiefern

| 11.1 | BGL der Ton und Schluffschiefer mit wechselnden Anteilen an Grauwacke, Kalkstein, Sandstein und Quarzit; z.T. wechselnd mit Lösslehm |
| 11.2 | BGL mit hohen Anteilen an Quarzit, Grauwacke, Sandsteine und Konglomerat sowie Ton und Schluffschiefern |

BR der Alpen

12.1	BGL der Flysch und Molassegesteine der Voralpen
12.2	BGL der Carbonatgesteine des Kalkalpins und des Helvetikums
12.3	BGL der Kiesel, Sand und Mergelgesteine des Kalkalpins und des Helvetikums

| | Gewässer |

Die Bodengroßlandschaften 8.2 und 8.3 werden in dieser Version der Karte noch nicht räumlich dargestellt. Sie sind Bestandteil anderer Bodengroßlandschaften mit carbonatischem Substrat und werden erst bei großmaßstäbigen Karten von diesen getrennt.

Quelle: © BGR, 2008

Abb. 4.7/2 *Karte der Bodenregionen und Bodengroßlandschaften von Deutschland (BGL 5000).Quelle: Digit. Archiv FISBo BGR; Bundesanstalt für Geowissenschaften und Rohstoffe Hannover und Berlin, 2008*

4.8 Bodenfunktionen und Bodenschutz

Ziele des Kapitels

Sie erfahren in diesem Kapitel
- was die Schutzwürdigkeit von Böden als Ressource ausmacht,
- welche Bodenfunktionen rechtlich unterschieden werden
- und erhalten einen kurzen Überblick über mögliche Bodengefährdungen.

4.8.1 Schutzwürdigkeit der Ressource Boden

Ziel des Bodenschutzes ist es, die Funktionen des Bodens nachhaltig, d. h. auch für zukünftige Generationen, zu erhalten oder wiederherzustellen. Hierzu sind gemäß des seit 1996 geltenden Bundesbodenschutzgesetzes (BBodSchG) nachteilige Einwirkungen auf den Boden abzuwehren bzw. zu vermeiden (Vorsorgeaspekt) und eingetretene schädliche Bodenveränderungen zu sanieren.

Im Zentrum rechtlicher Betrachtungen steht der funktionale Bodenschutz. Das Bundesbodenschutzgesetz unterscheidet zwischen natürlichen Funktionen und Nutzungsfunktionen.

Der Boden erfüllt **natürliche Funktionen** als
- Lebensgrundlage und Lebensraum für Menschen, Tiere, Pflanzen und Bodenorganismen,
- Bestandteil des Naturhaushalts, insbesondere mit seinen Wasser- und Nährstoffkreisläufen,
- Abbau-, Ausgleichs- und Aufbaumedium für stoffliche Einwirkungen aufgrund der Filter-, Puffer- und Stoffumwandlungseigenschaften, insbesondere auch zum Schutz des Grundwassers,
- Archiv der Natur- und Kulturgeschichte (Abb. 4.8.1/1)

und **Nutzungsfunktionen** als
- Rohstofflagerstätte
- Fläche für Siedlung und Erholung
- Standort für die land- und forstwirtschaftliche Nutzung sowie
- Standort für sonstige wirtschaftliche und öffentliche Nutzungen, Verkehr, Ver- und Entsorgung.

Zur vorsorgeorientierten Berücksichtigung rechtlicher Anforderungen in Bezug auf Bodenschutzaspekte bei Planungen eignen sich etablierte Instrumente wie Umweltprüfungen im Rahmen der Bauleitplanung (Flächennutzungsplan, Bebauungsplan) bzw. Strategische Umweltprüfungen oder Umweltverträglichkeitsprüfungen im Kontext anderer Fachplanungen (Infrastruktur, Verkehr, Energie, Rohstoffsicherung, Wasserwirtschaft, u. a.) auf unterschiedlichen Ebenen (vorgelagerte Verfahren wie Raumordnungsverfahren, Zulassungsverfahren wie Planfeststellungsverfahren) (GAEDE, M. & J. HÄRTLING 2010).

Dabei erfolgt eine Bewertung einzelner Bodenfunktionen im Hinblick auf deren Funktionserfüllungsgrad. Die Zuordnung von Böden zu bestimmten Klassen erfolgt durch zunehmende Aggregierung von Einzelparametern. Bezogen auf das Retentionsvermögen sind das u. a. Parameter wie Wasserleitfähigkeit bei Sättigung, nutzbares Wasserspeichervermögen, nutzbare Feldkapazität, Hangneigung oder Nutzung. Zur Ermittlung des

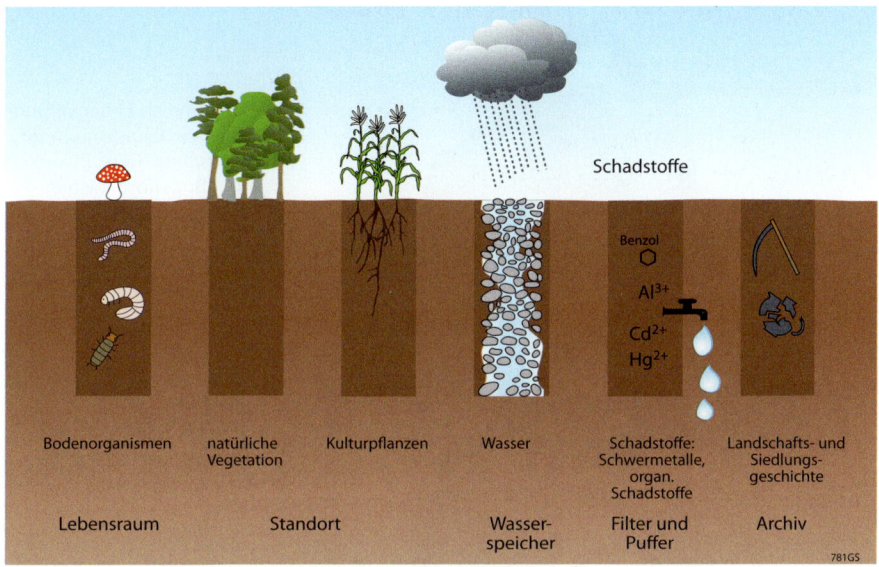

Abb. 4.8.1/1 *Natürliche Bodenfunktionen* (FELDWISCH, N. 2002)

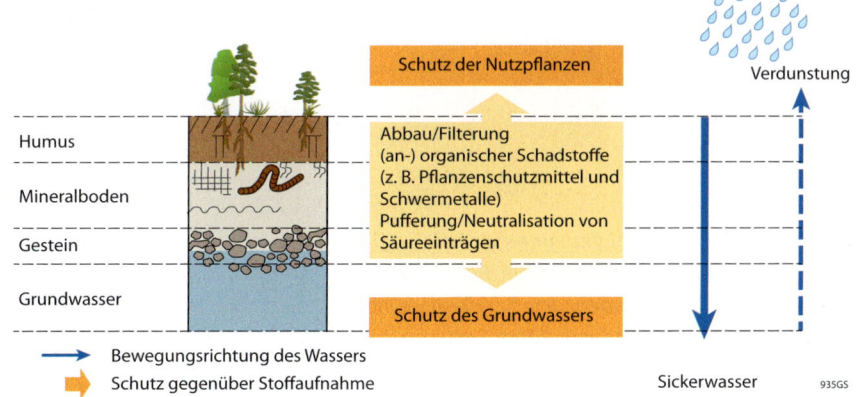

Abb. 4.8.1/2 *Böden als Schadstoffsenke* (UMWELTBUNDESAMT 2010)

Filter- und Puffervermögens sind u. a. pH-Wert, Humus- und Tongehalte, Rohdichte, Feinbodenmenge und Horizontmächtigkeiten relevant (Abb. 4.8.1/3). Zur Standardisierung des methodischen

und verfahrensrechtlichen Vorgehens existieren auf Länderebene z. T. entsprechende Leitfäden.

Die Unterteilung in natürliche Bodenfunktionen und nutzungsbezogene Bo-

Funktion als Lebensgrund-
lage und Lebensraum für
Menschen, Tiere, Pflanzen
und Bodenorganismen

Funktion als Bestandteil
des Naturhaushalts,
insbesondere mit seinen
Wasser- und Nährstoff-
kreisläufen

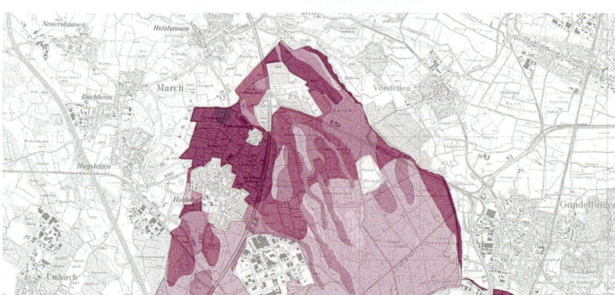

Funktion als Abbau-,
Ausgleichs- und Aufbau-
medium für stoffliche
Einwirkungen aufgrund
der Filter-, Puffer- und
Stoffumwandlungseigen-
schaften

Abb. 4.8.1/3 *Darstellung des Funktionserfüllungsgrades für ausgewählte Boden-*
funktionen anhand einer fünfstufigen Bewertungsskala auf Basis von Bodeneinheiten/
Bodentypen der BK 50 (Bodenkarte 1:50 000). Je intensiver der Farbton, umso höher die
Bedeutung (Stufe 1 sehr gering - Stufe 5 sehr hoch)   (eigener Entwurf)

denfunktionen zeigt, dass Bodenschutz
zugleich „Schutz für den Menschen, aber
auch Schutz vor dem Menschen" bedeutet (SPILOK, G. 1992). Doch selbst bei den
natürlichen Funktionen erfolgt der Schutz
des Bodens nicht in erster Linie um seiner selbst willen, sondern instrumentell.
Das bedeutet, dass Bodenschutz auf spe-

zifische Zwecke hin ausgerichtet ist, wie
beispielsweise auf den Schutz der Gesundheit des Menschen. Hierbei werden
die Filter- und Puffereigenschaften des
Bodens bewusst „genutzt", damit Schadstoffe nicht in die Nahrungskette gelangen
(Abb. 4.8.1/2). Die entsprechenden Böden fungieren dabei als Schadstoffsenke.

Schutzbedürftigkeit der Ressource Boden

Auf globaler und nationaler Ebene orientiert sich die Politik am zentralen Leitbild einer nachhaltigen und umweltgerechten Entwicklung. Diese Zielbestimmung berücksichtigt gleichermaßen die Bedürfnisse der menschlichen Gesellschaft und die Strukturen und Funktionen der Natur (Funktionsfähigkeit der Natur). „Managementregeln für Nachhaltigkeit" orientieren sich dabei an folgenden Kriterien (MERKEL, M. 1998):

- **Regeneration**: Die Nutzungsrate erneuerbarer Naturgüter (Holz, Wasser, Fischbestände, …) darf deren Regenerationsrate nicht überschreiten.
- **Substitution**: Nichterneuerbare Naturgüter (Erze, fossile Brennstoffe, …) dürfen nur in dem Maße genutzt werden, wie sie Zug um Zug durch nachwachsende Rohstoffe oder erneuerbare Energien ersetzt werden können.
- **Anpassungsfähigkeit**: Die Freisetzung von Stoffen darf auf Dauer nicht größer sein als die Anpassungsfähigkeit der Ökosysteme, d.h. der Anpassungsdruck darf die Natur nicht dauerhaft beschädigen.

Welche Nachhaltigkeits-Prinzipien für den Bodenschutz daraus ableitbar sind, sind nachfolgend dargestellt:

Prinzip	Anforderungen
Vorsorgeprinzip	Ausschluss unbekannter Risikopotenziale, Eintrag < Austrag, vorrangiger Schutz der natürlichen Bodenfunktionen
Verursacherprinzip	Die Kosten der Belastung von Böden u. a. durch Verschmutzung, Zerstörung der Bodenstruktur, Flächenverbrauch sind dem Verursacher anzulasten
Quellenreduktionsprinzip	Der Eintrag von Schadstoffen in die Böden ist vorrangig am Ort des Entstehens von Emissionen zu begrenzen. Die Verdünnung durch flächenhafte Aufbringung ist zu unterbinden.
Reversibilitätsprinzip	Einwirkungen auf Böden müssen modifizierbar und hinsichtlich ihrer Auswirkungen auf Böden nach Möglichkeit rückholbar sein.
Integrationsprinzip	Bodenschutz ist als Einheit mit anderen medial ausgerichteten Schutzbedürfnissen weiterzuentwickeln
Ressourcenminimierungsprinzip	Externe Nutzungsansprüche sind hinsichtlich ihrer Zulässigkeit auch am Erhalt der Ressource Boden zu messen
Kooperationsprinzip	Die Belange des Bodenschutzes sind auf allen Entscheidungs- und Planungsebenen kooperativ zu integrieren
Intergenerationsprinzip	Der zeitliche Bewertungshorizont für alle bodenrelevanten Entscheidungen ist deutlich auszuweiten (> 200 Jahre)
Regionalitätsprinzip	Bei der Umsetzung des Bodenschutzes sind auch die regionalen Besonderheiten und Empfindlichkeiten zu beachten.

Tab. E 4.8.1/1 *Prinzipien eines nachhaltigen Bodenschutzes im 3. Jahrtausend*
(verändert nach JÜTTNER, W. 1999)

4.8.2 Bodengefährdungen

Die Entstehung menschlicher Kulturen ist vom Verhältnis des Menschen zum Boden geprägt. Seit aus Jägern und Sammlern Viehzüchter und Ackerbauern wurden, haben menschliche Gesellschaften sich „die Erde untertan gemacht", indem sie sich den Boden aneigneten. Die meisten Böden sind daher auch Kulturprodukte. Der Mensch hat zu allen Zeiten Böden kultiviert, sie zugleich aber auch geschädigt, durch Überweidung, intensiven Ackerbau, Entwaldung oder den Abbau von Bodenschätzen, aber auch durch Anlegen von Siedlungen, durch Deponierung von Stoffen oder durch Verkehr (WBGU 1994).

Böden unterliegen einer Reihe von Gefährdungen, die mittlerweile globale Dimensionen angenommen haben. Zu ihnen gehören u. a. Nähr- und Schadstoffeinträge (Atmosphäre, Landwirtschaft, Altlasten), Flächenverbrauch (Versiegelung), Erosion (Substanzverlust), Humusabbau und -verlust und strukturelle Veränderungen (Bodenverdichtung). Allgemeiner ausgedrückt sind Böden im Hinblick auf folgende Kategorien gefährdet:
- als **Fläche** und als **Substanz,**
- bezüglich ihrer **Struktur** und
- hinsichtlich ihrer **Funktionen**.

Aufgaben

1. Was versteht man unter der Funktion des Bodens als „Schadstoffsenke"?
2. Welche Besonderheiten weisen Böden als Ökosysteme auf?

Bodengeographie zum Einlesen

BLUME, H.-P. & G.W. BRÜMMER & R. HORN & E. KANDELER u.a. (Hrsg.) (2010): SCHEFFER/SCHACHTSCHABEL: Lehrbuch der Bodenkunde. 16. Aufl. 2010. Spektrum Akademischer Verlag. Heidelberg.

SCHLICHTING, E. (1986): Einführung in die Bodenkunde. Parey. Hamburg.

STAHR, K., KANDELER, E., HERRMANN, L. & T. STRECK (2008): Bodenkunde und Standortlehre. UTB Uni-Taschenbücher Bd. 2967. Eugen Ulmer. Stuttgart.

Bodenversiegelung / Flächenverbrauch

Die unbebaute, unzerschnittene und unzersiedelte Fläche ist eine begrenzte und zugleich begehrte Ressource. Um ihre Nutzung konkurrieren z. B. Land- und Forstwirtschaft, Siedlung und Verkehr, Naturschutz, Rohstoffabbau und Energieerzeugung, wobei sich insbesondere die Siedlungs- und Verkehrsflächen stetig ausdehnen.

Die durchschnittliche tägliche Zunahme der Siedlungs- und Verkehrsfläche im Jahre 2004 betrug 115 ha. Im Vergleich mit den vorangegangenen Erhebungszyklen – 120 ha je Tag (1992 bis 1996) und 129 ha je Tag (1996 bis 2000) -, in denen die Flächeninanspruchnahme für Siedlungs- und Verkehrszwecke noch angestiegen war, hat sich der Zuwachs der betreffenden Flächen verlangsamt. 2009 betrug der Zuwachs an Siedlungs- und Verkehrsfläche 104 ha pro Tag (STATISTISCHES BUNDESAMT 2009). Vom erklärten Ziel der nationalen Nachhaltigkeitsstrategie der Bundesregierung, die durchschnittliche tägliche Zunahme der Siedlungs- und Verkehrsfläche bis zum Jahr 2020 auf 30 ha je Tag zu reduzieren (STATISTISCHES BUNDESAMT 2010), ist man jedoch noch weit entfernt.

Lösungen zu den Aufgaben im Kapitel Bodengeographie

4.1 Bodenbestandteile

1. Unterschiedliche Böden stehen bei gleichem, absolutem Wassergehalt unter verschiedenen Saugspannungen, was der Bodenfeuchtegrad zum Ausdruck bringt. Die Bindungsstärke des Bodenwassers steigt dabei in der Reihenfolge Sand < Schluff < Ton, d.h. mit zunehmendem Tongehalt. Die körnungsabhängige Bindungsstärke beruht auf einer Zunahme der adsorbierenden Oberfläche und einer Abnahme des Porendurchmessers. In Abb. 3.3.3/4 beträgt die Saugspannung des tonhaltigen Bodens bei 30 % Wassergehalt ca. 15 bar (pF 4,2), diejenige des sandigen Bodens ca. 0,01 bar (pF 1).

2. Bodenluft ist aus denselben Bestandteilen wie die oberirdische Atmosphäre zusammengesetzt. Zwischen Bodenluft und Atmosphäre findet ein permanenter Gasaustausch statt, wobei die Zufuhr von Sauerstoff über die Bodenoberfläche erfolgt. Aufgrund von biologischen Prozessen im Boden, insbesondere der Atmungsaktivität des Edaphons und der Pflanzenwurzeln, nimmt der CO_2-Anteil mit zunehmender Tiefe zu und der Sauerstoffgehalt ab.

4.4 Physiko-chemische Bodeneigenschaften

1. Als Ionenaustauschkapazität bezeichnet man die Fähigkeit bestimmter Austauscher, aufgrund ihrer Oberflächenladung Anionen oder/und Kationen reversibel zu adsorbieren. Diese als Bodenkolloide bezeichneten anorganischen (Tonminerale) oder organischen (Huminstoffe) Bodenpartikel besitzen sehr kleine Durchmesser von $10^{-6} - 10^{-4}$ mm bei sehr großen Oberflächen, an denen eine Vielzahl von Reaktionen ablaufen.

2. Die Bindungsstärke der reversibel an die Bodenkolloide gebundenen Ionen ist abhängig von der Stärke der elektrischen Ladung und von der Art des adsorbierten Ions. Hierbei spielen der effektive Ionendurchmesser (d.h. einschließlich einer das Ion umgebenden Hydrathülle) und die Ionenwertigkeit (Valenz) eine entscheidende Rolle. Bezogen auf die Kationenaustauschkapazität nimmt die Adsorptionsstärke dabei in folgender Reihenfolge zu (lyotrope Reihe):

$Na^+ < K^+ < NH_4^+ < Mg^{2+} < Ca^{2+}$.

Das Phänomen, dass stärker adsorbierte Ionen näher an die adsorbierenden Bodenpartikel gezogen werden als schwächer adsorbierte, lässt sich grafisch folgendermaßen veranschaulichen:

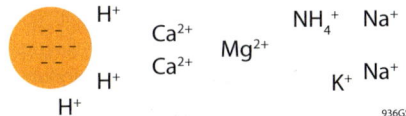

4.5 Bodeneigenschaften

1. Tonminerale und Huminstoffe besitzen spezifische physiko-chemische Eigenschaften. Aufgrund ihrer negativen Ladung und großen Oberfläche haben sie den größten Anteil an der Austauschkapazität des Bodens. Mit abnehmender Korngröße nimmt die spezifische Oberfläche, die in m^2/g angegeben wird, stark zu. Die Werte für einige Tonminerale betragen für Zweischicht-Tonminerale wie Kaolinit 1 - 40 m^2/g, für Dreischichttonminerale wie Illit 50 - 200 m^2/g, Vermiculit 600 - 700 m^2/g oder Smectit 600 - 800 m^2/g. Auch Huminstoffe besitzen mit 600 – 1000 m^2/g vergleichbar große Oberflächen.

2. Kausalkette der Pedogenese: Die Faktoren der Bodenbildung Ausgangssubstrat, Klima, Relief, Vegetation, Tiere sowie der Mensch steuern bodenbildende Transformationsprozesse (Abbau, Umwandlung, Neubildung) und Translokationsprozesse (Verlagerung), die bestimmte Bodenmerkmale (wie Textur, Struktur, Bodenfarbe, Humusgehalt, Humusform, Eisen-/Mangankonkretionen) prägen.

3. Physikalische Verwitterungsvorgänge bewirken eine mechanische Zerkleinerung des Ausgangsmaterials durch kataklastische Vorgänge. Chemische Verwitterungsprozesse wie Lösungsverwitterung, Hydratation und Hydrolyse führen unter Beteiligung von Wasser als Agens zur stofflichen Umwandlung des Ausgangssubstrats. Weitere wichtige Transformationsprozesse sind die Tonmineralneubildung oder die Gefügebildung.

Translokationsprozesse wie Entkalkung, Verlehmung, Verbraunung, Tonverlagerung (Lessivierung), Verlagerung organischer Substanz (Podsolierung), die Verlagerung von Eisen und Mangan (Pseudovergleyung, Vergleyung) oder Durchmischungsvorgänge (Turbationen) führen zur Entstehung charakteristischer Horizonte, deren Abfolge bodensystematisch die Ausweisung bestimmter Bodentypen ermöglicht.

4. Bei der Mineralisierung (Verwesung) entstehen durch mikrobiellen Abbau organischer Substanz anorganische Verbindungen wie Kohlendioxid, Wasser, Ammoniak, Mineralstoffe und Spurenelemente. Beim Prozess der Humifizierung werden schwer zersetzbare Bestandteile der organischen Auflage (z.B. Nadelstreu) von Mikroorganismen zunächst in reaktionsfähige Zwischenprodukte umgewandelt. Aus diesen organischen Zersetzungsprodukten entstehen anschließend hochmolekulare Verbindungen (Huminstoffe). Huminstoffe lassen sich weiter differenzieren in Fulvosäuren, Huminsäuren und Humine, die sich hinsichtlich bestimmter Eigenschaften wie Polymerisationsgrad, Farbe oder Kohlenstoffgehalt unterscheiden.

4.6 Bodensystematik

1. Bodenklassifikationen sind Konventionen, Böden lassen sich nach unterschiedlichen Ordnungsprinzipien gliedern. Dabei bestehen Systeme, die eine Differenzierung nach den Faktoren bzw. Merkmalen eines bestimmten Bodens (effektive Klassifikation), nach den Umständen seiner Entstehung (genetische Klassifikation) oder anhand einer Kombination beider Systematiken zulassen.

Die Soil Taxonomy ist ein aktuelles Beispiel eines effektiven Klassifikationssystems von internationaler Gültigkeit, das als Kriterium das Vorkommen quantifizierbarer Merkmale (diagnostische Horizonte) für die Zuordnung zu einer Ordnung als höchster Kategorie des Systems verwendet. Die World Reference Base for Soil Resources (WRB) ist ebenso wie die in Deutschland gebräuchliche Systematik ein Beispiel eines kombinierten Klassifikationssystems.

Hinweis: www.webgeo.de
Modul „Pedologie - Bodenklassifikation".

2. a) Pelosol: Ah/P/C (humoser Oberbodenhorizont / Unterbodenhorizont aus Tongestein oder Tonmergelgestein / verwittertes Ausgangsgestein)

Parabraunerde: Ah/Al/Bt/C (humoser Oberbodenhorizont / tonverarmter Oberbodenhorizont / tonangereicherter Unterbodenhorizont / verwittertes Ausgangsgestein)

Gley: Ah/Go/Gr (humoser Oberbodenhorizont / oxidierter Bodenhorizont mit Grundwassereinfluss / reduzierter Bodenhorizont mit Grundwassereinfluss).

b) Toncutane: Parabraunerde, Bt-Horizont (Immobilisierung von mit dem Sickerwasser aus dem Oberboden verlagerten Tonteilchen)

Rostrote Eisenflecken: Gley, Go-Horizont (Ausfällen von Fe-Verbindungen im Oxidationshorizont: Oxide, Hydroxide)

4.8 Bodenfunktionen und Bodenschutz

1. Böden können in unterschiedlichem Maße stoffliche Einträge abpuffern, sodass es über längere Zeiträume zu keinen erkennbaren Auswirkungen kommt. Nach Überschreitung der Kapazitäten der einzelnen im Boden aktiven Puffersysteme kann es aber zu langfristigen Beeinträchtigungen kommen, durch die andere Schutzgüter betroffen sein können, beispielsweise durch eine Verlagerung von Schadstoffen ins Grundwasser oder in die Nahrungskette. Immobilisiert werden Schadstoffe, wenn sie mit der organischen Substanz, Tonmineralen oder Eisenoxiden im Boden stabile Verbindungen eingehen. Darüber hinaus können Mikroorganismen im Boden viele organische Schadstoffe abbauen und auf diese Weise aus dem Stoffkreislauf entfernen.

2. Böden sind endlich und nicht vermehrbar (quantitative Dimension), nicht regenerierbar (qualitative Dimension), benötigen lange Reproduktionsraten, weisen sehr langsame Reaktionszeiten im Hinblick auf Nutzungsänderungen auf (zeitliche Dimension) und ihre Regenerationsfähigkeit ist beschränkt auf bodeneigene Abbaumechanismen.

Abb. 5/1 *Naab-Hochwasser 2002*

5 Hydrologie

Hydrologie ist die Wissenschaft vom Wasser – eine der wichtigsten Lebensgrundlagen für Mensch und Natur. Die Hydrologie umfasst die Erforschung des Wassers über, auf und unter der Landoberfläche. Genauer gesagt befasst sie sich mit seinen Erscheinungsformen, seiner Zirkulation und Verteilung in Raum und Zeit sowie den biologischen und physisch-chemikalischen Eigenschaften. Weitere Forschungsfragen sind die Reaktionen in und mit der Umwelt und die Beziehung des Wassers zu den Lebewesen.

Aktuelle Fragen an die hydrologische Wissenschaft schließen die potenziellen Auswirkungen des Klimawandels, der Umweltbedingungen und der Sozio-ökonomie auf den Wasserkreislauf mit ein. Dabei verbindet die Hydrologie naturwissenschaftliche Methoden mit Methoden der angewandten Umweltforschung und liefert damit wichtige Planungs- und Entscheidungsgrundlagen z. B. für die Wasserwirtschaft, die Trinkwasserversorgung, den Hochwasser- oder den Gewässerschutz. Da der Wasserbedarf weltweit immer weiter steigt, sind die Verfügbarkeit, die Verteilung und die Qualität von Wasser Themen, denen im 21. Jh. national und international große Bedeutung zukommt.

5.1 Wasserkreislauf

Schon in der Antike stellten sich Philosophen die Frage, woher der Regen und das Wasser in den Flüssen und Seen kommt. Die ersten Theorien von Thales und Aristoteles erscheinen mit dem heutigen Wissen als sehr ungewöhnlich. Es dauerte bis ins 17. und 18. Jh. bis die Theorien etwa die Prozesse und Speicher beinhalteten, die wir heute als Teil des hydrologischen Wasserkreislaufs betrachten.

Ziele des Kapitels

Sie lernen in diesem Kapitel
- die Wasserspeicher der Erde kennen,
- den Wasserkreislauf der Erde zu skizzieren,
- Verweilzeiten des Wassers zu berechnen sowie,
- die globale Variation der wichtigsten Prozesse des Wasserkreislaufs zu beschreiben.

5.1.1 Wasserspeicher der Erde

Die Hydrosphäre ist ein gewaltiger Wasserspeicher, in der Wasser in der festen, flüssigen und dampfförmigen Phase vorkommt. Bisher konnten die auf der Erde

Teil der Hydrosphäre	Areal (10^6 km²)	Volumen (km²)	Anteil am Gesamtvorrat (%)	Anteil am Süßwasservorrat (%)	Mittlere Verweilzeit
Weltmeer	361 300	1 338 000 000	96,5438 %	−	2 500 Jahre
Grundwasser	134 800	23 400 000	1,6884 %	−	
davon Süßwasser	134 800	10 530 000	0,7598 %	30,061 %	1400 Jahre
Bodenfeuchte	82 000	16 500	0,0012 %	0,047 %	1 Jahr
Schnee und Eis	37 233	24 364 100	1,7580 %	69,554 %	
Arktis, Antarktis und Grönland	16 009	24 023 500	1,7334 %	68,581 %	9700 Jahre
Gebirgsgebiete	0 224	40 600	0,0029 %	0,116 %	1600 Jahre
Permafrost	21 000	300 000	0,0216 %	0,856 %	10 000 Jahre
Oberflächengewässer	148 800	104 590	0,0075 %	0,299 %	
Flüsse	148 800	2 120	0,0002 %	0,006 %	16 Tage
Süßwasserseen	1 236	91 000	0,0066 %	0,260 %	17 Tage
Sumpfgebiete	2 683	11 470	0,0008 %	0,033 %	5 Jahre
Organismen	510 000	1 120	0,0001 %	0,003 %	wenige Stunden
Atmosphäre	510 000	12 900	0,0009 %	0,037 %	10 Tage
Gesamtvorrat	510 000	1 385 899 210	100,0000 %	−	
davon Süßwasser	148 800	35 029 210	2,5275 %	100,000%	

Tab. 5.1.1/1 *Die Wasserspeicher der Erde*　　　　　　　　　　(nach KORZUN, V. I. 1978)

vorkommenden Wassermengen nicht genau gemessen und nur mit großer Unsicherheit modelliert werden. Somit gibt es trotz Satellitendaten und globaler Modelle bis heute nur Schätzungen. Dies gilt insbesondere für das Bodenwasser und das Grundwasser. Die Daten in Tab. 5.1.1/1 nach V. I. Korzun (1978) werden heute immer noch am häufigsten zitiert. Von der Gesamtwassermenge liegen heute 98,233 % in flüssiger, 1,766 % in fester und 0,001 % in dampfförmiger Phase vor. Die globalen klimatologischen Variationen im Laufe der Erdgeschichte haben diese Anteile immer wieder verändert. Nur etwa 2,53 % der Gesamtwassermenge ist Süßwasser, wobei der größte Anteil davon in Gletschern und dem Inlandeis gefroren ist und nur ein Teil der Süßwassermenge (etwa 30 %) für den Menschen als Grundwasser, Wasser in Seen und in Flüssen direkt nutzbar ist. Es ist für viele überraschend, dass der Anteil der Süßwasserseen nur 0,007 % der Gesamtwassermenge ausmacht, trotz der vielen großen Seen in Nordamerika, Afrika und Asien. Im Grundwasser ist über 250 mal mehr Wasser gespeichert als in allen Seen der Welt.

5.1.2 Globaler Wasserkreislauf

Die nutzbare Süßwassermenge der Erde wäre sehr schnell erschöpft, wenn sie sich nicht ständig durch den **Wasserkreislauf** der Erde erneuern würde. Ein Teil der Wassermenge befindet sich also in einem endlosen Kreislauf, der die Wasserspeicher der Meere, Kontinente und der Atmosphäre miteinander verbindet. Die wichtigsten Prozesse, die diesen Kreislauf aufrecht erhalten, sind die Ver-

dunstung, der atmosphärische Wassertransport (Advektion), der Niederschlag und der Abfluss. Treibende Kraft für die Verdunstung und die Advektion ist die Sonnenstrahlung, für den Niederschlag und die Fließbewegung auf und unter der Erdoberfläche ist es hingegen die Gravitation. Der Wasserkreislauf stellt somit ein gewaltiges Transportsystem dar, in dem die Wasser- und Energieflüsse der Erde in einem engen Zusammenhang stehen. Der globale Wasserkreislauf ist eine riesige „Destillationsanlage", die aus dem **Salzwasser** der Meere ständig **Süßwasser** produziert. Müsste die Wassermenge, die über dem Festland als Niederschlag fällt durch Meerwasserentsalzungsanlagen gewonnen werden, würde dies jährlich Kosten von etwa 100 600 Mrd. US-\$ verursachen (Annahme von spezifischen Entsalzungskosten von US-\$ $1/m^3$), was der derzeitigen Weltwirtschaftsleistung von über 160 Jahren entspricht.

In Abb. 5.1.2/1 sind die wichtigsten Prozesse und die mittleren jährlichen Wasserflüsse des globalen Wasserkreislaufs dargestellt. Zur einfacheren Vorstellung sind alle Wasserflüsse als Wassersäule in mm/Jahr angegeben. Ein mm Niederschlag entspricht einem Liter Wasser pro Quadratmeter Oberfläche. Um Volumenflüsse zu berechnen, müssen die Größen in Millimeter, also mit der entsprechenden Oberfläche multipliziert werden. Von den Meeren verdunsten pro Jahr 1400 mm, der größte Teil davon fällt wieder als Niederschlag in die Meere. Von diesem ozeanischen Wasserkreislauf wird ein Teil des Wassers in der Atmosphäre (315 mm) durch die globale und regionale

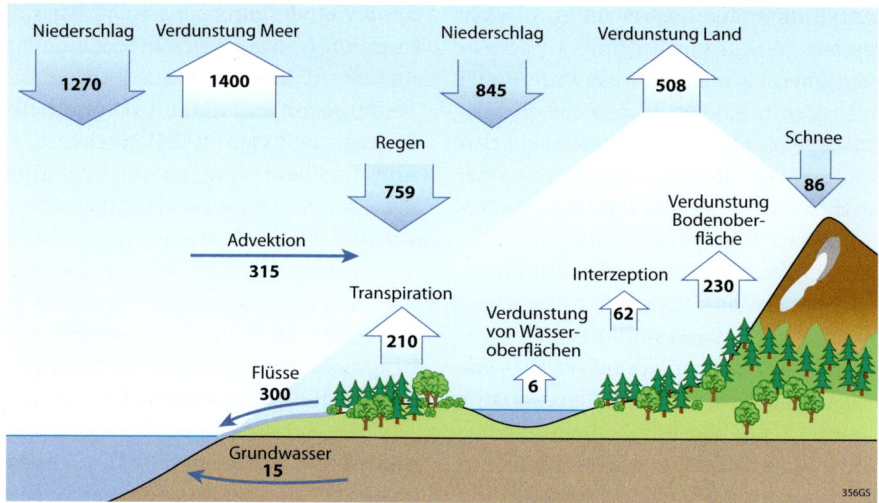

Abb. 5.1.2/1 *Schema des Wasserkreislaufs der Erde (Alle Angaben in mm/Jahr)*
(nach Daten aus Korzun, V. I. 1978; T. Oki et al. 2005)

atmosphärische Zirkulation auf die Kontinente transportiert. Auf dem Festland fallen im Druchschnitt pro Jahr 845 mm Niederschlag, wobei etwa 10 % davon als Schnee fallen. Die gesamte **Verdunstung** von 508 mm auf dem Festland ist die Summe verschiedener aktiver und passiver Prozesse von verschiedenen Landoberflächen. Der kleinste Verdunstungsanteil ist die Verdunstung von Wasseroberflächen (Seen, Flüsse, Sümpfe etc.). Die direkte Verdunstung von Wasser auf der Vegetation während und nach Niederschlagsereignissen (Interzeption) macht weltweit mehr als 10% der gesamten Verdunstung aus. Der aktive Wassertransport vom Boden über die Pflanzen in die Atmosphäre (**Transpiration**) ist mit 40 % der gesamten Verdunstung ähnlich relevant wie die Verdunstung von der Bodenoberfläche (**Evaporation**). Diese Aufteilung ist räumlich sehr variabel und abhängig

von der Wasserverfügbarkeit, der Vegetation, der Bodenbeschaffenheit, des Klimas und vielen weiteren Eigenschaften der Boden-Pflanzen-Atmosphären-Grenzschicht. Beispielsweise ist in bewaldeten Gebieten die Interzeption entsprechend wichtiger und kann ähnlich hoch sein wie die Transpiration. Die Sublimation von Schnee und Eisoberflächen ist bisher weltweit noch nicht adäquat gemessen oder modelliert worden. Es besteht derzeit noch Forschungsbedarf, um diesen Phasenübergang zu bestimmen, und somit z. B. den Einfluss der Klimaänderung auf diesen wichtigen Wasserfluss besser zu quantifizieren. Für den regionalen Maßstab, z. B. in einem borealen Waldgebiet, kann die Sublimation über 100 mm/Jahr betragen (Essery, J. et al. 2003).
Mehr als 95 % des Wassers wird über kleine und große Flusssysteme vom Festland zurück ins Meer transportiert. Ein kleiner

Anteil fließt als direkter unterirdischer Grundwasserfluss in die Meere. Dieser Anteil ist jedoch schwer zu quantifizieren, da er im Gegensatz zum Abfluss in den Fließgewässern nicht direkt gemessen werden kann. Insgesamt ist zu bemerken, dass die Zahlen zu den globalen Wassermengen und Wasserflüssen Schätzungen sind, deren Ungenauigkeiten zum Teil recht hoch sind. Keine der Größen wird flächendeckend gemessen. Somit muss meist von Punktmessungen auf die globale Skala interpoliert oder regionalisiert werden (z. B. Niederschlag). Die Abschätzung einiger Größen ist besonders ungenau, da z. B. keine verlässlichen Werte zu den Grundwasserspeicher und Flüssen vorliegen. Auch sind Messnetze in einigen Regionen der Erde besonders dünn und schlecht gewartet. Dies betrifft wenig besiedelte Gebiete (z. B. polare Gebiete, Gebirge), die Meere, sowie weite Gebiete Afrikas. Auch die neusten globalen Klimamodelle und Erdsystemmodelle können dieses Defizit nicht wirklich beheben, da einige Modelle erst seit wenigen Jahren eine Bilanzierung der globalen Wasserflüsse und Speicher vornehmen. Die Ergebnisse verschiedener Modelle unterscheiden sich sehr stark. Deshalb wird zur Zeit an neuen Methoden zur Quantifizierung von kontinentalen Wasserspeicheränderungen z. B. mithilfe gravimetrischer Satellitensignale der GRACE Mission (**G**ravity **R**ecovery **a**nd **C**limate **E**xperiment) geforscht.

Aufgabe

1. Berechnen Sie die globalen Wasserspeicher in km³ in Tab. 5.1.1/1 als Wasserhöhe in Bezug zur gesamten Erdoberfläche und vergleichen Sie die Größen.

5.1.3 Verweilzeit

Ist die Wassermenge in den Speichern sowie die Flüsse in und aus den Speichern bekannt, so kann die mittlere Verweilzeit solcher hydrologischen Systeme berechnet werden. Sie ist definiert als Quotient der Wassermenge geteilt durch die Durchflussmenge pro Zeit. In der letzen Spalte der Tab. 5.1.1/1 sind diese mittleren Verweilzeiten angegeben. In diesen Systemen macht sich eine Gefährdung durch Verschmutzung (durch Schadstoffe) oder durch Änderungen im Zufluss sehr schnell bemerkbar und somit haben diese Systeme eine hohe Vulnerabilität. Andererseits lassen sich solche Systeme durch entsprechende Maßnahmen auch rasch wieder regenerieren. Anders sieht es bei Systemen aus, die eine hohe Verweilzeit haben, also einen geringen Durchfluss im Vergleich zur Speicherkapazität. Diese Systeme, wie z. B. das Grundwasser, reagieren sehr träge auf klimatische Änderungen oder anthropogene Nutzung. Findet z. B. eine **Übernutzung** statt, wird das System also nicht nachhaltig bewirtschaftet, so wird zwar zuerst für lange Zeit keine Änderung festzustellen sein, langfristig wird die Ressource in Zukunft nicht nutzbar sein. Das Gleiche gilt bei der **Verschmutzung** eines solchen Systems. Eine Kontamination durch die Industrie oder die Landwirtschaft wird unter Umständen lange Zeit nicht bemerkt werden. Wenn das Grundwasser aber dann irgendwann verschmutzt ist, ist eine Sanierung kaum noch möglich oder mit hohen Kosten verbunden, da das gesamte Speichermedium ausgetauscht werden müsste. Es muss hier unbedingt darauf hingewiesen werden, dass die angegebenen Verweilzeiten Mittelwerte sind, die je nach Region und Charakteristiken des lokalen Systems sehr stark variieren können. So wird die mittlere Verweilzeit des Wassers in den Alpengletschern auf etwa 100 Jahre geschätzt, während sie im zentralen Teil des antarktischen Inlandeises maximal etwa 200 000 Jahre betragen kann. Weiterhin gibt die mittlere Verweilzeit keinen Aufschluss darüber, dass und welcher Anteil des gespeicherten Wassers den Speicher viel schneller oder viel langsamer passiert. Zur mathematischen Beschreibung und Modellierung der Verweilzeitenverteilung eines Systems werden deshalb meist statistische Extremwertverteilungen wie die Exponentialverteilung oder die Gammaverteilung verwendet (KIRCHNER, J. W. 2000).

5.1.4 Räumliche Variabilität des Wasserkreislaufs

Der globale Wasserkreislauf beschreibt nur einen mittleren Zustand. Der Umlauf der Erde um die Sonne bedingt jedoch wichtige periodische Prozesse, die eine starke räumliche und zeitliche Variation des Niederschlags, der Temperatur, der Verdunstung und des Abflusses bewirken. Während die innerjährliche Variabilität in Kap. 5.4 im Detail diskutiert wird, steht hier die räumliche Variabilität der mittleren jährlichen Wasserbilanzgrößen im Vordergrund. Abb. 5.1.4/1 zeigt eine Karte des mittleren Jahresniederschlags der Erde. Die Variation im Niederschlag erklärt sich aus der globalen atmosphärischen Zirkulation und regionalen Prozessen, wie z. B. den Steigungsregen an Gebirgszügen. Aufgrund unterschiedlicher Vegetations-

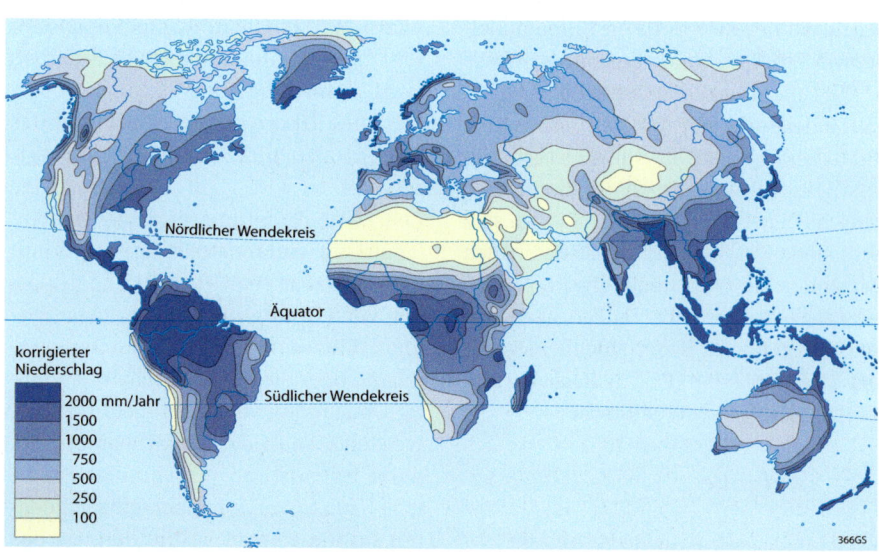

Abb. 5.1.4/1 *Mittlerer jährlicher Niederschlag*

(verändert nach MITCHELL, T. D. & P. D. JONES 2005)

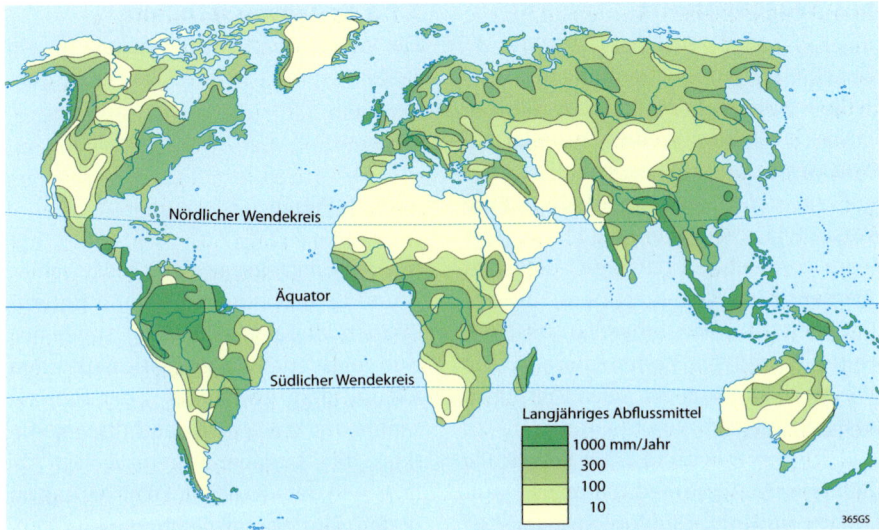

Abb. 5.1.4/2 *Mittlerer jährlicher Abfluss* (verändert nach DÖLL, P. & K. FIEDLER 2008)

bedeckung, Verfügbarkeit von Energie für die Verdunstung, sowie des saisonalen Zusammenspiels von Niederschlag und Verdunstung entsteht eine sehr hohe Variabilität des mittleren jährlichen Abflusses (Abb. 5.1.4/2). Der spezifische Abfluss auf der Erde variiert zwischen keinem Abfluss und einem Abfluss weit über 1 000 mm/Jahr. In den Trockengebieten der Erde ist der mittlere Abfluss sehr gering (< 10 mm/Jahr), die saisonale Variation und die Variation von Jahr zu Jahr ist jedoch sehr hoch. Einen besonders hohen jährlichen Abfluss zeigen die Tropen und die Gebirgsregionen. Gebirge werden generell auch als „Wasserschlösser" der Erde bezeichnet. Oft versorgt der hohe Abfluss aus den Gebirgsregionen mit hohen Niederschlagsmengen und geringer Verdunstung das Flachland mit Wasser. Dies gilt für viele der großen kontinentalen Flusssysteme. Ein Beispiel ist der Rhein, wo 20 % der Einzugsgebietsflä-

che in den Alpen, fast 50 % des jährlichen Abflusses an der Mündung beitragen. Es gibt noch extremere Beispiele in ariden Gebieten, wie z. B. den Colorado River, den Rio Negro oder den Amu Darya (VIVIROLI, D. et al. 2003).

Aufgaben

2. Gegeben sind Daten zum mittleren Abfluss von Rhein und Donau an jeweils zwei Pegeln mit unterschiedlicher Einzugsgebietsgröße:
   – Rhein bei Basel: 1038 m³/s, 35 930 km²
   – Rhein an der deutsch-niederländischen Grenze: 2 228 m³/s, 160 800 km²
   – Donau bei Passau: 1 426 m³/s, 76 653 km²
   – Donau an der Mündung: 6415 m³/s, 807 000 km²

   Berechnen sie für den Oberlauf (Gebirge) und den Unterlauf (Flachland) der beiden Flussgebiete den mittleren jährlichen Abfluss in mm/Jahr und vergleichen sie die Ergebnisse.

5.2 Wasserbilanz

Die quantitative Beschreibung des Wasserkreislaufs und der Prozesse, die den Wasserkreislauf antreiben, gründet auf dem Gesetz der Massenerhaltung. Dies gilt auf verschiedenen Skalen. Eine Wasserbilanz kann für jede Fläche oder jedes Volumen auf der Erde aufgestellt werden: für einen Kontinent, die politischen Grenzen eines Landes, ein Feld oder nur ein Bodenvolumen. Die Wasserbilanz kann für jeden Zeitschritt definiert werden: von Sekunden bis zu vielen Jahren. Dazu müssen immer alle Zuflüsse, Abflüsse und die Speicheränderung im Kontrollvolumen gemessen oder bestimmt werden.

Ziele des Kapitels

Sie lernen in diesem Kapitel
- die Wasserbilanz für ein beliebiges Gebiet aufzustellen,
- die aktuelle Evapotranspiration von der potenziellen Evapotranspiration zu unterscheiden,
- wie die wichtigsten Größen der Wasserbilanz gemessen werden können,
- ein Einzugsgebiet zu bestimmen und die jährliche Wasserbilanz dafür zu berechnen.

5.2.1 Bodenwasserbilanz

Die volumetrische Wasserbilanz für ein Bodenvolumen (Abb. 5.2.1/1) ist definiert als:

(Glg. 5.2.1/1)

$$P + Q_{in} = ET + Q_{out} + \Delta S$$

mit den Eingangsvariablen Niederschlag P und dem oberirdischen und unterirdischen lateralen Zufluss Q_{in} sowie den Ausgangsvariablen **Evapotranspiration** ET und dem Abfluss Q_{out}, der sich zusammensetzt aus dem oberirdischen Abfluss, dem lateralen unterirdischen Abfluss und der vertikalen Versickerung im Boden. Die Wasserspeicherung im Kontrollvolumen ΔS kann dabei positiv oder negativ sein. Wasser, das nicht mehr im Boden gespeichert werden kann, wenn der Speicherraum erschöpft ist (der Boden ist gesättigt, wenn die Hohlräume mit Wasser gefüllt sind), muss oberflächlich oder unterirdisch abfließen. Wird der Bodenwasserspeicher durch die Prozesse der Evapotranspiration „aufgebraucht", verändern sich auch die Ausgangsvariablen. Diese Abhängigkeit der Ausgangsvariablen vom Bodenwasserspeicher und somit indirekt von den Bodeneigenschaften wird im nächsten Abschnitt detailliert beschrieben.

Der **Niederschlag** ist die wichtigste Eingangsvariable für die Bodenwasserbilanz. Der Niederschlag kann in flüssiger Form (Regen, Tau, Nebel) oder in fester Form (Schnee, Graupel, Raureif, Hagel) an der Bodenoberfläche auftreffen. Niederschlag in fester Form kann temporär auf der Bodenoberfläche gespeichert werden (Schneeakkumulation) und wird erst später durch die Schmelze (Schneeschmelze) dem Bodenvolumen zugeführt. Der Vorgang, wenn Prozesse des Versickerns von Niederschlag in den Boden, wird als **Infiltration** bezeichnet. Der jährliche Niederschlag ist wie in Abb. 5.1.4/1 dargestellt, räumlich sehr variabel, aber besonders die zeitliche Variation ist für die Bodenwasserbilanz von Bedeutung. Außerdem kann je nach Abgrenzung des Bodenvolumens auch lateral Wasser zufließen, entweder an der Bodenoberfläche oder unterirdisch in der gesättigten Zone.

Die erste Verlustgröße in der Wasserbilanz ist die Evapotranspiration, die sich aus der Evaporation (Verdunstung) und der Transpiration zusammensetzt. Unter optimalen Bodenfeuchtebedingungen, d.h. der Annahme, dass immer genug Wasser im Boden vorhanden ist, um den Verdunstungsbedarf zu decken,

ist die **potenzielle Evapotranspiration (PET)** erreicht. Die Größe der PET ist somit nur durch die klimatologischen Faktoren beschränkt. Verringert sich der Bodenwassergehalt, so verringert sich auch die Evapotranspiration, denn die Saugspannung im Boden und somit der Widerstand für Pflanzen, Wasser aus dem Boden zu extrahieren, erhöht sich. Diese tatsächliche oder **aktuelle Evapotranspiration** (AET) ist bei begrenzt verfügbarem Wasser geringer als die **PET** und kann unter sehr trockenen Bedingungen völlig erlöschen. Da die PET meist für eine Referenzfläche (Grasfläche) berechnet wird, kann die **AET** aber unter Bedingungen mit hoher Bodenfeuchte und guter Pflanzenentwicklung auch höher sein als die PET. Da die Pflanzen den Boden meist tief durchwurzeln, fällt in einer längeren Trockenperiode die Transpiration lang-

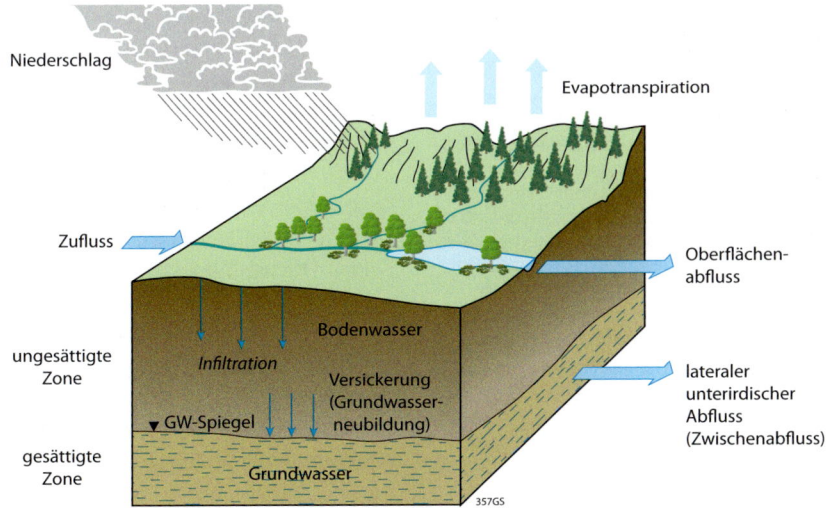

Abb. 5.2.1/1 *Wasserbilanzierung an der Boden-Vegetation-Atmosphären-Grenzschicht*
(eigener Entwurf)

samer ab als die nur an der Bodenoberfläche wirkende Evaporation.

Die zweite Verlustgröße in der Wasserbilanz ist der Abfluss. Ein Überschuss an Wasser im Boden (Sättigung) führt zu **Oberflächenabfluss**, wenn das Wasser abfließen kann, oder zur Bildung von stehenden Wasserflächen. Überschreitet der Bodenwassergehalt die nutzbare Feldkapazität (siehe Kapitel 3.3.3) so kann das Bodenwasser durch die Gravitation nach unten sickern und das Bodenvolumen vertikal verlassen. Diese Tiefenversickerung wird auch als **Grundwasserneubildung** bezeichnet (Kapitel 5.3). An steilen Hängen mit sehr unterschiedlicher Durchlässigkeit des Bodenprofils kann das Wasser auch unterirdisch lateral abfließen (Zwischenabfluss – Kapitel 5.4).

Aufgabe

1. Während eines sommerlichen Gewitters fallen 36 mm Regen auf eine Wiese. Für eine kleine abgegrenzte Fläche von 10 m² wird ein oberirdischer Abfluss von 90 l gemessen. Es wird angenommen, dass das restliche Niederschlagswasser in den 1 m mächtigen Boden infiltriert und dass es währenddessen zu keiner Tiefenversickerung kommt. Bestimmen sie die mittlere Änderung des Bodenwassergehaltes (in %). Könnte diese Änderung mit einer TDR Sonde gemessen werden, deren Auflösung 1 vol% Bodenwassergehalt beträgt?

5.2.2 Bodenwasserbilanz in verschiedenen Klimaten

Da die Bodenwasserbilanz eine wichtige Grundlage zur Bestimmung der aktuellen Evapotranspiration ist, wird in den meisten Klimamodellen und hydrologischen Modellen diese Bilanzierung sehr aufwendig durchgeführt. Die so genannten SVAT Modelle (**S**oil-**V**egetation-**A**tmosphere-**T**ransfer) berechnen die einzelnen Komponenten der Bodenwasserbilanz mittels unterschiedlicher Ansätze und Daten. Um die Auswirkung unterschiedlicher Klimate auf die Bodenwasserbilanz und die daraus resultierenden Flüsse und Speicheränderungen zu verstehen, sind in Abb. 5.2.2/1 die mittleren monatlichen Bodenwasserbilanzgrößen für sechs Orte dargestellt. Zur Berechnung wurde von einer maximalen Kapazität des Bodenwasserspeichers von 150 mm ausgegangen. Zusätzlich zum Verlauf des mittleren monatlichen Niederschlags ist der Verlauf der PET sowie der AET, die aufgrund des Bodenwasserdefizits reduziert sein kann, und der Abfluss, der bei einem Wasserüberschuss entsteht, dargestellt. In den gemäßigten Breiten mit ausreichend Niederschlag, auch zu Zeiten mit höherer PET, ist die AET fast nie geringer als die PET (Oslo und Brüssel). Der wichtigste Unterschied zwischen den beiden Orten ist, dass in Oslo der Niederschlag im Winter als Schnee gespeichert wird, der dann im Frühjahr schmilzt und eine hohe Infiltration bewirkt, während in Brüssel der Niederschlag als Regen fällt und den ganzen Winter über in den Boden infiltriert wird. In mediterranen Klimaregionen (San Francisco) bewirkt die starke saisonale Variation des Niederschlags (Wintermaximum), die gegenläufig zur

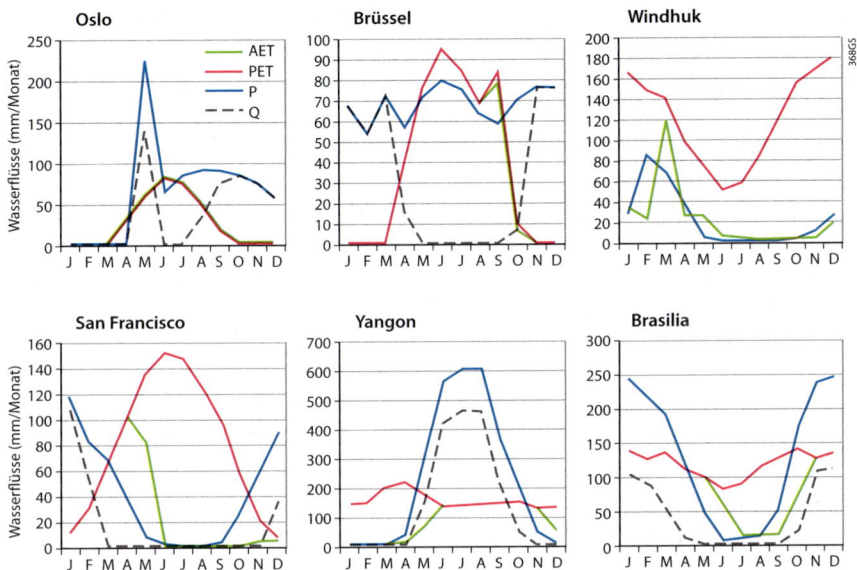

Abb. 5.2.2/1 *Bodenwasserbilanz für verschiedene Klimazonen*

(nach Daten von www.klimadiagramme.de)

maximalen PET ist, eine Auffüllung des Bodenwasserspeichers im Winter und eine kurze Periode mit Wasserüberschuss. Im Sommer wird der Bodenwasserspeicher hingegen stark aufgezehrt und die AET fällt deutlich ab gegenüber der hohen PET. Obwohl für San Francisco die jährliche potenzielle Evapotranspiration fast zweimal so groß ist wie der Jahresniederschlag (PET/P = 1,91), was fast einem semiariden Klima entspricht (Definition der UNEP, 1992), ist der Wasserüberschuss aufgrund der starken Saisonalität mit fast 200 mm/Jahr beachtlich. Im ariden Klima von Windhuk herrscht ein kontinuierliches Bodenwasserdefizit vor und somit ist die AET viel geringer als die PET. Aufgrund dieses Defizits ist auch in keinem Monat ein Wasserüberschuss vorhanden und deshalb ist der Abfluss Null. Eine noch

höhere jährliche PET ist im Monsunklima in Yangon zu beobachten. Gleichzeitig ist der Jahresniederschlag sehr hoch, was besonders in den Monsunmonaten zu einem deutlichen Wasserüberschuss führt. In den Trockenmonaten hingegen wird der Bodenwasserspeicher stark aufgezehrt und die AET fällt stark ab. Dennoch ist die jährliche aktuelle Verdunstung mit über 1 000 mm sehr hoch. Das wechselfeuchte Tropenklima in Brasilia hat ein ähnliches Muster wie das Monsunklima, jedoch ist der Bodenwasserüberschuss geringer und auch das Bodenwasserdefizit fällt nicht so extrem aus, weil die Saisonalität der Niederschlagsverteilung weniger extrem ist. Am größten ist die jährliche AET aller ausgewählten Standorte in Brasilia.

Das charakteristische Verhalten der jährlichen Wasserbilanz eines Standortes in

Bezug auf die aktuelle und potenzielle Verdunstung kann in einem so genannten Budyko-Diagramm dargestellt werden (Abb. 5.2.2/2). Dafür wird die jährliche Wasserbilanz als Verhältnis der AET zum Jahresniederschlag gegen das Verhältnis der PET zum Jahresniederschlag eingezeichnet. Dabei ist PET/P ein Klimaindex, wobei Werte größer Eins ein wasserlimitiertes System und Werte kleiner Eins ein energielimitiertes System beschreiben (arid – humid). In einem natürlichen System gibt es eine obere Einhüllende, da die AET nicht größer als der Niederschlag sein kann (Abb. 5.2.2/2). M. Budyko (1974) hat hydrologische und klimatologische Daten gesammelt und festgestellt, dass die jährliche Wasserbilanz der meisten Regionen einer Beziehung folgt, die als Budyko Kurve bekannt wurde. Die Berechnungen für die Bodenwasserbilanz in Tab. 5.2.2/1 sind auch in die Abb. 5.2.2/2 eingetragen und es zeigt sich, dass vier der sechs Standorte der empirischen Beziehung folgen. Die beiden Standorte, für die eine geringere AET berechnet wurde, sind die Orte San Francisco und Yangon, die beide durch eine extrem hohe Saisonalität gekennzeichnet sind.

Exkurs: Messung der Bodenwasserbilanzgrößen

Die Bodenwasserbilanz kann nur dann aufgestellt werden, wenn alle Variablen bestimmt werden können, d. h. dass nur eine Größe unbestimmt sein kann und dann als Restglied in der Wasserbilanz berechnet wird. Der Niederschlag wird an den meisten Klimastationen mit einem Niederschlagsmesser (Pluviometer oder Ombrometer) bestimmt. Nach Schätzung der WMO gibt es weltweit mehr als 100 000 Niederschlagsmessstationen. Niederschlag wird in einem scharfkantigen runden Messbehälter aufgefangen (WMO Standard nach Hellmann mit 200 cm² Auffangfläche). Die Niederschlagsmenge pro Zeitschritt (je nach Zugänglichkeit wird heute die Niederschlagsmenge für Zeitintervalle zwischen einer Minute und mehreren Monaten erfasst) wird manuell, mit einem Gefäß, oder automatisch einer Wippe oder mit einer Waage erfasst. Bei der Niederschlagsmessung ist besonders zu beachten, dass Wind die Messung stark beeinflusst und so wird z. B. bei einer Windgeschwindigkeit von 10 m/s die Niederschlagsmenge um fast 40 % unterschätzt (Bruce, J. P. & R. H. Clark 1981). Deshalb wird häufig ein Windschutz angebracht (Abb. E 5.2.2./1) oder die gemessenen Werte werden später korrigiert.

Die potenzielle Evapotranspiration (PET) wird meistens mit empirischen Gleichungen unter Verwendung von meteorologischen Variablen (Temperatur, Wind, Luftfeuchte, Sonnenscheindauer) bestimmt. Zur direkten Messung der PET wird eine Verdunstungspfanne verwendet (Class-A Pan). Dabei wird die tägliche Wassermenge bestimmt, die aus diesem normierten Behälter verdunstet. Die aktuelle Evapotranspiration (AET) kann entweder über Lysimeter oder meteorologisch mit der Eddykovarianz-Methode bestimmt werden.

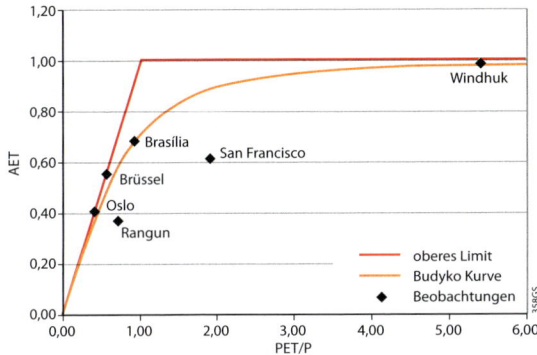

Abb. 5.2.2/2 Budyko-*Diagramm und berechnete Werte für die Daten der Bodenwasser-bilanzen*
(eigener Entwurf)

In einem Lysimeter wird das Gewicht eines Bodenmonoliths einer bestimmten Größe kontinuierlich gemessen. Zusätzlich werden am selben Standort der Niederschlag und die vertikale Sickerung gemessen. Daraus kann dann die Verdunstung über die Wasserbilanz bestimmt werden.

Die Bodenwasserspeicherungsänderung kann auch ohne Verwendung eines teueren und deshalb selten vorzufindenden Lysimeters mit speziellen Sonden bestimmt werden. Mit Sonden wie z. B. TDR (Time Domain Reflectometry) oder Neutronen Sonden wird der Bodenwassergehalt in mehreren Tiefen im Boden kontinuierlich gemessen. Daraus kann dann die Wasserspeicherungsänderung für den gesamten Boden bestimmt werden.

Die Messung und Bestimmung des oberirdischen und unterirdischen Abflusses und der Sickerung (Grundwasserneubildung) wird in den Kapiteln 5.3 und 5.4 diskutiert.

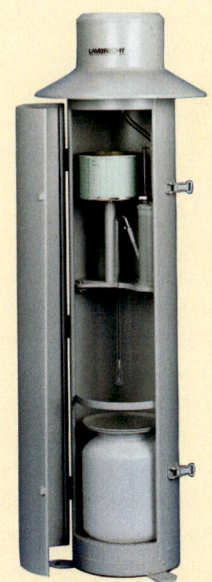

Abb. E 5.2.2/1
Niederschlagsmesser
nach Hellmann

	Oslo	Brüssel	San Francisco	Windhuk	Yangon	Brasilia
P	769	819	499	269	2743	1555
PET	306	460	952	1452	1900	1427
AET	306	451	305	269	1000	1055
Q	463	368	194	0	1745	500
PET/P	0,40	0,56	1,91	5,40	0,69	0,92
AET/P	0,40	0,55	0,61	1,00	0,36	0,68

Tab. 5.2.2/1 *Mittlere Jahressummen der Wasserbilanzflüsse*

(Berechnung aus Daten von www.klimadiagramme.de)

5.2.3 Einzugsgebiete

Für hydrologische Fragestellungen ist die Bodenwasserbilanz oft nur zweitrangig, da der Fokus meist auf der Bilanzierung von Oberflächengewässern liegt. Für jeden Punkt entlang eines Fließgewässers können wir ein Einzugsgebiet festlegen. Ein **Einzugsgebiet** ist die Größe einer horizontal gemessenen Gebietsfläche, aus welcher der Abfluss an einem bestimmten Querschnitt im Fließgewässer entstammt. Das Einzugsgebiet wird durch die Wasserscheide begrenzt, welche die oberflächliche Abflussrichtung zweier Einzugsgebiete abgrenzt. Die Wasserscheide kann mit einer topographischen Karte konstruiert werden, da sie, ausgehend vom Flussquerschnitt, senkrecht zu den Höhenlinien (Isohypsen) verläuft (Abb. 5.2.3/1). Das Einzugsgebiet ist aber nicht nur die Landoberfläche, sondern der gesamte Boden- und Gesteinskörper, von dem Wasser zum Flussquerschnitt fließt. Dabei ist zu beachten, dass das oberirdische Einzugsgebiet und das unterirdische Einzugsgebiet unterschiedlich sein können, da die Richtung der unterirdischen Wasserbewegung sich stark nach den von den Gesteinsformationen als Fließmedium, vorgegebenen Strukturen richtet.

Die Wasserbilanz wird in der Hydrologie sehr häufig für Einzugsgebiete aufgestellt, da der Abfluss Q im Fließgewässer an Abflusspegeln gemessen wird (siehe Kap. 5.4). Da ein Einzugsgebiet keine lateralen Zuflüsse hat, vereinfacht sich die Wasserbilanz für ein Einzugsgebiet zu:

(Glg. 5.2.3/1)

$$P = ET + Q + \Delta S$$

Im Vergleich zur Bodenwasserbilanz ist die Speicheränderung ΔS für ein Einzugsgebiet sehr schwierig zu bestimmen, da alle oberirdischen und unterirdischen Speicher gemessen werden müssten, was in einem natürlichen System fast unmöglich ist. Deshalb wird die Wasserbilanz eines Einzugsgebiets häufig für ein ganzes Jahr berechnet. Dabei wird angenommen, dass die Speicheränderung über diesen Zeitraum vernachlässigbar klein ist. Dies gilt insbesondere, wenn wir das **hydrologische Jahr** als Bezugszeitraum wählen (1. November bis 31. Oktober in Deutschland, 1. Oktober bis 30. September in der Schweiz), da der gesamte Wasserspeicher im Einzugsgebiet erfahrungsgemäß im Herbst am geringsten ist.

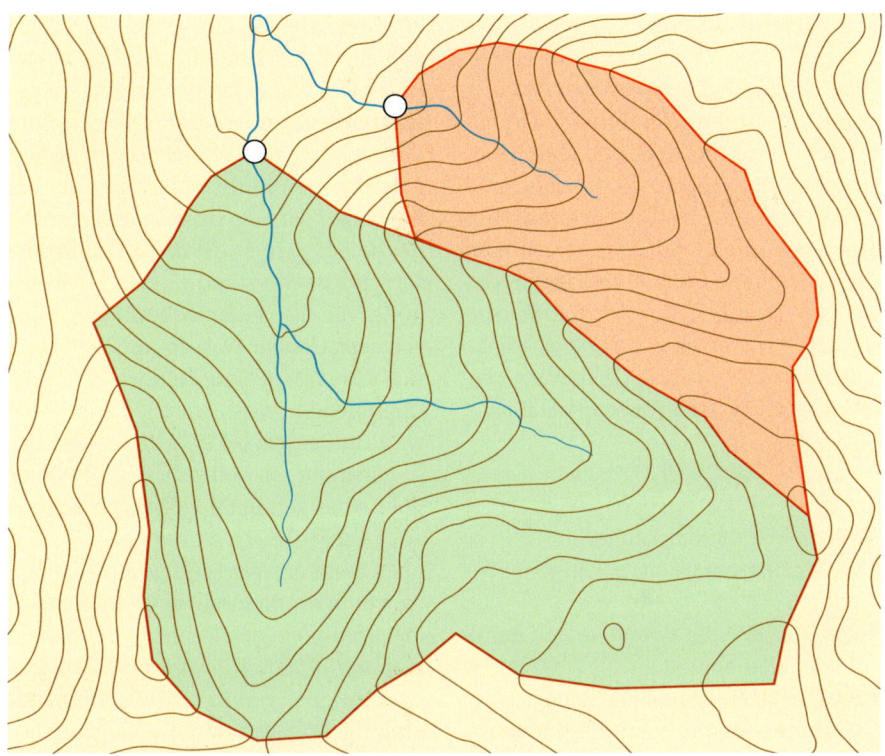

Die braunen Linien sind die Höhenlinien aus der topographischen Karte.

Abb. 5.2.3/1 *Bestimmung von oberirdischen Einzugsgebieten entlang der Wasserscheide ausgehend von zwei Punkten entlang des Fließgewässers*   (eigener Entwurf)

Generell werden alle Größen der Wasserbilanz in Millimeter pro Bezugszeitraum bestimmt. Das gilt sowohl für eine eindimensionale Bodensäule wie für ein Einzugsgebiet. Dazu müssen die Punktmessungen des Niederschlags (oder der Verdunstung) auf das ganze Gebiet extrapoliert werden. Dieser Gebietsniederschlag wird meist mit statistischen und empirischen Modellen bestimmt. Der Abfluss wird von einem Volumen umgerechnet in eine Abflusshöhe in Bezug zur Einzugsgebietsfläche.

> **Aufgabe**
>
> **2.** Für ein kleines Einzugsgebiet im Schwarzwald mit einer Größe von 25 ha wurde ein mittlerer jährlicher Gebietsniederschlag von 2 180 mm bestimmt. Am Pegel im Fliessgewässer wurde ein mittlerer jährlicher Abfluss von 13 l/s gemessen.
>
> **a)** Berechnen sie die jährliche Evapotranspiration .
>
> **b)** Bestimmen sie den Fehler in der Berechnung unter der Annahme, dass der Wert des Gebietsniederschlags einen Fehler von 5 % und der des Abflusses einen Fehler von 3 % aufweist.

5.3 Grundwasser

„Eine der wichtigsten weltweiten Wasserressourcen ist das Grundwasser. Grundwasser ist normalerweise auch nach längeren Trockenperioden ausreichend vorhanden. Dies ergibt sich aus der Kombination von einem relativ großen Speichervolumen und einer langen Verweilzeit. Dadurch ergibt sich außerdem eine lange Filtrierzeit und somit eine hohe Filtrierwirkung, wodurch Grundwasser generell auch eine gute Wasserqualität hat."

Ziele des Kapitels

Sie lernen in diesem Kapitel
- die wichtigsten geohydrologischen Begriffe,
- wie Prozesse der Grundwasserneubildung ablaufen und
- die Fließrichtung und Fließmenge eines Grundwasserkörpers zu bestimmen.

5.3.1 Geohydrologische Begriffe

Das Grundwasser ist ein Teil des unterirdischen Wassers, der die Hohlräume der Gesteine vollkommen ausfüllt (gesättigte Zone) und sich unter der Wirkung der Gravitation und der Druckkraft frei bewegt, ohne von den Adsorptions- und Kapillarkräften daran gehindert zu werden. Die Grundwasseroberfläche trennt das Grundwasser von der ungesättigten Zone. Abb. 5.3.1/1 zeigt schematisch die verschiedenen Grundwasserstockwerke. Vermag der Grundwasserspiegel auf Veränderungen des atmosphärischen Druckes zu reagieren, handelt es sich um **ungespanntes Grundwasser** (Abb. 5.3.1/1). Wenn die Wasserspiegelhöhe in einem Beobachtungsrohr über der oberen Begrenzung des Grundwasserleiters liegt, dann handelt es sich um **gespanntes Grundwasser**. Die gedachte Fläche, die alle Wasserspiegelhöhen eines gespannten Grundwasserleiters verbindet, wird als **Grundwasserdruckfläche** bezeichnet. Ist diese Grundwasserdruckfläche ständig oder zeitweise höher als die Geländeoberfläche, wird von **artesischem Wasser** gesprochen, da sich das Wasser ohne Pumpen bis an die Oberfläche bewegt, wenn es angebohrt wird. Außerdem bildet sich oft noch das so genannte **schwebende Grundwasser** über einer gering durchlässigen Schicht aus (Abb. 5.3.1/1). Ist das Grundwasser nicht mehr am Wasserkreislauf beteiligt, spricht man von **fossilem Grundwasser**, das z. B. in einigen Gebieten der Sahara mehrere 10 000 Jahre alt ist. Wird dieses Grundwasser genutzt, so ist diese Nutzung nicht nachhaltig, da das Vorkommen nicht wieder aufgefüllt wird.

Gesteine, die aufgrund hoher Durchlässigkeit und Porosität sehr gut das Grundwasser leiten, werden als **Grundwasserleiter** (zum Teil wird der engl. Begriff **Aquifer** verwendet, der jedoch per Definition nicht genau das Gleiche beschreibt) bezeichnet. **Grundwassernichtleiter** (Aquiclude) oder **Grundwasserstauer** (Aquifuge) sind im Gegensatz zu einem Grundwasserleiter Gesteinskörper, die zur Leitung von Grundwasser nicht geeignet sind. Dies sind typischerweise Tone oder Geschiebemergel, wobei oft besser von einem **Grundwassergeringleiter** (Aquitarde) gesprochen werden sollte, da es kein vollständig undurchlässiges Gestein gibt.

Es werden generell drei Arten von Grundwasserleitern unterschieden:

1. **Porengrundwasserleiter** bestehen aus Locker- oder Festgestein, dessen Porenraum von Grundwasser durchflossen wird.
2. **Kluftgrundwasserleiter** bestehen aus Festgestein. Sie enthalten durchflusswirksame Klüfte und Gesteinsfugen.
3. **Karst-Grundwasserleiter** bestehen aus verkarstungsfähigem Festgestein, in dem sich durchflusswirksame Lösungshohlräume ausgebildet haben.

Diese Abgrenzung ist vor allem unter dem Aspekt einer möglichen Nutzung relevant, denn die verschiedenen Arten von Grundwasserleiter unterscheiden sich besonders hinsichtlich ihres **Speichervermögens** (am größten für die Porengrundwasserleiter) und ihrer **Filterwirkung** (am geringsten für die Karst-

Grundwasserleiter). Das Speichervermögen ist ein Maß dafür, wie viel Wasser aus einem Grundwasserleiter gewonnen werden kann. Je höher das Maß, umso ergiebiger ist das Grundwasservorkommen bei gleichem Volumen des Grundwasserleiters. Die Filterwirkung beschreibt generell die Fähigkeit des Grundwasserleiters, Stoffe und Schadstoffe zu filtern, und hängt neben der Verweilzeit und Fließgeschwindigkeit auch von der Porengeometrie und deren Verbundenheit ab. Weil in einem Karstgrundwasser die Lösungshohlräume sehr gut verbunden sind und die Fließgeschwindigkeit des Wassers darin sehr hoch ist, ist deren Filterwirkung sehr gering. Das bedeutet aber auch, dass die Nutzung von diesen Grundwasserleitern mit einem hohen Risiko, dass auftretende Schadstoffe oder Mikroorganismen nicht herausgefiltert werden, verbunden ist.

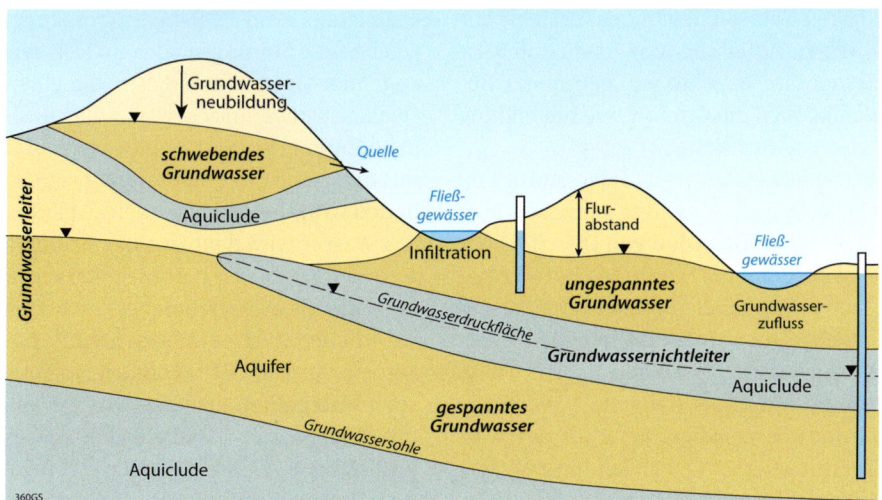

Abb. 5.3.1/1 *Grundwasservorkommen und Austauschprozesse mit der Oberfläche*

(eigener Entwurf)

5.3.2 Grundwasserbilanz

Obwohl die Verweilzeit für die meisten Grundwasserleiter relativ groß ist und somit der Austausch mit dem hydrologischen Kreislauf generell gering ist, ist die **Grundwasserneubildung** ein wichtiger hydrologischer Prozess. Für die meisten Grundwasserleiter ist die Grundwasserneubildung durch die Versickerung von Niederschlag durch die ungesättigte Zone der bedeutendste Neubildungsprozess. Wie in Kap 5.2 dargestellt, ist abhängig vom Klima die Dauer und die Menge des Wasserüberschusses gemäß der Bodenwasserbilanz sehr unterschiedlich. Ob dieses Wasser versickern kann und zur Grundwasserneubildung dient, hängt von verschiedenen lokalen Faktoren ab. Generell kann gesagt werden, dass, je durchlässiger und flachgründiger der Boden ist, die Grundwasserneubildung umso größer ist. In steileren und undurchlässigeren Gebieten kommt es vermehrt zur direkten Abflussbildung (dazu Kap 5.4). Temporäre Aspekte wie gefrorener Boden können die Grundwasserneubildung weiter reduzieren.

Besonders in den semi-ariden und ariden Gebieten ist die Grundwasserneubildung durch die **Infiltration von Oberflächengewässern** eine wichtige Größe. Aber auch in gemäßigten Breiten kann besonders bei Hochwasser die Infiltration vom Fließgewässer eine Rolle spielen. Diese Infiltration findet dann statt, wenn der Grundwasserspiegel tiefer als der Wasserspiegel des Oberflächengewässers liegt und die Gewässersohle durchlässig ist. Bei höherem Grundwasserspiegel und niedrigerem Oberflächenwasserspiegel wird hingegen das Gewässer durch Grundwasserzufluss gespeist. Diese infiltrierenden oder exfiltrierenden Bedingungen können entlang eines Fließgewässers sehr variabel sein. Die Grundwasserneubildung durch eine künstliche Anreicherung des Grundwassers spielt besonders für die Gewinnung von Trinkwasser, aber auch zur Speicherung von Wasser in Trockengebieten eine wichtige Rolle.

Grundwasser wird aufgebraucht oder durch Quellaustritte, flächenhafte Grundwasseraustritte, Speisung in ein Oberflächengewässer und künstliche Grundwasserentnahmen vermindert. Die **Quellen** sind dabei die wichtigsten und am häufigsten genutzten Grundwasseraustritte. Von einer Quelle wird gesprochen, wenn Grundwasser an einer räumlich begrenzten Stelle austritt. Geologisch wird eine Vielzahl von verschiedenen Quelltypen unterschieden – meistens sind es Schichtübergänge, geologische Störungen oder ein sich verengender Grundwasserleiter, die einen Quellaustritt verursachen. Für die künstliche Entnahme von Grundwasser wird meistens eine oder mehrere Bohrungen in den Grundwasserleiter getrieben und das Wasser wird dann aus den Brunnen gefördert. Dabei ist natürlich zu beachten, dass die Wasserentnahme nicht den natürlichen Zustrom überschreitet. Außerdem muss in vielen Ländern ein **Wasserschutzgebiet** ausgewiesen werden, innerhalb dessen sämtliche Aktivitäten bestimmten Nutzungseinschränkungen und Verboten unterliegen. Zur Vermeidung von mikrobiellen Verunreinigungen in der Trinkwasserfassung wird die Abgrenzung des Schutzgebiets in der Regel anhand einer festgelegten minimalen Fließzeit zur Grundwasserentnahmestelle vorgenommen. So gilt für Wasserschutzgebiete in Deutschland, dass der Rand der so genannten engeren Schutzzone (Wasserschutzzone 2) so festgesetzt wird, dass die Fließzeit 50 Tage betragen soll, das weitere Wasserschutzgebiet umfasst das gesamte Einzugsgebiet der Wasserfassung.

Aufgabe

1. Ein neuer Brunnen soll gebohrt werden, um aus einem großen ungespannten Aquifer Trinkwasser zu gewinnen. Damit die Entnahme nachhaltig ist, darf sie nicht höher als die langjährige Grundwasserneubildung sein. Die Grundwasserneubildung für den Aquifer erfolgt von einem bewaldeten Gebiet und dem Bach der über den Aquifer fließt. Der Wald, wo 25 % des Niederschlags zur Grundwasserneubildung beitragen, hat eine Fläche von 3600 ha. Der Bach verliert durch die Infiltration aus seinem Bachbett 4,5 l/s an den Aquifer. Der jährliche Niederschlag ist 820 mm. Berechnen sie die maximale Entnahmemenge in Liter pro Tag. Wieviele Einwohner könnten mit Trinkwasser versorgt werden, wenn der tägliche Bedarf 123 l (durchschnittlicher Wasserverbrauch in Deutschland pro Einwohner im Jahr 2008) beträgt?

5.3.3 Grundwasserbewegung

Um die Grundwasserbewegung zu beschreiben, wird zwischen der Fließrichtung, der Fließgeschwindigkeit und dem Durchfluss unterschieden. Die Fließrichtung ergibt sich aus der maximalen Druck- und somit meist aus der Grundwasserspiegeldifferenz. Wie das Wasser an der Erdoberfläche senkrecht zu den Isohypsen fließt, strömt das Grundwas-

ser senkrecht zu Linien gleicher Grundwasserspiegelhöhe. Diese **Grundwasserisohypsen** oder Grundwassergleichen können großflächig aus lokalen Grundwasserspiegelhöhen an einer Vielzahl von Beobachtungsrohren konstruiert werden. Die lokale Fließrichtung kann mit drei Grundwassermessstellen, die in einem Dreieck angeordnet sind ("geohydrologisches Dreieck"), bestimmt werden. Ist ein Grundwassergleichenplan für einen Grundwasserleiter erstellt, so kann damit das **unterirdische Einzugsgebiet** für einen bestimmten Ort (Entnahmebrunnen, Abflusspegel) analog zum oberirdischen Einzugsgebiet konstruiert werden.

Seit HENRY DARCY im Jahr 1856 seine Ergebnis zur Wasserbewegung in gesättigten porösen Medien veröffentlicht hat, kann die Fliessgeschwindigkeit in der gesättigten Zone nach einer einfachen empirischen Gleichung bestimmt werden:

(Glg 5.3.3/1)

$$v = k \cdot I$$

Diese sogenannte **Filtergeschwindigkeit** v ergibt sich aus dem Produkt von dem Gefälle der Grundwasseroberfläche oder Potenzialgefälle I und dem **Durchlässigkeitsbeiwert** oder der **gesättigten** hydraulischen **Leitfähigkeit** k des Grundwasserleiters. Unter der Annahme, dass für einen Grundwasserleiter die Filtergeschwindigkeit sich senkrecht zur Fließrichtung nicht ändert, kann der Durchfluss bestimmt werden, indem die Filtergeschwindigkeit mit der Durchflussfläche multipliziert wird.

Die Hauptschwierigkeit zur Berechnung des Grundwasserflusses liegt

	Durchlässigkeitsbeiwert k (m/s)	
	von	**bis**
Kies	1	10^{-3}
sandige Kiese	10^{-2}	10^{-4}
reiner Sand	10^{-2}	10^{-6}
schluffiger Sand	10^{-3}	10^{-7}
Schluff, Löss	10^{-5}	10^{-9}
Geschiebelehm	10^{-6}	10^{-12}
Tone	10^{-9}	10^{-13}
verkarstete Kalke	10^{-1}	10^{-6}
durchlässige Basalte	10^{-2}	10^{-7}
geklüftete kristalline Gesteine	10^{-2}	10^{-9}
Sandstein	10^{-6}	10^{-10}
Schiefer	10^{-9}	10^{-13}
ungeklüftete kristalline Gesteine	10^{-10}	10^{-14}

Tab. 5.3.3/1 *Bereiche des Durchlässigkeitsbeiwertes für einige wichtige Gesteine*
(nach BAUMGARTNER A. & H.-J. LIEBSCHER 1996)

nun darin, den Durchlässigkeitsbeiwert zu bestimmen. Das Potenzialgefälle kann direkt aus den Grundwassergleichen bestimmt werden. Jedoch ist der Durchlässigkeitsbeiwert für verschiedene Gesteine und Grundwasserleiter sehr variabel. In Tab. 5.3.3/1 sind die Bereiche des Durchlässigkeitsbeiwertes für einige wichtige Gesteine angegeben. Es ist klar ersichtlich, dass die Variation über mehrere Größenordnungen die Vorhersage des Grundwasserflusses sehr unsicher macht. Deshalb wird sehr häufig die hydraulische Leitfähigkeit in situ mit Pumpversuchen oder anderen hydrogeologischen Methoden bestimmt. Außerdem werden Grundwassermodelle verwendet, um die beobachteten Wasserspiegelhöhen zu simulieren und die hydraulische Leitfähigkeit wird darin optimiert. Diese Grundwassermodelle sind ein wichtiges Planungsinstrument, um die Grundwasserressourcen nachhaltige nzu nutzen oder um eine Grundwasserschutzzone abzugrenzen.

Aufgaben

2. Wir betrachten zwei Gebiete mit unterschiedlichen fluvialen Ablagerungen: einen sandigen Kies und einen schluffigen Sand, die jeweils 500 m breit und 30 m mächtig sind. In beiden Gebieten wird ein Gefälle der Grundwasseroberfläche von 4 ‰ gemessen. Der Flurabstand des Grundwasserspiegels beträgt 3 m. Bestimmen sie für beide Gebiete den unterirdischen Durchfluss. Verwenden sie dabei die Daten aus Tabelle 5.3.3/1 und die Darcy-Gleichung und der Annahme dass Q = A · v ist."

5.4 Abfluss

Dic Bestimmung und Analyse von Abflussdaten ist eine der Hauptaufgaben in der Hydrologie. Der Abfluss in einem Fließgewässer beschreibt das kumulative Verhalten eines Einzugsgebiets. Alle Prozesse, wie das Wasser gespeichert und mobilisiert wird, sind darin integrativ enthalten. Da Abfluss im Gerinne relativ einfach zu messen ist, wurden viele Methoden in der Hydrologie entwickelt, um aus den Abflussdaten die wichtigsten hydrologischen Prozesse zu extrahieren.

Ziele des Kapitels

Sie lernen in diesem Kapitel,
- wie Abfluss gemessen wird,
- woher die zeitliche Abflussdynamik kommt,
- welche Abflussbildungsprozesse ein Abflussereignis hervorrufen,
- wie das Klima und die Landnutzung das Abflussregime beeinflussen.

5.4.1 Abflussmessung und Abflussganglinien

Da die Abflussdaten in der Hydrologie für die meisten Fragestellungen sehr relevant sind, werden zuerst die Verfahren zur Abflussmessung eingeführt. Der Abfluss oder Durchfluss an einem Flussquerschnitt ist generell definiert als:

(Glg 5.5.1/1)

$$Q = v \cdot A$$

als Produkt der mittleren Fließgeschwindigkeit v und der Querschnittsfläche A. Der Gerinnequerschnitt kann recht einfach vermessen werden, aber zur Bestimmung der mittleren Fließgeschwindigkeit

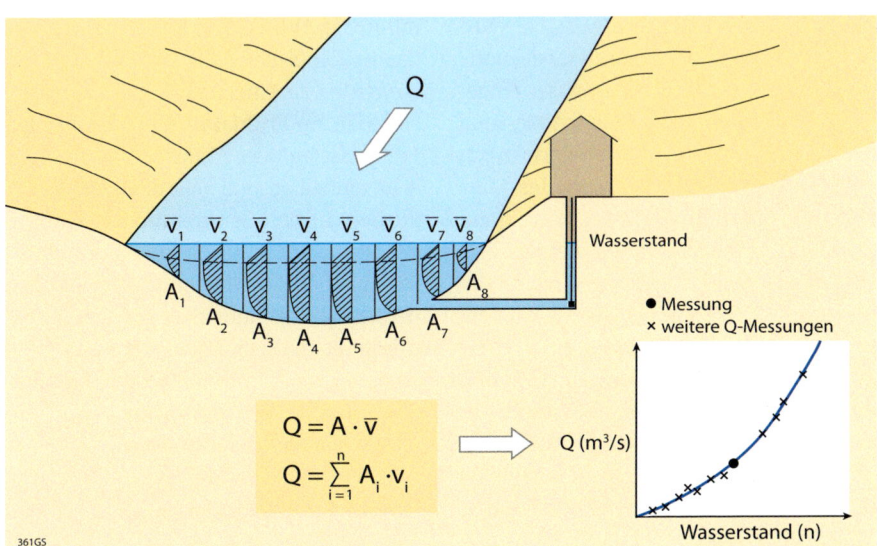

Abb. 5.4.1/1 *Prinzip der Abflussmessung* (eigener Entwurf)

muss diese explizit bestimmt werden. In Abb. 5.4.1/1 ist die Vorgehensweise der Abflussmessung schematisch dargestellt. Bei dieser Art der Abflussmessung wird die Fließgeschwindigkeit in verschiedenen Tiefen für einzelne Bereiche innerhalb des Messquerschnitts gemessen, dann die mittlere Fließgeschwindigkeit und daraus der Abfluss für jeden Messbereich berechnet. Um den Gesamtabfluss zu erhalten, müssen dann noch die einzelnen Abflüsse aufsummiert werden. Die Fließgeschwindigkeit in den einzelnen Querschnittsbereichen wird mit einem **Messflügel**, dessen Umdrehungsfrequenz gegen die Geschwindigkeit geeicht ist, oder mit einem **A**coustic **D**oppler **C**urrent **P**rofiler (ADCP) gemessen. Ultraschallverfahren, die direkt die mittlere Fließgeschwindigkeit bestimmen, werden meist nur für große Flüsse angewendet. Eine andere Möglichkeit, die sich besonders für turbulente kleinere Fließgewässer eignet, ist die **Verdünnungsmethode**. Dabei wird eine bestimmte Menge eines Markierstoffs (meist NaCl) in ein Fließgewässer eingespeist und die Verdünnung durch Messung der Konzentration stromabwärts nach vollständiger Durchmischung des Markierstoffes bestimmt. Daraus kann dann direkt der Abfluss bestimmt werden.

Da fast alle Abflussmessungen nicht kontinuierlich vorgenommen werden können, wird an Abflussmessstationen nur der Wasserstand kontinuierlich gemessen und der Abfluss mit einer Wasserstand-Abfluss-Beziehung bestimmt (Abb. 5.4.1/1 unten). Diese Beziehung wird aus vielen Einzelmessungen des Abflusses bei unterschiedlichem Wasserstand gewonnen und muss kontinuierlich aktualisiert werden,

da sich der Gerinnequerschnitt oder die hydraulischen Bedingungen ändern können. Um diese Änderungen zu vermeiden, wird oft ein definierter Gerinnequerschnitt erbaut, der hydraulisch so konzipiert ist, dass auch ein geringer Abfluss möglichst genau gemessen werden kann.

In Abb. 5.4.1/2 ist die Abflusszeitreihe der Dreisam, ein Zufluss des Rheins aus dem Südschwarzwald, für verschiede Zeiträume dargestellt. Für den gesamten Messzeitraum von 1958–2003 zeigen sich die typischen saisonalen Schwankungen sowie einige Jahre mit höheren und mit geringeren Abflüssen. Der mittlere Abfluss (MQ) ist 6,02 m^3/s (2,02 mm/Tag) und die beiden anderen wichtigen Kennwerte, der Hochwasserabfluss (HQ) = 119 m^3/s (40 mm/Tag) und der Niedrigwasserabfluss (NQ) = 0,020 m^3/s (0,007mm/Tag). Diese Daten zeigen die enorme zeitliche Variabilität: Der maximale Abfluss ist über 5 000-mal so groß wie der minimale Abfluss. Schauen wir uns nun das hydologische Jahr 2001 genauer an, so werden die einzelnen Abflussereignisse sichtbar. Im Frühjahr treten die meisten Ereignisse auf, der Abfluss steigt meistens sehr schnell an und geht dann langsamer zurück. In den Sommermonaten, wenn der Niederschlag gering ist und die Evapotranspiration das Maximum erreicht, wird der Abfluss kontinuierlich geringer bis der minimale Abfluss Ende August erreicht wird. Die Abflussdynamik des Einzugsgebiets wird noch deutlicher, wenn nur einige Niederschlagsereignisse mit einer höheren zeitlichen Auflösung aus den Daten extrahiert werden (Abb. 5.4.1/2 unten). Die drei Ereignisse im September 2001 reagieren sehr unterschiedlich, obwohl der

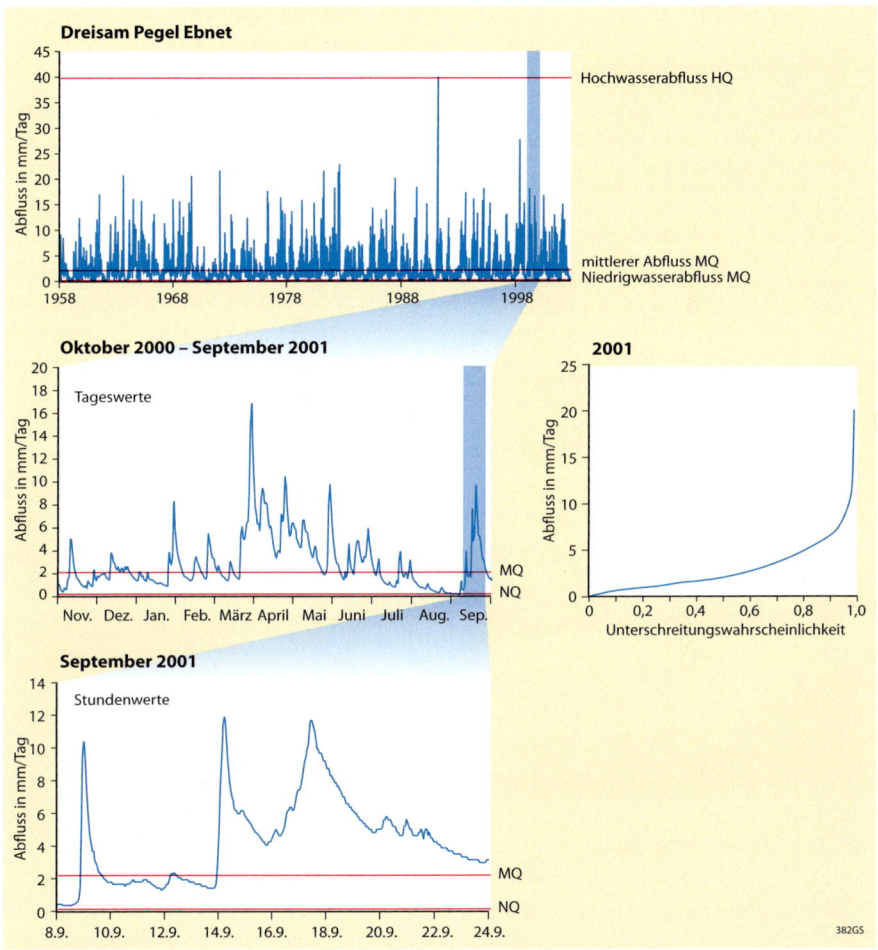

Abb. 5.4.1/2 *Abflusszeitreihe und Dauerlinie der Dreisam* (eigener Entwurf)

Spitzenabfluss jeweils etwa gleich groß ist. Das erste Ereignis nach dem trockenen Sommer zeigt eine sehr schnelle Reaktion, ebenso der Abflussrückgang (Rezession). Die nächsten beiden Ereignisse zeigen hingegen eine langsamere Reaktion und eine noch langsamere Rezession. Woher dieser Unterschied kommen kann, wird im nächsten Kapitel erläutert. Die vierte Grafik in

Abb. 5.4.1/2 zeigt die **Dauerlinie** des Abflusses von 2001. Dazu werden die Werte sortiert und als Unterschreitungslinie (oder auch Überschreitungslinie) eingetragen. Von einer Dauerlinie kann abgelesen werden, an wie vielen Tagen welcher Abfluss unterschritten wurde. Diese Information ist sehr nützlich für ökologische oder wasserbauliche Fragestellungen.

1. An der Dreisam (siehe Daten in Abb. 5.5.1/2, Einzugsgebietsgrösse = 257,1 km²) ist ein kleines Flusskraftwerk geplant. Es soll mindestens an 250 Tagen seine maximale Leistung erbringen. Gleichzeitig muss noch eine Fischtreppe errichtet werden, durch die konstant 250 l/s fließen soll. Bestimmen sie den Abfluss, für den das Wasserkraftwerk ausgelegt sein sollte. Berechnen sie außerdem die maximale Leistung der Anlage, wenn die Fallhöhe 4 m und der Wirkungsgrad 90 % beträgt. Bestimmen sie die Daten näherungsweise aus der Abbildung. Die Leistung kann mithilfe der potenziellen Energie bestimmt werden

5.4.2 Abflussbildung

Prozesse, bei denen Regen- oder Schneeschmelzwasser zum Gerinne fließt oder im Einzugsgebiet zurückgehalten wird, sind von besonderem Interesse. Sie dienen dazu, die Abflussbildungsintensität von Flächen im Einzugsgebiet zu charakterisieren, die hydrologischen Auswirkungen von Landnutzungs- und Klimaänderungen vorherzusagen, die Gefährdung von Verschmutzungen zu bestimmen und hydrologische Niederschlags-Abfluss-Modelle aufzustellen.

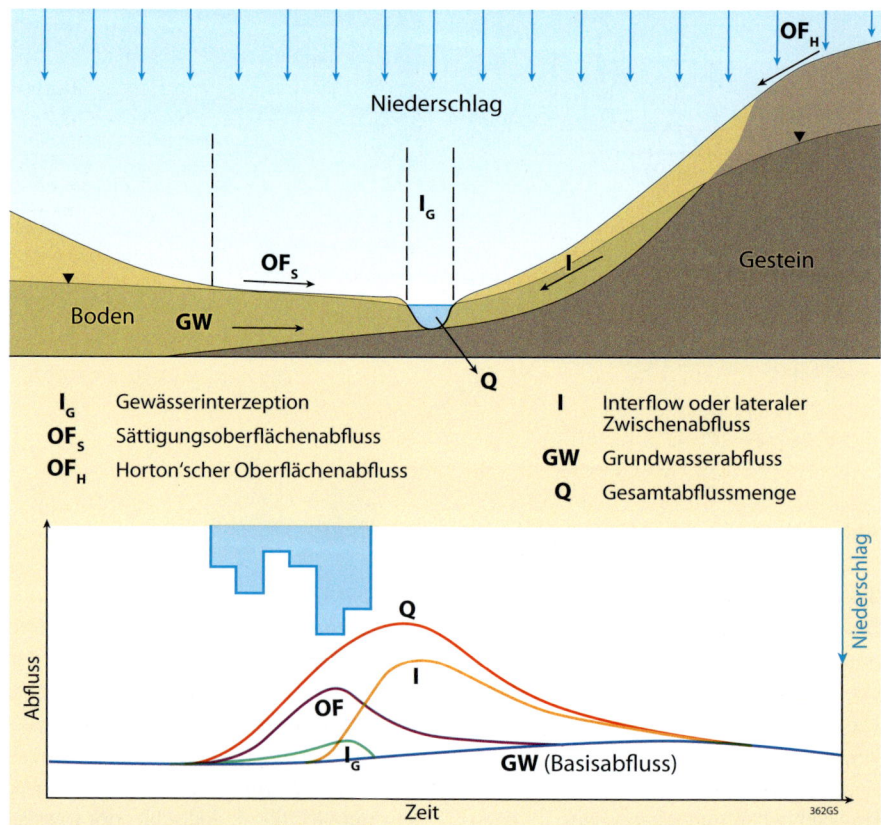

I_G	Gewässerinterzeption		I	Interflow oder lateraler Zwischenabfluss
OF_S	Sättigungsoberflächenabfluss		GW	Grundwasserabfluss
OF_H	Horton'scher Oberflächenabfluss		Q	Gesamtabflussmenge

Abb. 5.4.2/1 *Abflussbildungsprozesse*   (eigener Entwurf)

Generell kann festgehalten werden, dass bei den meisten Abflussereignissen nur ein kleiner Teil des Einzugsgebietes abflusswirksam ist und das Wasser zum größeren Teil im Untergrund gespeichert wird und dann entweder verzögert zum Gerinne fließt oder verdunstet. Es können die folgenden wichtigsten Abflussbildungsprozesse auf diesen abflusswirksamen Flächen unterschieden werden:
a) Interzeption im Gewässer
b) Horton'scher Oberflächenabfluss
c) Sättigungsoberflächenabfluss
d) Zwischenabfluss, Interflow oder lateraler unterirdischer Abfluss
e) Grundwasserabfluss
In Abb. 5.4.2/1 sind diese verschiedenen Abflussbildungsprozesse schematisch dargestellt und deren Abflussreaktion am Einzugsgebietsauslass bei einem Niederschlagsereignis skizziert. Die **Gewässerinterzeption** ist meist auf einen kleinen Teil des Einzugsgebietes limitiert. Die erste Reaktion der Abflussganglinie kann auf diesen Prozess zurückgeführt werden. Oberflächenabfluss kann durch zwei Prozesse gebildet werden. Der Niederschlag, der nicht in den Boden infiltrieren kann, weil der Boden vollständig gesättigt ist, kann bei entsprechendem Gefälle als **Sättigungsoberflächenabfluss** abfliessen. Oder der Niederschlag kann nicht in den Boden infiltrieren, weil die Infiltrationskapazität des Bodens geringer ist als die Niederschlagsintensität. Der Infiltrationsüberschuss fließt als **Horton'scher Oberflächenabfluss** (nach Robert E. Horton der diesen Prozess in den 1930er-Jahren beschrieben hat) ab. Die Oberflächenabflussprozesse zeigen eine schnelle Reaktion und die Abfluss-

reaktion verläuft meist gleichzeitig zum Verlauf der Niederschlagsintensität. Böden sind oft in Mulden, am Hangfuß oder in grundwassernahen Talsohlen gesättigt. Die Bodensättigung kann sich aber bei hohen Niederschlagsmengen während des Ereignisses ausdehnen, wodurch ein größerer Flächenanteil im Einzugsgebiet abflusswirksam wird **(Variable Source Area Concept)**. Oberflächen mit geringer Infiltrationskapazität sind versiegelte Flächen, Böden mit toniger Textur, verdichtete oder zur Verschlämmung neigende Böden oder Böden, die wasserabweisend (hydrophob) sind. Da sich diese Flächen bei einem Niederschlagsereignis nicht weiter ausdehnen, sondern räumlich konstant sind, wird dies als Partial Area Concept bezeichnet.

Wasser, das in den Boden infiltriert, kann je nach Bodenbeschaffenheit und Bodenfeuchte entweder im Boden gespeichert werden, zum Grundwasser sickern oder auch als **Zwischenabfluss** oder **Interflow** lateral im Boden zum Gerinne fließen, wenn ein ausreichendes Gefälle vorhanden ist. Voraussetzung für die Bildung von Zwischenabfluss ist eine Schichtung des Untergrunds, die sich durch eine starke Verminderung der hydraulischen Leitfähigkeit mit der Tiefe auszeichnet, diese kann auf einem Kontrast der hydraulischen Leitfähigkeit sowohl zwischen verschiedenen Bodenhorizonten(~ bereichen) als auch zwischen Boden und Ausgangsgestein beruhen. Unter diesen Bedingungen staut sich das infiltrierende Wasser an diesen Grenzschichten, es bildet sich eine gesättigte Zone aus und das Wasser fließt von dort lateral dem Gerinne zu. Die laterale Fließgeschwindigkeit kann dabei aufgrund

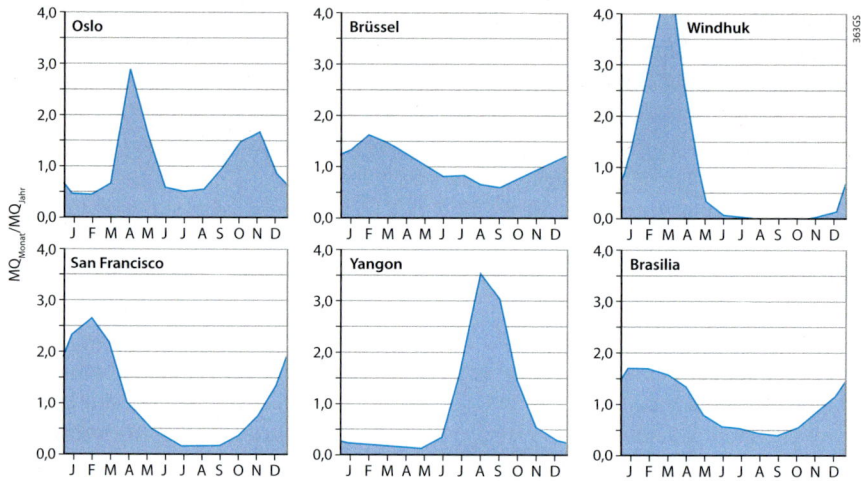

Abb. 5.4.3/1 *Die Abflussregime für ausgewählte Klimazonen*

(Daten vom GRDC (Global Runoff Data Center))

von grobporigen Strukturen (Makroporen, Wurzeln, Risse, etc.) im Untergrund überraschend hoch sein. Dennoch ist die Abflussreaktion des Zwischenabflusses verzögert und gedämpft im Vergleich zum Oberflächenabfluss (Abb. 5.4.2/1 unten). Der Zwischenabfluss dominiert die Abflussreaktion besonders in bewaldeten und (stark) reliefierten Einzugsgebieten.

Wie schon im Kap. 5.3 angedeutet, ist der **Grundwasserabfluss** zum Gerinne ein kontinuierlicher Prozess, der besonders den Abfluss in Trockenwetterzeiten dominiert. Während eines Ereignisses verändert sich der Grundwasserabfluss in den meisten Einzugsgebieten nur geringfügig. Dieser mehr oder weniger konstante Zufluss wird auch als **Basisabfluss** bezeichnet und der Abfluss, der durch den Niederschlag initiiert wird, auch als **Direktabfluss**. Der Anteil des Direktabflusses an der gesamten Niederschlagsmenge wird als **Ab-**

flussbeiwert bezeichnet und dient zur Charakterisierung eines Niederschlagsabflussereignisses. Generell nimmt der Abflussbeiwert mit zunehmenden Niederschlagsmengen zu. Eine genaue Bestimmung ist nur möglich, wenn die Abflussprozesse im Detail ermittelt werden können.

5.4.3 Abflussregime
Der charakteristische mittlere Jahresgang des Abflusses eines Fließgewässers wird als Abflussregime bezeichnet. Das Abflussregime ist beeinflusst durch klimatologische, geologische, pedologische, geomorphologische, vegetative und anthropogene Faktoren des betrachteten Einzugsgebietes. Die bekannteste Klassifikation des Abflussregime ist von M. Pardé (1933) und basiert auf der dominierenden Speisungsart der Flüsse, wie Regen (**pluvial**), Schnee (**nival**) oder Gletscher (**glazial**), der Anzahl der

Abflussminima und –maxima und dem Schwankungskoeffizienten SK (auch **Pardékoeffizient**) der monatlichen Abflüsse:

(Glg. 5.4.3/3)

$$SK = MQ_{Monat} / MQ_{Jahr}$$

In Abb. 5.4.3/1 sind AbflussRegime von den ausgewählten Orten in den verschiedenen Klimazonen (Abb. 5.2.2/1) gegenübergestellt. Die Regime mit der geringsten Variation sind die von Brüssel und Brasilia mit einem ebenfalls recht ausgeglichenen Niederschlagsregime. Die Abflussregime von Yangon und San Francisco zeigen ein hohes Maximum während der winterlichen Regenzeit im mediterranen Klima und der Monsunzeit und relative geringe Abflüsse für einige Monate. Den höchsten Pardékoeffizienten zeigt das Regime in Windhuk. Der Abfluss findet nur kurz während der Regenzeit statt und für einige Monate fällt der Fluss völlig trocken (ephemer). Das Regime in Oslo ist durch die Schneeschmelze im Frühjahr (nivales Regime) und durch das Niederschlagsmaximum im Herbst geprägt, bevor sämtlicher Niederschlag als Schnee gespeichert wird. Ein glaziales Regime hat ein Abflussmaximum im August zur maximalen Gletscherschmelze.

Zusätzlich zum Abflussregime ist auch der absolute monatliche oder jährliche Abfluss von Interesse. Eine starke Ähnlichkeit von Einzugsgebieten bezüglich des Abflussregime kann sich bei Betrachtung der absoluten Werte als nicht hinreichend herausstellen. So sind z.B. die Regime von Brüssel und Brasilia sehr

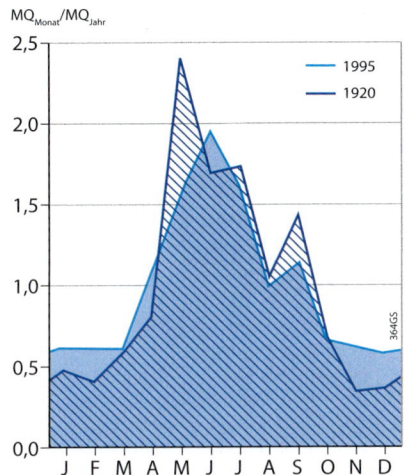

Abb. 5.4.3/2 *Abflussregime am Pegel Diepoldsau, Rhein der Jahre 1920 und 1995* (Daten vom GRDC (Global Runoff Data Center))

ähnlich in ihrem Verlauf. Jedoch ist der Jahresabfluss in Brasilia mit 819mm fast doppelt so groß wie in Brüssel mit 433 mm.

Die Speicherung von Wasser in Seen, insbesondere von Stauseen, kann das Abflussregime nachhaltig verändern. Gut belegen lässt sich der Effekt durch den Vergleich der Abflussganglinien am Pegel Diepoldsau am Alpenrhein der Jahre 1920 und 1995 (Abb. 5.4.3/2). Im Jahr 1920 gab es im Einzugsgebiet noch keine größeren Stauseen, bis 1995 war ein Speicherraum von 764 Mio. m^3 entstanden (BELZ, J. U. et al., 2007). Obwohl die ausgewählten Jahre eine ähnliche Witterung aufweisen, unterscheiden sich die Ganglinien deutlich. Das winterliche Niedrigwasser ist angehoben, die Sommerabflüsse reduziert, der Abfluss ist insgesamt gleichmäßiger übers Jahr verteilt.

Durch Landnutzungsänderungen kann sich das Abflussregime von Fließgewässern auch verändern. Besonders das zeitliche Auftreten der Schneeschmelze ändert sich, wenn Wälder gerodet werden, aber auch Einflusse auf die Niedrigwasserperiode sind oft sichtbar.

Aufgabe

2. Für das Jahr 2080 werden folgende Änderungen im Vergleich zu 1995 der mittleren monatlichen Abflüsse aufgrund der vorhergesagten Klimaänderung für den Rhein am Pegel Diepoldsau vorhergesagt: Jan-Feb: +50 %, März +20 %, April-Mai: +10 %, Juni -20 %, Juli –40 %, Aug-Sept-50 % , Okt –10 %, Nov +30 %, Dez +40%. Tragen sie die Änderungen in Abb. 5.4.3/2 ein und diskutieren sie das Ergebnis.

Hydrologie Zum Einlesen

BAUMGARTNER, A. & H.-J. LIEBSCHER (1996): Lehrbuch der Hydrologie, Bd.1, Allgemeine Hydrologie, Quantitative Hydrologie. – Borntraeger, Berlin, Stuttgart.

BRUTSAERT, W. (2005): Hydrology: an introduction. – Cambridge, New York.

DINGMAN, S. L. (2001): Physical Hydrology. – Prentice Hall, Upper Saddle River.

DYCK S. & G. PESCHKE (1995): Grundlagen der Hydrologie. – Verlag für Bauwesen, Berlin.

FETTER, C. W. (2000): Applied Hydrogeology. – Prentice Hall, Upper Saddle River.

HÖLTING, B. & W. G. COLDEWAY (2009): Hydrogeologie. Einführung in die Allgemeine und Angewandte Hydrogeologie – Spektrum, Heidelberg.

LEOPOLD, L. B. & T. DUNNE (1978): Water in Environmental Planning. – Freeman, San Francisco.

MAIDMENT, D. R. [Hrsg.] (1993): Handbook of Hydrology. – McGraw-Hill, New York.

MANIAK, U. (2005): Hydrologie und Wasserwirtschaft: Eine Einführung für Ingenieure. – Springer, Berlin.

WEILER, M., J. MCDONNEL, I. TROMP-VAN MEER VELD & T. UCHIDA (2005): Subsurface Stromflow, Encyclopedia of Hydrological Sciences. – Wiley

WEILER, M., et al. (2008): Watershed Measurement Methods and Data Limitation, Compendium of Forest Hydrology and Geomorphology in British Columbia. – FORREX.

Lösungen zu den Aufgaben im Kapitel Hydrologie

5.1 Der Wasserkreislauf

1. Berechnung: das entsprechende Volumen (km³) wird durch die Gesamtfläche (510 000 000 000 km²) geteilt und mit 1000 multipliziert, um die Einheit Meter zu bekommen.
Daraus ergibt sich folgende Information:

Die Ozeane würden die gesamte Welt mit einer 2623 m hohen Wassersäule bedecken. Die Grundwasservorräte sind immerhin noch fast 46 m hoch und somit etwa gleich mächtig wie Schnee und Eis zusammen mit über 47 m. Alle Oberflächengewässer würden die Welt nur mit einer 20 cm hohen Wasserschicht bedecken, die gesamte Bodenfeuchte ergibt sogar nur etwa 32 mm Wasser. Das gesamte Wasser in der Atmosphäre ergibt nur 25 mm.

2. Der jährliche Abfluss in mm/Jahr wird berechnet, indem zuerst der mittlere Abfluss von m³/Jahr umgerechnet wird (60 sec · 60 min · 24 h · 365,25 d). Dieser wird dann durch die Einzugsgebietsfläche (in m²) geteilt und dann von Meter in Millimeter umgerechnet. Für den Unterlauf muss dazu erst die Differenz zwischen den Abflüssen und der Einzugsgebietsflächen an den beiden Pegeln berechnet werden.

Daraus ergibt sich:

	Abfluss (m³/s)	EZG (km²)	Abfluss (mm/ Jahr)	
Rhein bei Basel	1038	35930	911,7	Oberlauf
Rhein an der Grenze Deutschland-Niederlande	2228	160800	437,3	
Differenz	1190	124870	300,7	Unterlauf
Donau bei Passau	1426	76653	587,1	Oberlauf
Donau an der Mündung	6415	807000	250,9	
Differenz	4989	730347	215,6	Unterlauf

Die Abflusshöhe des Oberlaufs ist jeweils höher als die des Unterlaufs. Der Oberlauf und somit die Alpen und Mittelgebirge bewirken am Rhein auch einen höheren Abfluss im Vergleich zur Donau (911 mm und 587 mm). Für das gesamte Einzugsgebiet bis zur Mündung ist die Abflusshöhe am Rhein mit 437 mm fast doppelt so hoch wie an der Donau mit 250 mm.

5.2 Wasserbilanz

1. Bodenwasserspeicheränderung
$\Delta S = P - Q_{out}$. Da es ein kurzes Niederschlagsereignis war, können wir davon ausgehen, dass die Evapotranspiration vernachlässigbar ist. Wenn kein lateraler Zufluss stattfindet, ist:

$\Delta S = 36$ mm $- 90$l/10 m² $= 36$ mm $- 9$ mm $= 27$ mm

Wassergehaltsänderung
$= 27$ mm $: 1000$ mm (Bodentiefe) $\cdot 100$ %
$= 2,7$ %

Diese Änderung könnte mit einer TDR Sonde erfasst werden, da die errechnete Bodenwassergehaltsänderung größer ist als die Auflösung der Sonde.

2. Aus der Wasserbilanz für ein Einzugsgebiet ergibt sich ET = P – Q unter der Annahme, dass $\Delta S = 0$, da von langjährigen mittleren Werten ausgegangen wird.

a) Bestimmung der mittleren jährlichen Evapotranspiration:

$P = 2180$ mm

$Q = 13$ l/s $= 0,013$ m³/s
$= 410248,8$ m³/Jahr und geteilt durch die Einzugsgebietsfläche von 25 ha $= 250000$ m² ergibt 1641mm Abfluss

$ET = P - Q = 2180 - 1641 = 539$ mm

b) Fehleranalyse: Die Fehlerfortpflanzung bei der Addition oder Subtraktion errechnet sich aus der Wurzelsumme der Fehlerquadrate. Für diese Daten ergibt sich somit:

Fehler Niederschlag $= 2180 \cdot 5$%
$= 109$ mm

Fehler Abfluss $= 1641 \cdot 3$ % $= 49,2$ mm

Absoluter Fehler Evapotranspiration
$= \sqrt{(109^2 + 49,2^2)} = 119,6$ mm

Relativer Fehler Evapotranspiration
$= 119,6$ mm $: 539$ mm $\cdot 100 = 22,2$ %

5.3 Grundwasser

1. Grundwasserneubildung pro Jahr:
Neubildung aus dem Wald:
$0,25 \cdot 820$ mm $\cdot 36000000$ m² $= 7380000$m³

Infiltration vom Bach:
$4,5$ l/s $\cdot 60$ sec $\cdot 60$ min $\cdot 24$ h $\cdot 365,25$ d
$= 142009$ m³

Gesamte Grundwasserneubildung pro Tag:

7522009 m³ pro Jahr und somit 20,59 Millionen Liter pro Tag

Die Entnahme muss geringer sein als 20,59 Millionen Liter pro Tag.

Es könnten maximal 20594138,81 l / 123 l/Einwohner $= 167432$ Einwohner mit Trinkwasser versorgt werden.

2. Aus der Tab. 5.3.3/1 können folgende Informationen für die Durchlässigkeitsbeiwerte k abgelesen werden:

Sandiger Kies: k = 10^{-4} bis 10^{-2} m/s

Schluffiger Sand: k=10^{-7} bis 10^{-3} m/s

Da diese Bereiche nicht besser eingegrenzt werden können, ist es notwendig, den Durchfluss als Wertebereich anzugeben. Für jedes Gebiet und jeden Durchlässigkeitsbeiwert kann der Durchfluss folgendermaßen bestimmt werden:

Q = 10^{-2} m/s (k ändert sich) · 0.004 · 13 500 m² = 0,54 m³/s = 46 656 m³ pro Tag

Gebiet sandiger Kies:
Q = 466,6 bis 46 656 m³ pro Tag

Gebiet schluffiger Sand:
Q = 0,47 bis 4 665 m³ pro Tag

5.4 Abfluss

1. Aus der Dauerlinie kann der Abfluss abgelesen werde, der an 250 Tagen = 365 − 250 = 115 Tage : 365 Tage = 31,5 % der Zeit unterschritten wird. Der genaue Wert ist 1,42 mm/Tag. Es kann auch ein Näherungswert verwendet werden.
Die Umrechnung in m³/s ergibt einen Abfluss von 4,22 m³/s. Da 250 l/s durch die Fischtreppe fließen sollen, stehen nur noch 3,97 m³/s zur Stromerzeugung zur Verfügung.
Die Leistung ergibt sich aus dem Produkt von Durchflussmenge (Masse pro Zeit), Fallhöhe und der Erdbeschleinigung (Potenzielle Energie):
Leistung (in Watt) = 3.97 m³/s · 1 000 kg · 4 m · 9.81 m/s² · 0,9 = 140 kW

2. Aus der Abb. 5.4.3/2 lesen Sie die monatlichen Pardékoeffizienten für das Jahr 1995 und verändern diese entsprechend der vorhergesagten Änderungen. Dabei ist zu beachten, dass der Mittelwert aller monatlichen Pardékoeffizienten eins ergibt. Die Berechnungen sind in der Tabelle und in der Abbildung dargestellt:

	1995	Änderung (%)	2080 (MQ geringer)	2080
J	0,61	50	0,92	1,03
F	0,61	50	0,92	1,03
M	0,61	20	0,73	0,82
A	1,07	−10	0,96	1,08
M	1,57	−10	1,41	1,58
J	1,95	−20	1,56	1,75
J	1,61	−40	0,96	1,08
A	0,99	−50	0,50	0,56
S	1,15	−50	0,57	0,64
O	0,65	−10	0,58	0,65
N	0,61	30	0,79	0,89
D	0,57	40	0,80	0,90
MQ	1,00		0,89	1,00

Im Jahr 2080 könnte sich das Regime des Alpenrheins signifikant ändern. Die Abflüsse im Winter sind erhöht durch eine geringere Schneeakkumulation und einen erhöhten Abfluss durch Regen im Winter. Die Abflüsse im Sommer sind geringer, weil Schneeschmelze und Gletscherschmelze abnehmen. Insgesamt ist das Regime ausgeglichener.

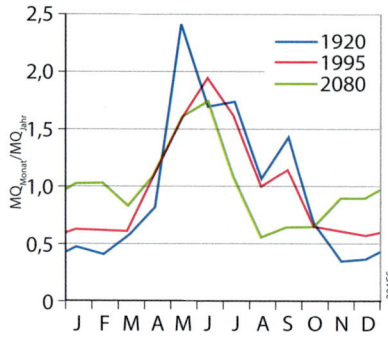

Abb. L 5.4/1 Abflussregime am Pegel Diepoldsau, Rhein der Jahre 1920, 1995 und für das Klimaszenario 2080 (zu Aufgabe 4) (eigene Darstellung)

Literaturverzeichnis

AD HOC-ARBEITSGRUPPE BODEN [Hrsg.] (2005): Bodenkundliche Kartieranleitung. – E. Schweizerbart'sche Verlagsbuchhandlung, Stuttgart.

AHNERT, F. (2009): Einführung in die Geomorphologie. – UTB, Stuttgart.

BAHLBURG, H. & C. BREITKREUZ (2008): Grundlagen der Geologie. CD-Rom. – Spektrum Wissen, München.

BAIRLEIN, F. (1996): Ökologie der Vögel. – Fischer, Stuttgart.

BARRY, R. G. & R. J. CHORLEY (1998): Atmosphere, Weather and Climate. – Routledge, New York, London.

BARTHLOTT, W., W. LAUER & A. PLACKE (1996): Global distribution of species diversity in vascular plants: towards a world map of phytodiversity. – Erdkunde 50, 317–327.

BARTHLOTT, W., W. LAUER, A. PLACKE & M. WINIGER (1998): Biodiversity. – Springer, Berlin.

BAUER, J., W. ENGLERT & U. MEYER (2002): Physische Geographie kompakt. – Spektrum, Heidelberg, Berlin.

BAUMGARTNER, A. & H.-J. LIEBSCHER (1996): Allgemeine Hydrologie, Quantitative Hydrologie. – Borntraeger, Berlin, Stuttgart.

BAUMHAUER, R. (2006): Geomorphologie. – Wiss. Buchgesellschaft, Darmstadt.

BARSCH, H., K. BILLWITZ & H.-R. BORK [Hrsg.] (2000): Arbeitsmethoden in Physiogeographie und Geoökologie. – Perthes, Gotha.

BAYERISCHE AKADEMIE FÜR NATURSCHUTZ UND LANDSCHAFTSFPFLEGE [Hrsg.] (1994): Begriffe aus Ökologie, Landnutzung und Umweltschutz. – Laufen, Frankfurt/Main.

BEIERKUHNLEIN C. (2007): Biogeographie. – UTB, Stuttgart.

BELZ, J. U., G. BRAHMER, H. BUITEVELD, H. ENGEL (2007): Das Abflussregime des Rheins und seiner Nebenflüsse im 20. Jahrhundert. Analyse, Veränderungen und Trends. – Bericht 22 der KHR.

BENDIX, J. (2004): Geländeklimatologie. Studienbücher zur Geographie. – Borntraeger, Berlin.

BGR (Bundesanstalt für Geowissenschaften und Rohstoff) (2008): World Reference Base for Soil Resources 2006. Ein Rahmen für internationale Klassifikation, Korrelation und Kommunikation. Hannover.

BICKEL, C. (1999): Bundes-Bodenschutzgesetz. Kommentar. Köln, Berlin, Bonn, München.

BJERKNES, J., & H. SOLBERG (1922): Life cycle of cyclones and the polar front theory of atmospheric circulation. – Geophys. Publ., 3 (1), 3–18.

BLUM, W. (2007): Bodenkunde in Stichworten. – Hirts Stichwortbücher, Berlin, Stuttgart.

BLUME, H.-P., FELIX-HENNINGSEN, P., FISCHER, W. R., FREDE, H.-G., HORN, R. & K. STAHR (1995): Handbuch der Bodenkunde. – Loseblatt-Ausgabe. Ecomed, Landsberg/Lech.

BLUME H.-P. [Hrsg.] (2004): Handbuch des Bodenschutzes. Bodenökologie und –belastung. Vorbeugende und abwehrende Schutzmaßnahmen. – Ecomed, Landsberg/Lech.

BLUME, H.-P., BRÜMMER, G. W., HORN, R., KANDELER, E., KÖGEL-KNABNER, I., KRETZSCHMAR, R., STAHR, K. & B.-M. WILKE [Hrsg.] (2010): Scheffer/Schachtschabel: Lehrbuch der Bodenkunde. – Spektrum, Heidelberg.

BLÜMEL, W.-D. & J. EBERLE (2001): Global warming in Permafrostgebieten. Hydrologische, geomorphologische und ökosystemare Veränderungen in der Hohen Arktis. – GR 53/5, 48–53.

BLÜTHGEN, J. & W. WEISCHET (1980): Allgemeine Klimageographie. – de Gruyter, Berlin.

BÖGLI, A. (1978): Karsthydrographie und physische Speläologie. – Springer, Heidelberg, Berlin.

BORK, H.-R. , H. BORK, C. DALCHOW, B. FAUST, H.-P. PIORR & T. SCHATZ (1998): Landschaftsentwicklung in Mitteleuropa.– Klett Perthes, Gotha.

BORK, H.-R., G. SCHMIDTCHEN & M. DOTTERWEICH (2003): Bodenbildung, Bodenerosion und Reliefentwicklung im Mittel- und Jungholozän Deutschlands. – Forschungen zur deutschen Landeskunde 253, Flensburg.

BRESINSKY, A., C. KÖRNER, J. W. KADEREIT & G. NEUHAUS (2008): Strasburger – Lehrbuch der Botanik. – Spektrum, Berlin.

BRAUN-BLANQUET, J. (1964): Pflanzensoziologie. – Springer, Wien, New York.

BRIGGS, J. C. (1995): Global Biogeography. – Elsevier, Amsterdam.

BROWN, J. H. & M. V. LOMOLINO (1998): Biogeography. – Sinauer, Sunderland, Mass.

BRUCE, J. P. & R. H. CLARK (1966): Introduction to hydrometeorology. – Franklin Book Co., Elkins Park.

BRÜCKNER, H. (2000): Küsten – sensible Geo- und Ökosysteme unter zunehmendem Stress. – Petermanns Geographische Mitteilungen, 143/2000, 1-18.

BRÜCKNER, H. & G. SCHELLMANN (2006): Potenziale neuer Datierungsmethoden für die geomorphologische Forschung. – Zeitschrift für Geomorphologie, Supplement 148, 103–110.

BRUTSAERT, W. (2005): Hydrology: an introduction. – Cambridge, New York.

BUDYKO, M. J. (1958): The Heat Balance of the Earth's Surface. – U. S. Dept of Commerce, Washington, (russ. Originalversion 1956).

BUDYKO, M. I. (1974): Climate and Live. – Academic Press, New York.

BUDYKO M. I., N. A. YEFIMOVA, L. I. ZUBENOK & L. A. STROKIN (1962): The heat balance of the surface of the earth. – Soviet Geography, 3, No. 5, 3-16.

BÜDEL, J. (1981): Klima-Geomorphologie. – UTB, Stuttgart, Berlin.

BUNDESANSTALT FÜR GEOWISSENSCHAFTEN UND ROHSTOFF & AD HOC-ARBEITSGRUPPE BODEN DES BUND/LÄNDER-AUSSCHLUSSES BODENFORSCHUNG (2007): Methodenkatalog zur Bewertung natürlicher Bodenfunktionen, der Archivfunktion des Bodens, der Nutzungsfunktion „Rohstofflagerstätte" nach BBodSchG sowie der Empfindlichkeit des Bodens gegenüber Erosion und Verdichtung.

BUNDESUMWELTMINSTERIUM (2002): TA Luft (Technische Anleitung zur reinhaltung der Luft) www.bmu.de/files/pdfs/allgemein/application/pdf/taluft.pdf (Zugriff: 29.07.2009).

CAMPBELL, N. A. & J.B. REECE (2007): Biologie. – Spektrum, Heidelberg.

COX, C. B. & P. D. MOORE (1987): Einführung in die Biogeographie. – Fischer, Stuttgart.

CZIHAK, G. H. LANGER & H. ZIEGLER (Hrsg.): Biologie. – 6. Auflage, Berlin, Heidelberg 1996

DEUTSCHER ARBEITSKREIS FÜR GEOMORPHOLOGIE (2006): Die Erdoberfläche- und Gestaltungsraum des Menschen. Forschungsstrategische und programmatische Leitlinien zukünftiger geomorphologischer Forschung und Lehre. – Zeitschrift für Geomorphologie, Supplement 148.

DEUTSCHER WETTERDIENST (DWD) www.dwd.de (Zugriff: 23.12.2008)

DIERCKE Weltatlas (2008). – Westermann, Braunschweig.

DIERSCHKE, H. (1994): Pflanzensoziologie. – UTB, Stuttgart.

DIERSSEN, K. (1990): Einführung in die Pflanzensoziologie. – Wiss. Buchgesellschaft, Darmstadt.

DIEZ T. & H. WEIGELT (1987): Böden unter landwirtschaftlicher Nutzung. BLV Buchverlag. München.

DIKAU, R. (2007): Wenn Berge sich bewegen. Gefahren, Risiken und Katastrophen durch gravitative Massenbewegungen. – GR 59/10, 58–65.

DIKAU, R., D. BRUNDSTEN, L. SCHROT & M.-L. IBSEN (ed.) (1996): Landslide Recognition. Identification, Movement and Causes. – Wiley, New York.

DIKAU, R., J. HERGET & K. HENNRICH (2005): Land use and climate impacts on fluvial systems during the period agriculture in the river Rhine catchment [RHINELUCIFS] – an introduction. – Erdkunde 59/3/4, 178–183.

DIKAU, R., P. HOUBEN, T. HOFFMANN & L. SCHROTT (2006): Der Sedimenthaushalt geomorphologischer Systeme seit Beginn des menschlichen Einflusses. – Zeitschrift für Geomorphologie, Supplement 148, 32–40.

DINGMAN, S. L. (2001): Physical Hydrology. – Prentice-Hall Upper Saddle River.

DÖLL, P. & K. FIEDLER (2008): Globalscale modeling of groundwater recharge. – Hydrol. Earth Syst. Sci., 12, 863-885.

DYCK S. & G. PESCHKE (1995): Grundlagen der Hydrologie. – Verlag für Bauwesen, Berlin.

EISENTRAUT, M. (1956): Der Winterschlaf mit seinen ökologischen und physiologischen Begleiterscheinungen. – Fischer, Jena.

EITEL, B. (2001): Bodengeographie. – Westermann, Braunschweig.

ELLENBERG, H. [Hrsg.] (1973): Ökosystemforschung. – Springer, Berlin, Heidelberg, New York.

ELLENBERG, H. (1992): Zeigerwerte von Pflanzen in Mitteleuropa. – Scripta Geobotanica, Vol. 18.

ELLENBERG, H. (1996): Vegetation Mitteleuropas mit den Alpen. – UTB, Stuttgart.

ELLENBERG, H. & D. MÜLLER-DOMBOIS (1967): Tentative physiognomic-ecological classification of plant formations of the earth. – Bericht des Geobotanischen Instituts der ETH Zürich, Bd. 37. 21–55.

EMBLETON-HAMANN, C. (2007): Karstmorphologie – Glazialer Formenschatz – Küstenformen. – In: Geomorphologie in Stichworten. III Exogene Morphodynamik. – Hirt, Berlin.

ENDLICHER, W. & F.-W. GERSTENGARBE [Hrsg.] (2007): Der Klimawandel – Einblicke, Rückblicke und Ausblicke. – Deutsche Gesellschaft für Geographie, Berlin, Potsdam.

ESSERY, R. & J. POMEROY, J. PARVIAINEN & P. STORCK (2003): Sublimation of snow from coniferous forests in a climate model. – Journal of Climate, 16, 1855–1864.

EUROPEAN COMMISSION - EUROPEAN SOIL BUREAU NETWORK (2005): Soil Atlas of Europe. Luxembourg.

FAO (1998): World Reference Base for Soil Resources. World Soils Report No.84. Rome.

FAO/EC/ISRIC (2000): World Soil Resources Map.

FAO FOOD AND AGRICULTURE ORGANIZATION OF THE UNITED NATIONS. IUSS WORKING GROUP WRB (2006): World reference base for soil resources 2006. World Soil Resources Reports No. 103. Rome. FAO-UNSESCO (1974): FAO-UNESCO Soil Map of the World: Vol. 1, Legend. UNESCO, Paris.

FAO-UNSESCO-ISRIC (1990): FAO-UNESCO Soil Map of the World: Revised Legend. World Soil Resources Report 60. Rome.

FELDWISCH, N. (2002): Bodenfunktionen in der Eingriffsregelung. In: NNA-Berichte 1/2002 Neue Wege im Boden und Gewässer. – Alfred Toepfer Akademie für Naturschutz, 93-100.

FELDWISCH, N., BOSCH & PARTNER (2006): Endbericht zum „Orientierungsrahmen zur zusammenfassenden Bewertung von Bodenfunktionen". LABO-Projekt 3.05.

FETTER, C. W. (2000): Applied Hydrogeology. – Prentice Hall, Upper Saddle River.

FLOHN, H. (1960): Zur Didaktik der allgemeinen Zirkulation der Atmosphäre. – Geographische Rundschau 4/12, 130–142.

FREY, W. & R. LÖSCH (1998): Lehrbuch der Geobotanik. Pflanze und Vegetation in Raum und Zeit. – Fischer, Stuttgart.

FRIELINGHAUS, M., MÜLLER, L. & J. BACHINGER (1999): Ermittlung von Handlungszielen als Grundlage für den vorsorgenden Bodenschutz. In: Mitteilungen der Deutschen Bodenkundlichen Gesellschaft 91/I, 51-58.

GAEDE, M. & J. HÄRTLING (2010): Umweltprüfung und Umweltbewertung. Das Geographische Seminar. – Westermann. Braunschweig.

GEBHARDT, H., R. GLASER, U. RADKE & P. REUBER [Hrsg.] (2011): Geographie. Physische Geographie und Humangeographie. – Spektrum, 2.Aufl.,Heidelberg, Berlin.

GISI, U. et al. (1997): Bodenökologie. – Thieme. Stuttgart, New York.

GLADE, T. (2005): Stand und Probleme der Naturrisikoforschung aus physisch-geographisches Sicht. – In: MÜLLER-MAHN, D. & U. WARDENGA [Hrsg.]: Möglichkeiten und Grenzen integrativer Forschungsansätze in Physischer Geographie und Humangeographie. – Forum ifl 2, 79-89, Leipzig.

GLADE, T. & R. DIKAU (2001): Gravitative Massenbewegungen – vom Naturereignis zur Naturkatastrophe. – Petermanns Geographische Mitteilungen 145/6, 42–53.

GLAVAC, V. (1996): Vegetationsökologie. – Fischer, Stuttgart.

GLASER, R: (2008): Klimageschichte Mitteleuropas. – Primus, Darmstadt.

GLASER, R. et al. (2011): Klimageographie – In: GEBHARDT, H; R. GLASER, U. RADTKE & P. REUBER (Hrsg.): Geographie. Physische Geographie und Humangeographie. – Kapitel 8, - Spektrum, 2.Aufl. Heidelberg.

GLASER, R., C. HAUTER, D. FAUST, R. GLAWION, H. SAURER, A. SCHULTE & D. SUDHAUS (2010): Physische Geographie kompakt. – Spektrum Heidelberg.

GLASER, R. & D. RIEMANN (2009): A thousand year record of temperature variation for Germany and Central Europe based on documentary data. – Journal of Quaternary Science, special Issue INQUA 2008.

GLAWION, R. (2002a): Ökosysteme und Landnutzung. – In: Liedtke, H. & J. Marcinek (Hrsg.): Physische Geographie Deutschlands. – 3. Aufl. Klett-Perthes, Gotha, 289-319.

GLAWION, R. (2002b): Landscape analysis: Investigation of geocomponents (climate, biota). – In: BASTIAN, O. & U. STEINHARDT (eds.): Development and Perspectives of Landscape Ecology. – Kluwer, Dordrecht/Boston/London.

GLAWION, R. (2005): Aspekte geographischer Umweltbewertung. Umweltziele und Indikatoren für ein nachhaltiges Flächenmanagement in Nordamerika und Deutschland. – Regio Basiliensis 46(1), 33-48.

GLAWION, R. et al. (2011): Biogeographie. – In: GEBHARDT, H. et al. (Hrsg.): Geographie. – 2. Aufl. Spektrum, Heidelberg, 518-566

GLAWION, R. & H.-J. KLINK (2008): Erde – potenzielle natürliche Vegetation. – In: Diercke Weltatlas, 1. Aufl. Westermann: Braunschweig 2008, 236–237.

GOSSMANN, H. (1988): Die Atmosphäre (Physikalische Grundlagen, Wetterabläufe und planetarische Zirkulation). – In: NOLZEN, H. [Hrsg.]: Handbuch des Geographieunterrichts, Bd. 10/I: Physische Geofaktoren. – Deubner, Köln.

GOSSMANN, H. (1995): Die Klimazonen der Erde. – In: Nolzen, H. [Hrsg.]: Handbuch des Geographieunterrichts, Bd. 12/I: Geozonen. – Deubner, Köln.

GOUDIE, A. (2007): Physische Geographie. Eine Einführung. – Elsevier, München.

GROTZINGER, J., T. H. JORDAN, F. PRESS & R. SIEVER (2008): Allgemeine Geologie. – Spektrum, Berlin.

HÄBERLI, R. (1992): Bodenkultur - Vorschläge für eine haushälterische Nutzung des Bodens in der Schweiz. – vdf-Verlag, Zürich.

HÄCKEL, H. (1999): Meteorologie. – UTB, Stuttgart.

HÄCKEL, H. (2008): Meteorologie. – 6. Aufl., Stuttgart.

HAEBERLI, W. & M. MAISCH (2008): Alpen ohne Eis? – GR 60/3, 14–21.

HARTGE, K. H. & R. HORN (1991): Einführung in die Bodenphysik. Enke, Stuttgart.

HENDL, M. & H. LIEDTKE [Hrsg.] (1997): Lehrbuch der Allgemeinen Physischen Geographie (darin: Allgemeine Zoogeographie). – Perthes, Gotha.

HEYWOOD, V. & E. DOWDESWELL (1995): Global Biodiversity Assessment. – World Resources Institute – UNEP. Cambridge University Press, Cambridge.

HINTERMAIER-ERHARD, G. & W. ZECH (1997): Wörterbuch der Bodenkunde. – Enke, Stuttgart

HOFMANN, M. (1985): Biogeographie und Landschaftsökologie (= Grundriss Allgemeine Geographie IV). – Schöningh, Paderborn.

HÖLTING, B. & W. G. COLDEWAY (2009): Hydrogeologie. Einführung in die Allgemeine und Angewandte Hydrogeologie – Spektrum, Heidelberg.

HUGGETT, R. J. (2004): Fundamentals of Biogeography. – Routledge, New York, London.

HUPFER, P. & W. KUTTLER (2005): Witterung und Klima – Eine Einführung in die Meteorologie und Klimatologie. – Teubner, Stuttgart.

IPCC (2000): Special Report on Emissions Scenarios. – Cambridge University Press, Cambridge, New York. www.ipcc.ch/ipccreports/sres/emission/index.htm (Zugriff 17.4.2009).

IPCC (2001): Climate Change 2001: The Scientific Basis – Contribution of Working Group I to the Third Assessment Report of the Intergovernmental Panel on Climate Change. – Cambridge University Press, Cambridge, New York. www.ipcc.ch/ipccreports/tar/vol4/english/index.htm (Zugriff: 17.4.2009).

IPCC (2007a): Climate Change 2007, Working Group I Report „The Physical Science Basis". – Cambridge University Press, Cambride, New York. www.ipcc.ch/ipccreports/ar4-wg1.htm (Zugriff 17.4.2009).

IPCC (2007b): Climate Change 2007: Synthesis Report. Contribution of Working Groups I, II and III to the Fourth Assessment. – IPCC, Genf. www.ipcc.ch/ipccreports/ar4-syr.htm (Zugriff 17.4.2009).

IPCC (2007c): Klimaänderung 2007: Wissenschaftliche Grundlagen Beitrag der Arbeitsgruppe I zum Vierten Sachstandsbericht des Zwischenstaatlichen Ausschusses für Klimaänderung (IPCC). Zusammenfassung für politische Entscheidungsträger. www.ipcc.ch/pdf/reports-nonUN-translations/deutch/IPCC2007-WG1.pdf (Zugriff 17.4.2009).

IPCC (2007d): Klimaänderung 2007: Auswirkungen, Anpassung, Verwundbarkeiten. Beitrag der Arbeitsgruppe II zum Vierten Sachstandsbericht des Zwischenstaatlichen Ausschusses für Klimaänderung (IPCC). Zusammenfassung für politische Entscheidungsträger. www.ipcc.ch/pdf/reports-nonUN-translations/deutch/IPCC2007-WG2.pdf (Zugriff 17.4.2009).

IUCN (2011): The latest IUCN Red List summary statistics Table 1 http://www.iucnredlist.org/documents/summarystatistics/2011_2_RL_Stats_Table1.pdf.

JACOBEIT, J. (2007): Planetarische Zirkulation. – In: GEBHARDT, H., R. GLASER, U. RADKE, P. REUBER [Hrsg.]: Geographie – Physische Geographie und Humangeographie. – Spektrum, Berlin.

JÜTTNER, W. (1999): Bodenschutz im Spannungsfeld zwischen Vor- und Nachsorge. In: Mitteilungen der Deutschen Bodenkundlichen Gesellschaft 91/I, 118-129.

KELLETAT, D. (1999): Physische Geographie der Meere und Küsten. Eine Einführung. – Teubner, Stuttgart.

KIEHL, J. T &, K. E. TRENBERTH (1997): Earth's annual global mean energy budget. – American Meteorological Society, Vol. 78, 197–208. www.atmo.arizona.edu/students/courselinks/spring04/atmo451b/pdf/RadiationBudget.pdf (Zugriff 14.11.2008).

KIRCHNER, J. W., X. H. FENG & C. NEAL (2000): Fractal stream chemistry and its implications for contaminant transport in catchments. – Nature 403, 524–527.

KLEBER, A. & J. VÖLKEL (2006): Hangsedimente und ihre Böden. – Zeitschrift für Geomorphologie, Supplement 148, 20–24.

KLINK, H.-J. (1998): Vegetationsgeographie. – Westermann, Braunschweig.

KLOFT, W. & M. GRUSCHWITZ (1988): Ökologie der Tiere. – UTB, Stuttgart.

KÖEBERLE, G. (2005): Umweltprobleme in Karstgebieten. Lösungsansätze, dargestellt am Beispiel der Schwäbischen Alb. – GR 57/06, 28–33.

KONDRATYEV, K.Y. (1969): Radiation in the Atmosphere. – Academic, New York.

KORZUN, V. I. (1978): World water balance and water resources of the earth. – Studies and Reports in Hydrology, Vol. 25.

KRAUS, H. (2004): Die Atmosphäre der Erde. Einführung in die Meteorologie. – Springer, Berlin.

KREEB, K.-H. (1977): Methoden der Pflanzenökologie. – Fischer, Stuttgart.

KREEB, K.-H. (1999): Vegetationskunde. – UTB, Stuttgart.

KNAPP, R. (1971): Einführung in die Pflanzensoziologie. – UTB, Stuttgart.

KÜSTER, H. (1999): Geschichte der Landschaft in Mitteleuropa. Von der Eiszeit bis zur Gegenwart. – Beck, München.

LABO (Bund/Länder-Arbeitsgemeinschaft Bodenschutz) (1997): Positionspapier zum Bodenschutz im Rahmen der Landschaftsplanung und der naturschutzrechtlichen Eingriffsregelung. 11. Sitzung am 18./19.03.1997. Berlin.

LABO (Bund/Länder-Arbeitsgemeinschaft Bodenschutz)/AD HOC-ARBEITSGRUPPE BODENVERSIEGELUNG/-ENTSIEGELUNG (1998): Versiegelung und Entsiegelung von Böden.

LANG, G. (1994): Quartäre Vegetationsgeschichte Europas. – Fischer, Jena.

LARCHER, W. (1994): Ökophysiologie der Pflanzen. – UTB, Stuttgart.

LAUER, W. & J. BENDIX (2004): Klimatologie. – Westermann, Braunschweig.

LEOPOLD, L. B. & T. DUNNE (1978): Water in Environmental Planning. – Freeman, San Francisco.

LERCH, G. (1991): Pflanzenökologie. – Akademie, Berlin.

LESER, H. (2009): Geomorphologie. – Westermann, Braunschweig.

LFUBW (2008): www.lubw.baden-wuerttemberg.de/servlet/is/18340/ (Zugriff 29.07.2009).

LIEDTKE, H. & J. MARCINEK [Hrsg.] (2002): Physische Geographie Deutschlands. (darin: Kap. 4 Vegetation, Kap. 6 Ökosysteme und Landnutzung von Deutschland). – Perthes, Gotha.

LILJEQUIST, G. & K. CEHAK (1984): Allgemeine Meteorologie. – Westermann, Braunschweig.

LOUIS, H. & K. FISCHER (1979): Allgemeine Geomorphologie. – de Gruyter, Berlin.

LUBW (2008): XFAWEB. http://www.xfaweb.baden-wuerttemberg.de/bofaweb/berichte/tbb03b/tbb03b0035.html.

MÄCKEL, R., A. FRIEDMANN & D. SUDHAUS (2009): Environmental changes and human impact on landscape development in the Upper Rhine Region. – Erdkunde 63/1, 35–49.

MAI, H. D. (1995): Tertiäre Vegetationsgeschichte Europas. – Fischer, Jena.

MAIDMENT, D. R. [Hrsg.] (1993): Handbook of Hydrology. – McGraw-Hill, New York.

MAISCH, M. & W. HAEBERLI (2003): Die rezente Erwärmung der Atmosphäre – Folgen für die Schweizer Alpen. – GR 55/2, 8–12.

MALBERG, H. (2002): Meteorologie und Klimatologie – eine Einführung. – Springer, Berlin.

MANIAK, U. (2005): Hydrologie und Wasserwirtschaft: Eine Einführung für Ingenieure. – Springer, Berlin.

MCKNIGHT, T. L. & D. HESS (2007): Physical Geography – A Landscape Appreciation. – Prentice Hall, Boston.

MERKEL A. (1998): Natur als Maßstab. In: BUNDESMINISTERIUM FÜR UMWELT, NATURSCHUTZ UND REAKTORSICHERHEIT [Hrsg.] (1998): Ziele des Naturschutzes und einer nachhaltigen Naturnutzung in Deutschland. Tagungsband zum Fachgespräch, 24. und 25. März 1998. 9-15.

MEUSEL, H., E. JÄGER & E. WEINERT [Hrsg.] (1965): Vergleichende Chorologie der zentraleuropäischen Flora. – Fischer, Jena.

MITCHELL, T. D. & P. D. JONES (2005): An improved method of constructing a database of monthly climate observatios and associated high-resolution grids. – Int. J. Climatol., 25, 693–712.

MORA, C. et al. (2011): How Many Species Are There on Earth and in the Ocean? - PLoS Biology   http://www.plosbiology.org/article/info%3Adoi%2F10.1371%2Fjournal.pbio.1001127

MÜCKENHAUSEN, E. (1993): Die Bodenkunde und ihre geologischen, mineralogischen, geomorphologischen und petrologischen Grundlagen. – DLG-Verlag. Frankfurt/Main.

MUNK, K. (2000): Grundstudium Biologie. – Spektrum, Heidelberg, Berlin.

MÜLLER, P. (1980): Biogeographie. – UTB, Stuttgart.)

MÜLLER, P. (1980): Tiergeographie. – UTB, Stuttgart.

MÜLLER-HOHENSTEIN, K. (1981): Die Landschaftsgürtel der Erde. – Teubner, Stuttgart.

MYERS, N., R. A. MITTERMEIER, C. G. MITTERMEIER, G. A. B. DA FONSCA & J. KENTS (2000): Biodiversity hotspots for conservation priorities. – Nature 403, 853–858.

NIEUWOLT, S. (1977): Tropical climatology: an introduction to the climates of the low latitudes. – Wiley, Berlin.

NULTSCH, W. (1986): Allgemeine Botanik: kurzes Lehrbuch für Mediziner und Naturwissenschaftler. – Thieme, Stuttgart.

OKE, T. R. (2006): Boundary layer climates. – Routledge, London

OKI, T., N. HANASAKI, Y. SHEN, S. KANAE, K. MASUDA & P. A. DIRMEYER (2005): Global water balance estimated by landsurface models participated in the GSWP2. Proceedings of the 19th Conference on Hydrology. – Amer. Met. Soc., SanDiego, USA.

OZENDA, P. (1988): Die Vegetation der Alpen. – Fischer, Stuttgart, New York.

PARDÉ, M. (1933): Fleuves et Rivières. – Armand Colin, Paris

PARLOW, E. (2006): Besonderheiten des Stadtklimas. – In: GEBHARDT, H., R. GLASER, U. RADKE, P. REUBER, [Hrsg.]: Geographie – Physische Geographie und Humangeographie. – Spektrum, Heidelberg, Berlin.

PETIT, J. R., J. JOUZEL, D. RAYNAUD et al. (1999): Climate and atmospheric history of the past 420 000 years from the Vostok ice core, Antarctica. – Nature 399, 429–436.

PENCK, A. & E. BRÜCKNER (1909): Die Alpen im Eiszeitalter. – Tauchnitz, Leipzig.

PFADENHAUER, J. (1997): Vegetationsökologie. Ein Skriptum. – IHW Verlag, Eiching.

PFEFFER, K.-H. (2006): Karst Sheets 18 – 21. International Atlas of Karst Phenomena. Union Internationale de Spéléologie, International Association of Geomorphologists. – Zeitschrift für Geomorphologie, Supplementbände, Vol. 147.

POTT, R. (1995): Die Pflanzengesellschaften Deutschlands. – UTB, Stuttgart.

PRESS, F. & R. SIEVER (2003): Allgemeine Geologie. Einführung in das System Erde.– Spektrum, Heidelberg.

REICHELT, G. & O. WILMANNS (1973): Vegetationsgeographie. – Westermann, Braunschweig.

REMMERT, H. (1992): Ökologie. – Springer, Berlin, Heidelberg.

RICHTER, M. (1997): Allgemeine Pflanzengeographie. – Teubner, Stuttgart.

RICHTER, D. (1997): Geologie. – Westermann, Braunschweig.

RICHTER, M. (2001): Vegetationszonen der Erde. – Perthes, Gotha.

ROBINSON, N. (1966) [Hrsg.]: Solar Radiation. – Elsevier, Amsterdam, New York.

ROTHE, P. (2002): Gesteine: Entstehung, Zerstörung, Umbildung – Wiss. Buchgesellschaft, Darmstadt.

RUH, H., BRUGGER, F. & CH. SCHENK (1990): Ethik und Boden. – Bericht 52 des Nationalen Forschungsprogrammes „Boden". Liebefeld-Bern.

SCHAEFER, M. & W. TISCHLER (1992): Ökologie. – Wörterbücher der Biologie. – Fischer, Stuttgart.

SCHELLMANN, G. (2007): Flussterrassen. In: GEBHARDT, B., R. GLASER, U. RADKE & P. REUBER [Hrsg.] (2007): Geographie. Physische Geographie und Humangeographie – Spektrum, Heidelberg, Berlin.

SCHIRMER, W., J. A. A. BOS, R. DAMBECK, M. HINDERER, N. PRESTON, A. SCHULTE, A. SCHWALB, & M. WESSELS (2005): Holocene fluviatile processes and vallley history in the river Rhine catchment. – Erdkunde 59/3/4, 199–215.

SCHLICHTING, E. (1986): Einführung in die Bodenkunde. – Parey, Hamburg.

SCHLICHTING, E., BLUME, H. P. & K. STAHR (1995): Bodenkundliches Praktikum. – Pareys-Studientexte 81. Blackwell Wissenschaft, Berlin.

SCHMIDT, G. (1969): Vegetationsgeographie auf ökologisch-soziologischer Grundlage. – Teubner, Leipzig.

SCHMITHÜSEN, J. (1968): Allgemeine Vegetationsgeographie. – de Gruyter, Berlin.

SCHMITHÜSEN, J. [Hrsg.] (1976): Atlas zur Biogeographie. – Meyers großer Physikalischer Weltatlas 3, Mannheim.

SCHMITT, E., T. SCHMITT, R. GLAWION & H.-J. KLINK (2012): Biogeographie. – Westermann, Braunschweig.

SCHOLTEN, T. (2003): Beitrag zur flächendeckenden Ableitung der Verbreitungssystematik und Eigenschaften periglaziärer Lagen in deutschen Mittelgebirgen. – Borntraeger, Stuttgart.

SCHÖNWIESE, C.-D. (2003): Klimatologie. – UTB, Stuttgart.

SCHREINER, A. (1997): Einführung in die Quartärgeologie. – Schweizerbart, Stuttgart.

SCHREINER, A. & R. EBEL (1981): Quartärgeologische Untersuchungen in der Umgebung von Interglazialvorkommen im östlichen Rheingletschergebiet (Baden-Württemberg). – Geol. Jahrb., A59, 3-64

SCHROEDER, D. (1992): Bodenkunde in Stichworten. – Hirt's Stichwortbücher. Borntraeger. Berlin, Stuttgart.

SCHROEDER, D. (2000): Böden der Erde: Entstehung, Verbreitung, Produktivität, Schädigung und Schutz. – Geographie und Schule 22/126, 9-18.

SCHROEDER, F.-G. (1998): Lehrbuch der Pflanzengeographie. – Quelle & Meyer, Wiesbaden.

SCHRÖDER, P. (2000): Die Klimate der Welt. – Trias/Enke, Stuttgart.

SCHULTZ, J. (2000): Handbuch der Ökozonen. – UTB, Stuttgart.

SCHULTZ, J. (2008): Die Ökozonen der Erde. – 4. Aufl. Ulmer, Stuttgart.

SCHULZE, E.-D., E. BECK & K. MÜLLER-HOHENSTEIN (2002): Pflanzenökologie. – Spektrum, Heidelberg, Berlin.

SCHWERDTFEGER, F. (1978): Lehrbuch der Tierökologie. – Parey, Hamburg, Berlin.

SEDLAG, U. (200): Tiergeographie. Urania-Tierreich. – Urania, Berlin.

SELLERS, W. D. (1965) Physical Climatology. – University of Chicago Press, Chicago.

SEMMEL, A. (1993): Grundzüge der Bodengeographie. – E. Schweiterbart'sche Verlagsbuchhandlung, Stuttgart.

SPILOK, G. (1992): Bodenschutzgesetz Baden-Württemberg. Kurzkommentierung.

STAHR, K., E. KANDELER, L. HERRMANN & T. STRECK (2008): Bodenkunde und Standortlehre. Grundwissen Bachelor. – UTB, Stuttgart.

STANLEY Q. K., T.H. VONDER HAAR & S.H. VONDER HAAR (1995): Satellite Meteorology: an Introduction. – academic, Fribourg.

STATISTISCHES BUNDESAMT (2009): Umweltökonomische Gesamtrechnungen. Nachhaltige Entwicklung in Deutschland. Indikatoren der deutschen Nachhaltigkeitsstrategie zu Umwelt und Ökonomie. Wiesbaden.

STATISTISCHES BUNDESAMT (2010): Umweltökonomische Gesamtrechnungen. Nachhaltige Entwicklung in Deutschland. Indikatoren der deutschen Nachhaltigkeitsstrategie zu Umwelt und Ökonomie. Wiesbaden.

STEINHARDT, U., O. BLUMENSTEIN & H. BARSCH (2005): Lehrbuch der Landschaftsökologie. – Elsevier, Heidelberg.

STÖCKER, H. (1994): Taschenbuch der Physik.– Harri, Frankfurt/Main.

STRAHLER, A. & A. STRAHLER (2005): Physische Geographie. – UTB, Stuttgart.

STRASBURGER, E. & A. BRESINSKY (2008): Lehrbuch der Botanik. – Spektrum, Heidelberg.

SUKOPP, H. (1997): Indikatoren für Naturnähe. - In: BUNDESMINISTERIUM FÜR UMWELT, NATURSCHUTZ UND REAKTORSICHERHEIT [Hrsg.]: Ökologie - Grundlage einer nachhaltigen Entwicklung in Deutschland. Bonn, 71-84

SWEETLOVE, L. (2011): Number of species on Earth tagged at 8.7 million. – Nature news http://www.nature.com/news/2011/110823/full/news.2011.498.html

TISCHLER, W. (1991): Ökologie der Lebensräume. Meer, Binnengewässer, Naturlandschaften, Kulturlandschaft. – Fischer, Stuttgart.

TIVY, J. (1993): Biogeography: A study of plants in the ecosphere. – Longman, Harlow.

TROLL, C. (1924): Der diluviale Inn-Chiemseegletscher – Das geographische Bild eines typischen Alpenvorlandgletschers. – Forsch. z. dt. Landes- u. Volkskunde 23, 1–121.

ULRICH, B. (1995): Der ökologische Bodenzustand – seine Veränderung in der Nacheiszeit, Ansprüche der Baumarten. In: Forstarchiv 66, 117-127.

UMWELTBUNDESAMT (2010): Die Böden Deutschlands. Sehen, Erkunden, Verstehen. Ein Reiseführer. Dessau, Berlin.

UNEP (United Nations Environment Programme) (1992): World Atlas of Desertification. – Arnold, London.

VEIT, H. (2002): Die Alpen. Geoökologie und Landschaftsentwicklung. – Teubner, Stuttgart.

VIVIROLI, D., R. WEINGARTNER & B. MESSERLI (2003): Assessing the Hydrological Significance of the World's Mountains. Mountain Research and Development, 23,1, 32–40.

WALTER, H. (1986): Allgemeine Geobotanik. – UTB, Stuttgart.

WALTER, H. & S.-W. BRECKLE (1999): Vegetation und Klimazonen. Grundriss der globalen Ökologie. – UTB, Stuttgart.

WALTER, H. & H. STRAKA (1970): Einführung in die Phytologie. Bd. 3. Grundlagen der Pflanzenverbreitung? T. 2. Arealkunde. Floristischhistorisches Geobotanik – UTB, Stuttgart.

WEISCHET, W. (1995): Einführung in die allgemeine Klimatologie – Teubner, Stuttgart.

WEISCHET, W. &. W. ENDLICHER (2008): Einführung in die Allgemeine Klimatologie – 8. Aufl., Teubner, Stuttgart.

WILD, A. (1995): Umweltorientierte Bodenkunde. Eine Einführung. Spektrum. Heidelberg, Berlin.

WILHELMY, H. & C. EMBLETON-HAMANN, C. (2007): Geomorphologie in Stichworten. Exogene Morphodynamik. – Borntraeger, Stuttgart.

WILMANNS, O. (1998): Ökologische Pflanzensoziologie. Eine Einführung in die Vegetation Mitteleuropas.– Quelle & Meyer, Heidelberg.

WISSENSCHAFTLICHER BEIRAT DER BUNDESREGIERUNG GLOBALE UMWELTÄNDERUNGEN (1994): Welt im Wandel (1994): Die Gefährdung der Böden. Jahresgutachten 1994. Economica Verlag, Bonn.

ZEPP, H. (2008): Geomorphologie. Grundriss allgemeine Geographie. – Paderborn, Schöningh.

ZÖTL, J. (1974): Karsthydrologie. – Springer, Wien.

Register

Bildquellen

Abb. 1/1, S. 9 (Foto: Saurer, Helmut, Freiburg); Abb. 1.1.1/1 , S. 13 (nach IPCC(2007a) und Kiehl & Trenberth (1997); Abb. 1.1.2/1, S. 14 (eigener Entwurf); Abb. 1.1.2/2, S. 15 (eigener Entwurf); Abb. 1.1.2/3, S. 15 (nach Häckel, 1999; Robinson, 1966); Abb. A 1.1.2/1, S. 16, aus: www.webgeo.de/beispiele/de/rahmen.php?string=de;1;k_024;6 Zugriff am 28.07.2009); Abb. 1.2.1/1, S. 18 (Foto: Copyright 2009 RSGB, University of Bern and NOAA); Abb. 1.2.2/1, S. 19, (aus: www.webgeo.de Modul Physik der Wärmestrahlung, Zugriff 28.07.2009); Abb. 1.2.3/1, S. 20(nach: www.webgeo.de Module „Physik der Wärmestrahlung", Zugriff 28.07.2009 und Kraus, H. 2004); Abb. 1.2.3/2, S. 21 (nach McKnight, T.L. & D. Hess 2007, verändert); Abb. 1.3.1/1, S. 24 (verändert nach Gossmann, H. 1988, verändert); Abb. 1.3.4/1, S. 29, (nach Bendix, J. 2004); Abb. 1.3.4/2, S. 29, (nach Häckel, H. 1999, verändert); Abb. 1.3.4/3, S. 30 (nach Gossmann, H. 1988, verändert); Abb. 1.3.4/4, S. 31 (nach Bendix, J. 2004, verändert); Abb. A 1.4.2/1, S. 35 (nach http://commons.wikimedia.org/wiki/File: Mauna_Loa_Carbon_Dioxide.png, Zugriff 20.11.2008, verändert); Abb. 1.4.4/1, S. 38 (eigener Entwurf); Abb. 1.5.1/1, S. 41(nach Blüthgen, J. & W. Weischet,1980); Abb. 1.5.1/2, S. 41(nach Blüthgen, J. & W. Weischet,1980); Abb. E 1.5.1/1, S. 43, Typische Skalen in der Klimatologie (nach Bendix, J. 2004, verändert); Abb. 1.6.1/1, S. 45(eigener Entwurf); Abb. 1.6.2/1, S. 47, Der Abstand von zwei isobaren Flächen (eigener Entwurf); Abb. 1.6.2/2, S. 47 (eigener Entwurf); Abb. 1.7.1/1, S. 49 (eigener Entwurf); Abb.1.7.2/1, S. 50 (eigener Entwurf); Abb. 1.7.3/1, S. 52 (Foto: Data was provided by the NASA Water Vapor Project (NVAP) through Science and Technology Corporation, METSAT Division (STC-METSAT) by Thomas Vonder Haar, John Forsythe and Janice Bytheway); Abb. 1.7.3/2, S. 53 (Foto: Data was provided by the NASA Water Vapor Project (NVAP) through Science and Technology Corporation, METSAT Division (STC-METSAT) by Thomas Vonder Haar, John Forsythe and Janice Bytheway); Abb. 1.7.4/1, S. 54 (eigener Entwurf); Abb. 1.7.4/2, S. 55 (Foto: Saurer, Helmut, Freiburg); Abb.1.8.1/1, S. 56 (eigener Entwurf); Abb.1.8.2/1, S. 58 (nach Gossmann, H. 1988); Abb. E1.8.2/1, S. 59(Foto: Saurer, Helmut, Freiburg); Abb. 1.9.1/1, S. 61 (nach Weischet, W. 1995; Budyko, M.J. 1958 & W.D. Sellers 1965); Abb. 1.9.2/1, S. 62(nach Weischet, W. 1995; Kondratyew, K.Y. 1969); Abb.1.9.2/2, S. 63 (nach Barry, R.G. & R.J. Chorley 1998); Abb. 1.9.3/1, S. 64 (Barry, R.G. & R.J. Chorley 1998; Budyko, M.J. et al. 1962); Abb. 1.10.2/1, S. 67 (nach Gossmann, H. 1988); Abb. 1.10.2/2, S. 67 (nach Gossmann, H. 1988); Abb. 1.10.2/3, S. 68(eigener Entwurf); Abb. A 1.10.2/1 , S. 68, (zu Aufgabe 1) (eigener Entwurf); Abb. 1.10.3/1, S. 69 (nach Weischet, W. 1995); Abb.1.11.1/1, S. 70 (nach Gossmann, H. 1988); Abb. 1.11.1/2, S. 71 (nach Gossmann, H. 1988); Abb. 1.11.2/1, S. 72 (nach Jacobeit, J. 2007; Flohn, H. 1960); Abb. 1.11.3/1, S. 73 (nach Gossmann, H. 1988); Abb. 1.11.3/2, S. 75 (nach McKnight, L. L. & D. Hess 2008); Abb. 1.11.3/3, S. 75 (nach Gossmann, H. 1988; H. Bjernkes, H. & H. Solberg 1922); Abb. 1.11.4/1, S. 77 (nach Gossmann, H. 1988); Abb. 1.12.1/1, S. 79 (nach Jacobeit, J. 2007); Abb. 1.12.1/2, S. 80 (nach WEISCHET, W. 1995, ergänzt); Abb. 1.12.1/3, S. 80 (eigener Entwurf); Abb. 1.12.2/1, S. 82 (nach McKnight, L. L. & D. Hess 2008); Abb. 1.12.2/2, S. 83(nach Gossmann, H. 1988; Flohn, H. 1960; Liljequist, G. & K. Cehak 1984); Abb. 1.12.2/3, S. 84(nach McKnight, L. L. & D. Hess 2008); Abb. 1.12.2/4, S. 85 (nach Gossmann, H. 1988; Nieuwolt, S. 1977); Abb. E1.12.2/1, S. 86 (nach Daten des Bureau of Meterology, Australia, Stand 01.04.2009); Abb 1.13.3/1, S. 90/91(aus Diercke Weltatlas, Braunschweig 2008); Abb 1.13.3/2, S. 92/93 (aus Diercke Weltatlas, Braunschweig 2008); Abb. 1.13.3/3, S. 94 (nach Gossmann, H. 1995), Abb. E.1.13.3/1, S. 95 (www.klimadiagramme.de); Abb.1.14.1/1, S. 96 (eigener Entwurf); Abb. 1.14.1/2, S. 97 (eigener Entwurf); Abb. 1.14.1/3, S. 97 (nach Endlicher, W. & F.W. Gerstengarbe (Hrsg.) 2007); Abb. 1.14.1/4, S. 97 (nach Endlicher, W. & F.W. Gerstengarbe 2007; Petit, J.R. et al. 1999); Abb. 1.14.1/5, S. 98 (nach Glaser, R. & D. Riemann 2009); Abb. 1.14.2/1, S. 99 (verändert nach IPCC 2001); Abb. 1.14.3/1, S. 101 (nach IPCC 2007c); Abb. 1.14.3/2, S. 102 (nach IPCC 2007b; 2007c); Abb. 1.14.3/3, S. 103, (nach IPCC, 2007b); Abb. 1.15.2/1, S. 106 (IPCC, 2007d); Abb. L 1.8/1, S. 117, (zu Aufgabe 3) (eigener Entwurf); Abb. 2/1, S. 119 (Foto: Hinterberger, Anja, Freiburg); Abb. 2/2, S. 121 (eigener Entwurf); Abb. 2.1.1/1, S. 122 (nach Grotzinger, J. et al., 2008; Bauer, J. et al. 2002); Abb. A 2.1.1/1, S. 123 (zu Aufgabe 4),(nach Zepp, H. 2008); Abb. 2.1.2/1, S. 124 (nach Rothe, P. 2002); Abb. E 2.1.2/1, S. 126 (nach Gebhardt, H. et al. 2007); Abb. A 2.1.2/1, S. 125 (zu Aufgabe 7) (Foto: Glaser, Rüdiger, Freiburg); Abb. A 2.1.2/2, S. 127, (zu Aufgabe 8) (Foto: Glaser, Rüdiger, Freiburg); Abb. 2.2.1/1, S. 128 (nach Press, F. & R. Siever 2003); Abb. 2.2.2/1, S. 129 (nach Gebhardt, H. et al. 2007); Abb. 2.2.2/2, S. 130 (nach Gebhardt, H. et al. 2007); Abb. 2.2.3/1, S. 131 (nach Richter, M.1997); Abb. E 2.2.3/1, S. 132 (nach Veit, H. 2002); Abb. E 2.2.3/2, S. 133 (Foto: Glaser, Rüdiger, Freiburg); Abb. 2.2.3/2, S. 134(nach Ahnert, F. 2009); Abb. 2.3/1, S. 135 (Foto: Glaser, Rüdiger, Freiburg); Abb. 2.3.1/1, S. 136 (nach Bahlburg, H. & C. Breitkreuz 2008); Abb. 2.3.2/1, S. 139 (nach Leser, H. 2009); Abb. A 2.3.2/1, S. 140 (zu Aufgabe 2) (nach Bauer, J. et al. 2002); Abb. 2.4/1, S. 141 (Foto: Glaser, Rüdiger, Freiburg); Abb. 2.4.1/1, S. 142 (nach Strahler, A. & A. Strahler 2005); Abb. 2.4.1/2, S. 143 (nach Rothe, P. 2002); Abb. 2.4.1/3, S. 143 (nach Rothe, P. 2002); Abb. E 2.4.2/1, S. 145 (nach Rothe, P. 2002); Abb. A 2.4.3./1, S. 147, (zu Aufgabe 6) (nach Zepp, H. 2008); Abb. 2.5/1, S. 148 (nach Schultz, J. 2002, verändert); Abb. 2.5.1/1, S. 150 (Foto: Glaser, Rüdiger, Freiburg); Abb. A 2.5.2/1, S. 153 (zur Aufgabe 8) (Foto: Glaser, Rüdiger, Freiburg); Abb. 2.6.1/1, S. 154 (Goudie, A. 2007); Abb. 2.6.2/1, S. 155 (Zepp, H. 2008); Abb. 2.6.2/2, S. 156 (Foto: Glaser, Rüdiger, Freiburg); Abb. 2.6.2/3, S. 156 (nach Gebhardt, H. et al. 2007); Abb. 2.6.2/4, S. 157 (eigener Entwurf); Abb.2.6.2/5, S. 158 (nach Zepp, H. 2008); Abb. 2.7/1, S. 160 (Foto: Glaser, Rüdiger, Freiburg); Abb. 2.7.1/1, S. 159 (nach Grotzinger, J. et al. 2008); Abb. 2.7.1/2, S. 160 (nach Zepp, H. 2008); Abb. A 2.7.1/1, S. 163 (Foto: ullstein bild, Berlin, Imagebroker.net); Abb. 2.7.2/1, S. 164 (nach Zepp, H. 2008); Abb. 2.7.2/2, S. 165 (nach Zepp, H. 2008); Abb. 2.7.2/3, S. 166 (nach Gebhardt, H. et al. 2007); Abb. 2.7.2/4, S. 167 (nach Grotzinger, J. et al. 2008); Abb. 2.7.2/5, S. 167 (Foto: Glaser, Rüdiger, Freiburg); Abb 2.7.2/6, S. 168 (nach Bauer, J. et al. 2002); Abb. 2.7.2/7, S. 169 (aus Leser, H. 2009); Abb 2.7.2/8, S. 170, (aus Leser, H. 2009); Abb 2.7.3/1,

S. 172 (nach Gebhardt, H. et al. 2007); Abb 2.7.3/2, S. 173 (Foto: Corbis, Düsseldorf, Paul A. Souders); Abb 2.7.3/3, S. 172 (nach Zepp, H. 2008); Abb 2.7.3/4, S. 175 (nach Goudie, A. 2007); Abb 2.8/1, S. 178, (Foto: mauritius images, Mittenwald, Steve Vidler); Abb. 2.8.1/1, S. 180 (nach Zepp, H. 2008); Abb 2.8.2/1, S. 181 (nach Strahler, A. & A. Strahler 2005); Abb. 2.8.2/2, S. 182 (nach Strahler, A. & A. Strahler 2005); Abb. 2.8.2/3, S. 183 (Foto: Husmo-foto); Abb. 2.8.2/4, S. 185 (nach Strahler, A. & A. Strahler 2005); Abb. 2.8.2/5, S. 186 (nach Grotzinger, J. et al. 2008); Abb 2.8.2/6, S. 184 (nach Gebhardt, H. et al. 2007); Abb. 2.8.3/1, S. 187 (nach Strahler, A. & A. Strahler 2005); Abb 2.8.3/2,S. 188 (Foto: Hinterberger, Anja, Freiburg 2004); Abb. E 2.8.4/1, S. 189 (nach Gebhardt, H. et al. 2007); Abb 2.8.4/1, S. 190 (aus Diercke Weltatlas 2008); Abb. 2.8.5/1, S. 192 (nach Gebhardt, H. et al. 2007); Abb. 2.8.5/2, S. 194 (nach Press, F. & R. Siever 2003); Abb. 2.8.5/3, S. 194 (Foto: images.de, Berlin, Lonely Planet Images/Grant Dixon); Abb. 2.9/1, S. 196 (Foto: Focus, Hamburg, Ralph Lee Hopkins); Abb. 2.9.1/1, S. 197 (nach Zepp, H. 2008); Abb. 2.9.1/2, S. 198 (nach Zepp, H. 2008); Abb. 2.9.1/3, S. 198 (nach Zepp, H. 2008); Abb. A 2.9.1/1, S. 199(nach Blümel, W.-D. & J. Eberle 2001); Abb. 2.9.2/1, S. 200 (nach Zepp, H. 2008); Abb. 2.9.2/2, S. 201(nach Leser, H. 2009); Abb. 2.9.2/3, S. 202 (Foto: Corbis, Düsseldorf, Tom Bean); Abb. 2.9.2/4, S. 202 (nach Zepp, H. 2008); Abb. 2.9.2/5, S. 203 (nach Schultz, J. 2000); Abb. 2.9.2/6, S. 204 (nach Zepp, H. 2008); Abb. 2.9.2/7, S. 205 (nach Blümel, W.-D. & J. Eberle 2001); Abb. 2.9.2/8, S. 206 (nach Schultz, J. 2000); Abb 2.9.2/9, S. 206 (Foto: istock, Epp, Timothy); Abb. A 2.9.2/1, S. 207 (zu Aufgabe 5) (nach Schultz, J. 2000); Abb. 2.9.3/1, S. 208 (nach Eitel, B. 2001); Abb. 2.9.3/2, S. 209 (nach Büdel, J. 1981); Abb. 2.10/1, S. 210 (Foto: Glaser, Rüdiger, Freiburg); Abb. 2.10.2/1, S. 214 (nach Zepp, H. 2008); Abb. 2.10.3/1, S. 215 (nach Bauer, J. et al. 2002); Abb. 2.10.3/2, S. 216 (nach Zepp, H. 2008); Abb. E 2.10.3/1, S. 217 (Foto: Getty Images, München, Kent Horner); Abb. 2.10.3/3, S. 218 (aus Leser, H. 2009); Abb. 2.10.3/4, S. 219 (aus Leser, H. 2009); Abb. 2.10.4/1, S. 220 (nach Zepp, H. 2008); Abb. 2.10.4/2, S. 221 (Foto: Glaser, Rüdiger, Freiburg); Abb. 2.10.4/3, S. 222 (Foto: Glaser, Rüdiger, Freiburg); Abb. 2.10.4/4, S. 222 (nach Bauer, J. et al. 2002); Abb. A 2.10.5/1, S. 223 (zu Aufgabe 9) (nach Zötl, H.W. 1974); Abb. 2.10.5/1, S. 224 (nach Wilhelmy, H. & C. Embleton-Hamann 2007); Abb. 2.10.5/2, S. 225 (nach Zepp, H. 2008); Abb. 2.11/1, S. 226 (Foto: Glaser, Rüdiger, Freiburg); Abb. 2.11.1/1, S. 227 (nach Zepp, H. 2008); Abb. 2.11.2/1, S. 228 (nach Zepp, H. 2008); Abb. 2.11.2/2, S. 229 (nach Bauer, J. et al. 2002); Abb. 2.11.3/1, S. 231 (Foto: Glaser, Rüdiger, Freiburg); Abb. 2.11.3/2, S. 231 (nach Bauer, J. et al. 2002); Abb. 2.11.3/3, S. 232 (Foto: NASA/GSFC/ OceanColor); Abb. 2.11.4/1, S. 233 (nach Grotzinger, J. et al. 2008); Abb. 2.11.4/2, S. 233 (aus Leser, H., 2009); Abb. 2.11.4/3, S. 235 (nach Strahler, A. & A. Strahler 2005); Abb. 2.11.5/1, S. 237 (nach Bauer, J. et al. 2002); Abb. 2.11.5/2, S. 238 (nach Zepp, H. 2008); Abb. 2.12/1, S. 239 (Foto: Glaser, Rüdiger, Freiburg); Abb. E 2.12.1/1, S. 240 (nach Gebhardt, H. et al. 2007); Abb. 2.12.1/1, S. 241 (nach Press, F. & R. Siever 2003); Abb. E 2.12.1/2, S. 242 (nach Gebhardt, H. et al. 2007; Abb. E 2.12.1/3, S. 242 (nach Gebhardt, H. et al. 2007); Abb. E 2.12.1/4, S. 243 (nach Gebhardt, H. et al. 2007); Abb. 2.12.1/2, S. 244 (nach Zepp, H. 2008); Abb. 2.12.1/3, S. 245 (nach Press, F. & R. Siever 2003); Abb. 2.12.1/4, S. 246 (Foto: Glaser, Rüdiger, Freiburg); Abb. 2.12.1/5, S. 247 (nach Gebhardt, H. et al. 2007); Abb. A 2.12.1/1, S. 247 (zu Aufgabe 1) (nach Zepp, H. 2003); Abb. A 2.12.1/2, S. 248 (zu Aufgabe 1) (nach Zepp, H. 2008); Abb. 2.12.2/1, S. 249 (nach Zepp, H., 2008); Abb 2.12.2/2, S. 250 (nach Ahnert, F., 2009); Abb 2.12.2/3, S. 250 (Foto: mauritius images, Mittenwald, age); Abb 2.12.2/4, S. 251 (nach Zepp, H., 2008); Abb. 2.12.2/5, S. 252 (nach Walter, H. & S.-W. Breckle, 1999); Abb. 2.12.2/6, S. 253 (nach Leser, H. 2009); Abb. L 2.8/1, S. 263 (Lösung zu Aufgabe 5) (eigener Entwurf); Abb. L 2.10/1, S. 265 (zu Aufgabe 8) (nach Bögli, A. 1978); Abb. L 2.11/1, S. 267 (zu Aufgabe 11) (eigener Entwurf); Abb. 3/1, S. 269 (Foto: Glawion, Rainer, Freiburg); Abb. 3/2, S. 271 (eigener Entwurf); Abb. 3.1.2/1, S. 274 (nach Campbell, N. 2007; Strasburger, E. 2008, Richter, M.1997); Abb. 3.1.3/1, S. 276 (verändert nach Barthlott, W., W. Lauer & A. Placke 1996); Abb. 3.1.3/2, Seite 278 (Foto: Shutterstock Images LCC, New York, NY 10004 (R. McIntyre)); Abb. 3.1.3/3, Seite 278 (Foto: Glawion, Rainer, Freiburg); Abb. E 3.1.4/1, S. 279 (verändert nach C. Beierkuhnlein), Abb. E 3.1.4/2, S. 279 (eigener Entwurf); Abb. 3.2.1/1, S. 280 (verändert nach Schroeder, F.-G. 1998); Abb. 3.2.1/2, S. 281 (verändert nach Reichelt, G. & O. Wilmanns 1973); Abb. 3.2.2/1, S. 282, (verändert nach Schmithüsen, J. 1968); Abb. 3.2.2/2, S. 280 (verändert nach Hofmann, M. 1985); Abb. 3.2.3/1 S. 283 (nach E. Strasburger 2008); Abb. 3.2.3/2, S. 284 (webgeo.de) (Foto: Glawion, Rainer, Freiburg); Abb. 3.2.3/3, S. 284 (nach Reichelt, G. & O. Wilmanns 1973); Abb. A 3.2.3/1, S. 285 (zu Aufgabe 6) (nach Reichelt, G. & O. Wilmanns 1973); Abb. 3.2.4/1, S. 286 (nach Czihak, G. et al. 1996); Abb. 3.2.3/2 re., Seite 284 (Foto: Glawion, Rainer, Freiburg); Abb. 3.3/1, S. 288 (verändert nach Klink, H.-J. 1998; Blum, W. 2007); Abb. 3.3/2, S. 289 (verändert nach Klink, H.-J. 1998); Abb. 3.3.1/1, S. 290, (eigener Entwurf); Abb. 3.3.1/2, S. 291 (verändert nach Klink, H.-J. 1998; Larcher, W. 1994); Abb. 3.3.1/3 S. 292 (Foto: Glawion, Rainer, Freiburg); Abb. 3.3.1/4, S. 292 (verändert nach Schultz, J. 2002); Abb. 3.3.2/1, S. 293 (verändert nach Lerch, G. 1991); Abb. 3.3.2/2, S. 295 (verändet nach Klink, H.-J. 1998); Abb. 3.3.2/3, S. 295 (verändert nach Eisentraut, M. 1956); Abb. 3.3.3/1, S. 297 (verändert nach Klink, H.-J.1998); Abb. 3.3.3/2, S. 298 (eigener Entwurf); Abb. 3.3.3/3, S. 298 (verändert nach Larcher, W. 1994); Abb. 3.3.3/4, S. 299 (verändert nach Klink, H.-J.1998; Blum, W. 2007); Abb. E 3.3.3/1, S. 301 (Foto Glawion, Rainer, Freiburg); Abb. 3.3.4/1, S. 303(nach Blum, W. 2007); Abb. 3.3.4/2, S. 304 (eigener Entwurf); Abb. 3.3.4/3, S. 305 (verändert nach Blum, W. 2007); Abb. A 3.3.4/1, S. 305, (eigener Entwurf); Abb. 3.3.5/1, S. 306 (Foto Glawion, Rainer, Freiburg); Abb. 3.3.5/2, S. 306 (Foto Glawion, Rainer, Freiburg); Abb. 3.3.5/3, S. 307 (Klink, H.-J. 1998); Abb. 3.3.5/3, S. 307 (Klink, H.-J. 1998); Abb. 3.3.5/5 S. 308 (Foto: Glawion, Rainer, Freiburg); Abb. 3.4.1/1 S. 309 (V-Dia-Verlag Heidelberg 1967), Abb. 3.4.1/2 S. 309 (Foto: Glawion, Rainer, Freiburg); Abb. 3.4.1/3a S. 310 (Foto: Glawion, Rainer, Freiburg) und b (V-Dia-Verlag Heidelberg 1967); Abb. 3.4.1/4 S. 310 (eigener Entwurf); Abb. 3.4.2/1 S. 311 (nach Czihak, G. et al. 1996); Abb. 3.4.2/2 S. 312 (nach Ellenberg, H. 1996); Abb. 3.5.1/1 S. 313 (Kloft, W. & M. Gruschwitz 1988); Abb. 3.5.1/2 S. 314 (Klink, H.-J. 1998),

Abb. 3.5.1/3 S. 315 (eigener Entwurf); Abb. 3.5.2/1 S. 316 (eigener Entwurf); Abb. 3.5.3/1 S. 317 (Lerch, G. 1991); Abb. 3.5.4/1 S. 319 (nach Ellenberg, H. 1996); Abb. 3.6.1/1 S. 321 (eigener Entwurf); Abb. 3.6.2/1 S. 322 (nach Larcher, W. 1994); Abb. 3.6.2/2 , S. 324/325 (nach Klink, H.-J. 1998); Abb. A 3.6.1/1, S. 325 (nach Schmithüsen, J. 1968); Abb. 3.6.3/1, S. 328 (nach Schmidt, G. 1969); Abb. E 3.6.2/1, Seite 326: Glawion, Rainer, Freiburg; Abb. 3.7.2/1, S. 332/333(Glawion, R. & H.-J. Klink 2008); Abb. 3.7.2/2 S. 334 (Foto: Glawion, R. Freiburg); Abb. 3.7.2/3 S. 335 (C. Troll aus H.-J. Klink 1998); Abb. 3.7.2/4 S. 336 (Foto: Glawion, R. Freiburg); Abb. 3.8.1/1 S. 338 (nach Ellenberg, H. 1996); Abb. 3.8.2/1 S. 339 (nach Ellenberg, H. 1996); Abb. 3.8.2/2 S. 340 (verändert nach Schroeder, F.-G. 1998); Abb. 3.8.3/1 S. 343 (nach Glawion, R. 2002a); Abb. 3.8.3/2 S. 344 (Foto: Glawion, R. Freiburg); Abb. L 3.3/1, S. 352 (zu Aufgabe 4) (eigener Entwurf); Abb. L 3.3/2, S. 352 (zu Aufgabe 5) (eigener Entwurf); Abb. L 3.3/3, S. 353 (zu Aufgabe 6) (eigener Entwurf); Abb. L 3.3/4, S. 354 (nach Blum, E. 2007); Abb. 4/1 S. 357 (Foto: Gaede, Michael, Freiburg); Abb. 4/2 S. 358 (eigener Entwurf); Abb. 4.1.1/1 S. 361 (nach Blum, W.E.H.2007); Abb. 4.1.3/1 S. 363 Darcy-Gleichung (verändert nach Leser, H. 2011); Abb. 4.1.3/2 (nach UBA 2010); Abb. 4.3.1/1 S. 367 (Blum, W.E.H. 2007); Abb. 4.5.1/1, Seite 375 (Foto: Eck, Thomas, Berlin); Abb. 4.5.1/2 S. 375 (Schlichtig, E. 1986); Abb. 4.5.1/3 S. 375 (nach Blum, W.E.H. 2007); Abb. 4.5.2/1 S. 377 (verändert nach Blum, W.E.H. 2007, Gisi, U. et al 1997); Abb. 4.5.2./2 S. 378 (Blum, W.E.H. 2007); Abb. 4.5.2./3 S. 379 (Blum, W.E.H. 2007); Abb. 4.5.2./4 S. 381 (Ad Hoc Arbeitsgruppe Boden 2005, Blum, W.E.H. 2007); Abb. 4.5.2./5 S. 383 (Foto: United States Department of Agriculture/NRCS (Lynn Betts); Abb. 4.5.2./6 S. 383 (Foto: United States Department of Agriculture/NRCS (Lynn Betts); Abb. 4.6.2/1 S. 385 (Foto: Rieke, Michael, Hannover); Abb. 4.6.2/2 S. 388 (nach Schlichting, E. 1986); Abb. 4.7/1 S. 393 (Eitel, B. 1999); Abb. 4.7/2 S. 394 (Foto: Bundesanstalt für Geowissenschaften und Rohstoffe, Dienstbereich Berlin, Berlin (Karte der Bodengroßlandschaften der Bundesrepublik Deutschland im Maßstab 1:5.000.000 (BGL 5000). Digit. Archiv FISBo BGR, Hannover und Berlin); Abb. 4.8.1/1 S. 397 (Feldwisch, N. 2002); Abb. 4.8.1/3 S. 397 (Umweltbundesamt 2010); Abb. 4.8.1/2 S. 398 (Gaede + Gilcher Partnerschaft, Freiburg (Das Schutzgut Boden in der naturschutzrechtlichen Eingriffsregelung - Maßnahmenkonzept im Kontext der Bauleitplanung. Im Auftrag des Umweltschutzamts der Stadt Freiburg. 2009); Abb. 5/1, S. 403 (Foto: Bayerisches Landesamt für Umwelt, Augsburg); Abb 5.1.2/1, S. 406 (nach Korzun, V. I. 1978; Oki, T. et al. 2005); Abb 5.1.4/1, S. 408 (nach Mitchell, T.D. & P.D. Jones 2005); Abb 5.1.4/2, S. 409 (nach Döll, P. & K. Fiedler 2008); Abb. 5.2.1/1, S. 411 (eigener Entwurf); Abb. 5.2.2/1, S. 413 (nach www.klimadiagramme.de); Abb. 5.2.2/2, S. 415 (eigener Entwurf); Abb. E 5.2.2/1, S. 415 (Foto: Wilhelm Lambrecht GmbH, Göttingen); Abb. 5.2.3/1, S. 417 (eigener Entwurf); Abb. 5.3.1/1, S. 419 (eigener Entwurf); Abb 5.4.1/1, S. 423 (eigener Entwurf); Abb. 5.4.1/2, S. 425 (eigener Entwurf); Abb. 5.4.2/1, S. 426 (eigener Entwurf); Abb. 5.4.3/1, S. 428 (Daten vom GRDC (Global Runoff Data Center)); 5.4.3/2, S. 249 (Daten vom GRDC); Abb. L 5.4/1, S. 432 (zu Aufgabe 4) (eigener Entwurf).

Tabellenverzeichnis

Tab. 1.3.2/1, S. 25 (nach verschiedenen Quellen); Tab. 1.3.2/2, S. 26 (eigene Darstellung); Tab. 1.3.3/1, S. 28 (nach Häckel, H., 1999; Stöcker, H. 1994); Tab. A 1.3.4/1, S. 32 Tab. 1.4.1/1, S. 33 (nach McKnight & Hess, 2008 und LfUBW, 2008 sowie IPCC, 2007); Tab. 1.4.2/1, S. 34(nach IPCC, 2007); Tab. 1.4.3/1, S. 37 (eigener Entwurf); Tab. 1.5.1/1, S. 40 (eigener Entwurf); Tab. 1.5.1/2, S. 42 (nach Schröder, P. 2000; Deutscher Wetterdienst Zugriff 23.12.2008); Tab. 1.7.3/1, S. 51 (eigener Entwurf); Tab. 1.7.3/2, S. 52 (eigener Entwurf); Tab.1.8.2/1, S. 60 (eigener Entwurf); Tab. 1.10.2/1, S. 67 (eigener Entwurf); Tab. 1.11.3/1, S. 74 (eigener Entwurf); Tab. 1.13.3/1, S. 89 (eigener Entwurf); Tab. E 1.15.2/1, S. 107 (eigener Entwurf); Tab. 2.3/1, S. 137 (eigener Entwurf, nach mehreren Autoren); Tab. 2.5.1/1, S. 149 (eigener Entwurf); Tab. 2.8.5/1, S. 195 (eigener Entwurf); Tab. 2.11.1/2, S. 228 (TA Luft 2002); Tab. 3.1.1/1, S. 272, (eigener Entwurf); Tab. 3.1.1/2, S. 272 (eigener Entwurf); Tab. 3.1.3/1, S. 277 (Myers, N. et al. 2000); Tab. 3.3.4/1, S. 302 (verändert nach Larcher, W. 1994, Klink, H.-J. 1998; Blum, W. 2007); Tab. 3.5.1/1 S. 314; Tab. 3.6.2/1, S. 323 (Strasburger, E. 1997); Tab. 3.6.3/1, S. 329 (nach Ellenberg/Müller-Dombois 1967) (Klink, H.-J. 1998); Tab. 4.1.3/1 S. 363 (Blume, H.-P. 2004); Tab. 4.2/1 S. 366 (nach Hartge, K. H. & R. Horn 1991); Tab. 4.3.1/1 S. 368 (verändert nach Schroeder, D., 1992); Tab. 4.4.1/1 S. 372 (Ad Hoc Arbeitsgruppe Boden 2005); Tab. 4.6.2/1 S. 386 (Ad Hoc Arbeitsgruppe Boden 2005); Tab. 4.6.2/2 S. 387 (Ad Hoc Arbeitsgruppe Boden 2005, Eitel, B. 1999, Blum, W.E.H. 2007); Tab. 4.6.3/1 S. 390 (BGR 2008); Tab. 4.6.3/2 S. 391 (BGR 2008); Tab. 4.7/1 S. 392 (nach Blume, H.-P. 2004); Tab. 5.1.1/1, S. 404 (nach Korzun, V. I. 1978); Tab. 5.2.2/1, S. 416 (Berechnung aus Daten von www.klimadiagramme.de); Tab. 5.3.3/1, S. 422 (nach Baumgartner, A. & H.-J. Liebscher 1996).